Autodesk

3ds Max 三维建模
案例大全

史宇宏 编著

人民邮电出版社
北京

图书在版编目（CIP）数据

3ds Max三维建模案例大全 ／ 史宇宏编著. -- 北京：
人民邮电出版社，2023.6
ISBN 978-7-115-60959-5

Ⅰ．①3… Ⅱ．①史… Ⅲ．①三维动画软件－案例
Ⅳ．①TP391.414

中国国家版本馆CIP数据核字（2023）第092409号

内 容 提 要

本书从实际操作和应用的角度出发，通过 182 个精彩建模案例，全面、详细地讲解 3ds Max 三维建模的各种建模工具和建模命令的知识要点、使用方法以及创建各类三维模型的思路与技巧。

本书共 18 章，从 3ds Max 不同类型的三维建模工具和建模命令的基本操作，到使用这些建模工具和建模命令创建不同类型的三维模型进行了详细、全面的讲解。通过学习本书的内容，读者能够全面、系统地掌握 3ds Max 三维建模的方法、思路和技巧。

本书语言通俗易懂，书中操作实例类型多样，具有很强的实用性、可操作性和代表性。

本书既是一本专业技术较强的案例类图书，也是一个不可多得的模型资料库。本书不仅可以作为高等院校和相关培训机构的教材，也可以作为三维建模工作人员的学习参考书。

◆ 编　著　史宇宏
　　责任编辑　张丹丹
　　责任印制　马振武

◆ 人民邮电出版社出版发行　　北京市丰台区成寿寺路 11 号
　　邮编　100164　电子邮件　315@ptpress.com.cn
　　网址　https://www.ptpress.com.cn
　　三河市君旺印务有限公司印刷

◆ 开本：787×1092　1/16
　　印张：26.5　　　　　　　　2023 年 6 月第 1 版
　　字数：800 千字　　　　　　2023 年 6 月河北第 1 次印刷

定价：99.80 元

读者服务热线：(010)81055410　印装质量热线：(010)81055316
反盗版热线：(010)81055315
广告经营许可证：京东市监广登字 20170147 号

3ds Max是目前广泛应用的三维设计软件,涉及室内建筑、室外建筑、工业产品、游戏、动画等多个领域。为了使广大从事三维建模相关工作的读者快速掌握3ds Max 三维建模的操作方法和技巧,并将其应用到实际工作中去,我们编写了本书。

本书特点

1. 配有完整的教学视频

本书每一个建模工具和建模命令的使用以及建模案例的具体操作都配有教学视频,方便读者更轻松、高效地进行学习。

2. 案例丰富且覆盖面广,实用性更强

本书设有182个精彩建模案例,内容涵盖建筑室内外效果图制作,工业产品建模与设计,游戏、动画建模与设计等领域,每个案例都可以作为实际工作中的素材资料直接应用。

3. 内容全面且讲解详细,读者能学到的建模方法和技巧更多

本书内容涵盖3ds Max的各种建模命令与建模工具,且每个建模命令和建模工具都通过至少两个案例进行讲解,读者能学到的建模方法和技巧更多。

本书内容

本书共18章,各章的简要介绍如下。

第01章:3ds Max 三维建模基础知识。这一章主要讲解3ds Max 三维建模的基础知识,包括操作界面、场景文件的基本操作、系统设置、模型对象的控制等。

第02章:标准基本体建模。这一章通过23个精彩建模案例,详细讲解利用标准基本体建模的方法、思路和技巧。

第03章:扩展基本体建模。这一章通过17个精彩建模案例,详细讲解利用扩展基本体建模的方法、思路和技巧。

第04章:门、窗、楼梯、栏杆和墙命令建模。这一章通过18个精彩建模案例,详细讲解利用门、窗、楼梯、栏杆和墙命令创建相关模型的方法、思路和技巧。

第05章:样条线编辑建模。这一章通过14个精彩建模案例,详细讲解通过编辑样条线建模的方法、思路和技巧。

第06章:样条线修改器建模。这一章通过13个精彩建模案例,详细讲解通过为样条线添加修改器建模的方法、思路和技巧。

第07章：NURBS曲线建模。这一章通过8个精彩建模案例，详细讲解利用NURBS曲线建模的方法、思路和技巧。

第08章：放样建模。这一章通过14个精彩建模案例，详细讲解利用放样建模的方法、思路和技巧。

第09章：复合对象建模。这一章通过9个精彩建模案例，详细讲解利用复合对象建模的方法、思路和技巧。

第10章：多边形的"顶点"、"边"与"边界"子对象建模。这一章通过10个精彩建模案例，详细讲解利用多边形的"顶点"、"边"与"边界"子对象建模的方法、思路和技巧。

第11章：多边形的"多边形"子对象建模。这一章通过8个精彩建模案例，详细讲解利用多边形的"多边形"子对象建模的方法、思路和技巧。

第12章："石墨"工具建模。这一章通过8个精彩建模案例，详细讲解利用"石墨"工具建模的方法、思路和技巧。

第13章：修改器建模。这一章通过14个精彩建模案例，详细讲解利用各类修改器建模的方法、思路和技巧。

第14章：其他修改器建模。这一章通过18个精彩建模案例，详细讲解利用其他修改器建模的方法、思路和技巧。

第15章：3ds Max室内效果图建模与设计。这一章通过"制作客厅室内效果图"和"制作卧室室内效果图"两个综合案例，详细讲解使用3ds Max制作室内效果图的方法、思路和技巧。

第16章：3ds Max室外效果图建模与设计。这一章通过"制作高层住宅室外效果图"和"制作别墅室外效果图"两个综合案例，详细讲解使用3ds Max制作室外效果图的方法、思路和技巧。

第17章：3ds Max工业产品建模与设计。这一章通过"创建台式小风扇模型"和"创建自行车模型"两个综合案例，详细讲解使用3ds Max进行工业产品建模与设计的方法、思路和技巧。

第18章：3ds Max游戏、动画建模与设计。这一章通过"创建魔剑模型"和"创建动画、游戏人物角色模型"两个综合案例，详细讲解使用3ds Max进行游戏、动画装备和角色建模与设计的方法、思路和技巧。

由于编者水平有限，书中难免有不妥之处，恳请广大读者批评指正。

感谢您选择本书，如对本书有任何意见和建议，请您告诉我们，我们的电子邮箱是szys@ptpress.com.cn。

编者
2023年4月

资源与支持

本书由"数艺设"出品，"数艺设"社区平台（www.shuyishe.com）为您提供后续服务。

配套资源

素材：本书所有案例用到的素材文件。

实例线架：本书所有案例的线架文件。

渲染效果：本书第15~18章案例的渲染效果图。

在线视频：本书全部内容的视频文件。

资源获取请扫码

提示

微信扫描二维码关注公众号后，输入 51 页左下角的
5 位数字，获得资源获取帮助。

"数艺设"社区平台， 为艺术设计从业者提供专业的教育产品。

与我们联系

我们的联系邮箱是 szys@ptpress.com.cn。如果您对本书有任何疑问或建议，请您发邮件给我们，并请在邮件标题中注明本书书名及ISBN，以便我们更高效地做出反馈。

如果您有兴趣出版图书、录制教学课程，或者参与技术审校等工作，可以发邮件给我们。如果学校、培训机构或企业想批量购买本书或"数艺设"出版的其他图书，也可以发邮件联系我们。

关于"数艺设"

人民邮电出版社有限公司旗下品牌"数艺设"，专注于专业艺术设计类图书出版，为艺术设计从业者提供专业的图书、视频电子书、课程等教育产品。出版领域涉及平面、三维、影视、摄影与后期等数字艺术门类，字体设计、品牌设计、色彩设计等设计理论与应用门类，UI 设计、电商设计、新媒体设计、游戏设计、交互设计、原型设计等互联网设计门类，环艺设计手绘、插画设计手绘、工业设计手绘等设计手绘门类。更多服务请访问"数艺设"社区平台（www.shuyishe.com）。我们将提供及时、准确、专业的学习服务。

目录

第 09 章

复合对象建模 181

第 10 章

多边形的"顶点"、"边"与"边界"子对象建模 199

第 11 章

多边形的"多边形"子对象建模 ...227

第 12 章

"石墨" 工具建模 255

第 13 章

修改器建模 273

第 14 章

其他修改器建模 305

3ds Max三维建模基础知识

俗话说，"工欲善其事，必先利其器"。在学习3ds Max三维建模时，掌握3ds Max三维建模基础知识尤为重要，本章就来学习这些基础知识，为后面的3ds Max三维建模奠定基础。

1.1 操作界面

尽管3ds Max的版本在不断升级，功能在不断增强，但其操作界面的布局基本没有变化。当用户安装并启动3ds Max软件后，系统将进入默认操作界面。该操作界面主要包括标题栏、菜单栏、主工具栏、功能区、状态栏、"命令"面板以及"场景资源管理器"面板等区域，如图1-1所示。

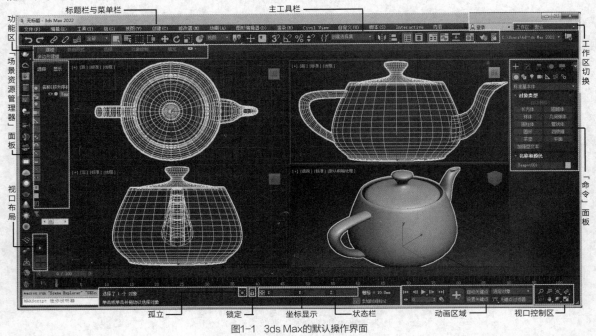

图1-1 3ds Max的默认操作界面

本书所有案例都是在默认操作界面中完成的。因此，本节主要对3ds Max的默认操作界面在三维建模中常用的功能进行介绍。

1.1.1 菜单栏与主工具栏

与其他应用软件相似，菜单栏用于执行创建、修改、编辑等操作，而主工具栏则放置了3ds Max的工具，包括移动工具、旋转工具、缩放工具、镜像工具等，这些工具是三维建模的重要工具。默认设置下，主工具栏中只显示部分工具，其他工具处于隐藏状态。移动鼠标指针到主工具栏中，当鼠标指针显示为小推手形状时，如图1-2所示，按住鼠标左键左右拖曳主工具栏，即可显示出其他工具。

图1-2 小推手形状

另外，执行"自定义">"显示（UI）">"显示浮动工具栏"命令，即可显示出隐藏的工具。这些工具会以浮动工具栏的形式出现在操作界面中，如图1-3所示。

图1-3 浮动工具栏

再次执行此命令可将所有浮动工具栏关闭。

1.1.2 "场景资源管理器"面板

该面板位于操作界面的左侧，分为菜单栏、过滤工具栏、对象列表3部分，用于对场景对象进行选择、显示、冻结、管理等，如图1-4所示。

菜单栏：用于执行相关菜单命令，实现对场景对象的选择、显示、编辑等操作，例如执行"选择">"全部"命令，将选择场景中的所有对象，如图1-5所示。

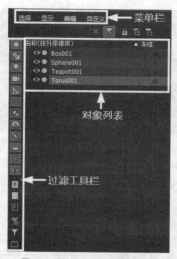

图1-4 "场景资源管理器"面板

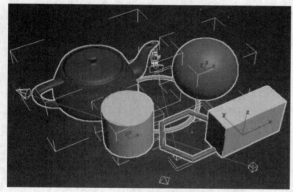

图1-5 场景对象全部被选择

过滤工具栏：根据对象类型过滤场景对象，例如单击"二维图形"  按钮，将在对象列表中过滤所有二维图形对象，如图1-6所示。

图1-6 过滤二维图形对象

对象列表：显示、隐藏、冻结场景对象等，例如单击名为"Box001"的对象，可以选择该对象，如图1-7所示。

另外，单击对象名称前面的 图标，图标消失，对象被隐藏，在场景中不可见。例如，单击"Box001"前的 图标，图标消失，场景中的"Box001"对象被隐藏，如图1-8所示。

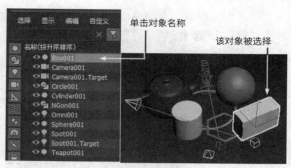

图1-7 选择对象

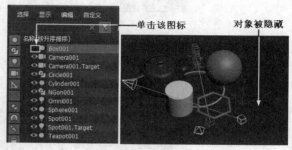

图1-8 隐藏对象

1.1.3 "命令"面板

"命令"面板位于操作界面右侧，是3ds Max软件的重要组成部分。在三维建模中，"命令"面板中的"创建"与"修改"两个功能是建模的关键。"创建"功能用于创建三维对象、二维图形以及其他三维场景中所需的一切对象，"修改"功能则用于对创建的对象进行参数设置以及添加相关修改器等一系列操作。

在"命令"面板中，单击"创建" 按钮进入创建面板，单击相关按钮可进入各种对象类型的创建面板，例如单击"几何体" 按钮进入几何体创建面板。在此可选择对象类型，例如选择"标准基本体"类型，在"对象类型"卷展栏中单击 长方体 按钮，在视图中拖曳即可创建一个长方体对象，如图1-9所示。

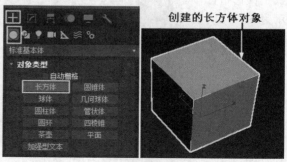

图1-9 创建长方体对象

3

选择创建的长方体对象，在"命令"面板中单击"修改" 按钮进入修改面板，展开"参数"卷展栏，修改长方体对象的长度、宽度、高度等参数，如图1-10所示。

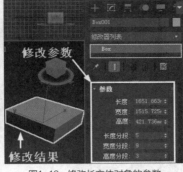

图1-10 修改长方体对象的参数

也可以在修改器列表中选择修改器，对对象进行深入编辑。例如选择"弯曲"修改器，设置参数，对长方体对象进行弯曲修改，如图1-11所示。

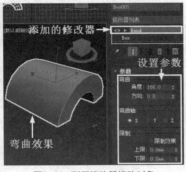

图1-11 利用修改器修改对象

1.1.4 视口

视口也叫"视图"，是用户创建、查看模型对象的主要区域。默认设置下的视图布局包括大小相等的3个正投影视图和1个斜投影视图。

3个正投影视图分别是"顶视图""左视图""前视图"，用于显示模型对象的顶面、左面、前面；斜投影视图也叫"透视图"，用于显示模型对象的透视效果。在实际工作中，用户可以自行设置视图布局与大小。

移动鼠标指针到视图交界位置，鼠标指针显示为图1-12所示的形状，拖曳鼠标即可改变视图大小。

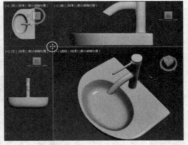

图1-12 调整视图大小

单击界面左下角的"创建新的视口布局选项卡" 按钮，打开"标准视口布局"列表，选择一种视图布局类型，可以改变视图布局，如图1-13所示。

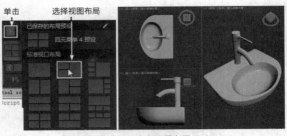

图1-13 改变视图布局

在实际工作中，可以根据具体需要对视图进行切换，以便操作和观察模型，例如将前视图切换为顶视图，将透视图切换为左视图等。移动鼠标指针到顶视图名称上并单击，在弹出的列表中选择"前"选项，将顶视图切换为前视图，如图1-14所示。

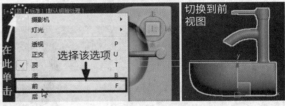

图1-14 选择"前"选项

使用相同的方法，可以将前视图切换为左视图。除此之外，3ds Max为各视图都设置了快捷键，激活视图，按对应的快捷键即可切换视图。其中，按快捷键P切换为透视图，按快捷键F切换为前视图，按快捷键L切换为左视图，按快捷键T切换为顶视图，按快捷键B切换为底视图，按快捷键U切换为正视图。

默认设置下，对象在透视图中以"默认明暗处理"着色模式显示，而在其他视图中以"线框"着色模式显示，如图1-15所示。

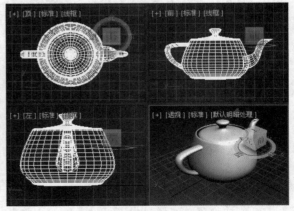

图1-15 默认情况下的模型显示方式

在实际建模工作中，为了便于观察模型，用户可以重新设置视图的着色模式。移动鼠标指针到透视图左上角的模式控件按钮上并单击，在打开的下拉列表中可以选择模型的不同显示方式。

例如选择"线框覆盖"选项，此时透视图中的模型对象以"线框"模式显示，选择"边面"选项，则模型上会出现边和面，这对建模非常重要，如图1-16所示。

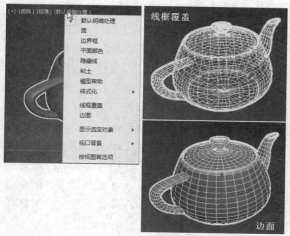

图1-16　模型的显示方式

也可以通过反复按F3键实现"线框"和"默认明暗处理"两种着色模式之间的切换。在"默认明暗处理"着色模式下按F4键，可以显示模型的线框和实体效果，这种模式也叫"边面"模式。该模式便于在编辑模型时观察模型的变换效果。

1.1.5　操作视图

操作视图对建模也非常重要，通过对视图的操作可以方便观察、编辑和修改模型。操作界面右下角有一组视图控制按钮，使用这些按钮可以完成对视图的缩放、平移、对象显示等操作，如图1-17所示。

图1-17　视图控制按钮

缩放视图：激活"缩放" 按钮，移动鼠标指针到透视图，向上拖曳鼠标可放大视图，向下拖曳鼠标可缩小视图，如图1-18所示。

图1-18　放大和缩小视图

需要特别说明的是，放大或缩小视图是指将

视图放大或缩小，而视图中对象的尺寸并不会发生任何变化。这就类似于我们在看一个物体时，距离该物体越近，我们看到的物体越大，距离该物体越远，看到的物体就越小，而物体的实际大小并不会因距离的远近发生变化。

局部缩放：激活"缩放区域" 按钮，在前视图中拖曳鼠标选取壶嘴，释放鼠标左键，壶嘴被放大，如图1-19所示。

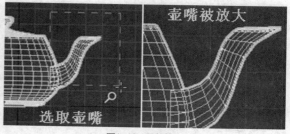

图1-19　局部放大

需要注意的是，局部缩放视图时，激活透视图后，"缩放区域" 按钮将变为"视野" 按钮，此时拖曳鼠标可调整透视图的视野。

缩放所有视图：激活"缩放所有视图" 按钮，在任意视图中拖曳鼠标，其余视图会同时缩放。另外，也可以在视图中向上滚动鼠标滑轮放大视图，向下滚动鼠标滑轮缩小视图。

最大化显示：激活透视图，单击"最大化显示" 按钮，透视图中的所有对象将最大化显示。

最大化显示选定对象：单击模型将其选中，单击"最大化显示选定对象" 按钮，被选择的模型将最大化显示。

单击"所有视口最大化显示选定对象" 按钮，4个视图中被选择的对象将最大化显示；单击"所有视口最大化显示" 按钮，4个视图中的所有对象均会最大化显示。

单击"最大化视口切换" 按钮，或者按快捷键Alt+W，可以将当前视图最大化显示。按快捷键Ctrl+Shift+Z，可以将所有视图最大化显示。按Z键可以最大化显示选定对象。

环绕观察场景：激活透视图，并激活"环绕" 按钮，拖曳环绕框，以视图中心为环绕中心动态观察场景，如图1-20所示。

选择对象，激活"选定的环绕" 按钮，拖曳环绕框，以选定对象为环绕中心动态观察场景，如图1-21所示。

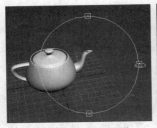 

图1-20 以视图中心环绕　　　图1-21 以选定对象环绕

1.2 3ds Max的基本操作与设置

3ds Max的基本操作包括设置系统单位、新建场景、合并对象、选择、移动、旋转、缩放、克隆以及镜像等。

1.2.1 3ds Max的基本操作

1.新建与重置

"新建"就相当于画画前准备画纸一样，执行"文件">"新建"命令即可新建一个场景，而"重置"则是打开系统默认的一个场景。两者没有本质区别，只是在重置场景时会打开一个对话框，询问是否保存场景，如果场景不需要保存，则直接单击 不保存(N) 按钮，再次打开对话框，询问是否真的重置，单击 是(Y) 按钮，则场景被重置，得到一个新的场景。

2.打开

"打开"是向场景中引入MAX格式的文件，即打开一个3ds Max文件。如果想打开最近打开过的场景文件，则可以执行"打开最近"命令，3ds Max会将最近打开过的至少10个文件都在其列表中显示，如图1-22所示，选择要打开的文件即可将其打开。这要比执行"打开"命令打开场景文件快捷。

图1-22 "打开最近"命令

3.保存与另存为

"保存"是将场景文件保存或另存，这是建模的关键，如果不保存场景文件，那么我们的所有工作成果将不复存在。

3ds Max中有4个保存场景文件的命令，分别是"保存""保存副本为""保存选定对象""另存为"，执行任意一个命令都会打开"文件另存为"对话框，在该对话框中可选择保存路径、保存格式，还可以命名文件，单击 保存(S) 按钮，即可将场景文件保存。

其中，"保存"命令可以将场景文件按原路径、原名称进行保存；"另存为"命令可以为当前场景文件重命名并保存；"保存选定对象"命令可以将选定的对象保存为一个场景文件；而"保存副本为"命令是将当前场景保存为文件副本。

保存场景文件时要选择文件格式，默认设置下，3ds Max文件的保存格式为MAX格式。另外，还可以选择不同的版本。低版本3ds Max不能打开高版本所创建的场景文件，为了使场景文件能在低版本3ds Max中打开，可以在保存场景文件时选择低版本进行保存。

4.导入与导出

可以向3ds Max场景导入其他软件创建的文件。例如执行"文件">"导入"命令，选择AutoCAD创建的DWG或者DXF格式的文件，将其导入，这样就可以参考这些文件进行建模。

也可以将MAX格式的文件导出为其他格式的文件，例如执行"文件">"导出"命令，将MAX格式的文件导出为OBJ格式的文件。

1.2.2 设置系统单位与捕捉

系统单位的设置对三维建模非常关键，尤其是在3ds Max建筑设计与工业设计建模中。如果系统单位不正确，那么创建的模型会因此不能使用。捕捉功能是建模的好帮手，捕捉功能可以强制鼠标指针自动吸附到模型的特征点上，例如角点、中点、边等，这对精确建模非常有利。这一节就来学习相关知识。

默认设置下，3ds Max采用"mm（毫米）"为系统单位，该单位无论是建筑设计建模还是工业产品建模都适用，但在某些时候，需要一些特殊单位，这时就需要设置系统单位。

执行"自定义">"单位设置"命令，打开"单位设置"对话框，"显示单位比例"选项组列出了常用的一些系统单位，如图1-23所示。

选择"公制"单位，并设置系统单位为"毫

米",然后单击 [系统单位设置] 按钮,打开"系统单位设置"对话框,设置系统单位比例,此处保持默认设置,如图1-24所示。

图1-23 "单位设置"对话框　图1-24 "系统单位设置"对话框

设置完成后单击 [确定] 按钮,回到"单位设置"对话框,单击 [确定] 按钮关闭该对话框,完成系统单位的设置。

下面来看捕捉设置。捕捉包括"特征点"捕捉和"角度"捕捉两种,设置"特征点"捕捉后,在三维建模的操作中,鼠标指针会自动吸附到模型对象的特定位置;设置"角度"捕捉后,在进行旋转操作时,模型对象会按照指定的角度进行旋转。这些都是精确建模的关键。

将鼠标指针移动到主工具栏中的"捕捉开关" [2] 按钮上并右击,打开"栅格和捕捉设置"对话框,在"捕捉"选项卡中选择要捕捉的内容选项即可激活该捕捉模式,如图1-25所示。

选择"选项"选项卡,在"角度"选项中设置角度捕捉的度数,勾选"启用轴约束"复选框,其他设置保持默认,如图1-26所示。

图1-25 设置捕捉模式　图1-26 设置角度捕捉的度数

需要说明的是,设置捕捉模式后,要激活"捕捉开关" [2] 按钮和"角度捕捉切换" [角] 按钮,这样捕捉功能才能起作用。

由于篇幅有限,捕捉功能的具体应用方法,将在后面章节中通过具体案例进行详细讲解,在此不详述。

1.2.3 选择对象

选择对象是3ds Max三维建模的基本操作,3ds Max提供了多种选择对象的方法,这一节我们就来学习相关知识。

1.单击

"单击"是最简单、直接的选择对象的方法,既可以选择对象,也可以选择对象的子对象。

当激活"移动""选择""旋转""缩放"等工具时,移动鼠标指针到对象或对象的子对象上并单击,即可将对象或子对象选择,如图1-27所示。

 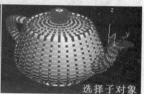

图1-27 选择对象和子对象

"单击"选择对象的最大特点是一次只能选择一个对象或子对象,但是,按住Ctrl键并单击可以选择多个对象或子对象,按住Alt键并单击可以将被选中的对象或子对象取消选中。

2."窗口"选择和"交叉"选择

"窗口"选择和"交叉"选择是两种不同的选择方式,常用于一次选择多个对象或者子对象,这两种方式的选择方法相同,都是拖曳出选框,使选框将要选择的对象包围,或者使选框与对象相交。

"交叉"选择:系统默认的选择方式,使用这种选择方式可以将选框内以及与选框相交的对象或者子对象选择。

在视图中创建茶壶、球体和长方体对象,拖曳鼠标使选框将茶壶和球体包围,并与长方体相交,释放鼠标左键,结果3个对象都被选中,如图1-28所示。

图1-28 "交叉"选择

"窗口"选择:使用这种选择方式只能将选框内的对象或子对象选择,而与选框相交的对象或者子对象不会被选中。

单击主工具栏中的"交叉"■按钮以显示"窗口"■按钮，切换选择方式为"窗口"选择方式，然后拖曳鼠标使选框将茶壶和球体包围，并与长方体相交，释放鼠标左键，结果只有茶壶和球体被选中，而与选框相交的长方体并没有被选中，如图1-29所示。

图1-29 "窗口"选择

另外，使用"窗口"和"交叉"选择方式选择对象时，系统默认的选框为矩形，在主工具栏中按住"矩形"■按钮，即可显示"圆形"■、"多边形"■、"套索"■以及"绘制"■等。

例如选择"圆形"■，拖曳鼠标会拖出圆形选框，以便选择圆柱体端面上的顶点和多边形子对象，如图1-30所示。

图1-30 "圆形"选择方式

3.按名称选择

可以根据对象的名称选择对象，这种方式非常适合用于在场景对象非常多时选择对象。单击主工具栏中的"按名称选择"■按钮，打开"从场景选择"对话框，该对话框中的设置与"场景资源管理器"对话框中的设置完全相同，在列表中单击"Box001"对象，再单击 确定 按钮关闭该对话框，场景中的对象被选中，如图1-31所示。

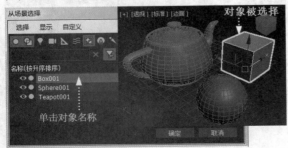

图1-31 按名称选择

4.过滤选择

"选择过滤器"是一个辅助选择工具，其功能类似于"按名称选择"中的过滤功能，可以对场景对象进行过滤，该工具经常与"窗口"选择方式结合使用。系统默认其过滤类型为"全部"，这表示选择时不进行任何过滤，如图1-32所示。

图1-32 默认设置下的过滤类型

用户可以根据具体情况设置过滤类型。例如，继续在场景中创建图形对象圆、灯光以及摄像机，此时场景中有4种类型的对象。在过滤列表中选择"图形"，然后以"窗口"选择方式选择场景中的所有对象，释放鼠标左键，此时只有图形对象圆被选中，其他对象并没有被选中，如图1-33所示。

图1-33 过滤选择

1.3 变换、克隆与其他操作

在3ds Max三维建模中，变换与克隆也是重要操作。另外，还可以对对象进行其他操作，例如隐藏、冻结等。

1.3.1 变换的基础知识

在3ds Max中，变换包括"移动""旋转""缩放""镜像"等操作。对象坐标系、参考坐标系以及轴点中心是进行变换操作的基础，本节介绍变换的基础知识。

1.对象坐标系

在3ds Max中，对象有自身的坐标系，该坐标系由x轴（以红色表示）、y轴（以绿色表示）和z轴（以蓝色表示）3个坐标轴组成，坐标轴形成xy、yz和xz 3个坐标平面，坐标轴和坐标平面是变换对象的依据。

当对象被选中后，对象上将显示坐标系，移动鼠标指针到坐标轴或坐标平面上，坐标轴或坐标平面显示为黄色，此时可以沿该坐标轴或该坐标平面变换对象，不同的变换会显示不同的变换图标。

图1-34所示的是沿各轴、各平面移动对象。

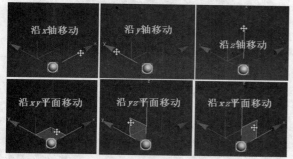

图1-34　移动对象

图1-35所示的是沿各轴、各平面缩放对象。

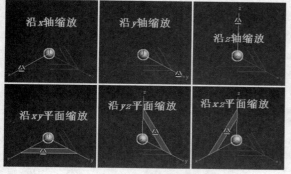

图1-35　缩放对象

图1-36所示的是沿各轴旋转对象。

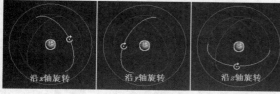

图1-36　旋转对象

默认设置下，对象坐标系位于对象的中心，但可以根据需要改变其位置。例如茶壶的坐标系位于茶壶中心，单击"命令"面板中的"层次" 按钮，在"调整轴"选项组中激活 仅影响轴 按钮，在视图中移动坐标系到壶嘴位置，再单击 仅影响轴 按钮完成操作，如图1-37所示。

图1-37　调整对象坐标系的位置

再次单击"层次" 按钮，在"对齐"选项组中单击 居中到对象 按钮，可以使对象坐标系对齐到对象中心。

2.参考坐标系与轴点中心

3ds Max提供了"视图""屏幕""世界""父对象""局部""万向""栅格""工作""局部对齐""拾取"10个参考坐标系，用于变换对象，如图1-38所示。

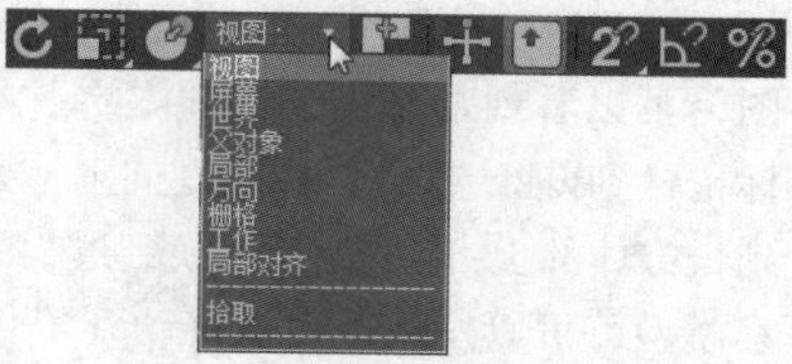

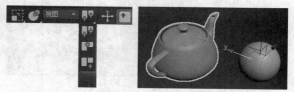

图1-38　参考坐标系

系统默认使用"视图"坐标系，用户可以根据具体需要选择不同的参考坐标系。其中，"拾取"坐标系是用户自定义的坐标系，它取自对象自身的坐标系，但允许另一个对象使用该坐标系。

轴点中心列表包括"使用轴点中心" 、"使用选择中心" 以及"使用变换坐标中心" ，如图1-39所示。

其中，"轴点中心"是对象自身的中心，"选择中心"是多个对象的公共中心，"变换坐标中心"是将另一个对象的中心作为当前对象的参考中心。

选择茶壶，在参考坐标系列表中选择"拾取"选项，在视图中单击球体对象，在轴点中心列表中选择"使用变换坐标中心" ，此时茶壶以球体的坐标系为自身的参考坐标系，如图1-40所示。

图1-39　轴点中心列表　　　图1-40　使用参考坐标系

由于篇幅有限，有关轴点中心的具体应用方法，将在后面章节中通过具体案例进行讲解，在此不赘述，读者也可以通过观看视频进行学习。

1.3.2　变换与变换克隆

变换对象时可以克隆对象，"克隆"其实就是复制，克隆可以得到多个相同的对象，本节学习变换与变换克隆对象的知识。

1.移动与移动克隆

移动可以改变对象的位置，可以沿任意轴或任意平面移动对象，在移动的同时还可以克隆对象，得到多个相同的对象。

创建一个茶壶和一个长方体，选择茶壶并按T键切换到顶视图，移动鼠标指针到xy平面后拖曳鼠标，将茶壶移动到长方体的位置。按L键切换到左视图，可以看到茶壶位于长方体的下方，继续移动鼠标指针到y轴，按住鼠标左键向上拖曳，将茶壶移动到长方体的上方。按P键切换到透视图，调整视角观察模型，可以发现茶壶被移动到了长方体上方，如图1-41所示。

图1-41 移动对象

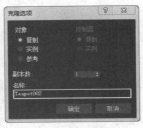

图1-42 "克隆选项"对话框

在移动过程中还可以克隆对象。在顶视图中按住Shift键将茶壶沿x轴移动到长方体右侧，释放鼠标左键，打开"克隆选项"对话框，如图1-42所示。

"对象"选项组中有3种克隆方式。选择"复制"方式，设置"副本数"为1，克隆出"茶壶01"；选择"实例"方式，克隆出"茶壶02"；选择"参考"方式，克隆出"茶壶03"，如图1-43所示。

图1-43 克隆"茶壶"对象

选择"茶壶"对象，进入修改面板，修改其半径，发现以"复制"方式克隆得到的"茶壶01"没有变化，以"实例"方式克隆得到的"茶壶02"和以"参考"方式克隆得到的"茶壶03"都发生了变化，如图1-44所示。

图1-44 修改"茶壶"对象（1）

选择以"实例"方式克隆得到的"茶壶02"，修改其半径，发现"茶壶"和"茶壶03"发生了变化，而"茶壶01"没有变化。

为以"参考"方式克隆得到的"茶壶03"添加"锥化"修改器，"茶壶"没有变化，如图1-45所示。

图1-45 修改"茶壶03"对象

删除"茶壶03"的修改器，为"茶壶"添加"锥化"修改器，发现"茶壶02"与"茶壶03"也都添加了修改器，调整参数，发现两个对象一起发生变化，如图1-46所示。

图1-46 修改"茶壶"对象（2）

通过以上操作我们可以发现：以"复制"方式克隆，克隆对象与原对象无关联；以"实例"方式克隆，克隆对象与原对象存在关联，修改原对象或者克隆对象时，二者相互影响；以"参考"方式克隆，修改原对象会影响克隆对象，而修改克隆对象不会影响原对象。

另外，"副本数"选项用于设置克隆的数量。

2.旋转与旋转克隆

旋转对象可以改变对象的角度，也可以在旋转过程中克隆对象。如果设置并启用了"角度"捕捉，可以进行精确旋转。

激活主工具栏中的"角度捕捉切换" ▨ 按钮并右击该按钮，打开"栅格和捕捉设置"对话框，在"角度"数值框中输入45，然后关闭该对话框。

右击并选择"旋转"命令，在透视图中单击茶壶，移动鼠标指针到z轴，向右拖曳鼠标，将茶壶旋转45°，如图1-47所示。

按住Shift键的同时再次将茶壶沿z轴旋转45°，释放鼠标左键，打开"克隆选项"对话框，根据需要设置克隆方式（包括"复制""实例""参考"），并设置"副本数"为3，确定并关闭该对话框，结果茶壶以45°旋转并克隆了3个，如图1-48所示。

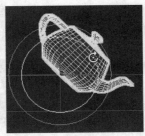

图1-47 旋转茶壶

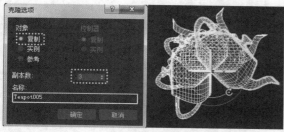

图1-48 旋转克隆茶壶

3.缩放与缩放克隆

3ds Max提供了3种缩放方式，分别是"选择并均匀缩放" 、"选择并非均匀缩放" 和"选择与挤压" 。

在主工具栏中的"选择并均匀缩放" 按钮上按住鼠标左键，此时会显示其他两种缩放按钮，移动鼠标指针到其他按钮上并释放鼠标左键，即可选择对应按钮，如图1-49所示。

图1-49 缩放按钮

创建一个球体对象，激活"选择并均匀缩放" 按钮，单击球体将其选中，移动鼠标指针到 xy 平面，向下拖曳鼠标，沿 xy 平面均匀放大球体；向上拖曳鼠标，则沿 xy 平面均匀缩小球体，如图1-50所示。

按住Shift键的同时向下拖曳鼠标，以放大球体，释放鼠标左键，打开"克隆选项"对话框，根据需要设置相关参数，单击 确定 按钮关闭该对话框。这样即可在放大的同时对球体进行克隆，右击并选择"移动"命令，将放大的克隆球体移动到旁边，效果如图1-51所示。

图1-50 均匀放大和缩小球体　　图1-51 放大并克隆球体

4.变换输入

如果想精确地变换对象，可以通过变换输入来完成。将鼠标指针移动到各变换工具按钮上并右击，即可打开变换输入对话框，对话框的标题反映了变换的内容，如图1-52所示。

图1-52 变换输入对话框

在变换输入对话框中，可以输入绝对变换值或偏移值，大多数情况下，绝对变换和偏移变换使用活动的参考坐标系。使用世界坐标系的"局部"以及使用世界坐标系进行绝对移动和旋转的"屏幕"坐标系属于例外。此外，绝对缩放始终使用局部坐标系，该对话框中的数值会不断变化以显示所使用的参考坐标系。

使用变换输入方法进行对象变换的操作比较简单，例如，选择"茶壶"对象，激活前视图，在"选择并旋转" 工具上右击，打开"旋转变换输入"对话框，在"偏移：屏幕"的"Z"数值框中输入30，按Enter键，则茶壶沿 z 轴旋转30°，如图1-53所示。

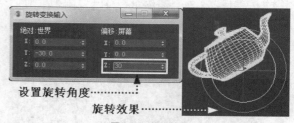

设置旋转角度 ········
旋转效果 ········

图1-53 旋转茶壶

移动变换与缩放变换的操作与此相同，读者可以自己尝试操作，或者阅读后面章节具体案例操作中使用变换输入方法进行建模的相关操作，在此不详述。

5.镜像

"镜像"是将对象沿轴或平面翻转或者翻转克隆。创建一个"茶壶"对象，单击主工具栏中的"镜像" 按钮，打开"镜像：世界坐标"对话框，在"镜像轴"选项组中选择"X"选项，此时茶壶沿 x 轴进行镜像，继续在"克隆当前选择"选项组中选择"实例"选项，将茶壶沿 x 轴镜像并克隆，可以在"偏移"选项中调整相关参数使茶壶进行偏移，效果如图1-54所示。

可以在"镜像轴"选项组中选择镜像的参考轴或平面，在"克隆当前选择"选项组设置镜像克隆的方式，其设置与"克隆选项"对话框中的设置完全相同。另外，镜像克隆后可以通过设置"偏移"选项调整镜像克隆得到的对象与原对象之间的距离。

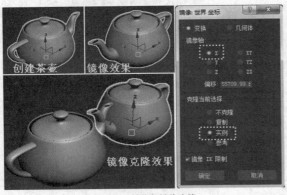

图1-54 镜像与镜像克隆

1.3.3 阵列

阵列是克隆的另一种方式，它集合了移动、旋转和缩放3种变换功能，通过一维、二维和三维3种方式进行克隆。

创建"茶壶"对象并将其选中，在浮动工具栏中单击"阵列"按钮，打开"阵列"对话框，如图1-55所示。

图1-55 "阵列"对话框

"阵列"对话框提供了两个主要控制区域，即"阵列变换"区域和"阵列维度"区域。设置这两个区域的参数，可以完成阵列克隆。

另外，阵列包括"线性"和"环形"两种阵列方式，"线性"阵列沿着一个或多个轴，创建"1D""2D""3D"3种类型的阵列。

1D阵列：沿一个轴进行克隆。在"阵列"对话框中选择"阵列维度"选项组中的"1D"选项，设置"数量"为5。在"增量"选项组中设置"移动"的"X"值，该值一般要大于阵列对象的参数值（例如，茶壶的半径为100，则该值要大于茶壶

的直径值，即200），否则，阵列的对象会重叠在一起。单击预览按钮进行预览，此时茶壶沿x轴克隆了4个，结果如图1-56所示。

图1-56 1D阵列效果

2D阵列：沿两个轴构成的平面进行克隆。选择"2D"选项，设置"数量"为5。在"增量行偏移"选项组中设置"2D"的"Y"值，同样该值要大于阵列对象的参数值，单击预览按钮进行预览，茶壶沿xy平面阵列，结果如图1-57所示。

图1-57 2D阵列效果

3D阵列：沿x轴、y轴和z轴同时进行克隆，使对象形成3D阵列效果。选择"3D"选项，设置"数量"为3。在"增量行偏移"选项组中设置"3D"的"Z"值，同样该值要大于阵列对象的参数值，单击预览按钮进行预览，结果如图1-58所示。

图1-58 3D阵列效果

另外，阵列对象时可以在"对象类型"选项组中设置阵列的方式，其设置与"克隆选项"对话框中的设置相同，在此不赘述。

预览时若觉得满意，单击 确定 按钮，关闭对话框，完成"线性"阵列。

下面学习"环形"阵列。该阵列方式类似于旋转克隆，可以设置旋转角度，然后将对象沿某一个轴或平面旋转克隆。

在茶壶旁边创建一个圆柱体，选择茶壶，在主工具栏中选择对象的参考坐标系为"拾取"，然后单击圆柱体，选择"使用变换坐标中心" ，此时茶壶将以圆柱体的坐标系为自身的参考坐标系，如图1-59所示。

在"阵列"对话框中，选择"阵列维度"选项组中的"1D"选项，设置"数量"为6。在"增量"选项组中设置"旋转"的"Z"值为60，单击 预览 按钮进行预览，此时发现茶壶围绕圆柱体旋转克隆了5个，如图1-60所示。

图1-59 设置参考坐标系

图1-60 环形阵列效果

修改"1D"的"数量"为12，选择"2D"选项，设置"数量"为6。在"增量"选项组中设置"旋转"的"Z"值为30，在"增量行偏移"选项组中设置"2D"的"Z"值，同样该值要大于阵列对象的参数值，单击 预览 按钮进行预览，此时茶壶沿z轴环形阵列了5圈，每一圈有12个对象，如图1-61所示。

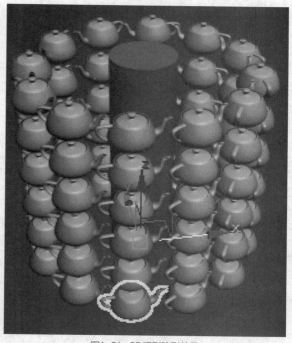

图1-61 2D环形阵列效果

单击 确定 按钮，关闭对话框，完成"环形"阵列。

1.3.4 对象的其他操作

除了以上操作对象的方法外，还有其他几种操作对象的方法。

1.对齐

"对齐"命令，可以使一个对象与另一个对象精确对齐。例如，创建圆锥体和球体两个对象，选择球体对象，单击主工具栏中的"对齐" 按钮，在场景中单击圆锥体对象，打开"对齐"对话框，勾选"X位置""Y位置""Z位置"复选框。

在"当前对象"和"目标对象"选项组中选择"中心"选项，此时发现球体对齐到圆锥体的中心位置，如图1-62所示。

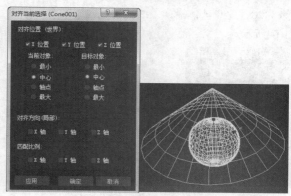

图1-62 中心对齐

单击 应用 按钮，然后取消"X位置""Y位置"复选框的勾选。在"当前对象"选项组中选择"最小"选项，在"目标对象"选项组中选择"最大"选项，此时发现球体对齐到圆锥体最顶端的中间位置；在"当前对象"选项组中选择"最大"选项，在"目标对象"选项组中选择"最小"选项，此时发现球体对齐到圆锥体最底部的中间位置，如图1-63所示。

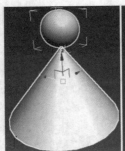

图1-63　最大、最小对齐

坐标的负方向为"最小"，坐标的正方向为"最大"。例如，球体的坐标位于自身的中心位置，其"最小"就是指球体的最底部，而"最大"就是指球体的最顶部，同理，圆锥体的"最小"就是指它的最底部，而"最大"就是指它的最顶部。

2.间隔工具

"间隔工具"其实是一个路径阵列命令，可以使对象沿路径进行阵列，分为"定数等分"与"定距等分"两种，它们类似于AutoCAD中点的"定数等分"和"定距等分"。

绘制一条样条线并创建一个茶壶，选择茶壶，执行"工具">"对齐">"间隔工具"命令，打开"间隔工具"对话框。激活 拾取路径 按钮，单击视图中的样条线，勾选"计数"复选框，并设置其参数为20，此时球体沿样条线均匀克隆了20个，如图1-64所示。

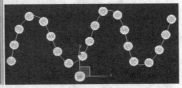

图1-64　计数克隆效果

取消"计数"复选框的勾选，勾选"间距"复选框，设置"间距"为20，此时球体会沿样条线以设置的"间距"值进行克隆，克隆的球体数目取决于样条线的长度以及设置的"间距"值，效果如图1-65所示。

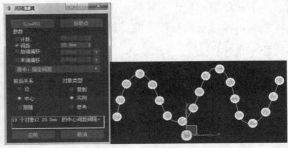

图1-65　间距克隆效果

3.冻结、隐藏与群组对象

"冻结"是将对象暂存的有效方法，对象冻结后仍可见，但无法对其进行任何操作。

选择要冻结的对象并右击，选择"冻结选定对象"命令，即可将对象冻结。右击并选择"全部解冻"命令，即可将冻结对象解冻。

另外，可以将对象隐藏，对象隐藏后在场景中消失，可以加快计算机的运算速度。

选择对象并右击，选择"隐藏选定对象"命令，即可将对象隐藏。右击并选择"按名称取消隐藏"或者"全部取消隐藏"命令，即可取消对象的隐藏。

"群组"是指将两个以上的对象组合为一个组对象，对象成组后仍可被编辑。

选择要群组的多个对象，执行"组">"组"命令，打开"组"对话框，为组对象命名，然后确认并关闭该对话框即可。要编辑组对象，可执行"组">"打开"或者"解组"命令。

以上就是3ds Max软件的基础知识，从建模的角度来说，掌握软件的基本操作非常关键。

标准基本体建模

在3ds Max中，"标准基本体"包括长方体、圆锥体、球体、几何球体、圆柱体、圆环等，是三维建模中的基本模型。通过对这些基本模型进行编辑，用户可以创建所需的模型。

进入创建面板，单击"几何体" 按钮，在列表中选择"标准基本体"选项，"对象类型"卷展栏中显示标准基本体的创建按钮，激活各按钮，可以进行对应模型的创建，如图2-1所示。

图2-1　标准基本体

本章将通过23个精彩案例，详细讲解利用标准基本体建模的方法、技巧以及标准基本体在实际工作中的应用方法。

2.1　长方体建模

长方体是标准基本体的一种，是建模常用的基本模型之一，长方体有"长度""宽度""高度"3个基本参数，其创建方法非常简单，可以通过"拖曳—上下移动—单击"3个步骤创建长方体。

"拖曳"确定长、宽尺寸，"上下移动"确定高度，"单击"完成创建，其创建流程如图2-2所示。

"拖曳"确定长、宽尺寸　"上下移动"确定高度　"单击"完成创建

图2-2　创建长方体的流程

创建完成后单击"修改" 按钮，进入修改面板，为长方体重命名和调整颜色，展开"参数"卷展栏，修改"长度""宽度""高度"等参数，改变长方体的形态，以满足不同的工作需求，如图2-3所示。

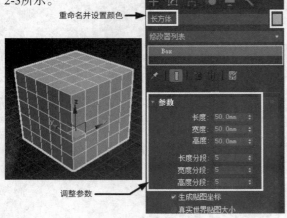

图2-3　长方体及其参数修改

长方体看似简单，但在实际工作中有着广泛的用途，建筑设计、游戏设计、工业产品设计等行业都离不开长方体。例如在建筑效果图中，利用长方体可以直接创建墙体、地面等基本模型，如果添加相关修改器，则可以创建更为复杂的建筑模型。

本节我们通过"创建小方桌与坐垫模型""创建软包靠垫模型""创建毛绒花边靠垫模型"3个精彩案例，学习长方体建模的方法和技巧，长方体建模案例效果如图2-4所示。

小方桌与坐垫模型　软包靠垫模型　毛绒花边靠垫模型

图2-4　长方体建模案例效果

2.1.1　创建小方桌与坐垫模型

本节创建小方桌与坐垫模型，学习长方体建模的方法，为后续使用长方体创建更为复杂的模型奠定基础。本节要创建的小方桌和坐垫模型效果如图2-5所示。

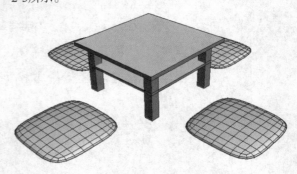

图2-5　小方桌与坐垫模型

操作步骤

创建小方桌模型。

01 在透视图中创建"长度""宽度"均为400、"高度"为30的长方体作为桌面。

02 按F键切换到前视图，按住Shift键的同时将长方体沿y轴以"复制"方式向下复制两个，选择其中一个对象，修改"长度""宽度"均为350、"高度"为20，将其作为小方桌的隔板，如图2-6所示。

03 选择另一个对象，修改"长度""宽度"均为30、"高度"为200，将其作为小方桌的桌腿，并分别沿*x*轴和*y*轴移动，使其左侧与小方桌隔板的左边对齐、顶部与小方桌桌面的底边对齐，效果如图2-7所示。

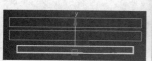

图2-6 小方桌的隔板　　　图2-7 小方桌的桌腿

04 按住Shift键的同时将桌腿沿*x*轴以"实例"方式向右复制，使其右侧与隔板的右边对齐，制作出另一条桌腿，如图2-8所示。

05 按T键切换到顶视图，将两条桌腿沿*y*轴向下移动，使其与隔板的下边对齐，然后按住Shift键将这两条桌腿沿*y*轴以"实例"方式向上复制，使其与隔板的上边对齐，制作出另外两条桌腿，如图2-9所示。

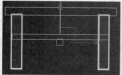

图2-8 复制桌腿　　　图2-9 复制其他桌腿

06 小方桌模型制作完毕，按P键切换到透视图，观察小方桌模型的效果，如图2-10所示。

图2-10 小方桌模型

创建坐垫模型。

07 按T键切换到顶视图，在小方桌一侧创建"长度""宽度"均为300、"高度"为60、"长度分段""宽度分段"均为2的长方体。

08 在修改器列表中选择"FFD 3×3×3"修改器，按数字1键进入"控制点"层级，按住Ctrl键的同时在顶视图中以"窗口"选择方式选择4个角上的控制点，在前视图中将其沿*y*轴缩放，如图2-11所示。

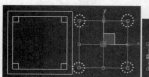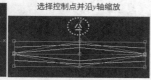

选择控制点并沿*y*轴缩放

图2-11 选择控制点并缩放

09 按数字1键退出"控制点"层级，在修改器列表中选择"涡轮平滑"修改器，设置"迭代次数"为2，完成坐垫模型的创建，如图2-12所示。

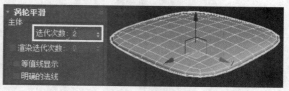

图2-12 坐垫模型

10 右击主工具栏中的"角度捕捉切换" ⃞ 按钮，打开"栅格和捕捉设置"对话框，设置"角度"为90，然后关闭该对话框。

11 切换到顶视图，右击并选择"旋转"命令，选择坐垫，在主工具栏的"视图"列表中选择"拾取"选项，然后单击小方桌，选择"变换坐标中心" ⃞ ，此时坐垫将使用小方桌的中心点作为自身的参考中心，如图2-13所示。

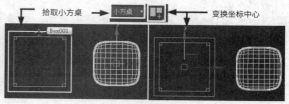

拾取小方桌　　小方桌　　变换坐标中心

图2-13 设置坐标中心

12 在顶视图中，按住Shift键，将坐垫沿*z*轴旋转克隆一个，释放鼠标左键，在打开的"克隆选项"对话框中选择"实例"单选项，并设置"副本数"为3，如图2-14所示。

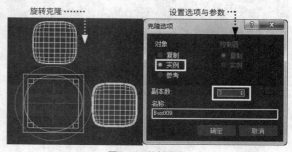

旋转克隆　　　设置选项与参数

图2-14 旋转克隆

13 确认并关闭该对话框，将坐垫沿小方桌四周各克隆一个，最终效果如图2-5所示。

2.1.2　创建软包靠垫模型

本节使用长方体创建一个日常生活中常见的软包靠垫模型，学习使用长方体创建软包靠垫模型的方法和技巧，软包靠垫模型效果如图2-15所示。

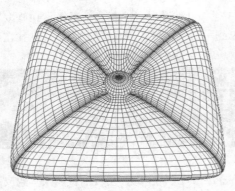

图2-15 软包靠垫模型

操作步骤

01 在透视图中创建"长度""宽度"均为600、"高度"为200、"长度分段""宽度分段"均为2、"高度分段"为1的长方体,右击并选择"转换为">"转换为可编辑多边形"命令,将其转换为可编辑多边形对象。

02 按数字1键进入"顶点"层级,以"窗口"选择方式选择长方体中间的上、下两个顶点,单击 [挤出] 按钮右侧的"设置" ■ 按钮,设置"高度"为-100、"宽度"为150,如图2-16所示。

03 单击 ■ 按钮确认,然后激活主工具栏中的 ■ 按钮启用捕捉,右击并选择"剪切"命令,配合捕捉功能,分别捕捉对角点及中点,对上、下两个面都进行剪切,如图2-17所示。

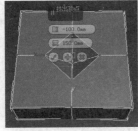

图2-16 挤出顶点　　　　图2-17 剪切效果

04 进入"边"层级,系统自动选择剪切形成的边(如果系统没有选择边,可以双击剪切形成的边),单击"编辑边"卷展栏中 [挤出] 按钮右侧的"设置" ■ 按钮,设置挤出的"高度"为-50、"宽度"为5,确认挤出,如图2-18所示。

05 进入"顶点"层级,在"选择"卷展栏中勾选"忽略背面"复选框,以"窗口"选择方式分别选择软包坐垫正面和反面中间位置的所有顶点,右击并选择"塌陷"命令,将选择的顶点塌陷为一个点,如图2-19所示。

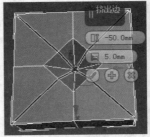
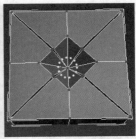

图2-18 挤出边　　　　图2-19 塌陷点

06 退出"顶点"层级,选择"涡轮平滑"修改器,设置"迭代次数"为2,对软包坐垫进行平滑处理。

07 切换到顶视图,在软包坐垫的中间位置创建"半径"为50的球体,在前视图中将其调整到软包坐垫的中间偏上位置,最终效果如图2-15所示。

2.1.3　创建毛绒花边靠垫模型

　　靠垫的种类有很多,除了上一节创建的软包靠垫外,在实际生活中,我们还会看到各种样式的靠垫。靠垫看似简单,但要创建一个逼真的靠垫模型却不容易,本节我们使用长方体创建一个毛绒花边靠垫模型,学习不同样式的靠垫的制作方法。毛绒花边靠垫模型效果如图2-20所示。

图2-20 毛绒花边靠垫模型

操作步骤

01 在透视图中创建"长度""宽度"均为600、"高度"为200、"长度分段""宽度分段"均为2、"高度分段"为1的长方体,右击并选择"转换为">"转换为可编辑多边形"命令,将其转换为可编辑多边形对象。

02 按数字1键进入"顶点"层级，按T键切换到顶视图，按住Ctrl键的同时以"窗口"选择方式选择4组顶点，将其沿xy平面缩放，如图2-21所示。

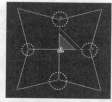

图2-21 缩放顶点（1）

03 以"窗口"选择方式选择中间的两个顶点，按F键切换到前视图，将其沿y轴缩放，效果如图2-22所示。

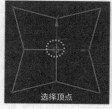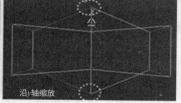

图2-22 缩放顶点（2）

04 按数字1键退出"顶点"层级，在修改器列表中选择"涡轮平滑"修改器，设置"迭代次数"为2，对模型进行平滑处理。

05 再次将模型转换为可编辑多边形对象，按数字2键进入"边"层级，双击中间的一条边，右击并选择"切角"命令，设置"切角量"为10，如图2-23所示。

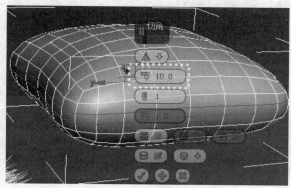

图2-23 切角边效果

06 单击 ☑ 按钮确认，然后在修改器列表中选择"Hair和Fur"修改器，此时靠垫会被全部赋予毛发，按数字2键进入"边"层级，按住Ctrl键的同时依次选择切角形成的一圈多边形对象，在"选择"卷展栏中单击 更新选择 按钮，此时只有被选中的多边形上有毛发效果，如图2-24所示。

07 在"设计"卷展栏和"常规参数"卷展栏中设置毛发的形状、数量、密度等参数，然后展开"材质"卷展栏，设置毛发的颜色，完成该靠垫模型的创建。

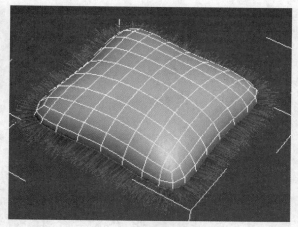

图2-24 毛发效果

2.2 圆柱体建模

圆柱体也是标准基本体的一种，圆柱体有"半径"和"高度"两个基本参数，可以通过"拖曳—上下移动—单击"3个步骤创建圆柱体。

"拖曳"确定半径，"上下移动"确定高度，"单击"完成创建，其流程如图2-25所示。

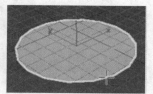

"拖曳"确定半径

"上下移动"确定高度　　　"单击"完成创建

图2-25 创建圆柱体的流程

创建完成后进入修改面板，为圆柱体重命名并调整颜色，展开"参数"卷展栏，修改"半径""高度""高度分段""端面分段""边数"等参数，如图2-26所示。

圆柱体的用途同样非常广泛，其基本模型可以作为立柱使用，如果添加相关修改器，则可以创建更为复杂的建筑模型。这一节我们通过"创建红酒瓶模型""创建咖啡杯模型""创建吸顶灯模型"3个精彩案例，学习圆柱体建模的基本方法和技巧。圆柱体建模案例效果如图2-27所示。

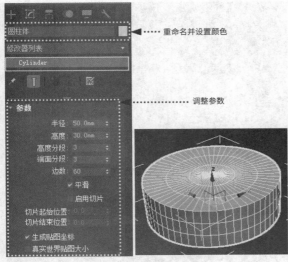

重命名并设置颜色

调整参数

图2-26　圆柱体及其参数修改

红酒瓶模型　　咖啡杯模型　　吸顶灯模型

图2-27　圆柱体建模案例效果

2.2.1　创建红酒瓶模型

本节创建红酒瓶模型，学习圆柱体建模的基本方法。红酒瓶模型效果如图2-28所示。

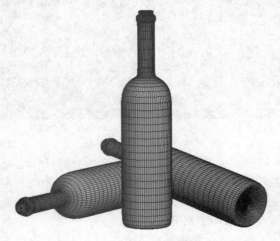

图2-28　红酒瓶模型

操作步骤

01 在透视图中创建圆柱体，按F4键显示边面，然后修改其"半径"为35、"高度"为200、"高度分段""端面分段"均为5、"边数"为18。

02 选择圆柱体对象，右击并选择"转换为">"转换为可编辑多边形"命令，将其转换为可编辑多边形对象。

03 按数字4键进入"多边形"层级，以"窗口"选择方式选择圆柱体顶面所有多边形，如图2-29所示。

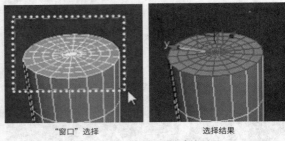

"窗口"选择　　　　选择结果

图2-29　选择顶面所有多边形

04 按Delete键将选择的多边形删除，按数字3键进入"边界"层级，单击上方的边界，再单击"编辑边界"卷展栏中的 ▓封口▓ 按钮进行封口，如图2-30所示。

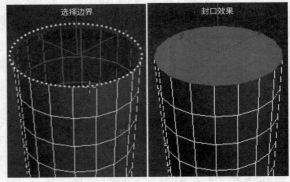

选择边界　　　　　封口效果

图2-30　封口操作

05 按数字4键进入"多边形"层级，单击顶面多边形，右击并选择"倒角"命令，设置倒角参数进行第1次倒角，如图2-31所示。

06 单击▣按钮确认，然后重新设置倒角参数进行第2次倒角，如图2-32所示。

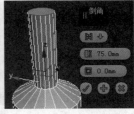

图2-31　第1次倒角　　　图2-32　第2次倒角

07 单击 ![按钮]按钮确认，然后重新设置倒角参数进行第3次倒角，如图2-33所示。

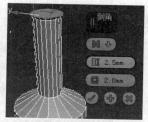

图2-33 第3次倒角

08 按此方法继续进行第4次、第5次和第6次倒角，创建出红酒瓶瓶口和木塞模型，如图2-34所示。

第4次倒角

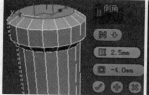

第5次倒角

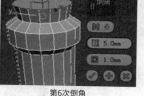

第6次倒角

图2-34 多次倒角效果

09 单击 ![按钮]按钮确认，按数字1键进入"顶点"层级，按住Alt键配合鼠标滑轮调整视角，显示圆柱体底部，选择底部中间的顶点，如图2-35所示。

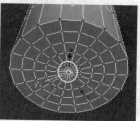

图2-35 调整视角并选择顶点

10 按F键切换到前视图，展开"软选择"卷展栏，勾选"使用软选择"复选框，并设置"衰减"为38，然后将刚才选择的顶点沿y轴向上移动，制作瓶底造型，如图2-36所示。

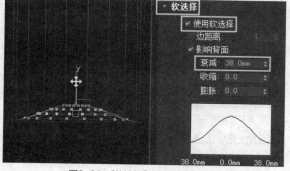

图2-36 "软选择"卷展栏中的设置

11 取消"使用软选择"复选框的勾选，按数字2

键进入"边"层级，按住Ctrl键的同时双击瓶颈、瓶口下方以及木塞上方的边，右击并选择"切角"命令，设置"切角量"为1，其他参数保持默认，如图2-37所示。

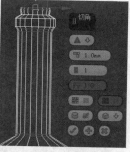

图2-37 切角设置

12 单击 ![按钮]按钮确认，继续选择瓶口与木塞相交的边，然后右击并选择"挤出"命令，设置挤出参数，进行挤出，如图2-38所示。

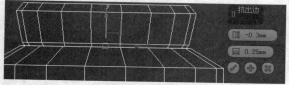

图2-38 挤出设置

13 单击 ![按钮]按钮确认，然后在修改器列表中选择"涡轮平滑"修改器，设置"迭代次数"为2，进行平滑处理，完成红酒瓶模型的创建。

2.2.2 创建咖啡杯模型

这一节使用圆柱体创建咖啡杯模型，学习使用圆柱体创建咖啡杯模型的方法和技巧。咖啡杯模型效果如图2-39所示。

图2-39 咖啡杯模型

操作步骤

01 在透视图中创建"半径"为80、"高度"为100、"边数"为20、"高度分段"为5的圆柱体对象。选择圆柱体对象，右击并选择"转换为">"转换为可编辑多边形"命令，将其转换为可编辑多边形对象。

02 按数字4键进入"多边形"层级，选择圆柱体顶面的多边形，右击并选择"插入"命令，设置"数量"为10，效果如图2-40所示。

03 确认，继续右击并选择"挤出"命令，设置

"高度"为-90，将其向内挤出，如图2-41所示。

图2-40 插入多边形（1）　　　图2-41 挤出多边形

04 确认并调整视角，选择咖啡杯底部的多边形，依照第02步的操作将其向内插入15个绘图单位，如图2-42所示。

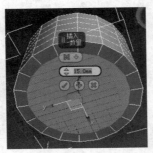

图2-42 插入多边形（2）

05 确认，依照第03步的操作将其向外挤出15个绘图单位，依照第02步的操作将挤出的多边形插入10个绘图单位，再次依照第03步的操作将插入的多边形挤出-10个绘图单位，确认，如图2-43所示。

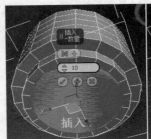 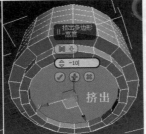

图2-43 插入与挤出多边形

06 按数字2键进入"边"层级，按住Ctrl键的同时选择底部外侧与内侧的边，单击 循环 按钮选择一圈边，右击并选择"切角"命令，设置"切角量"为1，进行切角，如图2-44所示。

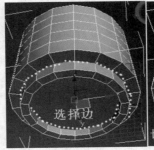 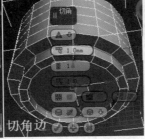

图2-44 切角

07 按数字1键进入"顶点"层级，按住Ctrl键的同时选择侧面的两个顶点，右击并选择"切角"命令，设置"切角量"为10，如图2-45所示。

08 确认，然后按数字1键退出"顶点"层级，在前视图中的咖啡杯右侧切角顶点的位置绘制一条圆弧，如图2-46所示。

 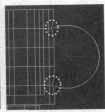

图2-45 切角顶点　　　图2-46 绘制圆弧

09 选择咖啡杯，进入"多边形"层级，在透视图中选择切角顶点形成的多边形中的上面一个，按Delete键将其删除，然后选择下面的多边形，右击并选择"沿样条线挤出"命令，单击"拾取样条线" 按钮，在视图中单击圆弧，此时多边形沿圆弧进行挤出，如图2-47所示。

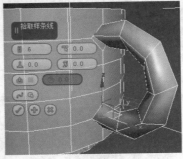

图2-47 沿圆弧挤出多边形

10 确认，按Delete键将挤出模型一端的多边形删除。按F3键进入"线框"模式，按数字1键进入"顶点"层级，选择挤出模型一端的一个顶点，右击并选择"目标焊接"命令，然后将该顶点移动到咖啡杯相应的顶点上进行焊接，如图2-48所示。

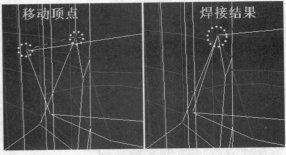

图2-48 焊接顶点

11 使用相同的方法，将挤出模型的其他3个顶点与咖啡杯相应的3个顶点进行焊接，效果如图2-49所示。

12 进入"多边形"层级，选择咖啡杯内部的多边形，依照第02步的操作多次插入多边形，为内部底面增加边，如图2-50所示。

图2-49 焊接后的咖啡杯杯把

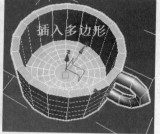
图2-50 在底部插入多边形

13 按数字4键退出"多边形"层级，在修改器列表中选择"涡轮平滑"修改器，并设置"迭代次数"为2，完成咖啡杯模型的创建。

2.2.3 创建吸顶灯模型

在室内设计中，吸顶灯是不可缺少的照明设备，下面使用圆柱体创建吸顶灯模型，学习使用圆柱体创建吸顶灯模型的方法和技巧。吸顶灯模型效果如图2-51所示。

操作步骤

01 在透视图中创建"半径"为100、"高度"为5，"边数"为20、"高度分段"为1的圆柱体对象。选择圆柱体对象，右击并选择"转换为">"转换为可编辑多边形"命令，将其转换为可编辑多边形对象。

02 按数字4键进入"多边形"层级，选择圆柱体顶面的多边形，右击并选择"倒角"命令，设置"高度""轮廓"均为25，效果如图2-52所示。

图2-51 吸顶灯模型

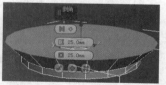
图2-52 倒角多边形（1）

03 确认倒角并按Delete键删除顶面的多边形，退出"多边形"层级。在透视图中以"复制"方式沿z轴镜像克隆整个对象，并调整克隆对象，使其与原对象对齐。

04 右击并选择"附加"命令，将克隆对象与原对象附加。按数字1键进入"顶点"层级，选择对齐边上的顶点进行焊接，效果如图2-53所示。

05 按数字2键进入"边"层级，双击对齐边将其

选择，右击并选择"切角"命令，设置"切角量"为10，进行切角，如图2-54所示。

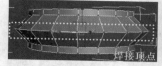
图2-53 焊接顶点

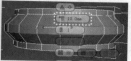
图2-54 切角边

06 按数字4键进入"多边形"层级，选择模型底面的多边形，右击并选择"插入"命令，设置"数量"为5，效果如图2-55所示。

07 确认插入，右击并选择"倒角"命令，设置"高度"为10、"轮廓"为-20，效果如图2-56所示。

图2-55 插入多边形

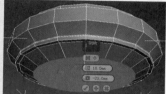
图2-56 倒角多边形（2）

08 单击◈按钮，调整"轮廓"为-15；再次单击◈按钮，调整"高度"为5、"轮廓"为-30；确认，效果如图2-57所示。

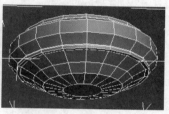
图2-57 创建下方模型

09 按数字2键进入"边"层级，按住Ctrl键的同时分别双击各竖边将其选中。切换到前视图，按住Alt键的同时以"窗口"选择方式将两端的边取消选择，再切换到透视图，在模型下方隔一条边取消选择一条边，如图2-58所示。

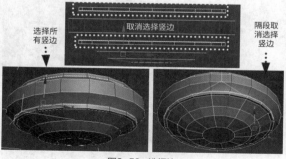
图2-58 选择边

10 右击并选择"切角"命令，设置"切角量"为1.5，其他参数保持默认，对边进行切角。按数字4键进入"多边形"层级，按住Ctrl键的同时将切角边形成的多边形全部选择，将其以"组"方式挤出

5个绘图单位，如图2-59所示。

11 按数字4键退出
"多边形"层级，
在修改器列表中选
择"涡轮平滑"修
改器，并设置"迭
代次数"为2，完成
吸顶灯模型的创建。

图2-59 切角边并挤出多边形

2.3 圆锥体建模

圆锥体也是标准基本体的一种，圆锥体有"半
径1""半径2""高度"3个基本参数，可以通过
"拖曳—上下移动—再拖曳—单击"4个步骤完成
创建。

"拖曳"确定半径1，"上下移动"确定高
度，"再拖曳"确定半径2，"单击"完成创建，
其流程如图2-60所示。

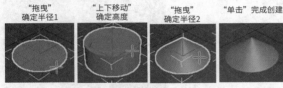

图2-60 创建圆锥体的流程

创建完成后进入修改面板，为圆锥体重命
名并调整颜色，展开"参数"卷展栏，修改"半
径1""半径2""高度""高度分段""端面分
段""边数"等参数，如图2-61所示。

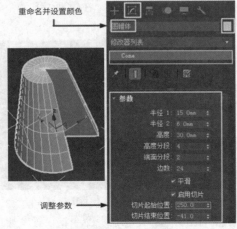

图2-61 圆锥体及其参数修改

圆锥体的基本模型在实际建模中应用不是很
多，但是为其添加相关修改器后，可以将其编辑为

所需的各种模型。本节我们通过"创建塑料废纸篓
模型""创建锥形光纤吊灯模型""创建公园锥形
垃圾桶模型"3个精彩案例，学习圆锥体建模的方
法与技巧。圆锥体建模案例效果如图2-62所示。

废纸篓模型　　锥形光纤吊灯模型　　公园锥形垃圾桶模型

图2-62 圆锥体建模案例效果

2.3.1 创建塑料废纸篓模型

废纸篓是我们生活中必备的
物品，本节我们学习使用圆锥
体创建废纸篓模型的相关技巧，
废纸篓模型效果如图2-63所示。

操作步骤

图2-63 废纸篓模型

01 创建"半径1"为100、"半径2"为140、"高
度"为350、"高度分段"为8、"端面分段"为
4、"边数"为24的圆锥体对象。

02 选择圆锥体对象，右击并选择"转换
为">"转换为可编辑多边形"命令，将其转换为可
编辑多边形对象，按数字4键进入"多边形"层级。

03 按F键切换到前视图，以"窗口"选择方式选
择圆锥体顶面的所有多边形，按Delete键将其删
除，如图2-64所示。

04 按数字4键退出"多边形"层级，在修改器列
表中选择"晶格"修改器，在"几何体"选项组中
选择"仅来自边的支柱"选项，在"支柱"选项组
设置"半径"为6、"边数"为10，其他设置保持默
认，完成废纸篓模型的创建，效果如图2-65所示。

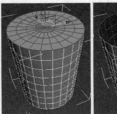

图2-64 选择并删除多边形　　　图2-65 晶格效果

2.3.2 创建锥形光纤吊灯模型

锥形光纤吊灯属于异形照明灯具，通常用于大型宴会厅等面积较大的环境。本节我们就使用圆锥体来创建锥形光纤吊灯模型，学习圆锥体在实际工作中的用法。锥形光纤吊灯模型效果如图2-66所示。

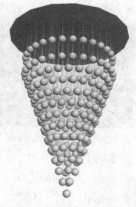

图2-66 锥形光纤吊灯模型

操作步骤

01 创建"半径1"为0、"半径2"为250、"高度"为660、"高度分段"为12、"端面分段"为1、"边数"为24的圆锥体对象。

02 选择圆锥体对象，右击并选择"转换为">"转换为可编辑多边形"命令，将其转换为可编辑多边形对象。按数字4键进入"多边形"层级，选择圆锥体的顶面，右击并选择"挤出"命令，将其挤出100个绘图单位。

03 按数字2键进入"边"层级，选择顶面上的一段边，在"选择"卷展栏中依次单击 环形 按钮和 循环 按钮，将所有圆形边选择，如图2-67所示。

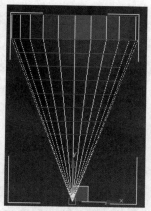

图2-67 选择圆形边

04 右击并选择"创建图形"命令，在打开的"创建图形"对话框中选择"线性"选项，单击 确定 按钮，将选择的边创建为图形，如图2-68所示。

05 按数字2键退出"边"层级，按Delete键删除圆锥体对象，这样就得到了圆锥体形状的图形对象，如图2-69所示。

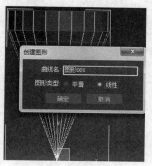

图2-68 创建图形

06 选择图形对象，按数字3键进入"样条线"层级，选择最上方的样条线对象，在"几何体"卷展栏中单击 分离 按钮，在弹出的"分离"对话框中单击 确定 按钮，将该样条线分离为单个对象。

07 使用相同的方法，将其他样条线对象分离为单个对象。

08 创建"半径"为20的球体，将其转换为可编辑多边形对象。按数字1键进入"顶点"层级，选择球体顶部的顶点，右击并选择"挤出"命令，设置"宽度"为1、"高度"为700，挤出顶点，如图2-70所示。

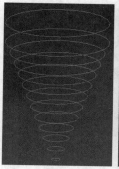

图2-69 圆锥体形状的图 图2-70 挤出顶点
形对象

09 按数字1键退出"顶点"层级。执行"工具">"对齐">"间隔工具"命令，打开"间隔工具"对话框，激活 拾取路径 按钮，在视图中单击最上方的圆形路径，设置"计数"为30，此时球体沿圆形图形均匀排列，如图2-71所示。

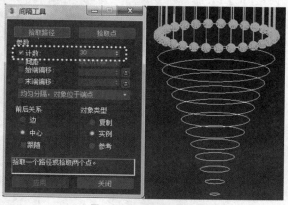

图2-71 沿路径排列球体

10 单击 应用 按钮，再次激活 拾取路径 按钮，在视图中单击下方的圆形路径，设置"计数"为30，单击 应用 按钮。

11 使用相同的方法，依次将球体沿其他圆形路径进行排列。注意，根据圆形路径的大小，适当调整

"计数"参数，使球体均匀排列在路径上，效果如图2-72所示。

12 选择所有图形对象并将其删除，然后将所有球体附加。进入"顶点"层级，在前视图中选择所有球体光纤顶部的顶点，单击"编辑几何体"卷展栏中 平面化 按钮右侧的 □ 按钮，将顶点与z轴对齐，如图2-73所示。

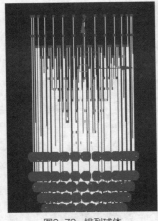
图2-72 排列球体

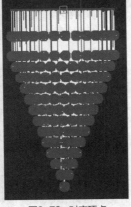
图2-73 对齐顶点

13 按数字1键退出"顶点"层级，在顶视图中的球体光纤顶端位置创建"半径"为350、"高度"为2的圆柱体，完成锥形光纤吊灯模型的创建。

2.3.3 创建公园锥形垃圾桶模型

我们经常在公园看到各种各样的垃圾桶，本节我们就使用圆锥体创建一个公园锥形垃圾桶模型，学习圆锥体在实际工作中的用法，公园锥形垃圾桶模型效果如图2-74所示。

图2-74 公园锥形垃圾桶模型

操作步骤

01 创建"半径1"为150、"半径2"为200、"高度"为600、"高度分段""端面分段"均为1、"边数"为24的圆锥体对象。

02 选择圆锥体对象，右击并选择"转换为">"转换为可编辑多边形"命令，将其转换为可编辑多边形对象，按数字4键进入"多边形"层级，选择顶面多边形，按Delete键将其删除。

03 按数字2键进入"边"层级，双击顶面上的边，按住Shift键的同时将其沿z轴向上拉伸一段距离，然后将其沿xy平面放大，如图2-75所示。

04 按住Shift键的同时将其沿z轴向下拉伸一段距离，然后将其沿xy平面放大，如图2-76所示。

图2-75 拉伸并放大（1）　　图2-76 拉伸并放大（2）

05 将其拉伸并缩小，创建出垃圾桶的卷边；然后退出"边"层级，在修改器列表中选择"壳"修改器，设置"内部量""外部量"均为2，如图2-77所示。

图2-77 创建垃圾桶的卷边

06 将垃圾桶模型再次转换为可编辑多边形对象，按数字4键进入"多边形"层级，按住Ctrl键的同时选择垃圾桶壁上的两个多边形，右击并选择"插入"命令，以"组"方式插入一个向中间移动10个绘图单位的多边形，如图2-78所示。

07 使用相同的方法，继续选择两个一组的多边形进行插入，然后选择插入的多边形，右击并选择"倒角"命令，设置"高度"为45、"轮廓"为0，以"组"方式进行倒角，创建垃圾桶外侧的木质外壳，如图2-79所示。

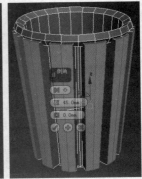
图2-78 插入多边形　　图2-79 倒角效果

08 按数字1键进入"顶点"层级，激活"编辑几何体"卷展栏中的 快速切片 按钮，在前视图中的垃圾桶上方双击，创建一个水平边，如图2-80所示。

09 按数字4键进入"多边形"层级，采用每间隔3个选1个的方法，选择倒角形成的多边形上方两端的多边形，右击并选择"挤出"命令，以"组"方式将其挤出45个绘图单位，创建垃圾桶的3个把手，效果如图2-81所示。

图2-80 切片效果　　图2-81 挤出垃圾桶的3个把手

10 按数字2键进入"边"层级，双击垃圾桶切角顶部的圆形边，右击并选择"切角"命令，设置"切角量""分段"均为4，确认切角，完成垃圾桶模型的创建。

2.4 球体建模

球体也是标准基本体的一种，球体参数较少，其中有"半径""分段"两个基本参数，直接拖曳鼠标即可完成球体的创建。创建完成后单击"修改" 按钮，进入修改面板，展开"参数"卷展栏，修改"半径""分段""半球"等参数，如图2-82所示。

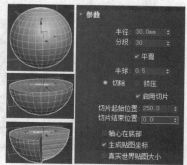

图2-82 球体及其参数修改

这一节我们通过"创建球形布艺软包沙发模型""创建球形花洒模型""创建球形射灯模型"3个精彩案例，学习球体建模的方法和技巧。球体建模案例效果如图2-83所示。

球形布艺软包沙发模型　　球形花洒模型　　球形射灯模型

图2-83 球体建模案例效果

2.4.1 创建球形布艺软包沙发模型

沙发是我们日常生活中常见的家具，沙发的种类非常多，这一节我们使用球体来创建一个球形沙发模型，学习使用球体进行建模的基本方法。球形布艺软包沙发模型效果如图2-84所示。

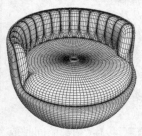

图2-84 球形布艺软包沙发模型

操作步骤

01 创建"半径"为300、"分段"为30、"半球"为0.5的球体，按F键进入前视图，将球体沿y轴镜像。

02 选择球体，右击并选择"转换为"＞"转换为可编辑多边形"命令，将球体转换为可编辑多边形对象。按数字4键进入"多边形"层级，按F键进入前视图，以"窗口"选择方式选择半球面的多边形。

03 按P键进入透视图，右击并选择"插入"命令，以"组"方式插入一个向中间移动20个绘图单位的多边形，确认，如图2-85所示。

04 按数字4键进入"多边形"层级，按住Ctrl键的同时选择半球面边缘一半的多边形，右击并选择"挤出"命令，以"组"方式将其挤出200个绘图单位，挤出沙发的靠背，如图2-86所示。

图2-85 选择并插入多边形　　图2-86 选择多边形并挤出

05 按F键切换到前视图，以"窗口"选择方式选择球体下方的多边形，按Delete键将其删除，结果如图2-87所示。

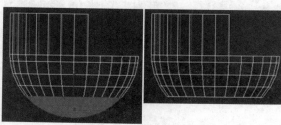

图2-87 选择底部多边形并将其删除

06 按住Ctrl键的同时依次单击沙发靠背内部以及沙发面的多边形，右击并选择"倒角"命令，设置"挤出方式"为"局部法线"、"高度"为50、"轮廓"为-10，确认，如图2-88所示。

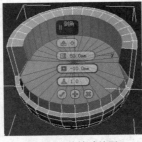

图2-88 倒角多边形

07 按住Ctrl键的同时依次单击倒角生成的多边形，在修改面板的"多边形：材质ID"卷展栏中设置"设置ID"为1，执行"编辑">"反选"命令，选择其他多边形，修改"设置ID"为2，如图2-89所示。

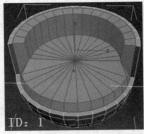 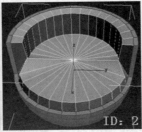

图2-89 设置材质ID

08 按数字2键进入"边"层级，按住Ctrl键的同时选择沙发靠背上的竖边以及靠背和沙发面外围的一圈边，右击并选择"挤出"命令，设置"高度"为-5、"宽度"为1，确认挤出，如图2-90所示。

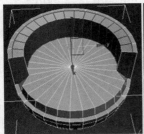 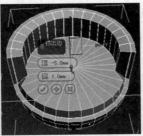

图2-90 选择边并挤出

09 在修改器列表中选择"涡轮平滑"修改器，设置"迭代次数"为2，其他设置保持默认，完成球形布艺软包沙发模型的制作。

2.4.2 创建球形花洒模型

花洒是清洁用具之一，花洒模型是卫生间室内设计中不可缺少的模型。这一节我们就来使用球体创建一个球形花洒模型，学习球体在实际建模中的用法。球形花洒模型效果如图2-91所示。

操作步骤

01 创建"半径"为50、"分段"为30、"半球"为0.35的球体，在修改器列表中选择"FFD 2×2×2"修改器。按数字1键进入"控制点"层级，选择上面4个控制点，将其沿 xy 平面缩放，使其变为锥形，如图2-92所示。

 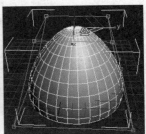

图2-91 球形花洒模型（1）　　图2-92 调整球体形状

02 将球体沿 z 轴以"复制"方式镜像克隆一个，删除"FFD 2×2×2"修改器，并修改"半径"为15、"半球"为0，将其移动到大球体的上方，使两个球体相交。

03 将两个球体转换为可编辑多边形对象，选择大球体，按数字4键进入"多边形"层级，在前视图中以"窗口"选择方式将大球体与小球体相交部分的多边形选择，按Delete键将其删除，如图2-93所示。

04 使用相同的方法，将小球体与大球体相交部分的多边形选择并删除，如图2-94所示。

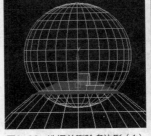 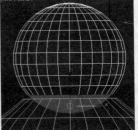

图2-93 选择并删除多边形（1）　图2-94 选择并删除多边形（2）

05 退出"多边形"层级，右击并选择"附加"命令，单击大球体，将其与小球体附加。按数字1键进入"顶点"层级，框选两个球体相邻的顶点，单击"编辑顶点"卷展栏中的 焊接 按钮将其焊接，如图2-95所示。

06 按数字4键进入"多边形"层级，在前视图中选择半球面的多边形，切换到透视图，右击并选择"插入"命令，插入一个向中间移动3个绘图单位的多边形，如图2-96所示。

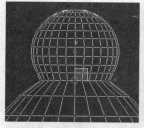

图2-95 焊接顶点　　　　图2-96 插入多边形

07 右击并选择"挤出"命令，将其挤出3个绘图单位，设置"数量"为5，重复插入操作3次，如图2-97所示。

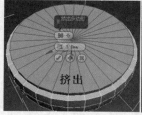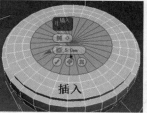

图2-97 挤出和插入多边形

08 右击并选择"倒角"命令，设置"高度"为4、"轮廓"为-18，进行倒角操作，如图2-98所示。

09 按数字2键进入"边"层级，选择顶面的一条边，单击"选择"卷展栏中的 环形 按钮，将所有环形边选择，右击并选择"连接"命令，设置"分段"为4，确认连接，如图2-99所示。

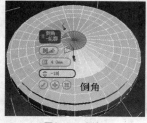

图2-98 倒角　　　　　图2-99 连接

10 双击两条圆形边，右击并选择"转换到顶点"命令，转换到边的顶点，右击并选择"切角"命令，设置"切角量"为2，确认切角，如图2-100所示。

图2-100 切角顶点

11 选择切角形成的多边形，右击并选择"挤出"命令，设置"高度"为3，确认挤出，如图2-101所示。

12 依照第10步的操作继续选择内部的3条圆形边，并转换到顶点进行切角，设置"切角量"为0.5，如图2-102所示。

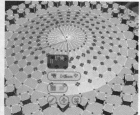

图2-101 挤出　　　　　图2-102 切角

13 选择切角形成的多边形，按Delete键将其删除，然后选择挤出模型上方的多边形，插入一个向中间移动1个绘图单位的多边形，之后删除插入的多边形，创建出水孔，效果如图2-103所示。

14 按数字2键进入"边"层级，双击花洒表面的圆形边，右击并选择"挤出"命令，设置"高度"为-2、"宽度"为0.8，确认挤出，如图2-104所示。

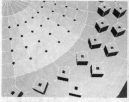

图2-103 创建水孔　　　　图2-104 挤出边

15 在修改器列表中选择"涡轮平滑"修改器，设置"迭代次数"为2，对模型进行平滑处理，完成球形花洒模型的创建，效果如图2-105所示。

图2-105 球形花洒模型（2）

2.4.3 创建球形射灯模型

射灯属于照明设备的一种，通常作为辅助照明设备，而在大型娱乐场所，射灯则作为主要照明设备来营造氛围。这一节我们就来使用球体创建一个球形射灯模型，学习球体在实际工作中的用法，球形射灯模型效果如图2-106所示。

图2-106　球形射灯模型

操作步骤

01 创建"半径"为50、"分段"为30、"半球"为0.25的球体，将其转换为可编辑多边形对象。

02 按数字4键进入"多边形"层级，选择球体顶面的多边形，右击并选择"倒角"命令，设置"高度"为-6.5、"轮廓"为-7.5，效果如图2-107所示。

03 按数字2键进入"边"层级，按住Ctrl键的同时选择顶面多边形的所有边，右击并选择"连接"命令，设置"分段"为9，确认连接，如图2-108所示。

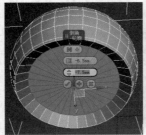 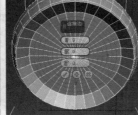

图2-107　倒角多边形　　　　图2-108　连接边

04 右击并选择"转换到顶点"命令，转换到边的顶点，右击并选择"切角"命令，设置"切角量"为0.3，确认切角，如图2-109所示。

05 按数字4键进入"多边形"层级，选择顶面中除了切角形成的多边形外的其他多边形，右击并选择"倒角"命令，设置"高度"为-2.5、"轮廓"为-2，以"按多边形"方式进行倒角，效果如图2-110所示。

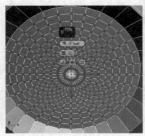 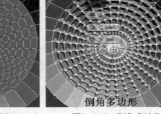

图2-109　切角顶点　　　　图2-110　倒角多边形

06 选择灯口位置的一圈竖边，右击并选择"连接"命令，设置"分段"为1，创建一条圆形边，如图2-111所示。

07 右击并选择"挤出"命令，设置"高度"为10、"宽度"为1.5，对该圆形边进行挤出，创建灯口，如图2-112所示。

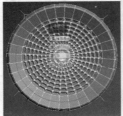 

图2-111　创建圆形边　　　　图2-112　挤出圆形边

08 按F键切换到前视图，按数字4键进入"多边形"层级，以"窗口"选择方式将中间的4个多边形和背面的4个多边形同时选择。

09 切换到透视图，右击并选择"倒角"命令，设置"高度"为8、"轮廓"为-4，以"组"方式进行倒角，创建出射灯两边的悬挂结构，如图2-113所示。

10 按数字2键进入"边"层级，按住Ctrl键的同时依次选择悬挂结构底部的一圈边，右击并选择"切角"命令，设置"切角量"为0.5，如图2-114所示。

图2-113　创建悬挂结构　　　　图2-114　切角

11 按住Ctrl键的同时选择两侧悬挂结构上方的3条边，右击并选择"连接"命令，设置"分段"为2，确认连接，如图2-115所示。

图2-115　选择边并连接

12 按数字4键进入"多边形"层级，选择连接边生成的多边形，按Delete键将其删除。此时模型会出现一个开口，使用相同的方法在另一边也创建一个开口，然后在修改器列表中选择"涡轮平滑"修改器，设置"迭代次数"为2，对模型进行平滑处理，效果如图2-116所示。

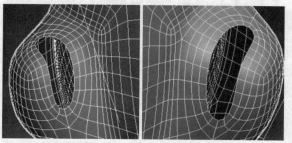

图2-116 创建开口效果

13 下面制作射灯的悬挂结构。按L键切换到左视图，依照射灯大小创建一个矩形。选择矩形，右击并选择"转换为">"转换为可编辑样条线"命令，将其转换为可编辑样条线对象，作为灯架，如图2-117所示。

14 按数字2键进入"线段"层级，选择矩形下面的一条边并将其删除，然后在"渲染"卷展栏中勾选"在渲染中启用"和"在视口中启用"两个复选框，并在下方选择"矩形"选项，设置"长度"为10、"宽度"为1.5，效果如图2-118所示。

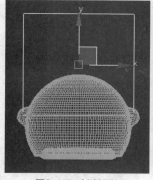

图2-117 创建矩形　　图2-118 设置渲染参数

15 切换到前视图，将射灯沿z轴旋转30°，然后在顶视图中的射灯顶部位置创建圆柱体，将其作为另一个灯架，并与下方的灯架连接，完成球形射灯模型的制作。

2.5 几何球体建模

几何球体也是标准基本体的一种。几何球体与球体非常相似，从表面看，二者几乎没有明显的

区别，但几何球体的网格面是三角面，而球体的网格面是四边面。几何球体的参数较少，其中有"半径"与"分段"两个基本参数，直接拖曳鼠标即可完成几何球体的创建。创建完成后进入修改面板，展开"参数"卷展栏，修改"半径""分段"等参数，如图2-119所示。

图2-119 几何球体及其参数修改

这一节我们通过"创建球形花模型""创建C₆₀分子模型""创建足球模型"3个精彩案例，学习几何球体建模的方法和技巧。几何球体建模案例效果如图2-120所示。

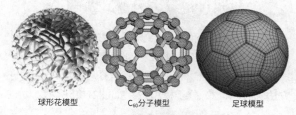

球形花模型　　　C₆₀分子模型　　　足球模型

图2-120 几何球体建模案例效果

2.5.1 创建球形花模型

这一节使用几何球体来创建一个球形花模型，学习几何球体建模的基本方法和技巧。球形花模型效果如图2-121所示。

图2-121 球形花模型

操作步骤

01 创建"半径"为30、"分段"为10、"基点面类型"为"二十面体"的几何球体。选择几何球体，右击并选择"转换为">"转换为可编辑多边形"命令，将其转换为可编辑多边形对象。

02 在"石墨"工具栏中打开"拓扑"面板，单击名为"马赛克"的图标，对几何球体进行拓扑，

如图2-122所示。

03 按数字2键进入"边"层级，选择所有边，右击并选择"挤出"命令，设置"高度"为6、"宽度"为0.2，确认，如图2-123所示。

图2-122 拓扑　　　　　图2-123 挤出边

04 按数字2键退出"边"层级，在修改器列表中选择"细化"修改器。设置"张力"为30，选择"迭代次数"为2，如图2-124所示。

图2-124 细化设置

05 添加"涡轮平滑"修改器，设置"迭代次数"为2，完成球形花模型的创建。

2.5.2 创建C_{60}分子模型

C_{60}分子是一种由60个碳原子构成的分子，它形似足球，因此又名足球烯。这一节我们就使用几何球体来创建一个C_{60}分子模型，学习几何球体建模的方法和技巧。C_{60}分子模型效果如图2-125所示。

图2-125 C_{60}分子模型

操作步骤

01 创建"半径"为25、"分段"为3、"基点类型"为"二十面体"的几何球体。选择几何球体，右击并选择"转换为">"转换为可编辑多边形"命令，将其转换为可编辑多边形对象。

02 按数字1键进入"顶点"层级，选择五边形面上的一个顶点，在"石墨"工具栏"建模"选项卡的"修改"选项面板中单击"相似"按钮，将其他11个五边形的中心顶点选择，在"编辑顶点"卷展栏中单击 移除 按钮，将这些顶点移除，效果如图2-126所示。

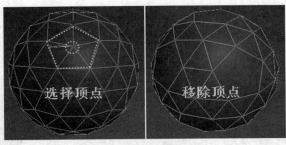

图2-126 选择并移除顶点（1）

提示

移除顶点只是将选择的顶点移除，而不会影响到周围的边和面；但如果按Delete键删除顶点，会将含有此点的边和面一并删除。

03 使用相同的方法，将所有六边形面的中心顶点选择并移除，此时几何球体的效果如图2-127所示。

图2-127 选择并移除顶点（2）

04 按数字1键退出"顶点"层级，在修改器列表中选择"晶格"修改器，在"参数"卷展栏的"几何体"选项组中选择"二者"，在"支柱"选项组中设置"半径"为1、"边数"为10，在"节点"选项组中选择"二十面体"，并设置"半径"为3、"分段"为4，完成C_{60}分子模型的创建。

2.5.3 创建足球模型

足球是常见的体育用具，虽然足球外表看似简单，但要创建一个足球模型却并不容易。这一节我们使用几何球体来创建一个足球模型，继续学习几何球体建模的方法和技巧。足球模型效果如图2-128所示。

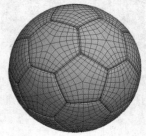

图2-128 足球模型

操作步骤

01 创建"半径"为120、"分段"为3、"基点类型"为"二十面体"的几何球体。选择几何球体，右击并选择"转换为"＞"转换为可编辑多边形"命令，将其转换为可编辑多边形对象。

02 参照2.5.2节中第02步的方法，将几何球体中五边形和六边形的中心顶点移除，效果如图2-129所示。

03 按数字2键进入"边"层级，框选所有边，右击并选择"分割"命令，将所有边分开，然后退出"边"层级。

04 在修改器列表中选择"细化"修改器，在"参数"卷展栏中激活"多边形"■按钮，选择"边"选项，并设置"迭代次数"为2，效果如图2-130所示。

图2-129 移除顶点
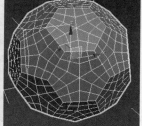
图2-130 细化效果

05 在修改器列表中选择"球形化"修改器，在"参数"卷展栏中设置"百分比"为100，使模型呈球状，效果如图2-131所示。

06 再次将模型转换为可编辑多边形对象，按数字键5进入"元素"层级，选择整个模型。按数字4键进入"多边形"层级，右击并选择"倒角"命令，设置"高度"为2.5、"轮廓"为0，将其以"局部法线"方式进行倒角，如图2-132所示。

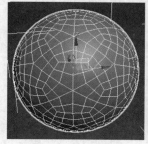
图2-131 球形化效果

图2-132 倒角效果

07 退出"多边形"层级，在修改器列表中选择"网格平滑"修改器，在"细分方法"卷展栏中选择"四边形输出"选项，其他设置保持默认，完成足球模型的创建。

2.6 管状体建模

管状体也是标准基本体的一种，其外形与圆柱体很相似，但其参数与圆柱体不同，它有"半径1""半径2""高度"3个基本参数，可以通过"拖曳—移动—单击再移动—再单击"4个步骤完成管状体的创建。

"拖曳"确定管状体的半径1，"移动"确定管状体的半径2，"单击再移动"确定管状体的高度，"再单击"完成管状体的创建，其流程如图2-133所示。

"拖曳"与"移动"
确定半径1与半径2
"单击再移动"确定高度
"再单击"完成创建
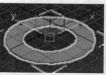

图2-133 创建管状体的流程

创建完成后进入修改面板，展开"参数"卷展栏，修改"半径1""半径2""高度""高度分段""端面分段""边数"等参数，如图2-134所示。

这一节我们通过"创建吸管模型""创建纸杯模型"两个精彩案例，学习管状体建模的方法和技巧。管状体建模案例效果如图2-135所示。

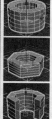

图2-134 管状体及其参数修改
图2-135 管状体建模案例效果

2.6.1 创建吸管模型

吸管是喝饮料时的一种用具，这一节我们就使用管状体来创建一个吸管模型，学习管状体建模的基本方法和技巧，吸管模型效果如图2-136所示。

图2-136 吸管模型

操作步骤

01 创建"半径1"为5、"半径2"为4.9、"高度"为300、"高度分段"为50的管状体，并将其转换为可编辑多边形对象。

02 进入"多边形"层级，选择所有多边形，右击并选择"插入"命令，选择"按多边形"方式，插入一个向中间移动0.5个绘图单位的多边形，确认。在"多边形：材质ID"卷展栏中为插入的多边形设置材质ID为1，如图2-137所示。

图2-137 插入多边形并设置材质ID

03 执行"编辑">"反选"命令，选择其他多边形，设置其材质ID为2，这样我们就可以为吸管模型制作两种不同的材质，如图2-138所示。

图2-138 反选多边形并设置材质ID

04 退出"多边形"层级，添加"扭曲"修改器，设置"角度"为500、"扭曲轴"为z轴，对管状体进行扭曲，制作出螺旋形扭曲效果，如图2-139所示。

05 在前视图中使用样条线绘制一条折线，并将其作为吸管的路径。选择管状体对象，为其添加"路径变形"修改器，拾取样条线，此时管状体就会沿路径进行变形，变成吸管的形状，效果如图2-140所示。

图2-139 扭曲效果

图2-140 沿路径变形效果

2.6.2 创建纸杯模型

虽然纸杯外形看似简单，但要创建这么一个三维纸杯模型却并不容易。这一节我们就使用管状体来创建纸杯模型，继续学习管状体在实际建模工作中的用法，纸杯模型效果如图2-141所示。

图2-141 纸杯模型

操作步骤

01 创建"半径1"为60、"半径2"为59、"高度"为200、"高度分段"为5、"端面分段"为1的管状体。选择管状体，右击并选择"转换为">"转换为可编辑多边形"命令，将其转换为可编辑多边形对象。

02 在修改器列表中选择"锥化"修改器，设置"数量"为0.2，其他设置保持默认，锥化效果如图2-142所示。

03 右击并选择"转换为">"转换为可编辑多边形"命令，将其转换为可编辑多边形对象。按数字4键进入"多边形"层级，在前视图中以"窗口"选择方式选择底部多边形，按Delete键将其删除，如图2-143所示。

图2-142 锥化效果   图2-143 选择并删除底部多边形

04 按数字3进入"边界"层级，在透视图中选择内部的边界，单击 封口 按钮进行封口，结果如图2-144所示。

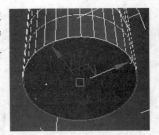

图2-144 封口（1）

05 选择外部的边界，将其向下拖曳一段距离，然后再次进行封口，效果如图2-145所示。

06 按数字4键进入"多边形"层级，单击底部的多边形，右击并选择"挤出"命令，设置"高度"为-7，挤出纸杯底部的边缘，如图2-146所示。

图2-145 封口（2）   图2-146 挤出底部的边缘

07 右击并选择"插入"命令，设置"数量"为10，连续单击 按钮4次，连续进行插入，确认，如图2-147所示。

图2-147 插入底部多边形

08 使用相同的方法在底部的内表面插入3次,确认。按数字2键进入"边"层级,按住Ctrl键的同时双击底部的内、外两条边,右击并选择"切角"命令,设置"切角量"为0.5,对这两条边进行切角,确认,如图2-148所示。

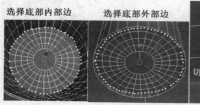

图2-148 切角边

09 按数字4键进入"多边形"层级,选择纸杯口的一圈多边形,右击并选择"倒角"命令,设置"高度""轮廓"均为1,确认,如图2-149所示。

10 切换到顶视图,将多边形沿xy平面放大至杯口大小,如图2-150所示。

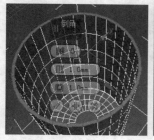
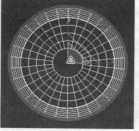

图2-149 倒角多边形　　图2-150 放大多边形

11 右击并选择"挤出"命令,将杯口多边形挤出3个绘图单位,制作杯口厚度。按数字2键进入"边"层级,调整视角后选择杯口外沿的底边,右击并选择"切角"命令,设置"切角量"为0.5,确认切角,如图2-151所示。

图2-151 切角

12 退出"边"层级,在修改器列表中选择"涡轮平滑"修改器,设置"迭代次数"为2,完成纸杯模型的创建。

2.7 平面建模

平面也是标准基本体的一种,平面在建模中的作用非常大,许多看似很复杂的三维模型,都可以通过平面来创建。

平面有"长度"和"宽度"两个基本参数,可以直接通过一步"拖曳"完成平面的创建。创建完成后进入修改面板,展开"参数"卷展栏,修改"长度""宽度""长度分段""宽度分段"参数,如图2-152所示。

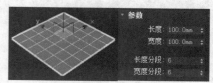

图2-152 平面及其参数修改

这一节我们通过"创建懒人沙发模型""创建榻榻米沙发模型""创建枕头模型"3个精彩案例,学习平面建模的方法和技巧。平面建模案例效果如图2-153所示。

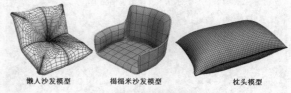

图2-153 平面建模案例效果

2.7.1 创建懒人沙发模型

懒人沙发移动方便、舒适度高,深受人们的喜爱。这一节我们就使用平面来创建一个懒人沙发模型,学习平面建模的基本方法和技巧。懒人沙发模型效果如图2-154所示。

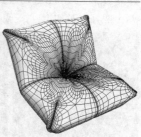

图2-154 懒人沙发模型

操作步骤

01 创建"长度"为1200、"宽度"为800、"长度分段""宽度分段"均为2的平面。选择平面,右击并选择"转换为">"转换为可编辑多边形"命令,将其转换为可编辑多边形对象。

02 按数字1键进入"顶点"层级,按L键切换到左视图，以"窗口"选择方式选择左侧的3个顶点，将其沿z轴移动，调整出懒人沙发的基本形状，如图2-155所示。

03 按P键切换到透视图，在修改器列表中选择"壳"修改器，设置"内部量""外部量"均为200、"分段"为2，为其增加厚度，如图2-156所示。

图2-155　创建并调整平面　　　图2-156　添加修改器

04 右击并选择"转换为">"转换为可编辑多边形"命令，将其转换为可编辑多边形对象。按数字2键进入"边"层级，双击中间的边将其选中，右击并选择"转换到顶点"命令，转换到顶点，如图2-157所示。

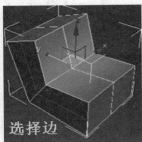
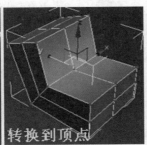

图2-157　选择边并转换到顶点

05 右击并选择"缩放"命令，沿xy平面将顶点向外缩放，之后按L键切换到左视图，以"窗口"选择方式选择各顶点并进行调整，效果如图2-158所示。

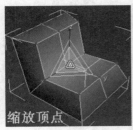
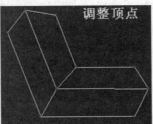

图2-158　缩放并调整顶点

06 切换到透视图，单击中间的顶点，右击并选择"挤出"命令，设置"高度"为-150、"宽度"为240，确认，效果如图2-159所示。

07 按数字2键进入"边"层级，选择中间的竖边，右击并选择"挤出"命令，设置"高度"为-20、"宽度"为3，确认，如图2-160所示。

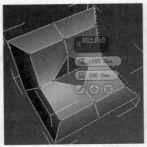
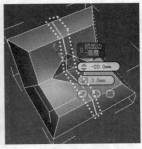

图2-159　挤出顶点（1）　　　图2-160　挤出边

08 继续使用同样的方法选择中间的横边，将其挤出，如图2-161所示。

09 按数字1键进入"顶点"层级，按F键切换到前视图，以"窗口"选择方式选择右侧的一个顶点，再单击 扩大 按钮，将右侧的顶点全部选择，按Delete键将其删除，如图2-162所示。

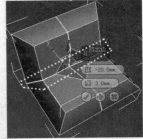

图2-161　挤出横边

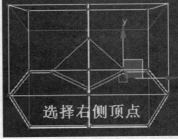

图2-162　选择并删除右侧顶点

10 打开"石墨"工具栏，激活 快速 循环 按钮，在模型上、下两个角两边单击以添加边，如图2-163所示。

11 按数字1键进入"顶点"层级，右击并选择"目标焊接"命令，然后将添加的边上的顶点拖曳到角的顶点上进行焊接，效果如图2-164所示。

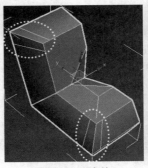
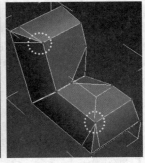

图2-163　添加边　　　　　图2-164　目标焊接

12 将中间位置多余的顶点也焊接到一起，如图2-165所示。

图2-165 焊接中间的顶点

13 激活主工具栏中的 2 按钮，按Alt+C组合键使用"剪切"命令，分别捕捉坐垫和靠背位置的顶点进行剪切，效果如图2-166所示。

14 按 数 字 2 键进入"边"层级，按住Ctrl键的同时分别单击图2-167所示的边。

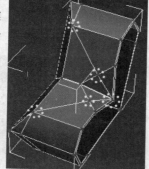

图2-166 剪切效果

15 右击并选择"连接"命令，设置"分段"为3，确认连接，如图2-168所示。

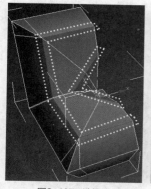

图2-167 选择边　　　　　图2-168 连接边

16 按Alt+C组合键使用"剪切"命令，配合捕捉功能，分别将连接边的顶点与中间的顶点进行剪切。效果如图2-169所示。

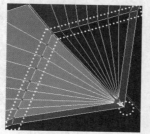

图2-169 剪切连接点

17 完成剪切，右击并选择"目标焊接"命令，将边缘位置的任意两个顶点焊接在一起，然后调整里面顶点的位置，效果如图2-170所示。

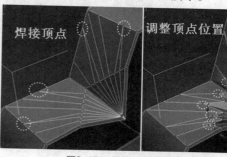

图2-170 焊接顶点与调整顶点位置

18 选择两个角上的顶点，右击并选择"挤出"命令，设置"高度"为30、"宽度"为100，确认，如图2-171所示。

19 选择角上的顶点，继续执行"挤出"命令，设置"高度"为-120、"宽度"为45，确认，如图2-172所示。

图2-171 挤出顶点（2）　　图2-172 挤出顶点（3）

20 按数字2键进入"边"层级，按住Ctrl键的同时单击两个角位置的边将其选中，右击并选择"挤出"命令，设置"高度"为-30、"宽度"为10，确认，如图2-173所示。

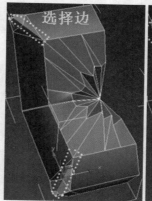

图2-173 选择并挤出边

21 在修改器列表中选择"对称"修改器，如果没有出现另一半模型，请勾选"翻转"复选框，镜像出另一半模型，效果如图2-174所示。

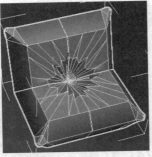

图2-174 镜像效果

22 在修改器列表中选择"涡轮平滑"修改器，设置"迭代次数"为2，对模型进行平滑处理，完成懒人沙发模型的创建。

2.7.2 创建榻榻米沙发模型

榻榻米沙发是常见的一种家具，这一节我们就使用平面对象来创建一个榻榻米沙发模型，学习平面在实际建模工作中的用法，榻榻米沙发模型效果如图2-175所示。

图2-175 榻榻米沙发模型

操作步骤

01 创建"长度"为1200、"宽度"为800、"长度分段""宽度分段"均为2的平面。选择平面，右击并选择"转换为">"转换为可编辑多边形"命令，将其转换为可编辑多边形对象。

02 按数字1键进入"顶点"层级，按L键切换到左视图，以"窗口"选择方式选择左侧的3个顶点，沿z轴将其移动，调整出榻榻米沙发的基本形状，如图2-176所示。

03 切换到透视图，选择右后方的顶点并将其删除，在修改器列表中选择"对称"修改器，将模型沿x轴镜像。选择靠背上的两垂直边，右击并选择"连接"命令，设置"分段"为1，增加一条边，如图2-177所示。

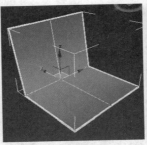

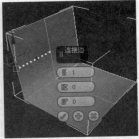

图2-176 调整形态　　　　图2-177 连接边（1）

04 选择坐垫位置的侧边，按住Shift键的同时将其沿z轴拖曳，拖出沙发扶手，如图2-178所示。

05 按数字1键进入"顶点"层级，右击并选择"目标焊接"命令，选择拖出平面左上方的顶点，将其移动到靠背中线的顶点上进行焊接，如图2-179所示。

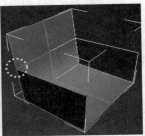

图2-178 拖出沙发扶手　　　　图2-179 目标焊接

06 按数字2键进入"边"层级，选择扶手与坐垫上的水平边，执行"连接"命令，增加一条边，如图2-180所示。

07 按数字1键进入"顶点"层级，选择靠背中间的3个顶点，将其沿y轴移动，调整沙发靠背的形状，如图2-181所示。

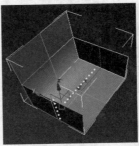
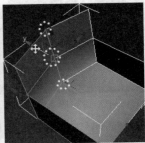

图2-180 连接边（2）　　　　图2-181 调整靠背的形状

08 使用相同的方法，选择扶手位置的顶点，将其沿x轴移动，调整扶手的形状，然后退出"顶点"层级。在修改器列表中选择"壳"修改器，设置"内部量""外部量""分段"均为2，为模型增加厚度，如图2-182所示。

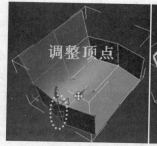
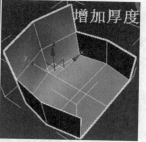

图2-182 调整顶点并增加厚度

09 再次将模型转换为可编辑多边形对象，按数字4键进入"多边形"层级，按住Ctrl键的同时选择靠背上的多边形，右击并选择"倒角"命令，设置"高度"为60、"轮廓"为-60，将其以"局部法线"方式进行倒角，如图2-183所示。

10 使用相同的方法，分别对两个扶手和坐垫进行倒角，效果如图2-184所示。

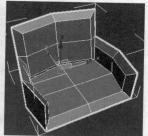

图2-183 倒角靠背上的多边形　　图2-184 倒角其他多边形

11 按数字2键进入"边"层级，以"交叉"选择方式选择靠背和坐垫上的所有水平边，右击并选择"连接"命令，设置"分段"为2，确认，如图2-185所示。

12 使用相同的方法，分别对两个扶手和坐垫的水平边进行连接，以增加边的数量，效果如图2-186所示。

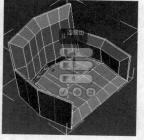

图2-185 连接边（3）　　　图2-186 连接边（4）

13 按数字2键退出"边"层级，在修改器列表中选择"网格平滑"修改器，设置"细分方式"为"四边形输出"，并设置"迭代次数"为2，完成榻榻米沙发模型的创建。

2.7.3 创建枕头模型

枕头是我们生活中的必需品，在室内设计中，枕头模型是不可或缺的模型。枕头的建模方法有许多种，这一节我们就来使用平面创建一个枕头模型，继续学习平面在实际建模工作中的用法。枕头模型效果如图2-187所示。

图2-187 枕头模型

操作步骤

01 创建"长度"为200、"宽度"为300、"长度分段"为20、"宽度分段"为30的平面，为其添加"壳"修改器，设置"内部量""外部量"均为1.5、"分段"为1，然后将其命名为"枕头"。

02 在修改器列表中选择"Cloth"修改器，单击"对象属性"按钮。在打开的"对象属性"对话框左侧列表中选择"枕头"对象，在右侧选择"布料"选项，设置"压力"为10，确定。

03 在修改面板中展开"模拟参数"卷展栏，设置"厘米/单位"为10，取消"地球重力"复选框的勾选，勾选"自相冲突"复选框，并设置其参数为1，其他设置保持默认。

04 展开"对象"卷展栏，单击"模拟"按钮，创建出枕头的基本模型，如图2-188所示。

枕头的基本模型制作完毕了，下面制作枕头接缝位置的效果。

05 将枕头模型转换为可编辑多边形对象，按数字2键进入"边"层级，按住Ctrl键的同时双击枕头接缝位置的一条边，右击并选择"挤出"命令，设置"高度"为-0.05、"宽度"为0，确认，如图2-189所示。

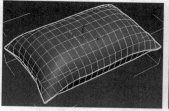
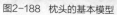

图2-188 枕头的基本模型　　图2-189 挤出边（1）

06 使用相同的方法选择另一条边，右击并选择"转换到顶点"命令，转换到边的顶点，在主工具栏中的创建集窗口输入"顶点"，按Enter键将其记录，如图2-190所示。

图2-190 记录顶点

07 右击并选择"挤出"命令，设置"高度"为-1.5、"宽度"为2.5左右，确认，如图2-191所示。

08 从选择集中选择记录的"顶点"，再次进行挤出，设置"高度"为-3.5、"宽度"为1，确认。之后再次从选择集中选择记录的"顶点"，右击并选择"转换到面"命令，转换到该顶点所在的多边形面，如图2-192所示。

图2-191 挤出顶点　　　　图2-192 记录面

09 将该多边形创建为"面"的集，进入"边"层级，系统自动选择边，右击并选择"切角"命令，设置"切角量"为1.5，其他设置保持默认，如图2-193所示。

10 右击并选择"挤出"命令，设置"高度"为-0.1、"宽度"为0.005，确认，如图2-194所示。

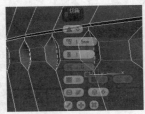

图2-193 切角边　　　　图2-194 挤出边（2）

11 进入"多边形"层级，系统自动选择记录的多边形，右击并选择"转换到顶点"命令，转换到多边形的顶点，右击并选择"塌陷"命令，将顶点塌陷。

12 右击并选择"挤出"命令，设置"高度"为-1.5、"宽度"为0.5，确认。最后添加"涡轮平滑"修改器，设置"迭代次数"为2，对模型进行平滑，枕头接缝效果如图2-195所示。

13 至此，枕头模型创建完毕。

图2-195 枕头缝线效果

2.8 圆环建模

圆环也是标准基本体的一种，圆环看似复杂，其参数设置方法非常简单，圆环只有"半径1"和"半径2"两个基本参数，可以通过"拖曳—移动—单击"3步完成圆环的创建。

"拖曳"确定半径1，"移动"确定半径2，"单击"完成创建。创建完成后进入修改面板，展开"参数"卷展栏修改"半径1""半径2"基本参数，同时还可以调整"扭曲""旋转""分段""边数"等参数，另外也可以使用"切片"功能制作切片效果，如图2-196所示。

图2-196 圆环及其参数修改

这一节我们通过"创建环形布艺沙发模型""创建圆形洗手池模型""创建越野车轮胎模型"3个精彩案例，学习圆环建模的方法和技巧。圆环建模案例效果如图2-197所示。

环形布艺沙发　　　圆形洗手池　　　越野车轮胎

图2-197 圆环建模案例效果

2.8.1 创建环形布艺沙发模型

沙发无论是面料还是样式都非常多，在室内设计中，沙发模型也是不可或缺的重要模型。这一节我们就使用圆环来创建一个环形布艺沙发模型，学习圆环的基本建模技巧和方法。环形布艺沙发模型效果如图2-198所示。

图2-198 环形布艺沙发模型

操作步骤

01 创建"半径1"为3000、"半径2"为1000、"分段"为5、"旋转"为44.5、"边数"为4的圆环，然后勾选"启用切片"复选框，设置"切片起始位置"为277、"切片结束位置"为147.5。

02 右击并选择"转换为">"转换为可编辑多边形"命令，将其转换为可编辑多边形对象。

03 按数字2键进入"边"层级，选择一条竖边，单击 环形 按钮选择多条边，右击并选择"连接"命令，设置"分段"为2，对其进行连接，如图2-199所示。

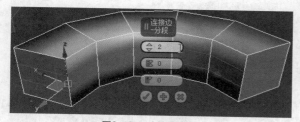

图2-199 连接边（1）

04 按数字4键进入"多边形"层级，按住Ctrl键的同时分别单击外侧最上方的多边形将其选中，右击并选择"挤出"命令，选择"局部法线"方式，设置"高度"为500，确认，如图2-200所示。

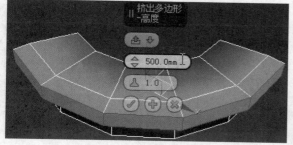

图2-200 挤出多边形（1）

05 按住Ctrl键的同时单击顶面最外侧的5个多边形将其选中，右击并选择"挤出"命令，选择"局部法线"方式，设置"高度"为800，确认，如图2-201所示。

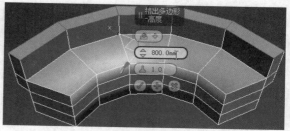

图2-201 挤出多边形（2）

06 按数字1键进入"顶点"层级，按F键切换到前视图，以"窗口"选择方式选择最下方一排的顶点，按Delete键将其删除，如图2-202所示。

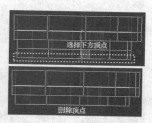

图2-202 选择并删除顶点

07 按数字3键进入"边界"层级，单击 封口 按钮，对删除点形成的底面开口进行封口，效果如图2-203所示。

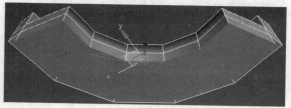

图2-203 封口

08 按数字1键进入"顶点"层级，在前视图中以"窗口"选择方式选择顶面的顶点，按T键切换到顶视图，将其沿xy平面向外移动少许距离，如图2-204所示。

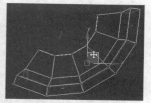

图2-204 移动顶点

09 按P键切换到透视图，右击并选择"目标焊接"命令，将沙发背面第2排顶点拖到第3排的顶点上进行焊接，如图2-205所示。

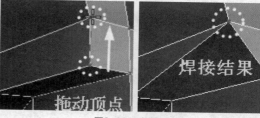

图2-205 焊接顶点

10 使用相同的方法继续将其他顶点焊接，效果如图2-206所示。

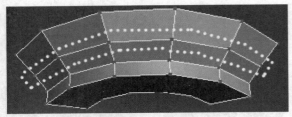

图2-206　焊接背面顶点

11 按数字2键进入"边"层级。按住Ctrl键的同时分别双击4条竖边将其选中，切换到前视图，按住Alt键的同时以"交叉"选择方式将底部的竖边取消选择，如图2-207所示。

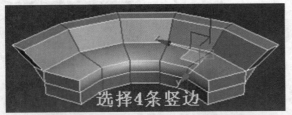

图2-207　选择边的操作

12 右击并选择"挤出"命令，设置"高度"为−30、"宽度"为5，确认挤出，如图2-208所示。

图2-208　挤出边

13 选择坐垫与靠背相交位置的边并对其进行挤出，以"交叉"选择方式选择坐垫与靠背位置的垂直边，右击并选择"连接"命令，设置"分段"为3，对其进行连接，如图2-209所示。

图2-209　连接边（2）

14 选择底部的一圈边，右击并选择"切角"命

令，设置"切角量"为5，确认，最后选择"涡轮平滑"修改器，设置"迭代次数"为2，完成环形布艺沙发模型的创建。

2.8.2　创建圆形洗手池模型

洗手池是卫浴用品，在我们日常生活中非常重要。在室内设计中，洗手池模型也是非常重要的模型。这一节我们使用圆环来创建一个圆形洗手池模型，学习圆环在实际建模工作中的用法。圆形洗手池模型效果如图2-210所示。

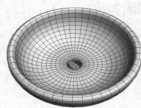

图2-210　圆形洗手池模型

操作步骤

01 创建"半径1"为250、"半径2"为200、"分段"为24、"边数"为16的圆环，并将其转换为可编辑多边形对象。

02 按数字4键进入"多边形"层级，在前视图中以"窗口"选择方式选择圆环上半部分的多边形，按Delete键将其删除，如图2-211所示。

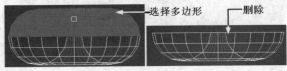

图2-211　选择并删除多边形

03 按P键进入透视图，按数字2键进入"边"层级，按住Ctrl键的同时分别双击圆环内部中心位置的5个环形边将其选中，右击并选择"转换到顶点"命令，转换到这些边的顶点，如图2-212所示。

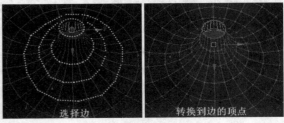

图2-212　选择边并转换到顶点

04 在"编辑几何体"卷展栏中单击 平面化 按钮右侧的 z 按钮，将这些顶点在z轴对齐，效果如图2-213所示。

05 按数字3键进入"边界"层级，选择中心位置的边界，单击"编辑边界"卷展栏中的 封口 按钮进行封口。

06 按数字4键进入"多边形"层级，单击封口形成的多边形，单击"编辑几何体"卷展栏中的 分离 按钮，在弹出的"分离"对话框中取消"分离到元素"和"以克隆对象分离"两个复选框的勾选，将其分离为单独对象，如图2-214所示。

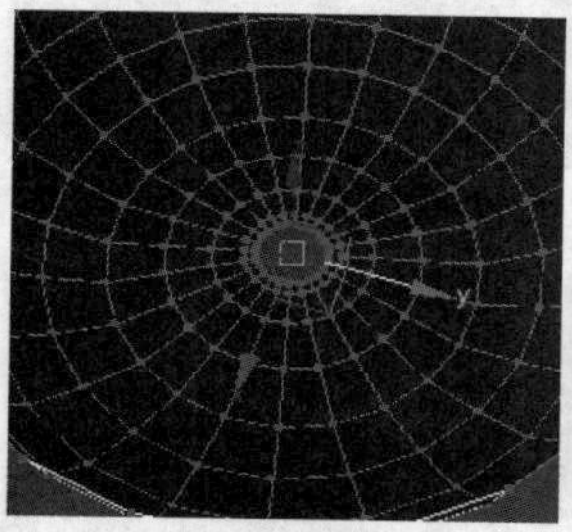

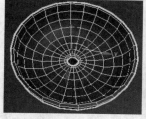

图2-213 平面化顶点

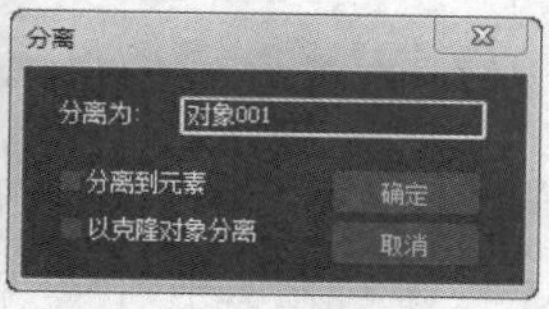

图2-214 分离多边形

07 选择圆环对象，在修改器列表中选择"壳"修改器，并设置"内部量""外部量"均为10，为洗手池增加厚度，如图2-215所示。

08 在修改器列表中选择"涡轮平滑"修改器，设置"迭代次数"为2，对洗手池进行平滑处理，效果如图2-216所示。

图2-215 增加洗手池的厚度

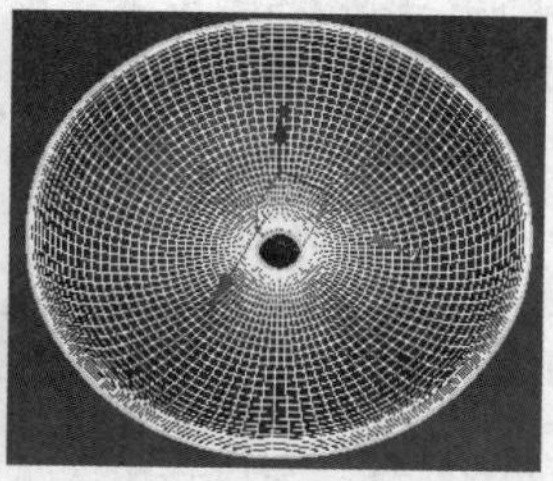

图2-216 平滑处理洗手池

09 选择分离出来的内部中心位置的多边形对象，按数字4键进入"多边形"层级，右击并选择"倒角"命令，在前视图中观察洗手池中心漏水孔的形状，调整"倒角"参数，对中心位置的多边形进行编辑，创建出中心出水孔的孔塞模型，如图2-217所示。

图2-217 创建孔塞模型

10 至此，圆形洗手池模型创建完毕。

2.8.3 创建越野车轮胎模型

在游戏、动画场景中，汽车非常常见，而轮胎又是汽车不可缺少的零部件之一。汽车轮胎模型看

似复杂，但掌握了正确的建模方法后，创建轮胎模型就会非常简单。这一节我们使用圆环来创建一个越野车轮胎模型，继续学习圆环在实际建模工作中的用法。越野车轮胎模型效果如图2-218所示。

图2-218 越野车轮胎模型（1）

操作步骤

01 创建"半径1"为600、"半径2"为200、"分段"为20、"边数"为8的圆环，并将其转换为可编辑多边形对象。

02 按数字2键进入"边"层级，双击圆环表面中间的边将其选中，右击并选择"切角"命令，设置"切角量"为60，确认，如图2-219所示。

图2-219 切角边（1）

03 按住Ctrl键的同时选择圆环一侧的两条横边，打开"石墨"工具栏，在"建模"选项卡单击"修改选择"按钮，在展开的列表中单击"点循环"按钮，选择循环边，如图2-220所示。

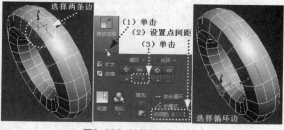

图2-220 选择循环边（1）

04 右击并选择"连接"命令，设置"分段"为1，其他设置保持默认，确认在循环边上添加一条边。

05 使用相同的方法，选择另一侧的两条边，通过"点循环"的方式将其循环边选择，再通过"连接"命令在两条边之间添加一条边。

06 按住Ctrl键的同时单击中间的两条边，打开"石墨"工具栏，在"建模"选项卡单击"修改选择"按钮，在展开的列表中单击"相似选择"按钮，选择与这两条边相似的边，然后依照前面的

操作，在这两条边之间通过"连接"命令添加一条边，如图2-221所示。

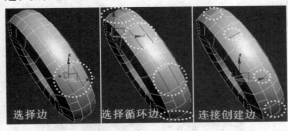

图2-221 选择循环边（2）

07 按数字4键进入"多边形"层级，选择圆环表面的所有多边形，右击并选择"插入"命令，设置"数量"为15，以"按多边形"方式插入多个多边形，如图2-222所示。

08 右击并选择"挤出"命令，设置"高度"为40，确认，如图2-223所示。

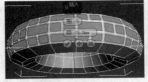 

图2-222 插入多边形　　　图2-223 挤出多边形

09 使用"石墨"工具栏中的"相似"选择功能选择圆环表面所有挤出的多边形，右击并选择"转换到边"命令，转换到多边形的边，右击并选择"切角"命令，设置"切角量"为5，确认，如图2-224所示。

图2-224 切角多边形

10 选择圆环内侧的所有多边形，按Delete键将其删除。按数字3键进入"边界"层级，选择删除多边形形成的两个边界，单击"编辑边界"卷展栏中的 封口 按钮进行封口，如图2-225所示。

11 按数字4键进入"多边形"层级，选择封口形成的1个多边形面，右击并选择"倒角"命令，设置"高度"为120、"轮廓"为-200，单击⊕按钮，然后修改"高度"为-55、"轮廓"为-110，确认，创建轮毂模型，如图2-226所示。

12 选择另一侧封口形成的多边形，再次进行倒角，设置"高度"为-55、"轮廓"为-45，单击⊕按钮，然后修改"高度"为25、"轮廓"为-250，确认倒角，创建轮毂模型，如图2-227所示。

13 按数字2键进入"边"层级，系统自动选择轮胎和轮毂之间的边，右击并选择"切角"命令，设置

"切角量"为1，确认，如图2-228所示。

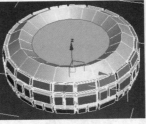 

图2-225 封口　　　图2-226 倒角多边形

图2-227 倒角另一个多边形　　图2-228 切角边（2）

14 选择两侧轮毂面上的所有边，右击并选择"连接"命令，设置"分段"为2、"收缩"为30，确认，如图2-229所示。

15 按数字4键进入"多边形"层级，按住Ctrl键，采用每隔3个多边形选择2个的方式，选择轮毂上的8个多边形以及中间的多边形，按Delete键将其删除，效果如图2-230所示。

 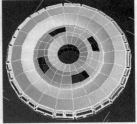

图2-229 选择并连接边　　图2-230 选择并删除多边形

16 在修改器列表中选择"壳"修改器，设置"内部量""外部量"均为2，最后在修改器列表中选择"涡轮平滑"修改器，设置"迭代次数"为2，对轮胎模型进行平滑处理，完成越野车轮胎模型的创建，效果如图2-231所示。

图2-231 越野车轮胎模型（2）

扩展基本体建模

　　"扩展基本体"包括切角长方体、切角圆柱体、环形结、纺锤、胶囊、球棱柱等，这些扩展基本体中有一些的外形与标准基本体的外形相似，可以说它们是标准基本体的变体，例如"切角长方体"外形与"长方体"外形就非常相似，但"切角长方体"的控制参数更加丰富。

进入创建面板，在"几何体"列表中选择"扩展基本体"选项，"对象类型"卷展栏中显示标准基本体的创建按钮，使用这些按钮即可创建扩展基本体模型，如图3-1所示。

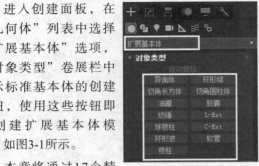

图3-1 扩展基本体

本章将通过17个精彩案例，向大家详细讲解扩展基本体建模的相关方法、技巧。

3.1 切角长方体建模

切角长方体是扩展基本体的一种，其外形与长方体有些相似，但其参数更丰富，除了"长度""宽度""高度"外，还有"圆角"等，切角长方体可以通过"拖曳—移动—单击再移动—再单击"4步完成创建。

"拖曳"确定长度和宽度，"移动"确定"高度"，"单击再移动"确定圆角，"再单击"完成创建，其创建流程如图3-2所示。

图3-2 切角长方体的创建流程

创建完成后进入修改面板，展开"参数"卷展栏，修改各参数，可创建不同尺寸的切角长方体，如图3-3所示。

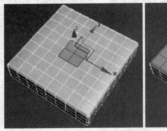

图3-3 修改切角长方体参数

这一节我们将通过"创建沙发垫模型""创建不锈钢水池模型""创建软包坐墩模型"3个精彩案例来学习切角长方体建模的基本方法和技巧。切角长方体建模案例效果如图3-4所示。

沙发垫模型　　不锈钢水池模型　　软包坐墩模型

图3-4 切角长方体建模案例效果

3.1.1 创建沙发垫模型

沙发垫模型是沙发模型中不可缺少的部件，这一节我们使用切角长方体来创建一个沙发垫模型，学习切角长方体建模的基本方法。沙发垫模型效果如图3-5所示。

图3-5 沙发垫模型

操作步骤

`01` 创建"长度""宽度"均为700、"高度"为200、"圆角"为15、"长度分段""宽度分段"均为8、"高度分段"为3、"圆角分段"为2的切角长方体。选择切角长方体，右击并选择"转换为">"转换为可编辑多边形"命令，将其转换为可编辑多边形对象。

`02` 按数字4键进入"多边形"层级，按住Ctrl键的同时单击顶面中间位置的4个多边形将其选中，然后连续单击3次 `扩大` 按钮，将顶面的多边形全部选择，如图3-6所示。

图3-6 选择多边形

`03` 右击并选择"缩放"命令，将选择的多边形沿 *xy* 平面稍微缩小，然后右击并选择"移动"命令，将选择的多边形沿 *z* 轴稍微向上移动一段距离，如图3-7所示。

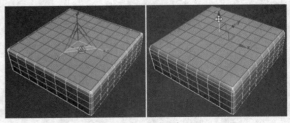

图3-7 缩小并移动多边形

`04` 单击 `收缩` 按钮减少选择一圈多边形，然后将被选中的多边形再次沿 *z* 轴向上移动少许距离，并再次收缩以及沿z轴向上移动，效果如图3-8所示。

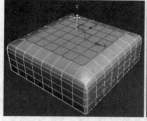

图3-8 收缩并移动多边形

05 按数字2键进入"边"层级，双击上边缘的边，右击并选择"切角"命令。设置"切角量"为10、"分段"为1，确认切角，如图3-9所示。

06 按数字4键进入"多边形"层级，选择切角生成的多边形，按住Shift键的同时单击相邻的多边形，将切角生成的多边形选择，如图3-10所示。

图3-9 切角边　　　　　图3-10 选择多边形

07 右击并选择"挤出"命令，选择"局部法线"方式，设置"高度"为10，对多边形进行挤出，如图3-11所示。

08 按数字2键进入"边"层级，双击挤出多边形根部的边将其选中，右击并选择"挤出"命令，设置"高度"为-20、"宽度"为2，对该边进行挤出，如图3-12所示。

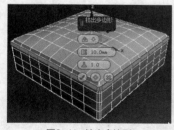

图3-11 挤出多边形　　　　图3-12 挤出边

09 添加"涡轮平滑"修改器，设置"迭代次数"为2，对模型进行平滑处理，完成沙发垫模型的创建。

3.1.2 创建不锈钢水池模型

水池模型是厨房室内设计中不可缺少的模型，这一节我们使用切角长方体来创建一个不锈钢水池模型，学习使用切角长方体创建模型的另一种方

法。不锈钢水池模型效果如图3-13所示。

图3-13 不锈钢水池模型

操作步骤

01 创建"长度"为700、"宽度"为400、"高度"为300、"圆角"为80、"高度分段"为2、"圆角分段"为6的切角长方体，并将其转换为可编辑多边形对象。

02 按数字4键进入"多边形"层级，按F键切换到前视图，以"窗口"选择方式选择切角长方体上半部分的多边形，按Delete键将其删除，如图3-14所示。

03 按P键切换到透视图，按数字2键进入"边"层级，以"窗口"选择方式选择长度方向上的中间的边，右击并选择"连接"命令，设置"分段"为2、"收缩"为-40，确认创建两条边，如图3-15所示。

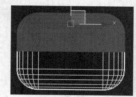 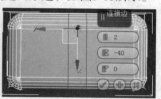

图3-14 选择并删除多边形　　图3-15 连接边（1）

04 使用相同的方法，选择宽度方向上的中间的边，右击并选择"连接"命令，设置"分段"为2、"收缩"为12，确认再次创建两条边，如图3-16所示。

05 按数字4键进入"多边形"层级，选择底部连接边生成的多边形，右击并选择"分离"命令，在打开的"分离"对话框中勾选"以克隆对象分离"复选框，确认将其克隆并分离为"对象001"，如图3-17所示。

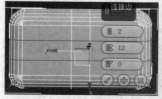 

图3-16 连接边（2）　　　图3-17 分离多边形

06 再次选择该多边形，右击并选择"挤出"命令，设置"高度"为100，挤出水池的地漏，如图3-18所示。

07 按数字3键进入"边界"层级，单击顶部的边界，右击并选择"挤出"命令，设置"高度"为70、"宽度"为0，确认挤出水池的台面，如图3-19所示。

 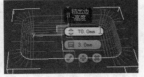

图3-18 挤出地漏　　　图3-19 挤出台面

08 按T键切换到顶视图，按数字1键进入"顶点"层级，选择上方的8个顶点，在"编辑几何体"卷展栏中单击 平面化 按钮右侧的 x 按钮，将其沿y轴对齐，如图3-20所示。

图3-20 选择并对齐顶点

09 使用相同的方法，选择下边8个顶点并将其沿y轴对齐；选择左、右两边的顶点，将其沿x轴对齐；选择上方的一排顶点，将其沿y轴向上拖曳进行拉伸，效果如图3-21所示。

10 按数字2键进入"边"层级，选择上方的一排垂直边，右击并选择"连接"命令，设置"分段"为2、"收缩"为40，确认创建两条边，如图3-22所示。

 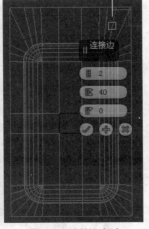

图3-21 拉伸顶点　　　图3-22 连接边（3）

11 按数字4键进入"多边形"层级，选择连接边创建的中间位置的多边形，右击并选择"插入"命

令，设置"数量"为25，确认插入，然后按Delete键将其删除，创建出水龙头的安装孔，如图3-23所示。

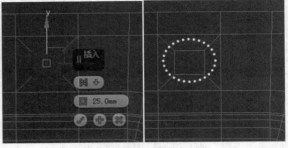

图3-23 创建水龙头的安装孔

12 按数字4键退出"多边形"层级，在修改器列表中选择"涡轮平滑"修改器，设置"迭代次数"为2，对模型进行平滑处理；选择"壳"修改器，设置"内部量""外部量"均为1，增加水池的厚度，效果如图3-24所示。

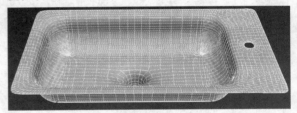

图3-24 增加水池的厚度

下面制作过滤网模型。

13 选择分离并克隆的多边形对象，按数字4键进入"多边形"层级，右击并选择"插入"命令，设置"数量"为6，确认插入，如图3-25所示。

14 右击并选择"挤出"命令，设置"高度"为20，连续单击 按钮5次，确认挤出，如图3-26所示。

图3-25 插入多边形（1）　　　图3-26 挤出多边形

15 按数字2键退出"边"层级，在修改器列表中选择"涡轮平滑"修改器，设置"迭代次数"为2，对模型进行平滑处理，然后再次将其转换为可编辑多边形对象。

16 按数字4键进入"多边形"层级，选择除边缘和底部外的所有多边形，右击并选择"插入"命令，设置"数量"为1，以"按多边形"方式进行插入，如图3-27所示。

17 按Delete键删除插入的多边形，退出"多边形"层级，在修改器列表中选择"壳"修改器，设置"内部量""外部量"均为1，为其增加厚度，完成过滤网模型的创建，如图3-28所示。

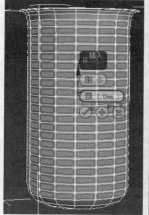 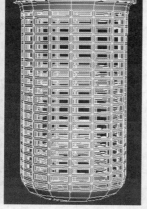

图3-27 插入多边形（2）　图3-28 删除多边形并增加厚度

18 至此，不锈钢水池模型创建完毕。

3.1.3　创建软包坐墩模型

下面使用切角长方体创建软包坐墩模型，模型效果如图3-29所示。

图3-29　软包坐墩模型

操作步骤

01 创建"长度"为700、"宽度"为700、"高度"为750、"圆角"为135、"长度分段""宽度分段""高度分段"均为4、"圆角分段"为2的切角长方体，并将其转换为可编辑多边形对象。

02 按数字2键进入"边"层级，选择顶面4个角位置的斜线，在"编辑边"卷展栏中单击 移除 按钮将其移除，如图3-30所示。

03 按数字1键进入"顶点"层级，采用间隔选择的方式，将除底面外的其他5个面上的顶点选择，右击并选择"挤出"命令，设置"高度"为-50、"宽度"为55，确认挤出，如图3-31所示。

 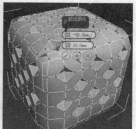

图3-30 选择并移除边　　　　图3-31 挤出顶点

04 按F键切换到前视图，选择底部的两排顶点，将其沿y轴缩放，使其在z轴对齐，如图3-32所示。

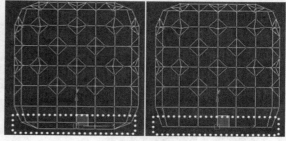

图3-32　对齐底部顶点

05 激活主工具栏中的 按钮，启用捕捉功能，右击并选择"剪切"命令，捕捉挤出面上的中点和端点进行切割，如图3-33所示。

06 使用相同的方法，对其他多边形进行切割。注意，切割时一定要捕捉中点和端点，如果捕捉错误，可以按Ctrl+Z组合键撤销操作，重新捕捉并进行切割，效果如图3-34所示。

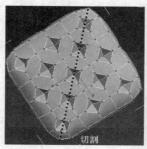 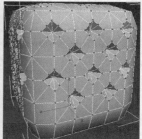

图3-33 切割　　　　　图3-34 切割后的效果

07 按数字2键进入"边"层级，系统自动选择切割形成的边，右击并选择"挤出"命令，设置"高度"为-10、"宽度"为5，单击 按钮，修改"高度"为10、"宽度"为3，确认挤出，如图3-35所示。

08 按数字2键退出"边"层级。在修改器列表中选择"涡轮平滑"修改器，设置"迭代次数"为2，对模型进行平滑处理，效果如图3-36所示。

 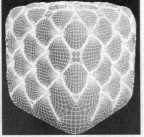

图3-35 挤出边   图3-36 平滑处理

09 创建球体，调整球体的大小并将其复制到软包坐墩的凹陷位置，完成软包坐墩模型的创建。

3.2 切角圆柱体建模

切角圆柱体是扩展基本体的一种，其外形与圆柱体非常相似，只是参数比圆柱体更丰富。切角圆柱体有"半径""高度""圆角"3个基本参数，可以通过"拖曳—移动—单击再移动—再单击"4步完成切角圆柱体的创建。

"拖曳"确定半径，"移动"确定高度，"单击再移动"确定圆角，"再单击"完成创建，其创建流程如图3-37所示。

图3-37 切角圆柱体的创建流程

创建完成后进入修改面板，展开"参数"卷展栏，修改各参数，即可创建不同尺寸的切角圆柱体，如图3-38所示。

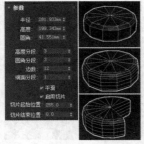

图3-38 修改切角圆柱体的参数

这一节通过"创建圆形实木软包床模型""创建圆形软包坐垫模型""创建不锈钢水龙头模型"3个精彩案例，学习切角圆柱体建模的相关方法和技巧。切角圆柱体建模案例效果如图3-39所示。

圆形实木软包床模型   圆形软包坐垫模型   不锈钢水龙头模型

图3-39 切角圆柱体建模案例效果

3.2.1 创建圆形实木软包床模型

在大家的印象中，床一般都是长方体形状的，其实现实生活中也有其他形状的床，例如圆形床。这一节我们就使用切角圆柱体来创建一个圆形实木软包床模型，学习切角圆柱体建模的方法和技巧。圆形实木软包床模型效果如图3-40所示。

图3-40 圆形实木软包床模型

操作步骤

01 创建"半径"为1100、"高度"为250、"圆角"为80、"高度分段""圆角分段"均为1、"边数"为30、"端面分段"为5的切角圆柱体。选择切角圆柱体，右击并选择"转换为"＞"转换为可编辑多边形"命令，将其转换为可编辑多边形对象。

02 按数字4键进入"多边形"层级，按住Ctrl键的同时单击顶面多边形将其选中，右击并选择"倒角"命令，选择"局部法线"的倒角方式，设置"高度"为100、"轮廓"为0，单击█按钮，然后修改"轮廓"为-100，进行第2次倒角，创建出床垫模型，如图3-41所示。

图3-41 倒角多边形（1）

03 按住Ctrl键的同时单击床架外沿的多边形，右击并选择"挤出"命令，选择"局部法线"方式，设置挤出"高度"为60，确认挤出，如图3-42所示。

04 按住Ctrl键的同时单击挤出多边形的上表面以

及对应床架侧面的多边形，右击并选择"挤出"命令，选择"局部法线"方式，设置挤出"高度"为60，确认挤出，如图3-43所示。

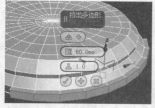

图3-42 挤出多边形（1）　　图3-43 挤出多边形（2）

05 挤出的这两组多边形不在一个平面，此时单击 平面化 按钮右侧的z按钮，将挤出的两组多边形在z轴对齐，如图3-44所示。

图3-44 平面化挤出多边形

06 按住Ctrl键的同时单击床架内侧的多边形将其选择，然后右击并选择"挤出"命令，选择"局部法线"方式，设置"高度"为200，单击两次 按钮连续挤出2次，确认挤出，效果如图3-45所示。

图3-45 挤出多边形（3）

07 按住Ctrl键的同时单击床靠背内侧的多边形，右击并选择"倒角"命令，选择"局部法线"方式，设置"高度"为135、"轮廓"为-30，确认倒角，如图3-46所示。

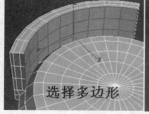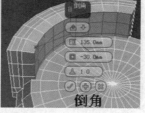

图3-46 倒角多边形（2）

08 按数字2键进入"边"层级，双击床靠背与床垫底部的一圈边，右击并选择"挤出"命令，设置"高度"为-15、"宽度"为3，确认挤出，如图3-47所示。

09 按住Ctrl键的同时依次单击床靠背上的边，右击并选择"挤出"命令，设置"高度"为-15、"宽度"为3，确认挤出，如图3-48所示。

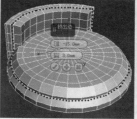

图3-47 挤出床垫边（1）　　图3-48 挤出软包边

10 使用相同的方法，继续选择床垫周围的边进行挤出，如图3-49所示。

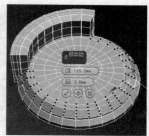

图3-49 挤出床垫边（2）

11 按数字2键退出"边"层级，在修改器列表中选择"涡轮平滑"修改器，设置"迭代次数"为2，对圆形床进行平滑处理，完成圆形实木软包床模型的创建。

3.2.2 创建圆形软包坐垫模型

下面我们使用切角圆柱体来创建一个圆形软包坐垫模型，学习切角圆柱体建模的方法和技巧。圆形软包坐垫模型效果如图3-50所示。

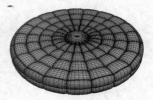

图3-50 圆形软包坐垫模型

操作步骤

01 创建"半径"为250、"高度"为75、"圆角"为15、"高度分段"为2、"圆角分段"为1、"边数"为20、"端面分段"为5的切角圆柱体。

选择切角圆柱体，右击并选择"转换为">"转换为可编辑多边形"命令，将其转换为可编辑多边形对象。

02 按数字2键进入"边"层级，按住Ctrl键的同时双击顶面的端面分段边和高度分段边将其选中，右击并选择"挤出"命令，设置"高度"为-10、"宽度"为1，确认挤出，如图3-51所示。

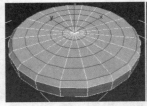

图3-51 挤出边（1）

03 继续选择边，执行"挤出"命令，设置"高度"为-10、"宽度"为1，确认挤出，如图3-52所示。

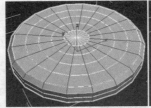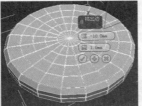

图3-52 挤出边（2）

04 在修改器列表中选择"涡轮平滑"修改器，设置"迭代次数"为2，对坐垫进行平滑处理，完成圆形坐垫模型的创建。

3.2.3 创建不锈钢水龙头模型

在现实生活中，水龙头随处可见。在室内设计中，水龙头模型也是必不可少的模型之一。下面我们使用切角圆柱体来创建一个不锈钢水龙头模型，继续学习切角圆柱体建模的方法和技巧。不锈钢水龙头模型效果如图3-53所示。

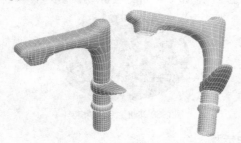

图3-53 不锈钢水龙头模型

操作步骤

01 创建"半径"为10、"高度"为30、"圆

角"为0、"高度分段"为3、"边数"为6的切角圆柱体。选择切角圆柱体，右击并选择"转换为">"转换为可编辑多边形"命令，将其转换为可编辑多边形对象。

02 按数字2键进入"边"层级，以"窗口"选择方式选择高度分段上方的竖边，右击并选择"连接"命令，设置"分段"为1，确认添加一条边，如图3-54所示。

03 按数字4键进入"多边形"层级，选择连接边形成的上方多边形，右击并选择"挤出"命令，设置"高度"为2.5，将其以"局部法线"方式进行挤出，如图3-55所示。

04 选择顶面的多边形，右击并选择"挤出"命令，设置"高度"为15；单击⊕按钮，然后修改"高度"为10；再次单击⊕按钮，修改"高度"为50；再次单击⊕按钮，修改"高度"为10；再次单击⊕按钮，确认挤出，创建水龙头的主水管，如图3-56所示。

图3-54 连接边　　图3-55 挤出多边形（1）　图3-56 挤出主水管

05 按F键切换到前视图，按住Ctrl键的同时选择顶部的3个多边形，右击并选择"挤出"命令，选择挤出方式为"组"，设置"高度"为60；单击⊕按钮，修改"高度"为20；再次单击⊕按钮，修改"高度"为10；确认挤出出水管，如图3-57所示。

06 按数字1键进入"顶点"层级，在顶视图中分别选择出水管下方的3行顶点，在"编辑几何体"卷展栏中单击 平面化 按钮右侧的Ⅴ按钮，将其沿y轴对齐，如图3-58所示。

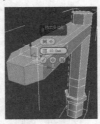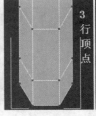

图3-57 挤出出水管　　图3-58 对齐顶点

07 按P键切换到透视图，调整视角，选择出水管左侧的多边形，右击并选择"挤出"命令，设置"高度"为10，确认挤出出水口。再次右击并选择"插入"命令，设置"数量"为3，确认插入，如图3-59所示。

08 按Delete键删除插入的多边形，然后选择水管下方的一圈多边形，右击并选择"挤出"命令，设置"高度"为2.5，将其以"局部法线"方式进行挤出，如图3-60所示。

图3-59 挤出与插入多边形　　图3-60 挤出多边形（2）

09 再次选择水管侧面两个多边形，将其沿*x*轴旋转20°，然后右击并选择"倒角"命令，设置"高度"为40、"轮廓"为-3，将其以"组"方式进行倒角，如图3-61所示。

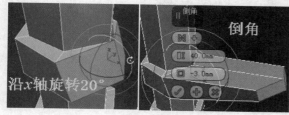

图3-61 旋转与倒角多边形

10 按数字2键进入"边"层级，双击选择开关底部的上、下两条边，右击并选择"挤出"命令，设置"高度"为-2、"宽度"为0.5，确认挤出，如图3-62所示。

 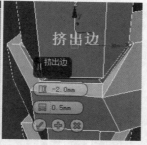

图3-62 挤出边

11 在修改器列表中选择"壳"修改器，设置"内部量""外部量"均为1，然后添加"涡轮平滑"修改器，设置"迭代次数"为2，对模型进行平滑处理，完成水龙头模型的创建。

3.3　环形结建模

环形结是一种比较特殊的扩展基本体，有"圆"和"结"两种基本曲线，当选择"圆"基础曲线时，环形结有"半径"和"分段"两个基本参数，此时可以通过"拖曳—移动—单击"3步创建一个圆环。"拖曳"确定半径，"移动"确定横截面的半径，"单击"完成创建。如果选择"结"基础曲线，直接拖曳鼠标即可创建一个环形结，流程如图3-63所示。

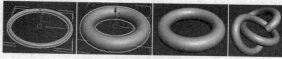

图3-63　环形结的创建流程

创建完成后进入修改面板，展开"参数"卷展栏，修改各参数，即可创建不同形状的环形结，如图3-64所示。

图3-64　修改环形结的参数

环形结在建模中的应用不是很多，其基本模型可以创建圆环或者扭曲的圆环，当为其添加相关修改器后，可以将其编辑为其他所需的模型。这一节我们通过"创建纳米科技粒子胶丝环模型""创建莫比乌斯环模型"两个精彩案例，学习环形结建模的相关方法与技巧。环形结建模案例效果如图3-65所示。

纳米科技粒子胶丝环　　　莫比乌斯环模型

图3-65　环形结建模案例效果

3.3.1　创建纳米科技粒子胶丝环模型

这一节我们通过创建纳米科技粒子胶丝环模型，学习环形结建模的相关方法和技巧。纳米科技粒子胶丝环模型效果如图3-66所示。

图3-66 纳米科技粒子胶丝环模型

操作步骤

01 选择基础曲线为"圆"，创建"半径"为35、"分段"为40的环形结，进入修改面板，在"横截面"选项组修改"半径"为10、"边数"为9、"扭曲"为3，其他参数保持默认，如图3-67所示。

02 在修改器列表中选择"晶格"修改器，在"几何体"选项组中选择"仅来自顶点的节点"选项，在"节点"选项组中选择"二十面体"，并设置"半径"为5，效果如图3-68所示。

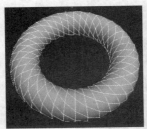
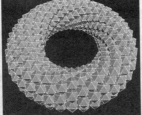

图3-67 创建环形结　　　图3-68 "晶格"效果

03 在修改器列表中选择"涡轮平滑"修改器，设置"迭代次数"为3，完成纳米科技粒子胶丝环模型的创建。

3.3.2 创建莫比乌斯带模型

这一节我们使用环形结来创建莫比乌斯带模型，继续学习环形结建模的方法和技巧。莫比乌斯带模型效果如图3-69所示。

图3-69 莫比乌斯带模型（1）

操作步骤

01 选择基础曲线为"圆"，创建"半径"为100、"分段"为60的环形结，进入修改面板，在"横截面"选项组修改"半径"为20、"边数"为

6、"扭曲"为3，在"平滑"选项组中勾选"侧面"复选框，对其侧面进行平滑处理，效果如图3-70所示。

02 将该对象转换为可编辑多边形对象，按数字4键进入"多边形"层级，单击一个多边形，然后按住Shift键的同时单击与其相邻的多边形，将一圈多边形选择，如图3-71所示。

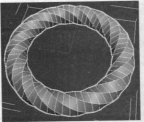
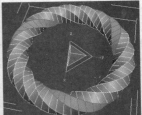

图3-70 创建环形结　　　图3-71 选择一圈多边形

03 使用相同的方法，继续选择另外两圈多边形，如图3-72所示。

04 单击"编辑几何体"卷展栏中的 分离 按钮，在弹出的对话框中不选择任何选项，单击 确定 按钮将其分离，如图3-73所示。

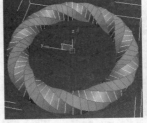

图3-72 选择另外的多边形　　　图3-73 分离对象

05 将分离对象隐藏，然后选择场景对象的所有多边形，右击并选择"插入"命令，设置"数量"为3，确认插入，如图3-74所示。

06 依照前面的操作再次将插入的多边形分离，然后选择分离的对象，按数字2键进入"边"层级，选择一条边，单击"选择"卷展栏中的 环形 按钮选择所有环形边，右击并选择"连接"命令，设置"分段"为1，确认连接，如图3-75所示。

图3-74 插入多边形　　　图3-75 连接边

07 选择3个对象上的一条边，在"石墨"工具栏中打开"拓扑"面板，单击"蜂房"图标进行拓扑，如图3-76所示。

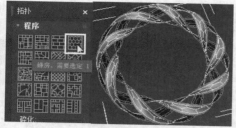

图3-76 拓扑

08 按数字4键进入"多边形"层级，系统自动选择所有多边形，右击并选择"插入"命令，设置"数量"为1.5，以"按多边形"方式进行插入，然后按Delete键将插入的多边形删除，结果如图3-77所示。

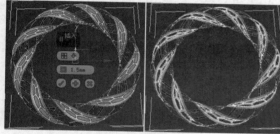

图3-77 插入并删除多边形

09 按数字4键退出"多边形"层级，显示被隐藏的分离对象，然后将其余两个对象附加。按数字1键进入"顶点"层级，选择所有顶点，单击"编辑顶点"卷展栏中的 焊接 按钮，将选择的顶点焊接。

10 按数字2键进入"边"层级，双击没有拓扑的多边形的边，右击并选择"切角"命令，设置"切角量"为0.5，确认切角，如图3-78所示。

在修改器列表中选择"壳"修改器，设置"内部量""外部量"均为1，选择"涡轮平滑"修改器，设置"迭代次数"为2，完成莫比乌斯带模型的创建，如图3-79所示。

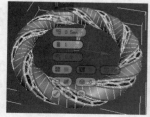

图3-78 切角边　　　图3-79 莫比乌斯带模型（2）

3.4 纺锤与胶囊建模

纺锤和胶囊是两种比较特殊的扩展基本体，纺锤有"半径""高度""封口高度"3个基本参数，可以通过"拖曳—移动—单击再移动—单击"4步完成纺锤的创建。

"拖曳"确定半径，"移动"确定高度，"单击再移动"确定封口高度，"单击"完成创建，其创建流程如图3-80所示。

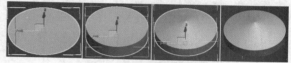

图3-80 纺锤的创建流程

创建完成后进入修改面板，展开"参数"卷展栏，修改各参数，即可创建不同形状的纺锤，如图3-81所示。

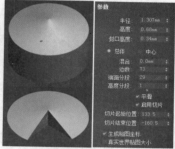

图3-81 修改纺锤的参数

胶囊有"半径""高度"两个基本参数，可以通过"拖曳—移动—单击"3步完成胶囊的创建。

"拖曳"确定半径，"移动"确定高度，"单击"完成创建，其创建流程如图3-82所示。

图3-82 胶囊的创建流程

创建完成后进入修改面板，展开"参数"卷展栏，修改各参数，即可创建不同形状的胶囊，如图3-83所示。

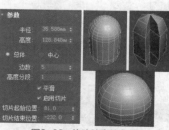

图3-83 修改胶囊的参数

这一节我们通过"创建UFO模型""创建小木船模型"两个精彩案例，学习纺锤和胶囊建模的方法和技巧。纺锤和胶囊建模案例效果如图3-84所示。

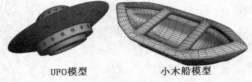

UFO模型　　　　　小木船模型

图3-84　纺锤和胶囊建模案例效果

3.4.1　创建UFO模型

UFO模型在动画、游戏场景中的用途较多，这一节我们使用纺锤来创建一个UFO模型，学习纺锤建模的相关方法和技巧。UFO模型效果如图3-85所示。

图3-85　UFO模型

操作步骤

01 创建"半径"为50、"高度"为35、"封口高度"为17.5的纺锤对象。进入修改面板，修改"边数"为60、"端面分段"为15、"高度分段"为1。

02 右击并选择"转换为" > "转换为可编辑多边形"命令，将其转换为可编辑多边形对象。按F键切换到前视图，按数字4键进入"多边形"层级，按住Ctrl键的同时在前视图中以"窗口"选择方式选择纺锤上、下两部分多边形，按Delete键将其删除，如图3-86所示。

图3-86　选择并删除多边形

03 按数字3键进入"边界"层级，以"窗口"选择方式选择删除多边形产生的两个边界，在"编辑边界"卷展栏中单击 封口 按钮进行封口，如图3-87所示。

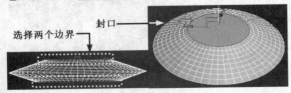

选择两个边界　　　封口

图3-87　选择边界并封口

04 按数字4键进入"多边形"层级，右击并选择"倒角"命令，设置"高度"为3、"轮廓"为-1，然后单击 按钮，并修改"轮廓"为-1.5，依此方法连续进行4次倒角，"轮廓"的值依次递减0.5，如图3-88所示。

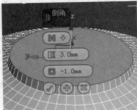
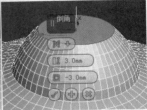

图3-88　倒角多边形

05 确认倒角，右击并选择"插入"命令，设置"数量"为2，连续单击 按钮4次，连续插入4次多边形，确认插入，如图3-89所示。

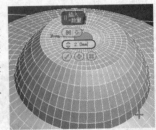

图3-89　插入多边形

06 调整视图并选择底部多边形，右击并选择"倒角"命令，设置"高度"为-1.5、"轮廓"为-1.5，单击 按钮，修改"高度"为8；单击 按钮，修改"高度"为0、"轮廓"为-5；单击 按钮，修改"高度"为-1.5、"轮廓"为-1.5；单击 按钮，修改"高度"为5；单击 按钮，修改"高度"为0、"轮廓"为-3；单击 按钮，修改"高度"为-3、"轮廓"为0，确认倒角，如图3-90所示。

图3-90　倒角底部多边形

07 按数字1键进入"顶点"层级，打开"石墨"工具栏，单击"修改选择" 按钮，在打开的对话框中修改"点间距"为2，如图3-91所示。

图3-91　设置"点间距"

08 按住Ctrl键的同时选择顶部球面上的两个点，单击"点循环" 按钮，此时每隔两个点就会选取一个点，如图3-92所示。

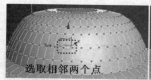 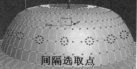

选取相邻两个点　　　　　间隔选取点

图3-92 选取点

09 右击并选择"切角"命令，设置"切角量"为1.5，对点进行切角，如图3-93所示。

图3-93 切角点（1）

10 使用相同的方法，对底部两个截面上的点也进行切角，如图3-94所示。

图3-94 切角点（2）

11 按数字2键进入"边"层级，双击以选择各边，右击并选择"切角"命令，设置"切角量"为0.2，确认切角，如图3-95所示。

12 按数字4键进入"多边形"层级，选择顶部球面以及底部圆柱体上通过切角顶点生成的多边形，右击并选择"挤出"命令，设置"挤出量"为-0.5，确认挤出，如图3-96所示。

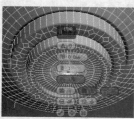 

图3-95 切角边　　　　　图3-96 挤出多边形

13 退出"多边形"层级，在修改器列表中选择"涡轮平滑"修改器，设置"迭代次数"为2，完成UFO模型的创建。

3.4.2 创建小木船模型

小木船模型也是动画、游戏场景中常见的模型，这一节我们使用胶囊来创建一个小木船模型，学习胶囊在实际建模中的用法。小木船模型效果如图3-97所示。

图3-97 小木船模型

操作步骤

01 按L键切换到左视图，创建"半径"为500、"高度"为2000的胶囊。进入修改面板，选择"总体"单选项，修改"边数"为4、"高度分段"为3，勾选"启用切片"复选框，设置"切片起始位置"为180，按P键切换到透视图，效果如图3-98所示。

02 右击并选择"转换为"＞"转换为可编辑多边形"命令，将其转换为可编辑多边形对象。按数字1键进入"顶点"层级，按住Ctrl键的同时选择两端的两个顶点，右击并选择"缩放"命令，将其沿x轴放大，如图3-99所示。

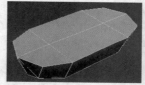 

图3-98 修改胶囊的参数　　　图3-99 放大顶点

03 按数字2键进入"边"层级，调整视角到底面，单击底部中间的边，右击并选择"切角"命令，设置"切角量"为100，确认切角，如图3-100所示。

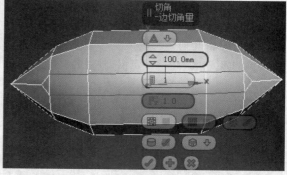

图3-100 切角边（1）

04 按住Ctrl键的同时单击表面的边将其选中，右击并选择"连接"命令，设置"分段"为1，确认连接，如图3-101所示。

05 按数字4键进入"多边形"层级，单击底部中间的多边形，右击并选择"倒角"命令，设置"高度"为40、"轮廓"为−40，确认倒角，如图3-102所示。

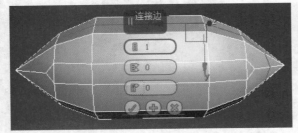

图3-101 连接边

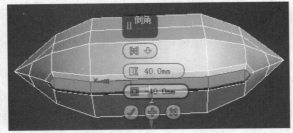

图3-102 倒角多边形

06 单击船帮外围的一圈多边形，右击并选择"挤出"命令，选择"局部法线"方式，设置"高度"为100，确认挤出，如图3-103所示。

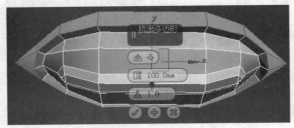

图3-103 挤出多边形

07 按F键切换到前视图，按数字1键进入"顶点"层级，以"窗口"选择方式选择船帮上的一排顶点，在"编辑几何体"卷展栏中单击 平面化 按钮右侧的 y 按钮，将这些点沿y轴对齐，如图3-104所示。

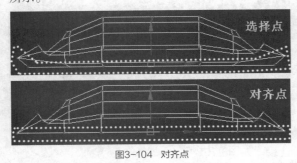

图3-104 对齐点

08 按P键切换到透视图，选择船帮下方以及船

两端的点，将其沿z轴向上移动，以调整小船的形态，如图3-105所示。

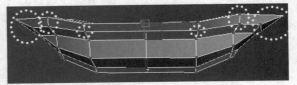

图3-105 调整顶点

09 按数字2键进入"边"层级，选择船舱位置的两条边，右击并选择"切角"命令，设置"切角量"为100，确认切角，如图3-106所示。

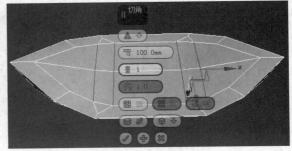

图3-106 切角边（2）

10 按数字4键进入"多边形"层级，单击船舱位置的多边形，按Delete键将其删除，如图3-107所示。

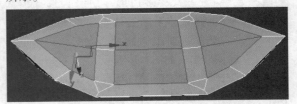

图3-107 选择并删除多边形

11 在修改器列表中选择"壳"修改器，设置"内部量""外部量"均为50，为小船增加厚度，如图3-108所示。

图3-108 增加小船厚度

12 右击并选择"转换为"＞"转换为可编辑多边形"命令，将小船转换为可编辑多边形对象，在修改器列表中选择"切角"修改器，在"斜接"列表中选择"三角形"，设置"数量"为20，对模型进行切角，完成小船模型的制作。

3.5 L-Ext与环形波建模

L-Ext类似于L型墙体，环形波有些像圆环或者星形，这两种模型都是比较特殊的扩展基本体模型，常用于创建一些外形比较奇特的模型。

L-Ext有"侧面长度""前面长度""侧面宽度""前面宽度""高度"5个基本参数，可以通过"拖曳—移动—单击再移动—再单击"4步完成L-Ext的创建。

"拖曳"确定侧面长度和前面长度，"移动"确定高度，"单击再移动"确定侧面宽度和前面宽度，"再单击"完成创建，其创建流程如图3-109所示。

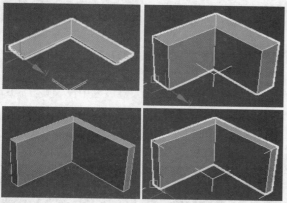

图3-109 创建L-Ext的流程

创建完成后进入修改面板，展开"参数"卷展栏，修改各参数，即可创建不同的对象，如图3-110所示。

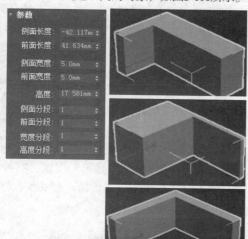

图3-110 修改L-Ext的参数

环形波的参数较多，有"环形波大小""环形波计时""外边波折""内边波折"共4个选项

组，但其创建方法较简单，可以通过"拖曳—移动—单击"3步完成环形波的创建。

"拖曳"确定半径，"移动"确定环形宽度，"单击"完成创建。创建完成后进入修改面板，展开"参数"卷展栏，修改各参数，即可创建不同的环形波对象，如图3-111所示。

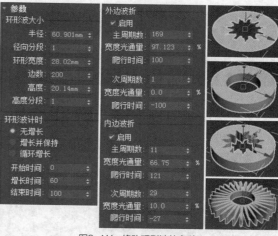

图3-111 修改环形波的参数

这一节我们通过"创建残破的石头墙模型""创建野山菊模型"两个精彩案例，学习L-Ext和环形波建模的方法和技巧。L-Ext和环形波建模案例效果如图3-112所示。

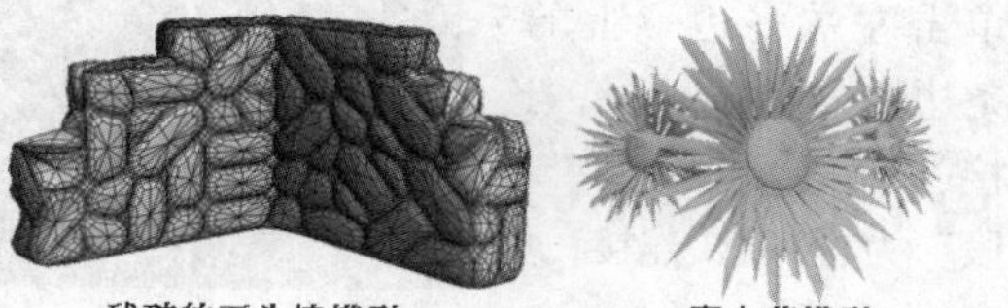

残破的石头墙模型　　　　　　野山菊模型

图3-112 L-Ext和环形波建模案例效果

3.5.1 创建残破的石头墙模型

残破的石头墙模型在游戏、动画场景中都比较常见，这一节我们使用L-Ext来创建一个残破的石头墙模型，学习L-Ext建模的方法和技巧，残破的石头墙模型效果如图3-113所示。

图3-113 残破的石头墙模型

操作步骤

01 创建"侧面长度""前面长度"均为1000、"侧面宽度""前面宽度"均为200、"高度"为650的L-Ext。进入修改面板，修改"侧面分

段""前面分段""高度分段"均为6、"宽度分段"为2，如图3-114所示。

02 右击并选择"转换为">"转换为可编辑多边形"命令，将其转换为可编辑多边形对象，按数字1键进入"顶点"层级，选择两端各顶点，按Delete键将其删除，效果如图3-115所示。

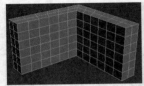
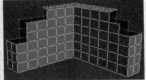

图3-114 创建L-Ext对象　　　图3-115 删除顶点

03 按数字2键进入"边"层级，按住Ctrl键的同时单击左端破面上的两条边，在"编辑边"卷展栏中单击 桥 按钮进行桥接，如图3-116所示。

04 使用相同的方法，对其他破面进行桥接，效果如图3-117所示。

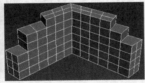

图3-116 桥接　　　　　图3-117 桥接结果

05 按住Ctrl键的同时单击左端多边形上的5条边，右击并选择"连接"命令，设置"分段"为1，确认连接，如图3-118所示。

图3-118 连接边

06 启用捕捉功能，按数字1键进入"顶点"层级，在"编辑几何体"卷展栏中激活 切割 按钮，分别捕捉左端多边形上的顶点进行切割，如图3-119所示。

图3-119 切割

07 依照第05步和第06步的操作，对右端多边形上的边进行连接，对多边形进行切割，对模型进行完善，效果如图3-120所示。

图3-120 连接与切割

08 按Ctrl+A组合键选择所有顶点，右击并选择"切角"命令，设置"切角量"为30，对所有顶点进行切角，如图3-121所示。

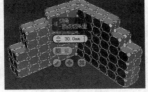

图3-121 切角顶点

09 退出"顶点"层级，打开"石墨"工具栏，在"建模"选项卡展开"多边形建模"选项，单击"生成拓扑"选项，打开"拓扑"面板，单击左下方的图标，对对象进行拓扑，如图3-122所示。

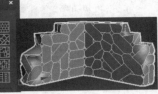

图3-122 拓扑

10 按数字2键进入"边"层级，按Ctrl+A组合键选择所有边，右击并选择"切角"命令，设置"切角量"为3，确认切角，如图3-123所示。

图3-123 切角边

11 按数字4键进入"多边形"层级，按Ctrl键的同时单击前、后两端以及上方大块的多边形将其选中，在"多边形：材质ID"卷展栏中设置其材质ID为1，如图3-124所示。

12 执行"编辑">"反选"命令进行反选，然后修改其材质ID为2，如图3-125所示。

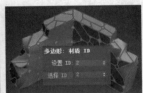

图3-124 设置材质ID（1）　　图3-125 设置材质ID（2）

13 再次执行"编辑">"反选"命令进行反选，然后右击并选择"倒角"命令，选择"按多边形"方式，设置"高度"为10、"轮廓"为-10，确认倒角，如图3-126所示。

图3-126 倒角多边形

14 按数字4键退出"多边形"层级，在修改器列表中选择"涡轮平滑"修改器，完成残破的石头墙模型的制作。

3.5.2 创建野山菊模型

在动画场景和游戏场景中，花草树木模型是常见的场景模型。这类模型比较复杂，建模难度较大，这一节我们使用环形波来创建野山菊模型，学习环形波建模的方法和技巧。野山菊模型效果如图3-127所示。

图3-127 野山菊模型

操作步骤

01 创建"半径"为41、"径向分段"为10、"环形宽度"为40、"边数"为82、"高度"为0.1的环形波。

02 进入修改面板，在"外边波折"选项组中勾选"启用"复选框，并设置"主周期数"为837、"宽度光通量"为100%，然后在"内边波折"选项组中取消"启用"复选框的勾选，制作出花瓣效果，结果如图3-128所示。

图3-128 使用环形波创建的花瓣

03 在修改器列表中选择"编辑多边形"修改器，按数字2键进入"边"层级，调整视角，在透视图中单击对象内侧高度圆上的两个短边，在"选择"卷展栏中单击 循环 按钮，将内侧圆高度上的所有边选择，右击并选择"转换到顶点"命令，转换到边的顶点，如图3-129所示。

图3-129 选择边并转换到顶点

04 在"软选择"卷展栏中勾选"使用软选择"复选框，然后设置"衰减"为60，在透视图中沿z轴将点向下移动，对花瓣进行塑形，如图3-130所示。

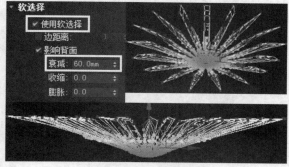

图3-130 通过软选择编辑

05 按数字1键退出"顶点"层级，在前视图中将花瓣对象以"复制"方式沿y轴向上克隆两个，然后修改第1个克隆对象的"半径"为35、"环形宽度"为34；修改第2个克隆对象的"半径"为30、"环形宽度"为29，其他参数保持不变，效果如图3-131所示。

06 按T键切换到顶视图，选择第1个克隆对象，将其沿z轴旋转5°左右，使其与原对象和第2个克隆对象错开，形成重叠交错的花瓣效果，如图3-132所示。

图3-131 克隆并修改对象　　　　图3-132 旋转对象

07 在顶视图花瓣的中心位置创建"半径"为20、"分段"为100的球体对象，在前视图中将其沿y轴压扁，并将其向下移动到花瓣上方位置作为花蕊，如图3-133所示。

图3-133 创建花蕊

08 将球体对象转换为可编辑多边形对象，按数字1键进入"顶点"层级，按Ctrl+A组合键选择所有顶点，右击并选择"挤出"命令，设置"高度"为2、"宽度"为0.05，制作出花蕊上的绒毛效果，如图3-134所示。

09 将视图切换到底视图，在花朵的中心位置创建"半径"为15、"分段"为30的球体，设置"半球"为0.8，在前视图中将其移动到花朵的底部，如图3-135所示。

10 将该半球体对象转换为可编辑多边形对象，按数字4键进入"多边形"层级，以"窗口"选择方式选择半球面上的多边形，按Delete键将其删除。

11 按数字1键进入"顶点"层级，右击并选择"目标焊接"命令，选择半球面上的顶点，将其拖到下面对应的顶点上进行焊接，如图3-136所示。

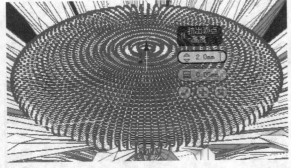

图3-134 挤出顶点

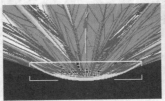 

图3-135 创建半球体　　　图3-136 焊接顶点（1）

12 使用每间隔一个顶点目标焊接一个顶点的方法，将其他顶点进行目标焊接，效果如图3-137所示。

13 退出"顶点"层级，在修改器列表中选择"壳"修改器，设置"内部量"为0.2，为半球体增加厚度，再次将其转换为可编辑多边形对象。

14 切换到前视图，在花朵底部绘制一条样条线，并调整样条线的形态。切换到透视图，选择花朵对象，按数字4键进入"多边形"层级，选择底部多边形，如图3-138所示。

图3-137 焊接顶点（2）　图3-138 绘制样条线并选择多边形

15 右击并选择"沿样条线挤出"命令，激活"沿样条线挤出" [icon] 按钮，单击样条线，将多边形沿样条线挤出，制作出花茎，完成野山菊模型的制作，如图3-139所示。

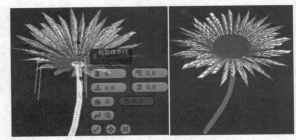

图3-139 挤出多边形以制作花茎

3.6　球棱柱建模

　　球棱柱类似于圆柱体，属于扩展基本体之一，球棱柱有"边数""半径""圆角""高度"4个基本参数，可以通过"拖曳—移动—单击再移动—再单击"4步完成球棱柱的创建。

　　"拖曳"确定半径，"移动"确定高度，"单击再移动"确定圆角，"再单击"完成创建，其创建流程如图3-140所示。

图3-140 创建球棱柱的流程

　　创建完成后进入修改面板，展开"参数"卷展栏，修改各参数，即可创建不同形状的球棱柱，如图3-141所示。

图3-141 修改球棱柱的参数

　　这一节我们通过"创建三叶带灯吊扇模型""创建陶瓷水龙头模型""创建陶瓷洗手池模型"3个精彩案例，学习球棱柱建模的方法和技巧。球棱柱建模案例效果如图3-142所示。

三叶带灯吊扇模型　　陶瓷水龙头模型　　陶瓷洗手池模型
图3-142 球棱柱建模案例效果

3.6.1 创建三叶带灯吊扇模型

带灯吊扇不仅可以降低室内温度，同时还可以照明，其模型是室内设计中常见的模型。这一节我们就来创建一个三叶带灯吊扇模型，学习球棱柱建模的方法和技巧。三叶带灯吊扇模型效果如图3-143所示。

图3-143　三叶带灯吊扇模型

操作步骤

01 创建"边数"为15、"半径"为20、"圆角"为1、"高度"为10的球棱柱。进入修改面板，修改各分段数均为1。

02 将该对象转换为可编辑多边形对象，按数字1键进入"顶点"层级，按住Ctrl键每隔4组顶点选择顶面边缘的一组顶点，将其沿z轴旋转10°，如图3-144所示。

03 按数字4键进入"多边形"层级，按住Ctrl键的同时选择旋转顶点后形成的3个侧面的多边形，右击并选择"挤出"命令，设置"高度"为10，单击圖按钮继续挤出，确认挤出，如图3-145所示。

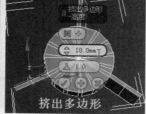

图3-144　旋转顶点（1）　　　图3-145　挤出多边形

04 按数字1键进入"顶点"层级，按住Ctrl键的同时选择扇叶顶面边缘位置的3组顶点，将其沿z轴旋转15°，将底面边缘位置的3组顶点沿z轴旋转10°，如图3-146所示。

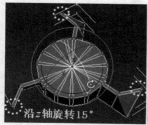

图3-146　旋转顶点（2）

05 按数字2键进入"边"层级，按住Ctrl键的同时选择各个扇叶上的竖边，右击并选择"连接"命

令，设置"分段"为1，在各个扇叶上添加一条边，如图3-147所示。

06 按数字1键进入"顶点"层级，按住Ctrl键的同时选择各个扇叶外边缘中间的一组顶点，将其沿xy平面放大，调整扇叶的形态，如图3-148所示。

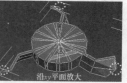

图3-147　连接边（1）　　　图3-148　放大顶点

07 选择各个扇叶中间位置的上、下两组顶点，将其沿z轴放大，然后将其沿z轴旋转10°，调整扇叶的形态，如图3-149所示。

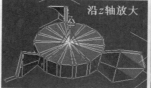

图3-149　放大与旋转顶点

08 使用相同的方法，调整扇叶的各顶点以调整扇叶的形态，并添加"涡轮平滑"修改器进行平滑，观察扇叶的效果，直到满意为止，如图3-150所示。

09 按数字4键进入"多边形"层级，调整视角，选择风扇电机底部多边形，右击并选择"倒角"命令，设置"高度"为0、"轮廓"为-2，确认倒角，如图3-151所示。

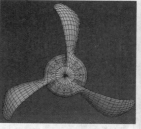

图3-150　处理扇叶　　　图3-151　倒角多边形

10 单击圖按钮，修改"高度"为5、"轮廓"为0；再次单击圖按钮，修改"高度"为3、"轮廓"为-10，确认制作电机，如图3-152所示。

图3-152　继续倒角多边形

11 倒角后电机一端位置会出现破面，此时按数字

1键进入"顶点"层级，选择电机破面上的两个顶点，右击并选择"塌陷"命令，对破面进行修补，如图3-153所示。

理，制作出吊扇的拉杆模型以及顶部的固定部件，效果如图3-159所示。

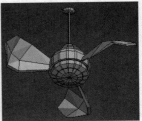

图3-158 塌陷顶点以及连接边　　图3-159 挤出拉杆与固定部件

图3-153 塌陷顶点

12 按数字2键进入"边"层级，右击并选择"连接"命令，设置"分段"为1，确认连接，如图3-154所示。

13 按住Ctrl键的同时双击电机底部的边将其选择，右击并选择"挤出"命令，设置"高度"为-5、"宽度"为0.3，确认挤出，如图3-155所示。

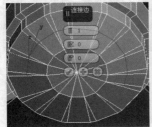

图3-154 连接边（2）　　图3-155 挤出边

14 按数字4键进入"多边形"层级，选择风扇电机顶部的多边形，右击并选择"倒角"命令，设置"高度"为0、"轮廓"为-2，如图3-156所示。

15 单击■按钮，修改"高度"为5、"轮廓"为0；再次单击■按钮，修改"高度"为15、"轮廓"为-10，制作电机顶部造型，如图3-157所示。

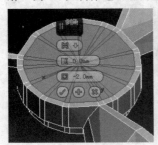

图3-156 倒角顶部多边形　　图3-157 制作电机顶部造型

16 此时电机顶部同样会出现破面，依照第11步的操作将破面位置的顶点塌陷，然后进入"边"层级，对边进行连接，设置"分段"为2，效果如图3-158所示。

17 依照前面的操作对多边形进行倒角和挤出处

18 按数字2键进入"边"层级，按住Ctrl键的同时单击电机、拉杆以及固定部件上的边，右击并选择"切角"命令，设置"切角量"为0.03，确认切角。

19 退出"边"层级，在修改器列表中选择"涡轮平滑"修改器，设置"迭代次数"为2，对模型进行平滑处理，完成三叶带灯吊扇模型的制作。

3.6.2　创建陶瓷水龙头模型

　　水龙头的种类非常多，单从材质方面来说，就有一般金属材质、不锈钢材质、陶瓷材质等。陶瓷水龙头在装修别墅等场所会经常用到，这一节我们就使用球棱柱来创建一个陶瓷水龙头模型，学习球棱柱建模的方法和技巧。陶瓷水龙头模型效果如图3-160所示。

图3-160 陶瓷水龙头模型

操作步骤

01 创建"边数"为4、"半径"为45、"圆角"为5、"高度"为5的球棱柱，并将该对象转换为可编辑多边形对象。

02 按数字4键进入"多边形"层级，按住Ctrl键的同时选择顶面的所有多边形，右击并选择"插入"

命令，设置"数量"为5，以"组"方式插入多边形，如图3-161所示。

03 按数字4键进入"多边形"层级，右击并选择"挤出"命令，选择挤出方式为"组"，设置"高度"为150，单击■按钮，修改"高度"为40；单击■按钮，修改"高度"为50；单击■按钮，修改"高度"为5；单击■按钮，修改"高度"为40，确认挤出，如图3-162所示。

图3-161 插入多边形（1）

04 选择上方第二节多边形，再次执行"挤出"命令，选择挤出方式为"局部法线"，设置"高度"为-3，确认挤出，如图3-163所示。

图3-162 挤出多边形（1）

05 按数字2键进入"边"层级，选择第三节多边形上的两条水平边，右击并选择"连接"命令，设置"分段"为2、"收缩"为65，效果如图3-164所示。

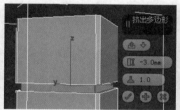

图3-163 挤出多边形（2）　图3-164 连接边（1）

06 选择第一节多边形上的两条水平边，右击并选择"连接"命令，设置"分段"为2、"收缩"为-5，确认连接，如图3-165所示。

07 选择第一节多边形上连接生成的两条垂直边，右击并选择"连接"命令，设置"分段"为2、"收缩"为15、"滑块"为25，确认连接，如图3-166所示。

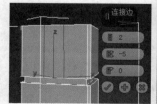 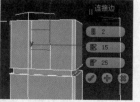

图3-165 连接边（2）　图3-166 连接边（3）

08 选择第一节多边形两个侧面的上、下两条水平边，执行"连接"命令，设置"分段"为1、"滑块"为-55，确认连接，如图3-167所示。

09 按数字1键进入"顶点"层级，选择第一节多边形背面下方的顶点，将其沿z轴向上移动到合适位置，如图3-168所示。

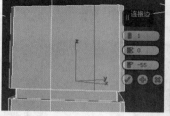 

图3-167 连接边（4）　图3-168 移动顶点

10 按数字4键进入"多边形"层级，选择第一节和第三节上面的多边形，右击并选择"挤出"命令，设置"高度"为110，挤出出水管和开关，如图3-169所示。

11 按数字2键进入"边"层级，分别选择出水管前端和下方的两条垂直边，右击并选择"连接"命令，设置"分段"为1、"滑块"为60，确认创建一条边，如图3-170所示。

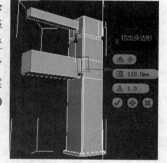

图3-169 挤出出水管和开关

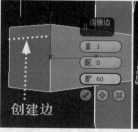 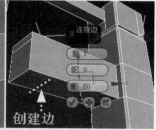

图3-170 创建边

12 按数字1键进入"顶点"层级，选择连接创建的两条边的顶点，单击"编辑顶点"卷展栏中的 连接 按钮进行连接，如图3-171所示。

13 使用相同的方法将另一侧的两个顶点也进行连接，右击并选择"目标焊接"命令，将端面下方的顶点拖到连接生成的顶点上进行焊接，如图3-172所示。

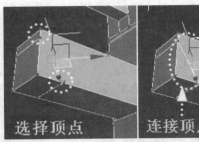

图3-171　连接顶点

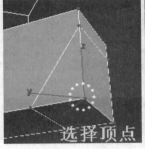

图3-172　焊接顶点

14 使用相同的方法，将另一侧的两个顶点也进行焊接，使出水管一端形成一个斜面，使用"插入"命令插入一个向中间移动6.5个绘图单位的多边形，如图3-173所示。

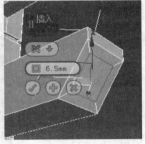

图3-173　插入多边形（2）

15 使用"挤出"命令将插入的多边形挤出15个绘图单位，并使用"插入"命令插入一个向中间移动4个绘图单位的多边形，最后按Delete键将其删除，创建出水口，效果如图3-174所示。

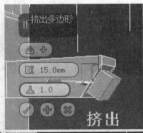

图3-174　创建出水口

16 按数字2键进入"边"层级，按Ctrl+A组合键

选择所有边，然后按住Alt键的同时单击出水管前端的边将其取消选择，右击并选择"切角"命令，设置"切角量"为0.1，确认切角，如图3-175所示。

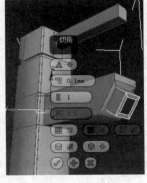

图3-175　切角边

17 退出"边"层级，在修改器列表中选择"壳"修改器，设置"内部量""外部量"均为1，增加模型的厚度。最后选择"涡轮平滑"修改器，设置"迭代次数"为2，对模型进行平滑处理，完成陶瓷水龙头模型的创建。

3.6.3　创建陶瓷洗手池模型

有了水龙头，洗手池也不能少。这一节我们使用球棱柱来创建一个陶瓷洗手池模型，继续学习球棱柱建模的基本方法和技巧。陶瓷洗手池模型效果如图3-176所示。

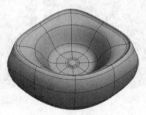

图3-176　陶瓷洗手池模型（1）

操作步骤

01 创建"边数"为4、"半径"为200、"圆角"为0、"高度"为150的球棱柱，并将其转换为可编辑多边形对象。

02 按数字2键进入"边"层级，选择上、下两个面上的4条边和上表面上的一条对角边，右击并选择"连接"命令，设置"分段"为1，确认连接，如图3-177所示。

03 按数字1键进入"顶点"层级，右击并选择"目标焊接"命令，分别将连接生成的两个顶点移动到中心点位置进行焊接。选择中心点，右击并选择"切角"命令，设置"切角量"为115，确认切角，如图3-178所示。

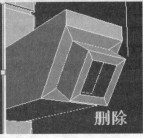

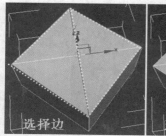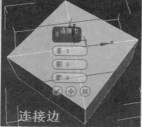

图3-177 选择并连接边

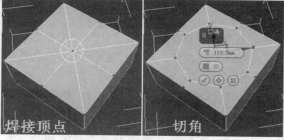

图3-178 焊接并切角顶点

04 选择下方边角上的两个顶点，将其沿*y*轴向上移动到合适位置，调整出洗手池的基本形状，如图3-179所示。

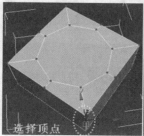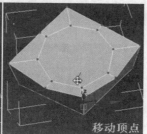

图3-179 选择并移动顶点

05 按数字4键进入"多边形"层级，选择顶面的所有多边形，右击并选择"插入"命令，设置"数量"为10，确认插入，如图3-180所示。

06 右击并选择"倒角"命令，选择"组"方式，设置"高度"为-10、"轮廓"为0，对多边形进行倒角，单击■按钮，按住Alt键的同时单击外侧的多边形将其取消选择，然后修改"高度"为-105、"轮廓"为-35，确认倒角，如图3-181所示。

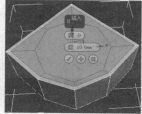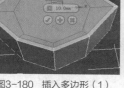

图3-180 插入多边形（1）　　　图3-181 倒角多边形

07 按住Ctrl键的同时选择侧面的多边形，右击并选择"插入"命令，插入一个向中间移动10个绘图单位的多边形。右击并选择"倒角"命令，选择"局部法线"方式，设置"高度"为20、"轮廓"为-35，对多边形进行倒角，效果如图3-182所示。

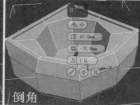

图3-182 插入与倒角多边形

08 选择底部的多边形，右击并选择"插入"命令，设置"数量"为20，单击■按钮，确认插入，如图3-183所示。

09 右击并选择"挤出"命令，设置"高度"为5，确认挤出，创建放水孔的塞子模型，如图3-184所示。

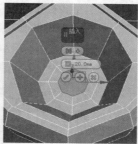

图3-183 插入多边形（2）　　　图3-184 挤出多边形

10 按数字2键进入"边"层级，选择挤出多边形底部的一圈边，右击并选择"挤出"命令，设置"高度"为-5、"宽度"为0.01，确认挤出，如图3-185所示。

11 按数字2键退出"边"层级，在修改器列表中选择"网格平滑"修改器，选择"细分方法"为"四边形输出"，并设置"迭代次数"为3，对模型进行平滑处理，完成陶瓷洗手池模型的创建，效果如图3-186所示。

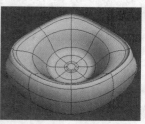

图3-185 选择并挤出边　　　图3-186 陶瓷洗手池模型（2）

3.7 VRay建模

　　"VRay"建模命令是"VRay"渲染器自带的命令，使用这些命令可以创建绿草、头发、平面、球体等对象。

　　当安装"VRay"渲染器后，在"几何体"列表中选择"VRay"选项，"对象类型"卷展栏会显示相关建模命令，如图3-187所示。

图3-187 "VRay"建模命令

　　在众多的建模命令中，用于直接建模的命令并不多，本节我们主要学习"（VR）毛皮""自动植草""自动树篱"3个建模命令，使用这3个建模命令，可以创建头发、草坪、篱笆等对象。

　　其中，"（VR）毛皮"建模命令用于在对象表面创建头发、草坪、毛绒等效果。选择一个对象，激活 (VR)毛皮 按钮，对象表面即显示毛皮效果。进入修改面板，展开"参数"卷展栏、"贴图"卷展栏以及"视口显示"卷展栏，即可修改毛皮的参数，如图3-188所示。

图3-188 "（VR）毛皮"的卷展栏

　　这些卷展栏中的设置看似较多，但都很好理解，主要包括毛发的长度、弯曲度、厚度等参数，相关设置将通过视频为读者讲解。

　　"自动植草"命令用于在对象表面创建绿植效果，可以选择植物类型，并设置植物的疏密、长短等参数。

　　选择一个对象，激活 自动植草 按钮，对象表面即显示绿植效果。进入修改面板，展开"视口显示"卷展栏、"参数"卷展栏以及"贴图"卷展栏等，即可选择绿植的类型以及修改绿植的长度等参数，其各卷展栏如图3-189所示。

图3-189 "自动植草"的卷展栏

　　这些卷展栏中的设置与"（VR）毛皮"卷展栏中的设置基本相似，具体设置将通过视频为读者详细讲解。

　　这一节将通过"创建毛绒坐垫模型""创建真实的草坪模型"两个精彩案例，向大家讲解使用"VRay"建模命令建模的相关方法和技巧，"（VR）毛皮"与"自动植草"建模案例效果如图3-190所示。

"（VR）毛皮"建模命令——毛绒坐垫　　　"自动植草"建模命令——逼真的草坪

图3-190 VRay建模案例效果

3.7.1 创建毛绒坐垫模型

　　使用"（VR）毛皮"建模命令可以非常方便地表现头发、毛绒等效果，这一节我们就使用"（VR）毛皮"建模命令创建一个毛绒坐垫模型，学习"（VR）毛皮"建模命令的使用方法和技巧。毛绒坐垫模型效果如图3-191所示。

毛绒坐垫场景效果　　　　　毛绒坐垫渲染效果

图3-191 毛绒坐垫模型

操作步骤

01 打开"实例线架\第2章\创建小方桌与坐垫模型.max"文件，删除小方桌和3个坐垫模型，只保留一个坐垫模型。选择该坐垫，单击 (VR)毛皮 按钮，此时坐垫上出现毛发。

02 进入修改面板，展开"参数"卷展栏，设置毛发的"长度"为50、"厚度"为1、"重力"为2、"弯曲"为0.55、"锥度"为1。

提示

"长度"控制毛发的长短；"厚度"控制毛发的疏密；"重力"控制毛发受重力的大小，值越大，毛发受重力向下的效果越明显；"弯曲"控制毛发的弯曲程度；"锥度"控制毛发由根部到末梢的锥化程度。

03 在"几何体细节"选项组设置"结数"为8，使毛发的弯曲效果更平滑。如果要设置毛发的细节，可以勾选"细节级别"复选框，然后设置"开始距离"和"比率"参数，此处保持默认设置。

04 在"变化"选项组根据具体情况设置方向、长度、厚度以及重力的数量，使毛发产生相关变化，在此我们将这些参数均设置为0.2即可。

05 在"分布"选项组中选择"每区域"单选项，并设置其值为1，使毛发分布在坐垫模型的每个区域，然后在"放置"选项组中选择"整个对象"单选项，使毛发置于坐垫的所有表面。

提示

在"放置"选项组中选择"选定的面"单选项，则可以在对象被选定的面上放置毛发；如果选择"材质ID"单选项，则可以根据模型的材质ID来放置毛发。

06 设置到此，坐垫的毛绒效果已经基本满足要求。如果想得到特殊的毛绒效果，则可以在"贴图"卷展栏中为"弯曲""长度""厚度""重力"等添加贴图，其实贴图可以起到遮罩的作用，贴图的颜色深浅变化可以影响毛发效果。

07 例如单击"密度贴图（单色）"按钮，在弹出的"材质/贴图"对话框中双击"贴图">"通用">"位图"选项，选择"贴图"文件夹下的"枕头01.jpg"黑白贴图文件，此时坐垫模型上的毛发分布密度出现变化，毛发只显示在贴图的白色区域，而贴图的黑色区域则没有毛发，如图3-192所示。

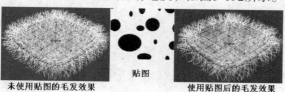
未使用贴图的毛发效果　　　贴图　　　使用贴图后的毛发效果

图3-192 毛发效果比较

提示

在"视口显示"卷展栏中可以设置毛发在视图中的显示数量、显示等。注意，"最大毛发"参数只是影响毛发在视图中的显示数量，而不影响毛发最终的渲染数量，可以通过调整毛发的"长度"和"厚度"参数来控制毛发的疏密效果，效果如图3-193所示。

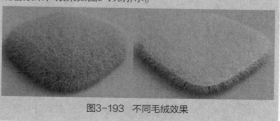
图3-193 不同毛绒效果

08 至此，毛绒坐垫模型创建完毕。

3.7.2 创建草坪模型

草坪在室外场景中出现较多，例如室外效果图、游戏场景、动画场景等。本节使用"VRay"建模命令中的"自动植草"建模命令来创建草坪模型，学习"自动植草"建模命令的使用方法和技巧。草坪模型效果如图3-194所示。

图3-194 草坪模型

操作步骤

01 打开"实例线架\第2章\创建懒人沙发模型.max"文件，选择场景中的地面对象，单击 自动植草 按钮，进入修改面板，在"视口显示"卷展栏中勾选"在视口中预览"复选框，此时地面上出现绿植模型。

02 展开"参数"卷展栏，单击"预设"选项组中的"草预设"按钮，打开"草预设"对话框，该对话框中有多种类型的草，如图3-195所示。

03 单击"地毯草"，然后关闭该对话框，回到修改面板，单击 草材质预设 按钮，打开"草材质预设"对话框，如图3-196所示。

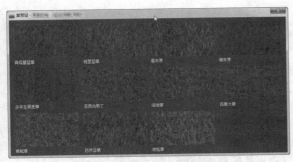

图3-195 "草预设"对话框

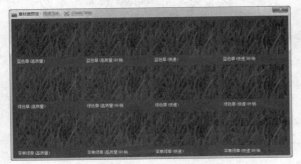

图3-196 "草材质预设"对话框

04 单击"苹果绿草（快速）"为草选择材质，然后关闭该对话框，再单击 泥土材质预设 按钮打开"泥土材质预设"对话框，如图3-197所示。

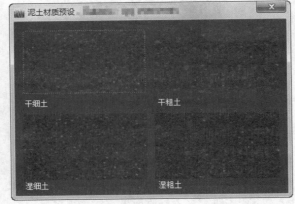

图3-197 "泥土材质预设"对话框

05 单击"干细土"并关闭该对话框，按F9键快速渲染场景，查看效果，此时草短而密，在"参数"卷展栏中修改"密度"为0.01、"长度"为500。再次渲染场景，发现草变得长而稀，画面露出了泥土，效果如图3-198所示。

图3-198 草坪效果比较

06 在"变化"选项组设置"长度变化""中止变化""茅草变化""方向变化"的参数均为1，使茅草有所变化，然后修改"密度"为1，其他设置保持不变，完成草坪的创建。

> **提示**
>
> 在"放置"选项组中选择"选定的面"单选项，则可以在对象被选定的面上放置毛发；如果选择"材质ID"单选项，则可以根据模型的材质ID来放置毛发。另外，"基础贴图通道"选项用于根据材质ID制作材质，在"贴图"卷展栏中可以对"密度""长度""茅草""方向"进行贴图，贴图颜色的深浅可以控制草的变化，这些设置与"（VR）毛皮"建模命令中的设置相同。

第 04 章

门、窗、楼梯、栏杆和墙命令建模

3ds Max自带门、窗、楼梯、栏杆和墙命令，用户可以通过这些命令，快速创建出所需的各种门、窗、楼梯、栏杆以及墙模型。本章将通过18个精彩案例，向大家详细讲解使用这些命令创建门、窗、楼梯、栏杆以及墙模型的相关方法和技巧。

4.1 门命令建模

使用3ds Max自带的"门"建模命令可以创建所需的门模型，并可以根据具体需要修改门模型的相关参数，而不需要添加任何修改器。

在"几何体"⊙列表中选择"门"选项，"对象类型"卷展栏会显示"门"建模命令，如图4-1所示。

图4-1 "门"建模命令

门模型的创建方式有两种，一种是"宽度/深度/高度"，另一种是"宽度/高度/深度"，默认设置下是"宽度/深度/高度"方式。本节我们采用默认的创建方式，学习创建门模型的相关方法，效果如图4-2所示。

图4-2 门建模效果

4.1.1 创建双开枢轴门与单开枢轴门

枢轴门有单开门和双开门两种，可以设置门的高度、宽度和深度，一般在顶视图中通过"拖曳—移动—单击再移动—右击"4步完成创建。

"拖曳"确定门的宽度，"移动"确定门的厚度，"单击再移动"确定门的高度，"右击"完成枢轴门的创建，其创建流程如图4-3所示。

图4-3 创建枢轴门的流程

创建完成后进入修改面板，展开"参数"卷展栏，修改门框、页扇、镶板等参数，即可创建不同尺寸的单开门或双开门，如图4-4所示。

在现实生活中，单开门的高度一般为2000mm、宽度一般为900mm，而双开门的宽度一般在1200mm。下面我们来创建图4-5所示的双开枢轴门和单开枢轴门。

图4-4 修改枢轴门模型的参数

图4-5 双开枢轴门和单开枢轴门

操作步骤

01 激活 枢轴门 按钮，在顶视图中拖曳鼠标确定门的宽度，移动鼠标指针确定门的厚度，单击再移动确定门的高度，右击完成枢轴门的创建。

02 进入修改面板，展开"参数"卷展栏，设置"高度"为2000、"宽度"为1200、"深度"为100，按P键切换到透视图，查看效果。

03 勾选"双门"复选框，设置"打开"为30，将门打开，勾选"创建门框"复选框，修改"宽度"为100、"门偏移"为0。

04 展开"页扇参数"卷展栏，设置"厚度"为50、"门挺/顶梁"为100、"底梁"为100、"水平窗格数"和"垂直窗格数"均为2、"镶板间距"为30。

05 选择"有倒角"单选项，设置"倒角角度"为90、"厚度1"为40、"厚度2"为30、"中间厚度"为20、"宽度1"为20、"宽度2"为20，完成双开枢轴门模型的创建。

06 将双开枢轴门以"复制"方式克隆一个，在"参数"卷展栏中修改"宽度"为900，其他设置保持默认，这样就可以创建出一个单开枢轴门。

4.1.2 创建推拉门模型

推拉门是一种通过向一边推拉而开启的门，有

"高度""宽度""深度"3个基本参数,其创建方法与枢轴门的创建方法相同,一般在顶视图中通过"拖曳—移动—单击再移动—右击"4步完成推拉门的创建。

"拖曳"确定门的宽度,"移动"确定门的厚度,"单击再移动"确定门的高度,"右击"完成推拉门的创建。

创建完成后进入修改面板,展开"参数"卷展栏,修改门框、页扇、镶板等参数,即可创建不同尺寸的推拉门,如图4-6所示。

推拉门一般用于厨房、卫生间以及阳台,其高度一般为1800mm、宽度不确定。下面我们就来创建图4-7所示的推拉门模型。

方法与枢轴门的创建方法完全相同,整体效果也与枢轴门很相似,可以单开也可以双开,一般在顶视图中通过"拖曳—移动—单击再移动—右击"4步完成折叠门的创建。

"拖曳"确定门的宽度,"移动"确定门的厚度,"单击再移动"确定门的高度,"右击"完成折叠门的创建。

创建完成后进入修改面板,展开"参数"卷展栏,修改门框、页扇、镶板等参数,即可创建不同尺寸的折叠门,如图4-8所示。

折叠门一般用于厨房、卫生间以及阳台,其高度一般为1800mm、宽度不确定。下面我们就来创建图4-9所示的双开折叠门和单开折叠门模型。

图4-6 修改推拉门模型的参数

图4-7 推拉门模型

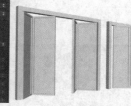

图4-8 修改折叠门模型的参数

图4-9 双开折叠门与单开折叠门模型

操作步骤

01 激活 推拉门 按钮,在顶视图中拖曳鼠标确定门的宽度,移动鼠标指针确定门的厚度,单击再移动确定门的高度,右击完成推拉门的创建。

02 进入修改面板,展开"参数"卷展栏,设置"高度"为1800、"宽度"为2000、"深度"为80,按P键切换到透视图,查看效果。

03 设置"打开"为50,将门打开一半,勾选"创建门框"复选框,修改"宽度"为90,其他设置保持默认。

04 展开"页扇参数"卷展栏,设置"厚度"为50、"门挺/顶梁"为35、"底梁"也为35、"水平窗格数"为3、"垂直窗格数"为2、"镶板间距"为10。

05 选择"玻璃"单选项,其他设置保持默认,完成推拉门模型的创建。

4.1.3 创建折叠门模型

折叠门是一种通过向一边折叠而开启的门,有"高度""宽度""深度"3个基本参数,其创建方法与枢轴门的创建方法相同,一般在顶视图中

操作步骤

01 激活 折叠门 按钮,在顶视图中拖曳鼠标确定门的宽度,移动鼠标指针确定门的厚度,单击再移动确定门的高度,右击完成折叠门的创建。

02 进入修改面板,展开"参数"卷展栏,设置"高度"为1800、"宽度"为2000、"深度"为80,按P键切换到透视图,查看效果。

03 勾选"双开"复选框,设置"打开"为50,将门打开一半,勾选"创建门框"复选框,修改"宽度"为90,其他设置保持默认。

04 展开"页扇参数"卷展栏,设置"厚度"为50、"门挺/顶梁"为35、"底梁"也为35、"水平窗格数"为3、"垂直窗格数"为2、"镶板间距"为10。

05 选择"玻璃"单选项,其他设置保持默认,完成双开折叠门模型的创建。

06 将双开折叠门以"复制"方式克隆一个,取消"双门"复选框的勾选,在"参数"卷展栏中修改"宽度"为900,其他设置保持默认,完成单开折叠门模型的创建。

4.2 窗命令建模

　　"窗"建模命令是3ds Max中的一个特殊建模命令，使用该命令可以创建所需的各种窗模型，并可以根据具体需要直接修改窗模型的相关参数，而不需要添加任何修改器。

　　在"几何体" ■列表中选择"窗"选项，"对象类型"卷展栏会显示窗的建模命令，如图4-10所示。

图4-10 "窗"建模命令

　　窗的创建方式有两种，一种是"宽度/深度/高度"，另一种是"宽度/高度/深度"，默认设置下是"宽度/深度/高度"方式。本节我们采用默认的创建方式，学习创建窗模型的相关方法，效果如图4-11所示。

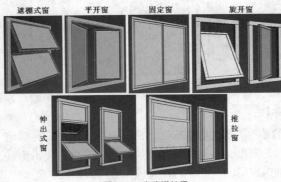

图4-11 窗建模效果

4.2.1 创建遮棚式窗模型

　　遮棚式窗的创建方法与枢轴门的创建方法完全相同，一般在顶视图中"拖曳"确定宽度，"移动"确定厚度，"单击再移动"确定高度，"右击"完成遮棚式窗的创建，其创建流程如图4-12所示。

图4-12 创建遮棚式窗的流程

　　创建完成后进入修改面板，展开"参数"卷展栏，如图4-13所示，修改各参数以创建不同尺寸的遮棚式窗。

　　下面采用默认的创建方式来创建图4-14所示的遮棚式窗模型。

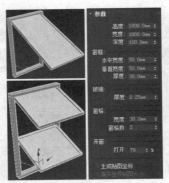

图4-13 "参数"卷展栏

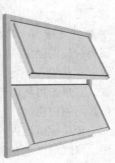

图4-14 遮棚式窗模型

操作步骤

01 激活 遮棚式窗 按钮，在顶视图中拖曳鼠标确定窗的宽度，移动鼠标指针确定窗的厚度，单击再移动确定窗的高度，右击完成遮棚式窗的创建。

02 进入修改面板，展开"参数"卷展栏，设置"高度""宽度"均为800，"深度"为30，按P键切换到透视图，查看效果。

03 在"窗框"选项组中设置"水平宽度""垂直宽度""厚度"均为30，在"窗格"选项组中设置"宽度"为20、"窗格数"为2，设置"打开"为30，将窗打开，完成遮棚式窗模型的创建。

4.2.2 创建平开窗模型

　　平开窗的开启形式与枢轴门的开启形式非常相似，其创建方法也与枢轴门的创建方法完全相同。一般在顶视图中"拖曳"确定宽度，"移动"确定厚度，"单击再移动"确定高度，"右击"完成平开窗的创建。创建完成后进入修改面板，展开"参数"卷展栏，如图4-15所示，修改各参数以创建不同尺寸的平开窗。

　　下面我们采用默认的创建方式来创建图4-16所示的平开窗模型。

图4-15 平开窗的 "参数"卷展栏　　　　图4-16 平开窗模型

操作步骤

01 激活 [平开窗] 按钮，在顶视图中拖曳鼠标确定窗的宽度，移动鼠标指针确定窗的厚度，单击再移动确定窗的高度，右击完成平开窗的创建。

02 进入修改面板，展开"参数"卷展栏，设置"高度""宽度"均为800、"深度"为50，然后按P键切换到透视图，查看效果。

03 在"窗框"选项组中设置"水平宽度""垂直宽度""厚度"均为30，在"窗扇"选项组中选择"二"单选项，使其有两扇窗，设置"打开"为30，将窗打开，完成遮棚式窗模型的创建。

4.2.3 创建固定窗模型

固定窗是一种不可开启的窗，这种窗的创建方法与其他窗的创建方法完全相同。默认设置下可以在顶视图中"拖曳"确定宽度，"移动"确定厚度，"单击再移动"确定高度，"右击"完成创建。创建完成后进入修改面板，展开"参数"卷展栏，如图4-17所示，修改各参数以创建不同尺寸的固定窗。

下面我们采用默认的创建方式来创建图4-18所示的固定窗模型。

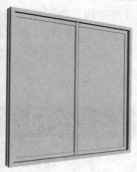

图4-17 固定窗的 图4-18 固定窗模型
"参数"卷展栏

操作步骤

01 激活 [固定窗] 按钮，在顶视图中拖曳鼠标确定窗的宽度，移动鼠标指针确定窗的厚度，单击再移动确定窗的高度，右击完成固定窗的创建。

02 进入修改面板，展开"参数"卷展栏，设置"高度""宽度"均为800、"深度"为50，然后按P键切换到透视图，查看效果。

03 在"窗框"选项组中设置"水平宽度""垂直宽度""厚度"均为20，在"窗格"选项组中设置"宽度"为20，设置"水平窗格数"为2、"垂直窗格数"为1，勾选"切角剖面"复选框，完成固定窗的创建。

4.2.4 创建旋开窗模型

旋开窗是一种以自身的中轴为旋转轴，可以360°旋转的窗，既可以水平旋转，也可以垂直旋转。这种窗的创建方法与其他窗的创建方法完全相同，可以在顶视图中"拖曳"确定宽度，"移动"鼠标指针确定厚度，"单击再移动"确定高度，"右击"完成创建。创建完成后单击"修改" [图] 按钮进入修改面板，展开"参数"卷展栏，如图4-19所示，修改各参数以创建不同尺寸的旋开窗。

下面我们采用默认的创建方式来创建图4-20所示的旋开窗模型。

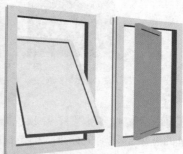

图4-19 旋开窗的 图4-20 旋开窗模型
"参数"卷展栏

操作步骤

01 激活 [旋开窗] 按钮，在顶视图中拖曳鼠标确定窗的宽度，移动鼠标指针确定窗的厚度，单击再移动确定窗的高度，右击完成旋开窗的创建。

02 进入修改面板，展开"参数"卷展栏，设置"高度"为800、"宽度"为500、"深度"为50，然后按P键切换到透视图，查看效果。

03 在"窗框"选项组中设置"水平宽度""垂直宽度""厚度"均为20，设置"窗格"选项组中的"宽度"为20，勾选"垂直旋转"复选框，设置"打开"为20，使窗垂直打开。

04 将该窗以"复制"方式克隆一个，然后取消"垂直旋转"复选框的勾选，使该窗以水平方式打开，完成旋开窗的创建。

4.2.5 创建伸出式窗模型

伸出式窗是通过向外或向内伸出而开启的一种窗，这种窗的创建方法与其他窗的创建方法完全相同。可以在顶视图中"拖曳"确定宽度，"移动"确定厚度，"单击再移动"确定高度，"右击"完成创建。创建完成后进入修改面板，展开"参数"卷展栏，如图4-21所示，修改各参数以创建不同尺寸的伸出式窗。

下面我们采用默认的创建方式来创建图4-22所示的伸出式窗模型。

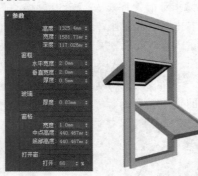

图4-21 伸出式窗 图4-22 伸出式窗模型
的"参数"卷展栏

操作步骤

01 激活 伸出式窗 按钮，在顶视图中拖曳鼠标确定窗的宽度，移动鼠标指针确定窗的厚度，单击再移动确定窗的高度，右击完成伸出式窗的创建。

02 进入修改面板，展开"参数"卷展栏，设置"高度"为800、"宽度"为400、"深度"为50，在"窗框"选项组设置"水平宽度""垂直宽度"均为30、"厚度"为10。

03 按P键切换到透视图，设置"打开"为50，设置"窗格"选项组中的"宽度"为20，设置"中点高度"与"底部高度"参数（注意，这两个参数决定了窗户的打开方式），设置不同的参数来创建不同的伸出式窗模型。

4.2.6 创建推拉窗模型

推拉窗与推拉门非常相似，可以通过向一边或者上下推拉而开启，这种窗的创建方法与其他窗的创建方法完全相同。可以在顶视图中"拖曳"确定宽度，"移动"确定厚度，"单击再移动"确定高度，"右击"完成创建。创建完成后进入修改面板，展开"参数"卷展栏，如图4-23所示，修改各

参数以创建不同尺寸的推拉窗。下面我们采用默认的创建方式来创建图4-24所示的推拉窗模型。

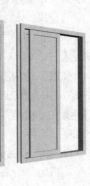

图4-23 推拉窗的 图4-24 推拉窗模型
"参数"卷展栏

操作步骤

01 激活 推拉窗 按钮，在顶视图中拖曳鼠标确定窗的宽度，移动鼠标指针确定窗的厚度，单击再移动确定窗的高度，右击完成推拉窗的创建。

02 进入修改面板，展开"参数"卷展栏，设置"高度"为600、"宽度"为400、"深度"为30，在"窗框"选项组设置"水平宽度""垂直宽度"均为20、"厚度"为6。

03 按P键切换到透视图，设置"打开"为50，设置"窗格"选项组中的"栏杆宽度"为20，勾选"悬挂"复选框，此时窗户的打开方式为上下打开。若取消该复选框的勾选，则窗户为左右打开方式。

4.3 楼梯命令建模

"楼梯"建模命令也是3ds Max中的一个特殊建模命令，使用该命令可以创建所需的各种楼梯模型，并可以根据具体需要修改楼梯模型的相关参数，而不需要添加任何修改器。

在"几何体"列表中选择"楼梯"选项，"对象类型"卷展栏会显示楼梯的建模命令，如图4-25所示。

图4-25 "楼梯"建
模命令

创建完成后进入修改面板，展开"参数"卷展栏，修改楼梯各参数，以创建不同尺寸的楼梯。

本节我们学习创建楼梯模型的相关方法，效果如图4-26所示。

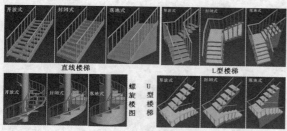

图4-26 楼梯建模效果

4.3.1 创建直线楼梯模型

直线楼梯的创建方法也与枢轴门的创建方法完全相同，一般在顶视图中"拖曳"确定楼梯的长度，"移动"确定宽度，"单击再移动"确定总高度，"右击"完成直线楼梯的创建，其创建流程如图4-27所示。

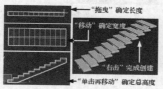

图4-27 创建直线楼梯的流程

创建完成后进入修改面板，展开"参数"卷展栏，修改各参数，以创建不同尺寸的直线楼梯，如图4-28所示。

直线楼梯有3种类型，分别是"开放式""封闭式""落地式"，默认设置下为"开放式"，本节学习创建这3种直线楼梯的方法，效果如图4-29所示。

图4-28 直线楼梯"参数"卷展栏

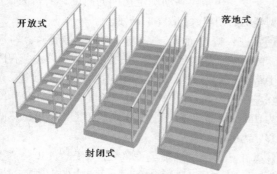

图4-29 直线楼梯建模效果

操作步骤

01 激活 直线楼梯 按钮，在顶视图中拖曳鼠标确定楼梯的长度，移动鼠标指针确定楼梯的宽度，单击再移动确定楼梯的高度，右击完成楼梯的创建，如图4-30所示。

02 进入修改面板，展开"参数"卷展栏，勾选"侧弦""支撑梁""左、右扶手""左、右扶手路径"等复选框，为楼梯增加扶手与支撑梁等。

03 设置"长度"为300、"宽度"为120、"总高"为200、"竖板高"为15、"台阶"选项组中的"厚度"为5、"深度"为30，效果如图4-31所示。

图4-30 开放式直线楼梯（1）　　图4-31 设置参数

04 在"支撑梁"卷展栏中设置"深度"为15、"宽度"为5。如果想设置更多支撑梁，则单击"支撑梁间距" 按钮，打开"支撑梁间距"对话框，设置支撑梁的数量、间距、偏移等参数，如图4-32所示。

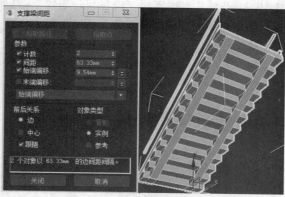

图4-32 设置支撑梁

05 在"栏杆"卷展栏中设置栏杆"高度"为80、"半径"为3、"分段"为12，在"侧弦"卷展栏中设置"深度"为25、"宽度"为5，勾选"从地面开始"复选框，完成开放式直线楼梯的创建，效果如图4-33所示。

由于系统并没有设置栏杆的支柱，因此，栏杆的支柱需要用户自行制作。

06 在顶视图中创建"半径"为2、"高度"为85的圆柱体，执行"工具">"对齐">"间隔工具"命令，激活 抬取路径 按钮，单击楼梯中的栏杆路径，并设置"计数"为10，单击"关闭"按钮关闭该对话框，为楼梯增加栏杆的支柱，如图4-34所示。

图4-33 开放式直线楼梯（2）

图4-34 增加栏杆的支柱

07 这样就完成了开放式直线楼梯模型的创建，将开放式直线楼梯以"复制"方式克隆两个。选择其中一个开放式直线楼梯，选择"封闭式"单选项，创建封闭式直线楼梯；选择另一个开放式直线楼梯，选择"落地式"单选项，创建落地式直线楼梯，然后调整其他参数，完成这3种直线楼梯的创建。

4.3.2 创建L型楼梯模型

与直线楼梯不同，L型楼梯是一种呈L形的楼梯，这种楼梯的创建方法与直线楼梯的创建方法完全相同。一般在顶视图中"拖曳"确定第一段楼梯的长度，"移动"确定第2段楼梯的长度，"单击再移动"确定楼梯的高度，"右击"完成L型楼梯的创建。

创建完成后，单击"修改" 按钮进入修改面板，展开"参数"卷展栏，修改各参数，以创建不同尺寸的L型楼梯，如图4-35所示。

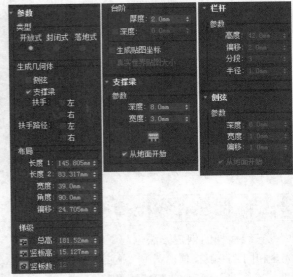

图4-35 L型楼梯的"参数"卷展栏

L型楼梯也有3种类型，分别是"开放式""封闭式""落地式"，默认设置下为"开放式"，本节学习创建这3种L型楼梯的方法，效果如图4-36所示。

图4-36 L型楼梯建模效果

操作步骤

01 激活 L型楼梯 按钮，在顶视图中拖曳鼠标确定第一段楼梯的长度，移动鼠标指针确定第2段楼梯的长度，单击再移动确定楼梯的高度，右击完成L型楼梯的创建，如图4-37所示。

02 进入修改面板，展开"参数"卷展栏，勾选"侧弦""支撑梁""左、右扶手"以及"左、右扶手路径"等复选框，为楼梯增加扶手与支撑梁等。

03 在"布局"选项组设置"长度1""长度2"均为100、设置"宽度"为80、"角度"为90、"偏移"为0。

04 在"梯级"选项组设置"总高"为150、"竖板高"为12，设置"台阶"选项组中的"厚度"为

5、"深度"为20。

05 在"支撑梁"卷展栏中设置"深度"为10、"宽度"为5。如果想得到更多支撑梁，单击"支撑梁间距"■按钮，打开"支撑梁间距"对话框，设置支撑梁的数量、间距、偏移等参数，其操作与直线楼梯的操作相同。

06 在"栏杆"卷展栏中设置栏杆"高度"为80、"半径"为3，"分段"为12，在"侧弦"卷展栏中设置"深度""宽度""偏移"均为1，勾选"从地面开始"复选框，完成开放式L型楼梯的创建，效果如图4-38所示。

07 由于系统并没有设置该楼梯栏杆的支柱，因此，栏杆的支柱需要用户自行制作。可以参照直线楼梯栏杆支柱的制作方法来创建该栏杆支柱。完成开放式L型楼梯的创建，效果如图4-39所示。

图4-37 创建楼梯　　图4-38 增加扶手　　图4-39 制作扶手的栏杆

08 将该楼梯模型以"复制"方式克隆两个，分别选择"封闭式"和"落地式"两个单选项，创建出对应类型的L型楼梯。

4.3.3 创建U型楼梯模型

U型楼梯与L型楼梯有些相似，是一种呈U形的楼梯，这种楼梯的创建方法与L型楼梯的创建方法有些不同。首先在透视图中"拖曳"确定楼梯的长度，"移动"确定楼梯的宽度，"单击再移动"确定楼梯的高度，"右击"完成U型楼梯的创建。

创建完成后，单击"修改"■按钮进入修改面板，展开"参数"卷展栏，修改各参数，以创建不同尺寸的U型楼梯，如图4-40所示。

U型楼梯也有3种类型，分别是"开放式""封闭式""落地式"，默认设置下为"开放式"，本节学习创建这3种U型楼梯的方法，效果如图4-41所示。

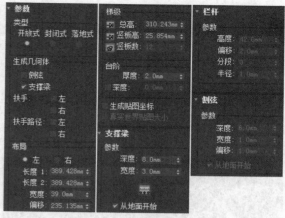

图4-40 U型楼梯的"参数"卷展栏

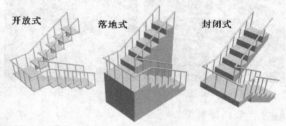

图4-41 U型楼梯建模效果

操作步骤

01 激活 ▉U型楼梯▉ 按钮，在透视图中拖曳鼠标确定楼梯的长度，移动鼠标指针确定楼梯的宽度，单击再移动确定楼梯的高度，右击完成U型楼梯的创建，如图4-42所示。

图4-42 U型楼梯

02 进入修改面板，展开"参数"卷展栏，勾选"侧弦""支撑梁""左、右扶手""左、右扶手路径"复选框，为楼梯增加扶手与支撑梁等。

03 在"布局"选项组中勾选"左"或者"右"复选框，设置楼梯的布局，设置"长度1""长度2"均为300、"宽度"为100、"偏移"为0。

04 在"梯级"选项组设置"总高"为300、"竖板高"为30，设置"台阶"选项组中的"厚度"为5、"深度"为50。

05 在"支撑梁"卷展栏中设置"深度""宽度"均为10。如果想得到更多支撑梁，单击"支撑梁间距"▉按钮，打开"支撑梁间距"对话框，设置支撑梁的数量、间距、偏移等参数，其操作与直线楼梯的操作相同。

06 在"栏杆"卷展栏中设置栏杆"高度"为80、

"半径"为3、"分段"为12,在"侧弦"卷展栏中设置"深度""宽度""偏移"均为1,勾选"从地面开始"复选框,完成开放式L型楼梯的创建,效果如图4-43所示。

07 由于系统并没有设置该楼梯栏杆的支柱,因此,栏杆的支柱需要用户自行制作。可以参照直线楼梯栏杆支柱的制作方法来创建该栏杆支柱。完成开放式U型楼梯的创建,效果如图4-44所示。

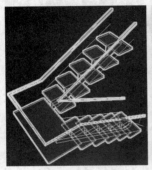 

图4-43 增加扶手　　　图4-44 制作扶手的栏杆

08 将该楼梯模型以"复制"方式克隆两个,分别选择"封闭式"和"落地式"两个单选项,创建出对应类型的U型楼梯。

4.3.4 创建螺旋楼梯模型

螺旋楼梯是一种呈螺旋形的楼梯,这种楼梯的创建方法非常简单。首先在透视图中"拖曳"确定楼梯的圆形直径,"移动"确定楼梯的整体高度,"单击"完成螺旋楼梯的创建。

创建完成后,单击"修改" 按钮进入修改面板,展开"参数"卷展栏,修改各参数,以创建不同尺寸的螺旋楼梯,如图4-45所示。

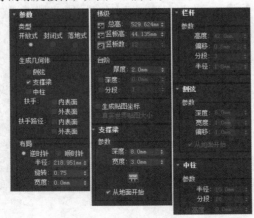

图4-45 螺旋楼梯的"参数"卷展栏

螺旋楼梯也有3种类型,分别是"开放式""封闭式""落地式",默认设置下为"开放式"楼梯,本节学习创建这3种螺旋楼梯的方法,效果如图4-46所示。

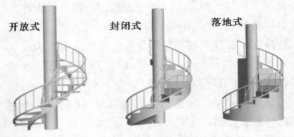

开放式　　　封闭式　　　落地式

图4-46 螺旋楼梯建模效果

操作步骤

01 激活 螺旋楼梯 按钮,在透视图中拖曳鼠标确定楼梯的半径,移动鼠标指针确定楼梯的高度,单击完成螺旋形楼梯的创建,如图4-47所示。

02 进入修改面板,展开"参数"卷展栏,勾选"侧弦""支撑梁""中柱"复选框以及"扶手"的"内表面""外表面"和"扶手路径"的"内表面""外表面"复选框,为楼梯增加扶手与支撑梁等。

03 在"布局"选项组中选择"逆时针"或者"顺时针"单选项,设置楼梯的旋转方向,设置"半径"为160、"旋转"为0.85、"宽度"为120。

04 在"梯级"选项组设置"总高"为500、"竖板高"为30,设置"台阶"选项组中的"厚度"为5、"深度"为45,勾选"分段"复选框,设置其参数为15,这样楼梯会比较平滑。

05 在"支撑梁"卷展栏中设置"深度""宽度"均为10。如果想得到更多支撑梁,单击"支撑梁间距" 按钮,打开"支撑梁间距"对话框,设置支撑梁的数量、间距、偏移等参数,其操作与直线楼梯的操作相同。

06 在"栏杆"卷展栏中设置栏杆"高度"为80、"半径"为3,"分段"为12,在"中柱"卷展栏中设置"半径"为30,勾选"高度"复选框,并为楼梯设置一个合适的高度,完成开放式螺旋楼梯的创建,效果如图4-48所示。

07 同样由于系统并没有设置该楼梯栏杆的支柱,因此,栏杆的支柱需要用户自行制作。可以参照直线楼梯栏杆支柱的制作方法来创建该栏杆支柱。

08 将该楼梯模型以"复制"方式克隆两个,分别选择"封闭式"和"落地式"两个单选项，创建出对应类型的螺旋楼梯。

图4-47 螺旋楼梯

图4-48 修改后的螺旋楼梯

4.4 栏杆命令建模

"栏杆"建模命令是3ds Max几何体建模"AEC扩展"中的一个专门用于创建栏杆的建模命令，使用该命令可以创建所需的各种栏杆模型，并可以根据具体需要修改栏杆的相关参数，而不需要添加任何修改器。

在"几何体"列表中选择"AEC"选项，"对象类型"卷展栏会显示"植物""栏杆""墙"建模命令，如图4-49所示。

图4-49 "AEC扩展"选项

创建完成后，进入修改面板修改各参数，本节我们学习栏杆以及墙体的建模方法，效果如图4-50所示。

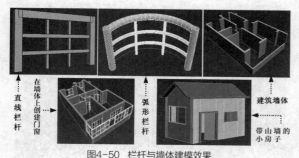

图4-50 栏杆与墙体建模效果

4.4.1 创建直线栏杆模型

直线栏杆的创建比较简单，一般在顶视图中拖曳鼠标确定栏杆的长度，然后单击即可完成直线栏杆的创建。创建完成后，进入修改面板，分别在"栏杆"卷展栏、"立柱"卷展栏以及"栅栏"卷展栏中修改栏杆的各参数，即可创建出不同尺寸的直线栏杆，其卷展栏如图4-51所示。

图4-51 栏杆的各卷展栏

本节学习创建直线栏杆的方法，效果如图4-52所示。

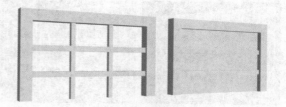

图4-52 直线栏杆

操作步骤

01 激活 栏杆 按钮，在顶视图中拖曳鼠标确定栏杆的长度，单击完成栏杆的创建。

02 按P键切换到透视图，进入修改面板，展开"栏杆"卷展栏，设置"长度"为1200，在"上围栏"选项组的"剖面"列表中选择栏杆的剖面为"方形"或者"圆形"，默认设置下为"方形"。

03 设置"深度""宽度"均为50、"高度"为600，然后在"下围栏"选项组的"剖面"列表中选择"方形"，设置"深度""宽度"均为25，效果如图4-53所示。

04 系统默认设置下只生成一个围栏，可以单击"下围栏间距" 按钮，打开"下围栏间距"对话框，设置"计数"为2，其他设置保持默认，如图4-54所示。

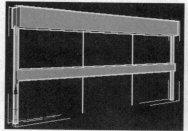

图4-53 栏杆效果

图4-54 "下围栏间距"对话框

提示

在"下围栏间距"对话框中，用户除了可以设置下围栏的参数外，还可以设置间距、偏移以及前后关系等，以创建其他围栏效果。

05 关闭"下围栏间距"对话框，在"立柱"卷展栏中选择"剖面"为"方形"，设置"深度""宽度""延长"均为50，效果如图4-55所示。

06 在"栅栏"卷展栏中选择"类型"为"支柱"，支柱的"剖面"为"方形"，设置"深度""宽度"均为20、"延长"为0，完成直线栏杆模型的创建，如图4-56所示。

图4-55 设置立柱效果　　　图4-56 设置栅栏效果

提示

在设置立柱和栅栏时，可以分别单击"立柱间距" 按钮和"栅栏间距" 按钮，打开"立柱间距"对话框和"栅栏间距"对话框，设置立柱和栅栏的"计数""间距"等参数。另外，当"栅栏"的类型设置为"实体填充"时，可以在下面的"实体填充"选项组设置填充的厚度以及偏移距离等，此时栏杆效果如图4-57所示。

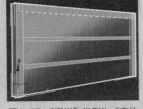

图4-57 "栅栏"类型为"实体填充"时栏杆的效果

4.4.2 创建弧形栏杆模型

弧形栏杆的创建与直线栏杆的创建完全不同，弧形栏杆是沿一个路径进行创建的。创建完成后，单击"修改" 按钮进入修改面板，分别在"栏杆"卷展栏、"立柱"卷展栏以及"栅栏"卷展栏中修改栏杆的各参数，即可创建出不同尺寸的弧形栏杆。本节学习创建弧形栏杆的方法，效果如图4-58所示。

图4-58 弧形栏杆

操作步骤

01 进入创建面板，单击"图形" 按钮，在其列表中选择"样条线"选项，在"对象类型"卷展栏中激活 弧 按钮，在顶视图中拖曳鼠标创建一个圆弧。

02 进入几何体创建面板，激活 栏杆 按钮，在"栏杆"卷展栏中激活 拾取栏杆路径 按钮，在顶视图中单击圆弧对象，创建栏杆，如图4-59所示。

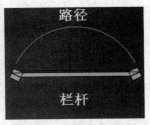

图4-59 沿路径创建栏杆

提示

沿路径创建栏杆后，可以通过调整路径的参数以影响栏杆。另外，沿路径创建栏杆后会发现，创建的栏杆并没有呈现弧形形态，这是因为没有设置分段数。

03 按P键切换到透视图，进入修改面板，展开"栏杆"卷展栏，设置"分段"为20，此时栏杆显示为弧形，其他设置则沿用上次创建栏杆时的设置，效果如图4-60所示。

图4-60 设置"分段"后的栏杆

提示

"分段"决定了栏杆的弧度效果，分段数越多，栏杆的弧度效果越明显，反之则不明显。用户可以根据具体情况来设置。另外，当创建的是具有拐角的栏杆时，可以勾选"匹配拐角"复选框，此时栏杆会自动匹配拐角，效果如图4-61所示。

 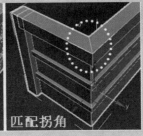

图4-61 匹配拐角的效果比较

04 分别在"立柱"卷展栏和"栅栏"卷展栏中设置栏杆的"剖面"类型以及"深度""宽度"等参数，其设置方法与直线栏杆的设置方法相同，这样就完成了弧形栏杆的创建。

如果想创建矩形等形状的栏杆，只需先创建相关路径，然后沿路径创建，最后根据需要调整路径并设置栏杆的参数即可。

4.5 墙命令建模

"墙"建模命令有些特殊，默认的"宽度"和"高度"参数往往不能满足设计需要，因此可以在创建前设置好墙的宽度和高度，然后再创建。

另外，如果是创建一段墙模型，则可以采用"单击—移动—右击"的方式，"单击"确定墙的起点，"移动"确定墙的长度，"右击"结束创建。如果要创建多段墙，则可以采用"单击—移动—再单击—再移动—右击"的方式。

创建完成后进入修改面板，在修改器堆栈单击"墙"前面的"+"号将其展开，分别在"顶点""分段""剖面"层级对墙进行编辑，例如改变墙的形态，在墙上开门洞、开窗洞，创建山墙等，其编辑方法与编辑样条线的方法相似，效果如图4-62所示。

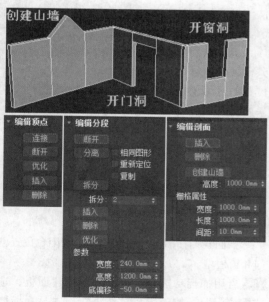

图4-62 编辑墙对象

4.5.1 创建建筑墙体模型

不管是室内设计还是室外设计，建筑物的墙体模型都是必须要创建的模型，这一节我们使用"墙"建模命令快速创建一个建筑墙体模型，学习墙命令建模的方法和技巧。建筑墙体模型效果如图4-63所示。

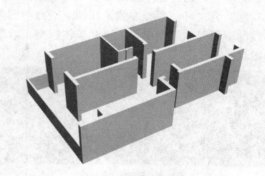

图4-63 建筑墙体模型

操作步骤

`01` 执行"文件">"导入">"导入"命令，导入"实例素材\建筑墙体平面图.dwg"文件。

`02` 启用捕捉功能，激活 ▢墙 按钮，设置墙的"宽度"为240、"高度"为3000，并选择"左"对齐单选项，在顶视图中依次捕捉CAD平面图中左侧墙线的端点以创建墙线，如图4-64所示。

`03` 使用相同的方法，继续捕捉其他墙线的各端点，创建其他墙线，完成平面图中承重墙的创建，效果如图4-65所示。

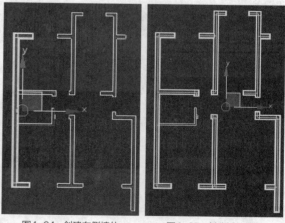

图4-64 创建左侧墙体　　　图4-65 创建其他墙体

提示

在建筑设计中，承重墙一般是指承担整个房屋重量的墙体，其宽度一般为240mm；而非承重墙则是指不承担房屋重量，只是用于划分房屋空间的墙体，这类墙体的宽度一般为120mm。阳台墙的宽度一般也是120mm，高度一般在1200mm左右，因此，在绘制这两类墙体时一定要注意修改墙体的宽度和高度。

下面创建卫生间以及阳台位置的墙体模型。

04 修改墙的"宽度"为120，继续捕捉卫生间的墙线的端点，创建卫生间的墙体模型，修改墙的"高度"为1200。捕捉左侧墙线的下端点与右侧墙线的下端点，绘制阳台位置的墙体模型，效果如图4-66所示。

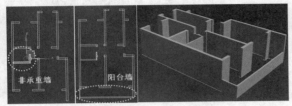

图4-66 创建的墙体模型

05 选择任意一堵墙，在修改面板的"编辑对象"卷展栏中激活 附加 按钮，分别单击每一个墙体对象将其附加，完成建筑墙体模型的创建。

4.5.2 在墙体上创建门窗

使用"墙"建模命令创建建筑墙体时，一般会根据CAD平面图中门、窗的位置，预留出门洞、窗洞，以便创建门、窗模型。

在这种情况下，可以直接在门洞、窗洞位置使用3ds Max中的"门""窗"建模命令，或者根据设计要求，使用其他建模方法创建门、窗模型。需要注意的是，需要先对墙体模型进行编辑、完善。

本节学习在建筑墙体上使用3ds Max中的"门""窗"建模命令创建门、窗模型的方法，效果如图4-67所示。

图4-67 在建筑墙体上创建门、窗模型

操作步骤

01 继续4.5.1节的操作。

在现实生活中，建筑物中的门、窗本身是不能承重的，因此，一般门洞、窗洞的顶部位置都有用于承重的一根横梁，该横梁也叫"过梁"，下面我们来创建门、窗位置的过梁模型。

02 选择创建的墙体模型，按数字1键进入"顶点"层级，激活 连接 按钮，按F3键设置显示模式为"线框"模式，分别捕捉阳台门洞底部的两个端点以连接并创建墙，如图4-68所示。

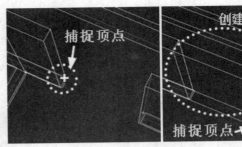

图4-68 创建墙体

下面调整创建的墙体的高度以制作过梁。

03 进入"分段"层级，选择创建的墙体，在"编辑分段"卷展栏中修改"高度"为1000，然后修改"底偏移"为2000，将该墙体上移以作为过梁，效果如图4-69所示。

图4-69 创建墙体/修改高度并上移

04 使用相同的方法，在其他所有门洞、窗洞位置创建墙体，修改其高度并使其偏移，以创建这些位置的过梁模型，效果如图4-70所示。

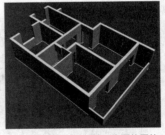

图4-70 创建其他门洞、窗洞位置的过梁

> **提示**
>
> 过梁的高度与门、窗的高度以及窗台的高度有关，一般情况下，门的高度为2000，窗台的高度为1200，在创建时要根据相关尺寸计算出过梁的高度。

下面我们在门洞、窗洞位置以及阳台位置创建门和窗模型。

05 启用捕捉功能，进入"门"创建面板，选择"推拉门"，按F3键以"线框"模式显示墙体模型，捕捉左下方卧室阳台门上方的两个端点，确定门的宽度；捕捉墙另一侧的端点，确定门的宽度；捕捉门洞下方的端点，确定门的高度，创建一个推拉门，如图4-71所示。

06 进入修改面板，修改推拉门的其他参数，完成卧室阳台推拉门的制作。使用相同的方法，继续创建北侧卧室、卫生间以及入户门，并根据门洞大小修改门的参数，效果如图4-72所示。

07 进入"窗"创建面板，选择"推拉窗"，创建出北侧卧室和厨房位置的窗，并根据窗洞大小修改窗的参数，效果如图4-73所示。

图4-71 创建卧室推拉门

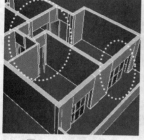

图4-72 创建门对象

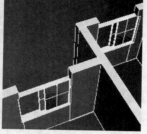

图4-73 创建窗对象

08 使用相同的方法，创建阳台位置的推拉窗模型，完成该模型的创建。

4.5.3 创建带山墙的小房子模型

山墙是屋顶为人字形的建筑物中常见的一种呈三角形的墙体，可以使用"墙"建模命令直接创建出这种墙体。这一节我们学习使用"墙"建模命令创建带山墙的小房子模型，学习山墙的创建方法，效果如图4-74所示。

图4-74 带山墙的小房子模型

操作步骤

使用"墙"建模命令创建一个屋顶为人字形的小房子。

01 进入创建面板，单击"图形" ■ 按钮，在其列表中选择"样条线"选项，在"对象类型"卷展栏中激活 矩形 按钮，在顶视图中拖曳鼠标创建一个矩形，进入修改面板，修改矩形的"长度"为3000、"宽度"为5000。

02 在"几何体"列表中选择"AEC扩展"选项，在"对象类型"卷展栏中激活 墙 按钮，在"参数"卷展栏中设置墙的"宽度"为240、"高度"为3000，其他设置保持默认。

03 启用捕捉功能，在顶视图中依次捕捉矩形的4个角点，创建由4面墙合围而成的小房子墙体模型，如图4-75所示。

04 进入修改面板，进入"剖面"层级，单击左侧的墙体剖面将其选中，在"编辑剖面"卷展栏中设置"高度"为1000，单击 创建山墙 按钮，在该墙体上创建一个山墙，效果如图4-76所示。

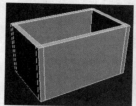

图4-75 创建墙体　　　　图4-76 创建山墙

05 使用相同的方法，在另一面墙上也创建一个山墙，完成两个山墙模型的创建，效果如图4-77所示。

下面我们来确定小房子的窗户和门的位置与大小。

06 选择墙体模型，进入"分段"层级，单击正面墙底部的边将其选中，在"编辑分段"卷展栏中设置"拆分"为4，单击 拆分 按钮，将该墙拆分为5段，效果如图4-78所示。

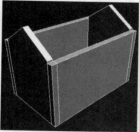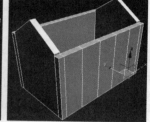

图4-77 创建另一个山墙　　　　图4-78 拆分正面墙

07 退出"分段"层级，按F键切换到前视图，选择小房子模型，将状态栏中"X""Y""Z"的值设为0，使模型位于视图中心，这样方便计算门窗的准确位置，如图4-79所示。

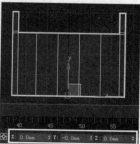

图4-79 使模型位于视图中心

提示

模型位于视图中心后，根据已知的模型的总长度以及分段得出的每段尺寸，就可以计算出门、窗的准确位置了。另外，用户也可以进入"顶点"层级，激活 优化 按钮，在正面墙底部单击以添加边，对墙体进行拆分，得到相同的分段效果。

08 进入"顶点"层级，选择左侧拆分线的顶点，修改状态栏的"X"为-2000，使第2条线与该线直接的距离为1500，即双开门的宽度，效果如图4-80所示。

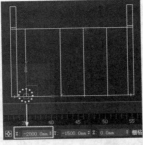

图4-80 调整第1条线的位置

09 选择第3条线的端点，修改状态栏的"X"为200；选择第4条线的端点，修改状态栏的"X"为1800，使这两条线之间的距离为1600，即窗户的宽度，效果如图4-81所示。

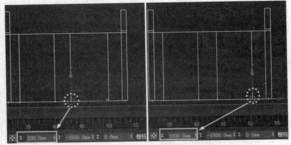

图4-81 调整第3条线和第4条线的位置

下面创建门和窗模型。

10 进入"门"创建面板，激活 枢轴门 按钮，在顶视图中分别捕捉门洞水平方向上的两个端点以确定门的宽度，捕捉门洞墙线一边的端点以确定门的厚度，移动鼠标指针到合适位置后单击以确定门的高度。按P键切换到透视图，修改状态栏的"Z"为0，使门底部与墙体底部对齐，效果如图4-82所示。

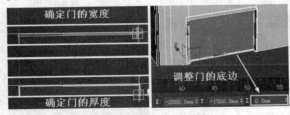

图4-82 创建门并调整位置

11 进入修改面板，修改门的"高度"为2000，勾选"双门"复选框，设置"打开"为30，设置"门框"选项组中的"宽度""深度"均为100，设置"页扇参数"卷展栏中的参数均为0，此时双开门的效果如图4-83所示。

12 依照创建门的方法，在窗洞位置创建一个推拉窗。修改状态栏的"Z"为0，使推拉窗底部与墙体底部对齐；再修改"Z"为1200，确定窗台高度，之

后在修改面板中修改窗的"高度"为800，修改"窗框"选项组中的"水平宽度""垂直宽度"均为30，其他设置保持默认，效果如图4-84所示。

图4-83 修改门模型的参数

下面创建屋顶模型。

13 按L键将视图切换到左视图，进入"AEC扩展"创建面板，激活 墙 按钮，在"参数"卷展栏中设置墙的"宽度"为120、"高度"为6000，在山墙位置创建一面墙，如图4-85所示。

图4-84 创建并修改窗模型

14 按T键切换到顶视图，将创建的墙移动到屋顶位置，按P键切换到透视图，进入"分段"层级，单击墙面水平方向上的边将其选中，在"编辑分段"卷展栏中设置"拆分"为3，单击 拆分 按钮，将该墙拆分为4段，效果如图4-86所示。

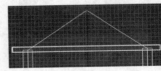

图4-85 创建墙　　　　图4-86 拆分墙

15 按L键将视图切换到左视图，进入"顶点"层级，将中间的顶点向上移动到山墙顶部位置，使其与山墙顶部对齐。将两边的两个顶点分别移动到两边墙体的顶部位置，这样就完成了屋顶模型的创建，效果如图4-87所示。

16 在侧墙上创建一个推拉窗，完成该带山墙的小房子模型的创建，效果如图4-88所示。

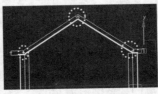
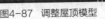

图4-87 调整屋顶模型　　　　图4-88 创建推拉窗

第05章

样条线编辑建模

在3ds Max系统中，样条线包括"样条线""NURBS曲线""扩展样条线"，样条线是3ds Max建模不可缺少的对象。

样条线建模的方式有两种，一种是直接通过样条线的渲染设置进行建模，另一种是为样条线添加修改器进行建模。本章通过14个精彩案例，向大家详细讲解样条线编辑建模的相关方法和技巧。

5.1 创建与编辑样条线对象

"样条线"包括一些常见的基本图形,例如线、矩形、圆、圆弧、多边形等。进入创建面板,单击"图形" 按钮,在其列表中选择"样条线"选项,"对象类型"卷展栏会显示所有样条线对象的创建按钮,激活相关按钮,即可创建图形,如图5-1所示。

图5-1 样条线对象

在3ds Max三维建模中,可以通过3种方式将样条线对象生成三维模型。

1.样条线直接生成三维模型

可以将样条线直接生成三维模型。例如,创建一条样条线,设置"可渲染"选项,直接生成立方体或者圆柱体三维模型,如图5-2所示。

图5-2 样条线直接生成三维模型

2.添加修改器创建三维模型

可以对样条线添加相关修改器以生成三维模型。例如,创建矩形或圆,添加"挤出"修改器生成立方体或圆柱体,如图5-3所示。

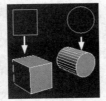

图5-3 对样条线添加修改器以生成三维模型

3.放样生成三维模型

可以通过"放样"命令,将样条线生成三维模型。例如,创建一个圆作为放样路径,创建另一个圆和矩形作为放样截面,通过放样生成三维模型,如图5-4所示。

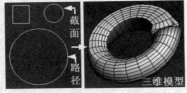

图5-4 样条线放样生成三维模型

比起几何体对象,样条线对象的创建比较复杂,这一节学习创建与编辑样条线对象的相关知识,为后续使用样条线对象进行建模奠定基础。

5.1.1 创建样条线对象

1.创建"线"对象

"线"的创建方法相对比较复杂。根据创建方法的不同,创建结果可分为"直线"和"曲线"两种。

激活 线 按钮,默认设置下,可通过"单击—移动—再单击……右击"的方式来创建直线段对象。"单击"确定线的起点,"移动"确定线的长度,"再单击"确定线的下一点,依次连续创建直线段对象,最后"右击"结束操作,创建流程如图5-5所示。

图5-5 创建直线段的流程

> **小贴士**
>
> 在绘制直线段的同时按住Shift键,可以绘制水平和垂直的直线段。

如果要创建曲线,可通过"单击—移动—拖曳—再移动—再拖曳……再单击—右击"的方式来创建曲线对象。"单击"确定曲线的起点,"移动"确定曲线的长度,"拖曳"确定曲线的另一点与曲率,"再移动"确定曲线的另一段长度,"再拖曳"确定曲线的下一点与曲率,依次连续创建曲线,"再单击"确定一点,最后"右击"结束操作,创建流程如图5-6所示。

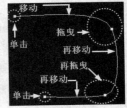

图5-6 创建曲线的流程

如果想使用线绘制一个闭合图形,则在绘制结束时移动鼠标指针到起点位置后单击,此时会弹出"样条线"对话框,单击 是(Y) 按钮即可绘制闭合图形,如图5-7所示。

在绘制曲线后,展开"插值"卷展栏,设置"步数"或者勾选"自适应"复选框,可以调整曲线的平滑效果,"步数"越大,曲线越平滑,反之曲线不平滑。图5-8所示为"步数"为1与"步数"为10时的曲线效果。

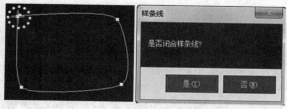

图5-7 绘制闭合图形

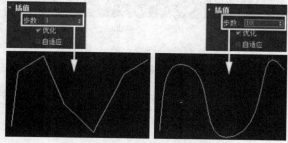

图5-8 设置"线"的"步数"

系统默认状态下"步数"为6，该设置已经基本能满足设计要求。"步数"越大，线上的点就会越多。线上的点太多反而对设计不利。一般情况下可以勾选"自适应"复选框，系统会自动根据曲线的曲率，设置一个合适的"步数"。

另外，在创建"线"对象时，展开"创建方法"卷展栏，在"初始类型"和"拖动类型"选项组中可设置点的类型。

初始类型："线"对象的起点的类型，包括"角点""平滑"两个选项。选择"角点"类型，将产生一个尖端，单击尖端即可绘制曲线；选择"平滑"类型，将通过顶点产生一条平滑、不可调整的曲线，顶点的间距决定曲率。

拖动类型：除了起点外的其他顶点的类型，包括"角点""平滑""Bezier"。选择"Bezier"类型，通过顶点产生一条平滑、可调整的曲线，在每个顶点拖曳鼠标可以设置曲线的曲率和方向，如图5-9所示。

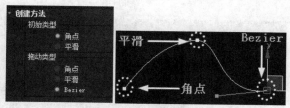

图5-9 设置顶点的类型

2.创建其他样条线对象

除了"线"对象外，其他样条线对象是常见的一些图形，例如矩形、圆、圆环、多边形等，这些对象的创建方法非常简单，大多数只需"拖曳"这一步，或者"拖曳—移动—单击"这3步即可完成对象的创建。创建完成后，进入修改面板修改参数。

例如，激活 矩形 按钮，在视图中拖曳鼠标创建一个矩形，进入修改面板，在"参数"卷展栏中可以修改矩形的"长度""宽度""角半径"，如图5-10所示。

图5-10 创建与修改矩形

激活 圆环 按钮，在视图中拖曳鼠标确定圆环"半径1"的大小，移动鼠标指针确定圆环"半径2"的大小，单击完成圆环的创建，如图5-11所示。

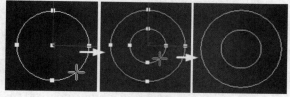

图5-11 创建圆环的流程

进入修改面板，在"参数"卷展栏中修改"半径1""半径2"参数，如图5-12所示。

图5-12 修改圆环对象的参数

5.1.2 编辑样条线对象

在样条线对象中，"线"对象是一种特殊的样条线对象，它本身有3个子对象，分别是"点""线段""样条线"，两个顶点连成线段，线段组成样条线，顶点决定了线段的长度以及形态，下面学习编辑"线"对象的相关知识。

1.编辑"顶点"子对象

顶点是"线"对象的最小图元，可以对顶点进行移动、删除、断开、焊接等一系列操作。创建一个"线"对象，按数字1键进入"顶点"层级。

❖ **移动、删除顶点**

移动、删除顶点都会改变线的形态。激活"选择并移动"工具，单击中间的顶点，该顶点显示为红色，沿任意方向移动顶点，线的形态发生变化，按Delete键删除该顶点，线的形态同样发生变换，如图5-13所示。

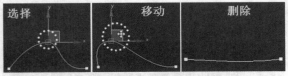

图5-13 移动、删除顶点

小贴士

在修改器堆栈单击"Line"名称前面的三角形按钮将其展开，会显示"线"对象的3个子对象，单击"顶点"选项即可进入"顶点"层级；或者展开"选择"卷展栏，单击"顶点"按钮，此时即可进入"顶点"层级。

❖ **设置顶点的类型**

选择顶点并右击，在弹出的快捷菜单中选择"Bezier角点""Bezier""角点""平滑"类型中的一个，以改变顶点的类型，如图5-14所示。

图5-14 顶点的类型

Bezier角点：一种带有不连续的切线控制柄的顶点，可以沿x轴和y轴或者xy平面调节控制柄，从而影响顶点一端的曲线，以创建锐角转角曲线，线段离开转角时的曲率是由切线控制柄的方向和量级决定的。

Bezier：一种带有连续的切线控制柄的顶点，可以沿x轴和y轴或者xy平面调节控制柄，从而影响顶点两端的曲线形状，以创建平滑曲线，顶点处的曲率由切线控制柄的方向和量级决定。

角点：一种不可调节、用于创建锐角转角曲线的顶点。

平滑：一种不可调节、用于创建平滑连续曲线的顶点，其平滑处的曲率是由相邻顶点的间距决定的。

不同类型的顶点效果如图5-15所示。

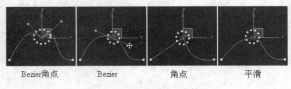

图5-15 不同类型的顶点效果

❖ **焊接、连接、断开顶点**

可以对两个顶点进行焊接、连接或者断开，以满足三维建模的要求。激活"几何体"卷展栏中的"连接"按钮，移动鼠标指针到一端的顶点上，拖曳鼠标到另一端的顶点上，释放鼠标左键，两个顶点之间出现一条将两个顶点相连接的线段，如图5-16所示。

图5-16 连接顶点

选择被断开的两个顶点，在"几何体"卷展栏中单击"焊接"按钮，此时两个顶点被焊接在一起，如图5-17所示。

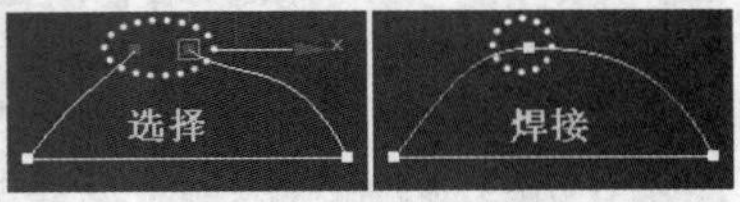

图5-17 焊接顶点

小贴士

如果两个顶点相邻，可以通过焊接使其成为一个顶点。焊接时，可以根据两点之间的距离，在"焊接"按钮旁的数值框中输入一个焊接阈值。如果两个顶点相距较远，则可以通过连接使其成为一个顶点。通过这种操作可以将一条非闭合的样条线变为闭合的样条线，或者将两段样条线合并为一段。通过断开可以将一段样条线分为两段，或变为非闭合的样条线。需要说明的是，连接或者焊接时，两个顶点必须是一条线上的两个顶点或者是两条附加在一起的线上的两个顶点。

❖ **圆角与切角**

"角点"类型的顶点会产生尖锐的转角，通过"圆角"和"切角"命令，可以使其尖锐的转角变得平滑。

激活"几何体"卷展栏中的"圆角"按钮，将鼠标指针移动到类型为"角点"的顶点上并拖曳鼠标，此时转角出现圆角，如图5-18所示。

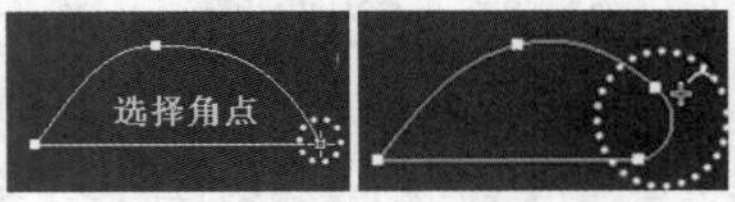

拖曳创建圆角

图5-18 创建圆角

小贴士

在创建圆角时，也可以在"圆角"按钮后面的数值框输入圆角值，单击"圆角"按钮进行圆角的创建。另外，对顶点进行切角的操作与处理圆角的操作相同，其效果如图5-19所示。

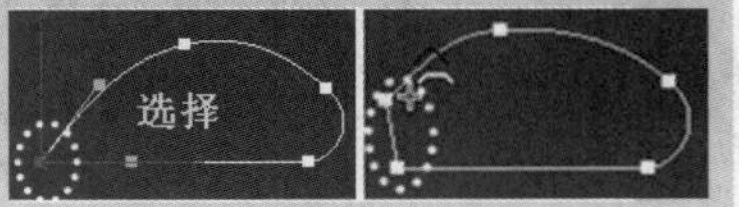

创建切角

图5-19 创建切角

2.编辑"线段"子对象

"线段"是两个"顶点"之间的线,可按数字2键进入"线段"层级,对"线段"进行编辑。

❖ 在"线段"上添加顶点

按数字2键进入"线段"层级,在"几何体"卷展栏中激活 优化 按钮,在线段上单击以添加顶点,移动鼠标指针到合适位置并单击,继续添加顶点,依次添加多个顶点,右击退出操作,如图5-20所示。

图5-20 通过"优化"的方式添加顶点

小贴士

在"几何体"卷展栏中激活 插入 按钮,在"线段"上单击,鼠标指针会吸附到线段上,移动鼠标指针到合适位置,此时线段的形态发生变化,再次单击以添加顶点,右击退出操作,如图5-21所示。

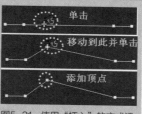

图5-21 使用"插入"的方式添加顶点

❖ 拆分与分离"线段"

可以添加由微调器指定的顶点来均匀细分线段。选择线段,在"几何体"卷展栏中的 拆分 按钮右侧的数值框中设置拆分的顶点数,例如输入4,然后单击该按钮,线段上即新增4个顶点,线段被均匀拆分为5段,如图5-22所示。

图5-22 均匀拆分线段

也可以将线段从样条线中分离出来,使其成为独立的样条线。选择线段,在"几何体"卷展栏中的 分离 按钮旁选择分离的方式,如图5-23所示。

图5-23 分离线段

选择"同一图形"方式,将线段保留为原对象的一部分。选择"重定向"方式,分离的线段复制原对象局部坐标系的位置和方向。此时,移动和旋转新的分离对象,以便对局部坐标系进行定位,并使其与当前活动栅格的原点对齐。选择"复制"方式,可以将线段复制并分离出一个副本。

例如选择"复制"方式,单击 分离 按钮,

打开"分离"对话框,为分离对象命名,确认分离对象,如图5-24所示。

图5-24 复制并分离线段

3.编辑"样条线"子对象

"样条线"子对象包含"顶点"和"线段",可按数字3键进入"样条线"层级,对"样条线"子对象进行编辑。

❖ "轮廓"

进入"样条线"层级,单击"样条线"对象,对象显示为红色,在"几何体"卷展栏中激活 轮廓 按钮,将鼠标指针移动到"样条线"上并拖曳,为"样条线"添加轮廓,如图5-25所示。

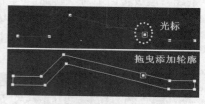

图5-25 添加轮廓

小贴士

也可以在 轮廓 按钮的右侧数值框中直接输入轮廓参数,然后单击 轮廓 按钮制作轮廓。

❖ 附加

可以将两个以上的样条线进行附加,附加后的样条线会成为整个图形的一个"样条线"子对象。再创建一个样条线对象,在"几何体"卷展栏中激活 附加 按钮,移动鼠标指针到另一个样条线对象上并单击,对该样条线进行附加,如图5-26所示。

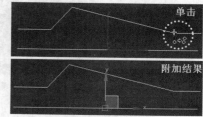

图5-26 附加效果

小贴士

如果要附加多个样条线对象,可以单击"几何体"卷展栏中的 附加多个 按钮,打开"附加多个"对话框,选择需要附加的对象然后单击 附加 按钮。

❖ **布尔运算**

布尔运算包括"并集""差集""交集"。"并集"是得到两个以上相交的对象相加的结果，"差集"是得到两个以上相交的对象相减的结果，"交集"是得到两个以上相交的对象的公共部分。这3个操作可以将两个以上的闭合样条线对象组合成一个新样条线对象。

执行布尔操作必须具备以下4个条件：

（1）两个图形必须是附加的可编辑样条线对象；

（2）两个图形必须是在同一平面内；

（3）两个图形必须是闭合的样条线图形；

（4）两个图形必须相交。

创建相交的三角形和四边形对象，进入"样条线"层级将两个对象附加。选择三角形对象，在"几何体"卷展栏中激活 布尔 按钮右侧的"并集" 按钮，激活 布尔 按钮，单击四边形对象，生成新的对象，如图5-27所示。

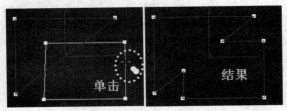

图5-27 "并集"操作

下面按Ctrl+Z组合键撤销"并集"操作，使用相同的方法，分别激活"差集" 按钮和"交集" 按钮，对两个图形分别进行"差集"操作和"交集"操作，看看这两种操作与"并集"操作有什么不同，如图5-28所示。

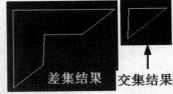

差集结果　交集结果

图5-28 "差集"操作与"交集"操作

❖ **修剪**

"修剪"与"布尔"有些相似，二者的区别在于，"修剪"操作更随意。进入"样条线"层级，激活 修剪 按钮，直接单击要修剪的线段，即可完成修剪操作，如图5-29所示。

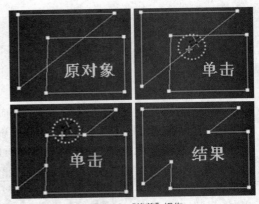

图5-29 "修剪"操作

❖ **镜像**

可以在"样条线"层级对样条线对象进行镜像，进入"样条线"层级，选择样条线对象，在"几何体"卷展栏中分别激活"水平镜像" 、"垂直镜像" 以及"对称镜像" 按钮，然后单击 镜像 ，即可对样条线进行镜像，效果如图5-30所示。

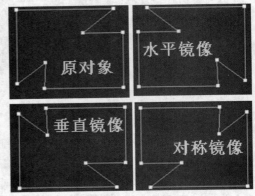

图5-30 "镜像"操作

❖ **延伸**

可以将样条线进行延伸。进入"样条线"层级，激活 延伸 按钮，在线段一端单击，该样条线会与另一条样条线相交，如图5-31所示。

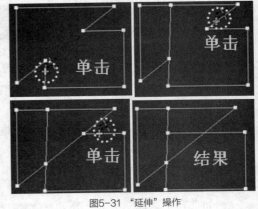

图5-31 "延伸"操作

4.编辑其他样条线对象

在样条线对象中，除了"线"对象之外，其他对象并不属于"可编辑样条线"对象。因此，在编辑其他样条线对象如"圆""矩形""多边形"等对象时，需要为其添加"编辑样条线"修改器，或将其转换为可编辑样条线对象，然后进入其子对象层级进行编辑。

例如，创建一个矩形，在修改器列表中选择"编辑样条线"修改器，在修改器堆栈将其展开，或展开"选择"卷展栏，即可进入其子对象层级，如图5-32所示。

图5-32 添加"编辑样条线"修改器

也可以选择矩形对象，右击并选择"转换为">"转换为可编辑样条线"命令，将矩形对象转换为可编辑样条线对象，即可进入其子对象层级进行编辑，如图5-33所示。

图5-33 转换为可编辑样条线对象

编辑其他样条线对象的方法与编辑"线"对象的方法完全相同，在此不赘述，读者可以自己尝试操作。需要注意的是，将其他样条线对象转换为可编辑样条线对象后，这些对象自身的原始参数将丢失；而为其添加"编辑样条线"修改器之后，这些对象自身的参数还存在，可以修改其原始参数，读者可以根据具体情况选择对应的方法。

5.2 样条线"渲染"建模

样条线"渲染"建模是指通过设置样条线对象的"渲染"选项和参数，直接将样条线对象生成三维模型，而不需要添加任何修改器。这一节通过5个精彩案例，学习样条线"渲染"建模的相关方法，案例效果如图5-34所示。

阳台不锈钢护栏模型 　铸铁栏杆模型 　不锈钢防盗窗模型

户外不锈钢丝网坐凳模型 　户外金属丝网圈椅模型

图5-34 样条线"渲染"建模案例效果

5.2.1 关于"样条线"的可渲染

"样条线"本身并不能渲染，但是可通过"渲染"设置使其可渲染，并具有三维模型的一切特性。例如，创建一个矩形对象，进入修改面板，展开"渲染"卷展栏，勾选"在渲染中启用"和"在视口中启用"两个复选框，此时矩形有了三维模型的特征，如图5-35所示。

创建矩形 　设置 　结果

图5-35 可渲染效果

选择下方的"径向"单选项，设置"厚度""边""角度"参数，此时矩形的4条边显示圆柱体的三维效果；选择"矩形"单选项，并设置"长度""宽度""角度""纵横比"参数，此时矩形的4条边显示长方体的三维效果如图5-36所示。

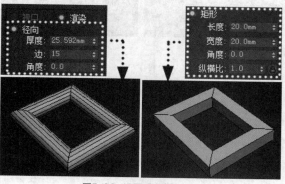

图5-36 设置"渲染"参数

根据"样条线"对象的这一功能，可以直接将"样条线"对象转换为三维模型，创建类似于防盗网、铁艺门和金属护栏等模型。

5.2.2　创建阳台不锈钢护栏模型

在建筑设计中，阳台栏杆模型是不可缺少的模型。这一节我们使用样条线的"渲染"功能创建一个阳台不锈钢护栏模型，学习样条线"渲染"建模的方法和技巧。阳台不锈钢护栏模型效果如图5-37所示。

图5-37　阳台不锈钢护栏模型

操作步骤

01 在顶视图中创建"长度"为1200、"宽度"为2000的矩形，右击并选择"转换为">"转换为可编辑样条线"命令，将矩形转换为可编辑样条线对象。

02 按数字2键进入"线段"层级，选择矩形下方的水平边，按Delete键将其删除，效果如图5-38所示。

03 选择上方的水平边，在"几何体"卷展栏中设置"拆分"为1，将其拆分为两段，如图5-39所示。

图5-38　删除边　　　　　　　图5-39　拆分

04 按数字1键进入"顶点"层级，选择拆分点并将其设置为"Bezier"类型，然后分别调整该顶点以及两边的两个顶点，将水平边调整为弧线，如图5-40所示。

05 按数字1键退出"顶点"层级，在"渲染"卷展栏中勾选"在渲染中启用"与"在视口中启用"两个复选框，设置"径向"的"半径"为50，其他设置保持默认，制作出护栏的扶手，效果如图5-41所示。

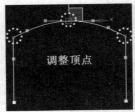

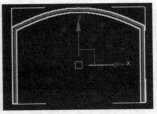

图5-40　调整顶点　　　　图5-41　设置"渲染"后的效果

06 在前视图中的护栏扶手旁创建"长度"为1200、"宽度"自定的矩形，使其上方与扶手对齐，作为参考对象。将该矩形转换为可编辑样条线对象，将左侧的垂直边拆分为5段，如图5-42所示。

07 将护栏扶手沿y轴以"复制"方式向下克隆两个，作为栏杆的横杆，并调整位置使其分别与参考对象的第2个顶点与第4个顶点对齐，如图5-43所示。

图5-42　拆分边　　　　　　图5-43　克隆扶手

08 选择两个横杆对象，在"渲染"卷展栏中修改"径向"的"半径"为30，其他设置保持默认。

09 选择作为参考对象的矩形，进入"线段"层级，删除除左侧边外的其他线段，在"渲染"卷展栏中勾选"在渲染中启用"与"在视口中启用"两个复选框，并设置"径向"的"半径"为50，作为护栏的立柱，效果如图5-44所示。

10 切换到顶视图，将立柱对象以"实例"方式克隆到扶手两端以及中间位置，效果如图5-45所示。

图5-44　编辑矩形以创建立柱　　　图5-45　克隆立柱

11 在左视图中将右侧的立柱对象向左以"复制"方式克隆一个，作为护栏的竖杆，按数字1键进入"顶点"层级，选择并删除两端的顶点，然后在"渲染"卷展栏中修改"半径"为25，效果如图5-46所示。

12 将竖杆移动到扶手的一端，执行"工具">"快速对齐">"间隔工具"命令，在"间隔工具"对话框中激活 拾取路径 按钮，单击中间的横杆，并设置"计数"为39，其他设置保持默认，单击 应用 按钮并关闭该对话框，完成竖杆的克隆，效果如图5-47所示。

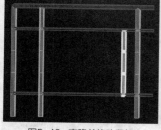
图5-46 克隆并修改竖杆

图5-47 沿路径克隆竖杆

13 在左视图中以"交叉"选择方式选择所有竖杆，将其沿y轴向上移动到两个横杆之间的位置，效果如图5-48所示。

14 将最下方的横杆以"复制"方式复制到护栏下方，取消"渲染"设置，使用"连接"命令将两个端点连接，为其添加"挤出"修改器，设置"数量"为100，创建护栏底板，完成阳台不锈钢护栏模型的制作，效果如图5-49所示。

图5-48 阳台不锈钢护栏

图5-49 创建护栏底板

5.2.3 创建铸铁栏杆模型

在建筑设计中，铸铁栏杆一般用在院落周围，也可以作为防盗装置。这一节我们使用样条线的"渲染"功能创建铸铁栏杆模型，继续学习样条线"渲染"建模的方法和技巧。铸铁栏杆模型效果如图5-50所示。

图5-50 铸铁栏杆模型

操作步骤

01 在前视图中创建"长度"为150、"宽度"为75的矩形，将其转换为可编辑样条线对象，按数字2键进入"线段"层级，选择右侧竖边，按Delete键将其删除。

02 选择其他3条线段，右击并选择"拆分"命令，在线段上各添加一个顶点。按数字1键进入"顶点"层级，以"窗口"选择方式选择所有顶点，右击并选择"Bezier"命令，将其转换为"Bezier"类型。

03 在前视图中调整各顶点，将样条线调整为"S"形，在"S"形图形下方绘制三角形闭合样条线，进入"顶点"层级，将3个顶点转换为"Bezier"类型，将闭合样条线调整为水滴形，如图5-51所示。

图5-51 调整样条线

04 选择调整好的两个样条线对象，将其以"实例"方式沿x轴镜像克隆一个，并将克隆得到的对象移动到原对象的右边，效果如图5-52所示。

05 分别选择"S"形样条线和水滴形样条线对象，进入修改面板，在"渲染"卷展栏中勾选"在渲染中启用""在视口中启用"两个复选框，选择"矩形"单选项，并设置"长度""宽度"均为10，此时的样条线效果如图5-53所示。

06 按T键切换到顶视图，在样条线对象正上方创建"长度"为15、"宽度"为25的椭圆对象，在"渲染"卷展栏中勾选"在渲染中启用""在视口中启用"两个复选框，选择"矩形"单选项，并设置"长度""宽度"均为10。按F键切换到前视图，将椭圆对象沿y轴向下移动到两个"S"形对象上方相接的位置，再克隆一份并移到下方相接的位置，如图5-54所示。

图5-52 镜像克隆对象　图5-53 设置参数后的效果　图5-54 调整椭圆的位置

07 在前视图中绘制"长度"为1200、"宽度"为90的矩形,将其转换为可编辑样条线对象,依照前面的操作设置其"渲染"参数,效果如图5-55所示。

08 在前视图中将两个水滴形对象沿y轴以"复制"方式镜像克隆,然后将其向下移动到矩形的下方位置,效果如图5-56所示。

09 选择一个水滴形对象,使用"旋转克隆"将其沿z轴以"复制"方式克隆一个,再使用"镜像克隆"将该对象沿y轴以"实例"方式镜像克隆一个,之后将两个克隆对象调整到两边,效果如图5-57所示。

图5-55 创建矩形 图5-56 向下克隆水滴形对象 图5-57 克隆水滴形对象

10 在水滴形对象中间位置绘制"半径"为20的圆,设置其"渲染"参数,在其下方绘制两条样条线,设置"渲染"参数,调整形态,如图5-58所示。

11 按数字2键进入"线段"层级,分别选择矩形的4条边,在"几何体"卷展栏中单击 分离 按钮,将4条边分离为独立的样条线。

12 选择矩形右侧的竖边,将其以"复制"方式沿x轴克隆一份到左边位置,然后修改其"长度""宽度"均为15,如图5-59所示。

13 按住Ctrl键的同时选择除上、下两条边和最左边的一条垂直边外的其他所有对象,执行"组">"组"命令,将其创建为组对象,如图5-60所示。

图5-58 绘制并调整样条线 图5-59 克隆竖边 图5-60 创建组对象

14 将组对象沿x轴以"实例"方式向右克隆5个,然后选择最右侧的组对象,执行"组">"解组"命令,将其解组。选择右侧的竖边,修改其"渲染"参数均为15,效果如图5-61所示。

15 分别选择矩形的上、下两条水平边,同样修改其"渲染"参数均为15,按数字1键进入"顶点"层级,选择左、右两个顶点,将其沿x轴移动到左、右两竖边的顶点位置,完成铸铁栏杆模型的创建,如图5-62所示。

图5-61 克隆组对象 图5-62 调整水平线的顶点

5.2.4 创建不锈钢防盗窗模型

不锈钢防盗窗模型是室内外设计中不可缺少的模型。这一节我们使用"样条线"的"渲染"建模功能创建不锈钢防盗窗模型,效果如图5-63所示。

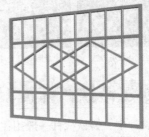

图5-63 不锈钢防盗窗模型

操作步骤

01 在前视图中创建"长度"为200、"宽度"为250的矩形,展开"渲染"卷展栏,勾选"在渲染中启用""在视口中启用"两个复选框,选择"矩形"单选项,设置"长度""宽度"均为5,其他设置保持默认。

02 将矩形转换为可编辑样条线对象,按数字2键进入"线段"层级,选择下方的水平边,在"几何体"卷展栏中勾选 分离 按钮右侧的"复制"复选框,然后单击该按钮,将该边复制并分离为"横栏杆"对象。

03 选择"横栏杆"对象，在前视图中将其沿y轴向上移动到合适位置，并以"实例"方式将其向上克隆一个，创建出一个新的"横栏杆"对象，如图5-64所示。

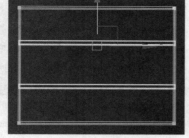

图5-64 移动并克隆"横栏杆"对象

04 选择"窗框"对象，并进入其"线段"层级，选择左边的竖边，依照前面的操作将其复制并分离为"竖栏杆"对象。

05 选择"竖栏杆"对象，执行"工具">"对齐">"间隔工具"命令，打开"间隔工具"对话框，参数设置如图5-65所示。

06 激活 拾取路径 按钮，在视图中单击"横栏杆"，将"竖栏杆"沿"横栏杆"排列10个，如图5-66所示。

图5-65 "间隔工具"
对话框

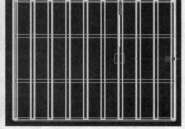

图5-66 排列结果

07 单击 应用 按钮关闭"间隔工具"对话框，在"渲染"卷展栏中选择"径向"单选项，并设置"厚度"为4、"边"为20，此时"竖栏杆"效果如图5-67所示。

08 在前视图中的防盗窗中间位置绘制"长度"为70、"宽度"为70的矩形，激活主工具栏中的"角度捕捉切换"按钮并右击，在打开的"栅格和捕捉设置"对话框中设置"角度"为45，如图5-68所示。

图5-67 设置"渲染"参数

图5-68 设置角度捕捉

09 关闭该对话框，激活主工具栏中的"选择并旋转"按钮，在前视图中将矩形沿z轴旋转45°，如图5-69所示。

10 激活主工具栏中的"选择并均匀缩放"按钮，将旋转后的矩形沿x轴进行缩放，并调整其位置，如图5-70所示。

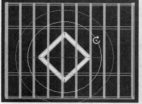

图5-69 旋转矩形

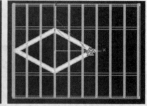

图5-70 缩放矩形并调整位置

11 激活主工具栏中的"选择并移动"按钮，按住Shift键的同时将缩放后的矩形沿x轴向右以"实例"方式移动克隆到窗框右侧的合适位置，效果如图5-71所示。

12 进入修改面板，展开"渲染"卷展栏，选择"矩形"单选项，并设置"长度""宽度"均为3，完成不锈钢防盗窗模型的创建，效果如图5-72所示。

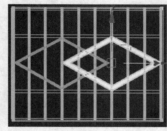

图5-71 移动克隆矩形

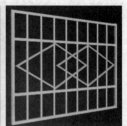

图5-72 创建菱形图形

5.2.5 创建户外不锈钢丝网坐凳模型

不锈钢丝网坐凳模型是室外设计中不可缺少的模型。这一节我们使用"样条线"的"渲染"建模功能创建户外不锈钢丝网坐凳模型，效果如图5-73所示。

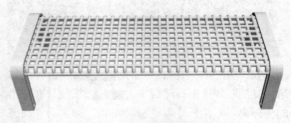

图5-73 户外不锈钢丝网坐凳模型（1）

操作步骤

01 在左视图中创建"长度"为55、"宽度"为60、"角半径"为10的矩形，将其转换为可编辑样条线对象。按数字2键进入"线段"层级，选择下方的水平边，按Delete键将其删除，如图5-74所示。

02 按数字1键进入"顶点"层级，选择下方的两个顶点，将其向外移动，制作出坐凳的底撑，如图5-75所示。

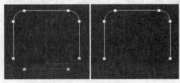 

图5-74 选择边并删除　　图5-75 调整顶点

03 按数字3键进入"样条线"层级，选择底撑对象，在"几何体"卷展栏中设置"轮廓"为5，为其增加轮廓，结果如图5-76所示。

04 展开"渲染"卷展栏，勾选"在渲染中启用""在视口中启用"两个复选框，选择"矩形"单选项，并设置参数，如图5-77所示。

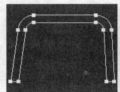 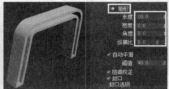

图5-76 增加轮廓　　图5-77 设置"渲染"参数

05 选择坐凳底撑模型，按数字2键进入"线段"层级，在左视图中按住Ctrl键并选择图5-78所示的线段。

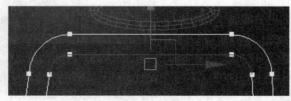

图5-78 选择线段

> **小贴士**
>
> 　　选择线段时可以在"渲染"卷展栏中暂时取消"在视图中启用"复选框的勾选，这样便于查看选择结果。

06 在"几何体"卷展栏中的 分离 按钮右侧勾选"复制"复选框，然后单击 分离 按钮，在弹出的"分离"对话框中将"分类对象"命名为"底座01"，单击 确定 按钮确认，将该线段复制并分离以备后用。

07 在顶视图中的户外椅底撑左边位置绘制"长度"为65、"宽度"为200的矩形，并调整位置使其与底撑对齐，如图5-79所示。

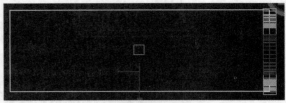

图5-79 绘制矩形并调整位置

08 将矩形转换为可编辑样条线对象，按数字2键进入"线段"层级，选择矩形的两条短边并将其删除，然后选择底撑，右击并选择"隐藏选定对象"命令将其隐藏。

09 选择"底座01"对象，进入"顶点"层级，在顶视图和前视图中调整顶点，使其与矩形两条长边的顶点对齐，如图5-80所示。

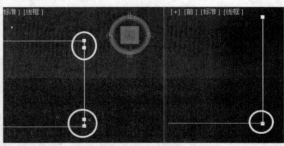

图5-80 调整顶点

10 退出"顶点"层级，在顶视图中将"底座01"对象沿x轴以"复制"方式向左克隆到矩形的左边，使其顶点与矩形长边的顶点对齐，调整透视图，查看效果，如图5-81所示。

图5-81 克隆"底座01"对象

11 选择矩形的长边，执行"工具">"对齐">"间隔工具"命令，打开"间隔工具"对话框，勾选"计数"复选框，设置其参数为10，激活 拾取路径 按钮，在视图中单击"底座01"对象，将该长边沿"底座01"对象排列10个，效果如图5-82所示。

12 选择"底座01"对象，使用相同的方法，将其沿矩形的长边排列30个，这样就制作出了丝网效果，如图5-83所示。

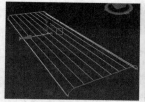

图5-82 排列效果 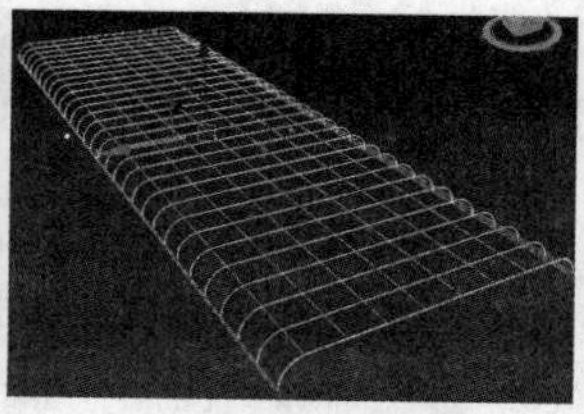　　　　图5-83 丝网效果

13 选择所有丝网对象，在"渲染"卷展栏中勾选"在渲染中启用"和"在视口中启用"两个复选框，选择"径向"单选项，设置"厚度"为3，其他设置保持默认。

14 将所有丝网对象选择并成组，将隐藏的对象显示，在各视图中调整丝网底座的位置，使其一端插入底撑中，完成户外不锈钢丝网坐凳模型的创建，效果如图5-84所示。

图5-84 户外不锈钢丝网坐凳模型（2）

5.2.6 创建户外金属丝网圈椅模型

户外金属丝网圈椅模型也是室外设计中很常见的模型。这一节我们使用样条线的"渲染"建模功能创建户外金属丝网圈椅模型，学习另一种样条线建模的方法和技巧。户外金属丝网圈椅模型效果如图5-85所示。

图5-85 户外金属丝网圈椅模型

操作步骤

01 在透视图中创建"长度""宽度"均为750、"高度"为550、"长度分段""宽度分段""高度分段"均为2的长方体，并将其转换为可编辑多边形对象。按数字4键进入"多边形"层级，选择顶面和正面的多边形，按Delete键将其删除，如图5-86所示。

02 按数字1键进入"顶点"层级，在左视图和透视图中调整各顶点，调整出椅子的基本造型，效果如图5-87所示。

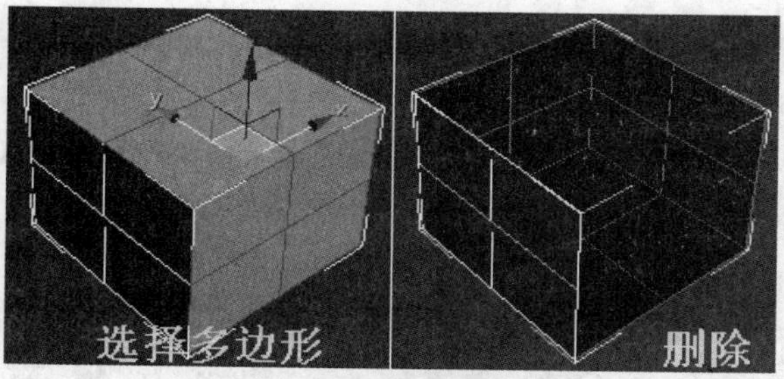

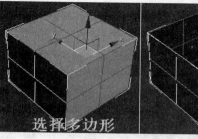

图5-86 选择并删除多边形

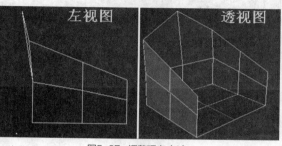

图5-87 调整顶点（1）

03 在修改器列表中选择"涡轮平滑"修改器，设置"迭代次数"为2，对椅子进行平滑处理，效果如图5-88所示。

04 再次将该对象转换为可编辑多边形对象，进入"边"层级，选择所有边，右击并选择"创建图形"命令，在打开的"创建图形"对话框中选择"线性"单选项，确认创建出椅子的二维图形，如图5-89所示。

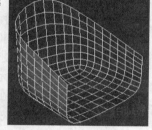

图5-88 涡轮平滑效果

图5-89 选择所有边并创建图形

05 选择椅子的二维图形，展开"渲染"卷展栏，勾选"在渲染中启用"和"在视口中启用"两个复选框，选择"径向"单选项，设置"厚度"为10，其他设置保持默认，效果如图5-90所示。

图5-90 设置"渲染"参数

06 双击椅子对象表面的一圈边，调整视角到底部，按住Ctrl键的同时选择底部的边，如图5-91所示。

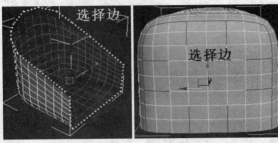

图5-91 选择表面与底部的边

07 使用相同的方法将其创建为二维图形对象，在"渲染"卷展栏中勾选"在渲染中启用"和"在视口中启用"两个复选框，选择"径向"单选项，设置"厚度"为30，其他设置保持默认，效果如图5-92所示。

08 在顶视图中创建"半径1"为250、"半径2"为150、"高度"为300、"高度分段"为3、"边数"为15的圆锥体，在前视图中将其移动到椅子的下方，再将其转换为可编辑多边形对象。

09 进入"边"层级，依照前面的操作，选择圆锥体的所有边，并将其创建为二维图形对象，然后在"渲染"卷展栏中勾选"在渲染中启用"和"在视口中启用"两个复选框，选择"径向"单选框，设置"厚度"为30，其他设置保持默认，效果如图5-93所示。

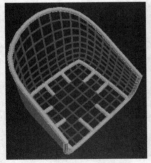
图5-92 边框渲染效果

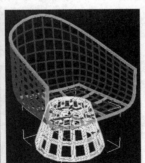
图5-93 圆锥体边框渲染效果

10 切换到顶视图，选择边框对象，进入"顶点"层级，选择中间8根线的顶点并进行调整，使其与圆锥体的顶面圆环边相交，完成户外金属丝网圈椅模型的创建，效果如图5-94所示。

图5-94 调整顶点（2）

5.3 "曲面"修改器建模

"曲面"修改器可以在样条线图形上蒙皮，以创建三维模型，其参数非常简单。例如创建一个矩形，为其添加"曲面"修改器，此时矩形生成了一个面，如图5-95所示。

图5-95 "曲面"修改器建模效果

这一节通过"创建塑料休闲椅模型""创建轻便单人塑料圈椅模型""创建仿生南瓜形懒人沙发模型"3个精彩案例，学习"曲面"修改器建模的相关方法和技巧。"曲面"修改器建模案例效果如图5-96所示。

塑料休闲椅模型　　轻便单人塑料圈椅模型　仿生南瓜形懒人沙发模型

图5-96 "曲面"修改器建模案例效果

5.3.1 创建塑料休闲椅模型

塑料休闲椅轻便、实用的特点深受各个家庭的喜爱，在室内设计中，塑料休闲椅模型是不可缺少的模型。这一节我们通过创建塑料休闲椅模型，学习"曲面"修改器建模的方法和技巧。塑料休闲椅模型效果如图5-97所示。

图5-97 塑料休闲椅模型（1）

操作步骤

01 在前视图中创建"长度"为50、"宽度"为750的矩形，在左视图中绘制"高度"为550、"宽度"为650的矩形，将两个矩形下方水平边的中点对齐，如图5-98所示。

02 切换到前视图，捕捉下方矩形的左、右两个上角点以及下水平边的中点，绘制一个圆弧，将其作为椅子面的水平边线，并将其转换为可编辑样条线对象。切换到顶视图，将该边线以"复制"方式沿z轴旋转90°进行克隆，将其作为椅子靠背和椅子面的垂直边线，效果如图5-99所示。

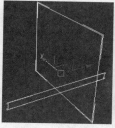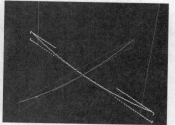

图5-98 创建两个矩形　　　图5-99 绘制并旋转克隆圆弧

03 切换到左视图，将椅子靠背边线的左侧顶点移动到矩形左上角位置，并调整边线的形态，如图5-100所示。

04 切换到前视图，将椅子靠背边线以"复制"方式沿水平方向克隆到椅子面边线的两端位置，如图5-101所示。

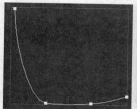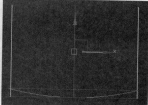

图5-100 调整靠背边线　　　图5-101 克隆靠背边线

05 切换到透视图，选择椅子面边线，将其沿y轴移动到靠背边线拐角的顶点位置，使其与椅子靠背边线的顶点对齐，如图5-102所示。

06 以"复制"方式将椅子面边线沿y轴克隆两个，并使其与靠背边线的其他两个顶点对齐，如图5-103所示。

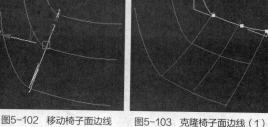

图5-102 移动椅子面边线　　　图5-103 克隆椅子面边线（1）

07 切换到左视图，将椅子面的一条边线以"复制"方式沿z轴旋转90°并克隆，然后将其沿y轴向上移动到椅子靠背边线的上方，切换到透视图查看效果，如图5-104所示。

08 将椅子靠背中间的线向右移动到椅子面边线的顶点位置，然后将其以"复制"方式克隆一个，并将其移动到椅子面边线另一顶点位置，效果如图5-105所示。

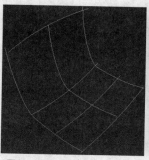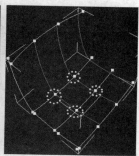

图5-104 克隆椅子面边线（2）　　　图5-105 克隆椅子靠背边线

09 将所有线附加，启用主工具栏中的 按钮，按数字1键进入"顶点"层级，在透视图中调整两侧的椅子边线的顶点，使其与椅子面的顶点对齐，效果如图5-106所示。

---- **注意** ----

　　调整顶点时一定要启用捕捉功能，以确保各顶点都对齐，否则后续建模会出错。

10 进入"线段"层级，选择靠背位置的4条线段，通过"拆分"功能为其添加一个顶点，效果如图5-107所示。

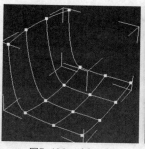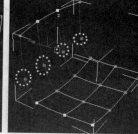

图5-106 对齐顶点　　　图5-107 添加顶点

11 进入"样条线"层级，选择靠背上方的样条线，按住Shift键的同时将其沿z轴向下克隆到拆分的顶点位置，然后进入"顶点"层级，使各顶点对齐，效果如图5-108所示。

12 选择靠背中间的两组顶点，将其沿z轴向上移动到合适位置，退出"顶点"层级，在修改器列表中选择"曲面"修改器，设置"面片拓扑"的"步数"为0，创建椅子的面模型，如图5-109所示。

13 在修改器列表中选择"壳"修改器，设置"内部量""外部量"均为20，增加椅子的厚度。添加"涡轮平滑"修改器，设置"迭代次数"为2，对模型进行平滑处理，效果如图5-110所示。

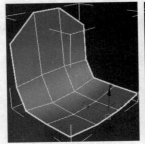

图5-108 克隆样条线并对齐顶点

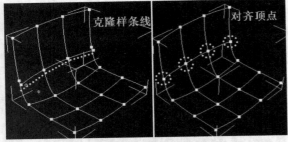

图5-109 曲面效果　　图5-110 增加厚度并平滑处理

14 在修改器列表中选择"编辑多边形"修改器，按数字2键进入"边"层级，按住Ctrl键的同时选择椅子背面的一圈边，如图5-111所示，右击并选择"创建图形"命令，以"线性"方式将其创建为二维图形。

15 选择创建的二维图形，在"渲染"卷展栏中设置"径向"的"厚度"为25，作为椅子的支撑架，效果如图5-112所示。

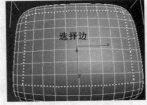
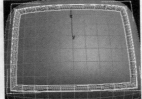

图5-111 选择边　　图5-112 创建二维图形并设置"渲染"参数

16 在前视图中的椅子下方位置绘制长度为450的线段，在"渲染"卷展栏中设置"径向"的"厚度"为25，作为椅子腿，然后将该椅子腿分别克隆到其他位置，完成塑料休闲椅模型的创建，效果如图5-113所示。

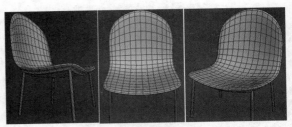

图5-113 塑料休闲椅模型（2）

5.3.2 创建轻便单人塑料圈椅模型

　　塑料圈椅是常见的家具之一，在室内设计中，这类模型不可或缺。这一节我们使用"曲面"修改器创建轻便单人塑料圈椅模型，学习"曲面"修改器建模的另一种思路和方法。轻便单人塑料圈椅模型效果如图5-114所示。

图5-114 轻便单人塑料圈椅模型

操作步骤

01 在顶视图中创建"长度"为650、"宽度"为750、"角半径"为200的矩形，并将其转换为可编辑样条线对象。

02 按数字2键进入"线段"层级，选择下方的水平边并将其删除，按数字1键进入"顶点"层级，选择下方的两个"顶点"，将其转换为"角点"类型，并与竖边对齐，如图5-115所示。

03 按F键切换到前视图，将所有线段以"复制"方式沿y轴向上克隆45个绘图单位，按P键切换到透视图，选择靠背位置的两个顶点，将其设置为"Bezier"类型，然后分别将其沿x轴和z轴移动，调整出椅子靠背的形态，如图5-116所示。

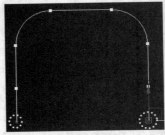

图5-115 对齐顶点　　图5-116 调整出椅子靠背的形态

04 按数字1键退出"顶点"层级，右击并选择

"附加"命令，单击下方的样条线将其附加，然后激活主工具栏中的 3 按钮，按数字1键进入"顶点"层级，在"几何体"卷展栏中激活 创建线 按钮，捕捉上、下两条样条线之间的顶点以创建线，效果如图5-117所示。

05 按数字2键进入"线段"层级，选择椅子面前的线段，将其拆分为3段；进入"顶点"层级，再次使用"创建线"功能在这两个顶点与椅子靠背底部的顶点之间创建线，效果如图5-118所示。

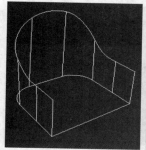 

图5-117　创建线　　　图5-118　拆分线段并创建线

06 将创建的两条样条线拆分为3段，依照相同的方法创建线，然后按数字1键退出"顶点"层级。在修改器列表中选择"曲面"修改器，设置"面片拓扑"的"步数"为1，创建出椅子的基本形状，如图5-119所示。

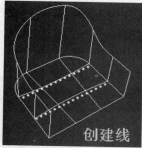 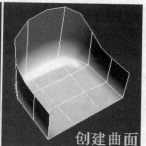

图5-119　创建线与曲面

—— 注意

　　创建曲面时有时会出现破面现象，这是因为顶点没有对齐，可以再次进入样条线的"顶点"层级，选择各顶点，配合捕捉功能使顶点对齐。

07 在修改器列表中选择"编辑多边形"修改器，按数字2键进入"边"层级，双击椅子靠背与扶手上的边，右击并选择"挤出"命令，设置"高度"为-75、"宽度"为0，挤出椅子的边，如图5-120所示。

08 选择扶手一端的两条边，按住Shift键的同时将其沿z轴向下拖曳到下边缘的位置，释放鼠标左键，按住Shift键的同时继续将其向下拖曳到底部边位置，拖出扶手前面的宽度面，如图5-121所示。

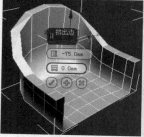 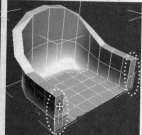

图5-120　挤出边　　　图5-121　拖曳扶手前面的宽度面

09 选择椅子面前面的边，按住Shift键的同时将其沿y轴向前拖曳，拖出椅子面的宽度，按住Ctrl键的同时单击侧面的短边和扶手下方的短边将其选中，按住Shift键的同时将其沿z轴向下拖曳，拖出一端面，如图5-122所示。

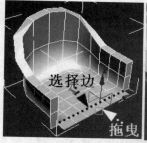 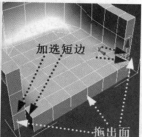

图5-122　选择边并拖曳以创建面

10 按住Alt键的同时单击椅子面中间的4个短边以取消选择，按住Shift键的同时将其他边向下拖曳，拖出椅子前腿，效果如图5-123所示。

11 调整视角，选择椅子面另一边的底面边，右击并选择"挤出"命令将其稍微挤出一段距离，然后取消中间4条边的选择，按住Shift键的同时将两个角点挤出的边沿z轴向下拖曳，拖出椅子后腿，如图5-124所示。

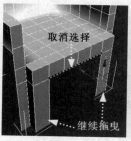 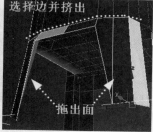

图5-123　拖出前腿　　　图5-124　拖出后腿

12 按数字1键进入"顶点"层级，分别在左视图和前视图中调整椅子腿底部的顶点，以调整椅子腿的形态，效果如图5-125所示。

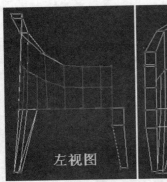

图5-125 调整椅子腿

13 按数字4键进入"多边形"层级，选择椅子靠背和扶手两边的多边形，右击并选择"插入"命令，以"组"方式插入多个向中间移动60个绘图单位的多边形，按Delete键将其删除，如图5-126所示。

14 在修改器列表中选择"壳"修改器，设置"内部量""外部量"均为2。添加"涡轮平滑"修改器，设置"迭代次数"为2，对模型进行平滑处理，完成轻便单人塑料圈椅模型的创建，如图5-127所示。

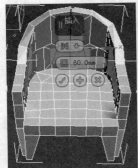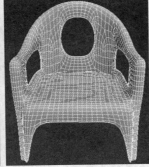

图5-126 选择多边形并删除　　图5-127 平滑处理

5.3.3 创建仿生南瓜形懒人沙发模型

仿生家具深受年轻人的喜爱，在现代风格室内设计中，这类家具模型的应用较多。这一节我们使用"曲面"修改器创建仿生南瓜形懒人沙发模型，学习"曲面"修改器建模的思路和技法。仿生南瓜形懒人沙发模型效果如图5-128所示。

图5-128 仿生南瓜形懒人沙发模型

操作步骤

01 在前视图中创建"长度"为450、"宽度"为

350的椭圆，将其命名为"轮廓1"，并将其转换为可编辑样条线对象。

02 按数字1键进入"顶点"层级，选择右侧顶点，单击"几何体"卷展栏中的 断开 按钮将圆弧在该点断开，将断开的一个顶点向下移动，使其与下方顶点对齐，并调整样条线的形态与该顶点平齐，如图5-129所示。

03 激活 优化 按钮，在断开圆弧位置单击以添加一个顶点，然后将该顶点向左移动，使两顶点形成一个倾斜线段，如图5-130所示。

04 按T键切换到顶视图，绘制"半径"为300的圆，将其移动到"轮廓1"对象的右边，如图5-131所示。

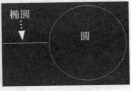

图5-129 对齐　　图5-130 添加　　图5-131 添加圆对象
　顶点　　　　顶点并调整

05 激活并设置角度捕捉为30°，选择椭圆对象，在主工具栏中的"参考坐标系"列表中选择"拾取"选项，单击圆对象，然后设置坐标中心为"参考中心"，将"轮廓1"对象以圆的中心为旋转中心，沿z轴以"复制"方式克隆11个，如图5-132所示。

06 选择左侧的"轮廓1"对象，执行"编辑">"克隆"命令，将其以"复制"方式原地克隆，得到"轮廓2"对象，沿x轴放大，之后沿z轴旋转15°，效果如图5-133所示。

图5-132 旋转克隆椭圆　　图5-133 克隆与旋转

07 将"轮廓2"对象沿z轴以"复制"方式旋转30°并克隆11个，选择右上角的轮廓线并将其删除，选择下方的轮廓线并将其隐藏，效果如图5-134所示。

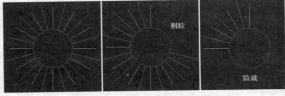

图5-134 克隆、删除与隐藏对象

08 切换到前视图,在轮廓线上方绘制一个圆弧,选择中间的"轮廓1"对象。进入"层次" 面板,激活 仅影响轴 按钮,将该对象的坐标移动到下方位置,右击并选择"缩放"命令,将中间的轮廓线以上方的圆弧高度为参考沿y轴缩放,如图5-135所示。

图5-135 绘制圆弧并调整坐标轴

09 使用相同的方法,分别调整其他轮廓线的坐标轴并将轮廓线沿y轴以圆弧高度为参考进行缩放,效果如图5-136所示。

10 将圆弧删除,选择除中间轮廓线之外的其他轮廓线并将其成组,将其沿x轴以"复制"方式镜像克隆到右边合适的位置,效果如图5-137所示。

图5-136 调整坐标轴 与缩放轮廓线

图5-137 镜像克隆

11 显示被隐藏的轮廓线,并将所有轮廓线全部附加,激活 **3** 按钮,进入"顶点"层级,在"几何体"卷展栏中激活 创建线 按钮,捕捉相邻轮廓线的顶点以创建线,创建出南瓜形懒人沙发的基本骨架,效果如图5-138所示。

注意

这一步比较烦琐,但非常关键,直接影响最后的模型效果,因此读者一定要仔细、有耐心。当鼠标指针移动到另一条线的顶点位置,该线显示为绿色时单击以捕捉顶点,这样就可以在两条线的顶点之间创建线。

12 在沙发座中间线位置的两个顶点之间创建一条线,按数字2键进入"线段"层级,选择该线段,将其拆分为两段以添加一个顶点,在该顶点与边缘的其他顶点之间继续创建线,以创建出沙发面的线框,便于对沙发面进行封口。

13 在修改器列表中选择"曲面"修改器,设置"面片拓扑"的"步数"为1,其他设置保持默认,创建出南瓜形懒人沙发的基本模型,如图5-139所示。

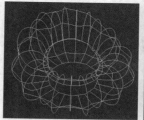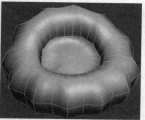

图5-138 基本骨架   图5-139 基本模型

注意

创建曲面时有时会出现破面现象,这是因为顶点没有对齐,可以再次进入样条线的"顶点"层级,选择各顶点,并配合捕捉功能使顶点对齐。

14 下面进行精细化处理。在修改器列表中选择"编辑多边形"修改器,按数字2键进入"边"层级,选择瓜楞柱位置的"边",右击并选择"挤出"命令,设置"高度"为-30、"宽度"为5,确认挤出,如图5-140所示。

15 添加"网格平滑"修改器,设置"迭代次数"为2,对模型进行平滑处理,完成南瓜形懒人沙发模型的创建,如图5-141所示。

图5-140 挤出边   图5-141 平滑处理

5.4 "横截面"修改器建模

"横截面"修改器可以将附加的多个样条线图形连接,创建出模型的基本骨架,配合"曲面"修改器可创建出三维模型。

例如,绘制圆,将其转换为可编辑样条线对象,以"复制"方式克隆一个,将两个圆附加,添加"横截面"修改器,生成一个圆柱体的骨架。在"参数"卷展栏的"样条线选项"中选择点的类型(有"线性""平滑""Bezier""Bezier角点"4种类型)来定义样条线框架的切线,如图5-142所示。

绘制并附加圆   "横截面"修改器效果   曲面效果

图5-142 "横截面"修改器建模的流程

这一节我们将通过"创建简约时尚的浴缸模型""创建玻璃容器模型""创建八边形石花坛模型"3个精彩案例，学习"横截面"修改器建模的方法和技巧。"横截面"修改器建模案例效果如图5-143所示。

简约时尚的浴缸模型　玻璃容器模型　八边形石花坛模型

图5-143 "横截面"修改器建模案例效果

5.4.1 创建简约时尚的浴缸模型

浴缸模型是卫浴室内设计中常见的模型。这一节我们使用"横截面"修改器来创建一个简约时尚的浴缸模型，学习"横截面"修改器建模的方法和技巧。简约时尚的浴缸模型效果如图5-144所示。

图5-144 简约时尚的浴缸模型（1）

操作步骤

01 在顶视图中创建"长度"为800、"宽度"为1500、"角半径"为200的矩形，并将其转换为可编辑样条线对象。

02 按数字1键进入"顶点"层级，选择各顶点并进行调整，调整出浴缸的外轮廓线，效果如图5-145所示。

03 退出"顶点"层级，切换到前视图，将浴缸的外轮廓线以"复制"方式沿y轴向上克隆一次，作为浴缸底座轮廓，将克隆的轮廓线再次以"复制"方式沿y轴向上克隆一次，作为浴缸的外轮廓线，注意两个克隆对象之间的距离，效果如图5-146所示。

图5-145 调整出浴缸外轮廓线　图5-146 克隆轮廓线

04 选择第2次克隆得到的轮廓线，切换到顶视图，沿xy平面使轮廓线稍微放大，并将其向左移动少许距离，效果如图5-147所示。

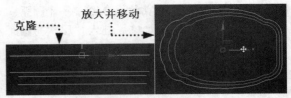

图5-147 克隆、放大并移动轮廓线

05 切换到前视图，将该轮廓线以"复制"方式沿y轴向上克隆一条，切换到顶视图，将其放大并向左移动。

06 使用相同的方法，继续克隆、放大并调整轮廓线的位置，创建出浴缸的外形轮廓线，效果如图5-148所示。

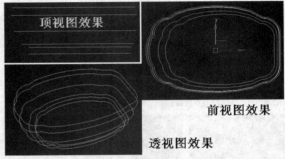

图5-148 浴缸的外形轮廓线

注意

浴缸的高度一般在750~800mm，可以在前视图中的浴缸旁边位置创建一个"长度"为750~800mm的矩形作为参照。

07 选择最顶部的轮廓线，执行"编辑">"克隆"命令，将其以"复制"方式原地克隆一个，然后在顶视图中将其缩小，作为浴缸内轮廓线，如图5-149所示。

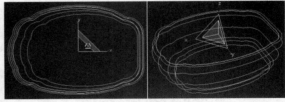

图5-149 创建浴缸的内轮廓线

08 选择所有外轮廓线，为其设置一个较深的颜色；选择内轮廓线，为其设置白色。这样就好区分内、外轮廓线，便于操作，如图5-150所示。

09 在前视图中将内轮廓线以"复制"方式沿y轴向下克隆两次，切换到顶视图，选择第3条内轮廓线，将其沿xy平面缩小，并向右移动，使其右侧的边与第1条内轮廓线的右边对齐，效果如图5-151所示。

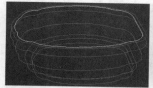

图5-150 设置颜色 　　　　图5-151 调整内轮廓线

10 使用相同的方法，创建浴缸的内轮廓线，效果如图5-152所示。

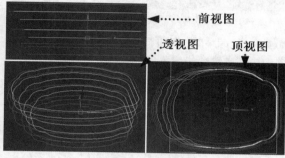

图5-152 创建内轮廓线

11 选择外轮廓线中的一条轮廓线。右击并选择"附加"命令，依次单击其他外轮廓线和内轮廓线，将其全部附加。在修改器列表中选择"横截面"修改器，在"参数"卷展栏中选择"平滑"单选项，此时内、外轮廓线被连接在一起，共同构成浴缸的骨架，如图5-153所示。

12 在修改器列表中选择"曲面"修改器，在"参数"卷展栏中设置"面片拓扑"的"步数"为10，为浴缸的骨架蒙皮，效果如图5-154所示。

图5-153 浴缸的骨架 　　　图5-154 为浴缸的骨架蒙皮

13 在修改器列表中选择"编辑多边形"修改器，按数字3键进入"边界"层级，单击内、外底部位置的边界，在"编辑边界"卷展栏中单击 封口 按钮进行封口，完成简约时尚的浴缸模型的创建，效果如图5-155所示。

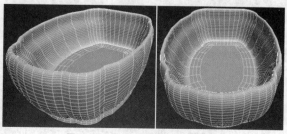

图5-155 简约时尚的浴缸模型（2）

5.4.2 创建玻璃容器模型

玻璃容器是厨房必备的器皿，在厨房室内设计中，这类模型不可或缺。这一节我们使用"横截面"修改器，结合"曲面"修改器创建玻璃容器模型，学习"横截面"修改器建模的方法和技巧。玻璃容器模型效果如图5-156所示。

图5-156 玻璃容器模型（1）

操作步骤

01 在透视图中创建"半径"为110、"边数"为22的内接多边形，在修改器列表中选择"编辑样条线"修改器。

02 按数字1键进入"顶点"层级，按Ctrl+A组合键选择所有顶点，右击并选择"Bezier角点"命令，将所有顶点转换为Bezier角点。

03 在"选择"卷展栏中勾选"锁定控制柄"复选框，选择"相似"单选项，在顶视图中拖曳一个顶点的控制柄，发现所有顶点都会发生变化，效果如图5-157所示。

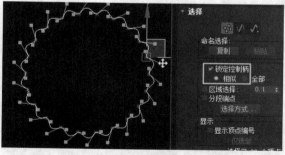

图5-157 调整控制柄

> **小贴士**
>
> 勾选"锁定控制柄"复选框可以锁定所有顶点的控制柄，当调整一个顶点时，其他顶点会统一变化，这样的好处是可以对所有顶点进行统一调整。

04 按数字1键退出"顶点"层级，将该图形命名为"外轮廓"，执行"编辑">"克隆"命令，将其以"复制"方式原地克隆为"内轮廓"。在修改器堆栈进入"NGon"层级，在修改面板中修改"内轮廓"的"半径"为90，其他设置保持默认，效果如图5-158所示。

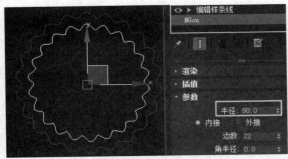

图5-158 修改"半径"参数

05 在前视图中根据玻璃容器的外形绘制一条样条线作为参考线,之后将该样条线冻结。选择"外轮廓"样条线,在前视图中将其以"复制"方式向下克隆一次。在修改器堆栈进入该轮廓线层级,以外轮廓线的参考线作为依据,在修改面板中修改其半径参数,如图5-159所示。

06 依照相同的方法,继续将外轮廓线向下克隆,并以外轮廓线的参考线为依据修改半径参数,效果如图5-160所示。

图5-159 克隆外轮廓线(1)　　图5-160 克隆外轮廓线(2)

07 选择最上方的外轮廓线并右击,选择"附加"命令,依次单击其他外轮廓线,将这些外轮廓线全部附加,在透视图中调整视角,查看效果,结果如图5-161所示。

08 在修改器列表中选择"横截面"修改器,在"参数"卷展栏中选择"Bezier"单选项,使玻璃容器的外表面更光滑,效果如图5-162所示。

 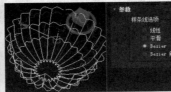

图5-161 附加后透视　　图5-162 添加"横截面"修改器(1)
　　　图中的显示效果

09 在修改器列表中选择"曲面"修改器,此时发现玻璃容器模型已经生成,但底部没有封口,如图5-163所示。

10 在修改器堆栈回到"编辑样条线"层级,进入"顶点"层级,选择容器底部的所有顶点,在"几何体"卷展栏中单击 熔合 按钮,将这些顶点融

合为一个点,回到"曲面"层级,此时发现容器底部被密封了,如图5-164所示。

图5-163 曲面效果(1)　　　图5-164 密封底部

11 在修改器列表中删除"曲面"修改器,在前视图中绘制内轮廓的参考线,依照制作外轮廓线的操作方法,将内轮廓线向下克隆并以内轮廓线的参考线为依据调整其半径参数,最后将所有的内轮廓线附加,效果如图5-165所示。

12 为附加后的样条线添加"横截面"修改器,并将底部的所有点进行融合,效果如图5-166所示。

图5-165 附加内轮廓线　　图5-166 添加"横截面"
　　　　　　　　　　　　　　修改器(2)

13 选择外轮廓线,为其附加内轮廓线,然后添加"曲面"修改器,此时玻璃容器效果如图5-167所示。

14 此时发现,玻璃容器的口沿位置没有封住,在修改器堆栈进入"可编辑样条线"层级,进入"顶点"层级,在"几何体"卷展栏中激活 横截面 按钮,在视图中依次单击外轮廓与内轮廓口沿上的顶点,以创建横截面,如图5-168所示。

图5-167 曲面效果(2)　　　图5-168 创建横截面

15 在修改器堆栈回到"曲面"层级,在"参数"卷展栏中勾选"翻转法线"复选框,在透视图中调整视角,查看模型,效果如图5-169所示。

16 在修改器堆栈进入样条线的"顶点"层级,在前视图中选择容器底部的内、外顶点,将其沿y轴

向上移动，使内部向内凹陷，完成玻璃容器模型的创建，结果如图5-170所示。

图5-169 创建的玻璃容器模型

图5-170 玻璃容器模型（2）

5.4.3 创建八边形石花坛模型

城市景观设计中总会有各种各样的石花坛模型。这一节我们使用"横截面"修改器结合"曲面"修改器来创建一个八边形石花坛模型，学习"横截面"修改器建模的另一种思路和技巧。八边形石花坛模型效果如图5-171所示。

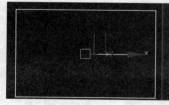

图5-171 八边形石花坛模型

操作步骤

01 在视图中创建"半径"为200、"边数"为8的"内接"多边形对象，在顶视图中将八边形对象沿z轴旋转22.5°。在前视图中创建"长度"为100、"宽度"为155的矩形，如图5-172所示。

图5-172 创建矩形

02 选择矩形，在顶视图和前视图中调整位置，使其与八边形的下水平边对齐，右击并选择"转换为">"转换为可编辑样条线"命令，将其转换为可编辑样条线对象，如图5-173所示。

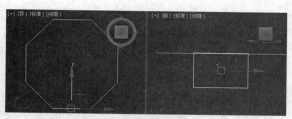

图5-173 调整矩形的位置

03 按数字1键进入"顶点"层级，在前视图中调整矩形的各顶点，使其两条水平边为弧形，在主工具栏的"参考坐标系"列表中选择"拾取"选项，在顶视图中单击八边形对象，设置坐标中心为"使用变换坐标中心"，如图5-174所示。

04 在顶视图中将矩形沿z轴旋转45°并以"复制"方式克隆7个，创建出石花坛的基本线框，如图5-175所示。

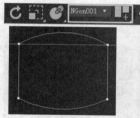 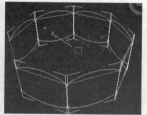

图5-174 调整矩形并设置坐标中心　　图5-175 基本线框

05 将八边形对象隐藏，选择任意一个矩形，右击并选择"附加"命令，分别单击其他7个矩形将其附加。按数字1键进入"顶点"层级，在透视图中调整矩形相邻的各顶点使其对齐（该操作非常重要，这关系到三维模型的最终效果），对齐效果如图5-176所示。

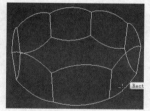

图5-176 对齐顶点

06 显示隐藏的八边形对象，将其以"复制"方式克隆为"花坛边"，然后在修改面板中修改克隆对象的参数，如图5-177所示。

图5-177 克隆并修改对象的参数

07 在前视图中将"花坛边"对象以"复制"方式沿y轴向上复制一次，再将这两个对象向下复制一组作为底边，如图5-178所示。

08 选择"花坛边"对象，将其转换为可编辑样条线对象，然后将其克隆对象附加，并添加"横截面"修改器，最后再将其转换为可编辑样条线对象，效果如图5-179所示。

 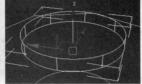

图5-178 克隆"花坛边"对象　　图5-179 花坛顶边

09 使用相同的方法，为两个底边对象附加并添加"横截面"修改器，最后将其转换为可编辑样条线对象，效果如图5-180所示。

10 选择底边对象，进入"顶点"层级，激活 创建线 按钮，分别捕捉相对的两个点，在底边上创建两条线，如图5-181所示。

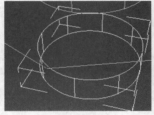 

图5-180 花坛底边　　图5-181 在底边上创建线

11 将花坛的所有线附加，再次进入"顶点"层级，激活 创建线 按钮，分别捕捉顶边、花坛轮廓线以及底边的各相对的两个点以创建多条线，如图5-182所示。

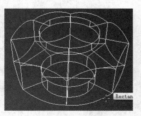

图5-182 创建其他线

12 在修改器列表中选择"曲面"修改器，为花坛进行蒙皮。添加"壳"修改器，设置其参数，为花坛增加厚度，如图5-183所示，完成八边形石花坛模型的创建。

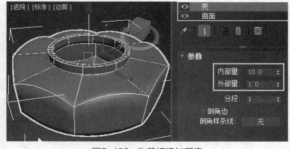

图5-183 为花坛添加厚度

5.5 "车削"修改器建模

"车削"修改器将样条线对象沿轴旋转以生成三维模型。例如，使用样条线绘制模型轮廓线，然后添加"车削"修改器，此时样条线沿某个轴旋转生成一个三维模型，如图5-184所示。

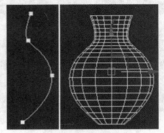

图5-184 "车削"修改器效果

进入修改面板，在"参数"卷展栏中的"度数"选项设置旋转角度，控制车削的完整性；在"分段"选项设置曲面分段数，分段数越多模型越平滑，反之越不平滑；在"方向"选项组中选择旋转轴，选择不同的轴将产生不同的旋转效果；在"对齐"选项组中选择对齐方式，选择的对齐方式不同，效果也不同；勾选"焊接内核"复选框，则焊接旋转轴的顶点来简化网格；如果旋转后产生内部外翻，则勾选"翻转法线"复选框来修正，如图5-185所示。

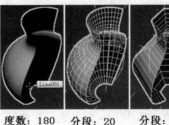 

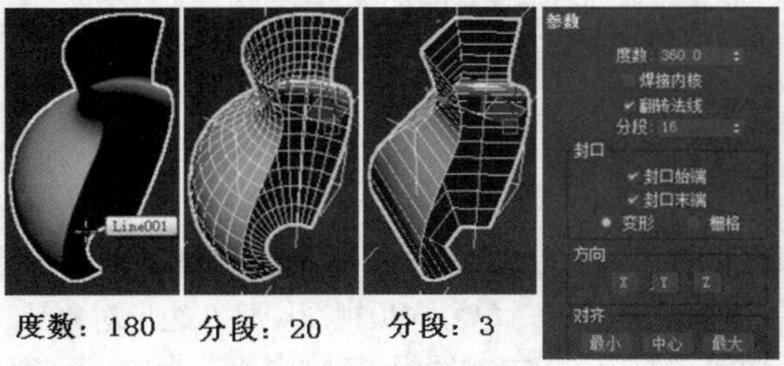

度数：180　　分段：20　　分段：3

图5-185 设置"车削"修改器的参数

"车削"修改器建模的关键是模型轮廓线的绘制，这一节将通过"创建大瓷碗模型""创建六边形吸顶灯模型""创建艺术吊灯模型"3个精彩案例，学习"车削"修改器建模的相关方法和技巧。"车削"修改器建模案例效果如图5-186所示。

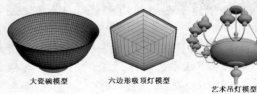

大瓷碗模型　　六边形吸顶灯模型　　艺术吊灯模型

图5-186 "车削"修改器建模案例效果

5.5.1 创建大瓷碗模型

瓷碗是我们日常生活的必需品，因此在一些室内设计中，这类模型必不可少。这一节我们通过创建一个大瓷碗模型，学习"车削"修改器建模的方法和技巧。大瓷碗模型效果如图5-187所示。

图5-187 大瓷碗模型（1）

操作步骤

01 在前视图中使用"线"绘制大瓷碗的外轮廓，进入"顶点"层级调整轮廓线使其更圆滑，进入"样条线"层级，设置"轮廓"为1，为其增加轮廓，如图5-188所示。

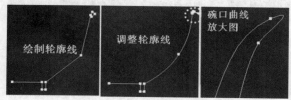

图5-188 绘制轮廓线并调整

02 再次进入"顶点"层级，选择大瓷碗底部轮廓线上的3个顶点并将其删除，对轮廓再次进行调整，效果如图5-189所示。

03 在修改器列表中选择"车削"修改器，单击 最小 按钮，并设置"分段"为100，其他设置保持默认，完成大瓷碗模型的创建，效果如图5-190所示。

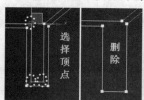
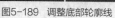

图5-189 调整底部轮廓线　　图5-190 大瓷碗模型（2）

5.5.2 创建六边形吸顶灯模型

"车削"修改器的"分段"参数决定了模型的平滑度，根据这一特征，我们可以设置不同的"分段"参数，创建比较特殊的模型，例如六边形

模型。这一节我们使用"车削"修改器创建六边形吸顶灯模型，学习"车削"修改器建模的另一种思路和技巧。六边形吸顶灯模型效果如图5-191所示。

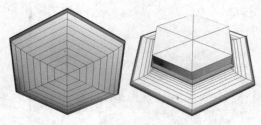

图5-191 六边形吸顶灯模型

操作步骤

01 在前视图中创建"长度"为150、"宽度"为250的矩形作为参考图形，以调整吸顶灯的大小，将该矩形冻结。

02 以矩形作为参考图形，在矩形内绘制吸顶灯的外形轮廓线，按数字1键进入"顶点"层级，选择最右侧的两个顶点以及中间的一个顶点，在几何体卷展栏中激活 圆角 按钮，在顶点上拖曳鼠标进行圆角处理，如图5-192所示。

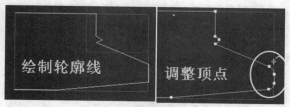

图5-192 绘制轮廓线并调整顶点

03 分别选择最右侧的上、下两个顶点，拖曳控制柄调整样条线的形态，对吸顶灯的轮廓线进行完善，效果如图5-193所示。

04 按数字1键退出"顶点"层级，在修改器列表中选择"车削"修改器，此时模型效果如图5-194所示。

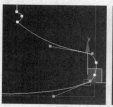

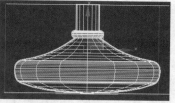

图5-193 调整轮廓线　　图5-194 添加"车削"修改器

05 展开"参数"卷展栏，勾选"翻转法线"复选框，并设置"分段"为6，然后在"对齐"选项组单击 最小 按钮，完成六边形吸顶灯模型的创建。

5.5.3 创建艺术吊灯模型

这一节使用"车削"修改器来创建室内设计中常见的艺术吊灯模型,学习"车削"修改器建模的相关方法和技巧。艺术吊灯模型效果如图5-195所示。

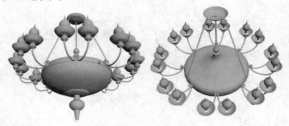

图5-195 艺术吊灯模型(1)

操作步骤

01 在前视图中创建"长度"为375、"宽度"为300的矩形作为参考图形,在矩形内部绘制主灯的轮廓线,并调整轮廓线的形态,如图5-196所示。

02 将矩形删除,选择主灯的轮廓线,为其添加"车削"修改器,设置"分段"为30,单击 最小 按钮,完成主灯模型的制作,如图5-197所示。

 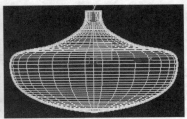

图5-196 绘制主灯的轮廓线　　　图5-197 主灯模型

03 在前视图的主灯上方创建"长度"为90、"宽度"为20的矩形作为参考图形,在矩形内部绘制主灯上灯柱的轮廓线,并调整轮廓线的形态,如图5-198所示。

图5-198 绘制主灯上灯柱的轮廓线

04 将矩形删除,选择主灯上灯柱的轮廓线,为其添加"车削"修改器,设置"分段"为30,单击 最小 按钮,完成主灯上灯柱模型的制作,如图5-199所示。

05 使用相同的方法,在前视图的主灯下方创建

"长度"为222、"宽度"为100的矩形作为参考图形,在矩形内部绘制主灯下灯柱的轮廓线,调整轮廓线的形态,最后为其添加"车削"修改器,创建出主灯下灯柱模型,效果如图5-200所示。

 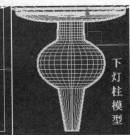

图5-199 上灯柱模型　　　图5-200 下灯柱模型

06 使用相同的方法,在前视图主灯右侧创建"长度"为80、"宽度"为60的矩形作为参考图形,在矩形内部绘制灯盘的轮廓线并调整轮廓线的形态,最后为其添加"车削"修改器,创建出灯盘模型,效果如图5-201所示。

 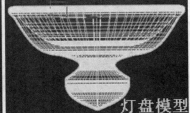

图5-201 灯盘模型

07 选择主灯模型,执行"编辑">"克隆"命令,以"复制"方式将主灯克隆为"主灯001",在修改器堆栈进入"线段"层级,删除两端多余的线段,只保留右侧一条线段,并调整形态使其与主灯完全贴合,如图5-202所示。

08 进入"样条线"层级,设置"轮廓"为2,然后在修改器堆栈回到"车削"层级,创建一个环形结构,如图5-203所示。

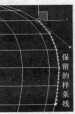

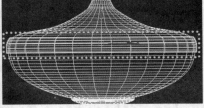

图5-202 调整样条线　　　图5-203 环形结构

09 在顶视图主灯的右侧创建"长度"为25、"宽度"为15的椭圆作为固定环,在"渲染"卷展栏中勾选"在渲染中启用"和"在视口中启用"两个复

选框，并设置"径向"的"厚度"为3，效果如图5-204所示。

10 在前视图中将固定环沿y轴向上移动到环形结构位置，将其以"实例"方式向下克隆两次，效果如图5-205所示。

11 在顶视图中沿主灯右侧绘制"宽度"为150的矩形作为主灯与灯盘之间的参考图形，然后将灯盘移动到矩形右侧的位置，如图5-206所示。

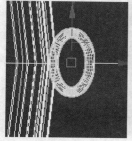 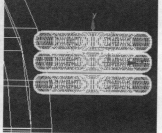

图5-204 固定环　　　图5-205 克隆固定环

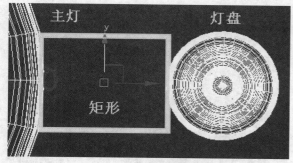

图5-206 调整灯盘的位置

12 将矩形删除，在前视图中主灯右侧的固定环与灯盘之间绘制样条线，在顶视图中将其向上移动，使其与固定环和灯盘处于同一水平位置，如图5-207所示。

图5-207 绘制样条线并调整位置

13 将固定环以"复制"方式克隆一次，取消渲染设置，修改"长度"为10、"宽度"为8，选择样条线对象，为其添加"倒角剖面"修改器，拾取克隆的固定环，创建灯杆模型，如图5-208所示。

14 在前视图中灯盘上方创建灯泡轮廓线，为其添加"车削"修改器，创建灯泡，在灯杆左端位置创建"半径"为7的球体，如图5-209所示。

15 将灯杆、灯盘、灯泡以及球体组为"组1"，在顶视图中将其沿z轴旋转20°，然后将其沿y轴以"实例"方式镜像克隆，并调整位置，如图5-210所示。

图5-208 灯杆模型

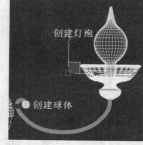 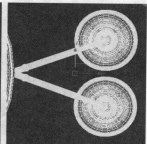

图5-209 灯泡与球体　　　图5-210 旋转并镜像克隆

16 将3个固定环、灯盘、灯柱和灯泡对象组为"组2"，在主工具栏的"参考坐标系"列表中选择"拾取"选项，单击主灯对象，设置其坐标中心为"参考中心"，设置捕捉角度为45°，如图5-211所示。

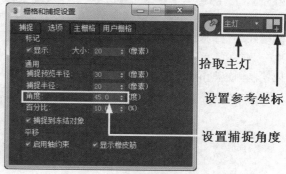

图5-211 设置参考坐标与捕捉角度

17 按住Shift键的同时在顶视图中将"组2"组对象以"实例"方式旋转克隆7个，效果如图5-212所示。

18 在前视图中创建"长度"为15、"宽度"为10的椭圆，在"渲染"卷展栏中勾选"在渲染中启用"和"在视口中启用"两个复选框，并设置"径向"的"厚度"为3。

19 选择椭圆，执行"工具">"阵列"命令，在

"阵列"对话框中设置"移动"的"Y"为12、"旋转"的"Y"为90，勾选"1D"复选框，并设置"数量"为40，确认创建灯链，如图5-213所示。

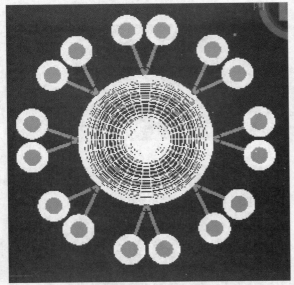

图5-212　旋转克隆效果

图5-213　灯链

20 在主灯的灯杆上方创建"长度"为35、"宽度"为180的矩形作为另一个参考图形，在该图形内绘制固定盘轮廓线，使用"车削"修改器创建固定盘。

21 将固定盘向上移动300个绘图单位，然后将灯链移动到固定盘与主灯之间的位置，如图5-214所示。

22 将灯链克隆一个，在前视图中将克隆对象旋转，使其一端连接固定盘，另一端连接主灯上的固定环，如图5-215所示。

图5-214　固定盘与灯链　　　图5-215　旋转灯链

23 依照第16步和第17步的操作，设置主灯的坐标系为灯链的参考坐标系，将灯链旋转120° 并克隆两个，完成艺术吊灯模型的制作，效果如图5-216所示。

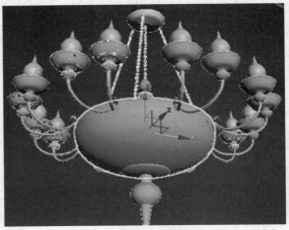

图5-216　艺术吊灯模型（2）

CHAPTER

第 **06** 章

样条线修改器建模

在3ds Max三维建模中，使用样条线进行建模是重要手段之一。在第5章中，我们学习了样条线"渲染"建模以及为样条线添加修改器进行建模的部分内容，这一章我们通过13个精彩案例，继续学习为样条线添加修改器进行建模的方法和技巧。

6.1 "挤出"修改器建模

"挤出"修改器可以使闭合样条线挤出生成三维模型，使非闭合样条线挤出生成面片。例如创建一个矩形和一条样条线，在修改器列表中为这两个对象添加"挤出"修改器，在"参数"卷展栏中设置"数量"参数。此时，矩形被挤出为一个长方体，而样条线被挤出为一个面片，如图6-1所示。

图6-1 "挤出"修改器的效果

使用"分段"选项可以设置挤出模型的分段数，这对挤出模型的二次编辑非常重要，如果不勾选"封口"选项组的相关复选框，则挤出模型的表面不封口，如图6-2所示。

图6-2 不封口的效果

这一节我们将通过"创建室内二级吊顶模型""创建建筑墙体模型""创建玄关博古架模型""创建挂墙式多宝阁模型"4个精彩案例，学习"挤出"修改器建模的相关方法和技巧。"挤出"修改器建模案例效果如图6-3所示。

图6-3 "挤出"修改器建模案例效果

6.1.1 创建室内二级吊顶模型

吊顶模型看似简单，但要创建一个吊顶模型并

不容易。这一节我们就来创建一个室内二级吊顶模型，学习"挤出"修改器建模的方法以及样条线编辑的相关知识。室内二级吊顶模型效果如图6-4所示。

图6-4 室内二级吊顶模型

操作步骤

`01` 导入"实例素材\建筑墙体平面图.dwg"文件，启用捕捉功能，捕捉左上角客厅平面图的角点以绘制矩形，并将其转换为可编辑样条线对象，命名为"吊顶"。

`02` 将"吊顶"对象以"复制"方式克隆为"吊顶01"对象和"吊顶02"对象，在"缩放变换输入"对话框中将"吊顶01"对象缩放至原大小的90%、将"吊顶02"对象缩放至原大小的80%，效果如图6-5所示。

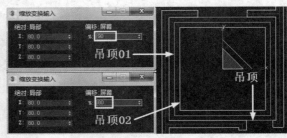

图6-5 创建、克隆与缩放矩形

`03` 选择"吊顶01"对象，进入"线段"层级，选择4条边，使用"拆分"功能在每条边上添加两个点，然后以添加的点为圆心，在各边绘制"半径"为60的两个圆，如图6-6所示。

`04` 将"吊顶01"对象删除，以"吊顶02"对象的4个角为圆心，创建"半径"为60和300的8个圆，如图6-7所示。

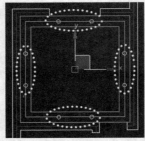

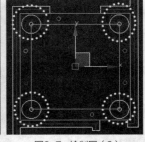

图6-6 绘制圆（1）　　　图6-7 绘制圆（2）

05 将"吊顶""吊顶02"对象以及所有圆全部附加。进入"样条线"层级，选择"吊顶02"对象，设置布尔运算方式为"差集"，分别单击"半径"为300的4个圆进行差集布尔运算，制作出吊顶内部的4个圆角，如图6-8所示。

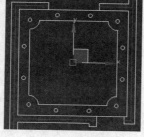

图6-8 布尔运算效果

06 为"吊顶"对象添加"挤出"修改器，设置"数量"为150、"分段"为1，其他设置保持默认，完成室内二级吊顶模型的创建。

6.1.2 创建建筑墙体模型

在建筑室内外设计中，墙体模型是必须要创建的模型，而且墙体模型往往比较多，采用创建长方体并对齐的方式来创建墙体模型，工作量会比较大。如果我们能拿到建筑的CAD设计图，则可以通过"挤出"修改器对CAD图纸中的墙体线进行挤出来创建墙体模型，这样可以大大减少工作量。这一节我们通过创建建筑墙体模型的案例，学习使用"挤出"修改器创建建筑墙体的方法和技巧。建筑墙体模型效果如图6-9所示。

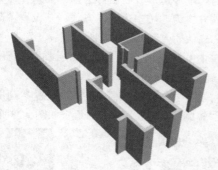

图6-9 建筑墙体模型

操作步骤

01 导入"实例素材\建筑墙体平面图.dwg"文件。

02 按数字3键进入"样条线"层级，选择墙体线中间的定位线并将其删除。按数字1键进入"顶点"层级，选择全部顶点，单击"几何体"卷展栏中的 焊接 按钮，将墙体线的所有顶点焊接，使其形成闭合的样条线。

03 按数字1键退出"顶点"层级，在修改器列表中选择"挤出"修改器，设置"数量"为3000，完成建筑墙体模型的创建。

6.1.3 创建玄关博古架模型

玄关博古架既可以划分室内空间，又可以作为装饰物，还可以放置物品，是许多家庭喜爱的家具，因此玄关博古架模型也就成了室内设计中必备的模型之一。

玄关博古架造型复杂，建模的关键是创建好模型的轮廓线，这对样条线的编辑技能要求比较高。这一节我们使用"挤出"修改器来创建一个玄关博古架模型，学习"挤出"修改器建模的方法和技巧。玄关博古架模型效果如图6-10所示。

图6-10 玄关博古架模型

操作步骤

01 在前视图中创建"长度"为2000、"宽度"为500的矩形，并将其转换为可编辑样条线对象。

02 按数字1键进入"顶点"层级，激活"几何体"卷展栏中的 优化 按钮，在右上角的顶点附近单击，添加两个顶点。选择3个角点，将其转换为"Bezier角点"类型，然后将右上角的顶点沿xy平面向内移动到合适位置，调整各顶点，以调整角，效果如图6-11所示。

图6-11 添加顶点并调整角

03 按数字2键进入"线段"层级，选择右侧的竖边并将其删除，退出"线段"层级，将矩形沿x轴以"复制"方式克隆，将克隆对象移动到左边，使其水平线的端点与右边对象水平线的端点对齐，如

图6-12所示。

04 右击并选择"附加"命令，单击右边的对象将其附加，按数字1键进入"顶点"层级，选择上、下两条水平线中间的顶点，单击"几何体"卷展栏中的 焊接 按钮进行焊接，如图6-13所示。

05 按Delete键将焊接后的顶点删除，按数字3键进入"样条线"层级，选择对象，在"几何体"卷展栏的 轮廓 按钮右侧数值框中输入-50，单击该按钮创建轮廓，如图6-14所示。

图6-12 镜像克隆并　图6-13 焊接顶点　图6-14 创建轮廓
　　调整位置

06 退出"样条线"层级，在修改器列表中选择"挤出"修改器，设置"数量"为50，其他设置保持默认，挤出博古架的外框，效果如图6-15所示。

07 在前视图中根据博古架内部结构绘制矩形，作为博古架的隔板，隔板的厚度为30mm，宽度根据具体情况确定，另外使各矩形相交，如图6-16所示。

08 选择任意一个矩形并将其转换为可编辑样条线对象，右击并选择"附加"命令，分别单击其他矩形将其附加。

09 按数字3键进入"样条线"层级，激活"几何体"卷展栏中的 布尔 按钮，再激活其右侧的"并集" ■ 按钮，单击一个矩形，然后依次单击与其相交的矩形进行布尔并集运算，创建出博古架隔板的二维图形，效果如图6-17所示。

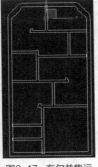

图6-15 挤出效果　图6-16 绘制隔板的　图6-17 布尔并集运
　　　　　　　　　　二维图形　　　　算效果

10 在修改器列表中为隔板的二维图形添加"挤出"修改器，并设置"数量"为300，挤出隔板，如图6-18所示。

11 在顶视图中将博古架的外框以"实例"方式沿y轴克隆到隔板的另一侧，作为博古架另一侧的框架模型，效果如图6-19所示。

12 在前视图中的博古架右下方位置创建"高度"为300的长方体，长方体的"长度"和"宽度"可以根据具体情况确定，将长方体转换为可编辑多边形对象。

13 按数字2键进入"边"层级，选择长方体正面的两条水平边，右击并选择"连接"命令，设置"分段"为1，确认连接，如图6-20所示。

图6-18 挤出　　图6-19 克隆博　　图6-20 连接长方体的边
隔板　　　　古架框架

14 按数字4键进入"多边形"层级，选择长方体正面的两个多边形，右击并选择"插入"命令，选择插入方式为"按多边形"方式，并设置"数量"为25，确认插入，如图6-21所示。

15 右击并选择"挤出"命令，设置"高度"为-15，确认挤出，如图6-22所示。

16 右击并选择"倒角"命令，设置"高度"为15、"轮廓"为-30，确认倒角，如图6-23所示。

图6-21 插入多边形　图6-22 挤出多边形　图6-23 倒角多边形

17 切换到左视图，在博古架底部创建"长度"为30、"宽度"为300的矩形，为其添加"挤出"修改器，设置"数量"为1000，挤出博古架底部的衬板，完成博古架模型的创建。

6.1.4 创建挂墙式多宝阁模型

挂墙式多宝阁体积小、可悬挂，非常节省室内空间，不仅可以装饰墙面，而且可以用于摆放一些较小的物品。因此，挂墙式多宝阁是备受欢迎的装饰家具。这一节我们使用"挤出"修改器来创建一个挂墙式多宝阁模型，巩固"挤出"修改器建模的方法和技巧。挂墙式多宝阁模型效果如图6-24所示。

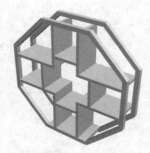

图6-24 挂墙式多宝阁模型

操作步骤

01 在前视图中创建"半径"为200、"边数"为8的多边形对象，将其转换为可编辑样条线对象，然后将其沿z轴旋转22.5°。

02 按数字3键进入"样条线"层级，选择多边形，在"几何体"卷展栏中设置"轮廓"为-15，按Enter键，确认为其设置轮廓，如图6-25所示。

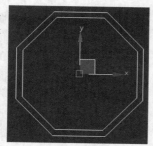

图6-25 设置轮廓

03 在多边形内部的左上角位置绘制直线段，然后将该直线段沿x轴以"复制"方式镜像克隆到右侧位置，如图6-26所示。

图6-26 绘制直线段并镜像克隆

04 将多边形内部上方的直线段沿y轴以"复制"方式镜像克隆到下方位置，在多边形中心位置绘制一个"长度"为200、"宽度"为200的矩形，如图6-27所示。

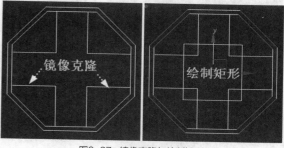

图6-27 镜像克隆与绘制矩形

05 分别进入4条直线段的"样条线"层级，设置"轮廓"为10，然后将矩形转换为可编辑样条线对象，进入其"样条线"层级，设置"轮廓"为10，如图6-28所示。

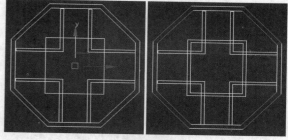

图6-28 设置直线段与矩形的轮廓

06 将4条直线段、矩形和外侧的多边形一起附加，进入"样条线"层级，在"几何体"卷展栏中激活 修剪 按钮，将矩形与直线段相交的4个角位置的直线段修剪掉，使其与直线段相连通，最后将多余的直线段删除，如图6-29所示。

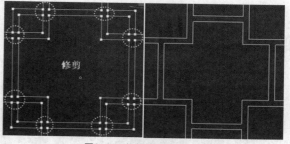

图6-29 修剪并删除直线段

07 选择所有顶点，单击"几何体"卷展栏中的 焊接 按钮进行焊接，使所有的直线段形成闭合，在修改器列表中选择"挤出"修改器，设置"数量"为100，效果如图6-30所示。

08 选择外侧的多边形对象，同样为其添加"挤出"修改器，设置"数量"为15，然后在顶视图中将多边形以"实例"方式克隆到另一边，效果如图6-31所示。

图6-30 挤出隔板

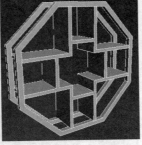

图6-31 挤出多边形并克隆

09 切换到左视图，在底部创建"长度"为15、"宽度"为100的矩形，为其添加"挤出"修改器，并设置"数量"为165，挤出底部的隔板模型，完成挂墙式多宝阁模型的创建。

6.2 "倒角"修改器建模

"倒角"修改器分3层将样条线挤出，并在挤出模型的边缘应用平或圆的倒角，有"参数""倒角值"两个卷展栏，如图6-32所示。

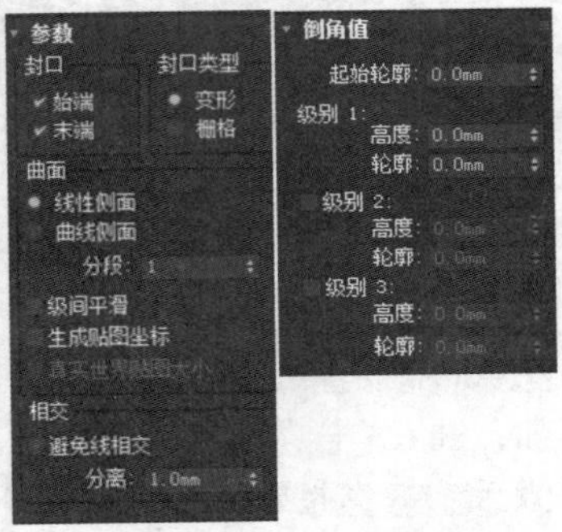

图6-32 "倒角"修改器的卷展栏

创建一个矩形，为其添加"倒角"修改器，首先在"倒角值"卷展栏分别设置"级别1""级别2""级别3"的"高度"和"轮廓"，此时矩形被挤出3层，效果如图6-33所示。

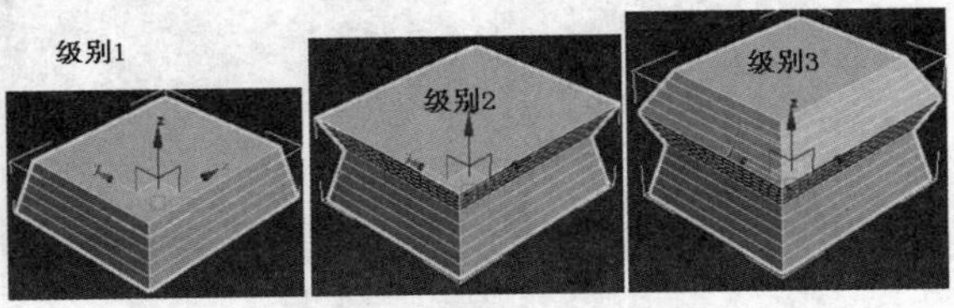

图6-33 "倒角"修改器的3个级别

在"参数"卷展栏中设置封口形式，这类似于"挤出"修改器，选择曲面的侧面类型并设置"分段"，有"线性侧面""曲线侧面"两个类型。选择"线性侧面"，各层之间会沿着一条直线段进行

分段插补；选择"曲线侧面"，各层之间会沿着一条 Bezier 曲线进行分段插补，如图6-34所示。

图6-34 "线性侧面"与"曲线侧面"

这一节我们将通过"创建三维立体文字模型""创建艺术花瓶模型""创建蒜头状艺术台灯模型"3个精彩案例，学习"倒角"修改器建模的方法和技巧。"倒角"修改器建模案例效果如图6-35所示。

三维立体文字模型　　　艺术花瓶模型　蒜头状艺术台灯模型

图6-35 "倒角"修改器建模案例效果

6.2.1 创建三维立体文字模型

三维立体文字立体感明显、视觉冲击力强，被广泛用于三维动画设计和游戏场景设计中。这一节我们使用"倒角"修改器创建三维立体文字模型，学习"倒角"修改器建模的基本方法和技巧。三维立体文字模型效果如图6-36所示。

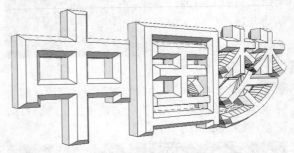

图6-36 三维立体文字模型

操作步骤

01 在前视图中创建"字体"为黑体、"大小"为100、内容为"中国梦"的文本对象，然后在修改器列表中为其添加"倒角"修改器。

02 在"参数"卷展栏的"曲面"选项组中选择

"线性侧面"，在"相交"选项组勾选"避免线相交"复选框，并设置"分离"为2。

03 在"倒角值"卷展栏中设置"级别1"的"高度"为5、"轮廓"为3，级别1的倒角效果如图6-37所示。

04 勾选"级别2"复选框，设置"高度"为10、"轮廓"为0，级别2的倒角效果如图6-38所示。

 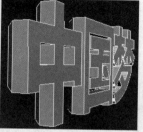

图6-37 级别1的倒角效果 图6-38 级别2的倒角效果

05 勾选"级别3"复选框，设置"高度"为5、"轮廓"为-3，级别3的倒角效果如图6-39所示。

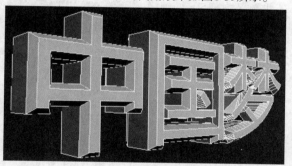

图6-39 级别3的倒角效果

6.2.2 创建艺术花瓶模型

在室内设计中，艺术花瓶模型可以作为装饰品，为室内营造艺术气氛，是必备的模型之一。这一节我们使用"倒角"修改器来创建一个艺术花瓶模型，学习"倒角"修改器建模的另一种建模思路和方法。艺术花瓶模型效果如图6-40所示。

图6-40 艺术花瓶模型

操作步骤

01 在透视图中创建"半径"为25的圆，为其添加

"倒角"修改器。

02 在"参数"卷展栏的"曲面"选项组中选择"曲线侧面"，设置"分段"为10，在"相交"选项组中勾选"避免线相交"复选框，并设置"分离"为2。

03 在"倒角值"卷展栏中设置"级别1"的"高度"为85、"轮廓"为35，级别1的倒角效果如图6-41所示。

04 勾选"级别2"复选框，设置"高度"为10、"轮廓"为-35，级别2的倒角效果如图6-42所示。

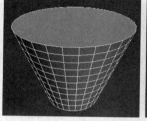 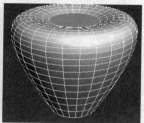

图6-41 级别1的倒角效果 图6-42 级别2的倒角效果

05 勾选"级别3"复选框，并设置"高度"为75、"轮廓"为5，级别3的倒角效果如图6-43所示。

06 选择模型，在修改器列表中选择"编辑多边形"修改器，按数字4键进入"多边形"层级，单击顶部的外多边形，按Delete键将其删除，效果如图6-44所示。

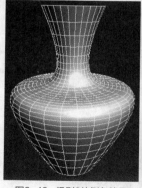 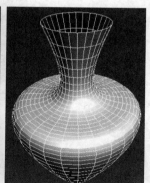

图6-43 级别3的倒角效果 图6-44 删除顶部的多边形

07 在修改器列表中选择"壳"修改器，设置"内部量""外部量"均为1，为花瓶增加厚度，效果如图6-45所示。

08 选择"涡轮平滑"修改器，设置"迭代次数"为1，对模型进行平滑处理，完成艺术花瓶模型的创建，如图6-46所示。

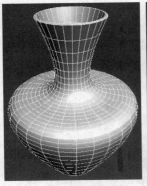

图6-45 增加花瓶的厚度　　图6-46 平滑效果

6.2.3 创建蒜头状艺术台灯模型

台灯是室内常见的照明设备，因此，台灯模型是室内设计中不可缺少的模型。这一节创建一个蒜头状艺术台灯模型，学习"倒角"修改器建模的另一种方法。蒜头状艺术台灯模型效果如图6-47所示。

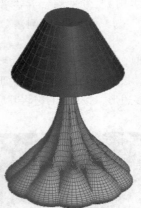

图6-47 蒜头状艺术台灯模型

操作步骤

01 在透视图中创建"半径1"为80、"半径2"为50、"点"为10、"圆角半径1""圆角半径2"均为15的星形，为其添加"倒角"修改器。

02 在"参数"卷展栏的"曲面"选项组中选择"曲线侧面"，设置"分段"为6，在"相交"选项组中勾选"避免线相交"复选框，并设置"分离"为5。

03 在"倒角值"卷展栏中设置"级别1"的"高度"为30、"轮廓"为40，级别1的倒角效果如图6-48所示。

04 勾选"级别2"复选框，设置"高度"为60、

"轮廓"为-50，级别2的倒角效果如图6-49所示。

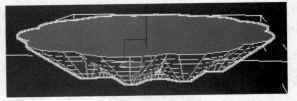

图6-48 级别1的倒角效果

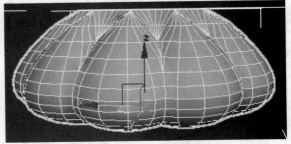

图6-49 级别2的倒角效果

05 勾选"级别3"复选框，设置"高度"为160、"轮廓"为-35，得到级别3的倒角，创建出蒜头状艺术台灯的主体模型，如图6-50所示。

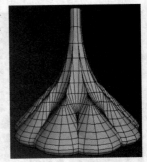

图6-50 主体模型

06 在顶视图中的蒜头状艺术台灯中心位置创建"半径"为10的圆，为其添加"倒角"修改器，在前视图中将其向上移动到台灯的顶部位置。

07 在"参数"卷展栏的"曲面"选项组中选择"曲线侧面"，设置"分段"为6，在"相交"选项组中勾选"避免线相交"复选框，并设置"分离"为5。

08 在"倒角值"卷展栏中设置"级别1"的"高度""轮廓"均为0；勾选"级别2"复选框，设置"高度"为30、"轮廓"为15；勾选"级别3"复选框，设置"高度"为20、"轮廓"为-20，完成灯泡模型的创建，如图6-51所示。

09 在前视图中将灯泡模型沿y轴以"复制"方式向上克隆一个，在修改器堆栈中进入"圆"层级，修改"半径"为40，然后进入"倒角"层级，在"倒角值"卷展栏中设置"级别1"的"高度"为115、"轮廓"为60，取消"级别2"和"级别3"

复选框的勾选，创建出灯罩的基本模型，如图6-52所示。

图6-51 灯泡模型

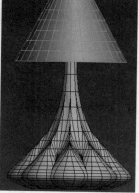
图6-52 灯罩的基本模型

10 在修改器列表中选择"编辑多边形"修改器，按数字4键进入"多边形"层级，选择灯罩底部的多边形并将其删除，完成蒜头状艺术台灯模型的创建。

6.3 "倒角剖面"修改器建模

"倒角剖面"修改器建模与"放样"建模有些相似，它将一条剖面样条线沿另一条路径样条线延伸，从而生成三维模型。例如在透视图中绘制圆，在前视图中绘制矩形，为圆添加"倒角剖面"修改器。

"倒角剖面"修改器有"经典"和"改进"两种模式，"经典"模式是早期版本中就有的一个模式。在该模式下，用户只需为"路径"添加"倒角剖面"修改器，并拾取"剖面"，即可将"剖面"沿"路径"延伸，从而创建三维模型，该设置比较简单，其卷展栏如图6-53所示。

图6-53 "经典"卷展栏

此时激活 拾取剖面 按钮，在视图中拾取矩形，此时矩形沿圆进行延伸，创建一个圆管模型，如图6-54所示。

图6-54 "倒角剖面"修改器的经典模式效果

"改进"是新增的一个模式，"倒角剖面"

修改器在该模式下类似于"倒角"修改器，"剖面"不需要沿"路径"进行延伸，而可以直接对剖面进行倒角处理，此时可以设置"挤出""倒角深度""宽度""轮廓偏移"等参数，其卷展栏如图6-55所示。

图6-55 "改进"卷展栏

选择"改进"模式，在"倒角"列表中可以选择不同的倒角类型，以产生不同的倒角效果。例如选择"凹面"和"壁架"类型，并分别设置其参数，此时倒角效果如图6-56所示。

图6-56 "凹面"和"壁架"倒角效果

单击 倒角剖面编辑器 按钮，打开"倒角剖面编辑器"对话框，在曲线上单击以添加点，设置点类型，然后调整曲线形态和点的位置，关闭该对话框，此时发现模型发生了变化，如图6-57所示。

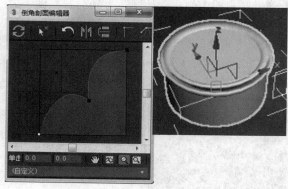
图6-57 调整模型

在"封口"选项组可以设置"开始"和"结束"位置的封口形式。选择"无封口"时，可以为模型添加"壳"修改器以增加厚度，生成另一种三维模型。

这一节我们将通过"创建塑钢窗模型""创建壁灯模型""创建吊顶与灯池的石膏线模型"3个精彩案例，学习"倒角剖面"修改器建模的方法和技巧。"倒角剖面"修改器建模案例效果如图6-58所示。

塑钢窗模型　　壁灯模型　　吊顶与灯池的石膏线模型

图6-58　"倒角剖面"修改器建模案例效果

6.3.1　创建塑钢窗模型

室内外设计经常用到窗户模型，3ds Max自带的"窗"建模命令虽然可以创建不同样式的窗模型，但在实际工作中，这些窗模型并不实用，用户需要根据设计要求创建窗模型。这一节我们使用"倒角剖面"修改器的"经典"模式来创建一个常见的塑钢窗模型，学习"倒角剖面"修改器建模的方法和技巧。塑钢窗模型效果如图6-59所示。

卡槽局部放大效果

图6-59　塑钢窗模型

操作步骤

01 在顶视图中创建"长度"为50、"宽度"为100，"长度"为50、"宽度"为60和"长度"为50、"宽度"为20的3个矩形，通过"附加""修剪"和"布尔"操作，创建截面图形，如图6-60所示。

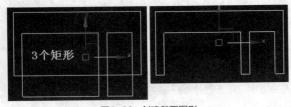

3个矩形

图6-60　创建截面图形

02 在前视图中创建"长度"为1200、"宽度"为1500的矩形作为路径，选择"倒角剖面"修改器，在"参数"卷展栏中选择"经典"单选项，在"经典"卷展栏中激活　拾取剖面　按钮，单击顶视图中创建的截面图形，创建出塑钢窗的外框，效果如图6-61所示。

外框
外框内部凹槽放大图

图6-61　创建外框

下面创建内框，首先创建内框的截面图形。

03 在顶视图中创建"长度"为65、"宽度"为45的两个矩形，对矩形下方两个角进行切角，然后将其与外框的截面图形并排，确定内框截面与外框匹配，如图6-62所示。

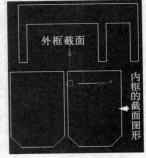

外框截面

内框的截面图形

图6-62　创建内框的截面图形

04 将外框的截面图形以"复制"方式克隆两个，将克隆图形向下移动使其与两个内框的截面图形相交，并通过"附加"与"布尔差集运算"创建出两个内框的截面图形，效果如图6-63所示。

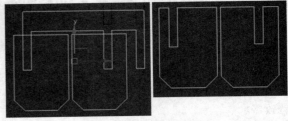

图6-63　编辑内框的截面图形

05 在前视图中创建"长度"为1250、"宽度"为760的两个矩形作为路径，为其分别添加"倒角剖面"修改器，拾取创建的截面以创建内框，效果如图6-64所示。

06 沿两个内框创建两个矩形，为其添加"挤出"修改器，设置挤出的"数量"为5，创建玻璃。

07 将一个内框克隆，在顶视图中将其调整到外框的外侧，使其内卡扣与窗户外框的边相扣，作为纱窗模型，然后沿该内框创建一个平面，设置"长度分段"为90、"宽度分段"为60，如图6-65所示。

内部结构放大图

塑钢窗

图6-64　创建内框　　图6-65　制作纱窗

08 将平面对象转换为可编辑多边形对象，按数字2键进入"边"层级，全选所有边，右击并选择"创建图形"命令，在打开的"创建图形"对话框中选择"线性"单选项，确认创建图形。

09 按数字2键退出"边"层级，按Delete键删除平面对象，这样我们就得到了一个纱网对象，在"渲染"卷展栏中勾选"在渲染中启用"和"在视口中启用"两个复选框，并设置"径向"的"厚度"为1，完成塑钢窗模型的制作。

6.3.2 创建壁灯模型

壁灯是室内照明系统中的辅助照明设备，因此壁灯模型在室内设计中不可缺少。这一节我们使用"倒角剖面"修改器来创建一个壁灯模型，继续学习"倒角剖面"修改器建模的方法和技巧。壁灯模型效果如图6-66所示。

图6-66 壁灯模型

操作步骤

01 在前视图中创建"长度"为200、"宽度"为100的矩形，并将其转换为可编辑样条线对象。

02 进入"线段"层级，将上、下两条水平边以及右侧边拆分为两段，然后将左侧的边删除，效果如图6-67所示。

03 进入"顶点"层级，将右侧边上的顶点设置为"Bezier角点"类型，然后将右下角的顶点向右移动少许距离，边的形态如图6-68所示。

04 退出"顶点"层级，为整条线段添加"车削"修改器，参数保持默认设置，创建出壁灯的灯管，效果如图6-69所示。

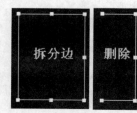

图6-67 拆分并删除边

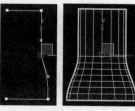

图6-68 调整顶点　　图6-69 创建灯管

05 在顶视图中的灯管上方创建"半径"为50的圆作为灯光的金属套，在"渲染"卷展栏中勾选"在渲染中启用"和"在视口中启用"两个复选框，并设置"矩形"的"长度"为10、"宽度"为2，如图6-70所示。

图6-70 创建金属套

06 将金属套以"复制"方式向下克隆到灯管的下方位置，修改"半径"为75，将克隆对象作为下面的金属套。

07 在前视图中的灯管下方绘制灯管的托盘轮廓线，并为其添加"车削"修改器，创建灯管的托盘，效果如图6-71所示。

08 在前视图中的灯管右侧创建"长度"为300、"宽度"为200的椭圆，为其添加"倒角"修改器，设置"级别1"的"高度"为40、"轮廓"为-50，其他设置保持默认，创建壁灯的底座，效果如图6-72所示。

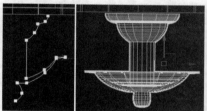

图6-71 创建托盘　　　　図6-72 创建壁灯的底座

09 在前视图中的灯座位置创建"长度"为110、"宽度"为75的矩形，为其添加"倒角"修改器，设置"级别1"的"高度"为40、"轮廓"为-20，其他设置保持默认，效果如图6-73所示。

10 在左视图中将底座模型移动到灯管左侧的合适位置，然后在托盘下方与底座之间绘制"长度"为60、"宽度"为115的矩形作为参考对象，在矩形内部绘制样条线对象作为灯杆路径，如图6-74所示。

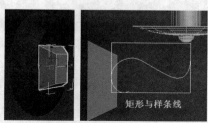

矩形与样条线

图6-73 创建底座模型　図6-74 绘制灯杆路径

11 在顶视图中绘制"长度"为8、"宽度"为25的椭圆，选择左视图中的样条线路径，为其添加"倒角剖面"修改器，选择"经典"模式，激活按钮,拾取顶视图中的椭圆,创建灯杆,效果如图6-75所示。

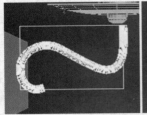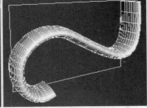

图6-75 创建灯杆

小贴士

进行"倒角剖面"操作时,有时会出现模型反转的情况,这时可在修改器堆栈展开"倒角剖面"修改器的"剖面Gizmo"层级,在视图中对截面进行旋转,以校正模型,如图6-76所示。

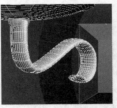

图6-76 校正模型

12 在顶视图中将灯杆沿z轴旋转45°,然后调整位置,使其一端与底座相接、一端与托盘相接,效果如图6-77所示。

图6-77 调整灯杆位置

13 将灯管、托盘以及灯杆成组,在顶视图中将组对象以"实例"方式沿x轴镜像克隆,并向右调整到底座右侧位置,如图6-78所示。

14 在底座与灯杆连接部位创建球体作为固定件,完成壁灯模型的创建,在视图中调整视角,观察效果,如图6-79所示。

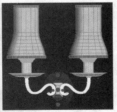

图6-78 镜像克隆并调整位置　　图6-79 壁灯

6.3.3 创建吊顶与灯池的石膏线模型

现代家庭装修中使用了大量石膏,例如石膏吊顶、石膏墙面装饰等,这些石膏构件都会有包边,以提升石膏制品的美观度。这一节我们使用"倒角剖面"修改器制作吊顶与灯池的石膏线模型,学习"倒角剖面"修改器建模的方法和思路。吊顶与灯池的石膏线模型效果如图6-80所示。

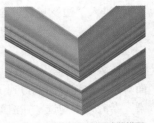

图6-80 吊顶与灯池的石膏线模型

操作步骤

01 在前视图中创建"长度"为95、"宽度"为75的矩形,将其转换为可编辑样条线对象。

02 按数字1键进入"顶点"层级,激活"几何体"卷展栏中的 优化 按钮,在矩形的右边和下边上单击以添加顶点,效果如图6-81所示。

03 根据吊顶石膏线的结构,转换相应的顶点类型,然后调整线的形态,创建出吊顶石膏线的基本形态,效果如图6-82所示。

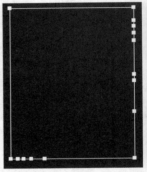

图6-81 创建矩形并添加顶点　　图6-82 调整线的形态

04 在顶视图中创建"长度"为5000、"宽度"为4000的矩形作为吊顶的轮廓线。在修改器列表中选择"倒角剖面"修改器,选择"经典"模式,激活 拾取剖面 按钮,拾取前视图中的石膏线图形。

05 按P键切换到透视图,调整视角,查看吊顶石膏线效果,发现石膏线的结构在吊顶的外侧,如图6-83所示。

06 启用角度捕捉功能,并设置捕捉角度为180°,在修改器堆栈中展开"倒角剖面"层级,进入"剖面 Gizmo"层级,在透视图中将石膏线图形沿x轴旋转180°,如图6-84所示。

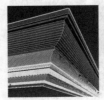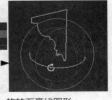

图6-83 吊顶石膏线效果　　图6-84 旋转石膏线图形

07 在透视图中查看吊顶石膏线模型，此时发现石膏线的结构被翻转到了内部，这样就完成了吊顶石膏线模型的创建，如图6-85所示。

图6-85 吊顶石膏线模型

08 使用相同的方法，在顶视图中的吊顶石膏线内部创建矩形作为吊顶灯池轮廓线，在前视图中绘制灯池的石膏线图形，然后使用"倒角剖面"修改器创建灯池的石膏线模型，效果如图6-86所示。

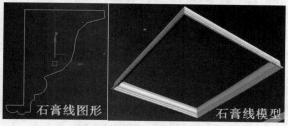

图6-86 吊顶灯池的石膏线模型

6.4 "扫描"修改器建模

"扫描"修改器建模类似于"倒角剖面"修改器建模与"放样"建模，它的操作非常简单，可以将二维截面图形沿路径挤出，从而生成三维模型。

创建圆作为路径，为其添加"扫描"修改器。扫描时可挤出的二维截面图形有"自定义截面"和"内置截面"两种。在"截面类型"卷展栏中选择"使用内置截面"单选项，在"内置截面"列表中选择系统内置的截面，例如选择"角度"，然后在"参数"卷展栏和"扫描参数"卷展栏中设置截面的大小以及对齐方式等，扫描结果如图6-87所示。

图6-87 扫描结果

选择的截面类型不同，其"参数"卷展栏中的设置也不同。另外，可以在"扫描参数"卷展栏中

设置扫描的偏移值、角度值、平滑效果以及对齐方式等，以得到不同的扫描结果，如图6-88所示。

图6-88 "扫描参数"卷展栏

如果勾选"使用自定义截面"复选框，则可以拾取一个截面进行扫描，"倒角剖面"修改器的"经典"模式和"放样"建模中也有这样的操作。该操作非常简单，在此不讲述。这一节我们将通过"创建越野自行车轮胎模型""创建草编坐垫模型""创建实木门模型"3个精彩案例，学习"扫描"修改器建模的方法和技巧。"扫描"修改器建模案例效果如图6-89所示。

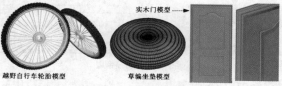

图6-89 "扫描"修改器建模案例效果

6.4.1 创建越野自行车轮胎模型

越野自行车与一般自行车最大的区别就是轮胎的抓地力。这一节我们使用"扫描"修改器的"内置截面"创建一个越野自行车轮胎模型，学习"扫描"修改器建模的方法和技巧。越野自行车轮胎模型效果如图6-90所示。

图6-90 越野自行车轮胎模型（1）

操作步骤

01 在前视图中创建"半径"为300的圆作为路径，在修改器列表中选择"扫描"修改器，在"截面类型"卷展栏中勾选"使用内置截面"复选框，在"内置截面"列表中选择"半圆"，此时半圆截面沿圆路径扫描生成三维模型。

02 在"参数"卷展栏中修改"半径"为30，此时发现圆弧面向上，在"扫描参数"卷展栏中设置"角

度"为-90，使
圆弧面向外，
效果如图6-91
所示。

图6-91 调整圆弧面的半径与角度

下面创建轮胎上的花纹，我们发现圆弧面上的边太多，下面删除部分边。

03 在修改器列表中选择"编辑多边形"修改器，按数字2键进入"边"层级，按住Ctrl键的同时双击圆弧面内圈的第2条和第3条边将其选中，然后间隔一条边双击相邻的两条边将其选中，依次将圆弧面上多余的边选择，如图6-92所示。

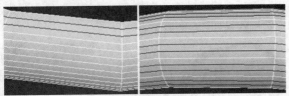

图6-92 选择多余边

04 按住Ctrl键的同时单击"编辑边"卷展栏中的 移除 按钮，将选择的边连同顶点一起移除，效果如图6-93所示。

05 按住Ctrl键的同时选择所有圆弧边，右击并选择"连接"命令，设置"分段"为2，对圆弧边进行连接，如图6-94所示。

图6-93 移除多余边　　　　图6-94 连接边

06 按数字4键进入"多边形"层级，按住Ctrl键的同时分别单击外侧圆弧面上的所有多边形将其选中，右击并选择"插入"命令，选择"按多边形"方式，设置"数量"为1，确认插入。

07 右击并选择"挤出"命令，选择"局部法线"方式，设置"高度"为10，确认挤出，如图6-95所示。

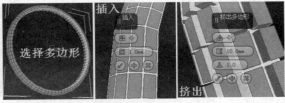

图6-95 选择、插入与挤出多边形

08 按住Ctrl键的同时选择外侧的一圈多边形，右击并选择"挤出"命令，选择"局部法线"方式，设置"高度"为5，单击■按钮，然后修改"高度"为20，确认挤出，如图6-96所示。

09 右击并选择"插入"命令，选择"按多边形"方式，设置"数量"为8，确认插入，如图6-97所示。

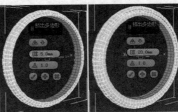

图6-96 挤出多边形　　　　图6-97 插入多边形

10 由于插入的多边形不规则，因此右击并选择"转换到顶点"命令转换到多边形的顶点，再次右击并选择"塌陷"命令，将各个多边形上的顶点塌陷为一个点。

11 右击并选择"切角"命令，设置"切角量"为5，确认对顶点进行切角，创建规则的多边形，如图6-98所示。

12 按住Ctrl键，采用每间隔3个选1个的方式，将切角形成的多边形选择，右击并选择"挤出"命令，选择"局部法线"方式，设置"高度"为185，确认挤出轮胎的辐条，效果如图6-99所示。

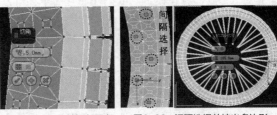

图6-98 塌陷并切角顶点　　　　图6-99 间隔选择并挤出多边形

13 按F切换到前视图，在轮胎中心位置创建"半径"为50的圆，为其添加"扫描"修改器。在"截面类型"卷展栏中勾选"使用内置截面"复选框，然后在"内置截面"列表中选择"宽法兰"内置截面，在"参数"卷展栏中修改"长度"为20、"宽度"为35、"厚度"为5、"角半径"为0，效果如图6-100所示。

14 将该模型孤立，并为其添加"编辑多边形"修改器，进入"多边形"层级，选择内侧的多边形，将其以"局部法线"方式挤出3个绘图单位，然后删除插入的多边形，如图6-101所示。

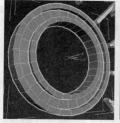
图6-100 扫描结果

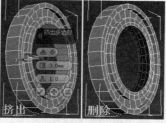
图6-101 挤出并删除多边形

15 进入"边"层级，双击选择删除多边形后形成的两侧的边，右击并选择"挤出"命令，设置"高度"为10，确认挤出，如图6-102所示。

16 将挤出的边沿模型的中心进行缩放，单击"编辑边"卷展栏中的 挤 按钮进行桥接，效果如图6-103所示。

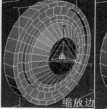
图6-102 挤出边（1）

图6-103 缩放与桥接边

17 右击并选择"切角"命令，设置"切角量"为1，对桥接后的边进行切角，完成该模型的创建。

下面我们将该模型与轮胎的辐条进行连接。

18 取消孤立以显示轮胎模型，选择轮胎模型并进入"边"层级，选择辐条底部的一圈边，对其切角0.2个绘图单位。选择轮胎侧面的一圈边，对其进行挤出，设置"高度"为-5、"宽度"为0.1，如图6-104所示。

19 退出"边"层级，在修改器列表中选择"网格平滑"修改器，设置"细分方法"为"四边形输出"，并设置"迭代次数"为2，对模型进行平滑处理，完成越野自行车轮胎模型的创建，效果如图6-105所示。

图6-104 挤出边（2）

图6-105 越野自行车轮胎模型（2）

6.4.2 创建草编坐垫模型

这一节使用"扫描"修改器创建一个草编坐垫模型，学习"扫描"修改器建模的另一种思路和方法。草编生态坐垫模型效果如图6-106所示。

图6-106 草编坐垫模型（1）

操作步骤

01 在透视图中创建"半径"为300的圆作为路径，在前视图中创建"长度"为250、"宽度"为600的椭圆。

02 选择圆，为其添加"扫描"修改器，在"截面类型"卷展栏中勾选"使用自定义截面"复选框，单击 拾取 按钮，单击前视图中的椭圆，其他设置保持默认，这样就创建出了草编坐垫的基本模型，如图6-107所示。

03 将模型转换为可编辑的多边形，按数字2键进入"边"层级，选择任意一条水平边，单击"选择"卷展栏中的 环形 按钮，选择环形边，再单击 循环 按钮，选择循环边，将所有环形边选择，如图6-108所示。

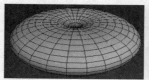
图6-107 创建基本模型

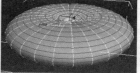
图6-108 选择环形边

04 右击并选择"挤出"命令，设置"高度"为-30、"宽度"为0.01，确认挤出，如图6-109所示。

05 按数字2键退出"边"层级，在修改器列表中选择"涡轮平滑"修改器，设置"迭代次数"为2，对模型进行平滑处理，完成草编坐垫模型的创建，效果如图6-110所示。

图6-109 挤出边

图6-110 草编坐垫模型（2）

6.4.3 创建实木门模型

实木门模型的创建看似简单，但要生动表现门上的各种浮雕结构并不容易。这一节我们使用"扫描"修改器创建一个实木门模型，学习使用"扫描"修改器创建浮雕效果的方法。实木门模型效果如图6-111所示。

图6-111 实木门模型（1）

操作步骤

创建门套模型。

01 在顶视图中创建"半径"为10和20的两个圆，将其转换为可编辑样条线对象。进入"线段"层级，删除"半径"为10的圆下方两条线段，删除"半径"为20的圆上方两条线段，将"半径"为10的圆弧向右克隆一次，将3个圆弧首尾相连，如图6-112所示。

图6-112 圆弧

02 在顶视图中创建"长度""宽度"均为100的矩形，使其上水平边与圆弧的顶点对齐，然后将其转换为可编辑样条线对象，进入"线段"层级，删除上水平边，效果如图6-113所示。

03 将矩形与圆弧附加，激活"几何体"卷展栏中的 连接 按钮，将矩形的顶点拖到相邻的圆弧顶点上进行连接，使整个图形闭合，如图6-114所示。

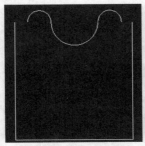

图6-113 矩形与圆弧效果

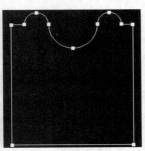

图6-114 创建截面图形

04 选择所有顶点，单击"几何体"卷展栏中的 焊接 按钮，将所有顶点焊接，完成门套截面图形的绘制。

05 在前视图中创建"长度"为2000、"宽度"为1200的矩形，将其转换为可编辑样条线对象，进入"线段"层级，删除下水平边。

06 为该矩形添加"扫描"修改器，在"截面类型"卷展栏中勾选"使用自定义截面"复选框，单击 拾取 按钮，单击顶视图中创建的截面图形，其他设置保持默认，这样就创建出了门套模型，如图6-115所示。

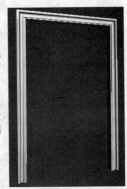

图6-115 创建门套模型

创建门板模型。

07 在顶视图中选择门套的截面图形，进入"线段"层级，选择左上角的圆弧和线段，将其以"复制"方式分离为"图形001"对象，如图6-116所示。

08 选择分离出来的对象，进入"顶点"层级，将左侧线段的顶点向上移动，使其与圆弧的上顶点在y轴对齐，如图6-117所示。

图6-116 选择并分离　　图6-117 对齐顶点

09 进入"层次" 面板，单击 仅影响轴 按钮和 居中到对象 按钮，使坐标轴对齐到对象，退出该面板，如图6-118所示。

图6-118 调整坐标轴

10 在前视图中的门套位置绘制"长度"为800、"宽度"为700和"长度"为550、"宽度"为700的两个矩形，如图6-119所示。

11 选择上方矩形，将其转换为可编辑样条线对象，进入"线段"层级，通过"拆分"功能为其添加3个顶点，然后调整矩形的形态，效果如图

6-120所示。

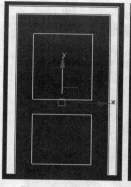

图6-119 绘制矩形

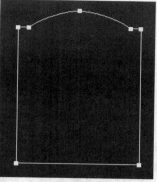

图6-120 调整矩形

12 为该矩形添加"扫描"修改器，在"截面类型"卷展栏中勾选"使用自定义截面"复选框，单击 拾取 按钮，单击顶视图中的"图形001"对象，创建出门板上的浮雕模型，如图6-121所示。

13 为该模型添加"编辑多边形"修改器，按数字3键进入"边界"层级，选择斜面上的边界，单击"编辑边界"卷展栏中的 封口 按钮进行封口，效果如图6-122所示。

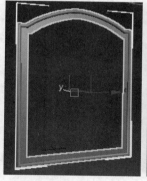

图6-121 创建浮雕模型

图6-122 封口边界

14 使用相同的方法，为下方矩形添加"扫描"修改器，并以"图形001"对象为截面进行扫描，创建出下方的浮雕模型，并进行封口，效果如图6-123所示。

15 选择上方浮雕模型的外侧边界，在前视图中将其沿xy平面缩放，如图6-124所示。

16 按数字1键进入"顶点"层级，选择上方弧形边上的所有顶点，在"编辑几何体"卷展栏中的 平面化 按钮右侧单击 Y 按钮，使其顶点沿y轴对齐，如图6-125所示。

图6-123 创建下方浮雕模型

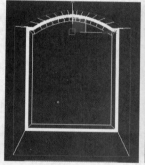

图6-124 缩放边界

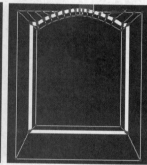

图6-125 对齐顶点

17 将左边、上边和右边的顶点移动，使其与门套对齐。使用相同的方法，选择下方浮雕模型的外侧边界，将其沿xy平面缩放，之后将下方、左边和右边的顶点与门套对齐，如图6-126所示。

图6-126 对齐顶点与门套

18 将这两个浮雕对象孤立出来，然后选择其中一个对象，右击并选择"附加"命令，单击另一个对象将其附加。按数字1键进入"顶点"层级，右击并选择"目标焊接"命令，将两个对象相邻的角点焊接，如图6-127所示。

19 进入"边"层级，选择圆弧上方的边，按住Ctrl键的同时单击"编辑边"卷展栏中的 移除 按钮将其移除，如图6-128所示。

图6-127 焊接角点　　　图6-128 选择并移除边

前视图中调整门板四周的顶点，使其与门套内侧对齐，完成实木门模型的创建，如图6-130所示。

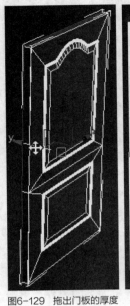 

图6-129 拖出门板的厚度　　　图6-130 实木门模型（2）

20 进入"边界"层级，选择门板外侧的边界，按住Shift键的同时将其y轴拖曳，拖出门板的厚度，单击"编辑边界"卷展栏中的 封口 按钮进行封口，完成门板模型的创建，设置如图6-129所示。

21 取消两个对象的孤立状态以显示门套对象，在

第 **07** 章

NURBS曲线建模

NURBS曲线是样条线的一种形式，使用它创建的模型表面无须进行平滑处理即可达到非常光滑的效果，NURBS曲线是创建表面光滑的模型必不可少的工具。NURBS曲线的创建、编辑以及修改方法与样条线相似，其建模的方法也与样条线建模的方法基本相似，只是NURBS曲线建模对操作的要求比较高，使用NURBS曲线进行建模容易出错，所以需要格外注意。这一章我们通过8个精彩案例，学习NURBS曲线建模的方法和技巧。

7.1 NURBS曲线的创建与编辑

NURBS曲线是样条线的一种形式，NURBS曲线包括"点曲线"和"CV曲线"两种，"点曲线"包括"点"和"曲线"子对象，"CV曲线"包括"曲线CV"和"曲线"子对象，如图7-1所示。

图7-1 "点曲线"和"CV曲线"

不管是"点曲线"还是"CV曲线"，其创建与编辑方法都与样条线的创建与编辑方法完全相同，都是依靠曲线上的"点"或"CV"来控制曲线的形态。用户可以进入其子对象层级，通过编辑子对象对曲线进行进一步编辑，卷展栏如图7-2所示。

图7-2 NURBS曲线的卷展栏

NURBS曲线的创建、编辑方法和建模技巧与样条线基本相似，用户可以通过挤出、车削、单轨扫描、多轨扫描、U向放样等多种方法进行建模，这些建模方法与样条线修改器建模的方法相似。这一节我们学习NURBS曲线的创建、编辑方法，为后续使用NURBS曲线进行建模奠定基础。

7.1.1 创建NURBS曲线

这一节学习创建NURBS曲线的方法，为后续使用NURBS曲线进行建模奠定基础。

操作步骤

01 进入创建面板，激活"图形"按钮，在其下拉列表中选择"NURBS曲线"选项，进入NURBS曲线创建面板，如图7-3所示。

图7-3 进入NURBS曲线创建面板

02 激活"对象类型"卷展栏中的 点曲线 按钮，在视图中单击以确定曲线的起点，移动鼠标指针到合适位置并单击，重复操作，绘制点曲线，如图7-4所示。

03 将鼠标指针移动到曲线起点位置并单击，此时系统弹出"CV曲线"对话框，询问是否闭合曲线，单击 是(Y) 按钮，绘制闭合的点曲线，如图7-5所示。

图7-4 绘制点曲线　　图7-5 绘制闭合的点曲线

小贴士

如果要绘制非闭合的点曲线，在绘制的过程中单击鼠标右键，即可结束绘制。另外，创建CV曲线的方法与创建点曲线的方法相同，在此不赘述。

7.1.2 编辑NURBS曲线

NURBS"点曲线"包括"点"和"曲线"子对象，"CV曲线"包括"曲线CV"和"曲线"子对象。这两种曲线的编辑方法基本相同，下面以"点曲线"为例，介绍编辑NURBS曲线的相关知识。

操作步骤

01 改变曲线的形态。选择"点曲线"，在修改器堆栈展开"NURBS 曲线"层级，进入"点"层级，激活"点"子对象，在视图中选择"点"并调整其位置，从而改变曲线的形态，如图7-6所示。

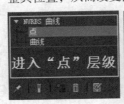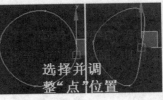

图7-6 改变曲线的形态

02 优化曲线。所谓优化曲线，其实就是在曲线上添加点。展开"点"卷展栏，激活 优化 按钮，将鼠标指针移动到曲线上，鼠标指针显示为优化图标，单击即可在曲线上添加一个"点"，此时曲线的曲率发生变化，如图7-7所示。

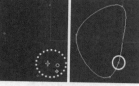

图7-7 优化曲线

> **小贴士**
>
> 使用"熔合"命令可以将两个"点"融合，"熔合"是将一个"点"融合到另一个"点"上（不可以将"曲线CV"融合到"点"上，也不可以将"点"融合到"曲线CV"上），这是连接两条曲线或曲面的一种方法，也是改变曲线和曲面形态的一种方法。"熔合"并不会把两个"点"组合到一起，只是将它们连接在一起，但是它们依然是截然不同的子对象，融合后的"点"如同一个单独的"点"，直到取消融合。另外，融合后的"点"会以明显的颜色显示，默认显示为"紫色"。如果要取消"点"的融合，选择融合的"点"并单击 取消熔合 按钮即可取消融合。

03 闭合曲线。选择非闭合的"点曲线"，在修改器堆栈进入"曲线"层级，选择曲线，被选择的曲线显示为红色，在"点曲线"卷展栏中单击 关闭 按钮，开放的"点曲线"被闭合，如图7-8所示。

04 断开曲线。进入"曲线"层级，选择曲线，激活"曲线公用"卷展栏中的 断开 按钮，将鼠标指针移动到曲线上并单击，曲线被断开，如图7-9所示。

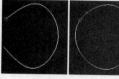

图7-8 闭合曲线　　　　　图7-9 断开曲线

05 分离并复制曲线。进入"曲线"层级，选择曲线，在"曲线公用"卷展栏的 分离 按钮旁边勾选"复制"复选框，单击 分离 按钮，在弹出的"分离"对话框中为曲线命名，如图7-10所示。

图7-10 为曲线命名

06 单击 确定 按钮，该曲线被分离并复制出另一条独立的曲线，如图7-11所示。

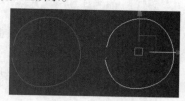

图7-11 分离并复制曲线

> **小贴士**
>
> "分离"其实是将一个曲线对象中的某一段曲线分离出来。例如，将多段曲线附加后，这些曲线就是一个曲线对象，然后就可以将某一段曲线分离，使其成为独立的曲线。在分离曲线时，如果不勾选"复制"复选框，则只将曲线分离，但不会复制。另外，勾选"相关"复选框，可以将与该曲线相关的曲面也一起分离并复制。

07 附加曲线。在创建"U向放样曲面"时，两个曲线必须附加。绘制两个曲线对象，选择其中一个曲线对象，在"常规"卷展栏中激活 附加 按钮，单击另一个曲线对象即可将其附加。

7.2 NURBS曲线建模

　　NURBS曲线建模的大多数操作方法都与样条线建模的方法基本相似，只是NURBS曲线更适合创建表面比较平滑的模型，该建模方式在工业产品设计方面应用比较多。这一节我们将通过"创建玻璃茶壶模型""创建智能手机模型""创建洗手池模型""创建女式高跟凉鞋模型""创建异形塑料油壶模型""创建无级变速电吹风机模型""创建无级变速吸尘器模型""创建无线鼠标模型"8个精彩案例，学习NURBS曲线建模的方法和技巧。NURBS曲线建模案例效果如图7-12所示。

图7-12 NURBS曲线建模案例效果

7.2.1 创建玻璃茶壶模型

"车削曲面"用于将一条曲线沿一个轴进行旋转，从而创建一个曲面模型，该操作的原理与样条线中的"车削"修改器建模的原理完全相同。创建一条NURBS曲线，进入修改面板，在"常规"卷展栏中单击▦按钮，打开"NURBS"工具箱，激活"创建车削曲面"▦按钮，单击曲线以创建曲面，在"车削曲面"卷展栏中设置"度数""方向""对齐"方式等，其设置也与样条线的"车削"修改器设置完全相同，使用不同的设置会创建不同的模型，如图7-13所示。

图7-13 创建车削曲面

有时曲面会出现翻转的情况，这时勾选"翻转法线"复选框即可。另外，勾选"封口"复选框，可以对曲面进行封口。下面使用NURBS曲线的"车削曲面"功能创建玻璃茶壶模型，效果如图7-14所示。

图7-14 玻璃茶壶模型（1）

操作步骤

01 在前视图中创建"长度"为15、"宽度"为50的矩形，将其转换为可编辑样条线对象。

02 按数字1键进入"顶点"层级，在矩形右边线上添加4个顶点，然后移动顶点以调整矩形形态，如图7-15所示。

03 进入"层次"面板，激活 仅影响轴 按钮，在前视图中将该图形的坐标轴向左移动到图形左边，如图7-16所示。

图7-15 调整矩形形态

图7-16 移动坐标轴

04 选择图形上的所有顶点，单击鼠标右键，选择"Bezier"命令，将顶点全部转换为"Bezier"类型。在修改器堆栈右击对象名称，选择"NURBS"命令，将其转换为NURBS曲线。

> **提示**
>
> 在此一定要保证图形上的顶点全部是"Bezier"类型，否则在后面进行NURBS操作时会出现错误。需要注意的是，当顶点被转换为"Bezier"类型时，图形形态可能会发生变化，这时可以通过拖曳控制柄调整图形形态，使其恢复到原来的形态。

05 进入修改面板，在"常规"卷展栏中单击▦按钮，打开"NURBS"工具箱，激活"创建车削曲面"▦按钮，单击曲线以创建"车削曲面"模型，作为玻璃茶壶的底座，如图7-17所示。

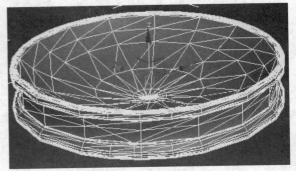

图7-17 创建玻璃茶壶的底座

> **提示**
>
> 创建"车削曲面"的原理与"车削"修改器建模的原理相同，二者都是使截面图形围绕中心轴旋转而生成三维模型。需要注意的是，在创建"车削曲面"的操作中，有时会因为法线翻转而导致创建的曲面也翻转，这时勾选"车削曲面"卷展栏中的"翻转法线"复选框即可。

06 在顶视图中的茶壶底座位置创建"半径"为75、"分段"为30、"半球"为0.5的半球体，在前视图中将半球体沿z轴旋转120°左右，并将其调整到底座位置，作为茶壶的金属壳，如图7-18所示。

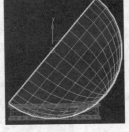

图7-18 创建茶壶的金属壳

07 将半球体转换为可编辑多边形对象，按数字4键进入"多边形"层级，在透视图中选择半球体的底面并删除，使其形成一个空壳，效果如图7-19所示。

08 在修改器列表中选择"壳"修改器，设置"内部量""外部量"均为0.5，为半球体增加厚度，制作出玻璃茶壶的金属外壳，效果如图7-20所示。

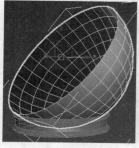 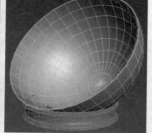

图7-19 选择并删除面　　　图7-20 添加"壳"修改器

> **提示**
>
> "壳"修改器可以赋予曲面对象一定的厚度，包括NURBS曲面、平面等，也可以为删除部分顶点或多边形后的球体赋予一定的厚度，使其成为一个"壳体"模型。

09 将金属外壳对象转换为可编辑多边形对象，进入金属外壳对象的"边"层级，选择金属外壳背面正上方多边形的两条竖边，右击并选择"连接"命令，设置"分段"为2，确认连接，如图7-21所示。

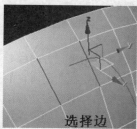 

图7-21 选择并连接边

10 在前视图中的茶壶金属外壳右侧绘制一条样条线作为路径。进入金属外壳的"多边形"层级，选择连接边后创建的多边形，右击并选择"沿样条线挤出"命令，激活"拾取样条线" ![按钮] 按钮，单击样条线路径，并设置"分段"为6，其他设置保持默认，确认挤出茶壶把手，如图7-22所示。

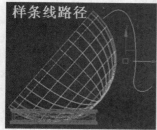 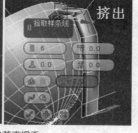

图7-22 挤出茶壶把手

11 在修改器列表中选择"网格平滑"修改器，设

置"迭代次数"为2，对模型进行平滑处理，效果如图7-23所示。

12 在"图形" ![C] 创建列表中选择"NURBS 曲线"选项，激活 ![点曲线] 按钮，在前视图中沿金属壳内部边缘绘制一段"点曲线"，如图7-24所示。

 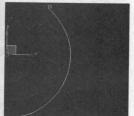

图7-23 金属壳的平滑效果　　图7-24 绘制"点曲线"

13 激活"NURBS"工具箱中的"创建车削曲面" ![按钮] 按钮，在视图中单击"点曲线"以创建茶壶模型，效果如图7-25所示。

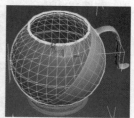

图7-25 创建茶壶模型

14 按数字1键进入"曲面"层级，选择曲面，在"曲面公用"卷展栏中单击 ![转化曲面] 按钮，在打开的"转化曲面"对话框的"CV曲面"选项卡下设置"在U向"为10、"在V向"为10，确认转换曲线。

> **提示**
>
> 创建的"车削曲面"模型为"点曲线"模型，利用"转化曲面"操作，可以将"点曲线"模型转换为"CV曲线"模型，以便对模型继续进行调整。

15 按数字1键进入"曲面CV"层级，在前视图中框选左上角的一组CV，将其沿x轴向左拖曳到合适位置，再沿y轴向下拖曳，在顶视图中沿y轴缩放，制作出壶嘴，如图7-26所示。

图7-26 制作壶嘴

16 在前视图中的玻璃壶体内部绘制"点曲线"作为茶漏的轮廓线，依照前面的操作创建"车削曲面"模型，制作出茶漏模型，如图7-27所示。

17 为该模型添加"编辑多边形"修改器，进入"顶点"层级，在前视图中选择茶漏模型下方的所有顶点，右击并选择"切角"命令，设置"切角量"为3，确认切角，如图7-28所示。

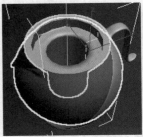
图7-27　创建茶漏模型

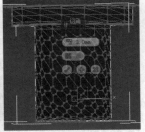
图7-28　切角顶点

18 进入"多边形"层级，选择切角形成的多边形并将其删除，最后为该模型添加"网格平滑"修改器，设置"迭代次数"为2，对模型进行平滑处理，如图7-29所示。

19 依照前面的操作，在前视图中的茶壶顶部"茶叶托"上方位置绘制"点曲线"，然后创建车削曲面作为茶壶的茶壶盖，完成玻璃茶壶模型的创建，效果如图7-30所示。

图7-29　茶漏模型

图7-30　玻璃茶壶模型（2）

7.2.2　创建智能手机模型

"U向放样曲面"是在两条以上附加曲线之间创建曲面，曲面的形态与曲线形态有关。根据曲面的形态创建两条曲线并附加，在"NURBS"工具箱激活"创建U向放样曲面"按钮，依次单击两条曲线，即可创建模型，如图7-31所示。

样条线对象可以转换为NURBS曲线，需要注意的是，样条线对象的顶点必须是"Bezier"类型。另外，不能直接将矩形转换为NURBS曲线，要先将其转换为可编辑样条线对象，然后设置各顶点类型为"Bezier"类型，再将其转换为NURBS曲线，这样，矩形转换后才能是一个闭合图形。

"封口曲面"是指将创建的曲面进行封口，其操作也非常简单。激活"NURBS"工具箱中"创建封口曲面"按钮，单击模型上的曲线，即可对曲面进行封口，效果如图7-32所示。

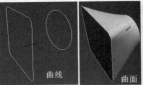
图7-31　U向放样曲面　　　图7-32　封口曲面（1）

"向量投影曲线"则是指在曲面上创建曲线的投影线，并通过修剪在曲面上创建孔洞。向量投影曲线对坐标方向的要求较高，创建的投影线并不与曲面的法线垂直，会随曲面曲率的变化而变化，一般适合在平面曲面上创建投影线。

切换到左视图，在封口曲面上创建一个圆，将其与该曲面附加。激活"创建向量投影曲线"按钮，将鼠标指针移动到圆上，拖曳鼠标到封口曲面上，创建圆的投影曲线，然后勾选"投影曲线"卷展栏中的"修剪"复选框，在封口曲面上创建一个孔洞，效果如图7-33所示。

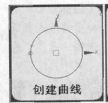
图7-33　在曲面上开洞

需要注意的是，向量投影曲线对坐标方向的要求很高，因此，创建投影曲线时，要在曲面所在的视图中创建。例如，曲面在左视图，则应在左视图中创建其投影曲线；如果曲面在顶视图，则应在顶视图中创建投影曲线，否则容易出错。

下面使用NURBS曲线的"U向放样曲面"功能创建智能手机模型，效果如图7-34所示。

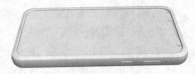
图7-34　智能手机模型（1）

操作步骤

01 在顶视图中创建"长度"为75、"宽度"为150、"角半径"为10的矩形，执行"编辑">"克隆"命令，将矩形以"复制"方式原地克隆为"矩形01"。修改"矩形01"的"长度"为74、"宽度"为149，在前视图中将其移动到矩形的下方。

02 将矩形转换为可编辑样条线对象，并将两个矩形附加，进入"顶点"层级，选择所有顶点，将其转换为"Bezier"类型。

03 退出"顶点"层级，在视图中右击，选择"转换为" > "转换为NURBS"命令，将矩形转换为NURBS曲线。

04 在"常规"卷展栏中单击"NURBS创建工具箱"■按钮，打开"NURBS"工具箱，激活"创建U向放样曲面"■按钮，在透视图中由下向上依次单击两个矩形，创建出手机壳的底面，效果如图7-35所示。

图7-35 手机壳的底面

05 单击鼠标右键退出，激活"NURBS"工具箱中的"创建封口曲面"■按钮，单击模型底面下方的曲线进行封口，效果如图7-36所示。

图7-36 封口

06 按数字3键进入"曲线"层级，选择上方的一圈曲线，在前视图中按住Shift键将其沿y轴向上拖曳到合适位置，释放鼠标左键，在弹出的"子对象克隆选项"对话框中选择"独立复制"单选项，确认克隆出一条曲线，如图7-37所示。

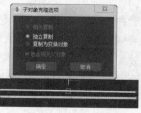
图7-37 克隆曲线（1）

07 使用相同的方法，将最下方的曲线克隆到克隆曲线的上方，将这两条曲线作为手机外壳上方的两条轮廓线，如图7-38所示。

08 激活"创建U向放样曲面"■按钮，在透视图中由下向上依次单击底面上方的曲线以及克隆的两条曲线，创建手机壳模型，效果如图7-39所示。

图7-38 克隆下方曲线

图7-39 创建手机壳模型

09 使用相同的方法，将最顶层的一圈曲线沿y轴向上克隆一次，在顶视图中将其沿xy平面缩小，然后在前视图中将其沿y轴向下移动，使其与原曲线在水平方向对齐，并再次克隆一次，如图7-40所示。

10 激活"创建U向放样曲面"■按钮，依次单击手机壳最顶层的曲线和新克隆的这两条曲线，创建曲面，效果如图7-41所示。

图7-40 克隆曲线（2）

图7-41 创建曲面

11 激活"创建封口曲面"■按钮，单击最下方的曲线，对手机模型表面进行封口，效果如图7-42所示。

图7-42 封口曲面（2）

12 在顶视图中的手机壳一端创建"半径"为1.5的两个圆和"长度"为25、"宽度"为3、"角半径"为5的矩形，如图7-43所示。

13 将这3个对象转换为可编辑样条线对象，并设置其所有顶点为"Bezier"类型，将其转换为NURBS曲线，在前视图将其向上移动到手机模型的上方，如图7-44所示。

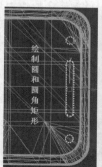
图7-43 绘制曲线

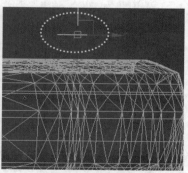
图7-44 调整曲线位置

14 选择该NURBS曲线，在"常规"卷展栏中激活 附加 按钮，单击手机壳模型，将其附加。激活

"创建向量投影曲线" 按钮，分别将鼠标指针移动到两个圆和矩形上，拖曳鼠标到手机壳模型上，创建投影曲线，勾选"投影曲线"卷展栏中的"修剪"复选框，在手机壳模型上开洞，效果如图7-45所示。

图7-45 在模型上开洞

> **提示**
>
> 勾选"修剪"复选框后，有时会出现效果翻转的情况，这时勾选"翻转"复选框即可。

15 按数字3键进入"曲线"层级，选择话筒边缘的两个圆和矩形。在"曲线公用"卷展栏中的 分离 按钮旁勾选"复制"复选框，然后单击该按钮，在弹出的"分离"对话框中取消"相关"复选框的勾选，确认将其分离为"曲线001"。

16 选择分离的"曲线001"，在前视图中将其稍微向下移动到合适位置，在"曲线001"与手机模型相应位置的曲线之间创建曲面，最后对这些曲面进行封口，完成手机话筒的创建，效果如图7-46所示。

图7-46 制作话筒

17 在前视图中的手机侧面位置绘制"长度"为3、"宽度"为15、"角半径"为1和"长度"为3、"宽度"为10、"角半径"为1的两个矩形作为手机开关按钮图形。

18 将两个矩形转换为可编辑样条线对象，设置其顶点为"Bezier"类型，将其转换为NURBS曲线，在左视图中将其移动到手机模型的右侧，如图7-47所示。

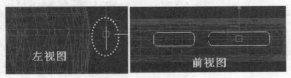

图7-47 移动按键图形

19 依照第14~17步的操作，将该曲线与手机模型

附加，然后创建"向量投影曲线"并修剪，创建出按钮的孔洞，如图7-48所示。

20 进入"曲线"层级，将孔洞边缘的曲线向外分离并克隆，通过孔洞边缘的曲线创建U向放样曲面模型，创建出手机的开关按钮，如图7-49所示。

图7-48 创建按钮的孔洞 　　图7-49 创建开关按钮

> **提示**
>
> 创建完成后如果发现模型出现扭曲的情况，此时可以进入"曲线"层级，选择两个封口曲面上的曲线，单击"曲线公用"卷展栏中的 进行拟合 按钮，打开"创建点曲线"对话框，如图7-50所示。
>
> 采用默认设置，或者重新设置"点数"，确认进行拟合，校正模型扭曲的情况，如图7-51所示。

图7-50 "创建点曲　　图7-51 校正模型扭曲的情况
线"对话框

21 参照以上操作，创建出手机的充电孔、摄像头以及指纹锁等，完成智能手机模型的创建。这些操作请读者观看视频讲解，在此不赘述，创建完成的智能手机模型效果如图7-52所示。

图7-52 智能手机模型（2）

7.2.3 创建洗手池模型

"单轨扫描"建模与样条线的"单截面"放样建模相似，二者都是将一条曲线沿另一条曲线延伸而创建曲面模型，操作非常简单。创建一条圆形闭合曲线和一条非闭合曲线，将两条曲线附加，激活"NURBS"工具箱中的"单轨扫描" 按钮，单击非闭合曲线，将其拖到闭合曲线上并单击，此时闭合曲线沿非闭合曲线延伸，创建曲面模型。创建完成后，可以在"单轨扫描曲面"卷展栏中设置相关参数对模型进行调整，如图7-53所示。

下面使用NURBS曲线的"U向放样曲面"与"单轨扫描"功能创建洗手池模型，效果如图

7-54所示。

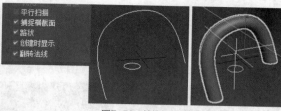

图7-53 单轨扫描

图7-54 洗手池模型（1）

操作步骤

创建洗手池外部曲线。

01 在顶视图中创建"长度"为355、"宽度"为350的矩形，将其转换为可编辑样条线对象。进入"顶点"层级，对矩形的角进行圆角处理，并将所有顶点设置为"Bezier"类型，然后将其转换为NURBS曲线，效果如图7-55所示。

02 在前视图中将其沿y轴以"复制"方式向下克隆3次，并根据洗手池的深度，调整各曲线之间的距离，然后在"缩放变换输入"对话框中将第2条曲线缩放至原大小的90%、第3条曲线缩放至原大小的70%、第4条曲线缩放至原大小的50%，如图7-56所示。

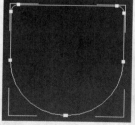

图7-55 创建矩形

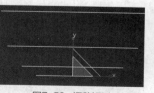

图7-56 调整矩形

创建洗手池内部曲线。

03 切换到透视图，将最顶层的曲线通过"克隆"命令以"复制"方式原地克隆一次，将其缩放至原大小的85%，然后将该曲线以"复制"方式原地克隆一次，并沿z轴稍微向下移动到合适位置，如图7-57所示。

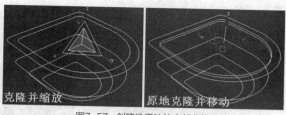

克隆并缩放　　　　原地克隆并移动

图7-57 创建洗手池的内部曲线

 提示

"原地克隆"是指使用"编辑">"克隆"命令克隆对象，此时原对象与克隆对象处于相同的位置。

04 将该曲线原地克隆一次，并将其缩放至原大小的80%，进入"曲线CV"层级，在顶视图中调整曲线的形态，如图7-58所示。

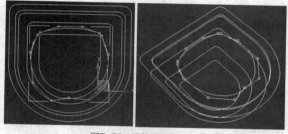

图7-58 调整曲线的形态

05 将调整后的曲线沿z轴向下克隆两次，并根据洗手池内部深度，调整两条曲线之间的距离，然后将克隆的第1条曲线缩放至原大小的90%，将第2条曲线缩放至原大小的50%，最后将该曲线原地克隆并缩放至原大小的30%，效果如图7-59所示。

06 将这些曲线全部附加，激活"创建U向放样曲面" 按钮，按顺序单击这些曲线，创建出洗手池的基本模型，效果如图7-60所示。

图7-59 克隆并调整内部曲线

图7-60 创建洗手池的基本模型

07 进入"曲线"层级，将洗手池底部的曲线以"复制"方式分离为"曲线001"，将其向下移动，并与洗手池模型附加，之后在该曲线与底部曲线之间创建U向放样曲面，创建出洗手池底部的结构模型，如图7-61所示。

08 在左视图中的洗手池底部位置绘制曲线，将其与洗手池模型附加，激活"NURBS"工具箱中的"单轨扫描" 按钮，单击绘制的曲线，将其拖到洗手池底部的曲线上并单击，然后在"单轨扫描曲面"卷展栏中进行设置，创建下水管，效果如图7-62所示。

图7-61 创建洗手池底部

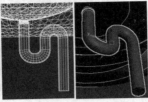
图7-62 创建下水管

09 使用相同的方法，将洗手池外侧底部的曲线"复制"并分离，根据洗手池高度将其向下移动到合适位置，与洗手池模型附加，然后在这两条曲线之间创建U向放样曲面，完成洗手池模型的创建，效果如图7-63所示。

图7-63 洗手池模型（2）

7.2.4 创建女式高跟凉鞋模型

"转化曲面"用于对创建的曲面进行细化，以便对曲面进行更加精细的编辑。"转化曲面"功能提供了一个将曲面（U向放样曲面、车削曲面等）转换为不同类型曲面的方法，可以在"放样""点"（拟合点曲面）、"CV曲面"之间转换，同时还可以调整其他曲面的参数。

创建两个圆，将其转换为NURBS曲线，然后创建U向放样曲面，创建一个简单的圆柱形曲面，如图7-64所示。

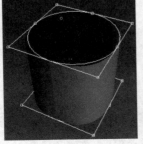
图7-64 创建曲面

在修改面板中进入"曲面"层级，在模型上单

击选择曲面，在"曲面公用"卷展栏中单击 转化曲面 按钮，打开"转化曲面"对话框，切换到"放样"选项卡，选择"从U向和V向等参线"单选项，在"U向曲线"和"V向曲线"数值框中输入曲线数，此时模型U向和V向增加了曲线，如图7-65所示。

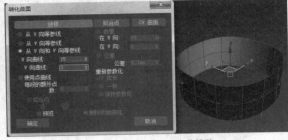
图7-65 设置U向和V向曲线数

进入"拟合点"选项卡，设置"在U向"和"在V向"的点数以及"公差"，"公差"值越低，重建曲面的精确度越高；"公差"值越高，重建曲面的精确度越低，如图7-66所示。

图7-66 "拟合点"选项卡

进入"CV曲面"选项卡，设置"在U向"和"在V向"的"CV"行数以及"公差"，"公差"值越低，重建曲面的精确度越高；"公差"值越高，重建曲面的精确度越低，如图7-67所示。

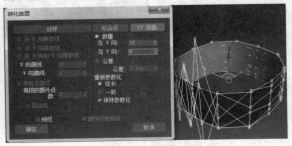
图7-67 "CV曲面"选项卡

这几种方法可以细化曲面，创建更精确的模型。下面使用NURBS曲线的"转化曲面"功能创建女式高跟凉鞋模型，效果如图7-68所示。

图7-68 女式高跟凉鞋模型（1）

操作步骤

01 在顶视图中创建"长度"为270、"宽度"为110的矩形作为参考图，在矩形内部绘制CV曲线。进入"曲线CV"层级，调整出凉鞋的鞋底曲线，如图7-69所示。

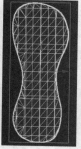

02 退出"曲线CV"层级，打开"NURBS"工具箱，激活"创建封口曲面"按钮，单击曲线进行封口，效果如图7-70所示。

图7-69 鞋底曲线　图7-70 创建封口曲面

03 进入"曲面"层级，选择曲面，在"曲面公用"卷展栏中单击 转化曲面 按钮，打开"转化曲面"对话框，在"CV曲面"选项卡下设置"在U向"为10、"在V向"为5，确认转换曲线，如图7-71所示。

04 进入"曲面CV"层级，在顶视图中选择脚尖位置的曲面CV，切换到左视图，将选择的曲面CV向下拖曳到合适位置，创建鞋底造型，如图7-72所示。

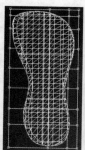

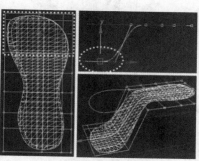

图7-71 转化曲线　　　　图7-72 调整曲面CV

05 退出"曲面CV"层级，在左视图中将鞋底模型沿y轴以"复制"方式向上克隆一次。再次进入"曲面CV"层级，将脚尖位置的曲面CV向上调整，调整出鞋尖位置鞋底的厚度，如图7-73所示。

06 在"常规"卷展栏中激活 附加 按钮，单击另一个鞋底模型，将两个模型附加。打开"NURBS"工具箱，激活"创建U向放样曲面" 按钮，在透视图中分别拾取两个模型的曲线，创建鞋底模型，效果如图7-74所示。

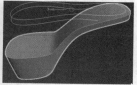

图7-73 调整出鞋底的厚度　图7-74 创建鞋底模型

07 进入"曲线"层级，选择鞋底的曲线，在"曲线公用"卷展栏中勾选 分离 按钮右侧的"复制"复选框，单击该按钮，打开"分离"对话框，取消"相关"复选框的勾选，确认，将该曲线复制为"曲线001"，如图7-75所示。

08 选择复制的曲线，进入"曲线CV"层级，在左视图中以"窗口"选择方式框选除鞋后跟的CV外的其他CV，按Delete键将其删除，如图7-76所示。

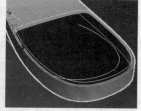

图7-75 复制曲线　　　　图7-76 选择CV并删除

09 退出"曲线CV"层级，将该曲线稍微向下移动并缩小，再将其与鞋底对象附加。打开"NURBS"工具箱，激活"创建向量投影曲线" 按钮，将该曲线拖到鞋跟的曲面上，创建投影曲线，并勾选"向量投影曲线"卷展栏中的"修剪"复选框，进行修剪（如果修剪方向反了，可以勾选"翻转修剪"复选框进行翻转），在鞋跟位置修剪一个洞，效果如图7-77所示。

图7-77 创建并修剪投影曲线

10 进入"曲线"层级，将孔洞边缘的曲线以"复制"方式再次分离为"曲线001"，然后将"曲线001"依次向下复制3次并逐渐缩小，效果如图7-78所示。

11 将这些曲线与鞋底模型附加，打开"NURBS"工具箱，激活"创建U向放样曲面" 按钮，在透视图中分别拾取孔洞曲线和复制的这些曲线，创建鞋后跟模型，效果如图7-79所示。

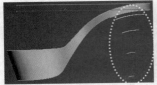 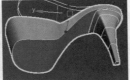

图7-78 复制曲线并缩小　　图7-79 创建鞋后跟模型

12 切换到前视图，在鞋尖位置根据凉鞋鞋面高度与形状绘制CV曲线，然后将其复制一次，并在透视图中根据鞋底形状调整CV曲线，使其与鞋底相匹配，如图7-80所示。

13 将两条曲线附加，打开"NURBS"工具箱，激活"创建U向放样曲面" 按钮，在透视图中分别拾取这两条曲线，创建鞋面模型，效果如图7-81所示。

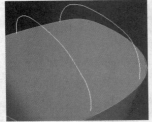 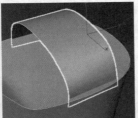

图7-80 绘制、复制和CV曲线　　图7-81 创建鞋面模型

14 在修改器列表中选择"壳"修改器，设置"内部量""外部量"均为1，以增加鞋面的厚度，选择"网格平滑"修改器，设置"迭代次数"为2，对模型进行平滑处理，完成鞋面模型的创建。

15 选择鞋底模型，进入"曲线"层级，选择鞋底顶面的曲线，在"曲线公用"卷展栏中依照前面的操作，将该曲线以"复制"方式分离为"曲线001"。进入该曲线的"曲线"层级，在"曲线公用"卷展栏中激活 断开 按钮，在后跟的两边位置单击将其断开，然后将多余曲线删除，只保留后跟位置的曲线，效果如图7-82所示。

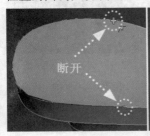 

图7-82 复制、断开和删除曲线

16 将该曲线以"复制"方式 向上复制一次，将其沿z轴旋转到合适角度，然后将其与原曲线附加，之后在这两条曲线之间创建U向放样曲面模型，制作出鞋后跟的鞋帮模型，如图7-83所示。

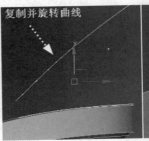 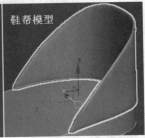

图7-83 鞋帮模型

17 在顶视图中的鞋跟位置绘制非闭合的圆形曲线，将曲线复制并附加，依照前面的操作，创建U向放样曲面，并为其添加"壳"和"网格平滑"修改器，制作出圆形鞋带模型，效果如图7-84所示。

18 在左视图中绘制矩形，将其转换为NURBS曲线，再依照前面的操作创建U向放样曲面，制作出凉鞋鞋带的金属扣模型，将其与鞋底进行组合，效果如图7-85所示。

 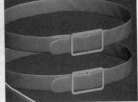

图7-84 圆形鞋带模型　　图7-85 金属扣模型

19 这样，女式高跟凉鞋模型就制作完毕了，将该凉鞋镜像复制一个，并旋转到合适位置，效果如图7-86所示。

图7-86 女式高跟凉鞋模型（2）

7.2.5 创建异形塑料油壶模型

"曲面上的曲线"是指在曲面上创建"点曲线"或"CV曲线"，创建的曲线完全贴合曲面并与曲面的法线垂直。该功能便于在圆弧形曲面上创

建曲线，从而创建与曲面法线垂直的另一个曲面，或者在曲面上开洞。

创建圆形曲线，通过"挤出"或者"U向放样"创建一个圆柱形曲面，激活"NURBS"工具箱中的"创建曲面上的CV曲线"或者"创建曲面上的点曲线"按钮，在圆柱形曲面上创建一条闭合曲线，曲线完全贴合圆柱形曲面，如图7-87所示。

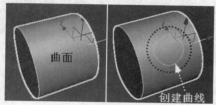

图7-87 在曲面上创建曲线

在修改器堆栈进入"点"层级，选择曲线上的点调整曲线，发现曲线始终贴合曲面，激活"NURBS"工具箱中的"创建挤出曲面"按钮，单击曲面上的曲线，然后在"挤出曲面"卷展栏中设置挤出"数量""方向"等参数，沿该曲线挤出一个曲面，如图7-88所示。

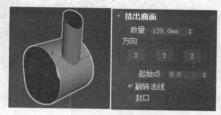

图7-88 挤出曲面

"法线投影曲线"用于创建与曲面法线垂直的投影曲线，与"向量投影曲线"完全不同。使用"法线投影曲线"配合"曲面上的曲线"在圆形曲面上开洞，效果更好。

按Ctrl+Z组合键撤销对"曲面上的曲线"的挤出，激活"NURBS"工具箱中的"创建法向投影曲线"按钮，移动鼠标指针到该曲线上，将其拖曳到圆柱形曲面上创建该曲线的投影曲线，然后在"法线投影曲线"卷展栏中设置相关选项，对圆柱形曲面进行修剪以创建孔洞，如图7-89所示。

图7-89 创建法线投影曲线并开洞

下面使用NURBS曲线的"U向放样曲面""曲面上的曲线""法线投影曲线"功能创建异形塑料油壶模型，效果如图7-90所示。

图7-90 异形塑料油壶模型

操作步骤

01 在前视图中创建"长度"为300、"宽度"为200的矩形作为参考图，在矩形内部绘制CV曲线。进入"曲线CV"层级，调整出油壶的外形曲线，如图7-91所示。

02 退出"曲线CV"层级，执行"编辑" > "克隆"命令，将该曲线以"复制"方式原地克隆一次，激活主工具栏中的"选择并均匀缩放"按钮并右击，打开"缩放变换输入"对话框，设置"偏移：屏幕"为90%，按Enter键确认，将该曲线缩小，如图7-92所示。

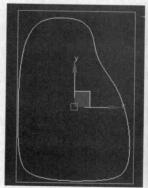 

图7-91 油壶的外形曲线　　图7-92 克隆并缩小曲线

03 切换到左视图，将缩小的曲线移动到原曲线的右侧，然后将原曲线向右移动克隆两次，在前视图中分别将这两条曲线沿x轴放大，效果如图7-93所示。

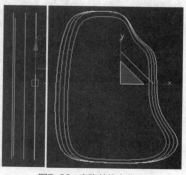

图7-93 克隆并放大曲线

04 在左视图中将左边3条曲线沿*x*轴以"复制"方式镜像克隆到右侧，然后将这些曲线全部附加，参照前面章节中的操作，使用这些曲线创建U向放样曲面模型，创建出油壶的基本模型，效果如图7-94所示。

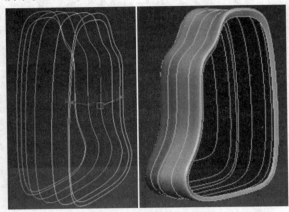

图7-94　创建油壶的基本模型

05 进入"曲线"层级，选择油壶模型左侧开口位置的曲线，将其以"复制"方式分离为"曲线001"，将其向外稍微移动，然后通过"缩放变换输入"对话框将其缩放至原大小的95%。

06 将"曲线001"向外克隆一次，并再次通过"缩放变换输入"对话框将其缩放至原大小的80%，将这两条曲线与油壶模型附加，然后创建U向放样曲面模型并封口，完成油壶模型一侧的创建，效果如图7-95所示。

07 使用相同的方法对油壶另一侧也进行相同的处理，效果如图7-96所示。

 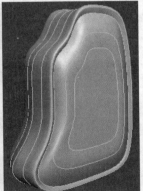

图7-95　处理油壶左侧　　　图7-96　处理油壶右侧

08 切换到右视图，激活"NURBS"工具箱中的"创建曲面上的CV曲线"按钮，在油壶上方位置绘制闭合的CV曲线，进入"曲面CV"层级将其调整为圆形，效果如图7-97所示。

09 激活"创建法向投影曲线"按钮，拖曳该曲线到油壶模型上并单击，创建投影曲线，然后在"法线投影曲线"卷展栏中勾选"修剪"复选框，修剪出一个孔洞（有时修剪效果会翻转，这时再勾选"翻转修剪"复选框即可），如图7-98所示。

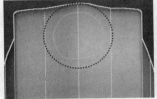

图7-97　绘制圆形　　　图7-98　修剪出孔洞

10 进入"曲线"层级，选择孔洞位置的曲线，将其以"复制"方式分离为"曲线001"，在前视图中将其向右移动少许距离，并缩放至原大小的80%，然后将其与油壶模型附加，在该曲线与孔洞曲线中间创建U向放样曲面，如图7-99所示。

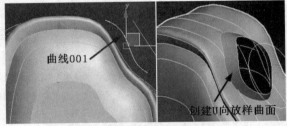

曲线001　　　创建U向放样曲面

图7-99　创建曲面

11 在前视图中的油壶右侧位置绘制油壶把手的CV曲线，并将其与油壶模型附加。在"NURBS"工具箱中激活"创建单轨扫描"按钮，单击把手曲线和油壶开口曲线，创建出油壶的把手模型，如图7-100所示。

12 在左视图中的油壶上方位置绘制"半径"为25的圆，将圆转换为NURBS曲线并将其与油壶模型附加，然后依照前面的操作，使用该圆在油壶上开洞，如图7-101所示。

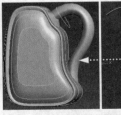 

图7-100　创建油壶的把手模型　　　图7-101　在油壶上开洞

13 进入"曲线"层级，将孔洞上的曲线以"复制"方式分离为"曲线001"，将其缩放至原大小的50%并向右移动到合适位置，再沿*z*轴旋转一定角度，之后将其与油壶模型附加，并与孔洞位置的曲线创建U向放样曲面，创建出壶嘴模型，如图7-102所示。

14 在油壶顶部位置绘制"半径"为25的圆，将其转换为NURBS曲线，并与油壶模型附加，然后依照前面的操作，使用该圆在油壶顶部开洞，再通过"U向放样曲面""封口曲面"等操作，创建出油壶的加油口模型，完成异形塑料油壶模型的创建，效果如图7-103所示。

图7-102 创建壶嘴模型　　图7-103 创建加油口模型

7.2.6 创建无级变速电吹风机模型

"镜像曲面"用于将曲面镜像，从而创建与原曲面相同的另一个曲面，其效果与"对称"修改器的效果相似。

绘制圆弧形曲线，通过"创建U向放样曲面"或"挤出曲面"创建一个圆弧形曲面，激活"NURBS"工具箱中的"创建镜像曲面" 按钮，单击圆弧形曲面，然后在"镜像曲面"卷展栏中设置"镜像轴""偏移"等，创建另一个与原曲面完全相同的曲面，如图7-104所示。

图7-104 镜像曲面

下面使用NURBS曲线的"U向放样曲面"与"镜像曲面"功能创建无级变速电吹风机模型，效果如图7-105所示。

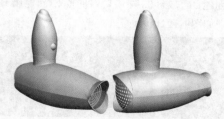

图7-105 无级变速电吹风机模型（1）

操作步骤

01 在前视图中创建"长度"为50、"宽度"为60的椭圆，在顶视图中将其向上复制两个，椭圆之间的距离为60个绘图单位，然后分别调整第2个椭圆的"长度"为90、"宽度"为100，第3个椭圆的"长度"为80、"宽度"为90。

02 将3个椭圆转换为可编辑样条线对象，进入"线段"层级，删除下方的线段，使其成为3段圆弧，然后将圆弧的下方对齐，效果如图7-106所示。

03 将3段圆弧转换为NURBS曲线，打开"NURBS"工具箱，在这3段圆弧之间创建U向放样曲面，如图7-107所示。

图7-106 绘制图形　　图7-107 创建U向放样曲面（1）

04 进入"曲线"层级，选择"长度"为50、"宽度"为60的椭圆，在"曲线公用"卷展栏中将其以"复制"方式分离为"曲线001"对象。

05 进入"层次"面板，激活 按钮，在左视图中将"曲线001"对象的坐标轴向下移动到曲线的下端点位置，然后将其沿z轴旋转30°。

06 切换到前视图，进入"曲线001"的"曲线CV"层级，选择上方两个CV，将其沿y轴向上移动，如图7-108所示。

07 退出"曲线CV"层级，将该曲线与模型附加，然后通过"创建U向放样曲面"在该曲线与模型边缘的曲线之间创建曲面，效果如图7-109所示。

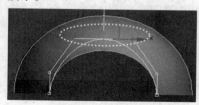

图7-108 调整曲线CV　　图7-109 创建U向放样曲面（2）

08 激活"NURBS"工具箱中的"创建镜像曲面" 按钮，单击吹风机模型进行镜像，然后根据镜像效果在"镜像曲面"卷展栏中选择"镜像轴"，并设置"偏移"值，效果如图7-110所示。

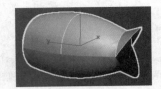

图7-110 镜像模型

镜像时，有时两个模型并不能完全衔接，这时可以调整"偏移"值，使两个模型完全衔接。如果模型发生翻转，则可以勾选"翻转法线"复选框进行调整。

09 使用相同的方法，将吹风机另一端的曲线分离并复制，将其旋转一定角度，然后创建U向放样曲面和镜像曲面，创建出吹风机另一端的模型，效果如图7-111所示。

图7-111 吹风机另一端的模型

10 在前视图中创建"长度"为80、"宽度"为90的椭圆，在左视图中将其以"复制"方式沿x轴克隆3个，并按照一定的间距排列，然后依次将其各缩放至原大小的80%、60%和40%，作为吹风机电机罩轮廓线，如图7-112所示。

11 将椭圆转换为NURBS曲线并附加，最后创建U向放样曲面和封口曲面，创建吹风机电机罩模型，如图7-113所示。

12 在顶视图中的吹风机尾部中间位置绘制"半径"为25的圆，将其转换为NURBS曲线，然后将其与吹风机附加，再创建向量投影曲线并修剪，在该位置开洞，如图7-114所示。

图7-112 绘制电机 图7-113 创建电 图7-114 开洞
罩轮廓线 机罩模型

13 进入"曲线"层级，选择孔洞处的曲线，在前视图中将其以"复制"方式分离为"曲线001"，将其向上移动到合适位置，然后进入该曲线的"曲线CV"层级，选择所有CV，将其沿y轴缩放，使其沿x轴对齐，如图7-115所示。

14 选择中间位置的CV，将其沿y轴向下移动到合

适位置，这样曲线就会形成凹凸的效果，如图7-116所示。

图7-115 沿x轴对齐CV

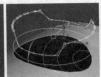

图7-116 调整曲线

15 退出"曲线CV"层级，将该曲线与吹风机附加，然后在该曲线和孔洞边缘的曲线之间创建混合曲面，所有参数保持默认，效果如图7-117所示。

16 再次进入"曲线"层级，选择混合曲面上方的曲线，将其分离并复制为"曲线001"。将"曲线001"向上复制为"曲线002"和"曲线003"，将"曲线002"缩放至原大小的120%、将"曲线003"缩放至原大小的80%，然后依照第13步的操作分别将这两条曲线的CV在x轴对齐，并在左视图中将"曲线003"沿z轴旋转30°，效果如图7-118所示。

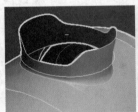

左视图 前视图

图7-117 创建混合曲面 图7-118 克隆并调整曲线

17 将这3条曲线附加，创建U向放样曲面，创建出吹风机的把手模型，如图7-119所示。

18 在前视图中的把手位置创建"半径"为8的圆，将其转换为NURBS曲线并与把手模型附加，创建向量投影曲线并修剪，在把手上开洞，效果如图7-120所示。

19 依照前面的操作，将该开洞位置的曲线分离并复制，然后将其移动到孔洞内部并与把手模型附加，创建U向放样曲线和封口曲面，创建出开关槽模型，如图7-121所示。

图7-119 创建把手 图7-120 在把手上 图7-121 创建开
模型 开洞 关槽模型

20 在开关槽位置创建"半径"为9、"半球"为0.65的球体,将其移动到开关槽内,作为开关按钮,效果如图7-122所示。

21 进入把手的"曲线"层级,将把手尾部的曲线以"复制"方式分离,然后将其在左视图中沿y轴向上克隆4次,并分别将其缩放至原大小的80%、70%和50%,将这些曲线附加。依照前面章节中的操作方法,在这些曲线之间创建U向放样曲面模型和封口模型,创建出把手尾部模型,效果如图7-123所示。

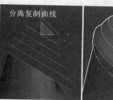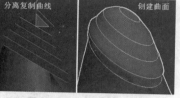

图7-122 创建开关按钮 　　图7-123 创建把手尾部模型

22 在前视图中创建"长度"为50、"宽度"为60的椭圆,执行"编辑">"克隆"命令,将该椭圆以"复制"方式原地克隆一个,然后修改其"长度"为45、"宽度"为55,将其转换为可编辑样条线对象并附加。

23 将附加后的图形原地克隆一个,将其缩放至原大小的80%,然后将缩放后的图形原地克隆并缩放至原大小的70%,依此方法将克隆并缩放后的图形再次克隆并缩放至原大小的65%和缩放至原大小的55%,这样就创建出了5组椭圆图形,如图7-124所示。

24 在椭圆图形位置创建"长度"为60、"宽度"为1的矩形,使其与椭圆图形相交,然后将该矩形旋转45°并克隆3个,效果如图7-125所示。

图7-124 椭圆图形 　　　图7-125 矩形

25 将矩形和椭圆图形全部附加,进入"样条线"层级,激活 修剪 按钮,对椭圆图形和矩形进行修剪,创建出吹风机出风口的网罩图形,如图7-126所示。

26 进入"顶点"层级,选择所有顶点,单击"选择"卷展栏中的 焊接 按钮,对顶点进行焊接,然后在修改器列表中选择"挤出"修改器,设置

"数量"为2,对模型进行挤出,创建出风口上的网罩模型,效果如图7-127所示。

图7-126 创建网罩图形 　　图7-127 创建网罩模型

27 将该网罩模型与吹风机模型对齐,在顶视图中将其移动到出风口位置,效果如图7-128所示。

28 将吹风机电机罩孤立,在后视图中的电机罩位置绘制"半径"为2的圆,将其转换为NURBS曲线并与电机罩附加,然后创建向量投影曲线并修剪以创建一个洞,如图7-129所示。

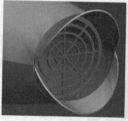

图7-128 出风口网罩效果 　　图7-129 在电机罩上开洞

29 使用相同的方法继续在吹风机电机罩上开洞,创建出电机散热罩模型,该操作简单但很烦琐,读者一定要有耐心。

30 注意,多次修剪会使计算机变慢,容易死机。如果出现这样的情况,我们可以使用其他方法来创建电机散热罩。例如,在后视图中的电机散热罩位置创建"半径"为45、"分段"为10、"基点面类型"为"八面体"的半球,将其沿y轴缩放,使其高度与电机散热罩匹配,再在左视图中沿x轴缩放,使其宽度也与电机散热罩匹配,如图7-130所示。

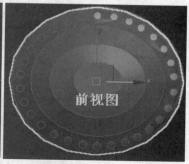

图7-130 创建半球并调整

31 将半球转换为可编辑多边形对象。进入"顶

点"层级，选择除底边一圈顶点之外的其他顶点，右击并选择"切角"命令，设置"切角量"为2.5，确认切角，如图7-131所示。

32 进入"多边形"层级，选择切角形成的多边形，按Delete键将其删除，这样就创建出了吹风机电机散热罩上的散热孔，效果如图7-132所示。

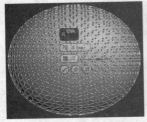 

图7-131 切角顶点　　　　图7-132 创建散热孔

33 将编辑完成的电机散热罩移动到吹风机尾部的电机位置，完成无级变速电吹风机模型的创建，效果如图7-133所示。

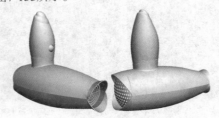

图7-133 无级变速电吹风机模型（2）

7.2.7 创建无级变速吸尘器模型

"偏移曲面"用于将曲面偏移，从而创建新的曲面，类似于CAD中的"偏移"命令。创建圆形曲线并通过"挤出曲面"命令创建一个圆形曲面，激活"NURBS"工具箱中的"创建挤出曲面" 按钮，移动鼠标指针到曲线上并拖曳，挤出曲面，然后展开"挤出曲面"卷展栏，设置"数量""方向"等选项，如图7-134所示。

图7-134 挤出曲面

激活"NURBS"工具箱中的"创建偏移曲面"按钮，在挤出曲面上拖曳，对曲面进行偏移，然后展开"偏移曲面"卷展栏，设置"偏移"值等，如图7-135所示。

图7-135 偏移曲面

"混合曲面"与"U向放样曲面"有些相似，既可以在两个曲线之间创建曲面，也可以在两个曲面之间创建曲面。曲面创建完成后，可以通过调整张力、翻转切线等对曲面进行调整。

激活"NURBS"工具箱中的"创建混合曲面" 按钮，分别单击偏移的两个曲面，在这两个曲面之间创建一个曲面。展开"混合曲面"卷展栏，设置相关选项与参数，对混合曲面进行调整，使用不同的设置可以创建不同的混合曲面，如图7-136所示。

创建混合曲面　　　　调整混合曲面

图7-136 创建与调整混合曲面

下面使用NURBS曲线的"U向放样曲面""偏移曲面""混合曲面"功能创建无级变速吸尘器模型，效果如图7-137所示。

图7-137 无级变速吸尘器模型（1）

操作步骤

01 在左视图中创建"半径"为50的圆，在前视图中将该圆以"复制"方式向右克隆一个，修改其"半径"为40，并将其沿z轴旋转15°。将两个圆转换为NURBS曲线并附加，在这两个圆之间创建U向放样曲面，效果如图7-138所示。

02 激活"NURBS"工具箱中的"创建偏移曲面"按钮，在曲面上拖曳对曲面进行偏移，展开"偏移曲面"卷展栏，设置"偏移"为-30，创建偏移曲面，如图7-139所示。

 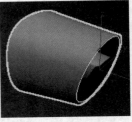

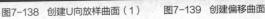

图7-138 创建U向放样曲面（1）　　　图7-139 创建偏移曲面

03 激活"NURBS"工具箱中的"创建混合曲面"■按钮，分别单击偏移的两个曲面，创建混合曲面。展开"混合曲面"卷展栏，根据具体情况选择相关选项并设置参数，使曲面效果如图7-140所示。

04 在修改器堆栈进入"曲线"层级，选择模型另一端的曲线，将其以"复制"方式分离为"曲线001"，进入其"曲线CV"层级，激活"CV"卷展栏中的 优化 按钮，切换到左视图，在曲线上单击以添加两个CV，如图7-141所示。

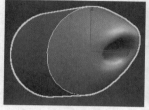 

图7-140 创建混合曲面（1）　　图7-141 克隆曲线并添加CV

05 选择顶端的3个CV，将其沿y轴向上移动少许距离；再切换到前视图，将其沿x轴向左移动少许距离，如图7-142所示。

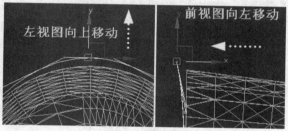

图7-142 移动CV

06 退出"曲线CV"层级，在前视图中将该曲线以"复制"方式沿x轴向左克隆两次，然后分别进入其"曲线CV"层级，选择所有CV，沿x轴缩放，使其在y轴对齐，效果如图7-143所示。

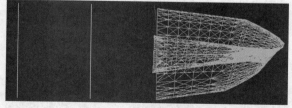

图7-143 克隆曲线并对齐CV

07 将最左边的曲线缩放至原大小的80%，将另一条曲线缩放至原大小的120%，然后将其与模型附加。使用模型边缘的曲线与调整后的曲线创建U向放样曲面，创建倾斜的曲面效果，再以调整后的曲线与克隆的两条曲线创建U向放样曲面，效果如图7-144所示。

 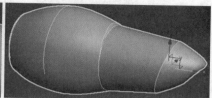

图7-144 创建U向放样曲面（2）

08 创建完成后发现倾斜曲面与右侧的曲面之间有裂缝。此时进入"曲线"层级，分别选择这两条曲线，在"曲线公用"卷展栏中单击 进行拟合 按钮，在打开的"创建点曲线"对话框中保持默认设置，直接确认，此时裂缝消失，如图7-145所示。

09 选择吸尘器前端倾斜的曲线，将其沿x轴向左移动，以缩短吸尘器吸嘴。进入"曲面"层级，选择吸嘴位置的"混合曲面"，展开"混合曲面"卷展栏，调整"张力1"和"张力2"的值，对吸嘴模型进行调整，效果如图7-146所示。

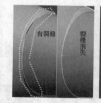 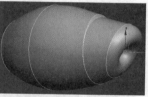

图7-145 拟合曲线　　　　图7-146 调整吸嘴长度

10 进入"曲线"层级，选择左侧的曲线，通过"缩放变换输入"对话框将其缩放至原大小的180%，将中间的曲线缩放至原大小的110%，完成吸尘器前端模型的创建，效果如图7-147所示。

图7-147 吸尘器前端模型

11 在前视图中沿吸尘器前端绘制一条曲线作为参考线，以确定吸尘器把手的形状，如图7-148所示。

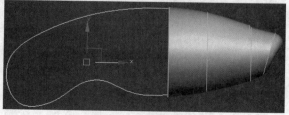

图7-148 绘制参考线

12 选择吸尘器模型左端的"曲线"，将其以"复制"方式分离为"曲线001"，进入其"曲线"层级，发现该曲线的首顶点位于一侧，如图7-149所示。

图7-149 曲线的首顶点

由于我们后期要在模型侧面开洞，而首顶点所在位置的模型不能进行修剪，因此我们需要设置首顶点的位置。

13 在"曲线公用"卷展栏中激活 设为首顶点 按钮，在曲线的下方单击，将首顶点设置在曲线的下方，如图7-150所示。

14 退出"曲线"层级，将该曲线以"复制"方式向左克隆5次，依次将其缩放至原大小的95%、70%、80%、60%和10%，并参照参考线对其进行排列和旋转，效果如图7-151所示。

15 切换到左视图，分别选择第3、4、5条曲线，打开"缩放变换输入"对话框，在"绝对：局部"选项的"X"数值框中修改参数为50，以调整曲线的宽度，效果如图7-152所示。

图7-150 设置首顶点　　图7-151 克隆并调整曲线　　图7-152 调整曲线的宽度

16 将参考线删除，将6条曲线附加，并创建U向放样曲面，创建出吸尘器把手模型，效果如图7-153所示。

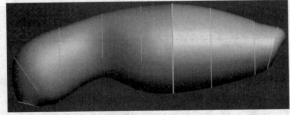

图7-153 创建吸尘器把手模型

17 激活"NURBS"工具箱中的"创建曲面上的CV曲线"按钮，在吸尘器把手位置绘制闭合的CV曲线，如图7-154所示。

18 将该曲线以"复制"方式分离为"曲线001"，以备后用。选择把手模型，激活"NURBS"工具箱中的"创建向量投影曲线"

按钮，将绘制的曲线拖到曲面上，以创建其投影曲线，然后在"向量投影曲线"卷展栏中勾选"修剪"复选框，在把手位置修剪一个洞，如图7-155所示。

19 选择分离出来的"曲线001"对象，在顶视图中将其沿y轴镜像到把手另一侧，之后将其与把手附加。切换到后视图，创建该曲线的向量投影线并修剪，在把手另一侧开洞，如图7-156所示。

图7-154 在曲面上　　图7-155 修剪曲面　　图7-156 在把手绘制曲线　　　　　　　　　　另一侧开洞

20 将该洞口边缘的曲线以"复制"方式分离，在顶视图中将其移动到把手的中间位置，然后进入"曲线CV"层级，沿y轴对CV缩放，使其在x轴对齐，如图7-157所示。

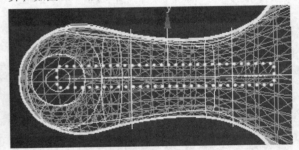

图7-157 对齐CV

21 退出"CV"层级，将该曲线与把手模型附加，激活"NURBS"工具箱中的"创建混合曲面"按钮，单击该曲线与洞口边缘的曲线，然后在"混合曲面"卷展栏中设置相关参数与选项，创建混合曲面，效果如图7-158所示。

22 激活"创建镜像曲面"按钮，单击混合曲面，将其镜像到把手的另一侧，并根据具体情况选择镜像轴，完成把手模型的创建，效果如图7-159所示。

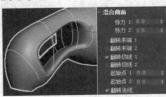

图7-158 创建混合曲面（2）　　图7-159 镜像混合曲面

23 切换到顶视图，依照第17步和第18步的操作在把手顶部曲面上创建一个圆形曲线并开洞，然后将洞口曲线分离并缩放至原大小的90%，将其向下稍微移动一段距离，最后附加并创建U向放样曲面，效果如图7-160所示。

24 再次将洞口曲线分离，并向上移动到合适位置，在洞口曲线与该曲线之间创建U向放样曲面与封口曲面，完成吸尘器开关按钮的创建，效果如图7-161所示。

图7-160 在把手顶面开洞　　图7-161 开关按钮

25 依照在把手上开洞的方法，在前视图中的把手前端的两边绘制曲线并修剪出两个出风口，如图7-162所示。

 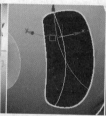 

图7-162 创建出风口

26 进入"曲线"层级，将其中一个出风口边缘的曲线分离复制为"曲线001""曲线002"，将"曲线001"缩放至原大小的90%，根据出风口厚度将其向外移动到合适位置；将"曲线002"缩放至原大小的85%，将其向外移动到"曲线001"的后面，效果如图7-163所示。

27 将两条曲线与模型附加，然后通过洞口边缘曲线与这两条曲线创建混合曲面，制作出风口外观模型，如图7-164所示。

28 在出风口位置创建一个封口曲面，将该曲面模型分离并移动到旁边位置，如图7-165所示。

图7-163 调整曲线　图7-164 创建出风　图7-165 创建封口曲面
　　　　　　　　　　口外观模型

29 在前视图中依照封口曲面模型大小创建一个平面对象作为出风口的滤网，设置足够多的分段数，然后将其转换为可编辑多边形对象，如图7-166所示。

30 进入"顶点"层级，选择除边缘顶点外的所有顶点，右击并选择"切角"命令，设置合适的参数并进行切角。进入"多边形"层级，选择切角形成的多边形并将其删除，这样，平面对象上就出现了多个小的孔洞，如图7-167所示。

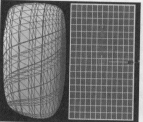 

图7-166 创建平面对象　　　图7-167 创建孔洞

31 在修改器列表中为平面对象添加"曲面变形"修改器，在"参数"卷展栏中激活 拾取曲面 按钮，单击封口曲面模型，然后设置相关参数，使平面对象完全覆盖封口曲面模型，完成出风口滤网模型的制作，效果如图7-168所示。

32 将滤网模型转换为可编辑多边形对象，为其添加"涡轮平滑"修改器，然后在视图中通过旋转、移动等操作，将滤网模型移动到出风口位置，效果如图7-169所示。

图7-168 制作滤网模型　　　图7-169 调整滤网模型的位置

33 依照前面的操作，将出风口外观模型以及滤网模型镜像到另一侧出风口位置，完成无级变速吸尘器模型的创建，效果如图7-170所示。

图7-170 无级变速吸尘器模型（2）

7.2.8 创建无线鼠标模型

"创建放样"与"转化曲面"有些相似，二者都可以在曲面的U方向和V方向上添加等参线，从而使曲面成为UV放样曲面，以便编辑曲面，等参线类似于平面对象的分段数。

使用"CV曲线"创建一个矩形，再通过"封口曲面"创建一个矩形曲面，下面将该曲面编辑为一个弧形曲面。在修改器堆栈进入"曲线CV"层级，发现只在曲面边缘出现CV，选择长度方向中间的CV，将其沿z轴向上调整使其弯曲，结果曲面边缘弯曲了，而曲面内部并没有变化，如图7-171所示。

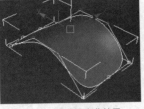

图7-171 曲面弯曲效果

撤销操作并进入"曲面"层级，单击曲面，在"曲面公用"卷展栏中单击 创建放样 按钮，打开"创建放样"对话框，在该对话框中可以设置U向、V向或者UV向的参数，使曲面增加CV，如图7-172所示。

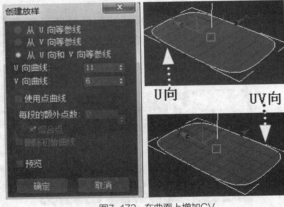

图7-172 在曲面上增加CV

确认后展开"UV放样曲面"卷展栏，在其中可以对U向曲线和V向曲线进行优化、移除、插入以及替换等操作，也可以对单个曲线进行编辑，如图7-173所示。

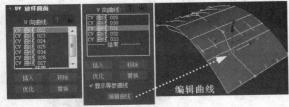

图7-173 编辑曲线

再次进入"曲线CV"层级，此时曲面上增加

了CV，选择中间位置的CV并将其沿z轴向上移动，此时曲面整体发生弯曲变形效果，如图7-174所示。

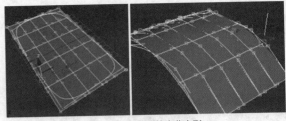

图7-174 曲面的弯曲变形

"软选择"功能通过一个CV影响与其相邻的CV来编辑曲面，与样条线和多边形中的"软选择"功能相同。

选择一个CV并将其沿z轴移动，发现只有该CV发生变化。在"软选择"卷展栏中勾选"软选择"和"影响相邻"复选框，并设置"衰减""收缩""膨胀"参数，再次移动该CV，发现其相邻的曲线也会受影响，随着"衰减"参数的增大，影响范围会更大，如图7-175所示。

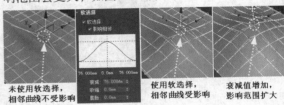

未使用软选择，相邻曲线不受影响　　使用软选择，相邻曲线受影响　　衰减值增加，影响范围扩大

图7-175 软选择

下面使用NURBS曲线的"U向放样曲面""创建放样""软选择"功能创建无线鼠标模型，效果如图7-176所示。

图7-176 无线鼠标模型（1）

操作步骤

01 在顶视图中创建"长度"为115、"宽度"为60的矩形作为参考图，依照矩形绘制闭合的CV，进入"曲线CV"层级，调整CV以创建出鼠标轮廓线，如图7-177所示。

02 在左视图中将该曲线以"复制"方式沿y轴向上克隆一次，通过"缩放变换输入"对话框将其缩放至原大小的102%。进入"曲线CV"层级，选择除两端CV外的所有CV，使其沿y轴向上移动，调整出鼠标侧面的圆弧曲线，效果如图7-178所示。

03 将两条曲线附加，在两条曲线之间创建U向放样曲面和封口曲面，创建出鼠标底部的基本模型，效果如图7-179所示。

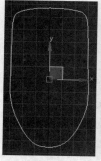

图7-177 创建鼠标轮
廓线 　　图7-178 调整鼠标轮廓线

图7-179 鼠标底部的基本模型

04 进入"曲线"层级，将顶部曲线以"复制"方式分离为"曲线001""曲线002"。将"曲线002"缩放至原大小的95%，将其稍微向上移动一段距离，并将其与"曲线001"附加，然后在这两条曲线之间创建U向放样曲面，效果如图7-180所示。

图7-180 创建U向放样曲面

05 将刚创建的曲面上方的曲线以"复制"方式分离为"曲线001"。切换到顶视图，进入"曲线"层级，在"曲线公用"卷展栏中激活 断开 按钮，在曲线两端的中间位置单击，使其成为两段曲线，如图7-181所示。

图7-181 断开曲线

06 退出"曲线"层级，在断开的两段曲线之间创建U向放样曲面，并在"U向放样曲面"卷展栏中勾选"自动对齐曲线起始点"复选框，创建出鼠标顶部的弧形曲面，效果如图7-182所示。

其实，鼠标顶部并不完全是这种弧形曲面，除了向两端呈弧形外，还向两侧呈弧形，下面我们继续制作这种弧形效果。

07 进入"曲面"层级，选择鼠标顶部的弧形曲面，在"曲面公用"卷展栏中单击 创建放样 按钮，打开"创建放样"对话框，设置"U向曲线"为15、

"V向曲线"为5，在曲面上增加CV，如图7-183所示。

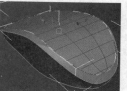

图7-182 顶部的弧形曲面 　　图7-183 增加CV

—— 注意 ——

设置U向和V向参数时，够用就好，这样便于后期对模型进行其他编辑。

08 关闭"创建放样"对话框，进入"曲线CV"层级，在顶视图中按住Ctrl键并选择中间曲线以及两侧曲线中间位置的CV，然后在"软选择"卷展栏中勾选"软选择"和"影响相邻"两个复选框，并设置"衰减"为15，在透视图中将选择的CV沿z轴向上移动，创建鼠标顶面模型背部隆起的弧面效果，如图7-184所示。

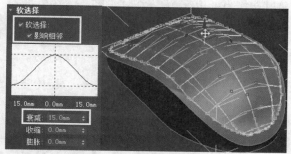

图7-184 软选择操作

—— 注意 ——

软选择操作完成后，可以取消"软选择"复选框的勾选，然后对个别CV进行调整，对鼠标顶面模型进行再次编辑，直到满意为止。

下面创建鼠标滑轮模型，使用NURBS曲线创建滑轮模型比较麻烦，下面我们通过编辑多边形来创建。

09 将鼠标顶面模型孤立，在顶视图中的鼠标前端位置创建4条垂直线和3条水平线，以确定鼠标滑轮大小以及左、右键之间的位置关系，如图7-185所示。

10 激活主工具栏中的 ❷ 按钮，在修改器列表中选择"编辑多边形"修改器，在"编辑几何体"卷展栏中激活 快速切片 按钮，捕捉直线段的端点，在鼠标模型上进行切片。按数字4键进入"多边形"

层级，选择切片形成的多边形，按Delete键将其删除，效果如图7-186所示。

11 按数字3键进入"边界"层级，按住Ctrl键的同时单击开口位置的边将其选择，右击并选择"创建图形"命令，在"创建图形"对话框中选择"线性"单选项，确认提取，将该边从模型中提取出来，如图7-187所示。

  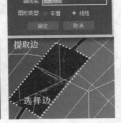

图7-185 绘制定位线　图7-186 切片并删除多边形　图7-187 提取边

12 选择提取的边，按数字1键进入"顶点"层级，将开口位置的两个顶点焊接，右击并选择"转换为">"转换为可编辑多边形"命令，将其转换为可编辑多边形对象，如图7-188所示。

图7-188 焊接顶点并转换为可编辑多边形对象

13 按数字4键进入"多边形"层级，选择多边形对象，右击并选择"插入"命令，设置"数量"为1，确认插入。右击并选择"挤出"命令，设置"高度"为-10，确认挤出，效果如图7-189所示。

图7-189 插入与挤出多边形

14 按数字3键进入"边界"层级，双击内部口沿处的边，右击并选择"切角"命令，设置"切角量"为0.01，确认切角。添加"壳"修改器，设置"外部量"为1，为其增加厚度。添加"涡轮平滑"修改器，设置"迭代次数"为2，对模型进行平滑处理，效果如图7-190所示。

图7-190 创建切角边、添加"壳"和"涡轮平滑"修改器

15 在左视图中创建"高度"为4、"半径"为5.5的圆柱体，将其移动到鼠标滑轮所在位置，然后将其转换为可编辑多边形对象。

16 按数字4键进入"多边形"层级，选择圆柱面上的多边形，右击并选择"插入"命令，设置"数量"为0.5并确认。右击并选择"挤出"命令，设置"高度"为1并确认，最后添加"涡轮平滑"修改器，设置"迭代次数"为2，对模型进行平滑处理，完成滑轮模型的创建，效果如图7-191所示。

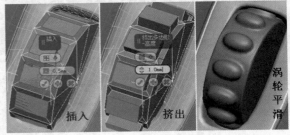

图7-191 插入、挤出多边形与添加"涡轮平滑"修改器

下面创建鼠标的指示灯。

17 切换到后视图，在鼠标底部的中间位置创建"半径"为1.5的圆，将其转换为NURBS曲线，并与模型附加，然后通过创建向量投影曲线的方式在该位置开一个洞，在洞口位置创建"半径"为1.4的球体作为指示灯，效果如图7-192所示。

图7-192 创建鼠标指示灯

18 至此，无线鼠标模型创建完毕，效果如图7-193所示。

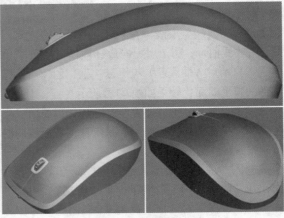

图7-193 无线鼠标模型（2）

第 **08** 章

放样建模

在3ds Max系统中，"放样"属于复合对象类型，"放样"建模是将一个或多个样条线对象（即截面）沿另一个样条线对象（即路径）挤出以生成三维模型。这类似于"扫描"修改器建模，区别在于"放样"建模在修改模型时更加方便。本章通过14个精彩案例，详细讲解"放样"建模的相关方法和技巧。

8.1 放样的一般流程和方法

　　放样时截面和路径对象可以是闭合的，也可以是非闭合的，路径对象的长度决定了放样对象的深度，截面对象用于定义放样对象的截面或横断面造型。

　　放样允许在"路径"的不同点上排列不同的"截面"，从而生成三维模型。因此，在放样对象中，"路径"只能有一个，而"截面"可以是一个，也可以是多个，这就使得放样分为"单截面"放样和"多截面"放样。如图8-1所示，图a是只有一个"截面"的放样效果，图b是有两个"截面"的放样效果。

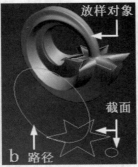

图8-1 放样效果比较

　　这一节介绍放样的一般流程和方法，为后续放样建模奠定基础。

8.1.1 单截面放样与多截面放样

　　单截面放样只需要一个"截面"和路径即可，类似于"倒角剖面"修改器建模和"扫描"修改器建模。单截面放样时，"截面"沿"路径"100%延伸，从而生成三维模型。

　　例如，创建一个星形作为"截面"，绘制一个圆弧作为"路径"。选择圆弧"路径"，在"几何体"下拉列表中选择"复合对象"选项，在"对象类型"卷展栏中激活 放样 按钮，在"创建方法"卷展栏中激活 获取图形 按钮，拾取星形"截面"，完成单截面放样操作，如图8-2所示。

图8-2 单截面放样

　　多截面放样是在"路径"的0~100位置上设置多个"截面"来创建三维模型。因此，多截面放样时需先激活 获取图形 按钮，然后在"路径"的不同位置获取"截面"。

　　例如，创建星形、圆和矩形作为"截面"，创建圆弧作为"路径"。选择圆弧，激活 放样 按钮，在"创建方法"卷展栏中激活 获取图形 按钮，拾取星形"截面"，创建出一个星形形状的模型，在"路径参数"卷展栏中设置"路径"为50，再次激活 获取图形 按钮并拾取圆，此时模型从路径50%的位置开始出现圆柱效果。使用相同的方法，设置"路径"为100，拾取矩形，此时模型一端出现长方体形状，如图8-3所示。

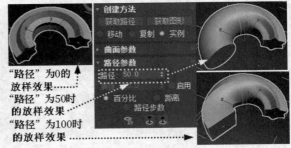

"路径"为0的
放样效果……
"路径"为50时
的放样效果……
"路径"为100时
的放样效果……

图8-3 多截面放样效果

　　另外，放样时可以在"创建方法"卷展栏中选择放样方式，如图8-4所示。

图8-4 "创建方法"卷展栏

　　如果选择"路径"，则激活 获取图形 按钮拾取"截面"，此时"截面"沿"路径"方向进行延伸，从而创建放样对象；如果选择"截面"，则激活 获取路径 按钮，拾取"路径"，则"截面"沿自身法线依"路径"进行延伸，从而创建放样对象。总体来说，放样时不管采用哪种方法，放样结果都是一样的，只是放样对象的方向会发生变化。

8.1.2 放样对象的修改

　　可以对放样对象进行修改，修改时既可以修改路径，也可以修改截面，都会影响放样对象本身。"创建方法"卷展栏中有"移动""复制"和"实例"3种方式，如果选择"移动"方式，则放样后，"路径"和"截面"都会被移除，这不利于对放样对象的编辑和修改；选择"实例"方式，修改"路径"和"截面"会影响放样对象，这有利于对放样对象进行编辑和修改。

例如，创建一个星形作为截面，采用"实例"方式将其沿圆弧进行放样以创建一个模型，如图8-5所示。选择星形截面并修改其"点"，此时会发现放样对象也发生了变化，如图8-6所示。

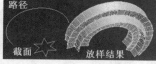

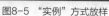

图8-5 "实例"方式放样　　图8-6 修改"截面"以影响放样对象

因此，在放样时尽量选择"实例"方式。放样结束后，"截面"和"路径"不能删除。另外，有时创建放样对象后会出现面翻转的情况，对象表面显示为黑色，可以在"蒙皮参数"卷展栏勾选或取消勾选"翻转法线"复选框以进行调整。如果放样对象的端面没有封口，则勾选"封口始端"和"封口末端"两个复选框，这样，放样对象的两端就会被封口，如图8-7所示。

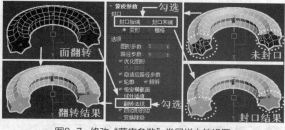

图8-7 修改"蒙皮参数"卷展栏中的设置

另外，调整"图形步数"可以增加或减少模型表面的分段，这对模型后期的二次编辑非常有用，图8-8所示为"图形步数"分别为0和6时的效果。

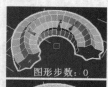

图8-8 设置"图形步数"

设置"路径步数"可以减少放样对象沿路径方向上的边，使其不平滑；或增加放样对象的边，使其更平滑，如图8-9所示。

图8-9 设置"路径步数"

8.2 单截面放样建模

前面我们讲过，单截面放样是指只有一个截面的放样建模。这一节我们通过"创建石膏线模型""创建相框模型""创建S形沙发模型"3个精彩案例，学习单截面时，非闭合路径、闭合路径以及曲线路径放样建模的方法和技巧。单截面放样建模案例效果如图8-10所示。

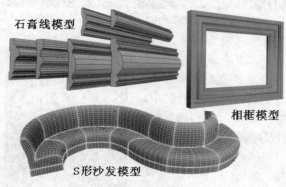

图8-10 单截面放样建模案例效果

8.2.1 创建石膏线模型

石膏线造型各异，用途广泛，是3ds Max室内设计中常见的装饰，常用于吊顶、电视墙、墙面等。在前面的章节中我们已经采用"挤出"修改器和"倒角剖面"修改器创建了石膏线模型，这一节我们使用单截面放样建模方法来创建石膏线模型，看看这几种方法在创建石膏线模型时有什么区别。石膏线模型效果如图8-11所示。

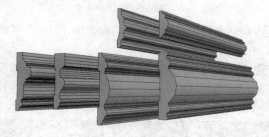

图8-11 石膏线模型

操作步骤

01 在前视图中根据石膏线截面的形态创建大小合适的矩形，将矩形转换为可编辑样条线对象。进入"线段"层级，使用"拆分"命令将线段拆分以添加点，或者进入"顶点"层级，使用"优化"命令在线段上添加顶点，最后通过顶点调整线段，将矩形创建为石膏线的截面图形，如图8-12所示。

02 在顶视图中根据石膏线在室内的用途、形态等，创建直线段或者拆分线段作为石膏线模型的放样路径，如图8-13所示。

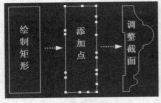

图8-12 创建截面图形

图8-13 创建路径

03 选择截面图形，在"几何体"○下拉列表中选择"复合对象"选项，在"对象类型"卷展栏中激活 放样 按钮，在"创建方法"卷展栏中选择"实例"单选项，激活 获取路径 按钮，拾取路径，创建结构向外的放样对象，如图8-14所示。

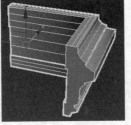

图8-14 放样结果

04 选择截面图形，进入"样条线"层级，在"几何体"卷展栏中对其进行水平镜像，此时放样对象的结构向内，效果如图8-15所示。

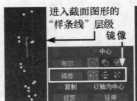

图8-15 调整截面图形以影响放样对象

05 对截面图形进行垂直、对称镜像，以创建其他结构的放样对象。

06 选择路径，进入"顶点"层级，调整顶点以改变路径形态，从而影响放样对象的形态，如图8-16所示。

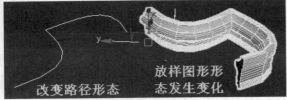

图8-16 调整路径以改变放样图形的形态

07 根据石膏线的其他结构，绘制截面图形和路径进行放样，创建出其他不同结构的石膏线模型。

8.2.2 创建相框模型

相框模型的创建方法与石膏线模型的创建方法基本相同，只是创建相框模型时使用的是闭合的路径。这一节我们通过创建相框模型，学习使用闭合路径创建放样模型的方法，以及在模型出现偏差时调整截面和路径的方法和技巧。相框模型效果如图8-17所示。

图8-17 相框模型

操作步骤

01 在顶视图中创建一个矩形，将其转换为可编辑样条线对象，使用"优化"命令在各边添加点，以调整线的形态，调整出相框的截面图形，然后在前视图中根据相框大小绘制矩形作为路径，如图8-18所示。

图8-18 创建截面图形和路径

02 选择截面图形，在"几何体"○下拉列表中选择"复合对象"选项，在"对象类型"卷展栏中激活 放样 按钮，在"创建方法"卷展栏中选择"实例"单选项，激活 获取路径 按钮，拾取路径，创建出了一个很奇怪的模型，如图8-19所示。

这是截面图形太大，而路径图形太小导致的。另外，截面图形的结构位于相框的侧面也是原因之一。下面我们调整截面图形的大小和方向。

03 选择截面图形并进入其"样条线"层级，在顶视图中将其沿xy平面缩小，在前视图中将截面图形沿y轴旋转90°，使其结构位于相框的正面，效果如图8-20所示。

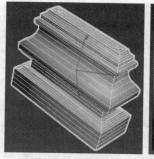

图8-19 放样结果　　　　图8-20 调整截面图形

04 调整路径的大小，即可改变相框的大小，例如增大路径的宽度，使相框变宽，效果如图8-21所示。

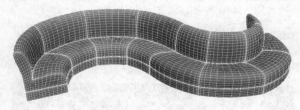

图8-21 调整相框宽度

8.2.3 创建S形沙发模型

这一节通过放样建模来创建一个S形沙发模型，学习曲线路径建模的思路和方法。S形沙发模型效果如图8-22所示。

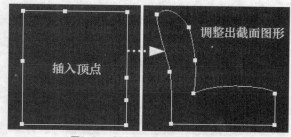

图8-22 S形沙发模型（1）

操作步骤

01 在前视图中创建"长度"为850、"宽度"为750的矩形，将其转换为可编辑样条线对象，进入"顶点"层级，使用"优化"命令在矩形的边上插入顶点并调整，创建出沙发的截面图形，如图8-23所示。

图8-23 创建矩形并调整出截面图形

02 切换到顶视图，绘制"半径"为750的圆，将其转换为可编辑样条线对象，进入"线段"层级，选择下方的圆弧并将其分离，然后将分离出的圆弧沿x轴向右移动，使其与另一半圆弧首尾相连，创建S形路径，如图8-24所示。

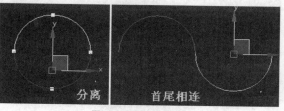

图8-24 创建S形路径

03 将两个圆弧附加，进入"顶点"层级，选择首尾相连位置的顶点并进行焊接，完成S形路径的创建。

04 切换到透视图，选择沙发截面图形，在"几何体"下拉列表中选择"复合对象"选项，在"对象类型"卷展栏中激活 放样 按钮，在"创建方法"卷展栏中选择"实例"单选项，激活 获取路径 按钮，拾取S形路径，创建出S形沙发的基本模型，如图8-25所示。

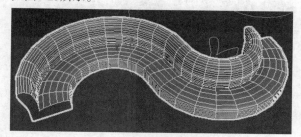

图8-25 S形沙发的基本模型

05 展开"蒙皮参数"卷展栏，设置"图形步数"为1、"路径步数"为3，对模型进行优化处理，效果如图8-26所示。

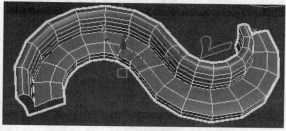

图8-26 优化模型

06 在修改器列表中选择"编辑多边形"修改器，按数字2键进入"边"层级，按住Ctrl键的同时双击沙发靠背上的两条边和沙发下方的一条边，按住Ctrl键的同时单击"编辑边"卷展栏中的 移除 按钮将其移除，如图8-27所示。

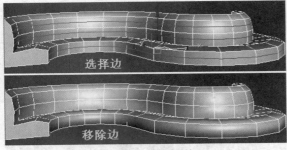

图8-27 连接并移除边

07 选择沙发底部的一条边，单击"选择"卷展栏中的 环形 按钮选择循环边，右击并选择"连接"命令，设置"分段"为1，确认连接循环边以创建多条边，如图8-28所示。

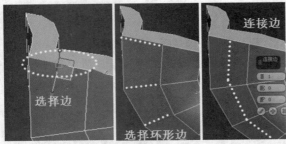

图8-28 选择并连接边

08 进入"顶点"层级，选择沙发一端的两个顶点，在"编辑顶点"卷展栏中单击 连接 按钮，连接两个顶点，如图8-29所示。

09 进入"边"层级，按住Ctrl键的同时双击沙发两端的一圈边和底部的两条边，右击并选择"切角"命令，设置"切角量"为3，确认切角，如图8-30所示。

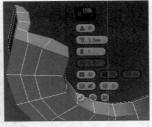

图8-29 连接顶点　　　　图8-30 切角边

10 按住Ctrl键的同时间隔选择沙发面和靠背上的边，右击并选择"挤出"命令，设置"高度"为-15、"宽度"为1.5，确认挤出，如图8-31所示。

11 双击沙发面和靠背相交的边，再次执行"挤出"命令，设置"高度"为-15、"宽度"为1.5，确认挤出，如图8-32所示。

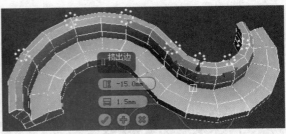

图8-31 间隔选择并挤出边

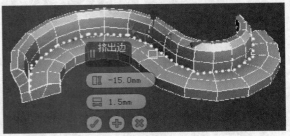

图8-32 挤出边（1）

12 按数字4键进入"多边形"层级，选择沙发底部的多边形，右击并选择"挤出"命令，设置"高度"为200，确认将沙发底部再挤出一层，如图8-33所示。

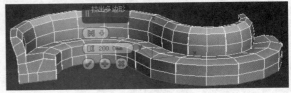

图8-33 挤出沙发底面

13 进入"边"层级，双击挤出生成的边，再次执行"挤出"命令，设置"高度"为-15、"宽度"为1.5，确认挤出，如图8-34所示。

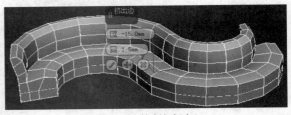

图8-34 挤出边（2）

14 退出"多边形"层级，添加"涡轮平滑"修改器，设置"迭代次数"为2，对模型进行平滑处理，完成S形沙发模型的创建，效果如图8-35所示。

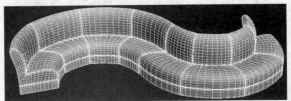

图8-35 S形沙发模型（2）

8.3 多截面放样建模

单截面放样建模只能创建一些结构比较简单的模型，如果要创建结构比较复杂的模型，我们可以使用多截面放样建模来实现。在进行多截面放样建模时，我们可以根据模型结构，在路径的不同位置设置不同的截面，从而实现模型在路径上的形状变化。这一节我们通过"创建欧式柱子模型""创建圆形桌布模型""创建搭在方桌上的桌布模型"3个精彩案例，学习多截面放样建模的方法和技巧。多截面放样建模案例效果如图8-36所示。

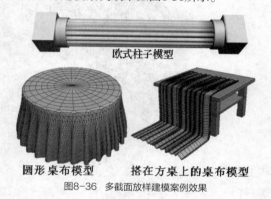

欧式柱子模型

圆形桌布模型　　搭在方桌上的桌布模型

图8-36 多截面放样建模案例效果

8.3.1 创建欧式柱子模型

在一些欧式风格的建筑设计中，欧式柱子比较常见，现在的家庭装修中常常也会出现一些欧式风格的元素，欧式柱子便是其中之一。这一节我们就通过创建欧式柱子模型，学习多截面放样建模的方法和技巧。欧式柱子模型效果如图8-37所示。

图8-37 欧式柱子模型

操作步骤

01 在顶视图中创建"半径"为150的圆，"长度""宽度"均为300的矩形和"半径1"为150、"半径2"为120、"点"为15、"圆角半径1"为25的星形作为截面图形，如图8-38所示，在前视图中绘制"长度"为2000、"宽度"为任意尺寸的矩形作为参照图形，绘制长度为2000的直线段。

02 选择直线段，执行"放样"命令，激活 获取图形 按钮，拾取矩形进行放样，创建长方体对象，如图8-39所示。

图8-38 截面图形 　　　　图8-39 放样矩形

03 在"路径参数"卷展栏中设置"路径"为10，激活 获取图形 按钮，拾取矩形进行放样，在路径为10%的位置再次创建长方体，如图8-40所示。

再次放样

图8-40 再次放样矩形

04 在"路径参数"卷展栏中设置"路径"为10.01，激活 获取图形 按钮，拾取圆进行放样，在该位置创建圆柱体，如图8-41所示。

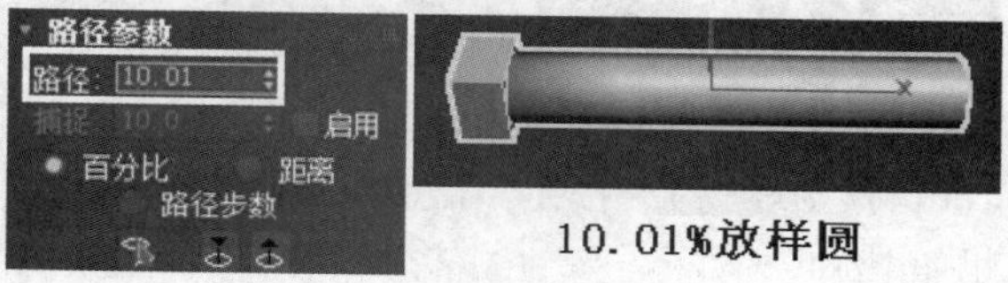

10.01%放样圆

图8-41 放样圆

05 使用相同的方法，在"路径"为15.01时拾取圆进行放样；在"路径"为15.02时拾取星形进行放样；在"路径"为84.98时拾取星形进行放样；在"路径"为84.99时拾取圆进行放样；在"路径"为89.99时拾取圆进行放样；在"路径"为90时拾取矩形进行放样，这样就完成了欧式柱模型的创建，创建流程如图8-42所示。

图8-42 创建欧式柱子的流程

8.3.2 创建圆形桌布模型

桌布模型看似简单，但是其结构却很复杂，创建一个逼真的桌布模型并不容易。这一节我们就通过创建一个圆形桌布模型，学习多截面放样建模的方法和新思路。圆形桌布模型效果如图8-43所示。

图8-43 圆形桌布模型

操作步骤

01 在顶视图中创建"半径"为600的圆和"半径1"为750、"半径2"为650、"点"为30、"扭曲"为2.5、"圆角半径1"为50、"圆角半径2"为35的星形作为截面图形，如图8-44所示，在前视图中绘制"长度"为600的直线段作为路径。

02 选择直线段，执行"放样"命令，激活 获取图形 按钮，拾取圆进行放样，创建圆柱体对象，如图8-45所示。

 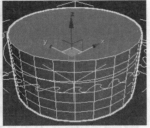

图8-44 绘制圆和星形　　图8-45 创建圆柱体对象

03 在"路径参数"卷展栏中设置"路径"为100，激活 获取图形 按钮，拾取星形进行放样，效果如图8-46所示。

 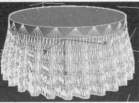

图8-46 放样星形

04 在"蒙皮参数"卷展栏中取消"封口末端"复选框的勾选，使其末端不封口。在修改器列表中选择"编辑多边形"修改器，按数字2键进入"边"层级，在前视图中以"窗口"选择方式选择顶面的圆形边，右击并选择"切角"命令，设置"切角量"为15，确认切角，如图8-47所示。

05 按数字4键进入"多边形"层级，选择顶面的圆形多边形，右击并选择"插入"命令，设置"数量"为70，单击5次 按钮进行多次插入，确认插入，如图8-48所示。

图8-47 切角边　　图8-48 插入多边形

06 在修改器列表中选择"网格平滑"修改器，设置"迭代次数"为2，对模型进行平滑处理，完成圆形桌布模型的创建。

8.3.3 创建搭在方桌上的桌布模型

多截面放样时，截面可以是闭合图形，也可以是非闭合图形，还可以是同一个图形的不同形态。这一节我们通过创建一个搭在方桌上的桌布模型，学习多截面放样建模的一种新思路。搭在方桌上的桌布模型效果如图8-49所示。

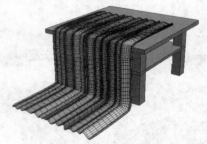

图8-49 搭在方桌上的桌布模型（1）

操作步骤

01 打开"实例线架\第2章\长方体建模1——创建小方桌与坐垫模型.max"文件。

02 在顶视图中的桌面位置绘制一条水平线段作为截面，通过"优化"或"拆分"命令在线段上添加多个顶点，将水平线段调整为曲线。将该曲线以"复制"方式克隆两次，调整各曲线的形态，使其各不相同，如图8-50所示。

03 在前视图中的方桌位置沿水平面和垂直面绘制一个折线作为路径，如图8-51所示。

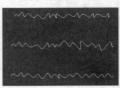 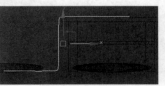

图8-50 绘制并克隆曲线　　图8-51 绘制折线

04 选择折线路径，执行"放样"命令，激活 获取图形 按钮，拾取第一条曲线进行放样。此时我们发现，放样对象并没有平铺在桌面上，效果如图8-52所示。

05 在修改器堆栈中展开"Loft"层级，进入"图形"层级，在放样对象的一端单击，选择截面图形，如图8-53所示。

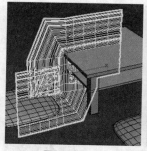

选择截面图形

图8-52 放样　　　　　　图8-53 选择截面图形

06 在主工具栏中激活"角度捕捉切换" 按钮，并设置角度捕捉为90°。在透视图中将截面图形沿y轴旋转90°，此时桌布平铺在桌面上了，如图8-54所示。

07 回到"Loft"层级，在"路径参数"卷展栏中修改"路径"为50，激活 获取图形 按钮，拾取第二条曲线进行放样，此时对象出现扭曲效果，如图8-55所示。

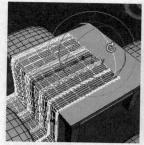

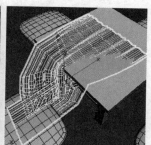

图8-54 旋转截面图形　　　图8-55 对象出现扭曲效果

这是因为第二个截面与第一个截面一样，其角度不对，这里可以采用调整第一个截面的方法，将第二个截面沿y轴旋转90°。

08 回到"Loft"层级，在"路径参数"卷展栏中修改"路径"为100，激活 获取图形 按钮，拾取第三条曲线进行放样。如果模型出现扭曲，则可以对第三个截面进行旋转。

09 在修改器列表中选择"壳"修改器，设置"内部量""外部量"均为2，增加桌布的厚度。最后选择"涡轮平滑"修改器，设置"迭代次数"为2，对模型进行平滑处理，完成桌布模型的创建，如图8-56所示。

图8-56 搭在方桌上的桌布模型（2）

8.4 "缩放"变形建模

放样建模时可以通过对放样模型进行缩放变形，从而使模型更完善。这样大大拓展了放样建模的应用场景，使创建的模型更完美。这一节我们将通过"创建电水壶模型""完善欧式柱子模型""创建窗帘模型""创建冰激凌模型"4个精彩案例，学习放样建模中的"缩放"变形建模功能的使用方法和技巧。"缩放"变形建模案例效果如图8-57所示。

电水壶模型　　窗帘模型　　冰激凌模型

完善欧式柱子模型

图8-57 "缩放"变形建模案例效果

8.4.1 创建电水壶模型

不管是单截面放样创建的模型还是多截面放样创建的模型，用户都可以通过"变形"对其进行编辑，从而创建出更为复杂的模型。例如，绘制圆作为截面，绘制直线段作为路径，通过放样创建一个圆柱体对象，如图8-58所示。

图8-58 创建圆柱体对象

展开"变形"卷展栏，单击 缩放 按钮，打开"缩放变形"对话框。在该对话框中，水平红线代表放样对象的轮廓线，竖线表示不同路径步数下各截面放样的效果。

激活"均衡" 按钮，锁定x轴和y轴；激活"插入角点" 按钮，在红色水平线上单击以添加两个点；激活"移动控制点" 按钮，选择一个点，在下方的两个数值框中分别输入10和50以设置点的位置，右击并选择"Bezier-角点"命令，拖曳控制柄以调整曲线，此时放样对象的形态发生了变化，如图8-59所示。

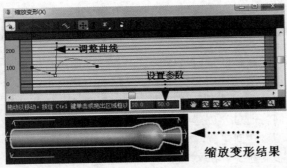

图8-59 缩放变形

重新以圆和星形作为截面,创建一个放样对象。打开"扭曲变形"对话框,激活"插入角点"按钮,在红色水平线上单击以添加点;激活"移动控制点"按钮,调整任意一个端点,则放样对象在添加的点与端点之间进行扭曲,效果如图8-60所示。

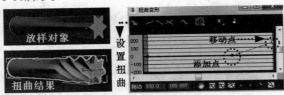

图8-60 扭曲变形

下面我们使用放样建模中的"缩放"变形功能创建电水壶模型,效果如图8-61所示。

图8-61 电水壶模型(1)

操作步骤

01 在顶视图中绘制"半径"为65的圆作为截面,在前视图中绘制长度为200的直线段作为路径,通过放样创建一个圆柱体模型。

02 打开"缩放变形"对话框,在红色水平线上由左向右添加13个点,此时红色水平线上一共有15个点。下面调整这15个点。

03 调整从左往右第1个点的位置为(0,5)、第2点的位置为(7,15)、第3点的位置为(9,5)、第4点的位置为(10.5,5)、第5点的位置为(13.5,46)、第6点的位置为(18.5,77)、第7点的位置为(18.5,85)、第8点的位置为(18.9,

85)、第9点的位置为(19,77)、第10点的位置为(19,85)、第11点的位置为(19.3,85)、第12点的位置为(19.4,77)、第13点的位置为(98.5,140)、第14点的位置为(96,150)、第15点的位置为(100,138),然后设置各点为"Bezier-平滑"类型,调整曲线,创建出电水壶的基本模型,如图8-62所示。

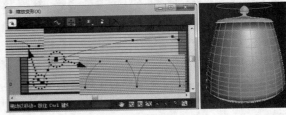

图8-62 电水壶的基本模型

04 在修改器列表中选择"编辑多边形"修改器,按数字4键进入"多边形"层级,在"选择"卷展栏中勾选"忽略背面"复选框,按住Ctrl键的同时选择水壶靠上2/3位置的4个多边形,右击并选择"塌陷"命令,将其塌陷为一个点,如图8-63所示。

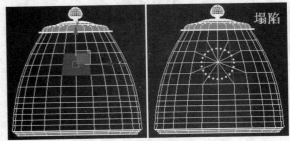

图8-63 塌陷多边形

05 按数字1键进入"顶点"层级,右击并选择"切角"命令,设置"切角量"为25,确认切角,如图8-64所示。

06 切换到左视图,在水壶右侧的切角位置根据壶嘴的形态绘制样条线,调整样条线的形态,以此作为壶嘴的路径,如图8-65所示。

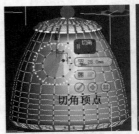

图8-64 切角顶点

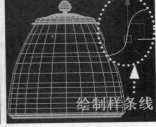

图8-65 绘制样条线

07 选择电水壶模型,按数字4键进入"多边形"层级,选择切角顶点形成的多边形,右击并选择

"沿样条线挤出"命令，激活"拾取样条线" 按钮，拾取绘制的样条线，设置"分段"为8、"锥化曲线"为-1.3、"锥化量"为-0.85，其他设置保持默认，挤出壶嘴模型，效果如图8-66所示。

08 右击并选择"旋转"命令，在左视图中壶嘴一端的多边形沿z轴进行小角度旋转，然后按Delete键将其删除，完成壶嘴模型的制作，效果如图8-67所示。

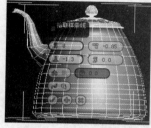

图8-66 挤出壶嘴模型　　图8-67 旋转壶嘴处的多边形

09 选择壶嘴另一边的多边形，右击并选择"挤出"命令，选择"组"方式，设置"高度"为2，确认挤出，如图8-68所示。

10 在左视图中的电水壶左边位置根据电水壶把手形态绘制样条线，调整样条线的形态，以此作为电水壶把手的路径，如图8-69所示。

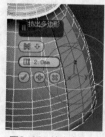

图8-68 挤出多边形　　图8-69 绘制把手路径

11 选择电水壶模型，进入"多边形"层级，选择第09步挤出的多边形上方的两个多边形，右击并选择"沿样条线挤出"命令，拾取把手路径，设置"分段"为8，其他参数设置为0，挤出电水壶把手模型，效果如图8-70所示。

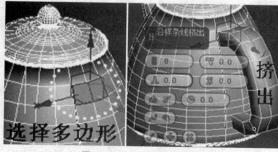

图8-70 挤出电水壶把手模型

12 按Delete键将把手一端的多边形删除，进入"边"层级，选择把手一端对应的多边形上的6条水平边，右击并选择"连接"命令，设置"分段"为1，确认连接，如图8-71所示。

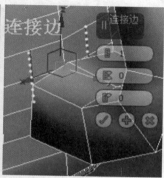

图8-71 选择并连接边

13 进入"多边形"层级，选择连接边生成的多边形，按Delete键将其删除。按数字1键进入"顶点"层级，右击并选择"目标焊接"命令，拖曳各顶点到把手一端对应的顶点上进行焊接，效果如图8-72所示。

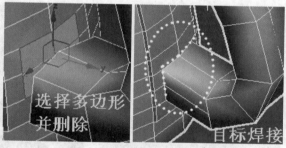

图8-72 删除多边形并焊接顶点

14 进入"边"层级，选择壶嘴底部、把手底部以及壶盖底部的边，右击并选择"切角"命令，设置"切角量"为0.25，确认切角。最后选择"网格平滑"修改器，设置"迭代次数"为2，对模型进行平滑处理，完成电水壶模型的创建，效果如图8-73所示。

图8-73 电水壶模型（2）

8.4.2 完善欧式柱子模型

在8.3.1节我们通过放样创建了一个欧式柱子模型，但该模型并不完美。这一节我们通过放样建模中的"缩放"变形功能对该欧式柱子模型进行完善，使其更完美。完善后的欧式柱子模型效果如图8-74所示。

图8-74 完善后的欧式柱子模型

操作步骤

01 打开"实例线架\第8章\8.3多截面放样建模\创建欧式柱子模型.max"文件。

02 选择欧式柱子模型，进入修改面板，在"变形"卷展栏中，单击 缩放 按钮，打开"缩放变形"对话框，分别在对象两端的矩形放样效果位置和圆放样效果位置添加4个点。

03 选择左端第2个点和右端第9个点，分别设置其位置为（5，150）、（95，150），设置左端点的类型为"Bezier-平滑"、右端点的类型为"Bezier-角点"，然后调整曲线形态，对欧式柱子模型两端的长方体模型进行缩放变形，效果如图8-75所示。

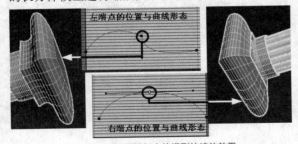

图8-75 两端长方体模型的缩放效果

04 选择左端第4个点和右端第7个点，分别设置其位置为（12.5，130）、（88.5，130），设置左端点的类型为"Bezier-平滑"、右端点的类型为"Bezier-角点"，然后调整曲线形态，对欧式柱子模型两端的圆柱体模型进行缩放变形，效果如图8-76所示。

05 关闭"缩放变形"对话框，在"变形"卷展栏中单击 扭曲 按钮，打开"扭曲变形"对话框，在红色水平线上添加一个点，在下方左边数值框中

输入15.02；添加另一个点，在下方左边数值框中输入84.98；然后选择右侧两个点，在下方右侧数值框中输入180，使其沿y轴进行扭曲，完成对欧式柱子模型的完善，如图8-77所示。

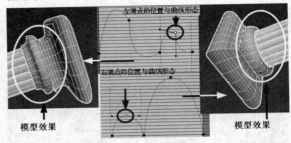

图8-76 两端圆柱形模型的缩放效果

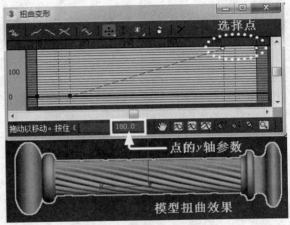

图8-77 中间星形模型的扭曲效果

8.4.3 创建窗帘模型

窗帘模型看似简单，但其褶皱以及飘逸的效果很难表现。这一节通过放样建模中的"缩放"和"扭曲"变形两个功能创建窗帘模型，学习放样建模中"扭曲"变形功能的用法。窗帘模型效果如图8-78所示。

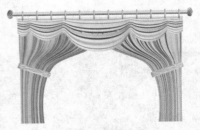

图8-78 窗帘模型

操作步骤

01 在顶视图中绘制"长度"为10、"宽度"为1000的矩形，将其转换为可编辑样条线对象，进入

"线段"层级，删除一条水平边和两条垂直边。

02 选择未删除的水平边，按数字2键进入"线段"层级，将该线段拆分为21段。按数字1键进入"顶点"层级，框选所有顶点，右击并选择"Bezier"命令，将所有点转换为"Bezier"类型，在"选择"卷展栏中勾选"锁定控制柄"复选框，沿xy平面拖曳控制柄以调整线段的形态，如图8-79所示。

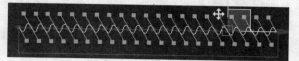

图8-79 调整线段的形态

03 分别选择各顶点，拖曳控制柄对其进行调整，使曲线的形态更自然、富有变化，这样窗帘模型的效果会更自然，效果如图8-80所示。

图8-80 调整曲线的形态

04 在前视图中绘制长度为180的垂直线段作为路径。进入创建面板，在"几何体"列表中选择"复合对象"选项，在"对象类型"卷展栏中激活 **放样** 按钮，在"创建方法"卷展栏中激活 **获取图形** 按钮，在顶视图中单击曲线进行放样，完成窗帘基本模型的创建，结果如图8-81所示。

图8-81 窗帘的基本模型

— **注意** —

放样后我们发现，在透视图中对象背面显示为黑色，这是因为截面图形为非闭合图形，因此放样产生的是单面对象，对象背面的黑色用于表示透明效果。有两个方法可以解决，一个方法是在"蒙皮参数"卷展栏中勾选"翻转法线"复选框；另一个方法是为对象指定双面材质。在此我们选择在"蒙皮参数"卷展栏中勾选"翻转法线"复选框。

05 在"变形"卷展栏中单击 **缩放** 按钮打开"缩放变形"对话框，激活"插入角点" **#** 按钮，在红色水平线上单击以插入一个点。

06 选择插入的点，右击并选择"Bezier-平滑"命令，将该点转换为"Bezier-平滑"类型，然后调整控制柄，对窗帘基本模型进行缩放调整，并将左端的点向上调整、右端的点向下调整，使窗帘的上端

向外扩展、下端向内收缩，效果如图8-82所示。

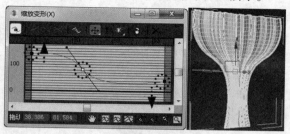

图8-82 缩放变形窗帘的基本模型

提示

调整控制柄时，用户可以一边调整一边在视图中观察模型的变化情况，这样有利于模型的调整。

07 调整完成后关闭对话框，在修改器堆栈中展开"Loft"层级，进入"图形"层级，在视图中单击截面图形，在前视图中将其沿x轴移动，使窗帘向一侧收缩，效果如图8-83所示。

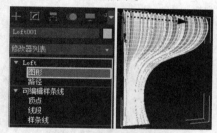

图8-83 窗帘向一侧收缩

08 回到"Loft"层级，在修改器列表中选择"涡轮平滑"修改器，参数保持默认，对窗帘进行平滑处理。

09 在顶视图中的窗帘位置绘制椭圆形闭合图形作为窗帘的绑带，为其添加"挤出"修改器，设置"数量"为90、"分段"为1，并取消"封口始端"和"封口末端"两个复选框的勾选，然后在前视图中将其移动到窗帘合适的位置，并沿y轴旋转，使其稍微倾斜一定的角度，效果如图8-84所示。

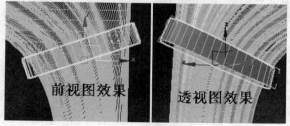

图8-84 窗帘绑带效果

10 将绑带模型转换为可编辑多边形对象，按数字2键进入"边"层级，选择挤出时设置的3条分段

边，右击并选择"挤出"命令，设置"高度"为-2、"宽度"为5，确认挤出，如图8-85所示。

11 退出"边"层级，添加"噪波"修改器，设置"比例"为3、"强度"的"X"为40、"Y"为50，其他设置保持默认。添加"涡轮平滑"修改器，设置"迭代次数"为2，对模型进行平滑，完成绑带模型的创建，效果如图8-86所示。

图8-85 挤出边　　　　图8-86 绑带模型

12 将窗帘与绑带模型成组，在前视图中将其以"实例"方式沿x轴镜像克隆到另一侧，完成窗帘模型的制作，效果如图8-87所示。

图8-87 镜像克隆

下面制作窗幔模型。

13 依照前面的操作，在左视图中绘制曲线作为截面，在前视图中依照窗帘的宽度绘制水平直线段作为路径，通过放样创建窗幔模型，如图8-88所示。

图8-88 创建窗幔模型

14 选择窗幔模型，进入修改面板，在"变形"卷展栏中单击 缩放 按钮，打开"缩放变形"对话框，激活"插入角点" ✳ 按钮，在红色水平线上单击以插入角点，然后调整控制柄对曲线进行调整，如图8-89所示。

15 关闭对话框，在修改器堆栈展开"Loft"层级，进入"图形"层级，在窗幔模型上单击截面图形，然后在前视图中将其沿y轴向上调整，以调整模型效果，将其移动到窗帘上方，如图8-90所示。

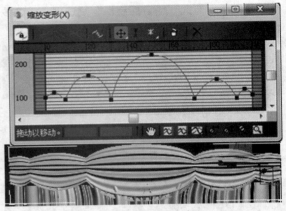

图8-89 缩放变形（1）

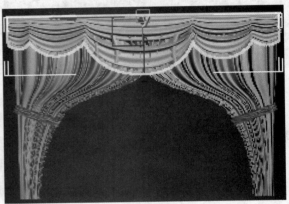

图8-90 调整截面图形

16 在左视图中绘制"半径"为30的圆和"半径1"为60、"半径2"为40、"点"为8的星形作为截面，在前视图中绘制长度为300的直线段作为路径。

17 在"路径"为0和70时以圆为截面进行放样，在"路径"为70.1时以星形为截面进行放样，创建窗帘撑杆模型，如图8-91所示。

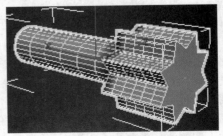

图8-91 创建撑杆模型

18 打开"缩放变形"对话框,在"路径"为70的位置和其右侧添加两个角点,然后将第2个角点向上移动并调整曲线,将最右侧角点向下移动,效果如图8-92所示。

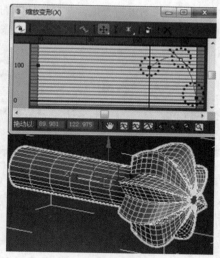

图8-92 缩放变形(2)

19 打开"扭曲变形"对话框,在"路径"为70的位置添加一个角点,然后将右侧角点向下移动,效果如图8-93所示。

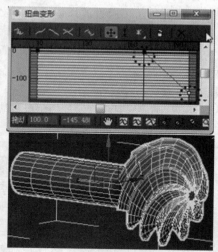

图8-93 扭曲变形

20 将撑杆模型镜像克隆到另一边,然后在窗帘上方创建圆环作为窗帘拉环,这样就完成了窗帘模型的制作。这些操作比较简单,在此不赘述,读者可以自行操作,完成后的窗帘模型效果如图8-94所示。

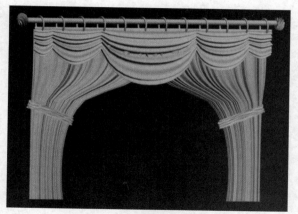

图8-94 窗帘模型的最终效果

8.4.4 创建冰激凌模型

在放样建模时,搭配使用"扭曲"变形与"缩放"变形功能,可以创建一些传统建模方法无法实现的造型奇特的模型。这一节我们通过放样建模中的"缩放"和"扭曲"变形功能创建一个冰激凌模型,学习"缩放"与"扭曲"变形功能的使用方法和技巧。冰激凌模型效果如图8-95所示。

图8-95 冰激凌模型

操作步骤

01 在顶视图中绘制"半径"为20和40的圆以及"半径1"为40、"半径2"为30、"点"为8、"圆角半径1"为10的星形作为截面,在前视图中绘制长度为200的直线段作为路径。

02 选择直线段路径,执行"放样"命令,在"路径"为0时以半径为20的圆为截面进行放样;在"路径"为50时以半径为40的圆为截面进行放样;在"路径"为50.1时以星形为截面进行放样,效果如图8-96所示。

03 选择放样对象,在"变形"卷展栏中单击 缩放 按钮打开"缩放变形"对话框,选择最左侧的角点,在下方状态栏设置"Y"为35,然后激活"插入角点"按钮，在"路径"为50的竖线的左边位置单击以添加3个角点，设置各角点在x方向和y方向的值，设置角点的类型为"Bezier-平滑"，通过控制柄对曲线进行调整，调整出冰激凌筒的边缘，效果如图8-97所示。

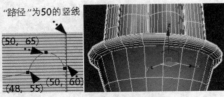

图8-96 放样　　　　图8-97 冰激凌筒边缘

04 设置最右侧的角点在x方向和y方向的值为100和1，然后在"路径"为50的竖线右边位置添加一个角点，设置其在x方向和y方向的值为60和88，设置角点的类型为"Bezier-平滑"，调整曲线使冰激凌顶部呈现圆锥效果，如图8-98所示。

图8-98 缩放变形效果

05 打开"扭曲变形"对话框，激活"插入角点"按钮，在"路径"为50.01的线的左边位置单击以添加一个点，然后设置最右侧的角点在y方向的值为-150，对冰激凌进行扭曲变形，完成冰激凌模型的创建，效果如图8-99所示。

图8-99 扭曲变形效果

8.5 "倾斜"与"倒角"变形建模

"倾斜"与"倒角"变形也是用于对放样模型进行调整的功能，可以使放样模型沿不同轴倾

斜，并形成一种倒角效果，从而丰富放样模型的效果。这一节我们将通过"创建免清洗抽油烟机模型""创建洗衣液包装瓶模型""创建贝壳台灯模型""创建独木舟模型"4个精彩案例，学习放样建模中"倾斜""倒角""拟合"变形功能的使用方法和技巧。"倾斜"与"倒角"变形建模案例效果如图8-100所示。

免清洗抽油烟机模型　　洗衣液包装瓶模型　　贝壳台灯模型

独木舟模型

图8-100 "倾斜"与"倒角"变形建模案例效果

8.5.1 创建免清洗抽油烟机模型

利用"倾斜"与"倒角"变形功能可以使放样对象出现倾斜和倒角效果。例如以直线段作为路径，以矩形作为截面，通过放样创建一个放样对象。打开"倾斜变形"对话框，确定倾斜的轴，激活"均衡"按钮，锁定x轴和y轴；激活"插入角点"按钮，在红色水平线上单击以添加角点并确定倾斜范围；激活"移动控制点"按钮，调整任意一个端点，则放样对象在添加的角点与端点之间的xy平面上进行倾斜，如图8-101所示。

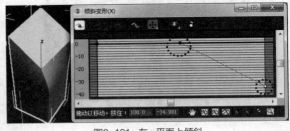

图8-101 在xy平面上倾斜

单击"均衡"按钮取消其激活状态，单击"显示x轴"按钮或"显示y轴"按钮，调整端点，则模型在添加的角点与端点之间的x轴或y轴方向进行倾斜，如图8-102所示。

"倒角变形"可以对放样对象进行倒角，在红色水平线上单击以添加角点并确定倒角范围，激活"移动控制点"按钮，调整任意一个端点，则放样对象在添加的角点与端点之间进行倒角，效果如图8-103所示。

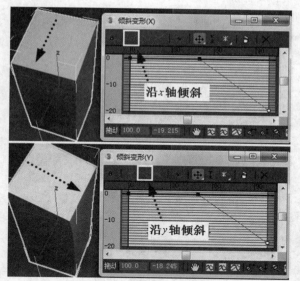

图8-102 在x轴和y轴倾斜

图8-103 倒角变形

一般情况下，"倾斜"变形与"倒角"变形配合使用，效果会更好。下面通过"倾斜"与"倒角"变形功能创建免清洗抽油烟机模型，效果如图8-104所示。

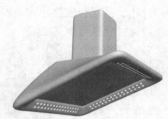

图8-104 免清洗抽油烟机模型

操作步骤

01 在顶视图中绘制"长度""宽度"均为30以及"长度""宽度"均为50的两个矩形作为截面，在前视图中绘制长度为450的直线段作为路径。

02 选择直线段路径，执行"放样"命令，在"路径"为0和70时以"长度""宽度"均为30的矩形

为截面进行放样，在"路径"为70.01时以"长度""宽度"均为50的矩形为截面放样，创建出抽油烟机的基本模型，如图8-105所示。

图8-105 放样效果

03 选择放样对象，在"变形"卷展栏中单击 倒角 按钮，打开"倒角变形"对话框，激活"插入角点" 按钮，在"路径"为70.01的竖线位置单击以添加一个角点，然后选择右侧的端点，设置其在y方向的值为-25，对模型进行倒角变形，如图8-106所示。

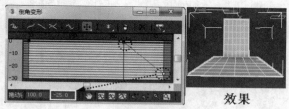

图8-106 倒角变形

04 在"变形"卷展栏中单击 倾斜 按钮，打开"倾斜变形"对话框，单击"显示x轴" 按钮，激活"插入角点" 按钮，在"路径"为70.01的竖线位置单击以添加一个角点，然后选择右侧的端点，设置其在y方向的值为-25，对模型进行倾斜变形，效果如图8-107所示。

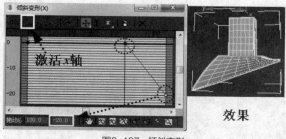

图8-107 倾斜变形

下面对抽油烟机进行精细化处理。

05 在修改器列表中选择"编辑多边形"修改器，按数字4键进入"多边形"层级，选择抽油烟机的倾斜面，右击并选择"挤出"命令，将其挤出5个绘图单位，如图8-108所示。

06 右击并选择"插入"命令，设置"数量"为5，确认插入，如图8-109所示。

07 右击并选择"倒角"命令，设置"高度"为-5、"轮廓"为-10，确认插入，效果如图8-110所示。

08 按数字2键进入"边"层级，按住Ctrl键的同时

单击倒角面上对应的上、下两条水平边，右击并选择"连接"命令，设置"分段"为3，确认连接，如图8-111所示。

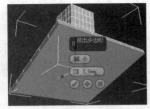

图8-108 挤出多边形

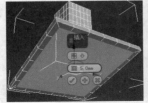

图8-109 插入多边形

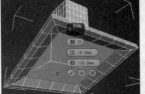

图8-110 倒角多边形

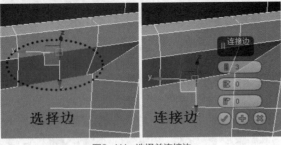

图8-111 选择并连接边

09 使用相同的方法，分别选择倒角面上除了4个角位置的上、下两条水平边外的其他水平边并进行连接，效果如图8-112所示。

10 选择连接创建的任意一条垂直边，单击"选择"卷展栏中的 环形 按钮选择环形边，右击并选择"连接"命令，设置"分段"为2，确认连接，如图8-113所示。

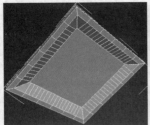

图8-112 连接边（1）

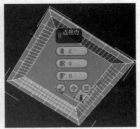

图8-113 连接边（2）

11 按数字1键进入"顶点"层级，按住Ctrl键的同时单击倒角面上连接边生成的上、下两个顶点，然后使用"石墨"工具栏中的"相似选择"功能选择所有相似的顶点，右击并选择"切角"命令，设置"切角量"为1.5，确认切角，如图8-114所示。

12 按数字4键进入"多边形"层级，选择切角形成的一个多边形，使用"石墨"工具栏中的"相似

选择"功能选择所有切角形成的多边形，按Delete键将其删除，创建出烟孔，如图8-115所示。

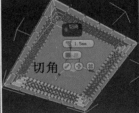

图8-114 切角顶点

图8-115 选择并删除多边形

13 按数字2键进入"边"层级，选择倒角面内侧的边，右击并选择"挤出"命令，设置"高度"为-1.5、"轮廓"为1，创建出抽油烟机护板的接缝，完成免清洗抽油烟机模型的创建，效果如图8-116所示。

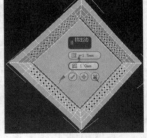

图8-116 创建护板接缝

8.5.2 创建洗衣液包装瓶模型

在工业设计中，产品包装是非常重要的设计内容。这一节我们通过放样建模中的"倾斜"与"倒角"变形功能创建洗衣液包装瓶模型，学习"倾斜"与"倒角"变形功能的另一种用法。洗衣液包装瓶模型效果如图8-117所示。

图8-117 洗衣液包装瓶模型（1）

操作步骤

01 在顶视图中绘制"长度"为110、"宽度"为55的椭圆作为截面，在前视图中绘制长度为200的直线段作为路径，通过放样创建出洗衣液包装瓶的

基本模型，如图8-118所示。

02 打开"缩放变形"对话框，在红色水平线右侧位置单击以添加一个角点，然后设置最左侧角点的位置为（0，55），最右侧角点的位置为（100，95），设置添加的角点的位置为（60，130），并调整该角点的控制柄，对模型进行缩放变形，如图8-119所示。

图8-118 创建基本模型

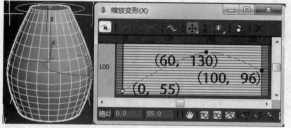

图8-119 缩放变形

03 打开"倾斜变形"对话框，单击"均衡" 按钮取消其激活状态，单击"显示x轴" 按钮，在红色水平线的左侧位置单击以添加一个角点，设置该角点的位置为（25，0），设置最左侧的角点的位置为（0，-35），对模型进行倾斜变形，如图8-120所示。

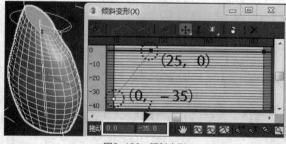

图8-120 倾斜变形

04 打开"倒角变形"对话框，在红色水平线左侧位置单击以添加一个角点，设置该角点的位置为（35，-15），对模型进行倒角变形，如图8-121所示。

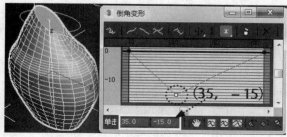

图8-121 倒角变形

05 在左视图中的洗衣液包装瓶左上方位置绘制样条线作为路径，然后进入洗衣液包装瓶模型的"多边形"层级，选择倒角面上的多边形。右击并选择"沿样条线挤出"命令，激活"拾取样条线" 按钮，拾取绘制的样条线，并设置"分段"为6、"锥化曲线"为-1、"锥化量"为-0.5，其他设置保持默认，确认挤出把手，效果如图8-122所示。

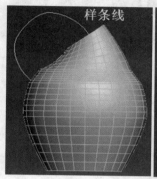

图8-122 沿样条线挤出多边形

06 按Delete键将挤出位置的多边形删除，按住Ctrl键的同时选择瓶身与挤出面对应的多边形，右击并选择"塌陷"命令将其塌陷为一个顶点，如图8-123所示。

07 按数字1键进入"顶点"层级，选择塌陷形成的顶点，右击并选择"切角"命令，设置"切角量"为13，单击"打开切角" 按钮，在切角位置开口，确认切角，如图8-124所示。

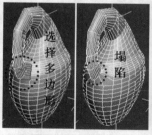

图8-123 塌陷多边形   图8-124 切角顶点并开口

08 右击并选择"目标焊接"命令，拖曳切角形成的顶点到把手一端相应的顶点上进行焊接，效果如图8-125所示。

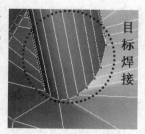

图8-125 目标焊接顶点

09 按数字4键进入"多边形"层级，按住Ctrl键的同时选择另一侧瓶口位置的12个多边形，右击并选择"塌陷"命令将其塌陷为一个顶点,如图8-126所示。

10 按数字1键进入"顶点"层级,选择塌陷形成的顶点,右击并选择"切角"命令,设置"切角量"为15,单击"打开切角" 按钮,在切角位置封口,确认切角,如图8-127所示。

图8-126 选择多边形并塌陷

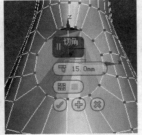

图8-127 切角顶点并封口

11 按数字4键进入"多边形"层级,选择切角形成的多边形,右击并选择"挤出"命令,将其以"组"方式挤出15个绘图单位,如图8-128所示。

12 右击并选择"转换到顶点"命令,选择多边形上的顶点,然后在主工具栏的"参考坐标系"列表中选择"局部"选项,之后沿z轴将顶点缩放到同一平面上,如图8-129所示。

图8-128 挤出多边形(1)

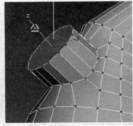

图8-129 调整顶点

13 按数字4键进入"多边形"层级,选择挤出的多边形,右击并选择"倒角"命令,设置"高度"为2、"轮廓"为3,单击 按钮;修改"高度"为1、"轮廓"为0,单击 按钮;修改"高度"为1、"轮廓"为-3,单击 按钮;修改"高度"为0、"轮廓"为3,单击 按钮;修改"高度"为15、"轮廓"为0,确认创建瓶盖模型,如图8-130所示。

图8-130 创建瓶盖模型

14 按数字2键进入"边"层级,选择瓶盖顶部和底部的边以及瓶身底部的边,右击并选择"切角"命令,设置"切角量"为0.5,确认切角,如图

8-131所示。

15 选择瓶盖纵向上的边,右击并选择"挤出"命令,设置"高度"为0.5、"宽度"为3,确认挤出,如图8-132所示。

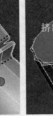

图8-131 切角边

图8-132 挤出边

16 退出"边"层级,切换到左视图,按住Ctrl键的同时选择瓶身两侧和肩部位置的多边形,右击并选择"挤出"命令,以"组"方式挤出-5个绘图单位,如图8-133所示。

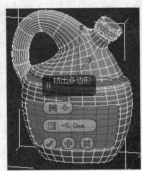

图8-133 挤出多边形(2)

17 退出"多边形"层级,添加"网格平滑"修改器,设置"迭代次数"为2,对模型进行平滑处理,完成洗衣液包装瓶模型的创建,效果如图8-134所示。

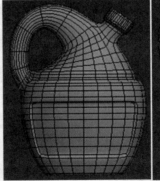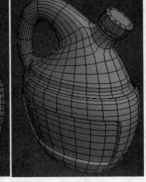

图8-134 洗衣液包装瓶模型(2)

8.5.3 创建贝壳台灯模型

台灯模型是室内设计中较常见的模型。这一节我们通过放样建模的"倾斜"和"倒角"变形功能创建一个贝壳台灯模型,继续学习放样建模中"倾斜"与"倒角"变形功能的使用方法和技巧。贝壳台灯模型效果如图8-135所示。

图8-135 贝壳台灯模型（1）

操作步骤

01 在顶视图中绘制"半径"为50的圆作为截面，在前视图中绘制长度为150的直线段作为路径，通过放样创建一个圆柱体模型。

02 打开"缩放变形"对话框，设置最右侧的角点的位置为（100，225），然后在红色水平线上添加一个角点，设置添加的角点的位置为（65，225），并设置角点类型为"Bezier-平滑"，调整曲线以创建出贝壳台灯灯罩的基本模型，如图8-136所示。

图8-136 缩放变形

03 打开"倾斜变形"对话框，单击"均衡" 按钮取消其激活状态，单击"显示x轴" 按钮，在红色水平线右侧位置单击以添加一个角点，设置该角点的位置为（75，40），设置最右侧的角点的位置为（100，40），对模型进行倾斜变形，如图8-137所示。

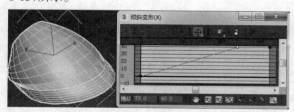

图8-137 倾斜变形

04 打开"倒角变形"对话框，设置最右侧的角点的位置为（100，-30），然后在红色水平线上添加一个角点，设置该角点的位置为（50，0），并设置该角点的类型为"Bezier-平滑"，调整曲线，对贝壳台灯的灯罩进行调整，如图8-138所示。

05 在修改器列表中选择"壳"修改器，设置"内部量""外部量"均为1，为模型添加厚度，然后添加"编辑多边形"修改器，按数字4键进入"多边形"层级，调整视角并选择贝壳台灯灯罩内部的多边形，如图8-139所示。

06 右击并选择"插入"命令，插入一个向中间移动20个绘图单位的多边形，再将其挤出20个绘图单位，然后再插入一个向中间移动5个绘图单位的多边形，制作出灯泡的插口模型，如图8-140所示。

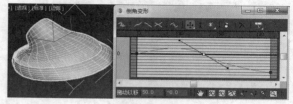

图8-138 倒角变形

图8-139 选择多边形   图8-140 插入、挤出、再插入多边形

07 右击并选择"倒角"命令，设置"高度"为5、"轮廓"为0，单击 按钮；修改"高度"为50、"轮廓"为15，单击 按钮；修改"高度"为50、"轮廓"为-15，确认创建灯泡模型，如图8-141所示。

08 进入"多边形"层级，选择贝壳台灯厚度面上的多边形，按Delete键将其删除，如图8-142所示。

图8-141 创建灯泡模型   图8-142 选择厚度面上的多边形并删除

提示

删除厚度面上的多边形，便于我们在选择循环边时，只选择贝壳台灯灯罩顶面的边，而不会选择灯罩内部的边。

09 进入"边"层级，选择贝壳台灯灯罩顶面的一条短边，单击"选择"卷展栏中的 环形 按钮选择环形边，单击 循环 按钮选择循环边，然后在主工具栏的"管理选择集"列表中将其命名为"01"，按Enter键确认，如图8-143所示。

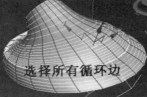

图8-143 选择循环边

10 右击并选择"挤出"命令，设置"高度"为5、"宽度"为2，确认挤出，以制作贝壳台灯灯罩表面的隆起效果，如图8-144所示。

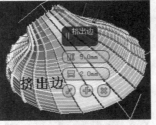

图8-144 挤出边

11 选择删除贝壳台灯灯罩厚度面上的多边形形成的两条边，单击"编辑边"卷展栏中的 桥 按钮进行桥接，创建灯罩的厚度，如图8-145所示。

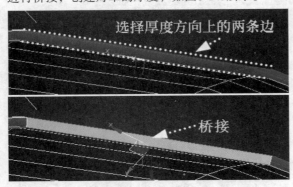

图8-145 桥接厚度方向上的边

12 使用相同的方法，分别将对应的两条边进行桥接，重新创建贝壳台灯灯罩的厚度。进入"边界"层级，选择桥接形成的所有边界，单击"编辑边界"卷展栏中的 封口 按钮进行封口，完成对贝壳台灯灯罩厚度的编辑，如图8-146所示。

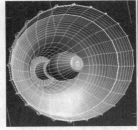

图8-146 编辑后的厚度

13 按数字4键进入"多边形"层级，选择贝壳台灯灯罩底部的多边形，设置"数量"为10，重复插入操作两次，如图8-147所示。

14 右击并选择"倒角"命令，设置"高度"为50、"轮廓"为-10，确认倒角，如图8-148所示。

图8-147 插入多边形　　图8-148 倒角多边形

15 切换到左视图，在贝壳台灯尾部位置绘制圆弧，然后将该多边形沿圆弧挤出，效果如图8-149所示。

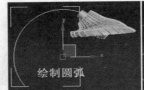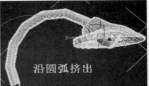

图8-149 沿圆弧挤出多边形

16 右击并选择"倒角"命令，设置"高度"为100、"轮廓"为20，单击■按钮；修改"高度"为50、"轮廓"为165，单击■按钮；修改"高度"为10、"轮廓"为0，创建出台灯的底座模型，如图8-150所示。

17 进入"边"层级，选择底座上的环形边，执行"连接"命令，设置"分段"为8，确认连接，如图8-151所示。

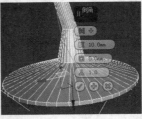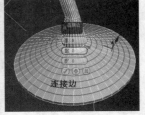

图8-150 创建底座　　图8-151 连接边

18 进入"多边形"层级，选择底座上的两组多边形，将其塌陷为两个顶点，设置"切角量"为15，对这两个顶点进行切角，如图8-152所示。

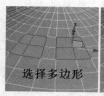

图8-152　塌陷多边形并切角顶点

19 进入"多边形"层级，选择切角形成的多边形，将其挤出5个绘图单位。选择挤出对象底部的一圈边，右击并选择"挤出"命令，设置"高度"为-0.5，"宽度"为0.05，确认挤出，如图8-153所示。

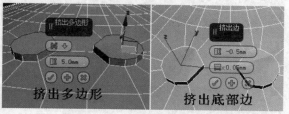

图8-153　挤出多边形和底部边

20 选择"网格平滑"修改器，设置"迭代次数"为2，对贝壳台灯模型进行平滑处理，完成贝壳台灯模型的创建，效果如图8-154所示。

图8-154　贝壳台灯模型（2）

8.5.4　创建独木舟模型

"拟合"变形可以通过拾取图形对放样对象在x轴和y轴方向进行不同形状的变形，简单来说，就是从不同方向创建出轮廓，再通过拟合创建出对象在不同方向的效果。

例如，在前视图中创建"长度"为100、"宽度"为100的矩形，在左视图中创建"半径"为50的圆，在顶视图中创建"半径1"为50、"半径2"为35的六角星形，在前视图中创建长度为100的直线段，以直线段为路径，以前视图中的矩形为截面，通过放样创建一个立方体，如图8-155所示。

打开"拟合变形"对话框，单击"均衡"按钮解除对xy平面的锁定，然后单击"显示x轴"按钮激活x轴，激活"获取图形"按钮，在左视图中拾取圆形，此时立方体发生了变化，如图

8-156所示。

激活"显示y轴"按钮，在顶视图中拾取六角星形，此时在顶视图中模型显示为六角星形，如图8-157所示。

图8-155　创建　　图8-156　拾取圆形　　图8-157　拾取六角星形
立方体

独木舟模型在游戏场景中可以作为游戏装备，也可以作为动画场景中的道具。这一节我们使用放样建模中的"拟合"变形功能创建一个独木舟模型，效果如图8-158所示。

图8-158　独木舟模型（1）

操作步骤

01 在左视图中创建"长度"为650、"宽度"为700的矩形，将其转换为可编辑样条线对象。使用"优化"或"拆分"功能在矩形的4条边上添加顶点，并调整出独木舟的纵截面图形，如图8-159所示。

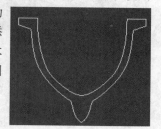

图8-159　独木舟的纵截面图形

02 在顶视图中创建"长度"为700、"宽度"为3000的矩形，将其转换为可编辑样条线对象。使用"优化"或"拆分"功能在矩形的4条边上添加顶点，并调整出独木舟的横截面图形，如图8-160所示。

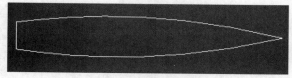

图8-160　独木舟的横截面图形

03 在前视图中创建"长度"为650、"宽度"为3000的矩形，将其转换为可编辑样条线对象。使用"优化"或者"拆分"功能在矩形的4条边上添加顶点，并调整出独木舟正面的截面图形，如图8-161所示。

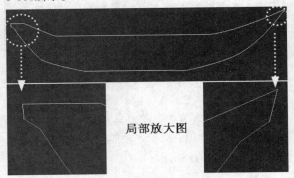

图8-161 独木舟正面的截面图形

04 在顶视图中绘制长度为3000的直线段作为路径，执行"放样"命令，激活 获取图形 按钮，拾取左视图中的独木舟纵截面图形进行放样，效果如图8-162所示。

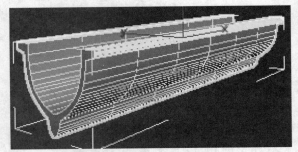

图8-162 独木舟纵截面图形的放样效果

05 进入修改面板，在"变形"卷展栏中单击 拟合 按钮，打开"拟合变形"对话框，单击"均衡" 按钮解除对 xy 平面的锁定，然后单击"显示x轴" 按钮激活 x 轴，激活"获取图形" 按钮，在前视图中拾取独木舟正面的截面图形，此时独木舟的侧面方向出现正面的截面图形效果，这是截面图形的角度不正确导致的，如图8-163所示。

06 在修改器堆栈中展开"Loft"层级，进入"图

形"层级，在模型一端单击以选取截面图形，将其沿 y 轴旋转90°，此时模型效果符合预期了，如图8-164所示。

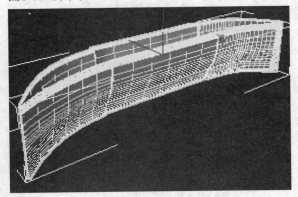

图8-163 正面截面图形的拟合效果

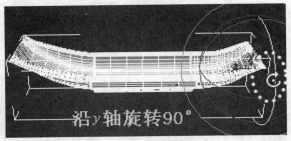

图8-164 旋转正面的截面图形

07 在"拟合变形"对话框中激活"显示y轴" 按钮，激活"获取图形" 按钮，拾取顶视图中独木舟的横截面图形进行拟合，这样就创建出了独木舟模型，效果如图8-165所示。

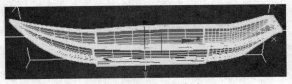

图8-165 独木舟模型（2）

08 至此，独木舟模型创建完毕，效果如图8-166所示。

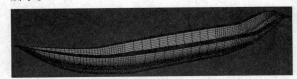

图8-166 独木舟模型（3）

CHAPTER
第 09 章

复合对象建模

    3ds Max系统中除了有"几何体"对象和"图形"对象外，还有一种"复合对象"。这种对象是通过将两个或两个以上的对象组合，从而创建新的对象，以达到创建三维模型的目的。本章通过9个精彩案例，详细讲解复合对象建模的相关方法和技巧。

9.1 复合对象

除了"放样"外，复合对象还包括"变形""散布""一致""连接""水滴网格""图形合并""地形""网格化""ProBoolean""布尔""ProCutter"。在"几何体"列表中选择"复合对象"选项，"对象类型"卷展栏中会显示复合对象的创建按钮，如图9-1所示。

图9-1 复合对象的创建按钮

激活相关按钮，即可创建复合对象。在这些复合对象中，"变形"复合对象、"水滴网格"复合对象以及"网格化"复合对象用于创建动画，而其他复合对象则用于创建模型。这一节我们来了解这些复合对象，为后面学习复合对象建模奠定基础。

9.1.1 "地形"复合对象

"地形"复合对象主要用于通过导入具有等高线数据的AutoCAD文件，或绘制山地等高线图形，来创建地形模型。

操作步骤

01 在顶视图中使用样条线绘制地形轮廓，在透视图中根据地形形态调整各样条线的高度，创建出地形等高线，如图9-2所示。

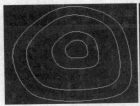

图9-2 创建地形等高线

02 选择所有轮廓，在"几何体"列表中选择"复合对象"选项，在"对象类型"卷展栏中单击 地形 按钮，即可根据这些轮廓创建地形模型。进入修改面板，在"按海拔上色"卷展栏中单击 创建默认值 按钮，即可采用默认值为地形模型上色，如图9-3所示。

03 在"基础海拔"数值框中输入介于最大海拔高度与最小海拔高度之间的值，单击 添加区域 按钮，3ds

Max将在"创建默认值"列表中显示该区域。

04 单击"基础颜色"色块，可以更改每个海拔区域的颜色。例如，用户可以使用深蓝色表示低海拔、浅蓝色表示中等海拔、绿色表示较高海拔。更改基础颜色后单击 修改区域 按钮即可修改该海拔区域的颜色，如图9-4所示。

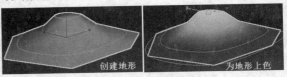

图9-3 创建地形并上色

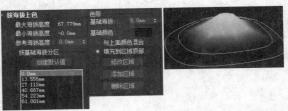

图9-4 更改基础颜色

05 选择"填充到区域顶部"单选项，地形模型以色带效果显示海拔的变化；选择"与上面颜色混合"单选项，地形模型以混合颜色显示海拔的变化。

06 另外，利用"简化"卷展栏可以对地形模型进行简化。选择"不简化"单选项，使用所有地形模型的顶点创建复杂的网格，将产生比其他简化形式都丰富的细节并占用更大的内存，如图9-5所示。

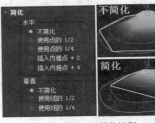

图9-5 简化地形

07 在"拾取运算对象"卷展栏的"外形"选项组中设置地形的外形，选择"分级曲面"单选项，在轮廓上创建网格的分级曲面；选择"分级实体"单选项，创建侧面带有山脚的分级曲面和底面，这表示用户可从任意方向看到实体；选择"分层实体"单选项，创建类似"蛋糕"或"梯田"形式的实体，如图9-6所示。

图9-6 设置地形外形

08 勾选"缝合边界"复选框后，使用非闭合样条线定义边缘条件时，将禁止沿着地形对象的边缘创建新的三角形；当取消勾选该复选框时，大多数地形以更合理的方式显示。

09 另外，基本地形算法趋于在平展或方向急剧改变时形成凹口轮廓。使用轮廓描绘较窄的河床时，通常会出现这种情况，形成的地形看上去可能更像是每个海拔轮廓的一系列层叠，而不是平稳下降的溪谷。勾选"重复三角算法"复选框，将使用更严格遵循轮廓线的算法，这种效果可能在"分层实体"显示模式中特别明显。为了提高精度，可以将"重复三角算法"与"水平插值"结合使用。

9.1.2 "一致"复合对象

"一致"复合对象通过将某个对象（即"包裹器"）的顶点投影至另一个对象（即"包裹对象"）的表面而创建模型，适合创建山表面的道路。

操作步骤

01 创建两个对象，其中一个为包裹器，另一个为包裹对象。例如，创建"长度"为100、"宽度"为10、"高度"为1的长方体作为包裹器，为长方体添加足够多的长度分段和宽度分段，然后创建"半径"为100的球体作为包裹对象，如图9-7所示。

02 选择包裹器，在创建面板的"几何体"列表中选择"复合对象"选项。在"对象类型"卷展栏中激活 ▊一致▊ 按钮，然后在"拾取包裹到对象"卷展栏中激活 ▊拾取包裹对象▊ 按钮，在视图中拾取包裹对象，在"参数"卷展栏的"顶点投影方向"选项组选择"指向包裹对象轴"单选项，则长方体包裹在了球体上，如图9-8所示。

03 在"更新"卷展栏中勾选"隐藏包裹对象"复选框，将包裹对象隐藏，效果如图9-9所示。

图9-7 创建包裹器和包裹对象

图9-8 包裹效果

图9-9 隐藏包裹对象（1）

注意

使用"一致"复合对象建模时，使用的两个对象必须是网格对象或可以转换为网格对象的对象，如果选择的对象无效，则 ▊一致▊ 按钮不可用。

04 选择"参考""复制""移动"或"实例"单选项，指定对包裹对象执行的克隆类型。在此例中，选择"实例"单选项，然后在"参数"卷展栏中的"顶点投影方向"选项组指定顶点投射的方法，选择不同的顶点投影方法会得到不同的效果，如图9-10所示。

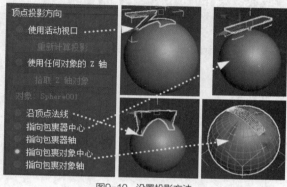
图9-10 设置投影方法

使用活动视口：激活方向为顶点投影方向的视图。

沿顶点法线：沿顶点法线的相反方向向内投射包裹器的顶点。顶点法线是对该顶点连接的所有面的法线求平均值所产生的向量。如果包裹器将包裹对象包围，则包裹器将呈现包裹对象的形式。

指向包裹器中心：朝包裹器的边界中心投影顶点。

指向包裹器轴：朝包裹器的原始轴心投影顶点。

指向包裹对象中心：朝包裹对象的边界中心投影顶点。

指向包裹对象轴：朝包裹对象的轴心投影顶点。

注意

"指向包裹器轴"和"指向包裹对象轴"以创建"一致"对象之前对象原始轴心的位置为基础。创建"一致"对象之后，新的复合对象只有一个轴心。

05 在"包裹器参数"卷展栏中设置包裹器的顶点与包裹对象表面之间的距离，例如，如果将其设置为5，系统就不会把包裹器的顶点移至离包裹对象的表面小于5个绘图单位的位置，如图9-11所示。

<u>06</u> 另外，在"更新"卷展栏中勾选"隐藏包裹对象"复选框，可以将包裹对象隐藏，以便查看包裹效果，如图9-12所示。

图9-11 设置顶点距离 　　图9-12 隐藏包裹对象（2）

9.1.3 "散布"复合对象

"散布"其实是复合对象的一种形式，可以用于将选择的原对象阵列，或散布到其他对象的表面。

操作步骤

<u>01</u> 创建"长度"为150、"宽度"为150的平面对象，设置长、宽分段数均为7，然后创建一个球体。

<u>02</u> 选择球体，进入创建面板，在"几何体"列表中选择"复合对象"选项，在"对象类型"卷展栏中激活 散布 按钮，在"拾取分布对象"卷展栏中设置分布对象的方法，有"参考""复制""实例""移动"4种，这与克隆对象的4种方法相同。

<u>03</u> 激活 拾取分布对象 按钮，单击平面对象，此时球体散布到平面对象的表面，在"散布对象"卷展栏中选择散布方式，默认选择"使用分布对象"单选项，此时将使用分布对象来散布原对象，在"原对象参数"选项组设置"重复数"以设置球体的数目、基础比例、顶点混乱度等，球体将以默认的随机方式散布到平面对象的表面，如图9-13所示。

图9-13 随机散布原对象

<u>04</u> 在"分布对象参数"选项组中选择不同的散布方式可以产生不同的散布效果，如图9-14所示。

<u>05</u> 如果选择"仅使用变换"散布方式，则不使用分布对象来散布原对象，可以在"变换"卷展栏中设置原对象的旋转角度、局部平移距离以及缩放比例等，效果如图9-15所示。

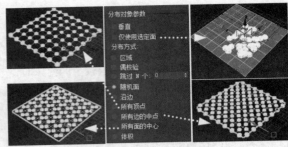

图9-14 不同散布方式的效果

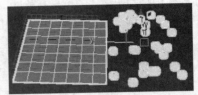

图9-15 不使用分布对象散布原对象的效果

9.1.4 "连接"复合对象

"连接"复合对象可以通过对象表面的孔洞连接两个或多个对象，类似于编辑多边形中"桥"的作用。要执行此操作，请删除每个对象的面，在其表面创建一个或多个洞，并确定洞的位置，以使洞与洞之间形成面对面的位置关系，然后应用"连接"复合对象。

操作步骤

<u>01</u> 创建两个球体，将其转换为可编辑多边形对象，进入"多边形"层级，选择两个球体对应的多边形并将其删除。选择其中一个球体对象，进入创建面板，在"几何体"列表中选择"复合对象"选项，在"对象类型"卷展栏中激活 连接 按钮，在"拾取运算对象"卷展栏中设置运算对象的方法，有"参考""复制""实例""移动"4种，这与克隆对象的4种方法相同。

<u>02</u> 激活 拾取运算对象 按钮，单击另一个球体对象，此时两个球体上的孔洞连接在了一起，效果如图9-16所示。

图9-16 连接对象

<u>03</u> 在"拾取运算对象"卷展栏的"插值"选项组中设置"分段"和"张力"，可以控制连接部分的曲率。"张力"为0表示无曲率，值越高，连接部

分两端的表面曲线越平滑。"分段"为0时，此微调器无明显作用，效果如图9-17所示。

图9-17 设置"张力"参数

04 在"平滑"选项组勾选"桥"复选框，在连接部分的面之间应用平滑效果；勾选"末端"复选框，在和连接部分新旧表面接连的面与原始对象之间应用平滑效果。

9.1.5 "图形合并"复合对象

"图形合并"复合对象可以创建包含网格对象和一个或多个图形的复合对象。这些图形嵌入在网格中或从网格中消失。

操作步骤

01 创建"长度"为20、"宽度"为20、"高度"为20的立方体，然后在顶视图中的立方体顶部创建星形，在左视图中立方体的侧面创建圆，如图9-18所示。

02 选择立方体对象，进入创建面板，在"几何体"列表中选择"复合对象"选项，在"对象类型"卷展栏中激活 图形合并 按钮，在"拾取运算对象"卷展栏中设置运算对象的方法，有"参考""复制""实例""移动"4种。在此选择"移动"单选项，激活 拾取图形 按钮，在顶视图中单击星形，此时星形投射到立方体的顶部；在左视图中单击圆，圆投射到立方体的左面，如图9-19所示。

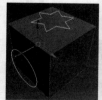

图9-18 绘制星形和圆

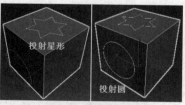

图9-19 投射星形和圆

03 在"操作"选项设置将图形应用于网格对象中的方式。选择"饼切"单选项，切去网格对象曲面外部的图形，从而形成孔洞；选择"合并"单选项，将图形与网格对象曲面合并；同时选择"反转"和"饼切"单选项，仅显示图形对象，网格对象消失，如图9-20所示。

图9-20 选择"操作"方式

04 选择"合并"单选项，然后将立方体转换为可编辑多边形对象，进入"多边形"层级。此时，星形和圆的投影线形成多边形，右击并选择"挤出"命令，设置挤出"高度"，对这两个多边形向外和向内进行挤出，效果如图9-21所示。

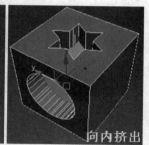

图9-21 挤出多边形

9.1.6 "布尔"复合对象

"布尔"复合对象可以通过对两个及以上的对象执行布尔操作，包括并集、交集、差集以及其他3种运算方式，将其合并到单个网格中，从而生成新的对象。

操作步骤

01 创建立方体和球体，并使两个对象相交。选择立方体对象，进入创建面板，在"几何体"列表中选择"复合对象"选项，在"对象类型"卷展栏中激活 布尔 按钮，在"运算对象参数"卷展栏中选择运算方式，如图9-22所示。

图9-22 选择运算方式

02 选择"并集"运算方式，在"布尔参数"卷展栏中激活 添加运算对象 按钮，在视图中单击球体，则立方体和球体结合为一个对象，二者的相交部分或重叠部分会被舍弃。

03 选择"交集"运算方式，拾取球体，则仅留下立方体和球体的重叠部分，其他部分会被舍弃。

04 选择"差集"运算方式，拾取球体，则从立方体中移除与球体相交的部分。

并集、交集和差集效果如图9-23所示。

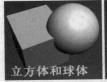

图9-23 并集、交集和差集效果

05 选择"合并"运算方式，拾取球体，则立方体和球体相交并组合，而不移除任何原始多边形。在相交对象的位置创建新边并勾选"盖印"复选框，即可在立方体与球体之间插入相交边，如图9-24所示。

图9-24 合并效果

06 选择"附加"运算方式，拾取球体，将立方体和球体合并成一个对象，而不影响各对象的拓扑，各对象实质上是复合对象中的独立元素。

07 选择"插入"运算方式，从立方体中减去球体的边界图形，球体的图形不受此操作的影响。

08 勾选"盖印"复选框，则可在操作对象与原始网格之间插入（盖印）相交边，而不移除或添加面。该功能用于分割面，并将新边添加到基础（最初选定）对象的网格中。

09 勾选"切面"复选框，可执行指定的布尔操作，但不会将操作对象的面添加到原始网格中。选定运算对象的面不会添加到布尔结果中。可以使用该功能在网格中剪切一个洞，或获取网格在另一对象内部的部分。例如选择"差集"运算方式，从立方体中减去球体，勾选"切面"复选框，则立方体被减去的部分出现孔洞，如图9-25所示。

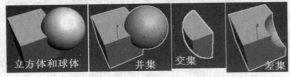

图9-25 切面效果

9.1.7 "ProBoolean"复合对象

"ProBoolean"（超级布尔）的操作与"布

尔"的操作完全相同，它提供了"布尔"所拥有的一系列功能，支持"并集""交集""差集""合并""附加""插入"以及布尔运算的两个变体（即"盖印"和"切面"），这些操作都与"布尔"运算相似。

区别在于，"ProBoolean"提供了两个用于应用材质的功能，这两个功能在"参数"卷展栏的"应用材质"选项组中，默认选择"应用运算对象材质"功能，该功能可将操作对象的材质应用于所得到的面。另一种功能是"保留原始材质"，会使布尔运算中得到的面使用第一个选定对象的材质。

如图9-26所示，布尔运算从左侧图的红色长方体和蓝色球体开始。该长方体为基本对象，球体为运算对象。选择"应用运算对象材质"单选项则产生中间图显示的结果，选择"保留原始材质"单选项则产生右图显示的结果。

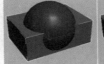

图9-26 "ProBoolean"的两种应用材质功能

另外，"ProBoolean"在执行布尔运算之前，采用了3ds Max网格并增加了额外的智能。它组合了拓扑，确定了共面三角形并移除了附带的边，然后不是在这些三角形上而是在n多边形上执行布尔运算。完成布尔运算之后，它对结果执行重复三角算法，然后在隐藏共面的边的情况下将结果发送回3ds Max中。这样的额外工作有双重意义，一是布尔对象的可靠性非常高，二是因为有更少的边和三角形，所以输出结果更清晰。

图9-27所示为立方体与球体进行"布尔"和"ProBoolean"差集运算的结果比较。

图9-27 "布尔"和"ProBoolean"运算结果

9.2 使用复合对象建模

了解复合对象的基本知识后，这一节我们通

过"创建山地模型""创建山间小路模型""在山坡上种树""创建纳米微观球模型""创建咖啡杯模型""在咖啡杯上刻字""创建绣墩模型""创建花洒模型""创建螺母和螺栓模型"9个精彩案例，学习复合对象建模的方法和技巧。复合对象建模案例效果如图9-28所示。

图9-28 复合对象建模案例效果

9.2.1 创建山地模型

在动画、游戏场景中，那些逼真的山川、河流以及山地场景到底是怎么创建的呢？这一节我们就使用"地形"复合对象来创建一个动画、游戏场景中的山地模型，了解其建模过程，同时学习"地形"复合对象建模的方法和技巧。山地模型效果如图9-29所示。

图9-29 山地模型（1）

操作步骤

01 在顶视图中使用样条线绘制闭合图形，并根据地形形态进行调整，然后在透视图中根据地形高度调整各轮廓的高度，创建出地形的等高线，如图9-30所示。

02 选择所有轮廓图形，在"几何体"列表中选择"复合对象"选项，在"对象类型"卷展栏中单击 地形 按钮，创建地形模型，如图9-31所示。

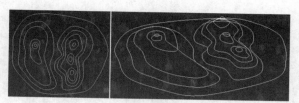

图9-30 创建地形等高线

图9-31 创建地形模型

03 进入修改面板，在"参数"卷展栏的"外形"选项组中选择"分级曲面""缝合边界""重复三角算法"3个单选项，然后分别选择各轮廓线，进入"顶点"层级，选择顶点并进行调整，对地形进行修整，如图9-32所示。

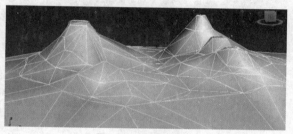

图9-32 修整地形模型

04 展开"按海拔上色"卷展栏，单击 创建默认值 按钮，采用默认值为地形上色。在修改器列表中选择"网格平滑"修改器，设置"迭代次数"为2，对地形模型进行平滑处理，最后按F9键渲染模型，效果如图9-33所示。

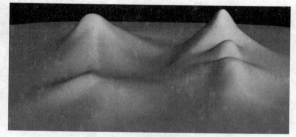

图9-33 为地形上色并渲染模型

下面为地形制作材质。

05 按F10键打开"渲染设置"对话框，设置VRay渲染器为当前渲染器，按M键打开"材质编辑器"并选择一个空的示例球，为其指定"材质"＞"V-

Ray">"VRay混合材质",展开该材质的"参数"卷展栏。

06 单击 基本材质 按钮,为其选择"VRayMtl"材质并展开其"参数"卷展栏,单击"漫反射"贴图按钮,选择"实例素材\贴图"文件夹下的"GRYDIRT2000.jpg"贴图文件。

07 回到"VRay混合材质"层级,将"基础材质"上的"VRayMtl"材质拖到"镀膜1"材质按钮上,以"复制"方式复制给该镀膜材质。

08 单击"镀膜1"材质展开其"基本参数"卷展栏,单击"漫反射"贴图按钮,在"位图参数"卷展栏中单击"位图"按钮,选择"实例素材\贴图"文件夹下的"EVGREEN.jpg"贴图文件,单击"镀膜1"材质的颜色按钮,设置其颜色为深灰色(R:54、G:54、B:54),其他设置保持默认,此时材质效果如图9-34所示。

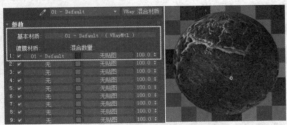

图9-34 制作地形材质

09 选择地形模型,单击"材质编辑器"中的"将材质指定给选择对象" 按钮,将该材质指定给地形模型,然后在修改器列表中选择"贴图缩放器绑定(WSM)"修改器,参数保持默认。

下面设置摄像机和照明系统。

10 在顶视图中创建一个"目标"摄像机,激活透视图,按C键切换到摄像机视图,调整摄像机的视角,在透视图中观察效果,如图9-35所示。

图9-35 设置摄像机视图

11 在前视图中创建一个"(VR)太阳光"系统,在各视图中调整其高度与位置,在"修改"面板中设置其"倍增"为1,其他设置保持默认,效果如图9-36所示。

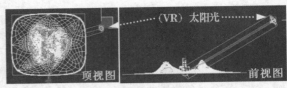

图9-36 设置(VR)太阳光

12 执行"渲染">"曝光控制"命令,在打开的"环境和效果"对话框的"曝光控制"列表中选择"Vray曝光控制"选项,对(VR)太阳光的曝光度进行控制,最后按F9键快速渲染场景,效果如图9-37所示。

图9-37 山地模型(2)

9.2.2 创建山间小路模型

在动画、游戏场景中,群山之间经常会有一条通向未知地域的山间小路,那么这些小路又是怎么创建的呢?这一节我们使用"一致"复合对象在上一节创建的山地模型中创建一条小路,学习"一致"复合对象建模的方法和技巧。山间小路模型效果如图9-38所示。

图9-38 山间小路模型(1)

操作步骤

01 打开"实例线架/第9章/创建山地模型.max"文件。

02 在顶视图中的山包位置根据山势以及小路的走向绘制3条样条线作为路径,在前视图中绘制"长度"为0.5、"宽度"为5的矩形作为截面,依照前面介绍的"放样"复合对象建模的方法创建3个小路模型,效果如图9-39所示。

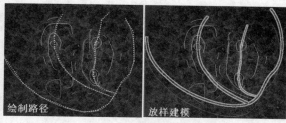

图9-39 创建小路模型

03 展开"路径参数"卷展栏，设置"路径步数"为100，使模型更圆滑，然后将该小路模型转换为可编辑多边形对象。

04 选择一个小路模型，在"几何体"列表中选择"复合对象"选项，在"对象类型"卷展栏中单击 一致 按钮，在视图中单击山地模型作为包裹对象，然后在"参数"卷展栏的"顶点投射方向"选项组中选择"使用活动视口"单选项，在"更新"选项组中勾选"隐藏包裹对象"复选框，将包裹对象隐藏，这样就在山地上创建一条小路了，如图9-40所示。

图9-40 创建一条小路

05 使用相同的方法，将另外两个小路模型也投射到山地模型上，创建出另外两条小路，效果如图9-41所示。

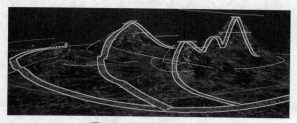

图9-41 创建另外两条小路

06 分别选择创建的3条小路，在"包裹器参数"卷展栏中设置"间隔距离"为0.1，减少小路模型与山地模型之间的距离，这样两个模型就可以很好地贴合。

下面为小路制作材质。

07 按M键打开"材质编辑器"并选择一个空的示例球，为其指定"材质">"V-Ray">"VRayMtl"

材质，展开该材质的"参数"卷展栏。

08 单击"漫反射"贴图按钮，选择"实例素材\贴图"文件夹下的"GRYDIRT2.JPG"贴图文件，其他设置保持默认。

09 选择小路模型，单击"材质编辑器"中的"将材质指定给选择对象" 按钮，将该材质指定给小路模型，然后在修改器列表中选择"贴图缩放器绑定（WSM）"修改器，设置"比例"为300，其他设置保持默认，然后按F9键快速渲染场景效果如图9-42所示。

图9-42 山间小路模型（2）

9.2.3 在山坡上种树

这一节我们使用"散布"复合对象在上一节创建的山坡上种树，使场景进一步完善。在山坡上种树的效果如图9-43所示。

图9-43 在山坡上种树

操作步骤

01 打开"实例线架\第9章\创建山间小路模型.max"文件。

02 进入创建面板，在"几何体"列表中选择"AEC扩展"选项，激活 植物 按钮，在"收藏的植物"列表中激活"苏格兰松树"，在透视图中单击以创建一棵松树。进入修改面板，在"参数"卷展栏中设置"高度"为45，在"显示"选项取消"果实""花""根"复选框的勾选，隐藏这些对象，其他设置保持默认。

03 选择松树对象，在"几何体"列表中选择"复合对象"选项，在"对象类型"卷展栏中激活 散布 按钮，在"拾取分布对象"卷展栏中激活 拾取分布对象 按钮，单击山地对象以散布松树对象。

04 在"散布对象"卷展栏中选择散布方式为"使用分布对象"，在"原对象参数"选项组设置"重复数"为150、在"分布方式"选项组中选择"区域"单选项，在"显示"卷展栏中勾选"隐藏分布对象"复选框，此时松树的散布效果如图9-44所示。

图9-44 松树的散布效果

下面为松树制作材质。

05 按M键打开"材质编辑器"并选择一个空的示例球，为其指定"材质">"V-Ray">"VRayMtl"材质，展开该材质的"参数"卷展栏。

06 单击"漫反射"贴图按钮，为其选择"贴图">"通用">"混合"贴图，展开其"参数"卷展栏，设置两种颜色分别为深绿色和浅绿色，将其指定给松树对象。

07 重新选择空的示例球，单击"漫反射"贴图按钮，双击"贴图">"通用">"位图"选项，选择"实例素材\贴图"文件夹下的"BMA-007.JPG"位图文件，在"坐标"卷展栏中选择"环境"单选项，打开"环境和效果"对话框，将该贴图以"实例"方式指定给环境贴图，以替换原来的太阳光环境贴图，渲染场景，效果如图9-45所示。这样就完成了在山坡上种树的效果。

图9-45 松树的渲染效果

9.2.4 创建纳米微观球模型

"散布"命令用于将对象分散在另一个对象的表面，形成一种随机的或者有规律的分布效果。这一节我们使用"散布"复合对象创建一个纳米微观球模型，这种模型在生物科研领域应用较多。纳米微观球模型效果如图9-46所示。

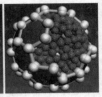

图9-46 纳米微观球模型（1）

操作步骤

01 创建"半径"为60、"分段"为3、"基本面类型"为"二十面体"的几何球体对象，将其以"复制"方式克隆一个，修改克隆的球体的"半径"为10。

02 将克隆的球体转换为可编辑多边形对象，按数字1键进入"顶点"层级，选择五边形的中心点，使用"石墨"工具栏中的相似选择功能，设置选择条件。将球体上所有五边形的中心点选择，按住Ctrl键的同时单击"编辑顶点"卷展栏中的 移除 按钮，将这些顶点移除，如图9-47所示。

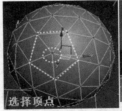

图9-47 移除五边形中心的顶点

03 使用相同的方法，将所有六边形的中心顶点也移除，然后按数字2键进入"边"层级，选择所有边，右击并选择"挤出"命令，设置"高度"为-2、"宽度"为0.02，确认挤出，如图9-48所示。

图9-48 挤出边

04 按数字2键退出"边"层级，添加"涡轮平滑"修改器，设置"迭代次数"为2，效果如图9-49所示。

05 选择平滑后的球体，在"几何体"列表中选择"复合对象"选项，在"对象类型"卷展栏中激活 **散布** 按钮，在"拾取分布对象"卷展栏中激活 **拾取分布对象** 按钮，单击大几何球体对象，并在"散布对象"卷展栏中选择散布方式为"使用分布对象"，在"分布方式"选项组选择"所有面的中心"单选项，使小几何球体散布在大几何球体所有面的中心，最后在"显示"卷展栏中勾选"隐藏分布对象"复选框，散布效果如图9-50所示。

图9-49 涡轮平滑效果　　图9-50 散布效果

06 选择内部的大几何球体，修改其"半径"为85，然后选择散布的小几何球体，在"散布对象"卷展栏的"分布方式"选项组中选择"所有边的中点"单选项，此时小几何球体散布在大几何球体所有边的中点上。

07 选择散布的小几何球体，将其转换为可编辑多边形对象，然后选择内部的大几何球体，修改其"半径"为100，使其将散布的小几何球体包在内部。

08 将大几何球体转换为可编辑多边形对象，进入"顶点"层级，依照前面第02步和第03步的方法，将该几何球体上的五边形和六边形中心顶点选择并移除。

09 进入"多边形"层级，在前视图中以"窗口"选择方式选择右半部分多边形，按住Alt键的同时将下半部分多边形取消选择，然后按Delete键将其删除，效果如图9-51所示。

10 进入"边"层级，以"窗口"选择方式选择所有边，右击并选择"创建图形"命令，将选择的边以"线性"方式创建为图形，设置该图形的渲染"径向"为10，效果如图9-52所示。

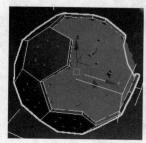 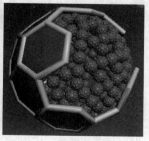

图9-51 删除多边形　　图9-52 纳米微观球模型（2）

11 创建"半径"为12的几何球体，将该几何球体散布到大几何球体的所有顶点上，完成纳米微观球模型的创建，效果如图9-53所示。

图9-53 纳米微观球模型（3）

9.2.5 创建咖啡杯模型

这一节使用"连接"复合对象创建一个咖啡杯模型，学习"连接"复合对象建模的方法和技巧。咖啡杯模型效果如图9-54所示。

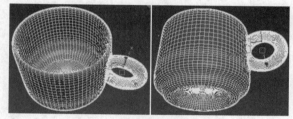

图9-54 咖啡杯模型（1）

操作步骤

01 创建"半径"为50、"高度"为75、"高度分段""端面分段"均为5的圆柱体，将其转换为可编辑多边形对象。

02 按数字4键进入"多边形"层级，在前视图中以"窗口"选择方式将顶面多边形选择并删除，然后在透视图中调整视角，选择底部的一圈多边形，右击并选择"挤出"命令，将其挤出10个绘图单位，如图9-55所示。

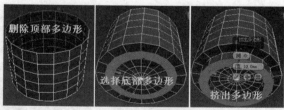

图9-55 删除与挤出多边形

03 退出"多边形"层级，选择"壳"修改器，设置"内部量""外部量"均为2，再次将其转换为可编辑多边形对象，进入"多边形"层级，在前视图中选择中间位置的两个多边形，按Delete键将其删除，如图9-56所示。

04 在左视图中的圆柱体右侧位置创建"半径1"为20、"半径2"为6.5的圆环,使其与圆柱体相交,如图9-57所示。

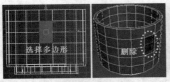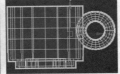

图9-56 选择并删除多边形　　图9-57 创建圆环

05 将圆环转换为可编辑多边形对象,激活"编辑几何体"卷展栏中的 快速切片 按钮,启用捕捉功能,在前视图中捕捉圆环与圆柱体侧边相交的两个交点进行切片。然后进入"多边形"层级,选择切片后形成的多边形,将其删除,这样就在圆环对象上创建了一个孔洞,如图9-58所示。

06 退出"多边形"层级,在左视图中将圆环向外移动,使其与圆柱体隔一定距离。进入创建面板,在"几何体"列表中选择"复合对象"选项,在"对象类型"卷展栏中激活 连接 按钮,在"拾取运算对象"卷展栏中选择"移动"单选项,使运算后移去原对象,然后激活 拾取运算对象 按钮,单击圆柱体对象,此时圆环孔洞与圆柱体孔洞之间进行了连接,效果如图9-59所示。

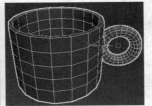

图9-58 快速切片　　　　图9-59 连接对象

07 在修改器列表中选择"涡轮平滑"修改器,设置"迭代次数"为2,对模型进行平滑处理,完成咖啡杯模型的创建,效果如图9-60所示。

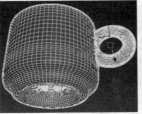

图9-60 咖啡杯模型(2)

9.2.6　在咖啡杯上刻字

在3ds Max系统中,想在三维物体上雕刻文字或图案其实并不容易,处理不好会影响整个模型的布线,从而影响模型本身。使用"图形合并"复合对象可以轻松地将文字、图案等二维图形投射到三维模型上,使其成为三维模型的一部分,这样我们就可以在三维模型上实现雕刻效果。这一节我们就在上一节创建的咖啡杯上雕刻文字,学习"图形合并"复合对象建模方法和技巧,在咖啡杯上刻字的效果如图9-61所示。

图9-61 在咖啡杯上刻字(1)

操作步骤

01 打开"实例线架\第4章\'连接'复合对象建模——创建咖啡杯模型.max"文件。

02 进入创建面板,在"图形"列表中选择"样条线"选项,激活 文本 按钮,在"文本"列表中输入"Bitter coffee"文本内容,在左视图中的咖啡杯位置单击,创建"Bitter coffee"文本,如图9-62所示。

03 选择咖啡杯对象,进入创建面板,在"几何体"列表中选择"复合对象"选项,在"对象类型"卷展栏中激活 图形合并 按钮,在"拾取运算对象"卷展栏中设置运算对象的方法为"移动",激活 拾取图形 按钮,在左视图中单击文本对象,将文本对象投射到咖啡杯对象上。

04 在"操作"选项组中选择"合并"单选项,使文本与模型合并,然后在修改器列表中选择"编辑多边形"修改器,按数字4键进入"多边形"层级,系统自动选择文本对象的多边形,如图9-63所示。

图9-62 创建文本　　　　图9-63 文本对象的多边形

05 在"多边形:材质ID"卷展栏中设置材质ID为1,执行"编辑">"反选"命令反选咖啡杯,设置咖啡杯的材质ID为2,如图9-64所示。

06 再次执行"反选"命令选择文本对象的多边形,右击并选择"挤出"命令,设置"高度"为-1,将文本向内挤出,形成凹陷效果,如图9-65所示。

图9-64 反选并设置材质ID

图9-65 挤出文本对象
的多边形

07 这样就在咖啡杯上刻上了文字，效果如图9-66所示。

图9-66 在咖啡杯上刻字（2）

9.2.7 创建绣墩模型

在创建一个结构比较复杂的三维模型时，"图形合并"复合对象可以起到非常大的作用。这一节我们就通过创建一个绣墩模型，学习"图形合并"复合对象建模的使用方法和技巧。绣墩模型效果如图9-67所示。

图9-67 绣墩模型

操作步骤

01 在顶视图中创建"半径"为200、"高度"为550、"圆角"为5、"高度分段"为10、"圆角分段"为5的切角圆柱体，为其添加"锥化"修改器，设置相关参数，对圆柱体进行锥化，创建绣墩的基本模型，效果如图9-68所示。

02 将该模型转换为可编辑多边形对象，进入"多边形"层级，选择上、下两端的一圈多边形对象，右击并选择"插入"命令，以"按多边形"方式插入多个向中间移动15个绘图单位的多边形，如图

9-69所示。

03 右击并选择"倒角"命令，设置"高度"为10、"轮廓"为-5，确认倒角，如图9-70所示。

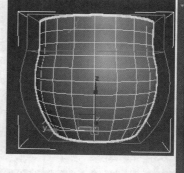
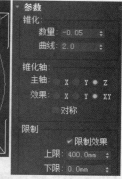

图9-68 创建绣墩的基本模型

图9-69 插入多边形　　图9-70 倒角多边形

04 进入"边"层级，按住Ctrl键的同时选择上、下两端的一圈竖边，右击并选择"连接"命令，设置"分段"为2、"收缩"为-15，确认连接，如图9-71所示。

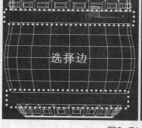
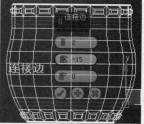

图9-71 连接边

05 进入"多边形"层级，选择上、下两端连接边生成的一圈多边形，右击并选择"挤出"命令，将其以"局部法线"方式挤出10个绘图单位，如图9-72所示。

06 退出"多边形"层级，在前视图中的绣墩模型位置绘制"长度"为220、"宽度"为200的矩形，将其转换为可编辑样条线对象。

07 进入"顶点"层级，调整4个角上的顶点以调整矩形的形态，并为4个角进行圆角处理，效果如

图9-73所示。

08 设置角度捕捉为72°，拾取绣墩的坐标中心作为矩形的参考坐标中心，使用旋转阵列命令将矩形沿绣墩旋转阵列5个，效果如图9-74所示。

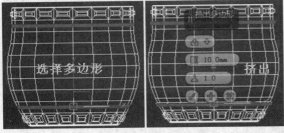

图9-72 挤出多边形

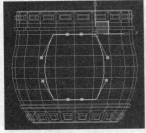
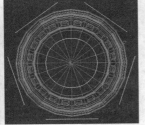

图9-73 绘制并调整矩形　　图9-74 旋转阵列矩形

09 切换到前视图，选择绣墩模型，进入创建面板，在"几何体"列表中选择"复合对象"选项，在"对象类型"卷展栏中激活 图形合并 按钮，在"拾取运算对象"卷展栏中设置运算对象的方法为"移动"，激活 拾取图形 按钮，在前视图中单击正对前视图的矩形，使其投射到绣墩的正面，如图9-75所示。

10 激活视图控制工具中的"选定的环绕" 按钮，在前视图中沿水平方向旋转视图，将另一个矩形旋转到绣墩的正前方位置，然后再次进行投射。使用相同的方法依次将其他矩形投射到绣墩的正前方，效果如图9-76所示。

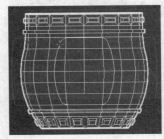

图9-75 在前视图中投射矩形　　图9-76 投射其他矩形

--- **注意** ---

> 在此一定要将矩形旋转至前视图的正前方位置，然后再投射，否则不能投射。

11 为绣墩模型添加"编辑多边形"修改器，进入"多边形"层级，选择投射的5个矩形的多边形，按Delete键将其删除，效果如图9-77所示。

12 退出"多边形"层级，在修改器列表中选择"壳"修改器，设置"内部量""外部量"均为10，以增加绣墩的厚度，最后选择"网格平滑"修改器，设置"迭代次数"为2，对模型进行平滑处理，完成绣墩模型的创建，效果如图9-78所示。

图9-77 删除矩形的多边形　　图9-78 添加修改器

9.2.8 创建花洒模型

花洒造型简单，但是花洒上的出水孔的制作难度较大，这一节我们就使用"布尔"复合对象和"散布"复合对象，创建花洒模型，学习"布尔"复合对象建模的方法和技巧。花洒模型效果如图9-79所示。

图9-79 花洒模型（1）

操作步骤

01 在顶视图中创建"半径"为100、"高度"为5、"端面分段"为1、"边数"为30的圆柱体作为花洒的基本模型。

02 将花洒的基本模型转换为可编辑多边形对象，进入"多边形"层级，选择圆柱体底面的多边形，右击并选择"倒角"命令，设置"高度"为20、"轮廓"为-90，确认倒角，创建出花洒背面的圆锥形效果，如图9-80所示。

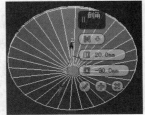

图9-80 倒角多边形（1）

03 退出"多边形"层级，切换到顶视图，在圆柱体的顶面绘制"半径1"为95、"半径2"为2.5、"分段"为30、"边数"为15的圆环。

04 使用"对齐"工具将圆环的"中心"在x轴和y轴与圆柱体的"中心"对齐，然后在z轴将圆环的"中心"与圆柱体的"最大"对齐，使圆环一半嵌入圆柱体顶面，如图9-81所示。

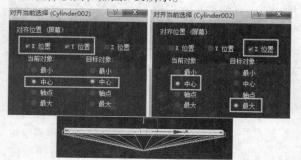

图9-81 对齐圆环与圆柱体

05 在顶视图中将圆环沿z轴旋转，使其"分段"与圆柱体的"边数"对齐，然后将圆柱体和圆环进行"布尔"的"并集"运算，使两个模型结合在一起，效果如图9-82所示。

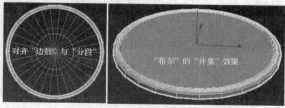

图9-82 对齐与"并集"效果

—— 注意 ——

在创建圆环时，其"分段"要与圆柱体的"边数"相同，这样后期建模才不会出错。

06 将圆柱体转换为可编辑多边形对象，进入"多边形"层级，选择圆柱体顶面的多边形，右击并选择"倒角"命令，设置"高度"为8、"轮廓"为−25，确认倒角，效果如图9-83所示。

07 退出"多边形"层级，在顶视图中绘制"半径1"为65、"半径2"为2、"分段"为30、"边数"为15的圆环，依照前面的操作，对圆环进行旋转，使其"分段"与圆柱体的"边数"对齐。

08 使用"对齐"工具将圆环的"中心"在x轴和y轴与圆柱体的"中心"对齐，在z轴与圆柱体的"最大"对齐，使该圆环一半嵌入圆柱体的顶面，最后通过"布尔"的"并集"运算将两个对象结合在一起，效果如图9-84所示。

图9-83 倒角效果   图9-84 "并集"效果

09 将圆柱体转换为可编辑多边形对象，进入"边"层级，选择圆柱体外侧的一圈边，右击并选择"连接"命令，设置"分段"为1，确认连接，如图9-85所示。

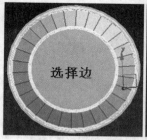
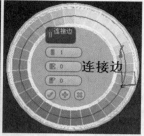

图9-85 连接边（1）

10 在顶视图中绘制"半径"为2.5的球体，进入创建面板，在"几何体"列表中选择"复合对象"选项，在"对象类型"卷展栏中激活 散布 按钮，在"拾取分布对象"卷展栏中选择"实例"单选项，激活 拾取分布对象 按钮，单击圆柱体对象。

11 在"散布对象"卷展栏中选择散布方式为"使用分布对象"，在"分布对象参数"选项组中选择"仅适用选定面"和"所有面的中心"两个单选项，在"显示"卷展栏中勾选"隐藏分布对象"复选框，将分布对象隐藏。

12 在修改器堆栈中进入花洒对象的"多边形"层级，按住Ctrl键的同时拾取圆柱体顶面外侧的两圈多边形，使球体散布在其中心，如图9-86所示。

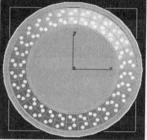

图9-86 散布球体

13 将散布的球体转换为可编辑多边形对象，选择圆柱体对象，在"几何体"列表中选择"复合对象"选项，在"对象类型"卷展栏中激活 布尔 按钮，在"布尔参数"卷展栏中激活 添加运算对象 按钮，在"运算对象参数"卷展栏中选择"差集"方式，并勾选"切面"复选框，然后单击散布的球体进行"差集"运算，创建出花洒外侧一层的出水孔，效果如图9-87所示。

14 将圆柱体转换为可编辑多边形对象，进入"多边形"层级，选择圆柱体中间的多边形，右击并选择"倒角"命令，设置"距离"为5、"轮廓"为-15，确认倒角，如图9-88所示。

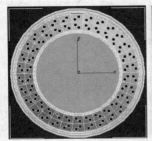 

图9-87 创建出水孔（1）　　图9-88 倒角多边形（2）

15 进入"边"层级，选择圆柱体外侧的一圈边，右击并选择"连接"命令，设置"分段"为1，确认连接，如图9-89所示。

16 在顶视图中绘制"半径"为2的球体，依照第11~14步的操作，将该球体散布在连接生成的多边形的中心，通过"布尔"的"差集"与"切面"功能进行运算，创建出第二层出水孔，效果如图9-90所示。

 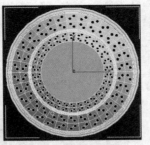

图9-89 连接边（2）　　图9-90 创建出水孔（2）

17 将圆柱体转换为可编辑多边形对象，选择圆柱体中间的多边形，右击并选择"插入"命令，设置"数量"为10，单击 按钮继续插入，确认插入，如图9-91所示。

18 退出"多边形"层级，在顶视图中绘制"半径"为1.5的球体，依照第11~14步的操作，将该球体散布在连接生成的多边形的中心，通过"布尔"

的"差集"与"切面"功能进行运算，创建出第三层出水孔，效果如图9-92所示。

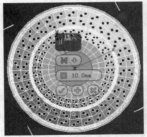 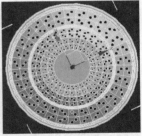

图9-91 插入多边形　　图9-92 创建出水孔（3）

19 在顶视图中绘制"半径1"为25、"半径2"为1.5、"分段"为30的圆环和"半径"为40、"分段"为30、"半球"为0.8的球体，勾选"切面"复选框，依照第04~06步的操作，将圆环和球体对齐到花洒的中心位置，并与花洒结合，效果如图9-93所示。

图9-93 结合圆环与球体

20 将花洒模型转换为可编辑多边形对象，进入"边"层级，依照第16步的操作，对球体外侧的两圈边进行连接，设置"分段"为1，确认连接，如图9-94所示。

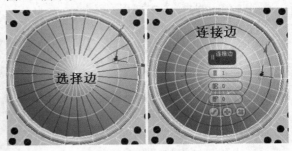

图9-94 连接边（3）

21 在顶视图中绘制"半径"为0.5的球体，依照第11~14步的操作，将该球体散布在球体的多边形的中心，通过"布尔"的"差集"与"切面"功能进行运算，创建出第四层出水孔，效果如图9-95所示。

22 在顶视图中绘制"半径"为30、"半球"为0.7的球体，"渲染"的径向"厚度"为10的L型样条线等对象，根据花洒水管的样式将其组合在一起，通过"并集"布尔运算将其结合，完成该花洒模型的创建，效果如图9-96所示。

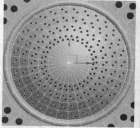
图9-95 创建第4层出水孔

图9-96 花洒模型（2）

9.2.9 创建螺母和螺栓模型

在工业设计中，螺母和螺栓是常见的零部件。螺母和螺栓的造型看似简单，但由于其螺纹结构特殊，因此创建这类模型有一定的难度。这一节我们使用"ProBoolean"复合对象创建螺母和螺栓模型，学习"ProBoolean"复合对象建模的方法和技巧。螺母和螺栓模型效果如图9-97所示。

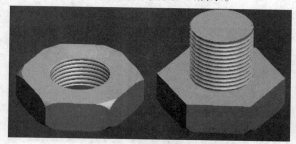
图9-97 螺母和螺栓模型（1）

操作步骤

01 在顶视图中绘制"边数"为6、"半径"为20、"圆角"为0、"高度"为10.8的球棱柱作为螺母的基本模型。

02 在前视图中的螺母基本模型右上角位置绘制"长度""宽度"均为5的矩形和"半径"为3.5的圆，使矩形和圆相交，效果如图9-98所示。

03 将矩形和圆转换为可编辑样条线对象并附加，然后通过二维布尔减运算功能，从矩形中减去圆，效果如图9-99所示。

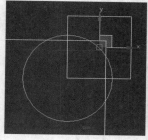
图9-98 绘制矩形和圆

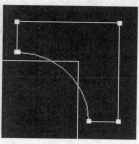
图9-99 二维布尔减运算效果

04 在"层次"面板中激活 仅影响轴 按钮，将矩形的轴沿x轴向左移动到球棱柱对象的中间位置，然后为矩形添加"车削"修改器，如图9-100所示。

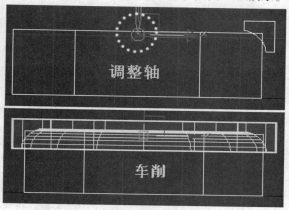
图9-100 创建模型

05 将车削形成的模型转换为可编辑多边形对象，在前视图中将其以"复制"方式沿y轴镜像克隆一个，并向下移动到球棱柱的下方位置，使球棱柱的6个棱角与车削形成的模型内侧相交，效果如图9-101所示。

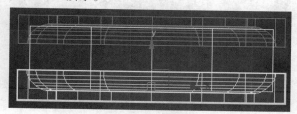
图9-101 镜像克隆

06 将车削形成的对象与球棱柱对象以"复制"方式克隆，并将其隐藏，以备后用。选择车削形成的对象，在"对象类型"卷展栏中激活 ProBoolean 按钮，在"拾取布尔对象"卷展栏中激活 开始拾取 按钮，在"参数"卷展栏中选择"合集"单选项，单击克隆的车削形成的对象，将两个对象合并为一个对象，如图9-102所示。

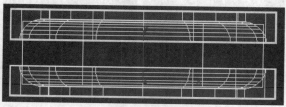
图9-102 "合集"布尔运算效果

07 选择球棱柱对象，再次激活 ProBoolean 按钮，在"拾取布尔对象"卷展栏中激活 开始拾取 按钮，在"参数"卷展栏中选择"差集"单选项，单击

"合集"布尔运算后的车削对象进行"差集"布尔运算，创建出螺母上、下面的6个棱角，效果如图9-103所示。

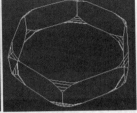

图9-103 创建螺母棱角

08 在顶视图的螺母中心位置创建"半径"为10、"高度"为20的圆柱体和"半径1""半径2"均为10、"高度"为20、"圈数"为13的螺旋线，将其在x轴、y轴和z轴与螺母的"中心"对齐，如图9-104所示。

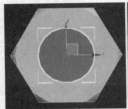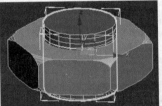

图9-104 创建圆柱体并使其对齐螺母"中心"

09 选择螺旋线对象，在"渲染"卷展栏中勾选"在渲染中启用"和"在视口中启用"两个复选框，并设置其"径向"的"厚度"为1.5、"边"为10，然后将其转换为可编辑多边形对象，如图9-105所示。

10 选择圆柱体对象，激活 ProBoolean 按钮，在"拾取布尔对象"卷展栏中激活 开始拾取 按钮，在"参数"卷展栏中选择"差集"单选项，单击螺旋线对象进行"差集"布尔运算，创建出螺纹，效果如图9-106所示。

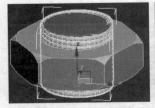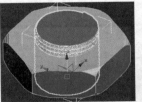

图9-105 设置螺旋线的"渲染"参数　　图9-106 创建螺纹

11 选择螺母对象，激活 ProBoolean 按钮，在"拾取布尔对象"卷展栏中选择"复制"单选项，激活 开始拾取 按钮，在"参数"卷展栏中选择"差集"单选项，单击圆柱体对象进行"差集"布尔运算，创建出螺母内部的螺纹。

12 显示被隐藏的车削形成的对象和球棱柱对象，在前视图中将车削形成的对象沿y轴镜像，并移动到球棱柱下方位置，使其与球棱柱相交，如图9-107所示。

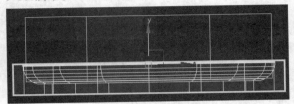

图9-107 移动车削形成的对象

13 依照前面的方法，使用"ProBoolean"的"差集"布尔运算功能，从球棱柱中减去车削形成的对象，创建球棱柱下方6个角的切面，效果如图9-108所示。

14 选择螺母内部的圆柱体，在顶视图中将其与球棱柱对象在x轴和y轴沿"中心"对齐，在y轴将其"最小"与球棱柱的"最大"对齐，效果如图9-109所示。

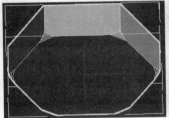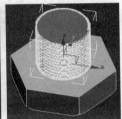

图9-108 "差集"布尔运算结果　　图9-109 对齐效果

15 依照前面的方法，使用"ProBoolean"的"并集"布尔运算功能，将球棱柱与圆柱体对象结合，完成螺栓模型的创建，效果如图9-110所示。

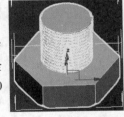

图9-110 "并集"布尔运算效果

16 这样螺母和螺栓模型就创建完毕了，效果如图9-111所示。

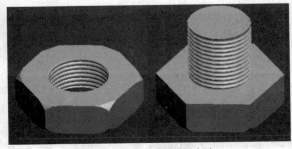

图9-111 螺母和螺栓模型（2）

多边形的"顶点"、"边"与"边界"子对象建模

在3ds Max三维建模中，多边形建模比几何体参数化建模更加自由。在参数化建模时，可以修改基本几何体（如球体或平面）的尺寸、分段数等属性来建模，但是，此建模方法的适用范围非常有限。而多边形建模通常可以将基本模型转换为可编辑多边形、可编辑网格、可编辑面片或NURBS对象等形式，还可以为对象应用修改器进行建模，这样用户可以继续访问对象的原始参数，使建模更加容易。

3ds Max为用户提供了多种工具来塑造曲面，用户可以通过编辑曲面对象的子对象，来执行大量的曲面建模工作。本章通过10个精彩案例，向大家详细讲解多边形曲面建模的相关方法和技巧。

10.1 多边形曲面建模的方法

将对象转换为可编辑多边形对象，或者为对象添加"编辑多边形"修改器，就可以使对象成为可编辑的多边形曲面。多边形曲面包含5个子对象层级，分别是"顶点""边""边界""多边形""元素"。另外，通过各种控件，用户可以在不同的子对象层级对多边形曲面进行操纵。

通常可采用两种方法进行多边形曲面建模，一种是为对象添加"编辑多边形"修改器，另一种是将对象转换为可编辑多边形对象。这两种方法的结果是一样的，用户都可以进入子对象层级，通过编辑子对象来建模。

例如，创建两个立方体对象，选择一个立方体对象，右击并选择"转换为"＞"转换为可编辑多边形"命令，将其转换为可编辑多边形对象，修改器堆栈显示可编辑多边形对象的5个子对象，如图10-1所示。

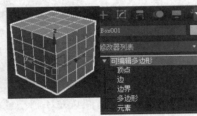

图10-1 转换对象

选择另一个立方体对象，在修改器列表中选择"编辑多边形"修改器，修改器堆栈显示"编辑多边形"与"Box"两个层级。展开"编辑多边形"层级，同样显示5个子对象；进入"Box"层级，可在"参数"卷展栏中修改其参数，如图10-2所示。

图10-2 添加修改器

因此，在具体的操作中，用户可以根据具体情况，选择不同的方法来编辑对象。

10.2 编辑"顶点"子对象建模

"顶点"是多边形对象用于连接"边"的点，编辑"顶点"会影响多边形对象的边和面。这一节通过"创建床垫与靠背模型""创建简约皮沙发模型""创建球形淋浴喷头模型"3个精彩案例，学习编辑多边形"顶点"子对象建模的相关知识。编辑"顶点"子对象建模案例效果如图10-3所示。

床垫与靠背模型　　简约皮沙发模型　　球形淋浴喷头模型
图10-3 编辑"顶点"子对象建模案例效果

10.2.1 编辑"顶点"子对象

选择多边形对象，按数字1键进入"顶点"层级，即可对顶点进行删除、切角、挤出、焊接、移除、断开、目标焊接、连接等多种操作。

选择顶点，则"编辑顶点"卷展栏中显示顶点的各种编辑按钮，如图10-4所示。

单击 移除 按钮，该顶点被移除，多边形对象表面保持完整。如果按Delete键删除该顶点，此时顶点位置会出现破面；单击 断开 按钮断开顶点，该顶

图10-4 "编辑顶点"卷展栏

点所在的位置同样会出现破面；单击 挤出 按钮，在顶点上拖曳，顶点沿法线挤出新的多边形；选择断开的两个顶点，单击 焊接 按钮，在公差范围之内焊接这两个顶点；单击 切角 按钮，在顶点上拖曳，以顶点为基准扩展出多边形面，如图10-5所示。

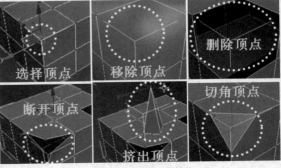

图10-5 编辑顶点的效果

另外，选择顶点时，按住Ctrl键可以加选，按住Alt键可以减选；单击"选择"卷展栏中的 扩大 按钮可扩大顶点的选择范围，单击 收缩 按钮可缩小顶点的选择范围，如图10-6所示。

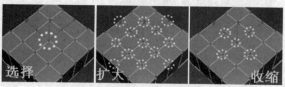

图10-6 选择、扩大与收缩选择

勾选"忽略背面"复选框，以"窗口"选择方式选择顶点时会忽略多边形背面的顶点；选择两个对角顶点，激活"编辑顶点"卷展栏中的 连接 按钮，连接两个顶点创建一条边，如图10-7所示。

如果删除一个顶点后出现破面，选择破面上的一个顶点，激活"编辑顶点"卷展栏中的 目标焊接 按钮，将一个顶点拖到另一个顶点上，两个顶点会焊接在一起，如图10-8所示。

图10-7 连接顶点　　　图10-8 目标焊接顶点

展开"软选择"卷展栏，勾选"使用软选择"复选框，并设置"衰减"与"收缩"参数，选择一个顶点，并移动该顶点，则周围顶点形成一种衰减变化效果，如图10-9所示。

图10-9 软选择效果

提示

单击 挤出 按钮、 焊接 按钮以及 切角 按钮右侧的 ■ 按钮，会打开高级设置面板，在其中可以设置相关参数进行精确操作，单击 ■ 按钮确认，单击 ■ 按钮继续操作，单击 ■ 按钮取消操作。另外，右击，弹出的快捷菜单中有顶点的编辑命令，单击命令左侧的 ■ 按钮，同样会打开高级设置面板，设置相关参数即可编辑顶点。多边形顶点的其他编辑方式将在后面章节通过具体案例进行详细讲解，在此不做讲解。

10.2.2　创建床垫与靠背模型

这一节通过创建床垫与靠背模型，学习编辑"顶点"建模的相关技巧。床垫与靠背模型效果如图10-10所示。

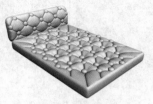

图10-10　床垫与靠背模型（1）

操作步骤

01 在顶视图中创建"长度"为2000、"宽度"为1500、"高度"为200、"圆角"为50、"长度分段"为6、"宽度分段"为5、"圆角分段"为2的切角长方体。

02 在修改器列表中选择"编辑多边形"修改器，按数字1键进入"顶点"层级，在"选择"卷展栏中勾选"忽略背面"复选框。在顶视图中以"窗口"选择方式选择长方体面上中间位置的顶点，在前视图中将其沿y轴向上移动一定距离，然后右击并选择"挤出"命令，设置"高度"为-100、"宽度"为150，如图10-11所示。

03 单击 ✓ 按钮确认，激活主工具栏中的"2.5维捕捉" 按钮，并设置捕捉模式为"中点""端点""顶点"捕捉，然后激活"编辑几何体"卷展栏中的 切割 按钮，在顶视图中捕捉挤出模型的边的中点以及中间的顶点进行切割，如图10-12所示。

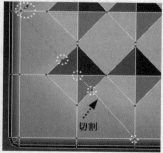

图10-11　挤出顶点（1）　　图10-12　切割

04 使用相同的方法捕捉顶点对模型进行切割，进入"边"层级，系统自动选择切分形成的"边"，效果如图10-13所示。

05 右击并选择"挤出"命令，设置"高度"为

-50、"宽度"为0.01，对边进行挤出，效果如图10-14所示。

图10-13 切割顶点（1）　　　图10-14 挤出边

06 单击◢按钮确认，按数字2键退出"边"层级，在修改器列表中选择"网格平滑"修改器，设置"迭代次数"为2，对模型进行平滑处理，效果如图10-15所示。

07 在顶视图中创建"半径"为50、"半球"为0.5的球体，将其以"实例"方式克隆到模型凹陷处的中心位置，完成床垫模型的创建，效果如图10-16所示。

图10-15 网格平滑效果　　　图10-16 床垫模型

　　下面创建软包靠垫。

08 在前视图中的床垫位置创建"长度"为550、"宽度"为1500、"高度"为200、"长度分段"为3、"宽度分段"为8的长方体。

09 在修改器列表中选择"编辑多边形"修改器，按数字1键进入"顶点"层级。在左视图中以"窗口"选择方式选择右上角的顶点，将其沿x轴向左移动，继续以"窗口"选择方式选择第3排的顶点，将其沿x轴向右移动，调整出靠垫的基本形态，如图10-17所示。

图10-17
在左视图中
调整顶点

10 切换到前视图，在"选择"卷展栏中勾选"忽略背面"复选框，然后以间隔选择的方式，选择长方体正面的顶点，效果如图10-18所示。

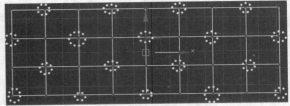

图10-18 在前视图中选择顶点

11 右击并选择"挤出"命令，设置"高度"为-100、"宽度"为80，单击◢按钮确认，如图10-19所示。

12 激活主工具栏中的"2.5维捕捉"按钮，并设置捕捉模式为"中点""端点""顶点"捕捉，然后激活"编辑顶点"卷展栏中的切割按钮，在透视图中捕捉挤出模型边的中点以及中间的顶点进行切割，如图10-20所示。

图10-19 挤出顶点（2）　　　图10-20 切割顶点（2）

13 使用相同的方法，对每一个挤出模型都进行边的中点与中心点的切割，切割过程中可以在按住Alt键的同时配合鼠标中键调整视图，切割效果如图10-21所示。

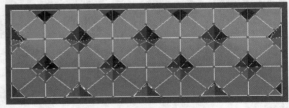

10-21 切割效果

14 按数字2键进入"边"层级，系统会自动选择切割形成的边，右击并选择"挤出"命令，设置"高度"为-30、"宽度"为0.5，单击◢按钮确认，对边进行挤出。

15 在修改器列表中选择"网格平滑"修改器，设置"迭代次数"为2，对模型进行平滑处理，效果如图10-22所示。

16 在前视图中创建"半径"为50的球体，将其复制到靠垫的凹陷位置，完成床垫与靠垫模型的制作,效果如图10-23所示。

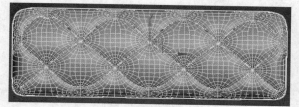

图10-22 涡轮平滑效果

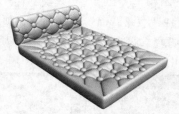

图10-23 床垫与靠背模型（2）

10.2.3 创建简约皮沙发模型

简约风格的沙发深受现代家庭喜爱,简约风格的沙发模型也是现代简约风格室内设计中必备的模型。这一节我们通过创建简约皮沙发模型,继续学习编辑"顶点"建模的方法和技巧。简约皮沙发模型效果如图10-24所示。

图10-24 简约皮沙发模型（1）

操作步骤

01 在顶视图中创建"长度"为700、"宽度"为425、"高度"为20、"长度分段"为3、"宽度分段"为3的长方体。

02 在修改器列表中选择"编辑多边形"修改器,按数字1键进入"顶点"层级,在顶视图中以"窗口"选择方式选择长方体上的顶点进行调整,效果如图10-25所示。

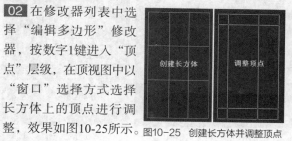

图10-25 创建长方体并调整顶点

03 按数字4键进入"多边形"层级,在透视图中选择侧面多边形,按Delete键将其删除,然后调整视角,选择背面左侧两个角位置的多边形,右击并

选择"倒角"命令,设置"高度"为100、"轮廓"为-10,确认倒角以创建两个床腿,如图10-26所示。

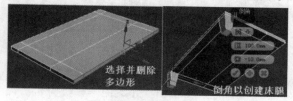

图10-26 删除与倒角多边形

04 按数字2键进入"边"层级,选择右侧面上的一条边,然后在修改器列表中选择"对称"修改器,设置"镜像轴"为x轴,取消"沿镜像轴切片"复选框的勾选,勾选"焊接缝"复选框,对模型进行镜像对称,创建出沙发的木质底座模型,如图10-27所示。

图10-27 镜像对称效果

05 在顶视图中沙发底座上方的左、右两个角位置绘制"宽度"为150、"长度"为任意尺寸的矩形作为辅助对象,然后选择底座模型,右击并选择"转换为">"转换为可编辑多边形"命令,将其转换为可编辑多边形对象。

06 按数字1键进入"顶点"层级,在顶视图中调整两侧的顶点,使其与两个矩形的内侧边对齐,如图10-28所示。

07 启用主工具栏中的"2.5维捕捉" 功能,并设置为"中点"捕捉模式,然后在"编辑几何体"卷展栏中激活 切割 按钮,捕捉两端线的中点进行切割,创建一条边,如图10-29所示。

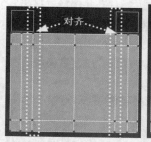

图10-28 对齐顶点

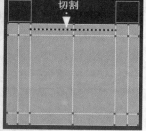

图10-29 切割中点

08 删除矩形,按数字4键进入"多边形"层级,选择切割形成的多边形,右击并选择"挤出"命令,将其挤出500个绘图单位,如图10-30所示。

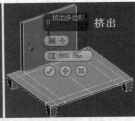

图10-30 挤出多边形

09 按数字1键进入"顶点"层级，在左视图中以"窗口"选择方式选择挤出多边形上方的顶点，将其沿x轴向左移动，调整挤出多边形的倾斜度，如图10-31所示。

这样沙发木质底座模型就制作完毕了，下面我们制作沙发垫模型。

10 在顶视图中沙发底座的左侧位置绘制"长度"为700、"宽度"为150、"高度"为300、"长度分段"为6、"宽度分段""高度分段"均为2的长方体，将其转换为可编辑多边形对象，作为沙发扶手。

11 按数字1键进入"顶点"层级，在前视图中以"窗口"选择方式选择扶手右上角的顶点，将其沿z轴向左移动，然后按数字2键进入"边"层级，双击下方的边，右击并选择"切角"命令，设置"切角量"为1，对该边进行切角，如图10-32所示。

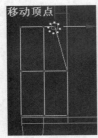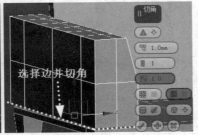

图10-31 调整挤出 图10-32 移动顶点并切角边
多边形的倾斜度

12 再次选择扶手两端的边，右击并选择"挤出"命令，设置"高度"为-50、"宽度"为0.2，确认挤出。退出"边"层级，为扶手模型添加"涡轮平滑"修改器，设置"迭代次数"为2，对模型进行平滑处理，效果如图10-33所示。

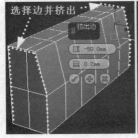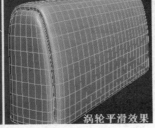

图10-33 挤出边并平滑处理

13 将该扶手模型以"实例"方式镜像克隆到另一边，完成沙发扶手模型的创建，效果如图10-34所示。

下面创建沙发坐垫与靠背模型。

14 在顶视图中的沙发底座位置绘制"长度"为650、"宽度"为600、"高度"为150、"长度分段"为7、"宽度分段"为6的长方体，将其转换为可编辑多边形对象，作为沙发坐垫。

15 按数字1键进入"顶点"层级，在"选择"卷展栏中勾选"忽略背面"复选框，在顶视图中以"窗口"选择方式选择坐垫除边缘外的其他顶点，在前视图中将其沿y轴向上移动，如图10-34所示。

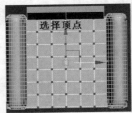

图10-34 选择并移动顶点

16 进入"边"层级，依照第11步的操作，选择坐垫下方的一圈边进行切角，然后依照第12步的操作，选择坐垫上方一圈边进行挤出，为其添加"涡轮平滑"修改器，对模型进行平滑处理，完成坐垫模型的创建，效果如图10-35所示。

下面创建沙发靠背模型。

17 在前视图中绘制"长度"为350、"宽度"为650、"高度"为150、"长度分段"为4、"宽度分段"为6的长方体，将其转换为可编辑多边形对象，作为沙发坐垫。

18 按数字1键进入"顶点"层级，在前视图中调整各顶点，使其与沙发坐垫和扶手相互贴合，然后选择中间的顶点，在左视图中将其向右移动，如图10-36所示。

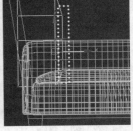

图10-35 沙发坐垫模型 图10-36 调整沙发靠背处的顶点

19 依照前面制作沙发扶手和坐垫的方法，对靠背模型的边进行切角和挤出，并进行涡轮平滑处理，最后在左视图中将靠背模型沿z轴进行旋转，使其向后倾斜，这样简约皮沙发模型就制作完毕了，效果如图10-37所示。

图10-37 简约皮沙发模型（2）

10.2.4 创建球形淋浴喷头模型

淋浴用具是每一个家庭必备的卫生用具，这类用具的模型在卫生间室内设计中不可缺少。这一节我们通过创建球形淋浴喷头模型的案例，继续学习编辑"顶点"建模的相关技巧。球形淋浴喷头模型效果如图10-38所示。

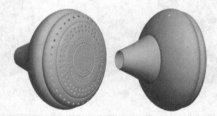
图10-38 球形淋浴喷头模型（1）

操作步骤

`01` 在顶视图中创建"半径"为100、"分段"为36的球体。激活主工具栏中的"缩放" 按钮，在该按钮上右击，打开"缩放变换输入"对话框，在"绝对：局部"选项组设置"Z"为60，将球体沿z轴压扁，效果如图10-39所示。

`02` 在修改器列表中选择"编辑多边形"修改器，按数字1键进入"顶点"层级，在左视图中以"窗口"选择方式选择球体中心偏右的一圈顶点，依照第01步的操作，在"缩放变换输入"对话框中设置"偏移：屏幕"为95，对顶点进行缩放，效果如图10-40所示。

图10-39 压扁球体　　　图10-40 缩放顶点

`03` 右击并选择"转换到边"命令，转换到顶点所在的边。右击并选择"挤出"命令，设置"高度"为-5、"宽度"为0.01，对顶点所在的边进行挤出，如图10-41所示。

图10-41 挤出边（1）

`04` 按数字1键进入"顶点"层级，在透视图中选择球体底部的顶点，在"软选择"卷展栏中勾选"使用软选择"复选框，设置"衰减"为150，然后将该顶点沿y轴向内移动，创建出球体底部的弧面，效果如图10-42所示。

`05` 按数字2键进入"边"层级，按住Ctrl键的同时双击弧面上的两圈边，右击并选择"挤出"命令，设置"高度"为-5、"宽度"为0.01，对这两圈边进行挤出，如图10-43所示。

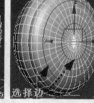
图10-42 设置软选　　　图10-43 选择并挤出边
择并移动顶点

`06` 双击弧面上的一圈边，右击并选择"转换到顶点"命令，转换到该边的顶点上，右击并选择"切角"命令，设置"切角量"为3，确认切角，如图10-44所示。

图10-44 切角顶点（1）

`07` 双击弧面上的一圈边，并转换到该边的顶点上，在"编辑几何体"卷展栏的"约束"选项组中选择"边"单选项，将顶点约束到边。打开"缩放变换输入"对话框，在"偏移：屏幕"数值框输入105，使其向外扩大，如图10-45所示。

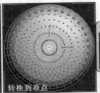 

选择边　转换到顶点　　　　　　　　　扩大顶点

图10-45　扩大顶点

08 按数字2键进入"边"层级，按住Ctrl键的同时选择3条竖边，单击"选择"卷展栏中的 循环 按钮选择循环边，然后右击并选择"连接"命令，设置"分段"为1，在3条循环边上创建3个圆环边，如图10-46所示。

选择3条边　　　选择循环边　　　连接边

图10-46　选择并连接边

09 按住Ctrl键的同时双击外侧的两条边，依照前面的操作转换到这两条边的顶点，然后对顶点进行切角，设置"切角量"为2，如图10-47所示。

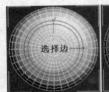

选择边　　转换到顶点　　切角顶点

图10-47　切角顶点（2）

10 依照相同的方法，分别选择内部的其他边，并转换到边的顶点，对顶点进行切角。注意，如果感觉内部顶点太少，可以依照第08步的操作，对循环边进行连接，创建边以增加顶点的密度，然后再对顶点进行切角，效果如图10-48所示。

  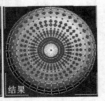

顶点切角量：1.5　　顶点切角量：1　　结果

图10-48　切角顶点（3）

11 按数字4键进入"多边形"层级，按住Ctrl键的同时选择切角顶点形成的多边形，按Delete键将其删除，创建出淋浴喷头的出水孔，效果如图10-49所示。

12 按数字1键进入"顶点"层级，选择球体另一个底面的顶点，依照第04步的操作，设置软选择的

"衰减"为50，将其向外拉伸，创建出淋浴喷头模型的背面，效果如图10-50所示。

选择　　　删除　　　　　　　　图10-50　拉伸顶点

图10-49　选择并删除多边形

13 结束软选择的操作，按Delete键将该顶点删除，按数字2键进入"边"层级，双击背面的一圈边，右击并选择"挤出"命令，设置"高度"为-5、"宽度"为0.01，对边进行挤出，如图10-51所示。

14 退出"边"层级，在修改器列表中选择"壳"修改器，设置"内部量""外部量"均为1，为喷头增加厚度，选择"涡轮平滑"修改器，设置"迭代次数"为2，对模型进行平滑处理，完成球形淋浴喷头模型的创建，效果如图10-52所示。

挤出边

图10-51　挤出边（2）　　　图10-52　球形淋浴喷头模型（2）

10.3　编辑"边"与"边界"子对象建模

　　"边"是多边形对象中两个"顶点"的连线，也是"多边形"的边界。"边界"是网格的线性部分，通常可以描述为孔洞的边缘，它通常是多边形一面的边序列。例如，创建圆柱体对象，将其转换为可编辑多边形对象后，删除圆柱体上的任意边，则相邻的边会形成孔洞，而孔洞的边缘就是边界，如图10-53所示。

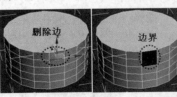

删除边　　　边界

图10-53　边界

　　"边界"的编辑方法与"边"的编辑方法基本相似，且操作非常简单，在后面章节将通过具体案例进行讲解，在此不做详述。这一节我们将通过"创建中式落地灯模型""创建软包皮沙发模

型""创建摇摇椅模型""创建蛋形个性椅子模型""创建家用方形靠背椅模型""创建单人皮沙发模型""创建雕花模型"7个精彩案例,学习编辑"边"子对象建模的方法和技巧。编辑"边"子对象建模案例效果如图10-54所示。

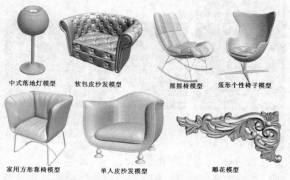

中式落地灯模型　软包皮沙发模型　摇摇椅模型　蛋形个性椅子模型

家用方形靠背椅模型　单人皮沙发模型　雕花模型

图10-54 编辑"边"子对象建模案例效果

10.3.1 编辑"边"与"边界"子对象

选择可编辑多边形对象,按数字2键进入"边"层级,单击"边",展开"编辑边"卷展栏,如图10-55所示。

图10-55 "编辑边"卷展栏

单击 移除 按钮,移除边,多边形保持不变;单击 挤出 按钮,在边上拖曳鼠标,边沿法线创建新的多边形,并挤出生成多边形面;激活 插入顶点 按钮,在边上单击以插入顶点;激活 切角 按钮,在边上拖曳,以边为基准扩展出两条边,并形成多边形面;选择两条平行边,单击 连接 按钮,使用边连接两条边,如图10-56所示。

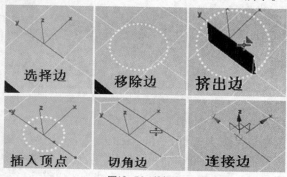

图10-56 编辑边

选择一条边,按Delete键将其删除,则连接该边的多边形出现破面,选择破面的两条对边,单击 桥 按钮,两条边之间形成面,如图10-57所示。

图10-57 删除与桥接边

按住Ctrl键的同时选择多条边,单击 利用所选内容创建图形 按钮打开"创建图形"对话框,对图形命名并单击 确定 按钮,将选择的边创建为平滑或线性图形,如图10-58所示。

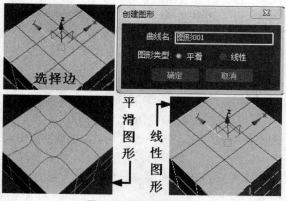

图10-58 将边创建为图形

选择一个边,单击"选择"卷展栏中的 环形 按钮,则选择与该边相似的环形边,单击 循环 按钮,则选择该边的所有循环边,如图10-59所示。

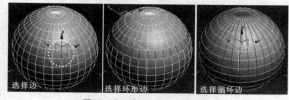

图10-59 选择环形边与循环边

选择边,单击"编辑几何体"卷展栏中的 分离 按钮,在打开的"分离"对话框中为要分离的边命名,并选择分离方式,如图10-60所示。

勾选"分离到元素"复选框,将选择的边连同边周围的多边形一起分离为对象的元素;勾选"以克隆对象分离"复选框,则将选择的边连同周围的多边形以克隆的方式进行分离;取消这两个复选框的勾选,则直接将选择的边连同周围的多边形从对象中分离出来,如图10-61所示。

图10-60 "分离"对话框

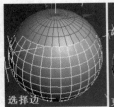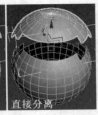

图10-61 分离边

对于分离后的对象，如果要将其与原对象重新结合，则右击并选择"附加"命令，拾取原对象进行附加，然后进入"顶点"层级，选择顶点进行焊接即可。多边形的"边"子对象的其他编辑方法，在后面章节将通过具体案例进行讲解，在此不做讲述。

10.3.2 创建中式落地灯模型

在一些中式风格的室内设计中，中式灯具模型是必不可少的模型。这一节我们就来创建一个中式落地灯模型，学习编辑多边形"边"子对象建模的方法和技巧。中式落地灯模型效果如图10-62所示。

图10-62 中式落地灯模型

操作步骤

01 在顶视图中创建"半径"为150、"分段"为25的球体，将其转换为可编辑多边形对象，作为灯罩的基本模型。

02 进入"顶点"层级，在前视图中选择球体上方的顶点，在"软选择"卷展栏中勾选"使用软选择"和"影响背面"两个复选框，并设置"衰减"为110、"收缩"为-1.7，然后将其沿y轴向下移动，使球体上方形成凹陷效果，如图10-63所示。

03 取消"使用软选择"复选框的勾选，按Delete键删除顶点，然后使用相同的方法，选择球体下方

顶点，使用相同的"软选择"参数进行处理，并将其沿y轴向上移动，使球体下方也形成凹陷效果。最后删除上、下两个顶点，完成灯罩模型的创建，效果如图10-64所示。

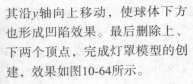

图10-63 软选择效果　　　图10-64 创建灯罩模型

04 按数字2键进入"边"层级，以"窗口"选择方式选择所有边，右击并选择"创建图形"命令，在"创建图形"对话框中选择"线性"单选项，并将要创建的图形命名为"图形001"，如图10-65所示。

05 单击 确定 按钮确认，然后按数字2键退出"边"层级。执行"编辑" > "克隆"命令，以"复制"方式将灯罩对象克隆为"灯罩外壳"，如图10-66所示。

图10-65 创建图形　　　图10-66 克隆对象

06 选择灯罩的基本模型，按数字4键进入"多边形"层级，在前视图中以"交叉"选择方式选择灯罩上、下两端的多边形，按Delete键将其删除，最后在修改器列表中选择"壳"修改器，设置"内部量""外部量"均为2，效果如图10-67所示。

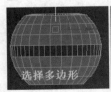

图10-67 选择、删除多边形与壳效果

07 选择"图形001"对象，在"渲染"卷展栏中勾选"在视口中启用"和"在渲染中启用"两个复选框，设置"径向"的"厚度"为2，最后显示被隐藏的"灯罩外壳"对象，效果如图10-68所示。

08 选择灯罩的基本模型，按数字2键进入"边"层级，双击底部模型的边将其选中，右击并选择

"挤出"命令,设置"高度"为50、"宽度"为1,对该边进行挤出,如图10-69所示。

图10-68 灯罩模型

图10-69 选择并挤出边

09 右击主工具栏中的"缩放"按钮,打开"缩放变换输入"对话框,在"偏移:世界"数值框输入30,对边进行缩放,如图10-70所示。

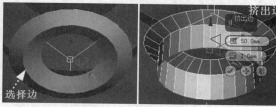

图10-70 缩放边

10 在顶视图中创建"半径"为100、"高度"为15、"圆角"为3、"边数"为25、"端面分段"为3的切角圆柱体,将其转换为可编辑多边形对象,作为落地灯的底座。

11 按数字1键进入"顶点"层级,选择顶面中心位置的顶点,依照前面的操作,启用"软选择"功能,设置"衰减"为50,将该顶点沿y轴向上拖曳,效果如图10-71所示。

12 按Delete键将顶点删除,按数字3键进入"边界"层级,选择顶部的边界,在"编辑边界"卷展栏中激活 封口 按钮,对该边界进行封口,形成一个多边形,如图10-72所示。

图10-71 拉伸顶点

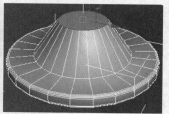

图10-72 封口边界

13 按数字4键进入"多边形"层级,单击封口形成的多边形,右击并选择"插入"命令,插入一个向内移动10个绘图单位的多边形,然后右击并选择"挤出"命令,设置"高度"为20,将插入的多边形挤出20个绘图单位,如图10-73所示。

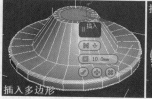
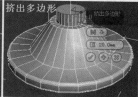

图10-73 插入并挤出多边形

14 按Delete键删除挤出的多边形顶面,退出"多边形"层级。在顶视图中将该模型与灯罩模型沿x轴和y轴在"中心"对齐,然后在前视图中将其移动到灯罩下方的合适位置,如图10-74所示。

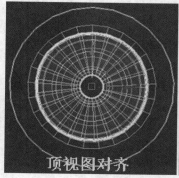

图10-74 对齐与移动模型

15 选择灯罩模型,右击并选择"附加"命令,拾取下方的底座模型,将其与灯罩模型附加,然后进入"多边形"层级,选择灯罩模型下方内部的多边形,按Delete键将其删除,如图10-75所示。

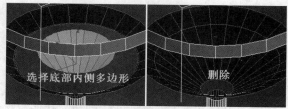

图10-75 选择并删除底部内侧多边形

16 按数字2键进入"边"层级,按住Ctrl键的同时选择灯罩模型下方边缘的一条边和相对应的底座上方边缘的一条边,单击"编辑边"卷展栏中的 桥 按钮进行桥接,如图10-76所示。

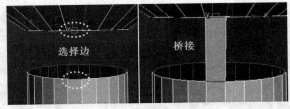

图10-76 桥接边

17 使用相同的方法，依次选择两个模型相对应的边进行桥接，这样底座与灯罩模型就连为了一体。在修改器列表中选择"壳"修改器，设置"内部量""外部量"均为2，为灯罩和底座模型增加厚度，完成中式落地灯模型的创建。

10.3.3 创建软包皮沙发模型

软包沙发模型是室内设计中常见的模型。这一节我们通过创建软包皮沙发模型，继续学习编辑多边形"边"子对象建模的方法和技巧。软包皮沙发模型效果如图10-77所示。

图10-77 软包皮沙发模型

操作步骤

01 在前视图中创建"长度"为900、"宽度"为100、"长度分段"为4、"宽度分段"为2的平面对象，将其转换为可编辑多边形对象。按数字1键进入"顶点"层级，调整顶点，创建出沙发的内部结构。注意，调整时尽量使各段的距离相等，这样便于后期创建软包，效果如图10-78所示。

02 按数字2键进入"边"层级，在透视图中调整视角，按住Shift键的同时将边沿y轴进行拉伸，效果如图10-79所示。

03 按数字4键进入"多边形"层级，选择拉伸边形成的多边形，右击并选择"挤出"命令，选择"局部法线"方式，设置"高度"为100，对多边形进行挤出，确认挤出。选择侧面挤出的多边形，按Delete键将其删除，如图10-80所示。

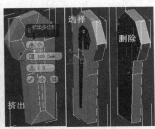

图10-78 创建平面并调整顶点 　图10-79 拉伸边 　图10-80 挤出与删除多边形

04 按数字2键进入"边"层级，选择删除多边形形成的边，在顶视图中根据沙发的深度将其沿y轴向上移动到合适位置。按住Shift键将其向上拉伸一段距离，之后沿z轴旋转45°，向右移动到合适位置并再次拉伸，再旋转45°，并在按住Shift键的同时根据沙发的宽度将其沿x轴拉伸出沙发宽度的一半距离，创建出沙发的拐角，效果如图10-81所示。

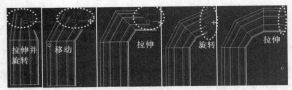

图10-81 沙发的拐角

05 以"交叉"选择方式选择下方的边，右击并选择"连接"命令，设置"分段"为1，创建一条边。切换到透视图，选择下方的竖边，通过连接创建边，如图10-82所示。

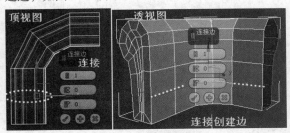

图10-82 连接创建边

06 进入"顶点"层级，在透视图中采用间隔选择的方式，选择角点位置的顶点，右击并选择"挤出"命令，设置"高度"为-100、"宽度"为110，如图10-83所示。

07 启用主工具栏中的"2.5维捕捉" 按钮，激活"编辑几何体"卷展栏中的 切割 按钮，设置捕捉模式为"中点""端点"捕捉，捕捉挤出模型的边的中点和顶点，对挤出模型进行切割，使其形成"米"字形，如图10-84所示。

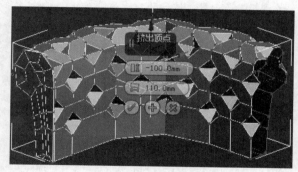

图10-83 挤出顶点（1）

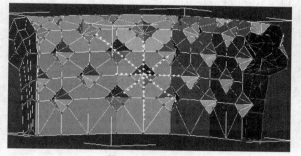

图10-84 切割效果

08 按数字2键进入"边"层级，系统自动选择切割形成的边，右击并选择"挤出"命令，设置"高度"为-10、"宽度"为6，单击⬚按钮，然后修改"高度"为15、"宽度"为6，确认挤出，如图10-85所示。

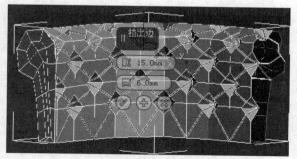

图10-85 挤出边

09 进入"顶点"层级，分别选择凹陷中心的所有顶点，右击并选择"塌陷"命令，将其塌陷为一个点。按数字4键进入"多边形"层级，右击并选择"倒角"命令，设置"高度"为30、"轮廓"为0，单击⬚按钮，修改"轮廓"为-15，确认倒角，如图10-86所示。

10 选择内部的多边形，使用相同的方法，右击并选择"倒角"命令，设置"高度"为30、"轮廓"为-15，确认倒角，如图10-87所示。

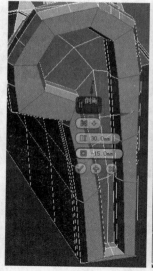

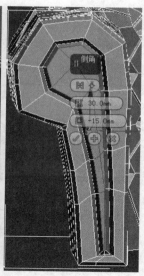

图10-86 倒角多边形　　　图10-87 继续倒角多边形

11 按数字2键退出"边"层级，在修改器列表中选择"对称"修改器，取消"沿镜像轴切片"复选框的勾选，将模型沿x轴进行对称，创建出沙发的另一半模型，效果如图10-88所示。

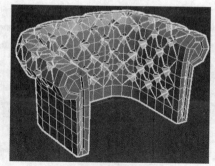

图10-88 创建另一半模型

12 在修改器列表中选择"网格平滑"修改器，设置"迭代次数"为2，对沙发模型进行平滑处理，效果如图10-89所示。

图10-89 网格平滑效果

13 在前视图中创建"半径"为35的球体，将其以"实例"方式克隆到沙发面的凹陷位置，作为沙发包裹纽扣，效果如图10-90所示。

图10-90 创建纽扣

下面创建沙发坐垫模型。

14 在顶视图中的沙发靠背位置创建"长度"为750、"宽度"为1000、"高度"为200、"长度分段"为4、"宽度分段"为6、"高度分段"为2的长方体,将其转换为可编辑多边形对象,如图10-91所示。

15 进入"顶点"层级,依照第06步的操作,采用间隔选择的方式选择长方体顶面和侧面的顶点,右击并选择"挤出"命令,设置"高度"为–100、"宽度"为80,对顶点进行挤出,如图10-92所示。

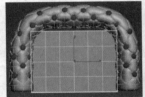

图10-91 创建长方体　　图10-92 挤出顶点(2)

16 依照第07步的操作,在挤出的凹陷位置通过切割方式创建出"米"字形的布线效果,如图10-93所示。

17 依照第08步的操作,对切割的边进行挤出,设置"高度"为–10、"宽度"为5,单击 按钮,修改"高度"为15,对边进行挤出,如图10-94所示。

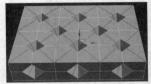
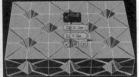

图10-93 切割边　　　　图10-94 挤出边

18 进入"顶点"层级,以"窗口"选择方式选择长方体左下角位置通过挤出边产生的多个顶点,右击并选择"塌陷"命令,将其塌陷为一个点,如图10-95所示。

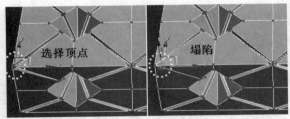

图10-95 选择并塌陷顶点

19 使用相同的方法,分别对长方体棱边以及角位置挤出边产生的多个顶点进行塌陷,退出"顶点"层级。在修改器列表中选择"网格平滑"修改器,设置"迭代次数"为2,对沙发坐垫模型进行平滑处理,效果如图10-96所示。

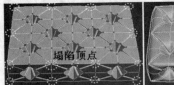

图10-96 塌陷其他顶点并进行平滑处理

20 创建"半径"为35的球体,将其依次克隆到沙发坐垫的凹陷位置,再通过移动、旋转等操作调整其位置,作为沙发坐垫皮质包裹的纽扣,完成沙发坐垫模型的创建。

21 在前视图中将该沙发坐垫向下克隆一个,作为另一个沙发坐垫,这样就完成了软包皮沙发模型的创建。

10.3.4　创建摇摇椅模型

摇摇椅舒适度高,可以很好地缓解疲劳,深受年轻人的喜爱,这类模型也是现代风格室内设计中常见的模型。这一节我们通过创建摇摇椅模型,继续学习编辑多边形"边"子对象建模的方法。摇摇椅模型效果如图10-97所示。

图10-97 摇摇椅模型

操作步骤

01 在前视图中创建"长度"为1500、"宽度"为700、"长度分段"为4、"宽度分段"为3的平面对象,将其转换为可编辑多边形对象。

02 按数字1键进入"顶点"层级,在左视图中调整顶点，如图10-98所示。

03 切换到透视图，选择椅子前端两侧的两个顶点，将其沿z轴向上移动；选择椅子靠背两侧的3个顶点，将其沿y轴负方向向前移动，调整出摇摇椅的基本造型，如图10-99所示。

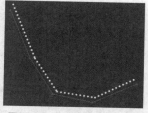

图10-98 在左视图中调整顶点

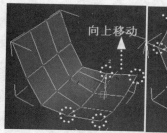

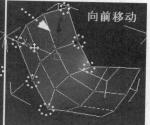

图10-99 在透视图中调整顶点

04 选择靠背顶部中间的两个顶点，将其沿z轴向上移动；选择椅子靠背下方的两个顶点，将其沿z轴向上移动，完成摇摇椅基本模型的创建，如图10-100所示。

图10-100 向上调整顶点

05 在修改器列表中选择"壳"修改器，设置"内部量""外部量"均为20，设置"分段"为2，效果如图10-101所示。

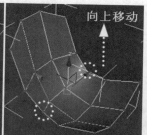

图10-101 "壳"修改器效果（1）

06 在修改器列表中选择"编辑多边形"修改器，按数字2键进入"边"层级，双击"壳"修改器中的"分段"边，右击并选择"挤出"命令，设置"高度"为-10、"宽度"为0.01，确认挤出，如图10-102所示。

07 退出"边"层级，在修改器列表中选择"网格平滑"修改器，设置"迭代次数"为2，对模型进行平滑处理，效果如图10-103所示。

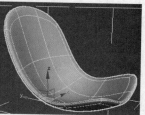

图10-102 挤出边（1）　　图10-103 网格平滑效果（1）

下面创建软垫模型。

08 执行"编辑">"克隆"命令，将该摇摇椅模型以"复制"方式克隆一个，在修改器堆栈暂时折叠"网格平滑""编辑多边形""壳"，进入"可编辑多边形"层级，如图10-104所示。

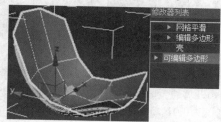

图10-104 克隆对象

09 按数字1键进入"顶点"层级，按住Ctrl键的同时选择靠背顶部两侧的两个顶点，将其沿z轴向上移动，使其与中间两个顶点对齐，如图10-105所示。

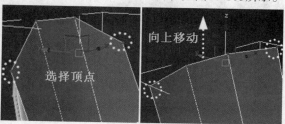

图10-105 调整顶点

10 选择其他顶点并进行调整，使各顶点处于同一平面。按数字2键进入"边"层级，选择右端的边，按住Shift键的同时将其向右拖曳，然后沿z轴向下移动，使其有向下坠落的感觉，如图10-106所示。

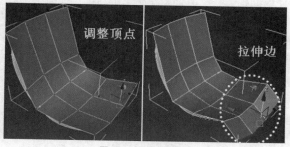

图10-106 调整模型

11 退出"边"层级，在修改器堆栈中进入"壳"层级，修改"内部量""外部量"均为50，效果如图10-107所示。

12 在修改器堆栈中删除"编辑多边形"层级，然后重新添加"编辑多边形"修改器，按数字2键进入"边"层级，双击"壳"修改器添加的"分段"边，右击并选择"挤出"命令，设置"高度"为25、"宽度"为5，确认挤出，如图10-108所示。

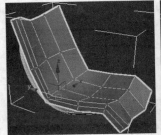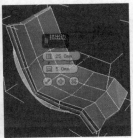

图10-107 "壳"修改器效果（2）　　图10-108 挤出边（2）

13 按住Ctrl键的同时双击模型上的4条横边将其选中，右击并选择"挤出"命令，设置"高度"为-25、"宽度"为0.01，确认挤出。选择两条竖边，使用同样的方法对其进行挤出，如图10-109所示。

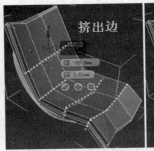

图10-109 挤出边（3）

14 在修改器列表中选择"网格平滑"修改器，设置"迭代次数"为2，对模型进行平滑处理，完成摇摇椅软垫模型的创建，效果如图10-110所示。

　　下面我们制作摇摇椅的腿。

15 在左视图中的摇摇椅下方位置绘制圆弧，进入修改面板，在"渲染"卷展栏中勾选"在渲染中启用"和"在视口中启用"两个复选框，并设置"径向"的"厚度"为30，效果如图10-111所示。

16 在顶视图中将该圆弧克隆到摇摇椅的两侧位置，然后选择摇摇椅模型，为其添加"编辑多边形"修改器。按数字2键进入"边"层级，在透视图中调整视角，按住Ctrl键的同时选择椅子底面的边，如图10-112所示。

图10-110 网格平滑效果（2）　　图10-111 创建圆弧

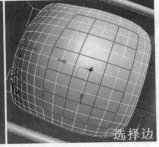

图10-112 克隆圆弧并选择边

17 右击并选择"创建图形"命令，将选择的边以"线性"方式克隆为"图形001"对象。选择"图形001"对象，进入修改面板，在"渲染"卷展栏中勾选"在渲染中启用"和"在视口中启用"两个复选框，并设置"径向"的"厚度"为5，效果如图10-113所示。

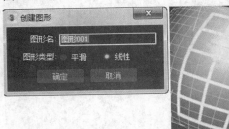

图10-113 创建图形

18 在左视图中创建4条直线段，使其一端连接圆弧，另一端连接"图形001"对象，作为摇摇椅的支撑。在透视图中将其以"实例"方式克隆到摇摇椅的另一侧，进入修改面板，在"渲染"卷展栏中勾选"在渲染中启用"和"在视口中启用"两个复选框，并设置"径向"的"厚度"为5，效果如图10-114所示。

19 在前视图中创建两条直线段，使其一端连接左、右两根支撑，一端连接"图形001"对象，作为摇摇椅的另一组支撑。在透视图中将其以"实例"方式克隆到摇摇椅的后面。进入修改面板，在

"渲染"卷展栏中勾选"在渲染中启用"和"在视口中启用"两个复选框,并设置"径向"的"厚度"为5,完成该模型的创建,效果如图10-115所示。

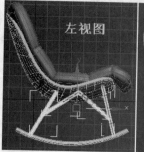

图10-114 创建支撑

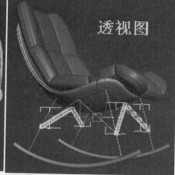

图10-115 创建另一组支撑

10.3.5 创建蛋形个性椅子模型

追求个性是年轻一代的特点。这一节我们来创建一个极具个性的蛋形椅子模型,学习编辑多边形"边"子对象建模的另一种思路和技巧。蛋形个性椅子模型效果如图10-116所示。

图10-116 蛋形个性椅子模型

操作步骤

01 在顶视图中创建"半径"为300、"分段"为20、"半球"为0.4的球体,在前视图中将其沿y轴以"不克隆"方式镜像,使其半球面朝上。

02 将该球体转换为可编辑多边形对象,按数字4键进入"多边形"层级,在前视图中以"交叉"方式选择上面的一排多边形,按Delete键将其删除,

效果如图10-117所示。

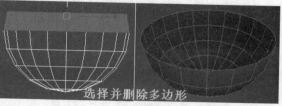

图10-117 选择并删除多边形

03 进入"边"层级,选择前面中间位置的两排边,将其删除,效果如图10-118所示。

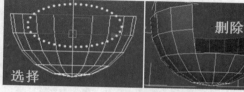

图10-118 选择并删除边

04 在左视图中以"窗口"选择方式选择左上方的10条边,在透视图中按住Shift键的同时将其沿z轴向上拉伸到合适高度,效果如图10-119所示。

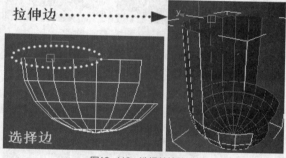

图10-119 选择并拉伸

05 在左视图中以"交叉"选择方式选择拉伸形成的边,右击并选择"连接"命令,设置"分段"为2,对边进行连接,如图10-120所示。

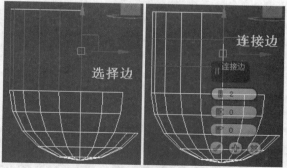

图10-120 连接边(1)

06 在左视图中分别双击连接生成的两条边和上方的边,将其沿x轴向左移动,使模型向左倾斜,然后以"交叉"选择方式选择下方的两条竖边,按

Delete键将其删除，效果如图10-121所示。

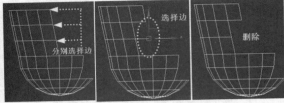

图10-121　调整边（1）

07 进入"顶点"层级，在左视图中分别以"窗口"选择方式选择右上角位置的两组顶点，将其向左、向上进行移动，调整模型的形态，如图10-122所示。

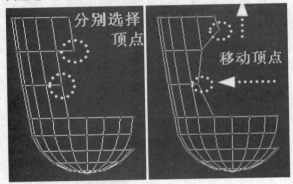

图10-122　选择并移动顶点（1）

08 切换到透视图，右击并选择"目标焊接"命令，选择下方缺口位置的顶点，将其移动到左侧顶点上进行焊接，如图10-123所示。

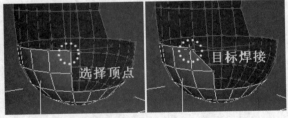

图10-123　焊接顶点

09 使用相同的方法，对另一侧的顶点也进行焊接，然后在左视图中以"窗口"选择方式选择下方顶点，将其向左移动，效果如图10-124所示。

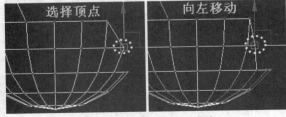

图10-124　选择并移动顶点（2）

10 在左视图中以"窗口"选择方式选择缺口顶端的两组顶点，在前视图中将其沿x轴放大，使椅子

呈敞开效果，如图10-125所示。

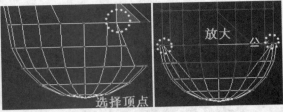

图10-125　放大顶点

11 选择顶端两侧的顶点，将其沿x轴放大；在左视图中选择扶手位置的两组顶点，将其向上移动，效果如图10-126所示。

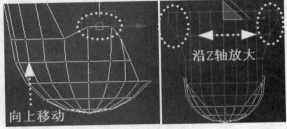

图10-126　调整模型

12 退出"顶点"层级，在修改器列表中选择"壳"修改器，并设置"内部量""外部量"均为15，"分段"为2，为模型增加厚度，效果如图10-127所示。

13 将模型再次转换为可编辑多边形，按数字2键进入"边"层级，双击"壳"的分段边，右击并选择"挤出"命令，设置"高度"为-10、"宽度"为0.01，确认对边进行挤出，如图10-128所示。

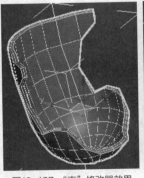

图10-127　"壳"修改器效果　　　图10-128　挤出边（1）

14 退出"边"层级，在修改器列表中选择"网格平滑"修改器，设置"迭代次数"为2，对模型进行平滑处理，效果如图10-129所示。

下面创建一个坐垫。

15 在顶视图中的椅面位置创建"长度""宽度"均为500、"长度分段""宽度分段"均为3的长方体，将其转换为可编辑多边形对象。

16 进入"顶点"层级，以"窗口"选择方式选择

4个角位置的顶点并将其向内进行调整，使模型与椅面的形状相匹配，如图10-130所示。

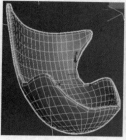 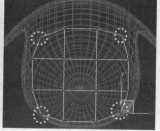

图10-129 平滑效果　　　　图10-130 调整矩形顶点

17 进入"边"层级，以"窗口"选择方式选择内部4条边，在"软选择"卷展栏中勾选"使用软选择"复选框，设置"衰减"为20，在透视图中将其沿z轴向下调整，效果如图10-131所示。

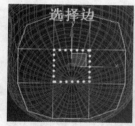

图10-131 调整边（2）

18 结束"软选择"操作，分别双击两条横边和两条竖边，右击并选择"挤出"命令，设置"高度"为-50、"宽度"为0.01，对边进行挤出，效果如图10-132所示。

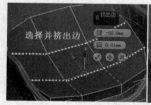

图10-132 挤出边（2）

19 退出"边"层级，在修改器列表中选择"涡轮平滑"修改器，设置"迭代次数"为2，对坐垫进行平滑处理，效果如图10-133所示。

图10-133 平滑处理效果

下面制作椅子金属旋转底座模型。

20 在顶视图中绘制"半径1"为350、"半径2"为35、"点"为4的星形对象，将其转换为可编辑样条线对象，如图10-134所示。

21 按数字1键进入"顶点"层级，选择星形4个角上的顶点，在"几何体"卷展栏 圆角 按钮右侧的数值框中输入100，按Enter键确认，对星形进行圆角处理，效果如图10-135所示。

22 退出"顶点"层级，右击并选择"转换为">"转换为可编辑多边形"命令，将其转换为可编辑多

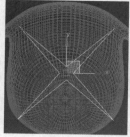

图10-134 绘制星形

边形对象，按数字4键进入"多边形"层级，选择星形，右击并选择"挤出"命令，设置"高度"为30，确认挤出，如图10-136所示。

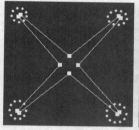 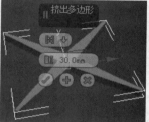

图10-135 圆角处理　　　　图10-136 挤出多边形（1）

23 按数字3键进入"边界"层级，选择星形底面的边界，单击"编辑边界"卷展栏中的 封口 按钮进行封口，如图10-137所示。

24 进入"顶点"层级，选择星形中心位置的两个对角顶点，单击"编辑顶点"卷展栏中的 连接 按钮进行连接，然后激活"编辑几何体"卷展栏中的 切割 按钮，对另外两个对角顶点进行切割，如图10-138所示。

图10-137 封口底面　　　　图10-138 连接与切割顶点

25 进入"边"层级，双击星形底面的边，右击并选择"切角"命令，设置"切角量"为1，确认切角，效果如图10-139所示。

26 按住Ctrl键的同时以"交叉"选择方式选择星形4个角上的边，右击并选择"连接"命令，设置"分段"为8，确认连接，如图10-140所示。

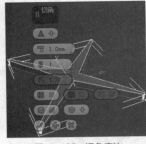

图10-139 切角底边　　　图10-140 连接边（2）

27 进入"顶点"层级，单击星形顶面中间的顶点，右击并选择"切角"命令，设置"切角量"为30，确认对顶点进行切角，如图10-141所示。

28 进入"多边形"层级，选择切角顶点形成的多边形，右击并选择"挤出"命令，设置"高度"为200，确认挤出，如图10-142所示。

图10-141 切角顶点　　　图10-142 挤出多边形（2）

29 进入"边"层级，选择挤出多边形上的边进行切角，退出"边"层级，在修改器列表中选择"网格平滑"修改器，设置"迭代次数"为2，对模型进行平滑处理，完成蛋形个性椅子模型的创建。

10.3.6 创建家用方形靠背椅模型

靠背椅是一种常见的休闲椅。这一节我们通过创建一款家用方形靠背椅模型，继续学习编辑多边形"边"子对象建模的方法和技巧。家用方形靠背椅模型效果如图10-143所示。

图10-143 家用方形靠背椅模型

操作步骤

01 在顶视图中创建"长度"为650、"宽度"为

350、"长度分段""宽度分段"均为2的平面对象，将其转换为可编辑多边形对象。

02 按数字2键进入"边"层级，按住Ctrl键的同时双击上方和左侧的边将其选中，在透视图中按住Shift键的同时将其沿z轴向上拉伸，创建出靠背椅的靠背和扶手，效果如图10-144所示。

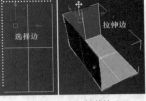

图10-144 拉伸边

03 以"交叉"选择方式选择拉伸边形成的所有垂直边，右击并选择"连接"命令，设置"分段"为2，确认连接，如图10-145所示。

04 分别选择连接生成的边，将其向外调整，使椅子靠背和扶手向外敞开。选择右侧的一条边，在修改器列表中选择"对称"修改器，取消"沿镜像轴切片"复选框的勾选，将模型沿x轴对称，创建出靠背椅的另一半，如图10-146所示。

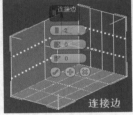

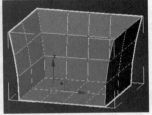

图10-145 连接边（1）　　　图10-146 对称效果

05 在修改器列表中选择"壳"修改器，设置"内部量"为30、"外部量"为5、"分段"为2，然后再次将该模型转换为可编辑多边形对象。

06 按数字4键进入"多边形"层级，按住Ctrl键的同时选择靠背椅背面的内部多边形，右击并选择"倒角"命令，设置"高度"为100、"轮廓"为−100，对多边形进行倒角，如图10-147所示。

07 使用相同的方法，分别对靠背椅两侧以及底面的多边形也进行相同幅度的倒角，效果如图10-148所示。

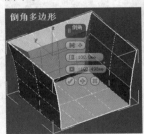

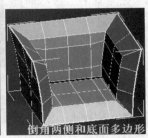

图10-147 倒角背面多边形　　　图10-148 倒角两侧和底面多边形

08 进入"边"层级，选择"壳"修改器的"分段"边，右击并选择"挤出"命令，设置"高度"为 -30、"宽度"为0.01，确认挤出，如图10-149所示。

09 退出"边"层级，在修改器列表中选择"涡轮平滑"修改器，设置"迭代次数"为1，对模型进行平滑处理，效果如图10-150所示。

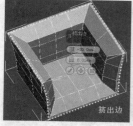 

图10-149 挤出边　　　　图10-150 涡轮平滑效果

下面来制作褶皱效果。一般是3条线形成一个褶皱，可以根据具体情况来创建线。

10 在修改器堆栈中进入"编辑多边形"的"边"层级，激活"编辑边"卷展栏中的 切割 按钮，在椅子靠背、扶手以及座面等相关位置，切割出两长一短或者一长两短的多组线，如图10-151所示。

11 进入"顶点"层级，根据褶皱的形态，向内或向外调整顶点，使多边形形成高低起伏的碎小平面，如图10-152所示。

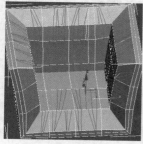 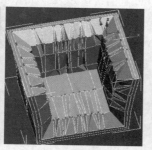

图10-151 切割线　　　　图10-152 调整顶点（1）

12 退出"顶点"层级，进入"网格平滑"层级，查看褶皱效果，如图10-153所示。

图10-153 褶皱效果

13 在修改器堆栈中进入"编辑多边形"层级，在"绘制变形"卷展栏中激活 松弛 按钮，根据处

理范围设置"笔刷大小"为130，在椅面不太自然或者太过凸起的褶皱上拖曳鼠标进行松弛处理，使褶皱更加真实；或激活 推/拉 按钮，在椅子模型上拖曳鼠标，对椅子模型进行调整，最后根据椅子内、外两种不同的材质，为其设置两种不同的颜色，完成靠背椅模型上半部分的创建，效果如图10-154所示。

图10-154 靠背椅材质效果

下面我们来制作靠背椅的底座模型。

14 在顶视图中创建"长度""宽度"均为600、"高度"为450的长方体，并使其与靠背沙发在x轴和y轴沿"中心"对齐。

15 切换到前视图，将长方体移动到靠背椅下方，然后将其转换为可编辑多边形对象。按数字1键进入"顶点"层级，以"窗口"选择方式选择顶面上的4个顶点，将其沿x轴进行缩放，效果如图10-155所示。

16 切换到左视图，再次选择顶面上的4个顶点，将其沿x轴进行缩放，然后分别选择左下角和右下角的顶点，将其沿x轴向两边移动，如图10-156所示。

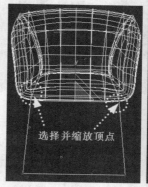 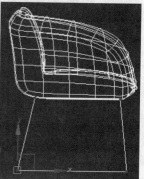

选择并缩放顶点

图10-155 选择并缩放顶点　　图10-156 调整顶点（2）

17 将长方体孤立，按数字2键进入"边"层级，在前视图中以"交叉"选择方式选择顶面上的两条边，右击并选择"连接"命令，设置"分段"为4，对两条边进行连接，如图10-157所示。

18 以"窗口"选择方式选择长方体的所有边，右击并选择"创建图形"命令，将选择的边以"线性"方式创建为图形，然后将长方体对象删除，效果如图10-158所示。

图10-157 连接边（2）

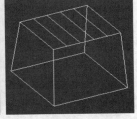

图10-158 创建图形

19 按数字2键进入样条线的"线段"层级，选择前、后两面下方的水平线段和左、右两面上方的线段，按Delete键将其删除。

20 按数字1键进入"顶点"层级，按住Ctrl键的同时选择图形8个角上的顶点，单击"几何体"卷展栏中的 焊接 按钮，对这些顶点进行焊接，然后激活 圆角 按钮，在顶点上拖曳鼠标，对顶点进行圆角处理，效果如图10-159所示。

21 在前视图中的图形内部绘制一个圆弧，将其移动到线段的中间位置，并与线段附加，然后在"渲染"卷展栏中勾选"在渲染中启用"和"在视口中启用"两个复选框，并设置"径向"的"厚度"为20，完成靠背椅底座的创建，效果如图10-160所示。

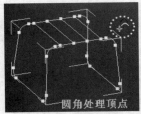

图10-159 圆角处理顶点

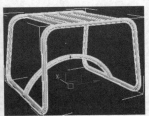

图10-160 设置"渲染"参数

22 取消图形的孤立状态，这样就完成了家用靠背椅模型的创建。

10.3.7 创建单人皮沙发模型

这一节我们通过创建一款单人皮沙发模型，继续学习编辑多边形"边"子对象建模的方法和技巧。单人皮沙发模型效果如图10-161所示。

图10-161 单人皮沙发模型

操作步骤

01 创建"长度""宽度"均为800、"高度"为600、"长度分段""宽度分段""高度分段"均为2的长方体，将其转换为可编辑多边形对象。

02 进入"多边形"层级，选择右侧、上面和前面的多边形并将其删除，然后进入"边"层级，分别选择侧面和后面中间位置的边，将其向外移动，使模型向这两个方向凸出，如图10-162所示。

03 以"交叉"选择方式选择上方的竖边，右击并选择"连接"命令，设置"分段"为1、"滑块"为60，在上方位置添加一条边，如图10-163所示。

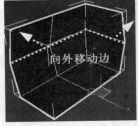

图10-162 移动边

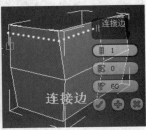

图10-163 连接边

04 分别选择侧面和后面最上方的边，将其继续向外移动，创建出向外翻的折边效果，如图10-164所示。

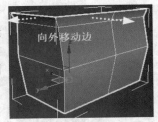

图10-164 创建折边效果

05 选择侧面靠前的水平边，依照第03步的操作，在靠前的位置通过连接创建一条边，如图10-165所示。进入"顶点"层级，选择靠背后方中间的顶点，将其向上调整，效果如图10-166所示。

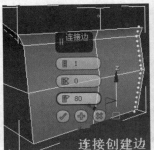

图10-165 连接创建边

图10-166 调整顶点（1）

06 退出"顶点"层级，在修改器列表中选择"对称"修改器，将模型沿x轴对称，创建出沙发的另一半模型。添加"壳"修改器，设置"内部量""外部量"均为10，"分段"为1，为模型增加厚度，这样就创建出了沙发的外壳，效果如图10-167所示。

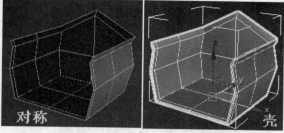

图10-167 "对称"与"壳"修改器效果

07 将模型转换为可编辑多边形对象，进入"多边形"层级，按住Ctrl键的同时选择模型内部的多边形，然后在修改器列表中选择"推力"修改器，设置"推进值"为150，效果如图10-168所示。

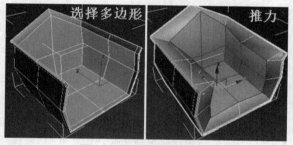

图10-168 "推力"修改器效果

08 再次将模型转换为可编辑多边形对象，单击"编辑几何体"卷展栏中的 网格平滑 按钮对模型进行平滑处理，效果如图10-169所示。

09 进入"边"层级，双击沙发两个拐角位置的边将其选中，右击并选择"切角"命令，设置"切角量"为80、"分段"为2，对拐角位置的边进行切角，如图10-170所示。

 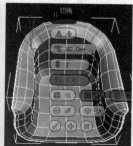

图10-169 网格平滑效果　　　图10-170 切角边

10 单击沙发扶手底部位置的一条短边，单击"选择"卷展栏中的 环形 按钮选择环形边，右击并选择"连接"命令，设置"分段"为1，对环形边进行连接，如图10-171所示。

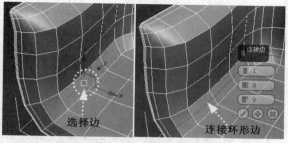

图10-171 连接环形边

下面调整点与线，为后续建模做准备。

11 进入"顶点"层级，在"编辑顶点"卷展栏的"约束"选项组中选择"面"单选项，这样在调整顶点时不会影响面，然后分别选择沙发扶手一端的3个顶点，将其向内调整，如图10-172所示。

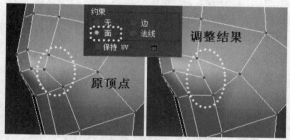

图10-172 调整顶点（2）

12 使用相同的方法，对另一侧扶手一端的顶点也进行调整，然后右击并选择"目标焊接"命令，将沙发拐角底部的3个顶点焊接到一个顶点上。

13 使用相同的方法将另一侧拐角底部的3个顶点也焊接起来。按数字2键进入"边"层级，双击沙发外壳的内边将其选中，右击并选择"挤出"命令，设置"高度"为-5、"宽度"为6；单击▣按钮，修改"高度"为8；再次单击▣按钮，修改"高度"为-5、"宽度"为0.01，确认挤出，如图10-173所示。

14 按住Ctrl键的同时单击沙发内部扶手和靠背与座面相交位置的一圈边，采用与第13步相同的参数设置对其进行挤出，如图10-174所示。

 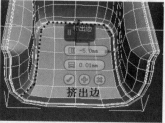

图10-173 挤出顶部边　　　图10-174 挤出底部边

注意

在选择底部边时，一定要选择外壳挤出边的内部，如图10-175所示。这样，底部的挤出效果就会被压到外部边的挤出效果中，两个挤出效果之间就会相互衔接，如图10-176所示。

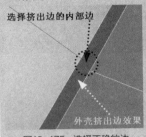

图10-175　选择正确的边　　　图10-176　挤出效果的衔接效果

15 使用相同的方法和参数设置，分别对沙发靠背与扶手相交的拐角位置的中间的边进行挤出，如图10-177所示。

16 退出"边"层级，为模型添加"涡轮平滑"修改器，设置"迭代次数"为2，对模型进行平滑处理，效果如图10-178所示。

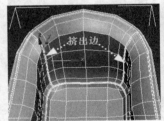

图10-177　挤出拐角位置的边　　　图10-178　平滑效果

皮沙发一般是由多张皮缝制在一起的，下面我们就沿挤出边制作皮沙发的缝线效果。

17 将模型转换为可编辑多边形对象，进入"边"层级，按住Ctrl键的同时双击折缝两侧的两条边将其选中，右击并选择"创建图形"命令，将其以"线性"方式创建为"图形001"，如图10-179所示。

图10-179　创建图形

18 使用相同的方法，分别将沙发拐角位置以及扶手底部位置的折缝两侧的边选择并创建为"图形002""图形003""图形004"，然后将沙发模型暂时隐藏，效果如图10-180所示。

19 选择"图形001"对象，按数字3键进入"样条线"层级，选择一条样条线，单击"几何体"卷展栏中的 分离 按钮，将其分离为"图形005"对象。

20 在左视图中绘制"半径"为1、"高度"为10、"高度分段"为3的圆柱体，将其转换为可编辑多边形对象。在前视图中将中间两条边向两侧移动，将两端两条边向下移动，最后添加"涡轮平滑"修改器进行平滑处理，效果如图10-181所示。

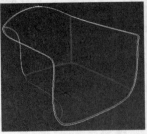
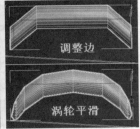

图10-180　创建图形对象　　　图10-181　编辑圆柱体

21 再次将圆柱体转换为可编辑多边形对象，在前视图中将其以"复制"方式沿x轴克隆500个左右，使其首尾相连（具体数量根据模型大小确定）。

22 选择其中一个对象，单击"编辑几何体"卷展栏中 附加 按钮右侧的"设置" 按钮，打开"附加列表"对话框，通过列表将其他499个圆柱体附加。

23 为附加后的圆柱体对象添加"路径变形"修改器，在"路径变形"卷展栏中单击"无"按钮，在视图中单击"图形001"对象，勾选"一致"和"自动Acto"复选框，设置"路径变形轴"为z轴，然后根据具体情况，调整"旋转""数量"等参数，对变形情况进行修正，制作出皮革的缝线效果，如图10-182所示。

24 使用相同的方法，分别以"图形002""图形003""图形004""图形005"为变形路径，对圆柱体对象进行变形，在沙发的其他褶缝两侧创建出缝线效果，如图10-183所示。

图10-182　路径变形效果　　　图10-183　沙发褶缝的缝线效果

25 在修改器堆栈暂时折叠"涡轮平滑"层级，进入"编辑多边形"的"边"层级，选择沙发扶手上的一条边，使用"环形"命令选择环形边，然后使用"连接"命令创建一条边，效果如图10-184所示。

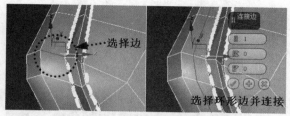

图10-184 通过连接创建边

26 选择通过连接创建的边,右击并选择"挤出"命令,设置"高度"为-5、"宽度"为0.01,确认对该边进行挤出,最后退出"边"层级,进入"涡轮平滑"层级,效果如图10-185所示。

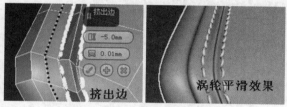

图10-185 挤出边并进行平滑处理

27 将模型转换为可编辑多边形对象,按F4键显示模型的边面。按数字2键进入"边"层级,双击挤出边左侧的一条边,单击"编辑边"卷展栏中的 分割 按钮,对其进行分割。按数字5键进入"元素"层级,此时沙发模型的外侧部分从该边位置被分割,这样便于后期为沙发外侧指定不同的材质,效果如图10-186所示。

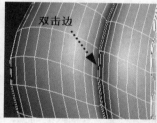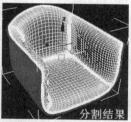

图10-186 分割模型

28 在"多边形:材质ID"卷展栏中设置沙发外侧模型的材质ID为1,然后执行"编辑">"反选"命令,选择沙发的内部模型,设置其材质ID为2,如图10-187所示。

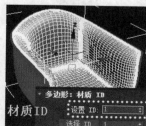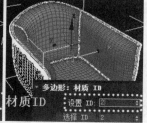

图10-187 设置模型的材质ID

下面制作一个沙发坐垫。

29 在顶视图中的沙发面位置创建"长度""宽度"均为700、"高度"为200、"长度分段""宽度分段"均为2的长方体,将其转换为可编辑多边形对象。

30 按数字1键进入"顶点"层级,选择顶部中间的顶点,将其沿z轴向上拉伸。按数字2键进入"边"层级,选择长方体4个角上的高度边,右击并选择"切角"命令,设置"切角量"为40、"分段"为1,对边进行切角,如图10-188所示。

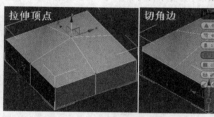

图10-188 拉伸顶点与切角边

31 在"边"状态下直接在修改器列表中选择"涡轮平滑"修改器,设置"迭代次数"为2,对模型进行平滑处理,创建出坐垫的基本模型,效果如图10-189所示。

32 将模型转换为可编辑多边形对象,按数字2键进入"边"层级,按住Ctrl键的同时选择4个角上的4段边,右击并选择"挤出"命令,设置"高度"为-5、"宽度"为6;单击⊕按钮,修改"高度"为8;再次单击⊕按钮,修改"高度"为-5、"宽度"为0.01,确认对边进行挤出,如图10-190所示。

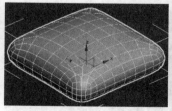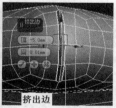

图10-189 涡轮平滑效果(1) 图10-190 挤出边(1)

33 双击模型下方的水平边,右击并选择"挤出"命令,设置"高度"为-5、"宽度"为6;单击⊕按钮,修改"高度"为8;单击⊕按钮,修改"高度"为-5、"宽度"为0.01,确认挤出,如图10-191所示。

34 退出"边"层级,为模型添加"涡轮平滑"修改器,设置"迭代次数"为2,对模型进行平滑处理,效果如图10-192所示。

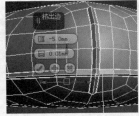

图10-191 挤出边（2）　　图10-192 涡轮平滑效果（2）

35 将模型转换为可编辑多边形对象，依照前面章节中制作沙发缝线效果的方法，在沙发坐垫模型的折缝位置创建出缝线效果，完成沙发坐垫模型的创建，效果如图10-193所示。

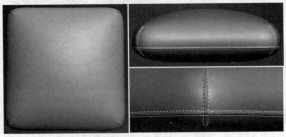

图10-193 沙发坐垫模型

　　下面创建沙发腿模型。

36 在顶视图中的沙发一角创建"半径"为60、"高度"为60、"高度分段"为5的圆柱体，将其转换为可编辑多边形对象。

37 按数字2键进入"边"层级，在透视图中按住Ctrl键的同时双击上方的4个高度边，将其沿xy平面缩小，之后取消第3条边的选择，继续将其他边缩小，如图10-194所示。

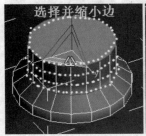
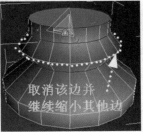

图10-194 调整边

38 在前视图中根据沙发腿的长短，将最上方的边向上移动到合适位置，然后选择最上方、最下方和中间的两条边，右击并选择"切角"命令，设置"切角量"为1，确认切角。添加"涡轮平滑"修改器，对模型进行平滑处理，效果如图10-195所示。

39 在顶视图中将制作好的沙发腿分别克隆到沙发的4个角位置，完成单人皮沙发模型的创建。

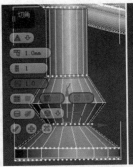

图10-195 切角边与平滑处理

10.3.8　创建雕花模型

　　一些欧式建筑以及实木家具中会有许多雕花效果，那么这些雕花效果是怎么制作出来的呢？这一节我们通过编辑多边形"边"子对象以及其他方法，来创建雕花模型，巩固多边形"边"子对象建模的相关方法和技巧。雕花模型效果如图10-196所示。

图10-196 雕花模型

操作步骤

01 在前视图中创建"长度"为245、"宽度"为442的平面对象，打开"实例素材"文件夹下的"雕花图.bmp"素材，直接将其拖到平面对象上。

02 选择平面对象，右击并选择"对象属性"命令，打开"对象属性"对话框，在"显示属性"选项组取消"以灰色显示冻结对象"复选框的勾选，然后将平面对象冻结，效果如图10-197所示。

图10-197 添加素材后的平面对象

03 在前视图中依照雕花图案中间的圆形结构绘制"长度分段""宽度分段"为4的平面对象，将其转换为可编辑多边形对象。按数字2键进入"边"层级，按住Ctrl键的同时选择4个角上的边，右击并选择"塌陷"命令，使其塌陷，效果如图10-198所示。

04 按Alt+X组合键将平面对象设置为半透明显示，按数字1键进入"顶点"层级，选择4个角位置的顶点，将其向内缩放，使其形状接近圆形，然后将左侧顶点向左移动到雕花的边缘位置，如图10-199所示。

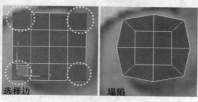

图10-198 塌陷对象

图10-199 缩放与移动顶点

05 激活"编辑几何体"卷展栏中的 切割 按钮，在左侧顶点右边位置切割出一条边，然后按数字2键进入"边"层级，选择左上方的边，右击并选择"删除"命令，将其删除，如图10-200所示。

图10-200 通过切割创建边与删除边

06 选择左侧的两条边，按住Shift键的同时根据雕花图案的形状，向外拖曳出另外两条边，并进入"顶点"层级，对顶点进行调整，使布线均匀，如图10-201所示。

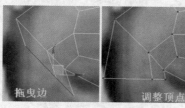

图10-201 拖曳边并调整顶点

07 根据雕花结构的转折情况，按住Shift键的同时拖曳边，切换到"顶点"层级，对顶点进行调整，使模型与雕花结构相匹配，如图10-202所示。

08 选择内部结构的外侧边和外侧结构的内侧边，单击"编辑边"卷展栏中的 桥 按钮进行桥接，然后按Alt+X组合键取消模型的半透明显示，结果如图10-203所示。

09 进入"顶点"层级，按住Ctrl键的同时选择模型隆起位置的顶点，调整视角，将其沿y轴向上拉起，然后为其添加"涡轮平滑"修改器，对模型进行平滑处理，观察模型，效果如图10-204所示。

图10-202 拉出模型　图10-203 桥接　图10-204 平滑效果

通过观察可以发现，模型的棱边过于圆滑，与实际情况不符，下面对其进行调整。

10 进入"边"层级，选择棱边上的边，右击并选择"切角"命令，设置"切角量"为0.2；进入"顶点"层级，将一端切角形成的3个顶点塌陷，再次观察模型，效果如图10-205所示。

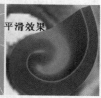

图10-205 调整后的模型效果

11 依照前面的操作，根据模型的结构，对边进行拉伸以创建模型。进入"顶点"层级，将切角边一端的两组顶点向外移动，使得该位置的棱边变得圆润一些，再次通过"涡轮平滑"修改器查看模型效果，如图10-206所示。

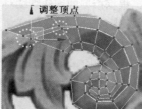

图10-206 继续创建模型

下面制作模型上的小凹槽。

12 在凹槽位置切割出两条边，选择中间边上的两个顶点，将其向内移动，然后通过"涡轮平滑"修改器查看模型效果，如图10-207所示。

图10-207 创建凹槽结构

13 进入"边"层级，从模型分叉位置继续拉伸，创建向两边分叉的模型结构，并根据两侧模型结构的高低，调整顶点位置，如图10-208所示。

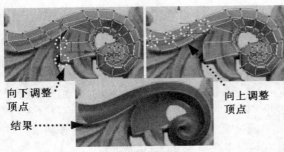

向下调整
顶点

向上调整
顶点

结果

图10-208 调整顶点

14 使用相同的方法，拉伸边以创建模型，同时通过切割、移动顶点等方法创建出模型上的其他凹槽结构，然后通过"涡轮平滑"修改器查看模型效果，如图10-209所示。

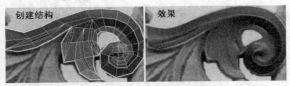

创建结构

效果

图10-209 创建其他凹槽结构

15 现在看来模型是不错，但整个布线有些乱，下面对模型进行整理，例如将多余的线进行删除、将相关顶点进行焊接。总之，整理模型时要以满足模型的结构需要为目标，尽量精简线和顶点，详细操作请观看视频讲解。

16 依照前面的相关操作，根据模型的结构继续对边进行拉伸，并通过"目标焊接""删除""切割"等操作重新布线，以满足模型的结构需要，从而创建出模型的基本形状，效果如图10-210所示。

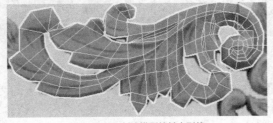

图10-210 创建模型的基本形状

下面开始塑形。所谓塑形，其实就是塑造模型的凹凸效果，使模型更立体。

17 进入"顶点"层级，选择下方环形结构中间边上的顶点，将其进行调整。进入"边"层级，对该边进行切角，使凸起部分更锐利，效果如图10-211所示。

18 在模型凹陷位置切割出一条边，右击并选择"挤出"命令，设置"高度"为-5左右、"宽度"为2，确认挤出。将挤出模型两端的多个顶点塌陷为一个顶点，创建出模型的凹陷效果，如图10-212所示。

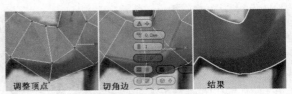

调整顶点

切角边

结果

图10-211 创建凸起效果

切割

挤出

结果

图10-212 创建凹陷效果

19 使用相同的方法，创建出模型上其他位置的凹陷效果，对模型进行塑形。创建时可以根据凹陷位置的深浅和宽窄，设置不同的参数，也可以通过直接调整顶点来创建凹陷，都可以达到想要的效果，结果如图10-213所示。

20 依照相同的方法，制作出其他雕花模型，其操作方法与前面的操作相同，在此不详细讲解，读者可以观看视频讲解，最终效果如图10-214所示。

图10-213 模型的塑形效果

图10-214 雕花效果

下面为模型增加厚度，增加厚度的方法有两种，一种是添加"壳"修改器，另一种是拉伸边，可以根据模型的具体要求进行选择。

21 将背景图像解冻并隐藏，然后选择雕花模型，按数字3键进入"边界"层级，选择外侧的边界，按住Shift键的同时将其向后拉伸以增加厚度，最后为模型重新选择一种颜色，完成雕花模型的制作。

多边形的"多边形"子对象建模

多边形建模根本上是通过编辑其子对象来塑造模型的，因此，编辑子对象对建模非常关键。在本书的第10章，我们通过多个精彩案例的制作，学习了编辑多边形的"顶点"和"边"子对象建模的相关方法和技巧，这一章我们将通过8个精彩案例，学习编辑"多边形"子对象建模的相关方法和技巧。

11.1 编辑"多边形"子对象

在多边形对象中，"多边形"子对象是通过曲面连接的3条或多条边的封闭序列。多边形提供了可渲染的可编辑多边形对象曲面。这一节我们学习编辑"多边形"子对象的相关知识，为后续编辑"多边形"子对象建模奠定基础。

创建一个长方体对象，将其转换为可编辑多边形对象，按数字4键进入"多边形"层级，单击一个多边形，展开"编辑多边形"卷展栏，如图11-1所示。

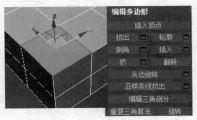

图11-1 "编辑多边形"卷展栏

激活 挤出 按钮，在多边形上拖曳，沿法线挤出另一个多边形；激活 插入 按钮，在多边形面上拖曳，插入一个边界，形成另一个多边形；激活 倒角 按钮，在多边形面上拖曳并移动鼠标指针，沿法线挤出另一个倒角多边形，如图11-2所示。

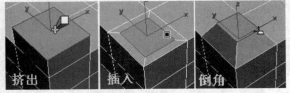

图11-2 编辑"多边形"子对象

提示

在编辑"多边形"子对象时，单击各按钮后面的"设置"■按钮或者右击，在弹出的快捷菜单中单击相关菜单命令前面的"设置"■按钮，可以打开高级设置面板，在其中设置各参数，可创建出丰富的效果，如图11-3所示。

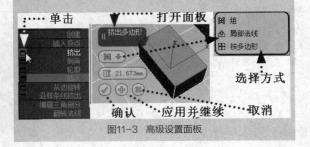

图11-3 高级设置面板

另外，"法线"是定义面或顶点指向方向的向量，每一个面都有自身的法线，它垂直于面。法线的方向指示了面或顶点的前方或外曲面。简单来讲，正对法线方向的面是可见的面（在渲染时可见），反之则是不可见的面（在渲染时不可见）。

读者可以手动翻转或统一法线，以解决由建模操作或从其他程序中导入网格所引起的错误。例如，创建一个球体，右击并选择"转换为">"转换为可编辑网格"命令，将其转换为可编辑网格对象，按数字3键进入"面"层级，选择"面"，在"选择"卷展栏中勾选"显示法线"复选框，即可看到面上显示蓝色线，该线就是法线，如图11-4所示。

可以沿一条样条线挤出多边形面，这类似于"放样"建模。首先创建一条样条线，选择多边形对象，进入"多边形"层级，在"编辑多边形"卷展栏中激活 沿样条线挤出 按钮，拾取样条线，此时多边形沿样条线挤出，如图11-5所示。

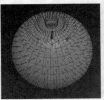

图11-4 显示对象法线　　图11-5 沿样条线挤出多边形

如果单击 沿样条线挤出 按钮右侧的"设置"■按钮打开高级设置面板，则可以设置挤出的"分段""扭曲""锥化"等参数，使挤出效果更丰富，如图11-6所示。

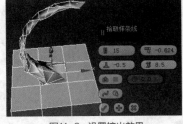

图11-6 设置挤出效果

另外，为了方便为模型的不同部分指定不同的材质，可以为每一个"多边形"面设置不同的材质ID，ID其实就是为多边形分配材质的序号。

进入"多边形"层级，选择要指定同一材质的"多边形"面，在"多边形：材质ID"卷展栏中设置材质ID，最后制作"多维/子对象"材质并将其指定给对象，这样系统就会根据材质ID为对象指定不同的材质，如图11-7所示。

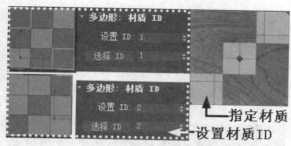

图11-7 设置多边形的材质ID

11.2 编辑"多边形"子对象建模

在编辑"多边形"子对象建模的过程中，对读者来说最大的问题不是对多边形编辑命令的理解，而是建模思路的问题。根据笔者本身的学习经验以及多年教学经验，只有通过多做案例，才能得到启发，从而获得思路与灵感。因此，为了给读者编辑"多边形"子对象建模的思路和灵感，这一节我们将通过"创建简约三人真皮沙发模型""创建双人真皮沙发模型""创建欧式美人榻模型""创建简约美人榻模型""创建中式美人榻模型""创建双人床模型""创建办公椅模型""创建老板椅模型"8个精彩案例，向大家详细展示编辑"多边形"子对象建模的强大功能。每一个案例的制作都有新思路与新技法。相信通过本节案例的学习，读者一定能得到建模的新灵感和新思路。另外，在本节案例的制作过程中，不仅会应用"多边形"子对象的编辑技巧，还会应用"边"子对象的编辑技巧。

编辑"多边形"子对象建模案例效果如图11-8所示。

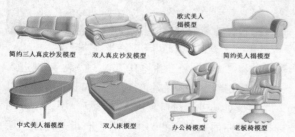

图11-8 编辑"多边形"子对象建模案例效果

11.2.1 创建简约三人真皮沙发模型

本节通过创建简约三人真皮沙发模型，学习编辑"多边形"子对象建模的方法和技巧。简约三人真皮沙发模型效果如图11-9所示。

图11-9 简约三人真皮沙发模型

操作步骤

01 在顶视图中创建"长度"为700、"宽度"为1800、"长度分段"为1、"宽度分段"为1的平面，将其转换为可编辑多边形对象。

02 按数字2键进入"边"层级，选择宽度方向上的一条边，在透视图中将其沿z轴向上拉伸500个绘图单位，再将其沿z轴向后移动，使其呈向后倾斜效果，如图11-10所示。

03 选择中间的边，右击并选择"切角"命令，设置"切角量"为100，确认切角，如图11-11所示。

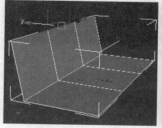
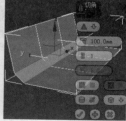

图11-10 拉伸边　　　　图11-11 切角边（1）

04 以"窗口"选择方式选择所有水平边，右击并选择"连接"命令，设置"分段"为4、"收缩"为50，创建4条垂直边，如图11-12所示。

05 按住Ctrl键的同时以"窗口"选择方式选择中间位置3个分段之间的所有水平边，右击并选择"连接"命令，设置"分段"为1、"收缩"为0，在这3段之间各创建一条边，如图11-13所示。

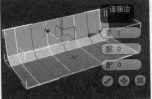

图11-12 连接边（1）　　　图11-13 连接边（2）

06 按住Ctrl键的同时以"交叉"选择方式选择两端宽度方向上的所有边，再次执行"连接"命令，设置"分段"为1、"收缩"为0，确认连接，如图11-14所示。

07 按数字1键进入"顶点"层级，选择两端角点位置的顶点，将其沿z轴向上移动，使两个角向上翘起，如图11-15所示。

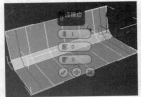

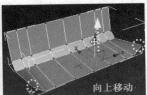

图11-14 连接边（3）　　　图11-15 移动顶点

08 选择中间的两个顶点，将其沿x轴向上移动，使其高度略低于两侧顶点的高度，然后对靠背位置的顶点也进行调整，使模型整体呈现向内收拢的状态，效果如图11-16所示。

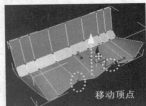

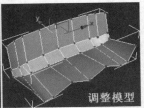

图11-16 移动顶点以调整模型

09 退出"顶点"层级，在修改器列表中选择"壳"修改器，设置"内部量""外部量"均为5，将模型转换为可编辑多边形对象。单击"编辑几何体"卷展栏中的 网格平滑 按钮进行平滑处理，效果如图11-17所示。

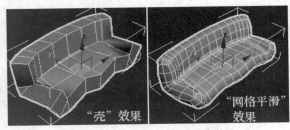

图11-17 "壳"效果与"网格平滑"效果

10 按数字4键进入"多边形"层级，按住Ctrl键的同时选择外侧的所有多边形，单击"编辑几何体"卷展栏中 分离 按钮右侧的"设置" 按钮，在打开的"分离"对话框中勾选"分离为克隆"复选框，确认分离，将该多边形以克隆方式分离为"对象001"，如图11-18所示。

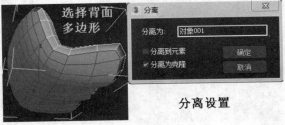

图11-18 分离多边形（1）

11 以"交叉"选择方式分别选择沙发左侧的多边形和中间的多边形对象，再次执行"分离"命令，取消所有复选框的勾选，将其分离为"对象002"和"对象003"，如图11-19所示。

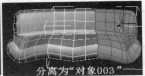

图11-19 分离多边形（2）

12 将右侧模型删除，选择"对象001"对象，进入"多边形"层级，选择所有多边形面，右击并选择"挤出"命令，以"局部法线"方式将其挤出35个绘图单位。退出"多边形"层级，为其添加"涡轮平滑"修改器，设置"迭代次数"为2，对模型进行平滑处理，效果如图11-20所示。

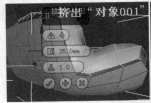

图11-20 挤出多边形与平滑效果

13 选择"对象002"并将其孤立，按数字3键进入"边界"层级，选择右侧的边界，右击并选择"封口"命令对其进行封口。进入"顶点"层级，分别选择封口曲面上对应的两个顶点，右击并选择"连接"命令使其连接，如图11-21所示。

14 进入"边"层级，双击封口曲面边缘的边，右击并选择"切角"命令，设置"切角量"为25，对边进行切角，如图11-22所示。

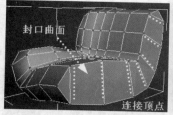
图11-21 封口曲面与连接顶点

图11-22 切角边（2）

15 进入"边"层级，双击靠背位置中间的水平线将其选中，右击并选择"挤出"命令，设置"高度"为-0.05、"宽度"为0.01，确认挤出，如图11-23所示。

16 双击沙发坐垫厚度位置的中间边将其选中，右击并选择"挤出"命令，设置"高度"为-20、"宽度"为0.01，确认挤出，如图11-24所示。

图11-23 挤出边（1）

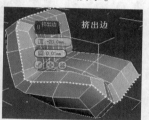
图11-24 挤出边（2）

17 双击沙发坐垫与靠背之间的边将其选中，右击并选择"挤出"命令，设置"高度"为-20、"宽度"为0.01，确认挤出，如图11-25所示。

18 退出"边"层级，为模型添加"涡轮平滑"修改器，设置"迭代次数"为2，对模型进行平滑处理，效果如图11-26所示。

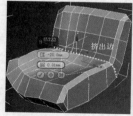
图11-25 挤出边（3）

图11-26 平滑效果

19 使用相同的方法，将"对象003"模型孤立，然后进行封口、连接点、切角边、挤出边等相关操作，制作出中间的沙发坐垫，然后取消其孤立状态，将左侧的沙发以"实例"方式镜像复制到右侧位置，沙发模型效果如图11-27所示。

20 在顶视图中创建"半径1"为25、"半径2"为15、"高度"为150、"高度分段"为5的圆锥体，在修改器列表中选择"弯曲"修改器，设置"角度"为60，其他设置保持默认，效果如图

11-28所示。

21 将圆锥体转换为可编辑多边形对象，按数字4键进入"多边形"层级，选择顶端的多边形面，将其沿z轴进行旋转，使其顶面与沙发底面平行，如图11-29所示。

图11-27 沙发模型效果

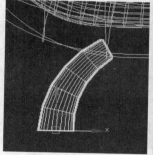
图11-28 弯曲圆锥体

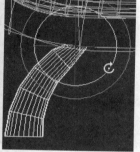
图11-29 旋转顶面多边形

22 退出"多边形"层级，将该圆锥体以"实例"方式复制到沙发的其他4个角，完成简约三人真皮沙发模型的创建。

11.2.2 创建双人真皮沙发模型

这一节通过创建双人真皮沙发模型，学习编辑"多边形"子对象建模的另一种思路和方法。双人真皮沙发模型效果如图11-30所示。

图11-30 双人真皮沙发模型（1）

操作步骤

01 在前视图中创建"长度"为100、"宽度"为60的矩形作为参考对象，然后在矩形内部使用样条

线绘制参考图形，如图11-31所示。

02 将矩形删除，在参考图形位置创建"长度""宽度"均为50、"长度分段""宽度分段"均为4的平面对象，将其转换为可编辑多边形对象，按数字2键进入"边"层级，按住Ctrl键的同时单击4个角上的8条边将其选中，右击并选择"塌陷"命令将其塌陷，效果如图11-32所示。

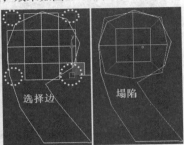

图11-31 绘制参考图形 　图11-32 创建平面并塌陷边

03 按住Ctrl键的同时选择4个对角边，右击并选择"转换到顶点"命令，转换到边上的顶点，然后将顶点沿xy平面缩小，如图11-33所示。

04 进入"边"层级，选择左下方的两条边，按住Shift键的同时将其向左下方拉伸，切换到"顶点"层级，依照参考图形调整顶点，使其与参考图形匹配，如图11-34所示。

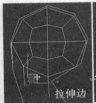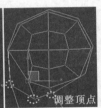

图11-33 缩小顶点 　　图11-34 拉伸边与调整顶点

05 使用相同的方法，继续拉伸边，并依照参考图形调整顶点，创建出基本模型，效果如图11-35所示。

图11-35 创建基本模型

06 激活"编辑几何体"卷展栏中的 切割 按钮，配合捕捉功能，在圆形图形的两个对角点之间进行切割，如图11-36所示。

07 选择圆形结构外侧的短边，右击并选择"连接"命令，设置"分段"为1，确认连接，效果如图11-37所示。

08 选择左侧的两条边，右击并选择"删除"命令，将这两条边删除，效果如图11-38所示。

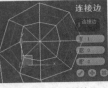

图11-36 切割边（1） 　图11-37 连接边 　图11-38 删除边

09 进入"顶点"层级，选择两个顶点，右击并选择"连接"命令将其连接，右击并选择"目标焊接"命令，将一个顶点拖到另一个顶点上进行焊接，效果如图11-39所示。

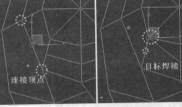

图11-39 连接顶点与目标焊接顶点

10 使用相同的方法，对其他顶点进行焊接，如图11-40所示。

图11-40 目标焊接其他顶点

11 进入"边"层级，选择中间的一条边，右击并选择"挤出"命令，设置"高度"为–3、"宽度"为2.5，对边进行挤出，如图11-41所示。

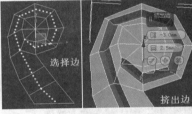

图11-41 选择并挤出边

12 进入"顶点"层级，选择挤出边靠近中心的几个顶点，右击并选择"塌陷"命令，将其塌陷为一个顶点，如图11-42所示。

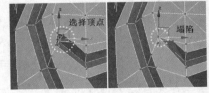

图11-42 选择并塌陷顶点

13 进入"边"层级，选择圆形周围的边，将其向外移动。退出"边"层级，为模型添加"涡轮平滑"修改器，设置"迭代次数"为2，对模型进行平滑处理，效果如图11-43所示。

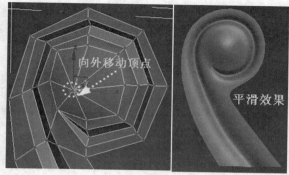

图11-43 平滑效果

14 暂时关闭"涡轮平滑"修改器，按数字3键进入"边界"层级，单击模型外侧的边界将其选中，按住Shift键的同时将其向后拉伸，创建出一定的厚度，如图11-44所示。

15 切换到前视图，进入"边"层级，选择圆形结构右下方的两条边，按住Shift键的同时将其向右下方拉伸3次，每次拉伸都使其与左侧的结构分段相匹配，效果如图11-45所示。

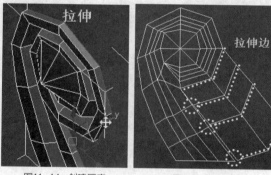

图11-44 创建厚度　　　图11-45 拉伸边

16 进入"顶点"层级，对相邻的两个顶点进行目标焊接，并对其他顶点进行调整，调整出满意的模型效果，如图11-46所示。

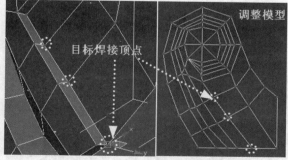

图11-46 目标焊接顶点与调整模型

17 进入"边"层级，选择右侧的边，按住Shift键的同时将其沿x轴向右拉伸出沙发的长度，效果如图11-47所示。

18 进入"边界"层级，选择模型外侧边界，按住Shift键的同时在透视图中将其沿y轴拉伸出沙发的宽度，效果如图11-48所示。

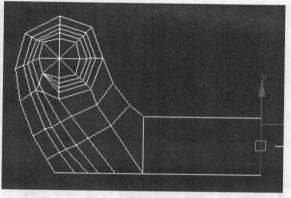

图11-47 拉伸出沙发的长度

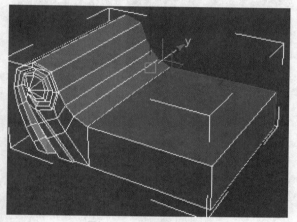

图11-48 拉伸出沙发的宽度

提示

可以绘制矩形作为参考图形来定位沙发的长度和宽度。

19 按数字4键进入"多边形"层级，按住Ctrl键的同时将模型外侧的多边形全部选择，右击并选择"挤出"命令，选择"局部法线"方式，设置"高度"为5，确认将其挤出，如图11-49所示。

20 按住Alt键的同时单击侧面多边形将其取消选择，单击"编辑几何体"卷展栏中的 分离 按钮，在打开的"分离"对话框中勾选"以克隆对象分离"复选框，将选择的多边形克隆并分离为"对象001"，如图11-50所示。

21 为分离的"对象001"添加"壳"修改器，设置"内部量"为0、"外部量"为15，然后将其转换为可编辑多边形对象，在前视图中通过调整顶点修改模型的形态，如图11-51所示。

22 将"对象001"转换为可编辑多边形对象，进入"多边形"层级，按住Ctrl键的同时选择扶手位置的两个多边形，将其以克隆方式分离为"对象002"，如图11-52所示。

图11-49 挤出多边形　　　图11-50 分离多边形（1）

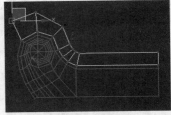

图11-51 添加"壳"修改器并调整顶点　图11-52 分离多边形（2）

23 使用相同的方法为"对象002"添加"壳"修改器，设置"外部量"为10，然后将其转换为可编辑多边形对象。

　　下面整理模型。

24 选择最下方的底座模型，进入"边界"层级，选择后面的边界并进行封口；进入"多边形"层级，选择右端面的多边形并将其删除；进入"边"层级，在长度和宽度方向通过连接添加边，如图11-53所示。

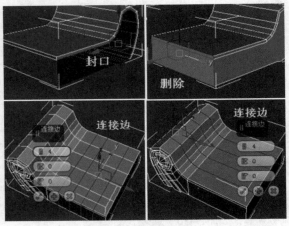

图11-53 调整底座模型

25 在顶视图中将"对象001"沿y轴向下稍微移动一定距离，使其超出底座模型，然后进入"顶点"层级，将上方顶点向上移动，使其与底座模型对

齐。依照相同的方法，删除右侧的多边形，并通过连接添加边，效果如图11-54所示。

图11-54 调整"对象001"

26 进入"多边形"层级，按住Ctrl键的同时选择"对象001"上表面的多边形，将其以克隆方式分离为"对象003"，并为其添加"壳"修改器，设置"外部量"为10，然后将其转换为可编辑多边形对象，如图11-55所示。

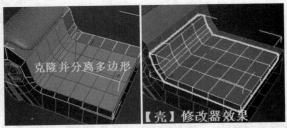

图11-55 调整"对象003"

27 切换到前视图，按数字1键进入"顶点"层级，选择上面一排顶点，将其沿y轴打平，使其处于同一平面，如图11-56所示。

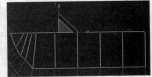

图11-56 打平顶点

28 按数字2键进入"边"层级，选择模型的边，右击并选择"切角"命令，设置"切角量"为5，对边进行切角，如图11-57所示。

29 分别为沙发底座模型和"对象001"模型添加"对称"修改器，将其沿右侧的边进行对称克隆，将"对象002"和"对象003"镜像到沙发右侧，最后为各模型添加"涡轮平滑"修改器进行平滑处理，效果如图11-58所示。

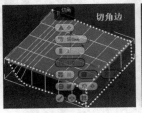

图11-57 切角边　　　　图11-58 沙发效果

　　下面制作沙发靠背模型。

30 将两个沙发坐垫暂时隐藏，在前视图中依照沙

发宽度绘制平面对象，为其设置合适的分段数。将其转换为可编辑多边形对象，然后进入"边"层级，按住Shift键的同时将中间沙发坐垫位置的边向下拉伸到沙发底座位置，如图11-59所示。

31 进入"顶点"层级，以中间线为界限，将右侧顶点全部删除，然后调整其他位置的顶点，使其与沙发模型匹配，如图11-60所示。

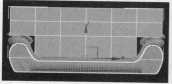

图11-59 创建平面并拉伸边　　图11-60 删除与调整顶点

32 为平面对象添加"壳"修改器，根据靠背厚度设置"内部量"参数，然后将其转换为可编辑多边形对象。进入"多边形"层级，选择右侧端面上的多边形并将其删除，单击"编辑多边形"卷展栏中的 网格平滑 按钮进行平滑处理，效果如图11-61所示。

图11-61 删除多边形并平滑处理

33 将模型孤立，进入"顶点"层级，选择下方3排顶点，将其向后移动，使模型向内凹陷，然后切换到前视图，将上面一排顶点向上移动，如图11-62所示。

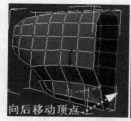

图11-62 调整顶点

34 在"编辑几何体"卷展栏中激活 切割 按钮，根据靠背模型的结构在靠背正面切割一条边，切换到背面，再切割一条边，使其连成一条边，如图11-63所示。

35 进入"多边形"层级，依据切割的边选择多边形面，右击并选择"挤出"命令，选择"局部

法线"方式，设置"高度"为5，对多边形进行挤出，如图11-64所示。

36 进入"边"层级，双击挤出模型底部的一圈边，右击并选择"挤出"命令，设置"高度"为-5、"宽度"为0.01，对边进行挤出，如图11-65所示。

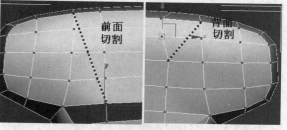

图11-63 切割边（2）

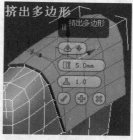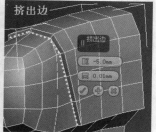

图11-64 挤出多边形　　图11-65 挤出边

37 进入"多边形"层级，选择右端面上挤出的多边形并将其删除，然后为模型添加"对称"修改器，克隆出另一半模型。添加"涡轮平滑"修改器，对模型进行平滑处理，完成沙发靠背模型的创建，效果如图11-66所示。

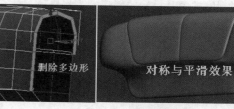

图11-66 沙发靠背模型

38 在左视图中绘制"半径"为35、"边数"为8、长度与靠背等长、"高度分段"为3的圆柱体，将其转换为可编辑多边形对象。

39 进入"多边形"层级，选择两端的多边形并将其缩小，然后向上移动，使其两端翘起，最后取消孤立状态以显示其他对象，效果如图11-67所示。

40 进入"边"层级，通过连接在两端和中间各加一条边，然后依照前面案例的操作方法，在前视图中继续调整各边和顶点，使其与模型整体效果匹配，

最后添加"涡轮平滑"修改器，对模型进行平滑处理，完成该沙发模型的创建，效果如图11-68所示。

图11-67　调整圆柱体

图11-68　双人真皮沙发模型（2）

11.2.3　创建欧式美人榻模型

欧式家具模型的创建难度比较大，这一节我们通过编辑"多边形"子对象来创建一个欧式美人榻模型，学习欧式家具模型的创建方法和技巧。欧式美人榻模型效果如图11-69所示。

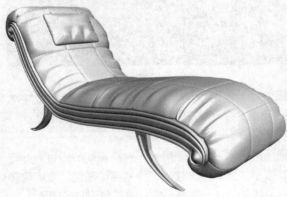

图11-69　欧式美人榻模型

操作步骤

01　在前视图中创建"长度"为700、"宽度"为1500的矩形作为参考图形，然后在矩形内部使用样条线绘制美人榻的轮廓线，如图11-70所示。

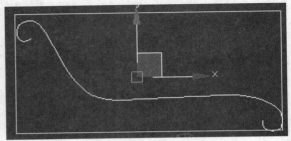

图11-70　绘制轮廓线

02　在参考图形右下方的圆弧位置创建"长度""宽度"均为100、"长度分段""宽度分段"均为4的平面对象，将其转换为可编辑多边形对象。

03　按数字2键进入"边"层级，按住Ctrl键的同时单击4个角上的8条边将其选中，右击并选择"塌陷"命令，将其塌陷，效果如图11-71所示。

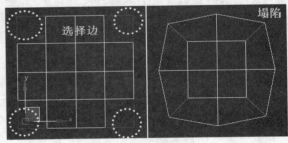

图11-71　创建并塌陷边

04　按住Ctrl键的同时选择4个对角边，右击并选择"转换到顶点"命令，转换到边上的顶点，然后将顶点沿xy平面缩小，如图11-72所示。

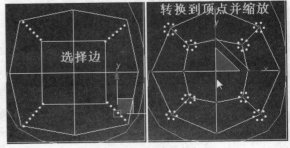

图11-72　调整顶点（1）

05　将右上角的顶点拖到右侧参考线的位置，进入"边"层级，选择上方的3条边，按住Shift键的同时将其依照参考线向左上方拉伸，然后切换到"顶点"层级对顶点进行调整，效果如图11-73所示。

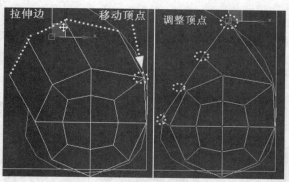

图11-73 拉伸边与调整顶点（1）

06 使用相同的方法，继续拉伸边，并依照参考图调整顶点，创建美人榻的基本模型，效果如图11-74所示。

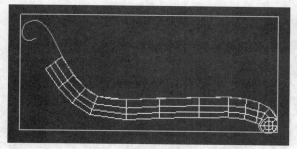

图11-74 拉伸边与调整顶点（2）

07 下面通过切割、目标焊接以及删除等操作，对圆形结构位置的线进行修改，完成该位置的布线，详细操作请读者观看视频讲解，效果如图11-75所示。

08 进入"多边形"层级，选择右侧一端的多边形，将其克隆并分离为"对象001"，如图11-76所示。

改线

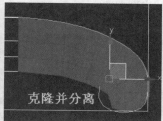

克隆并分离

图11-75 布线效果　　图11-76 克隆并分离对象

09 将"对象001"沿x轴镜像，然后将其移动到左侧位置，通过旋转、移动等操作使其与左侧模型对齐，将两个模型附加，并对顶点进行目标焊接，效果如图11-77所示。

10 进入"边"层级，选择模型外侧的一条短边，单击"选择"卷展栏中的 环形 按钮选择环形边，右击并选择"连接"命令，设置"分段"为1，确认连接，效果如图11-78所示。

11 进入"顶点"层级，选择连接边一端的顶点与

模型上的一个顶点，单击"编辑几何体"卷展栏中的 连接 按钮，将这两个顶点进行连接，如图11-79所示。

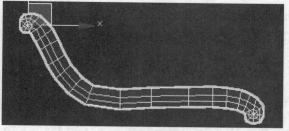

图11-77 目标焊接顶点

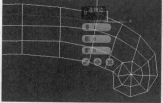
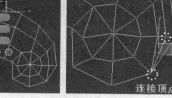

连接顶点

图11-78 连接边　　　　图11-79 连接顶点

12 使用相同的方法，对内侧一圈边也进行连接，并对连接边的顶点进行连接。进入"边"层级，双击连接的两条边，右击并选择"挤出"命令，设置"高度"为−10、"宽度"为5，对边进行挤出，效果如图11-80所示。

13 进入"顶点"层级，选择挤出边两端的顶点，将其塌陷为一个点，然后选择模型两端圆形结构中心的顶点，将其向外拉伸，制作出模型的旋涡形结构，最后为模型添加"涡轮平滑"修改器进行平滑处理，效果如图11-81所示。

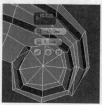

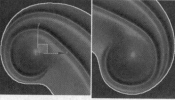

图11-80 挤出边（1）　　图11-81 拉伸顶点并平滑处理

14 使用相同的方法，对下方的边进行连接，并挤出连接边，创建下方的凹陷效果，完成美人榻底座模型的创建，效果如图11-82所示。

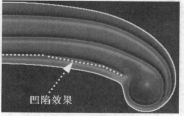

凹陷效果

图11-82 凹陷效果

15 进入"边界"层级，选择模型边界，按住Shift

键的同时将其向内拉伸一小段，然后再次拉伸400个绘图单位，最后为其添加"对称"修改器，创建出模型的另一半，效果如图11-83所示。

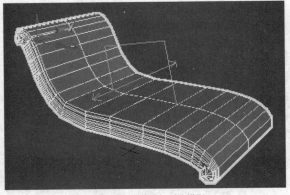

图11-83　拉伸边与对称模型

16 将模型转换为可编辑多边形对象，进入"边"层级，选择中间边并将其删除，然后进入"多边形"层级，选择模型顶部的所有多边形，将其克隆并分离为"对象001"，如图11-84所示。

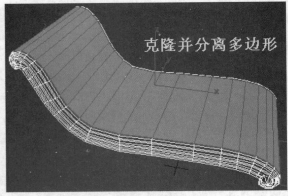

图11-84　克隆并分离多边形

17 将"对象001"孤立，为其添加"壳"修改器，设置"内部量"为0、"外部量"为135，然后将其转换为可编辑多边形对象，进入"顶点"层级，对模型两端的顶点进行调整，效果如图11-85所示。

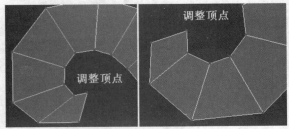

图11-85　调整顶点（2）

18 进入"边"层级，选择所有横边，右击并选择"连接"命令，设置"分段"为2，对边进行连

接，然后右击并选择"挤出"命令，设置"高度"为-10、"宽度"为0.01，对连接的两条边进行挤出，如图11-86所示。

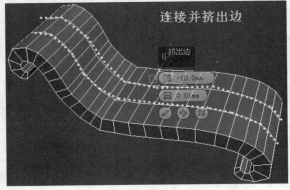

图11-86　连接并挤出边

19 选择宽度方向上的多个边，使用相同的参数将其挤出，如图11-87所示。

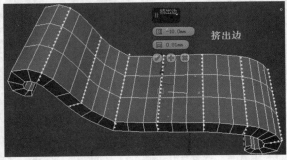

图11-87　挤出边（2）

20 双击模型底部长度方向两侧的边将其选中，右击并选择"切角"命令，设置"切角量"为5，对边进行切角，如图11-88所示。

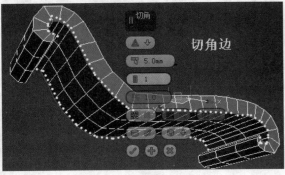

图11-88　切角边（1）

21 依照前面章节中制作褶皱的方法，在坐垫两侧制作出模型的褶皱效果，详细操作请观看视频讲解。取消"对象001"的孤立状态，退出"边"层级，为模型添加"涡轮平滑"修改器，设置"迭代次数"为2，对模型进行平滑处理，效果如图11-89所示。

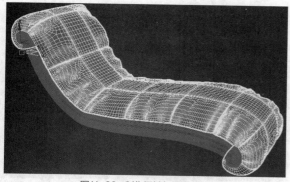

图11-89 制作褶皱与平滑效果

22 下面制作一个枕头。在左视图中创建"长度"为200、"宽度"为450、"高度"为100、"长度分段""宽度分段"均为2的长方体，将其转换为可编辑多边形对象。

23 进入"边"层级，选择4个角位置的高度边，右击并选择"切角"命令，设置"切角量"为5，确认切角，然后添加"涡轮平滑"修改器，设置"迭代次数"为1，对模型进行平滑处理，效果如图11-90所示。

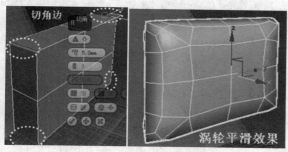

图11-90 切角边与涡轮平滑效果

24 将模型转换为可编辑多边形对象，进入"边"层级，按住Ctrl键的同时双击4个角位置的对角边将其选中，右击并选择"挤出"命令，设置"高度"为-10、宽度为0.01，确认切角，如图11-91所示。

25 进入"顶点"层级，分别选择4个角上的顶点，将其随意向外拖曳，使模型更自然。退出"顶点"层级，然后在枕头上也制作出褶皱，并添加"涡轮平滑"修改器，设置"迭代次数"为2，对模型进行平滑处理，效果如图11-92所示。

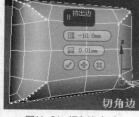
图11-91 切角边（2）

图11-92 调整顶点与平滑处理

26 这样，美人榻模型的主要结构就制作完毕了，下面读者可以参照前面章节中制作其他模型的方法创建美人榻的腿模型，该模型比较简单，在此不详细讲解制作过程，读者可以观看视频讲解。至此，欧式美人榻模型创建完毕。

11.2.4 创建简约美人榻模型

简约美人榻虽然结构简单，但实用功能一点也没打折，也是现代家庭青睐的家具之一。这一节我们通过创建一款简约美人榻模型，学习编辑"多边形"子对象建模的另一种思路。简约美人榻模型效果如图11-93所示。

图11-93 简约美人榻模型

操作步骤

01 在前视图中创建"长度"为750、"宽度"为150、"长度分段"为4、"宽度分段"为3的平面对象，将其转换为可编辑多边形对象。

02 按数字1键进入"顶点"层级，通过调整顶点创建出模型的基本形态，效果如图11-94所示。

03 切换到透视图，按数字3键进入"边"层级，选择外侧的一圈边，按住Shift键的同时将其沿y轴拉伸，使美人榻的宽度为350，效果如图11-95所示。

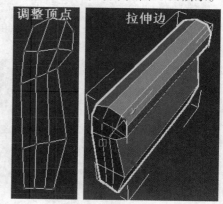

图11-94 调整顶点　　图11-95 拉伸边

04 进入"多边形"层级，选择模型表面的多边形，右击并选择"挤出"命令，选择"局部法线"

方式，设置"高度"为50，挤出多边形，效果如图11-96所示。

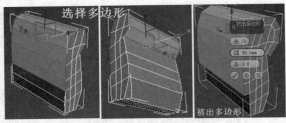

图11-96 选择并挤出多边形

05 选择下方的多边形，将其挤出1500个绘图单位，然后调整视角，将挤出后的多边形另一侧的多边形删除，如图11-97所示。

图11-97 挤出与删除多边形（1）

06 进入"边"层级，选择长度方向上的所有边，执行"连接"命令，设置"分段"为3，对边进行连接。进入"顶点"层级，选择左下方角位置的顶点并将其向右移动，效果如图11-98所示。

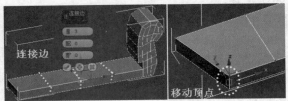

图11-98 连接边与移动顶点

07 进入"边"层级，双击右端靠背位置的边，右击并选择"挤出"命令，设置"高度"为-20、"宽度"为0.01，对该边进行挤出。选择模型周围的边，执行"切角"命令，设置"切角量"为5，将其进行切角，效果如图11-99所示。

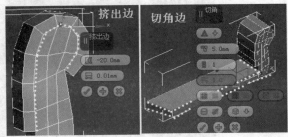

图11-99 挤出与切角边

08 进入"多边形"层级，选择模型表面的多边形，将其克隆并分离为"对象001"。进入"多边

形"层级，选择所有多边形，右击并选择"挤出"命令，选择"组"方式，设置"高度"为90，对多边形进行挤出，然后调整视角，将另一侧的多边形删除，如图11-100所示。

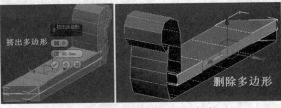

图11-100 挤出与删除多边形（2）

09 将"对象001"孤立，进入"边"层级，选择模型周围的上、下边，执行"切角"命令，设置"切角量"为5，对边进行切角，效果如图11-101所示。

10 退出"边"层级，在前视图中将"对象001"以"复制"方式沿y轴向上克隆一个，作为美人榻的坐垫模型，然后将右侧顶点向左移动到右侧靠背位置，如图11-102所示。

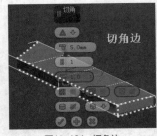

图11-101 切角边　　图11-102 克隆对象并调整顶点

11 分别为美人榻底座以及两个坐垫添加"对称"修改器，创建出模型的另一半，然后分别为其添加"涡轮平滑"修改器，设置"迭代次数"为2，对模型进行平滑处理，效果如图11-103所示。

下面制作侧面。

12 在前视图中绘制一个平面对象，将其转换为可编辑多边形对象，进入"顶点"层级，调整顶点，创建出模型的基本形态，如图11-104所示。

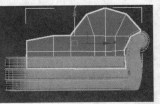

图11-103 模型的组合效果　　图11-104 创建模型的基本形态

13 进入"边"层级，在外侧位置通过连接创建一条边。进入"顶点"层级，调整顶点对模型进行完

善,最后添加"壳"修改器,并设置"内部量"为70,"外部量"为5,效果如图11-105所示。

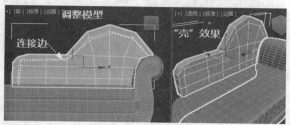

图11-105 连接边与"壳"效果

14 将模型转换为可编辑多边形对象,进入"多边形"层级,选择内部多边形,右击并选择"挤出"命令,选择"组"方式,设置"高度"为80,确认挤出如图11-106所示。

15 进入"边"层级,选择挤出模型外侧的所有边,将其向内移动,使模型中间向外凸起,如图11-107所示。

图11-106 挤出多边形   图11-107 向内移动边

16 双击挤出模型底部的边,右击并选择"挤出"命令,设置"高度"为-20、"宽度"为0.01,确认挤出。最后为模型添加"涡轮平滑"修改器,设置"迭代次数"为2,对模型进行平滑处理,效果如图11-108所示。至此,简约美人榻模型创建完毕。

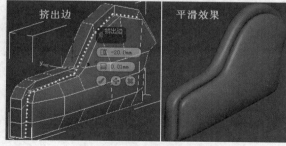

图11-108 挤出边与平滑效果

11.2.5 创建中式美人榻模型

这一节我们使用编辑"多边形"子对象建模方法来创建中式美人榻模型,在感受中式风格家具的清雅不俗的同时,继续学习编辑"多边形"子对象建模的方法和技巧。中式美人榻模型效果如图11-109所示。

图11-109 中式美人榻模型(1)

操作步骤

01 在顶视图中创建"长度"为700、"宽度"为1800、"长度分段""宽度分段"均为4的平面对象,将其转换为可编辑多边形对象。

02 进入"顶点"层级,将左侧两个角的顶点沿x轴向右移动到合适位置,然后分别选择该顶点与第2条垂直边与水平边的交点,单击"编辑顶点"卷展栏中的 连接 按钮进行连接,如图11-110所示。

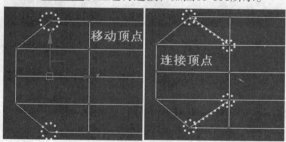

图11-110 移动与连接顶点

03 退出"顶点"层级,为对象添加"壳"修改器,设置"内部量"为0、"外部量"为200,效果如图11-111所示。

04 将模型转换为可编辑多边形对象,进入"边"层级,双击模型上、下两个面周围的一圈边,右击并选择"切角"命令,设置"切角量"为5,对边进行切角,如图11-112所示。

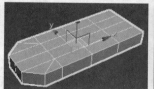 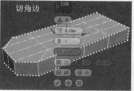

图11-111 "壳"修改器效果(1)   图11-112 切角边(1)

05 退出"边"层级,单击"编辑几何体"卷展栏中的 网格平滑 按钮,对模型进行平滑处理,然后进入"边"层级,双击模型上、下面边缘的一圈边,右击并选择"创建图形"命令,将其以"线性"方式创建名为"对象001"的图形对象,效果如图11-113所示。

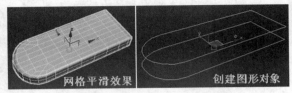

图11-113 网格平滑效果与创建图形对象

06 将"对象001"图形对象孤立,在"渲染"卷展栏中勾选"在渲染中启用"和"在视口中启用"两个复选框,并设置"矩形"的"长度""宽度"均为30,使其成为长方体状,效果如图11-114所示。

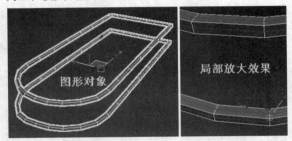

图11-114 设置图形对象的"渲染"参数

07 将"对象001"图形对象转换为可编辑多边形对象,进入"边"层级,按住Ctrl键的同时单击对象平面和侧面上的一条边,单击"选择"卷展栏中的 环形 按钮选择所有环形边,右击并选择"连接"命令,设置"分段"为1,对环形边进行连接,如图11-115所示。

图11-115 连接边

08 右击并选择"挤出"命令,设置"高度"为-10、"宽度"为0.01,对连接生成的边进行挤出,效果如图11-116所示。

09 退出"边"层级,为对象添加"涡轮平滑"修改器,设置"迭代次数"为2,对模型进行平滑处理,效果如图11-117所示。

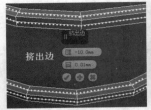

图11-116 挤出边   图11-117 平滑效果

10 取消"对象001"图形对象的孤立状态,为原对象也添加"涡轮平滑"修改器,设置"迭代次数"为2,对模型进行平滑处理,效果如图11-118所示。

11 在前视图中的模型右侧位置创建"长度"为200、"宽度"为300、"长度分段""宽度分段"均为3的平面对象,将其转换为可编辑多边形对象。

12 进入"顶点"层级,调整顶点与连接顶点,创建出枕头的基本模型效果,如图11-119所示。

 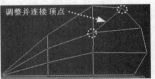

图11-118 模型效果(1)   图11-119 调整并连接顶点

13 退出"顶点"层级,为模型添加"壳"修改器,设置"内部量""外部量"均为350,为模型增加厚度,效果如图11-120所示。

14 将模型转换为可编辑多边形对象,进入"边"层级,选择模型两端的边,右击并选择"切角"命令,设置"切角量"为1、"分段"为2,对边进行切角,如图11-121所示。

 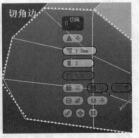

图11-120 "壳"修改器效果(2)   图11-121 切角边(2)

15 选择切角形成的"分段"边,依照前面的操作方法将其创建为图形对象,然后在"渲染"卷展栏中设置"矩形"的"长度""宽度"均为20,效果如图11-122所示。

16 将该图形对象转换为可编辑多边形对象,依照前面的操作,通过连接边、挤出边以及添加"涡轮平滑"修改器,创建出枕头的边框效果,如图11-123所示。

图11-122 图形对象效果   图11-123 边框效果

17 在前视图中绘制平面对象，将其转换为可编辑多边形对象，进入"顶点"层级，依照前面的操作方法，调整顶点，创建模型的基本形态，如图11-124所示。

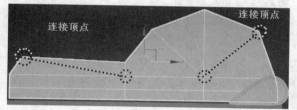

图11-124 创建模型的基本形态

18 为模型添加"壳"修改器，设置"内部量""外部量"均为10、"分段"为2，为模型增加厚度，然后将其转换为可编辑多边形对象。

19 进入"边"层级，选择模型外侧的两条边和两端底部的厚度边，右击并选择"切角"命令，设置"切角量"为0.5、"分段"为1，对边进行切角，如图11-125所示。

20 选择"壳"修改器中的"分段"边，依照前面的操作方法将其创建为图形对象，然后在"渲染"卷展栏中设置"矩形"的"长度""宽度"均为30，效果如图11-126所示。

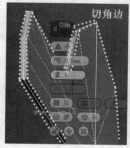
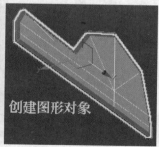

图11-125 切角边（3）   图11-126 创建图形对象

21 将该图形对象转换为可编辑多边形对象，依照前面的操作，通过连接边、挤出边以及添加"涡轮平滑"修改器，创建出边框效果。

22 选择原对象，进入"多边形"层级，选择正面的多边形，右击并选择"倒角"命令，设置"高度"为35、"轮廓"均为-40，对多边形进行倒角。进入"边"层级，选择倒角模型下方的边，将其沿z轴向下移动到底部位置，如图11-127所示。

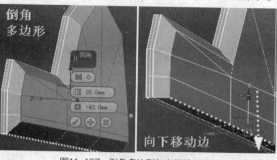

图11-127 倒角多边形与向下移动边

23 退出"边"层级，为模型添加"涡轮平滑"修改器，对模型进行平滑处理，最后取消图形对象的孤立状态，查看所有模型效果，结果如图11-128所示。

图11-128 模型效果（2）

下面制作美人榻的腿模型。

24 在透视图中创建"长度""宽度"均为30，"长度分段""宽度分段"均为2的长方体对象，将其转换为可编辑多边形对象。

25 进入"边"层级，选择模型两端的边，右击并选择"切角"命令，设置"切角量"为1，对边进行切角。选择正面和两个侧面上的高度边，右击并选择"挤出"命令，设置"高度"为-10、"宽度"为0.01，对边进行挤出，如图11-129所示。

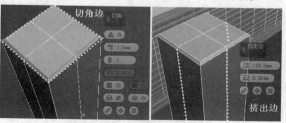

图11-129 切角与挤出边

26 退出"边"层级，为模型添加"涡轮平滑"修改器，设置"迭代次数"为2，对模型进行平滑处理，最后在前视图中将其克隆到模型的两侧位置，效果如图11-130所示。

27 在腿两侧绘制样条线，并设置"渲染"参数，以此作为腿两侧的支撑。该操作比较简单，在此不赘述，最后为模型设置不同的材质颜色，完成中式美人榻模型的制作，效果如图11-131所示。

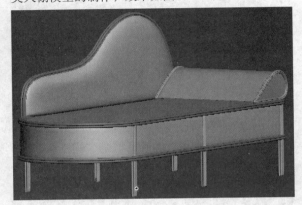

图11-130 克隆对象

图11-131 中式美人榻模型（2）

11.2.6 创建双人床模型

床是家庭中必备的家具之一，无论是造型还是材质，床的种类都有很多。这一节我们使用编辑"多边形"子对象建模方法，来创建双人床模型，继续学习编辑"多边形"子对象建模的方法和技巧。双人床模型效果如图11-132所示。

图11-132 双人床模型

操作步骤

01 在前视图中创建"长度"为100、"宽度"为100、"长度分段""宽度分段"均为4的平面对象，将其转换为可编辑多边形对象。

02 按数字2键进入"边"层级，按住Ctrl键的同时单击4个角上的8条边将其选中，右击并选择"塌陷"命令将其塌陷。按住Ctrl键的同时选择4个对角边，右击并选择"转换到顶点"命令，转换到边上的顶点，然后将顶点沿xy平面缩小，如图11-133所示。

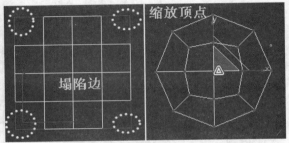

图11-133 塌陷边与缩放顶点

03 进入"边"层级，选择右下方的两条边，按住Shift键的同时将其向左下方拉伸，然后切换到"顶点"层级，对顶点进行调整，创建出模型的基本结构，效果如图11-134所示。

04 选择上面圆形结构位置对应的顶点，使用"连接"命令将其连接，然后进入"边"层级，选择外圈的环形边，通过连接创建边，如图11-135所示。

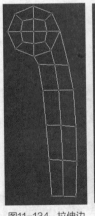
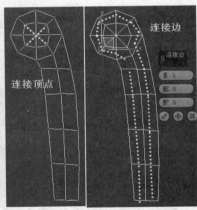

图11-134 拉伸边 图11-135 连接顶点与连接边
以创建模型

05 在顶视图中绘制"长度"为350、"宽度"为750的矩形，将其转换为可编辑样条线对象，然后删除下方与右侧的两条边，并对左上角进行圆角处理，效果如图11-136所示。

06 选择多边形对象，按数字3键进入"边界"层级，选择边界，按住Shift键的同时在顶视图中将边界沿样条线进行拉伸，效果如图11-137所示。

图11-136 绘制样条线

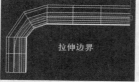
图11-137 拉伸边界

07 进入"多边形"层级，选择除模型一端多边形之外的所有多边形，右击并选择"挤出"命令，选择"局部法线"方式，设置"高度"为15，挤出多边形，效果如图11-138所示。

08 进入"顶点"层级，在前视图中以"窗口"选择方式选择顶点，根据床靠背的形状调整顶点，创建出靠背的基本形态，效果如图11-139所示。

图11-138 挤出多边形（1）

图11-139 调整模型形状

09 进入"多边形"层级，按住Ctrl键的同时选择靠背正面的多边形，依照前面案例中的操作方法，将其克隆并分离为"对象001"，如图11-140所示。

10 将"对象001"孤立，进入"多边形"层级，选择所有多边形，右击并选择"插入"命令，设置"数量"为2，确认插入，然后右击并选择"倒角"命令，设置"高度"为50、"轮廓"为-50，对多边形进行倒角，如图11-141所示。

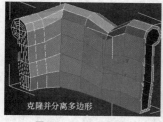
图11-140 分离多边形

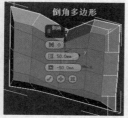
图11-141 插入与倒角多边形

11 进入"顶点"层级，激活"编辑几何体"卷展栏中的 切割 按钮，在模型上切割一条边，如图11-142所示。

12 进入"多边形"层级，以切割的边为界，将左侧多边形选择，右击并选择"挤出"命令，选择"组"方式，设置"高度"为20，对多边形进行挤出，如图11-143所示。

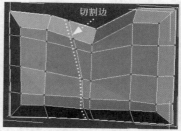

图11-142 切割边

图11-143 挤出多边形（2）

13 进入"边"层级，选择上一步切割的边，右击并选择"挤出"命令，设置"高度"为-5、"宽度"为0.01，对边进行挤出，如图11-144所示。

14 进入"顶点"层级，以"窗口"选择方式选择右侧两排顶点，将其沿x轴缩放，使其与x轴对齐，再进入"多边形"层级，将侧面多边形删除，如图11-145所示。

图11-144 挤出边（1）

图11-145 对齐顶点并删除多边形

15 退出"多边形"层级，单击"编辑几何体"卷展栏中的 网格平滑 按钮，对模型进行平滑处理。进入"顶点"层级，采用间隔选择方式，按住Ctrl键的同时选择右侧的顶点，右击并选择"挤出"命令，设置"高度"为-20、"宽度"为25，对顶点进行挤出，如图11-146所示。

16 激活"编辑几何体"卷展栏中的 切割 按钮，配合"中点""端点"捕捉功能，在挤出顶点的位置进行切割，效果如图11-147所示。

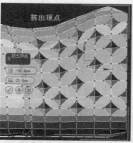

图11-146 挤出顶点

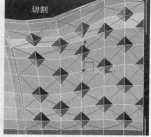
图11-147 切割效果

17 进入"边"层级，系统自动选择切割形成的边，右击并选择"挤出"命令，设置"高度"为

-5、"宽度"为0.01，对切割形成的边进行挤出。退出"边"层级，添加"涡轮平滑"修改器，对模型进行平滑处理，效果如图11-148所示。

下面整理模型。

18 取消"对象001"的孤立状态，进入原模型的"边"层级，按住Ctrl键的同时双击端面外侧的一圈边，右击并选择"挤出"命令，设置"高度"为-20、"宽度"为0.01，对该边进行挤出，如图11-149所示。

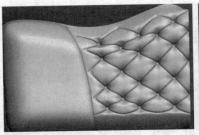

图11-148 平滑效果　　图11-149 挤出边（2）

19 选择另一圈边，右击并选择"挤出"命令，设置"高度"为-2、"宽度"为0.01，对该边进行挤出，然后进入"顶点"层级，选择圆形结构中心位置的顶点，将其向外移动，如图11-150所示。

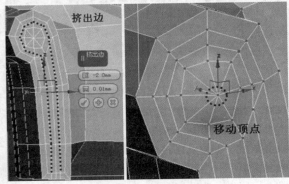

图11-150 挤出边与移动顶点

20 进入"多边形"层级，选择右端面上的多边形并将其删除。进入"边"层级，选择端面上的一条边，在修改器列表中选择"对称"修改器，创建出另一半模型，添加"涡轮平滑"修改器，设置"迭代次数"为2，对模型进行平滑处理，效果如图11-151所示。

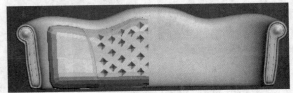

图11-151 对称与平滑效果（1）

21 选择"对象001"，也为其添加"对称"修改器，创建出另一半模型，然后再添加"涡轮平滑"修改器，设置"迭代次数"为2，对模型进行平滑处理。在凹陷位置创建大小合适的球体，完成豪华双人床靠背模型的创建，效果如图11-152所示。

图11-152 对称与平滑效果（2）

下面创建床板与床垫模型。

22 将靠背模型孤立，暂时隐藏"对称"修改器与"涡轮平滑"修改器，进入"多边形"层级，调整视角，选择底面多边形，将其以"组"方式挤出300个绘图单位，然后将挤出模型侧面的多边形删除，如图11-153所示。

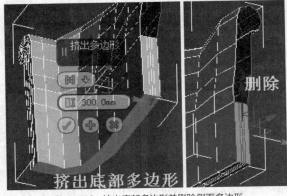

图11-153 挤出底部多边形并删除侧面多边形

23 在顶视图中的靠背模型下方位置创建"长度"为2000、"宽度"为1600、"高度"为300的长方体，为其设置合适的分段数。

24 将长方体转换为可编辑多边形对象，进入"多边形"层级，选择顶面多边形，右击并选择"插入"命令，设置"数量"为75，确认插入。右击并选择"挤出"命令，设置"高度"为-200，对多边形进行挤出，如图11-154所示。

图11-154 插入与挤出多边形

25 进入"边"层级,选择除一端两个角的高度边之外的所有棱角位置的边,右击并选择"切角"命令,设置"切角量"为10、"分段"为1,对边进行切角,如图11-155所示。

26 进入"多边形"层级,选择内部的底面多边形,右击并选择"挤出"命令,设置"高度"为350,挤出内部多边形,如图11-156所示。

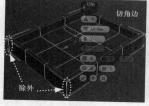

图11-155 切角边(1)

图11-156 挤出多边形(3)

27 进入"边"层级,对除挤出模型一端两个高度边外的其他边再次进行切角,设置"切角量"为30、"分段"为2,如图11-157所示。

28 选择挤出模型另一端角上的切角分段边,右击并选择"挤出"命令,设置"高度"为-5、"宽度"为0.01,对边进行挤出,如图11-158所示。

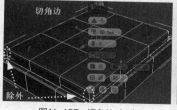

图11-157 切角边(2)

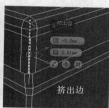

图11-158 挤出边(3)

29 为模型指定一种材质颜色,进入"边"层级,选择宽度方向上的边,右击并选择"连接"命令,设置合适的"分段"参数,创建多条边。右击并选择"连接"命令,设置合适的"分段"参数,对连接的边再次进行连接,如图11-159所示。

图11-159 多次连接边

30 将连接的边全部选择,打开"石墨"工具栏,在"选择"选项卡的"按随机"列表中选择"从当前选择中选择"选项,随机选择连接的边,如图11-160所示。

31 在"编辑几何体"卷展栏的"约束"选项组中

选择"法线"单选项,然后在状态栏的"Z"数值框输入-5,将选择的边沿自身法线移动-5个绘图单位,这样就制作出了床垫的皱褶效果,如图11-161所示。

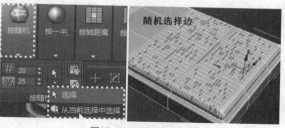

图11-160 随机选择边

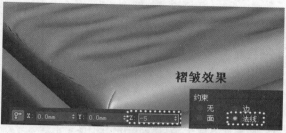

图11-161 褶皱效果

32 创建"长度"为200、"宽度"为500、"高度"为120、"分段"为2的长方体,将其转换为可编辑多边形对象,进入"边"层级,选择4个角位置的高度边,然后添加"涡轮平滑"修改器,创建一个枕头模型,如图11-162所示。

33 将枕头模型转换为可编辑多边形对象,进入"边"层级,选择枕头中间位置的边,右击并选择"挤出"命令,设置"高度"为-5、"宽度"为0.01,对边进行挤出,如图11-163所示。

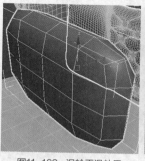

图11-162 涡轮平滑效果

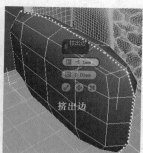

图11-163 挤出边(4)

34 参照制作床垫褶皱的方法,在枕头上制作出褶皱,完成双人床模型的创建。

11.2.7 创建办公椅模型

办公椅模型是工装设计中常用的模型,这一

节我们使用编辑"多边
形"子对象建模方法，
创建一个办公椅模型，
继续学习编辑"多边形"
子对象建模的方法和技
巧。办公椅模型效果如图
11-164所示。

图11-164 办公椅模型

操作步骤

01 创建"长度"为650、"宽度"为600、"长度
分段""宽度分段"均为4的平面对象，将其转换
为可编辑多边形对象。

02 按数字2键进入"边"层级，按住Ctrl键的同时
选择对象边缘的边，然后按住Shift键的同时将其向
上拉伸200个绘图单位。选择靠背位置的边，将其
向上拉伸400个绘图单位，效果如图11-165所示。

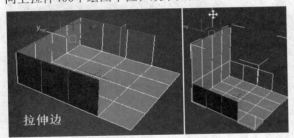

图11-165 拉伸边（1）

03 进入"边"层级，选择靠背上的垂直边，利用
"连接"命令创建两条水平边，然后进入"顶点"
层级，调整顶点以创建椅子的基本形态，如图11-
166所示。

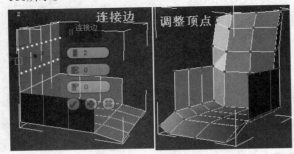

图11-166 连接边与调整顶点

04 退出"顶点"层级，为模型添加"壳"修
改器，设置"内部量"为5、"外部量"为50、
"分段"为1，创建出办公椅外壳模型，效果如
图11-167所示。

05 将模型转换为可编辑多边形对象，进入"多边

形"层级，选择左侧扶手内部的多边形并将其向内
移动，以增加扶手位置的厚度，如图11-168所示。

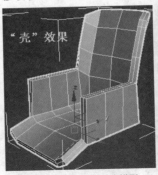

图11-167 办公椅外壳模型   图11-168 向内移动多边形

06 以中间的边为界，选择办公椅右侧的多边形
并将其删除，然后选择左侧模型内部除扶手位置的
多边形之外的其他多边形，将其以克隆方式分离为
"对象001"，如图11-169所示。

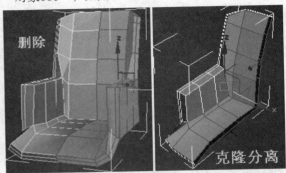

图11-169 删除与克隆分离多边形

07 将"对象001"暂时隐藏，进入办公椅模型的
"边"层级，选择扶手上的边，右击并选择"切
角"命令，设置"切角量"为5，对边进行切角，
如图11-170所示。

08 选择扶手上的一条水平边，单击"选择"卷
展栏中的 [环形] 按钮选择环形边，右击并选择"连
接"命令，设置"分段"为1、"滑块"为50，在
模型边缘创建一条边，如图11-171所示。

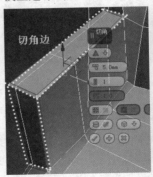

图11-170 切角边   图11-171 连接边

09 双击创建的边,右击并选择"挤出"命令,设置"高度"为-5、"宽度"为0.01,对边进行挤出,如图11-172所示。

10 选择中间的一条边,在修改器列表中选择"对称"修改器,将模型沿x轴对称,创建出另一半模型,最后添加"涡轮平滑"修改器,对模型进行平滑处理,效果如图11-173所示。

图11-172 挤出边(1)　　图11-173 办公椅外壳效果

11 取消"对象001"的隐藏,为其重新设置一个颜色。进入"边"层级,按住Shift键的同时将两端的边拉伸,使其超出椅子底座模型,然后将左侧扶手与靠背相交位置的边向外拉伸,创建出一个平面,如图11-174所示。

12 进入"顶点"层级,将拉伸出的平面左上方的顶点焊接到上方的顶点上,然后由下方顶点向旁边的边上切割一条边,如图11-175所示。

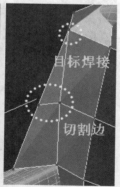

图11-174 拉伸边(2)　　图11-175 目标焊接与切割边

13 依照前面的操作方法,为"对象001"添加"对称"修改器,创建出另一半模型,然后添加"壳"修改器,设置"内部量"为10、"外部量"为90、"分段"为1,为其增加厚度,效果如图11-176所示。

14 将"对象001"转换为可编辑多边形对象,单击"编辑几何体"卷展栏中的 网格平滑 按钮对模型进行平滑处理,然后进入"顶点"层级,激活"编辑几何体"卷展栏中的 切割 按钮,在模型上切割出

需要的边,如图11-177所示。

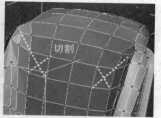

图11-176 "对称"修改器　　图11-177 网格平滑与切割边
　　与"壳"修改器效果

15 在"编辑几何体"卷展栏的"约束"选项组中选择"面"单选项,选择中间位置的两个顶点并将其向下移动,使其形成一个弧形,然后将两边的两条线向一边调整,使模型形成上小下大的效果,如图11-178所示。

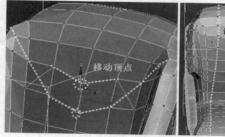

图11-178 移动顶点与调整线

16 进入"边"层级,双击模型两侧的两条边,右击并选择"挤出"命令,设置"高度"为-50、"宽度"为0.01,对边进行挤出,然后退出"边"层级,添加"涡轮平滑"修改器,查看模型效果,如图11-179所示。

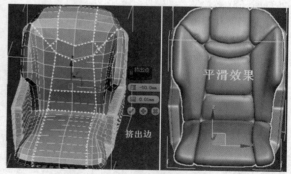

图11-179 挤出边与平滑效果

17 进入"边"层级,双击模型厚度上的中间边,右击并选择"挤出"命令,设置"高度"为-10、"宽度"为8,单击 按钮;修改"高度"为10,单击 按钮;修改"高度"为-5、"宽度"为0.01,确认挤出,制作出褶缝效果,如图11-180所示。

18 退出"边"层级，回到"涡轮平滑"修改器层级查看褶缝效果，效果如图11-181所示。

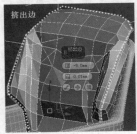 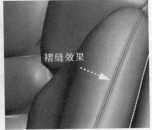

图11-180 挤出边（2） 图11-181 褶缝效果

下面制作木质扶手与椅子腿模型。

19 在左视图中创建一个平面对象，设置"长度分段"为2、"宽度分段"为4，将其转换为可编辑多边形对象。进入"顶点"层级，调整顶点，创建出扶手的基本模型，然后将上方两个角的顶点与其他顶点连接，如图11-182所示。

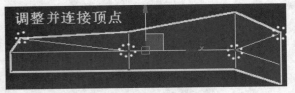

图11-182 调整并连接顶点

20 退出"顶点"层级，为模型添加"壳"修改器，根据椅子扶手的宽度，设置"内部量""外部量"均为45、"分段"为3，然后将模型转换为可编辑多边形对象。进入"边"层级，选择"壳"修改器的两个分段边，回到"涡轮平滑"修改器层级查看褶缝效果，效果如图11-183所示。

21 退出"边"层级，为模型添加"涡轮平滑"修改器，设置"迭代次数"为2，对模型进行平滑处理，完成木质扶手模型的创建，效果如图11-184所示。

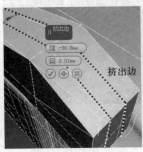 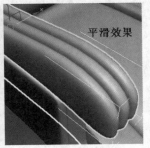

图11-183 挤出边（3） 图11-184 平滑效果

22 将该扶手模型复制到另一边，然后在透视图中创建"长度"为350、"宽度"为50、"高度"为50的长方体，将其转换为可编辑多边形对象，进入"边"层级，选择所有边并对其进行切角，设置

23 在长方体一端创建"半径"为25、"半球"为0.5的球体1和"半径"为20、"半球"为0的球体2，将两个球体都转换为可编辑多边形对象。

24 将球体1的顶面删除，为其添加"壳"修改器，设置"内部量"为2，为其增加厚度。将其转换为可编辑多边形对象，选择球体1顶面的多边形，将其向上挤出，使其与长方体相连，如图11-185所示。

图11-185 球体1与长方体相连

25 通过"快速切片"在球体2上垂直切两条边，再将切片之间的多边形删除，并对删除的面进行封口，之后将其移动到球体1的下方，详细操作请观看视频讲解，效果如图11-186所示。

26 将长方体、球体1和球体2成组，之后将其坐标系移动到长方体的另一端位置，然后设置角度捕捉为72°，将长方体连同两个球体一起旋转克隆4个，创建出办公椅腿模型，效果如图11-187所示。

图11-186 球体2效果 图11-187 旋转克隆

27 在顶视图中的办公椅腿模型中间位置创建圆柱体作为升降装置，完成办公椅模型的创建。

11.2.8 创建老板椅模型

这一节使用编辑"多边形"子对象建模方法，创建老板椅模型，巩固编辑"多边形"子对象建模的方法和技巧。老板椅模型效果如图11-188所示。

图11-188 老板椅模型

操作步骤

01 在前视图中创建"长度"为450、"宽度"为100、"长度分段"为2、"宽度分段"为3的平面，将其转换为可编辑多边形对象，进入"顶点"层级，调整顶点，效果如图11-189所示。

02 进入"边"层级，选择模型边缘的边，按住Shift键的同时将其拉伸325个绘图单位，拉伸出椅子的宽度，如图11-190所示。

03 进入"多边形"层级，选择模型外侧的多边形，将其以"局部法线"方式挤出30个绘图单位，效果如图11-191所示。

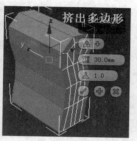

图11-189 | 图11-190 拉伸边 | 图11-191 挤出多边形（1）
调整顶点
（1）

04 进入"边"层级，在左视图中选择所有水平边，右击并选择"连接"命令，设置"分段"为2、"收缩"为35，通过连接创建两条边，如图11-192所示。

05 进入"多边形"层级，调整视角，选择底部左侧的多边形，将其分两段并各挤出100个绘图单位，效果如图11-193所示。

图11-192 连接边（1） | 图11-193 挤出多边形（2）

06 选择模型下方正面的多边形，将其分3段并各挤出200个绘图单位，然后进入"顶点"层级，在前视图中调整顶点，调整出椅面的形态，效果如图11-194所示。

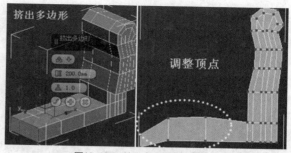

图11-194 挤出多边形与调整顶点

07 进入"边"层级，将椅面前端的边连接，创建一条边，将该边向前端移动，然后进入"多边形"层级，选择椅面前端位置的多边形并将其挤出100个绘图单位，效果如图11-195所示。

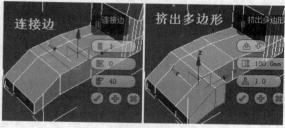

图11-195 连接边与挤出多边形

08 在前视图中创建"长度"为250、"宽度"为600、"长度分段""宽度分段"均为3的平面，将其转换为可编辑多边形对象，进入"顶点"层级，调整平面的形态，并将左、右两个角的顶点与其他顶点连接，如图11-196所示。

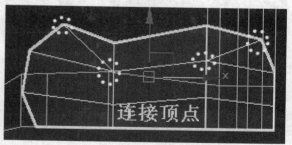

图11-196 连接顶点

09 退出"顶点"层级，为模型添加"壳"修改器，设置"内部量""外部量"均为50，为模型增加厚度，如图11-197所示。

10 将其转换为可编辑多边形对象，进入"边"层级，选择模型厚度上的所有边并将其连接，设置"分段"为2、"滑块"为50，使连接的边靠近两侧，效果如图11-198所示。

11 将模型孤立，进入"多边形"层级，选择模型两侧的多边形，以"组"方式插入50个绘图单位，然后将插入的多边形以"组"方式挤出-30个绘图单位，如图11-199所示。

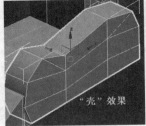

图11-197 "壳"效果

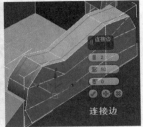

图11-198 连接边

图11-199 插入与挤出多边形

12 执行"倒角"命令，选择"组"方式，设置"高度"为30、"轮廓"为-15，将挤出的多边形进行倒角，如图11-200所示。

13 选择模型厚度位置除底边多边形之外的其他多边形，选择"局部法线"方式，设置"高度"为15、"轮廓"为-20，对该位置的多边形进行倒角，如图11-201所示。

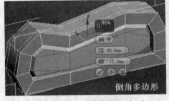

图11-200 倒角多边形（1）

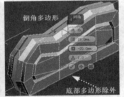

图11-201 倒角多边形（2）

14 进入"边"层级，系统自动选择倒角两侧的边，右击并选择"挤出"命令，设置"高度"为-5、"宽度"为0.01，对边进行挤出，如图11-202所示。

15 选择模型两侧的棱边，右击并选择"切角"命令，设置"切角量"为5，对边进行切角，效果如图11-203所示。

图11-202 挤出边（1）

图11-203 切角

16 退出"边"层级，为模型添加"涡轮平滑"修改器，设置"迭代次数"为2，对模型进行平滑处理，完成木质扶手模型的创建。

17 在前视图中的扶手上方创建"长度"为65、"宽度"为650、"长度分段"为2、"宽度分段"为6的平面，将其转换为可编辑多边形对象，进入"顶点"层级，通过移动顶点、连接顶点等操作创建出模型的基本形态，如图11-204所示。

18 退出"顶点"层级，为模型添加"壳"修改器，设置"内部量""外部量"均为50，然后将其转换为可编辑多边形对象，进入"边"层级，选择两侧边并将其连接，创建一条边，如图11-205所示。

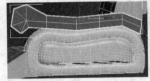

图11-204 调整顶点（2）

图11-205 "壳"修改器效果与连接边

19 右击并选择"挤出"命令，设置"高度"为-5、"宽度"为5，对连接的边进行挤出，退出"边"层级，添加"涡轮平滑"修改器，对模型进行平滑处理，完成该扶手模型的制作，效果如图11-206所示。

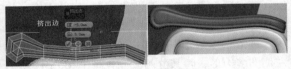

图11-206 挤出边与平滑效果

20 进入沙发模型的"多边形"层级，选择另一侧多边形并将其删除，进入"边"层级，在靠背上方位置通过连接创建两条水平边，如图11-207所示。

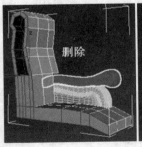

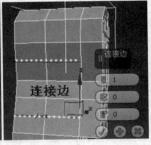

图11-207 删除多边形与连接边

21 进入"顶点"层级，将靠背位置的顶点向内调整，使模型呈凹陷效果，然后将中间的边向右移动到合适位置，效果如图11-208所示。

22 在下方位置通过连接创建一条水平边，并将该边向外移动，使模型呈凸起效果，如图11-209所示。

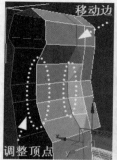 

图11-208 调整顶点与移 图11-209 连接并调整边
动边

23 进入"多边形"层级，选择沙发模型的另一侧
多边形，以"组"方式对其进行倒角，设置"高
度"为5、"轮廓"为-5。进入"边"层级，选择
倒角模型根部的边，对其进行挤出，设置"高度"
为-5、"宽度"为0.01，如图11-210所示。

图11-210 倒角多边形与挤出边

24 退出"边"层级，
为模型添加"对称"修
改器，创建出老板椅模
型的另一半，然后将扶
手以"实例"方式克隆
到老板椅另一侧，为模
型添加"涡轮平滑"修
改器，效果如图11-211
所示。

图11-211 平滑效果

25 进入老板椅模型的"多边形"层级，按住Ctrl
键的同时选择椅子表面的多边形，将其以克隆方式
分离为"对象001"。进入"边"层级，将两端的
边向外拉伸，使其超出老板椅模型，然后进入"顶
点"层级，选择左侧两排顶点并将其删除，只保留
右侧一半模型，如图11-212所示。

26 为模型添加"对称"修改器，将模型沿z轴对

称出左侧的另一半模型，然后进入"顶点"层级，
在左视图中将右侧模型上方的顶点向左依次移动，
右侧模型会自动发生变化，这样模型上方就会缩
小，如图11-213所示。

27 右击并选择"目标焊接"命令，将右侧模型从
右到左第2排顶点一一焊接到第3排顶点上，然后调
整顶点，使其形成一条弧线，如图11-214所示。

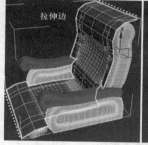 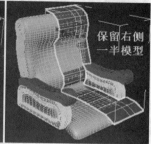

图11-212 拉伸边与删除顶点

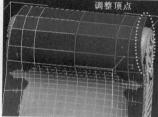 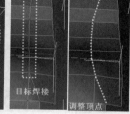

图11-213 调整顶点（3） 图11-214 目标焊接与调整
顶点

28 使用相同的方法，通过焊接、移动以及连接等
操作调整顶点，创建出需要的布线效果。为模型
添加"壳"修改器，设置"内部量"为0、"外部
量"为50，效果如图11-215所示。

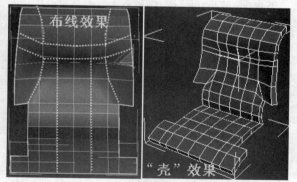

图11-215 布线效果与"壳"效果

29 将模型转换为可编辑多边形对象，进入"边"
层级，选择模型厚度上的所有边，通过连接创建一
条边，如图11-216所示。

30 选择靠背上方的两条水平边，右击并选择"挤
出"命令，设置"高度"为-10、"宽度"为8，单

击⊕按钮；修改"高度"为10，单击⊕按钮；修改"高度"为-5、"宽度"为0.01，确认挤出，制作出褶缝效果，如图11-217所示。

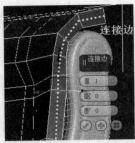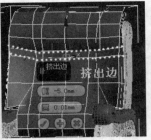

图11-216 连接边（2）　　图11-217 挤出边（2）

31 选择其他边，使用相同的参数进行挤出，然后退出"边"层级，为模型添加"涡轮平滑"修改器，设置"迭代次数"为2，对模型进行平滑处理，制作出模型的接缝效果，如图11-218所示。

图11-218 老板椅模型的接缝效果

32 进入"多边形"层级，按住Ctrl键的同时选择靠背一侧的多边形，右击并选择"倒角"命令，选择"局部法线"方式，设置"高度"为15、"轮廓"为-20，对多边形进行倒角，以增加老板椅垫子的厚度，如图11-219所示。

33 使用相同的方法，对其他位置的多边形进行倒

角处理，最后回到"涡轮平滑"修改器层级查看效果，结果如图11-220所示。

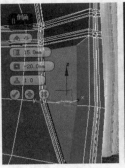

图11-219 倒角多边形　　图11-220 倒角与平滑处理

34 进入"顶点"层级，依照前面制作褶皱的方法，在老板椅靠背以及椅面等相关位置制作皱褶效果，详细操作请参照前面章节的相关内容，或者观看视频讲解，在此不详述，最后对模型进行平滑处理，效果如图11-221所示。

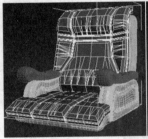

图11-221 制作褶皱效果

35 下面仅剩老板椅的腿模型，该模型的制作比较简单，篇幅有限，在此不详细讲解，读者可以观看视频讲解。至此，老板椅模型制作完毕。

"石墨"工具建模

从某种程度上来说，"石墨"工具是对"编辑多边形"命令的增强，它提供了多种功能，为多边形曲面建模提供了极大便利。本章我们将通过8个精彩建模案例，学习"石墨"工具建模的相关方法和技巧。

12.1 "石墨"工具的基本操作

创建多边形对象后,3ds Max的"默认"工作界面的功能区会显示"石墨"工具栏。如果没有显示,单击主工具栏中的"显示功能区"田按钮即可显示该工具栏,如图12-1所示。

图12-1 "石墨"工具栏

"石墨"工具栏有"建模""自由形式""选择""对象绘制""填充"共5个选项卡,各选项卡都有不同的功能和用途,大多数的功能和用途都与"编辑多边形"命令相同,但操作起来更加方便快捷。由于篇幅有限,本节我们将根据"石墨"工具建模的需要,从实用角度出发,对"石墨"工具在建模中常用的功能进行简单讲解,其他功能将在案例制作过程中,通过视频进行讲解。

12.1.1 相似选择

"相似"选择功能用于快速选取相似的子对象。该功能在多边形建模中,选取多边形的子对象时非常有用。

操作步骤

01 创建一个茶壶对象,将其转换为可编辑多边形对象,进入"多边形"层级,选取茶壶对象上的一个多边形,在"石墨"工具栏的"建模"选项卡"修改选择"选项面板的"相似"列表中设置选择条件,如图12-2所示。

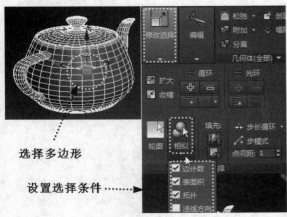

选择多边形

设置选择条件 ⋯⋯⋯▶

图12-2 设置选择条件

02 例如选择"表面积"作为选择条件,单击"相似"按钮,则茶壶中与已选多边形表面积相等的多边形都被选中,如图12-3所示。

图12-3 选择结果

03 根据选择需要,可以重新设置选择条件,继续选取其他"多边形"对象。

12.1.2 点循环选择

使用"点循环"选择功能可以通过设置点的间隔数,快速选取有间隔的循环点以及边,对多边形建模非常有帮助。

操作步骤

01 在"石墨"工具栏"建模"选项卡"修改选择"选项面板的"点循环"数值框中设置间隔数,例如设置为1,如图12-4所示。

选择顶点 ⋯⋯⋯⋯⋯

设置 ⋯⋯⋯

图12-4 设置点循环

02 按住Ctrl键的同时选取茶壶对象上相邻的两个"顶点"子对象,在"石墨"工具栏"建模"选项卡"修改选择"选项面板中单击"点循环"按钮,此时被选中顶点所在的一行每间隔一个顶点就会选择一个顶点,形成间隔选择效果,如图12-5所示。

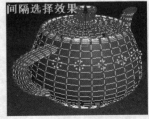

图12-5 点循环选择效果

12.1.3 快速循环

使用"快速循环"功能可以通过单击快速在模型上添加循环边,该功能是建模时布线的好帮手。

操作步骤

01 创建一个长方体，将其转换为可编辑多边形对象。

02 在"石墨"工具栏"建模"选项卡的"编辑"选项面板激活"快速循环" 按钮，移动鼠标指针到长方体的任意位置，该位置即出现循环边的预览，单击即可在该位置添加一个循环边，如图12-6所示。

03 移动鼠标指针到其他边上，单击以添加循环边，依此方法，移动鼠标指针到需要添加循环边的位置并单击，即可添加所需的循环边，如图12-7所示。

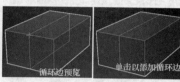

图12-6 添加循环边　　　图12-7 继续添加循环边

04 移动鼠标指针到"快速循环" 按钮，鼠标指针下方会显示该工具的其他附加功能，根据提示，可以拓展该工具的用途，如图12-8所示。

快速循环

通过单击放置边循环。启用该选项后，在任意位置单击可自动插入边循环。继续单击或右键单击退出。

附加功能包括能够以不同的方式滑动边或边循环。下面是工具的不同功能，它们因所按键盘键的不同而不同。

- **Shift** 单击可插入边循环并调整新循环以匹配周围曲面流。
- **Ctrl** 单击可选择边循环并自动激活边子对象层级。
- **Alt** 拖动选定边循环，以在其边界循环之间滑动边循环。
- **Ctrl+Alt** 与 **Alt** 相同，但不同的是还会在您开始拖动时拉直循环（如有必要）。
- **Ctrl+Shift** 单击以移除边循环。

按 F1 键获得更多帮助

图12-8 "快速循环"功能的附加功能说明

12.1.4 绘制连接

使用"绘制连接"功能可以以交互方式绘制边和顶点之间的连线，并且可以快速移除顶点、边和循环边，对模型的布线大有好处。

操作步骤

01 创建一个球体，将其转换为可编辑多边形对象。

02 在"石墨"工具栏"建模"选项卡的"编辑"选项面板激活 按钮，移动鼠标指针到球体上拖曳，在球体上绘制连线；按住Shift键的同时拖曳，绘制边中点的连线；按住Shift+Alt组合键的同时拖曳，绘制双循环线，如图12-9所示。

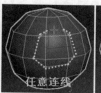

图12-9 "绘制连接"效果（1）

03 按住Ctrl键的同时拖曳以连接顶点，按住Alt键的同时在顶点上单击以移除顶点，按住Ctrl+Alt组合键的同时在边上单击以移除边，按住Ctrl+Shift组合键的同时在循环边上单击以移除循环边，如图12-10所示。

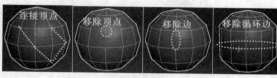

图12-10 "绘制连接"效果（2）

提示

"移除"与"删除"是两个完全不同的概念，一般情况下，移除顶点和边不会影响模型的结构，而删除顶点和边模型结构会发生很大变化。

12.2 "石墨"工具建模

了解"石墨"工具的基本操作方法后，本节将通过"创建现代圈椅模型""创建电视背景墙模型""创建中式木门模型""创建被子模型""创建异形个性沙发模型""创建异形充气沙发模型""创建异形实木沙发模型""创建异形藤编靠椅模型"8个精彩案例，学习"石墨"工具结合多边形建模功能创建三维模型的相关方法和技巧。"石墨"工具建模案例效果如图12-11所示。

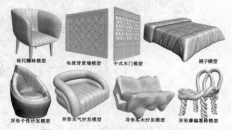

图12-11 "石墨"工具建模案例效果

12.2.1 创建现代圈椅模型

圈椅造型简洁，舒适度高，深受人们的喜爱。

随着社会的发展，圈椅的结构也发生了些许变化，一些结构更简洁的圈椅逐渐进入人们的视线。本节我们就通过创建一个现代圈椅模型，学习"石墨"工具结合多边形建模功能创建三维模型的相关方法和技巧。现代圈椅模型效果如图12-12所示。

图12-12　现代圈椅模型

操作步骤

01 在透视图中创建"长度"为500、"宽度"为500、"高度"为400、各"端面分段"均为1的长方体，打开"石墨"工具栏，在"建模"选项卡中单击"多边形" 按钮，为对象添加"编辑多边形"修改器，并进入"多边形"层级。

02 进入"选择"选项卡，在左侧"选项"列表中勾选"按角度"复选框，其右侧的数值框默认为45°，这表示45°范围内的对象都会被选中。在修改面板的"选择"卷展栏中勾选"忽略背面"复选框，单击长方体的顶面和侧面多边形并将其删除，如图12-13所示。

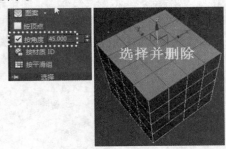

图12-13　选择并删除多边形

03 进入"建模"选项卡，激活 快速循环 按钮，移动鼠标指针到垂直边，此时出现边的预览，单击以添加一条边，再移动鼠标指针到水平边，单击以添加一条循环边，如图12-14所示。

04 进入"顶点"层级，选择后面两个顶点并将其向后移动，再选择前面两个顶点并将其向下移动。

进入"边"层级，选择背面角上的两条边，将其向前移动，调整出圈椅的基本模型，如图12-15所示。

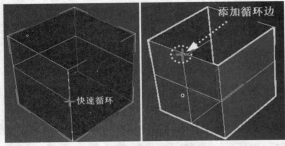

图12-14　添加循环边

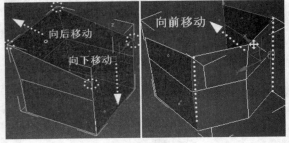

图12-15　调整模型

05 退出"边"层级，为模型添加"壳"修改器，设置"内部量"和"外部量"均为10、"分段"为2，然后单击"建模"选项卡上的"多边形" 按钮，为模型添加"编辑多边形"修改器，并进入"多边形"层级。

06 在修改面板中单击"编辑几何体"卷展栏中的 网格平滑 按钮，对模型进行平滑处理，然后进入"多边形"层级，勾选"按角度"复选框，并单击模型内部多边形将其全部选择，如图12-16所示。

07 在"建模"选项卡的"编辑"选项面板激活"约束到法线" 按钮，沿任意轴移动多边形，多边形沿自身法线拉伸以增加厚度，效果如图12-17所示。

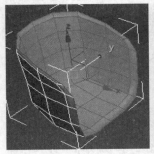

图12-16　选择多边形

图12-17　移动多边形

08 单击"建模"选项卡中的 收缩 按钮，收缩选择范围，然后再次将其沿任意轴移动，多边形继续沿自身法线拉伸以增加厚度，如图12-18所示。

09 进入"边"层级，双击"壳"修改器中的"分段"边，右击并选择"挤出"命令，设置如图12-19所示。

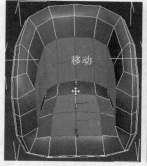
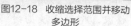

图12-18 收缩选择范围并移动
多边形

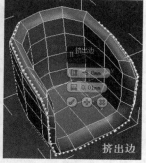

图12-19 挤出边

10 双击模型内部各拐角位置的边将其选中，使用同样的参数对其进行挤出，如图12-20所示。

11 退出"边"层级，单击"编辑几何体"卷展栏中的 网格平滑 按钮，对模型进行平滑处理。进入"边"层级，依照前面案例中创建褶皱的方法，在圈椅座面、靠背和扶手位置切割出褶皱线，并将其沿自身法线进行移动，创建褶皱效果，如图12-21所示。

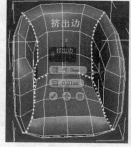
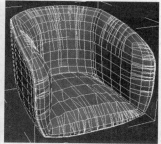

图12-20 切角边 　　　　　图12-21 褶皱效果

12 退出"边"层级，为模型添加"涡轮平滑"修改器，然后使用长方体制作出圈椅的四条腿，这样就完成了圈椅模型的制作。

12.2.2 创建电视背景墙模型

电视背景墙在室内设计中很常见，电视背景墙模型看似简单，但制作起来比较麻烦，尤其对模型布线不熟悉的读者来说更是如此。本节我们就通过"石墨"工具的选择功能，以及其他建模命令来创建电视背景墙模型，学习"石墨"工具建模的方法和技巧。电视背景墙模型效果如图12-22所示。

图12-22 电视背景墙模型

操作步骤

01 在前视图中创建"长度""宽度"均为300的平面对象，设置"长度分段""宽度分段"均为3。

02 配合捕捉功能，在平面对象四周各绘制一条圆弧，将其中一条圆弧转换为可编辑样条线对象，并将其他3条圆弧附加，如图12-23所示。

03 选择平面对象，在"几何体"列表选择"复合对象"选项，激活 图形合并 按钮，在"拾取运算对象"卷展栏中激活 拾取图形 按钮，在顶视图中单击圆弧对象，将其与平面对象合并。这样，圆弧就成为平面对象的一部分。

04 将平面对象转换为可编辑多边形对象，进入"顶点"层级，系统自动显示圆弧上的所有顶点，右击并选择"转换到边"命令，转换到顶点所在的边，此时所有与这些顶点相连的边都被选中，如图12-24所示。

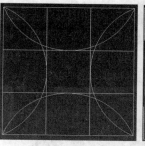
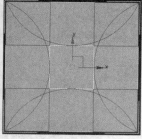

图12-23 绘制圆弧 　　　　图12-24 选择边

目前的效果并不是我们想要的效果，那么为什么会出现这样的情况呢？通过观察可以发现，圆弧上的顶点既有2星点，也有3星点和4星点，而3星点和4星点连接了其他边，因此这些边也会被选中，而其实我们只需要选择圆弧边。下面通过"石墨"工具的相关设置来选择圆弧边。

05 进入"边"层级，选择一个2星点，打开"石墨"工具，在"选择"选项卡的最右侧单击"按数值"按钮将其展开，调整"边"的参数为2，单

击"选择"⬚按钮，此时仅选择所有2星点，如图
12-25所示。

06 右击并选择"转换到边"命令，此时会选择所有2星点上的边，在修改面板的"选择"卷展栏中单击 循环 按钮，将与2星点的所在边相循环的所有边全部选中，以保证圆弧边的完整，如图12-26所示。

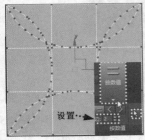
图12-25 选择2星点

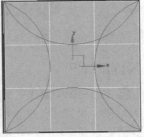
图12-26 选择圆弧边

07 右击并选择"分割"命令，将平面沿圆弧边分割，按数字5键进入"元素"层级，单击分割后的元素将其选中，如图12-27所示。

08 按数字4键进入"多边形"层级，右击并选择"挤出"命令，选择"组"方式，设置"高度"为20，挤出多边形，如图12-28所示。

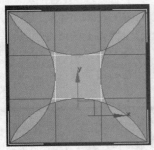
图12-27 选择元素

图12-28 挤出多边形（1）

09 选择模型上、下、左、右4个侧面上挤出的多边形并将其删除，退出"多边形"层级，如图12-29所示。

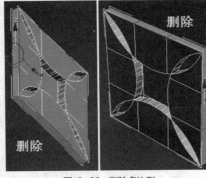
图12-29 删除多边形

10 在前视图中将平面对象以"复制"方式沿水平方向克隆4个，并使其各角点对齐，再将4个克隆对象沿垂直方向克隆3个，并将其相互对齐，效果如图12-30所示。

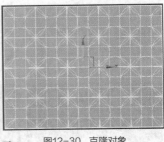
图12-30 克隆对象

11 将所有对象附加，进入"顶点"层级，选择所有顶点，单击"编辑顶点"卷展栏中的 焊接 按钮将其焊接在一起，效果如图12-31所示。

12 在前视图中的平面对象上方位置绘制"长度"为200、"宽度"为1800、"长度分段"为3、"宽度分段"为1的另一个平面对象，将其转换为可编辑多边形对象。

13 进入"边"层级，分别向下调整两个分段边，对多边形进行划分，使多边形宽窄不一，效果如图12-32所示。

图12-31 焊接顶点

图12-32 调整边

14 进入"多边形"层级，选择所有多边形，右击并选择"挤出"命令，设置"高度"为40，单击⊕按钮；修改"高度"为50，按住Alt键的同时单击下方多边形将其取消选择，只对上方两个多边形继续挤出，再次单击⊕按钮；修改"高度"为60，按住Alt键的同时单击第二个多边形将其取消选择，只对最上方的多边形继续挤出，单击✓按钮确认，如图12-33所示。

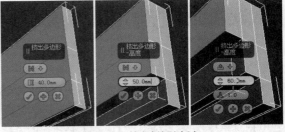
图12-33 挤出多边形（2）

15 进入"边界"层级，选择背面的边界，单击

"编辑边界"卷展栏中的 封口 按钮进行封口。进入"边"层级，选择除两端内部边之外的所有棱边，右击并选择"切角"命令，设置"切角量"为1，确认切角，如图12-34所示。

16 分别选择3个台阶上的一条边，单击"选择"卷展栏中的 环形 按钮选择环形边，右击并选择"连接"命令，设置"分段"为1，确认连接，如图12-35所示。

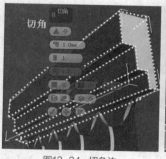
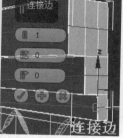

图12-34 切角边　　　　　图12-35 连接边

17 右击并选择"挤出"命令，设置"高度"为－10、"宽度"为0.01，对连接的边进行挤出。退出"边"层级，为模型添加"涡轮平滑"修改器，设置"迭代次数"为2，对模型进行平滑处理，效果如图12-36所示。

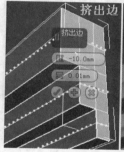

图12-36 挤出边与平滑效果

18 在前视图中绘制与水平方向成45°的直线段，将其放在模型的角点位置，然后将模型转换为可编辑多边形对象，激活"石墨"工具栏"建模"选项卡中的 快速切片 按钮，捕捉直线段的两个端点并对模型进行切片，如图12-37所示。

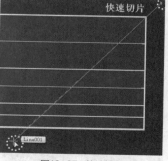

图12-37 快速切片

19 将直线段镜像到模型另一端，使用相同的方法

对模型另一端也切片，然后进入"多边形"层级，将模型两端的多边形从切片位置删除，将模型移动到墙面模型的上方位置，效果如图12-38所示。

> **提示**
>
> 如果模型的长度不合适，可以进入"顶点"层级，根据墙面模型的长度进行调整。

20 利用镜像克隆、旋转克隆等方式，将模型克隆到墙面模型的四周，并将其附加，如图12-39所示。

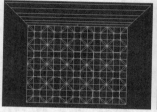

图12-38 快速切片效果　　图12-39 克隆效果

21 进入"顶点"层级，选择所有顶点并进行焊接。进入"多边形"层级，选择模型内部的一个多边形，在"建模"选项卡展开"修改选择"选项面板，设置选择的过滤条件，然后单击"相似"按钮，将模型中与此多边形相似的多边形全部选中，如图12-40所示。

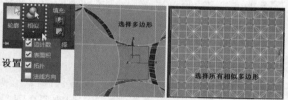

图12-40 选择多边形

22 在"多边形：材质ID"卷展栏设置其ID为1，然后执行"编辑"＞"反选"命令反选其他多边形，设置其材质ID为2。为模型设置不同的材质ID便于后期指定不同的材质，这样就完成了电视背景墙模型的创建。

12.2.3 创建中式木门模型

在中式建筑中，中式木门是必不可少的物品之一，中式木门模型看似简单，其实其样式繁多，制作方法相当复杂。本节我们就通过"石墨"工具的"拓扑"功能来创建一个中式木门模型，学习"石墨"工具中"拓扑"功能的应用方法和技巧。中式木门模型效果如图12-41所示。

图12-41 中式木门模型

操作步骤

01 在前视图中创建"长度"为2000、"宽度"为600、"高度"为50的长方体,设置"长度分段""宽度分段""高度分段"均为1,将其转换为可编辑多边形对象。

02 打开"石墨"工具栏,激活"建模"选项卡中的 快速 循环 按钮,移动鼠标指针到垂直边,单击以创建循环边,在平面上创建3条循环边,如图12-42所示。

03 进入"多边形"层级,按住Ctrl键的同时选择长方体两面的多边形,右击并选择"插入"命令,选择"按多边形"方式,设置"数量"为30,确认插入,如图12-43所示。

04 右击并选择"倒角"命令,设置"高度"为−10、"轮廓"为−15,单击 按钮;修改"高度"为−5、"轮廓"为0,单击 按钮确认,如图12-44所示。

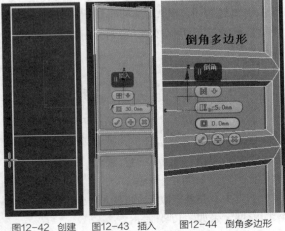

图12-42 创建 图12-43 插入 图12-44 倒角多边形
循环边 多边形(1)

05 选择门上方两面的多边形,单击"编辑多边形"卷展栏中的 分离 按钮,将其直接分离为"对象001",如图12-45所示。

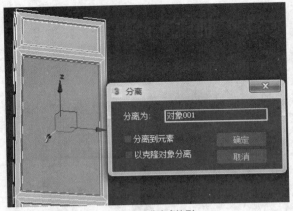

图12-45 分离多边形

06 将"对象001"孤立,将背面的多边形删除,进入"边"层级,利用"连接"命令在垂直方向和水平方向各创建5条边,如图12-46所示。

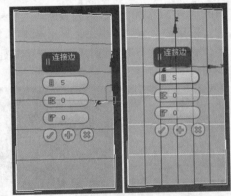

图12-46 连接边

07 选择一条垂直方向上的边,在"石墨"工具栏的"建模"选项卡展开"多边形建模"选项面板,单击 生成拓扑 按钮,打开"拓扑"面板,如图12-47所示。

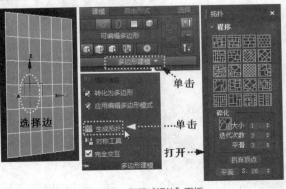

图12-47 打开"拓扑"面板

08 单击右上方的"蜂房"图标,在对象上生成六边形的拓扑效果,如图12-48所示。

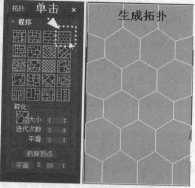

图12-48 拓扑效果

09 仔细观察可以发现,六边形并不是很"正",这受到模型的长宽比的影响,模型的长宽比为1:1.7左右时才能生成正六边形,下面我们调整一下顶点。

10 进入"顶点"层级,在前视图中分别选择六边形上方和下方对应的顶点,将其沿y轴进行缩放,使其处于同一平面,这样就基本可以生成正六边形了,如图12-49所示。

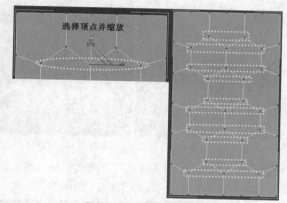

图12-49 选择并缩放顶点

11 进入"多边形"层级,选择所有多边形,右击并选择"插入"命令,选择"按多边形"方式,设置"数量"为35,单击 ☑ 按钮确认,如图12-50所示。

图12-50 插入多边形(2)

下面对模型进行处理。

12 进入"顶点"层级,在前视图中以"窗口"

选择方式选择左侧的一列顶点,将其沿x轴进行缩放,使其与y轴对齐,如图12-51所示。

13 使用相同的方法,对右侧一列顶点也进行缩放,使其与y轴对齐,然后选择左侧的两个顶点,将其塌陷在一起,继续将类似的两个顶点塌陷,再将塌陷后的一列顶点沿x轴缩放,使其与y轴对齐,如图12-52所示。

图12-51 缩放顶点

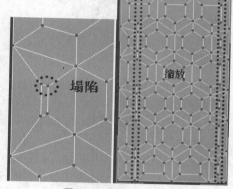

图12-52 塌陷与缩放顶点

14 进入"边"层级,选择所有边,右击并选择"创建图形"命令,将选择的边以"线性"方式创建为"图形001",然后将原对象隐藏。选择"图形001",在"渲染"卷展栏中勾选"在渲染中启用"和"在视口中启用"两个复选框,选择"矩形"选项,设置"宽度""长度"均为10,此时效果如图12-53所示。

图12-53 创建图形并设置"渲染"参数

15 取消孤立状态以显示门框模型,在左视图中将"图形001"对象移动到门框模型的中间位置,然后将其成组,并在前视图中复制两个,完成中式木门模型的创建。

12.2.4 创建被子模型

被子模型一直是3ds Max三维建模的难点，要创建出被子既厚实又蓬松的感觉确实很难。本节我们就通过"石墨"工具，结合多边形建模功能和其他建模命令，来创建一个被子模型，学习被子模型的表现方法和技巧。被子模型效果如图12-54所示。

图12-54 被子模型

操作步骤

01 在透视图中创建"长度"为1700、"宽度"为750的平面，在"石墨"工具栏的"建模"选项卡单击"边缘" ■按钮，为平面添加"编辑多边形"修改器，并进入"边"层级。

02 在透视图中单击左侧的边，按住Shift键的同时将其沿z轴向上拉伸5个绘图单位，再沿y轴拉伸300个绘图单位，使其向上卷起，再选择左侧和另一端的边，按住Shift键的同时将其向下拉伸400个绘图单位，效果如图12-55所示。

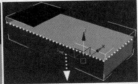

图12-55 拉伸边（1）

03 将前端向上卷起的模型的侧边向外拉伸5个绘图单位，再向下拉伸400个绘图单位，效果如图12-56所示。

04 选择下方多边形的两条垂直边，右击并选择"连接"命令，设置"分段"为1、"滑块"为45，在靠近上方的位置创建一条边，如图12-57所示。

05 选择连接生成的边和模型的另一条边，单击"编辑边"卷展栏中的 ■ 按钮进行桥接；进入"边界"层级，选择桥接后的边界，单击"编辑边界"卷展栏中的 ■ 按钮进行封口，效果如图12-58所示。

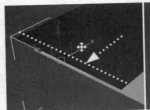
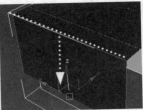

图12-56 拉伸边（2）

图12-57 连接边（1）

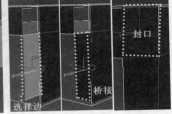

图12-58 桥接与封口

06 进入"顶点"层级，激活"编辑几何体"卷展栏中的 ■切割 按钮，在左下方的角点位置切割两条边，然后选择中间顶点并将其向外移动，拉长被子的一个角，如图12-59所示。

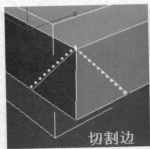
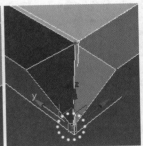

图12-59 切割边与移动顶点

07 进入"边"层级，分别选择侧边和一端的边，将其向外移动，使其下方向外撇，如图12-60所示。

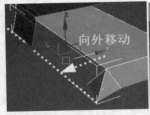
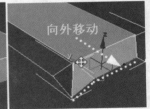

图12-60 向外移动边

08 选择模型棱角位置的边，右击并选择"切角"命令，设置"切角量"为35，对边进行切角，如图12-61所示。

09 选择模型棱角位置的边，右击并选择"连接"命令，设置"分段"为2，在此处创建两条边，如图12-62所示。

10 选择另一侧的一条边，在修改器列表中选择

"对称"修改器,将模型沿x轴对称出另一半,如图12-63所示。

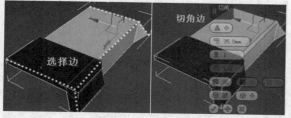

图12-61 切角边

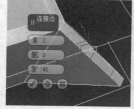

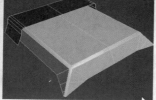

图12-62 连接边(2)　　　图12-63 对称效果

11 退出"边"层级,为模型添加"壳"修改器,设置"内部量"为45、"外部量"为40,为模型增加厚度,然后将模型转换为可编辑多边形对象,单击"编辑几何体"卷展栏中的 网格平滑 按钮,对模型进行平滑处理,效果如图12-64所示。

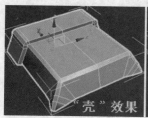

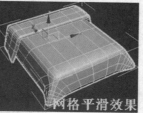

图12-64 "壳"效果与网格平滑效果

12 进入"边"层级,双击两条竖边,右击并选择"挤出"命令,设置"高度"为-20、"宽度"为20,对边进行挤出,然后选择两条横边,使用同样的参数对其进行挤出,如图12-65所示。

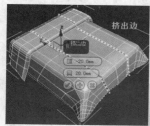

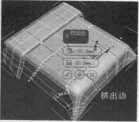

图12-65 挤出边

13 双击被子厚度上中间的边,右击并选择"挤出"命令,设置"高度"为-30、"宽度"为20,单击 按钮;修改"高度"为20、"轮廓"为5,

单击 按钮确认,对边进行挤出。退出"边"层级,单击"编辑几何体"卷展栏中的 网格平滑 按钮,对模型进行平滑处理,效果如图12-66所示。

图12-66 挤出边与网格平滑效果

14 制作被子的褶皱效果。由于篇幅有限,褶皱效果的具体制作方法不详述。读者可以参考前面章节案例中制作褶皱的方法,或观看视频讲解。最后为模型添加"涡轮平滑"修改器,并根据被子的材质设置相关颜色,完成被子模型的创建。

12.2.5 创建异形个性沙发模型

个性鲜明的家具深受年轻人的喜爱,在一些现代风格的室内装修中比较常见。本节我们通过创建异形个性沙发模型,学习"石墨"工具建模的相关技巧,同时学习三维建模中布线的相关方法。异形个性沙发模型效果如图12-67所示。

图12-67 异形个性沙发模型

操作步骤

01 在透视图中创建"半径1"为350、"半径2"为450、"高度"为400、"高度分段"为3、"端面分段"为4、"边数"为8的圆锥体,在"石墨"工具栏的"建模"选项卡单击"边缘" 按钮,为圆锥体添加"编辑多边形"修改器,并进入"边"层级。

02 双击下方第2条边将其选中,将其向下移动到合适位置并缩小,使其与下方边的大小一致,然后选择第3条边并将其放大,使模型的中间鼓起,如图12-68所示。

03 选择端面上的第3圈边,使用缩放变换功能将其缩放至原大小的130%；选择端面上的第2圈边，将其缩放至原大小的110%，如图12-69所示。

图12-68　调整高度边

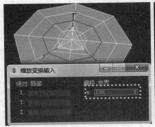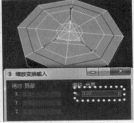

图12-69　缩放端面边

04 进入"多边形"层级，选择外侧多边形，将其挤出200个绘图单位，然后进入"顶点"层级，将挤出多边形两端的顶点与端面上的顶点焊接，效果如图12-70所示。

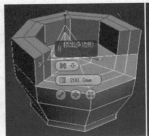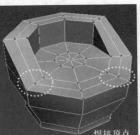

图12-70　挤出多边形与焊接顶点（1）

05 选择外侧的3个多边形，将其挤出200个绘图单位，然后进入"顶点"层级，将挤出多边形两端的顶点与端面上的顶点焊接，效果如图12-71所示。

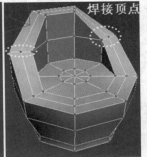

图12-71　挤出多边形与焊接顶点（2）

06 根据沙发的造型，选择相关顶点并进行调整，将模型调整为类似树叶的造型，然后单击"编辑几何体"卷展栏中的 网格平滑 按钮对模型进行平滑处理，再通过调整顶点、边等对模型继续进行完善，

效果如图12-72所示。

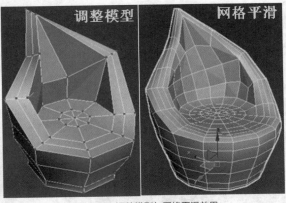

图12-72　调整模型与网格平滑效果

07 进入"多边形"层级，选择模型厚度上的多边形，将其沿z轴向上拉伸，使其形成圆弧边效果，如图12-73所示。

08 选择坐面位置的多边形，右击并选择"倒角"命令，设置"高度"为50、"轮廓"为-70，单击 按钮确认，如图12-74所示。

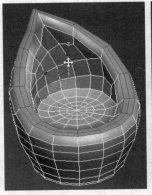

图12-73　拉伸多边形　　　　图12-74　倒角多边形

09 进入"顶点"层级，连接模型上的顶点，创建出树叶的纹路效果，然后进入"边"层级，选择中间的边，右击并选择"挤出"命令，设置"高度"为-5、"宽度"为0.01，对边进行挤出，如图12-75所示。

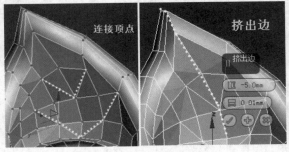

图12-75　连接顶点与挤出边

10 选择其他边，右击并选择"挤出"命令，设置"高度"为-5、"宽度"为0.01，对边进行挤出，如图12-76所示。

11 双击模型坐面周围的一圈边，右击并选择"挤出"命令，设置"高度"为-5、"宽度"为0.01，对边进行挤出，如图12-77所示。

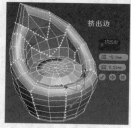 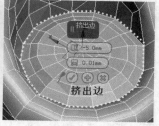

图12-76 挤出边（1）　　图12-77 挤出边（2）

12 进入"多边形"层级，选择外侧的多边形，右击并选择"挤出"命令，选择"本地法线"方式，设置"高度"为20，挤出多边形，如图12-78所示。

13 进入"边"层级，选择挤出多边形内侧的一圈边，右击并选择"挤出"命令，设置"高度"为-5、"宽度"为0.01，挤出边，如图12-79所示。

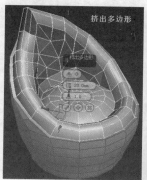 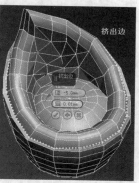

图12-78 挤出多边形　　图12-79 挤出边（3）

14 退出"边"层级，为沙发模型添加"涡轮平滑"修改器，设置"迭代次数"为2，对模型进行平滑处理，最后根据沙发模型的材质，设置不同的材质颜色，完成异形沙发模型的创建。

12.2.6 创建异形充气沙发模型

充气沙发移动方便、使用自如，备受人们的喜爱。本节我们通过创建异形充气沙发模型，学习"石墨"工具建模的相关技巧，同时学习建模的另一种思路。异形充气沙发模型效果如图12-80所示。

图12-80 异形充气沙发模型

操作步骤

01 在顶视图中创建"长度"为800、"宽度"为325的矩形，将其转换为可编辑样条线对象，进入"线段"层级，选择下方和右侧的边，按Delete键将其删除。

02 选择左侧的垂直边，单击"几何体"卷展栏中的 拆分 按钮，将其拆分为两段。进入"顶点"层级，选择所有顶点，右击并选择"角点"命令，将所有顶点都转换为"角点"类型，然后选择左侧垂直边上的拆分顶点，将其向下移动到左侧边的1/3位置，如图12-81所示。

03 选择最下方的顶点，切换到左视图，将其向下、向左移动到沙发的高度位置，然后在"几何体"卷展栏中激活 圆角 按钮，在右上角的顶点上拖曳，对其进行圆角处理，如图12-82所示。

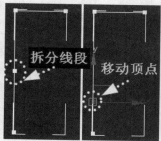 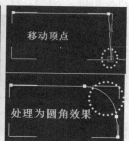

图12-81 拆分线段与移动顶点　　图12-82 移动顶点与圆角处理

04 切换到顶视图，对左上角的顶点进行圆角处理，并调整右上角的顶点，样条线效果如图12-83所示。

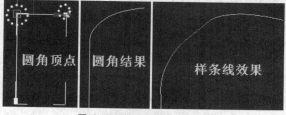

图12-83 处理样条线后的效果

05 在顶视图中创建"半径"为80、"高度"为2、"边数"为6的圆柱体，在"石墨"工具栏的

"建模"选项卡单击"多边形" ▣ 按钮，为圆柱体添加"编辑多边形"修改器，并进入"多边形"层级。

06 在透视图中单击圆柱体顶面的多边形，右击并选择"沿样条线挤出"命令，激活"拾取样条线" ▱ 按钮，单击样条线对象，多边形沿样条线挤出，然后设置"分段"为10，其他设置保持默认，效果如图12-84所示。

07 进入"边"层级，双击沙发靠背位置的第4圈边，打开"缩放变换输入"对话框，将其缩放至原大小的110%，如图12-85所示。

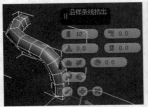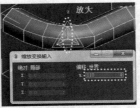

图12-84 沿样条线挤出多边形　　图12-85 缩放边（1）

08 依次将第3圈边、第2圈边和第1圈边缩放至原大小的115%、120%和125%，效果如图12-86所示。

09 调整视角，双击模型底部的边将其选中，右击并选择"切角"命令，设置"切角量"为15，对边进行切角，如图12-87所示。

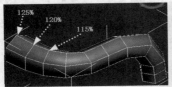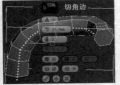

图12-86 缩放边（2）　　　　图12-87 切角

10 进入"多边形"层级，单击末端切角边形成的一个多边形，按住Shift键的同时移动鼠标指针到相邻的另一个多边形上，此时出现环形选择预览，单击这一列多边形将其全部选中，如图12-88所示。

图12-88 选择底部多边形

11 右击并选择"倒角"命令，设置"高度"为40、"轮廓"为45，单击 ⬚ 按钮，修改"轮廓"为0，再次单击 ⬚ 按钮，修改"轮廓"为-40，确认倒角，效果如图12-89所示。

12 调整视角，将模型左端面上的所有顶点选择，

在"石墨"工具栏的"建模"选项卡右侧打开"对齐"选项面板，在其中单击"z"按钮，将这些顶点在z轴对齐，如图12-90所示。

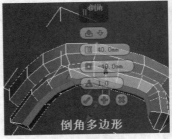

图12-89 倒角多边形（1）　　图12-90 选择并对齐顶点

13 使用相同的方法，将模型另一端的顶点也对齐，进入"多边形"层级，选择模型底部的多边形，将其挤出165个绘图单位，如图12-91所示。

14 进入"边"层级，选择挤出模型上的竖边，右击并选择"连接"命令，创建两条边，如图12-92所示。

图12-91 挤出多边形（1）　　图12-92 连接边

15 进入"多边形"层级，选择挤出模型侧面和与其对应的圆柱形侧面的多边形并将其删除，然后通过"目标焊接"将对应顶点焊接，效果如图12-93所示。

16 进入"多边形"层级，选择模型内部侧面的多边形，将其以"组"方式向右挤出450个绘图单位，如图12-94所示。

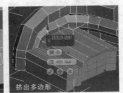

图12-93 删除多边形并目标焊接顶点　　图12-94 挤出多边形（2）

17 在前视图中将挤出模型沿y轴向上移动，使其底面与沙发左侧扶手底面对齐，然后进入"顶点"层级，选择挤出多边形右端的所有顶点，将其与沙发靠背右侧面的顶点对齐，如图12-95所示。

18 进入"边"层级，使用"连接"命令在挤出模型上增加两条边，进入"多边形"层级，选择挤出模型一侧与沙发靠背相对应一侧的多边形并将其删除，如图12-96所示。

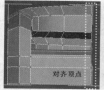

图12-95 对齐顶点　　　图12-96 连接边与删除多边形

19 进入"顶点"层级，右击并选择"目标焊接"命令，将挤出模型一侧的顶点拖到沙发靠背一侧相对应的顶点上进行焊接，然后选择沙发前端挤出面上的顶点，将其与沙发面其他顶点对齐，效果如图12-97所示。

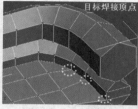
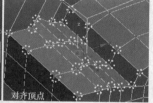

图12-97 目标焊接与对齐顶点

20 通过"切割"将沙发前端的两个顶点连接，然后将其他3条边上的顶点全部焊接到一条边上，效果如图12-98所示。

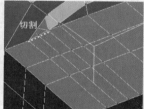
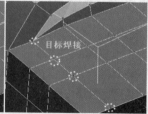

图12-98 切割与目标焊接

21 进入"多边形"层级，选择沙发右侧面的多边形并将其删除，选择沙发左外侧下方中间位置的多边形，在"石墨"工具栏"建模"选项卡的"编辑"选项面板中激活"约束到法线"按钮，然后沿任意轴移动，则模型沿自身法线向外凸起，如图12-99所示。

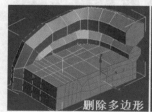
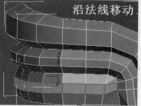

图12-99 删除与移动多边形

22 进入"边"层级，双击内、外侧圆柱结构相接位置的边，右击并选择"挤出"命令，设置"高度"为-5、"宽度"为0.01，对边进行挤出，如图

12-100所示。

图12-100 挤出边

23 退出"边"层级，将模型沿x轴以"复制"方式镜像出另一半，并将其与原模型附加，然后进入"顶点"层级，选择模型中间的一排顶点并将其焊接，效果如图12-101所示。

24 进入"多边形"层级，按住Ctrl键的同时单击沙发面上的一排多边形，右击并选择"倒角"命令，选择"局部法线"方式，设置"高度"为15、"轮廓"为-20，确认倒角，如图12-102所示。

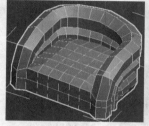
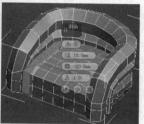

图12-101 镜像效果　　　图12-102 倒角多边形（2）

25 使用相同的参数，分别对其他各列多边形进行倒角，然后退出"多边形"层级，为模型添加"涡轮平滑"修改器，对模型进行平滑处理，完成异形充气沙发模型的创建。

12.2.7 创建异形实木沙发模型

异形实木沙发一般保留了原木的自然形态，只对原木的局部或部分位置稍微进行了处理。本节我们通过创建异形实木沙发模型，学习"石墨"工具建模的相关技巧，同时学习模型纹理结构的处理方法和技巧。异形实木沙发模型效果如图12-103所示。

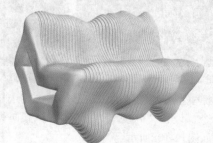

图12-103 异形实木沙发模型

操作步骤

01 在左视图中创建"半径"为900、"高度"为3000、"高度分段"为1、"端面分段"为2、"边数"为6的圆柱体，在"石墨"工具栏的"建模"选项卡中单击"顶点" ■ 按钮，为圆柱体添加"编辑多边形"修改器，并进入"顶点"层级，选择两端的两个顶点并将其删除，效果如图12-104所示。

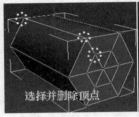

图12-104 选择并删除顶点

02 进入"边界"层级，选择边界，右击并选择"封口"命令，对其进行封口，然后进入"顶点"层级，选择模型两端中心位置的顶点，右击并选择"连接"命令，连接两个顶点，效果如图12-105所示。

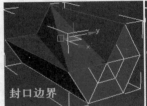

图12-105 封口边界与连接顶点

03 进入"边"层级，选择模型两端内部的分段边，按住Ctrl键的同时单击"编辑边"卷展栏中的 ■ 移除 按钮，将边连同顶点一起移除，如图12-106所示。

04 进入"多边形"层级，选择两端的多边形，右击并选择"插入"命令，选择"组"方式，设置"数量"为275，确认插入，如图12-107所示。

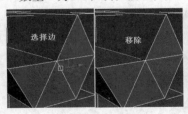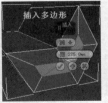

图12-106 选择并移除边   图12-107 插入多边形

05 选择模型一端插入的多边形，右击并选择"挤出"命令，设置"高度"为-3000，将其向另一端挤出，如图12-108所示。

06 将视角调整到模型另一端，将挤出多边形与插入的多边形全部删除，然后进入"顶点"层级，将各顶点塌陷，效果如图12-109所示。

07 进入"边"层级，选择两端横截面上的所有边，右击并选择"连接"命令，设置"分段"为15，确认连接，效果如图12-110所示。

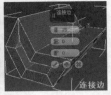

图12-108 挤出多边形 图12-109 塌陷顶点 图12-110 连接边（1）

08 选择所有长度方向上的边，通过"连接"增加60条边，选择两端横截面上的边，通过"连接"增加5条边，效果如图12-111所示。

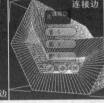

图12-111 连接边（2）

09 退出"边"层级，在"绘制变形"卷展栏中激活 推/拉 按钮，选择"推/拉方向"为"原始法线"，并设置"推/拉值"为50、"笔刷大小"为600~1000，在沙发坐面以及前、后靠背等位置单击，推拉出凹凸不平的效果。注意，推拉时可以根据需要随时调整推拉值以及笔刷大小。另外，可以激活 松弛 按钮，在模型上单击，对推拉位置进行松弛处理，使其更平缓一些，效果如图12-112所示。

10 将模型塌陷，进入"边"层级，通过环形和循环选择方式，将模型除两端面之外的所有横截面上的边选中，右击并选择"切角"命令，设置"切角量"为15，对边进行切角，如图12-113所示。

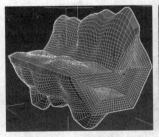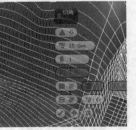

图12-112 推拉效果   图12-113 切角边

11 进入"多边形"层级，选择模型一端的两个多边形，在"石墨"工具栏的"建模"选项卡展开"修改选择"选项面板，设置"点循环"为1，然后单击"点循环" ■ 按钮，将模型中切角边形成的多边形按照间隔方式选择，然后通过减选择，取消两端及内侧的多边形的选择，如图12-114所示。

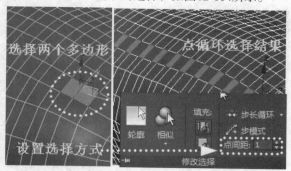

图12-114 点循环选择多边形

12 按住Shift键的同时移动鼠标指针到被选中多边形相邻的上方多边形上，此时会显示环形选择预览，单击将循环多边形选择，依此方法将所有切角边形成的多边形选中，结果如图12-115所示。

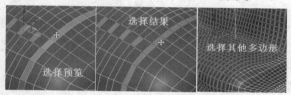

图12-115 选择多边形

13 右击并选择"挤出"命令，设置"高度"为-20、"宽度"为1，对多边形进行挤出，然后退出"多边形"层级，为模型添加"涡轮平滑"修改器，设置"迭代次数"为2，对模型进行平滑处理，完成异形实木沙发模型的创建，效果如图12-116所示。

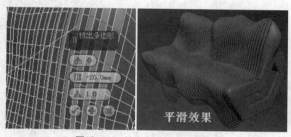

图12-116 挤出多边形与平滑效果

12.2.8 创建异形藤编靠椅模型

藤编家具不仅环保、耐用，而且价格低廉，一直是家具市场的"宠儿"。本节我们通过创建异形藤编靠椅模型，继续学习"石墨"工具建模的相关技巧，同时学习藤编结构模型的处理方法。异形藤编靠椅模型效果如图12-117所示。

图12-117 异形藤编靠椅模型

操作步骤

01 在左视图中创建"半径"为35、"高度"为550、"高度分段"为5、"端面分段"为1、"边数"为8的圆柱体，在"石墨"工具栏的"建模"选项卡中单击"边"按钮，为圆柱体添加"编辑多边形"修改器，并进入"边"层级。采用间隔选择的方式，选择圆柱体上的3条边，在前视图中将其沿y轴向上移动，效果如图12-118所示。

02 退出"边"层级，在左视图中将该对象以"复制"方式沿x轴向右克隆一个，然后沿y轴以"不克隆"方式镜像，效果如图12-119所示。

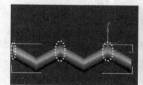 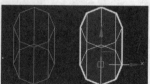

图12-118 调整边　　　　图12-119 克隆并镜像对象

03 将两个对象成组，然后在左视图中将其向右以"复制"方式克隆一组，效果如图12-120所示。

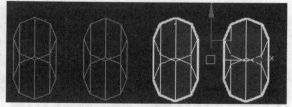

图12-120 克隆对象

04 将对象解组，选择其中一个对象，在顶视图中将其沿z轴旋转90°并克隆一个，为其设置一个较浅的颜色，然后将其移动到一端，使其与原对象形成交织效果，如图12-121所示。

05 将该对象以"复制"方式向旁边移动并克隆一个，在透视图中沿z轴以"不克隆"方式镜像，使其与另一组对象形成交织效果，如图12-122所示。

06 将这两个对象成组，然后将其向一旁移动并克隆，使其与另一组对象形成交织效果，这样就完成了椅面的创建，如图12-123所示。

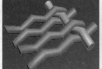

图12-121 旋转并克隆　图12-122 移动、　图12-123 椅面
　　　　　　　　　　　克隆并镜像　　　　　效果

07 将浅色组中相互间隔的两个对象附加，进入末端向下弯曲的对象的"边"层级，通过"连接"在末端位置各添加一条边，如图12-124所示。

08 进入"多边形"层级，选择两个对象末端的多边形，在透视图中将其沿z轴旋转一定角度，再向上移动，然后再旋转再移动，依此操作使多边形面朝上。右击并选择"挤出"命令，将这两个多边形挤出450个绘图单位，效果如图12-125所示。

图12-124 连接边　　　图12-125 旋转、移动与挤出多边形

09 进入"边"层级，在左视图中选择顶端的两圈边，将其向右移动，调整靠椅靠背的倾斜度，然后在高度方向的边上通过连接各添加3条边，效果如图12-126所示。

10 进入"多边形"层级，在前视图中选择模型末端多边形，通过挤出、旋转、再挤出等操作，使两个多边形呈相对效果，然后将两个对象末端的多边形删除，对末端顶点进行焊接，完成基本模型的创建，详细操作请观看视频讲解，效果如图12-127所示。

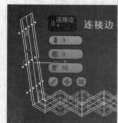
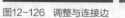

图12-126 调整与连接边　　　图12-127 焊接顶点

11 选择另外两个对象并将其删除，然后使用相同的方法将该对象前面两个端面也焊接在一起，详细操作请观看视频讲解，效果如图12-128所示。

12 在前视图中将制作好的椅子靠背以"复制"方

式镜像克隆到另一侧，调整椅面的顶点，对编织效果进行完善，效果如图12-129所示。

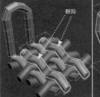  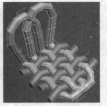

图12-128 编辑前端面效果　　　图12-129 镜像克隆效果

13 参照前面章节制作靠椅靠背的方法，或者观看视频讲解，将椅面两侧的对象进行两两相结合，创建出靠椅两侧的小扶手，效果如图12-130所示。

14 在顶视图中创建"半径"为20、"高度"为450、"高度分段"为20、"端面分段"为1、"边数"为8的圆柱体，将其呈三角形排列，然后成组。

图12-130 创建靠椅
两侧的小扶手

15 在修改器列表中选择"扭曲"修改器，设置"角度"为720、"偏移"为0，勾选"限制效果"复选框，并设置"上限"为160、"下限"为−250，对圆柱体进行扭曲，使其呈麻花状。

16 将对象移动到靠椅前腿位置，将其转换为可编辑多边形对象并附加。通过旋转、移动边和多边形等，对对象一端的3个圆柱体进行编辑，使其中的两个圆柱体包裹住靠椅下方的藤条，一个与靠椅下方的藤条平行，详细操作请观看视频讲解，效果如图12-131所示。

图12-131 调整靠椅腿

17 将该对象克隆到靠椅其他3条腿位置，使用相同的方法对其进行编辑，使其与靠椅结合，效果如图12-132所示。

18 将该对象克隆到藤椅其他3条腿位置，使用相同的方法对其进行编辑，使其与靠椅完美结合，最后将藤椅面和靠背附加，添加"涡轮平滑"修改器，设置"迭代次数"为2，对模型进行平滑处理，完成异形藤编靠椅模型的创建。

图12-132 创建靠椅
其他3条腿

修改器建模

修改器是3ds Max三维建模的重要工具。在本书的第5章和第6章，我们已经通过相关案例学习了为样条线对象添加修改器进行建模的相关方法。这一章我们通过14个精彩案例，继续学习添加修改器进行建模的方法和技巧。

13.1 "曲面变形"修改器建模

"曲面变形"修改器包括两种，一种是对象空间修改器中的"曲面变形"修改器，另一种是世界空间修改器中的"曲面变形（WSM）"修改器。这两种修改器的操作方法基本相同，并且都使用NURBS点或CV曲面来应用曲面变形。简单来说，变形对象只能是NURBS曲面，只是二者的参数设置稍有不同。

下面我们以对象空间修改器中的"曲面变形"修改器为例，学习使用"曲面变形"修改器创建模型的方法和技巧，"曲面变形（WSM）"修改器的操作方法将在后面章节中通过具体案例进行讲解。

首先使用NURBS曲线创建一个NURBS曲面模型，然后创建一个平面对象，为平面对象设置足够多的分段数以方便变形，之后为平面对象添加"曲面变形"修改器，在"参数"卷展栏中激活 拾取曲面 按钮，单击NURBS曲面模型，此时平面对象以NURBS曲面的形态进行变形，如图13-1所示。

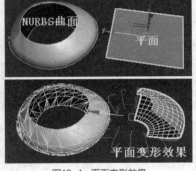

图13-1 平面变形效果

此时会发现，平面对象变形后并没有完全与NURBS曲面模型相同，这是因为平面对象的长度和宽度与NURBS模型的周长与高度不相等。

在修改器堆栈进入"Plane"层级，在"参数"卷展栏中修改"长度""宽度"，以调整模型的变形效果，如图13-2所示。

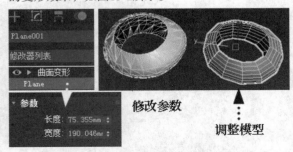

图13-2 修改平面对象的参数以调整模型

另外，也可以在"曲面变形"修改器的"参数"卷展栏中设置"U向百分比""U向拉伸""V向百分比""V向拉伸""旋转"等参数，将模型沿U向、V向拉伸，如果模型出现扭曲效果，则可以设置旋转角度以及变形轴等对其进行调整，如图13-3所示。

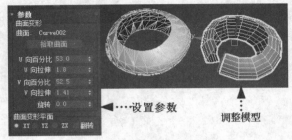

图13-3 设置变形参数并调整模型

这一节我们将通过创建图13-4所示的"藤编鼓形坐墩""竹编装饰花瓶"两个模型，学习"曲面变形""曲面变形（WSM）"这两个修改器的使用方法和技巧。

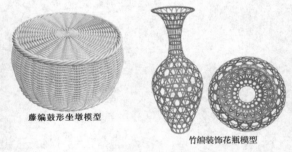

图13-4 "曲面变形"修改器建模案例效果

13.1.1 创建藤编鼓形坐墩模型

创建藤编家具模型最大的难点在于藤编效果的处理，既要保证藤编结构的合理，又要使藤编模型具备家具模型的形状，而利用"曲面变形"修改器可以轻松实现这一难题。这一节我们就通过创建一个藤编鼓形坐墩模型，学习"曲面变形"修改器在创建模型时的应用方法和相关技巧。藤编鼓形坐墩模型效果如图13-5所示。

图13-5 藤编鼓形坐墩模型

操作步骤

01 在前视图中创建"长度"为200、"宽度"为1413的矩形作为参考图形，将矩形转换为可编辑样条线对象。

02 进入"线段"层级，选择矩形的一条水平边，在"几何体"卷展栏中的 分离 按钮右侧勾选"复制"复选框，单击该按钮，将水平边分离复制为"图形001"，如图13-6所示。

图13-6 分离复制线段

03 使用相同的方法，将矩形的一条垂直边分离复制为"图形002"，进入"线段"层级，将其拆分为若干段以增加多个顶点，便于后期进行变形处理。

04 在"渲染"卷展栏中勾选"在渲染中启用"和"在视口中启用"两个复选框，并设置"径向"的"厚度"为5。

05 选择"图形001"，进入"线段"层级，在 拆分 按钮右侧的数值框中输入20，单击该按钮将其拆分为21段，然后进入"顶点"层级，每间隔一个顶点选择一个顶点，选择11个顶点，在顶视图中将其沿y轴稍微移动一段距离，使"图形001"形成圆弧，如图13-7所示。

图13-7 拆分线段与调整顶点

06 退出"顶点"层级，将"图形001"沿y轴以"复制"方式镜像克隆为"图形003"，然后将其向上移动，使其与"图形001"在y轴对齐，并形成相互叠加的效果，如图13-8所示。

图13-8 镜像克隆并对齐对象

07 在前视图中将"图形003"沿y轴移动到"图形001"的下方，然后参考矩形的长度，将"图形001"和"图形003"以"复制"方式沿y轴向下克隆20次左右，创建出藤编的横向编织效果，如图13-9所示。

图13-9 局部放大效果（1）

08 在顶视图中将每3个一组的"图形002"，以"实例"方式克隆到"图形001"和"图形003"相叠加形成的弧形空隙位置，这样就形成了藤编效果，如图13-10所示。

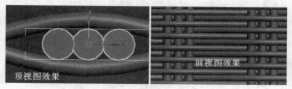

图13-10 局部放大效果（2）

09 将模型转换为可编辑多边形对象并将所有对象附加。在顶视图中绘制"半径"为225的圆，将其转换为NURBS曲线，在前视图中将其沿y轴向上移动100个绘图单位并克隆，将克隆对象缩放至原大小的90%，然后将其沿y轴向下移动200个绘图单位并克隆，效果如图13-11所示。

10 将3条NURBS曲线附加，打开"NURBS"工具箱，激活"创建U向放样曲面" 按钮，由下至上依次拾取3条NURBS曲线，创建一个NURBS曲面，如图13-12所示。

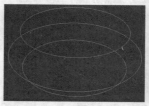

图13-11 NURBS曲线　　　　图13-12 NURBS曲面

11 为图形对象添加"曲面变形"修改器，在"参数"卷展栏中激活 拾取曲面 按钮，单击NURBS曲面，然后设置"U向拉伸""V向拉伸"均为2，其他设置保持默认，对图形对象进行变形，效果如图13-13所示。

12 在前视图中绘制"半径"为200的圆，执行"编辑">"克隆"命令，将其以"复制"方式原地克隆，修改克隆圆的"半径"为195，将克隆圆再次原地克隆，修改其"半径"为190，依此方法继续对克隆对象进行克隆，修改"半径"，使其比原克隆对象的半径小5个绘图单位，直到克隆的最后一个圆的半径为50为止，创建出坐墩顶面的图形，如图13-14所示。

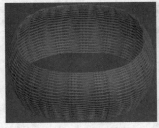 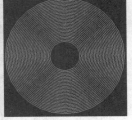

图13-13　曲面变形效果　　　图13-14　创建顶面图形

13 将最外侧的圆转换为可编辑样条线对象，然后隔一个圆附加一个圆，将一半的圆附加并命名为"组件1"。选择没有被附加的一个圆，将其转换为可编辑样条线对象，将其他没有被附加的圆附加并命名为"组件2"，使附加对象形成两组。

14 进入"组件1"的"顶点"层级，按住Ctrl键的同时每隔一列顶点选择一列顶点，将"组件1"中的部分顶点选择，然后切换到顶视图，将其沿y轴向上移动，使顶面隆起，如图13-15所示。

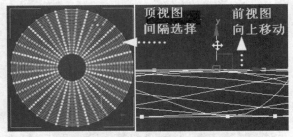

图13-15　间隔选择与移动顶点

15 执行"编辑">"反选"命令，选择其他顶点，在顶视图中将其沿y轴向下移动，这样就形成了起伏的曲线效果，如图13-16所示。

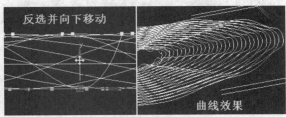

图13-16　曲线效果

16 进入"组件2"的"顶点"层级，使用相同的方法，间隔选择顶点并移动，使其也形成起伏的曲线效果，然后在"渲染"卷展栏中勾选"在渲染中

启用"和"在视口中启用"两个复选框，并设置"径向"的"厚度"为7，这样就形成了交错起伏的编织效果，如图13-17所示。

图13-17　编织效果

17 在前视图中的顶面图形中心位置创建"半径"为20的球体，在透视图中将其沿y轴缩放，然后在顶视图中的顶面图形交叉位置创建"长度"为205、"宽度"为35、"高度"为9、"宽度分段"为2的长方体，将其转换为可编辑多边形对象。

18 进入"顶点"层级，选择两侧的顶点，在顶视图中将其沿y轴缩放，使其形成菱形效果，切换到前视图，选择下方两侧的顶点，将其沿x轴缩放，使其形成锥形效果，如图13-18所示。

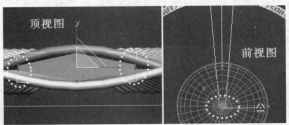

图13-18　创建并调整长方体

19 退出"顶点"层级，选择"旋转"工具，在主工具栏的"参考坐标系"列表中选择"拾取"选项，单击顶面图形，然后选择坐标中心为"参考中心"，设置角度捕捉为15°，将长方体以顶面图形的坐标中心为参考中心沿z轴旋转克隆23个，完成墩面的创建，效果如图13-19所示。

20 在顶视图中创建"半径"为5、"高度"为1300的圆柱体，为其设置足够多的"高度分段"数，将其转换为可编辑多边形对象，将其以"复制"方式克隆3个并排列，如图13-20所示。

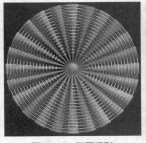 

图13-19　墩面模型　　　图13-20　克隆与排列圆柱体

21 在修改器列表中选择"扭曲"修改器，设置"角度"为4500，选择"扭曲轴"为Z，对其进行扭曲。切换到顶视图，添加"弯曲"修改器，设置"角度"为360，将其沿z轴弯曲，使其形成一个扭曲的圆环，如图13-21所示。

22 将该圆环对象与墩面模型对齐，然后将其移动到坐墩模型的顶部位置，并与坐垫模型对齐，效果如图13-22所示。

图13-21 扭曲的圆环　　　图13-22 对齐效果

23 在顶视图中将墩面模型与环形模型沿y轴以"实例"方式克隆到坐墩模型的下方，完成藤编鼓形坐墩模型的创建。

13.1.2 创建竹编装饰花瓶模型

　　编织效果有许多种，在上一节的案例中，我们学习了一种比较简单、传统的编织效果的制作方法。这一节我们通过创建图13-23所示的竹编装饰花瓶模型，学习六边形编织效果的制作方法。

　　通过该模型的创建，学习"曲面变形（WSM）"修改器建模的方法和技巧。"曲面变形（WSM）"修改器的操作方法与"曲面变形"修改器的操作方法相同，只是二者的参数设置稍有区别，其"参数"卷展栏如图13-24所示。

图13-23 竹编装饰花瓶模型（1）　　图13-24 "曲面变形（WSM）"修改器的"参数"卷展栏

操作步骤

01 在前视图中创建"长度"为1000、"宽度"为

400的矩形作为参考图形，在矩形内部使用样条线绘制花瓶轮廓线，将所有顶点转换为"Bezier"类型，如图13-25所示。

02 选择样条线，右击并选择"转换为">"转换为NURBS"命令，将样条线转换为NURBS曲线，然后打开"NURBS"工具箱，激活"创建车削曲面"按钮，单击NURBS曲线，创建一个NURBS曲面模型，如图13-26所示。

03 在修改器堆栈展开"NURBS 曲面"层级，进入"曲线"层级，在模型右侧选择曲线，将其沿x轴向右移动以调整花瓶模型的形态，如图13-27所示。

图13-25 绘制轮廓线　图13-26 创建　图13-27 调整花瓶　　　　　　　　　NURBS曲面　　　模型

04 将花瓶模型暂时隐藏，修改矩形的"宽度"为1256，使其长度刚好是花瓶模型的周长，然后在矩形左上角位置绘制"半径"为40的六边形作为另一个参考对象，然后在六边形内部上方位置绘制"长度"为10、"宽度"为40、"长度分段"为1、"宽度分段"为3的平面对象，将其转换为可编辑多边形对象，如图13-28所示。

05 在平面对象左、右两个角位置绘制与竖直方向成30°夹角的两条样条线作为参考线，然后将平面对象下方的左、右两个角点向内移动到参考线与下水平线的交点位置，这样便于后期对顶点进行焊接，如图13-29所示。

 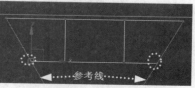

图13-28 绘制平　　　　图13-29 调整顶点
面对象

06 进入"多边形"层级，选择平面对象右侧的多边形，在顶视图中将其向下移动到合适位置，

如图13-30所示。

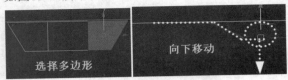

图13-30 调整多边形

07 退出"多边形"层级，在前视图中选择平面对象，在主工具栏的"参考坐标系"列表中选择"拾取"选项，单击六边形，然后选择坐标中心为"使用变换坐标中心" [图]，设置角度捕捉为60°，将平面对象以六边形的坐标中心为参考中心，以"复制"方式沿z轴旋转克隆5个，效果如图13-31所示。

08 将六边形删除，然后将6个平面对象附加，设置捕捉模式为"边/线段"，按住Shift键的同时捕捉对象的左上角端点并将其向右下方移动，捕捉该对象右下角内侧的端点，释放鼠标左键，在弹出的"克隆选项"对话框中将其以"复制"方式克隆一个，如图13-32所示。

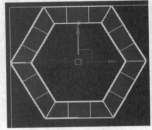
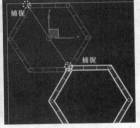

图13-31 旋转克隆效果　　　图13-32 克隆对象（1）

09 选择两个对象，按住Shift键的同时捕捉左侧对象的左侧端点，向右移动鼠标指针继续捕捉该对象右侧的内侧端点，释放鼠标左键，在弹出的"克隆选项"对话框中将其以"复制"方式克隆18个，如图13-33所示。

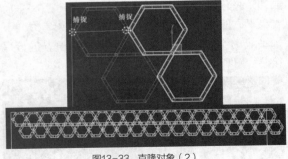

图13-33 克隆对象（2）

通过克隆我们发现，克隆对象两侧与矩形边框不匹配，这对后期进行曲面变形有影响，为了使克隆对象两侧与参考矩形边框匹配，下面我们需要对模型进行调整。

10 将所有平面对象附加，打开"缩放变换输入"对话框，设置"偏移：屏幕"为102，将模型放大，使上面一排的平面对象两端稍微超出矩形边框，如图13-34所示。

图13-34 缩放模型

11 在右侧依照矩形边框对下面一排的平面对象进行快速切片，然后进入"多边形"层级，将右侧下排切片后的"多边形"分离为"对象001"，然后将"对象001"移动到平面对象的左侧位置，使其与左侧的平面对象对齐并附加，如图13-35所示。

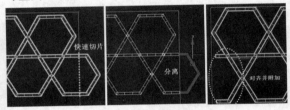

图13-35 分离、对齐并附加对象

12 依照前面的操作，将平面对象以"复制"方式向下克隆7个，使各平面对象之间相互衔接，最后将所有平面对象附加，效果如图13-36所示。

13 进入"顶点"层级，选择所有顶点，右击并选择"焊接"命令，对顶点进行焊接，退出"顶点"层级，添加"壳"修改器，设置"内部量""外部量"均为0.5，效果如图13-37所示。

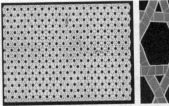
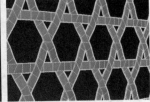

图13-36 克隆与附加平面对象　　图13-37 焊接顶点与"壳"效果

14 将平面对象转换为可编辑多边形对象，进入"多边形"层级，选择左右两侧的多边形并将其删除，然后在修改器列表中选择"曲面变形（WSM）"修改器，在"参数"卷展栏中激活 [拾取曲面] 按钮，单击创建的花瓶模型，单击 [转到曲面] 按钮，此时平面对象自动贴合到花瓶模型上。注意观察效果并设置"U向百分比"为9.5左右、"U向拉伸"为1.2左右、"V向百分比"为0、"V向拉伸"为0.575左右，选择"曲面变形平面"为xy平面，其他设置保持默认，效果如图13-38所示。

15 在修改器堆栈中的"曲面变形（WSM）"修改器上右击，选择"塌陷到"命令，将模型塌陷为多边形对象。进入"顶点"层级，选择所有顶点，右击并选择"焊接"命令，将模型接缝位置的顶点焊接在一起，然后添加"涡轮平滑"修改器，设置"迭代次数"为2，对模型进行平滑处理，效果如图13-39所示。

16 在瓶口和底部位置创建大小合适的圆环，使其与外部模型斜切，并显示花瓶模型，完成竹编装饰花瓶模型的创建，效果如图13-40所示。

图13-38 曲面变形 效果　　图13-39 涡轮平滑 效果　　图13-40 竹编装饰花 瓶模型（2）

13.2 "路径变形"修改器建模

"路径变形"修改器也有两种，一种是对象空间修改器中的"路径变形"修改器，另一种是世界空间修改器中的"路径变形（WSM）"修改器。这两种修改器的操作方法完全相同，都是将对象沿路径进行变形从而创建模型。下面我们以"路径变形"修改器为例，学习"路径变形"修改器建模的方法。

绘制一条样条线作为路径，再创建一个圆柱体，为其设置足够多的"高度分段"数，然后为圆柱体添加"路径变形"修改器，其参数设置卷展栏如

图13-41所示。

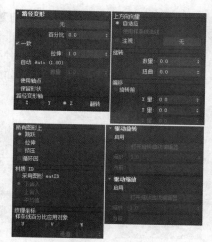

图13-41 "路径变形"修改器的参数设置卷展栏

设置看似很多，但操作起来非常简单。在"路径变形"卷展栏中激活"无"按钮，拾取样条线，此时圆柱体沿样条线的形态进行变形，如图13-42所示。

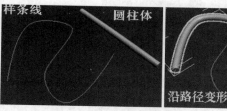

图13-42 沿路径变形效果

在"百分比"数值框中设置圆柱体在样条线路径变形的位置，在"拉伸"数值框中输入拉伸值，使圆柱体根据样条线路径的长度进行拉伸，勾选"自动"复选框，则圆柱体自动根据样条线路径的长度进行拉伸，在"数量"数值框中输入参数，控制圆柱体的拉伸量，如图13-43所示。

图13-43 设置变形参数

在"路径变形轴"选项组设置变形效果的参考轴，在"旋转"选项组设置旋转的"数量"和"扭曲"值，使对象产生扭曲效果；在"偏移"选项组设置"X"和"Y"值，使变形效果产生偏移，如图13-44所示。

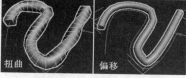

图13-44 扭曲与偏移效果

在"驱动缩放"卷展栏中勾选"启用"复选框，设置"缩放"值，对模型进行缩放，单击 打开缩放曲线编辑器 按钮，在"缩放曲线"对话框中调整曲线，对圆柱体进行缩放变形，效果如图13-45所示。

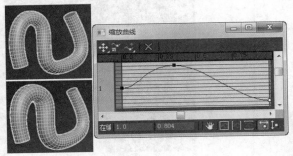

图13-45　缩放效果

这一节我们通过创建图13-46所示的"藤编异形沙发""藤椅"两个模型，学习"路径变形"修改器建模和"路径变形（WSM）"修改器建模的方法和技巧。

图13-46　"路径变形"修改器建模案例效果

13.2.1　创建藤编异形沙发模型

"路径变形"修改器不仅可以使对象沿路径进行变形，还可以通过"驱动缩放"功能对沿路径变形的模型进行缩放变形，这对创建异形模型非常有用。这一节我们通过创建藤编异形沙发模型，学习"路径变形"修改器与"曲面变形"修改器结合创建异形模型的方法和技巧。藤编异形沙发模型效果如图13-47所示。

图13-47　藤编异形沙发模型

操作步骤

01 在左视图中创建"长度"为550、"宽度"为650的椭圆，将其转换为可编辑样条线对象，进入"顶点"层级，选择上方的顶点，将其向下移动，

使椭圆顶面呈凹陷效果，如图13-48所示。

02 进入"线段"层级，选择所有线段，将其拆分为10段，然后执行"编辑">"克隆"命令，将椭圆以"复制"方式原地克隆为"椭圆002"和"椭圆003"。

03 选择"椭圆001"，进入"顶点"层级，采用间隔选择的方法（每间隔一个顶点选择一个顶点）将一半顶点选择，然后将其沿z轴向内缩放，效果如图13-49所示。

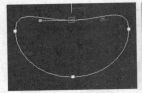

图13-48　调整椭圆顶点　　　图13-49　缩放顶点

04 选择"椭圆002"，进入"顶点"层级，同样采用间隔选择的方法，选择与"椭圆001"顶点交错的顶点，将其沿z轴向内缩放。这样，两个椭圆就形成了交错的效果，如图13-50所示。

05 在"渲染"卷展栏中分别设置这两个椭圆的"径向"为5，然后在前视图中绘制长度为1200的直线段，设置其"径向"为10，进入"线段"层级，将其拆分为120段，之后在左视图中将直线段——克隆到两个椭圆中间的交叉位置，以此作为编织的经纬线，效果如图13-51所示。

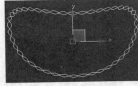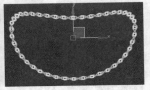

图13-50　交错的效果　　　图13-51　克隆直线段

06 在透视图中将一个椭圆沿x轴移动到另一个椭圆的右侧，然后将两个椭圆附加，之后将这两个椭圆沿x轴以"复制"方式克隆86次，这样就形成了椭圆形编织对象，如图13-52所示。

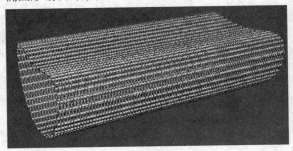

图13-52　椭圆形编织对象

07 选择"椭圆003",为其添加"挤出"修改器,设置"数量"为50,将其克隆并分别移动到编织对象的两端,然后将所有对象转换为可编辑多边形对象并附加,效果如图13-53所示。

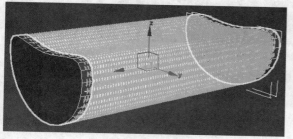

图13-53 挤出并附加对象

08 在前视图中绘制"半径"为900、"从"为360、"到"为180的圆弧作为路径,选择编织对象,为其添加"路径变形"修改器,激活"无"按钮,拾取圆弧,设置"百分比"为0,勾选"自动"复选框,设置"数量"为1,选择"路径变形轴"为Z,此时编织对象沿路径变形,效果如图13-54所示。

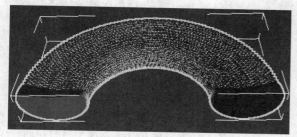

图13-54 变形效果

09 在"驱动旋转"卷展栏中勾选"启用"复选框,单击 打开旋转曲线编辑器 按钮打开"旋转曲线"对话框,激活"添加点"按钮,在曲线上单击以添加一个点,右击并选择"Bezier-平滑"命令,设置该点的类型,在下方两个数值框中输入0.5和120,设置该点的位置,然后选择右侧端点,在下方两个数值框中输入1和0,设置其位置,如图13-55所示。

图13-55 旋转曲线的设置

10 在视图中观察模型,并通过控制柄调整中间点,对模型进行调整,最后关闭该对话框,模型的变形效果如图13-56所示。

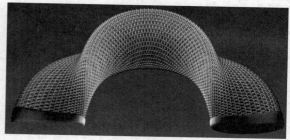

图13-56 模型的变形效果

下面制作沙发坐垫模型。

11 在顶视图中绘制"长度"为450的直线段,将其命名为"路径01",在前视图中绘制"长度"为2800的直线段,将其拆分为40段,然后依照本书13.1.1节的操作,创建出交错的两条线,以此作为编织对象的纬线,在"渲染"卷展栏中设置这两条线的"径向"为5,然后将这两条线附加,如图13-57所示。

图13-57 创建交错的线

12 选择这两条线,执行"工具">"对齐">"间隔工具"命令,打开"间隔工具"对话框,激活 拾取路径 按钮,单击"路径01",设置"计数"为50,将其以"复制"方式沿路径克隆,如图13-58所示。

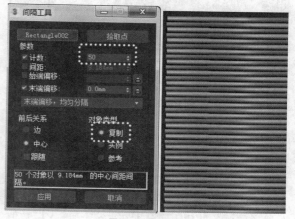

图13-58 克隆线

13 选择"路径01",将其拆分为30段,在"渲染"卷展栏中设置其"径向"为10,在顶视图中将其克隆到编织线的交错位置，以此作为编织对象的经线。将其转换为可编辑多边形对象，并附加其他纬线，然后将该模型以"复制"方式克隆为"编织01"，以备后用。

14 在前视图中依照沙发坐垫大小绘制一条圆弧，选择"饼形切片"单选项，然后将其转换为可编辑样条线对象。进入"顶点"层级，将下方横线上的顶点设置为"Bezier"类型，并调整直线段为圆弧，将其命名为"路径02"，如图13-59所示。

15 为编织对象添加"路径变形"修改器，依照前面的操作拾取"路径02"，并调整"拉伸"等参数，使其首尾相接，之后将其塌陷为多边形，如图13-60所示。

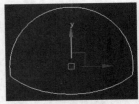

图13-59 路径02　　　　图13-60 路径变形效果（1）

16 为该模型添加"锥化"修改器，设置"数量"为0.85、"曲线"为-0.75，选择"主轴"为y轴，然后依照锥化后的模型顶面大小创建一个NURBS曲面，效果如图13-61所示。

图13-61 锥化模型与创建NURBS曲面

17 选择克隆的"路径01"，为其添加"曲面变形"修改器，拾取创建的曲面模型，然后将其移动到沙发底座的顶部位置，效果如图13-62所示。

18 在透视图中创建"长度""宽度"均为30、"高度"为1500、"长度分段""宽度分段"均为4、"高度分段"为1的长方体，将其转换为可编辑多边形对象。

19 在状态栏激活"偏移模式变换输入"按钮，进入"边"层级，在透视图中分别双击长度和宽度分段边的两条外侧边，分别在"X"和"Y"数值框中输入5和-5，将这几条边向内移动，如图13-63所示。

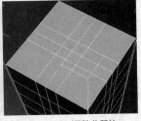

图13-62 曲面变形效果　　　图13-63 调整分段边

20 分别选择侧面的中间分段边，再次依照相同的方法，利用"偏移模式变换输入"功能，将长度和宽度分段边两侧的边分别沿x轴和y轴调整5和-5个绘图单位，使其向外凸起，效果如图13-64所示。

21 选择4个侧面两侧的8条边，右击并选择"挤出"命令，设置"高度"为-10、"宽度"为0.01，对边进行挤出，如图13-65所示。

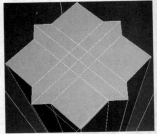
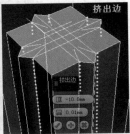

图13-64 调整边　　　　　图13-65 挤出边

22 选择所有高度方向上的边，右击并选择"连接"命令，设置"分段"为200，在高度方向上添加足够的边，然后退出"边"层级。添加"扭曲"修改器，设置"角度"为3000，对模型进行扭曲。添加"涡轮平滑"修改器，设置"迭代次数"为2，对模型进行平滑处理，创建出藤条相互扭曲的效果，结果如图13-66所示。

23 将模型转换为可编辑多边形对象，添加"路径变形"修改器，激活"无"按钮，拾取"路径02"，然后勾选"一致"和"自动"复选框，其他设置保持默认，此时长方体沿路径进行变形，效果如图13-67所示。

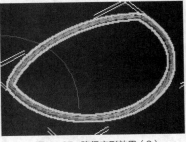

图13-66 扭曲效果　　　图13-67 路径变形效果（2）

24 将该对象移动到沙发底座的上方位置，然后将其复制到底座的下方位置，并对其进行缩放，这样就完成了藤编异形沙发模型的创建。

13.2.2 创建藤椅模型

藤椅是家具市场非常受欢迎的家具，但由于藤椅的材质特别、造型复杂，因此创建藤椅模型的难度非常大。这一节我们就应用"路径变形（WSM）"修改器，来创建一个藤椅模型，学习"路径变形（WSM）"修改器建模的方法，同时学习创建藤椅模型的技巧。藤椅模型效果如图13-68所示。

图13-68 藤椅模型

操作步骤

01 在透视图中创建"长度"为700、"宽度"为650、"高度"为700、各分段数均为2的长方体，将其转换为可编辑多边形对象。

02 进入"边"层级，选择上表面一侧的水平边，在状态栏激活"偏移模式变换输入"按钮，在"Z"数值框中输入300，按Enter键，将边沿z轴向上移动300个绘图单位，使用相同的方法，将两条垂直边沿y轴移动-100个绘图单位，进入"顶点"层级，将中间的顶点沿z轴移动50个绘图单位，如图13-69所示。

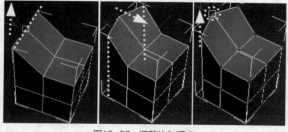

图13-69 调整边与顶点

03 进入"边"层级，选择长方体一侧的边，右击并选择"创建图形"命令，将其以"线性"方式创建为"图形001"，如图13-70所示。

04 将长方体暂时隐藏，选择"图形001"，进入"顶点"层级，选择3个顶点，激活"几何体"卷展栏中的 圆角 按钮，在顶点上拖曳对其进行圆角处理，效果如图13-71所示。

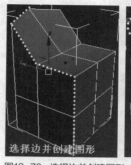 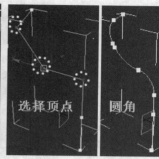

图13-70 选择边并创建图形   图13-71 圆角顶点

05 切换到左视图，继续对顶点进行调整，然后退出"顶点"层级。在前视图中将"图形001"以"复制"方式沿x轴镜像克隆一个，并将其与原图形附加，进入"顶点"层级，选择顶部的顶点并将其焊接，切换到透视图查看效果，如图13-72所示。

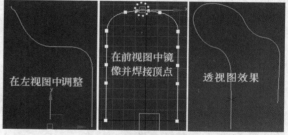

图13-72 镜像克隆与焊接顶点

06 在透视图中创建"长度""宽度"均为40、"高度"为3000、"长度分段""宽度分段"均为4、"高度分段"为1的长方体，将其转换为可编辑多边形对象。

07 进入"边"层级，依照第02步的操作，利用"偏移模式变换输入"功能将长度和宽度分段边两侧的边分别沿x轴和y轴调整5和-5个绘图单位，效果如图13-73所示。

08 分别选择侧面的中间分段边，再次依照第02步的操作，利用"偏移模式变换输入"功能将长度和宽度分段边两侧的边分别沿x轴和y轴调整5和-5个绘图单位，效果如图13-74所示。

09 选择4个侧面两侧的共8条边，右击并选择"挤出"命令，设置"高度"为-10、"宽度"为0.01，对边进行挤出，然后选择所有高度方向上的边，右击并选择"连接"命令，设置"分段"为200，在高度方向上添加足够多的边，如图13-75所示。

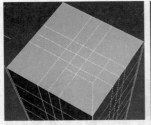

图13-73 调整边（1）　　　图13-74 调整边（2）

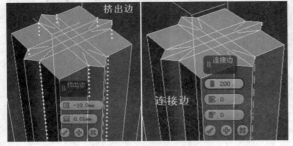

图13-75 挤出与连接边

10 退出"边"层级，添加"扭曲"修改器，设置"角度"为3000，对模型进行扭曲，然后添加"涡轮平滑"修改器，设置"迭代次数"为2，对模型进行平滑处理，创建出藤条扭曲的效果，结果如图13-76所示。

11 将模型转换为可编辑多边形对象，添加"路径变形"修改器，勾选"一致"和"自动"两个复选框，其他设置保持默认，此时长方体沿路径进行变形，效果如图13-77所示。

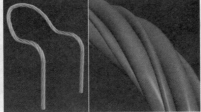

图13-76 扭曲效果　　　图13-77 路径变形效果

12 在顶视图中依照藤椅轮廓绘制矩形，将其转换为可编辑样条线对象，进入"顶点"层级，选择矩形上方两个角并进行圆角处理，然后在"渲染"卷展栏勾选"在视口中启用"和"在渲染中启用"两个复选框，并设置"径向"为25，将其向下克隆一个，并调整到坐面的高度位置，效果如图13-78所示。

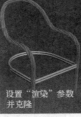

图13-78 创建藤椅坐面

13 在左视图中的藤椅侧面位置绘制一条样条线，在前视图中对左边的一段样条线进行调整，使其呈圆弧效果，然后在透视图中继续根据藤椅结构进行调整，效果如图13-79所示。

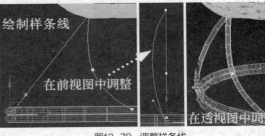

图13-79 调整样条线

14 在"渲染"卷展栏勾选"在视口中启用"和"在渲染中启用"两个复选框，并设置"径向"为25，之后将其镜像克隆到藤椅另一侧，创建出后背处的支撑模型，效果如图13-80所示。

15 在顶视图中创建"长度""宽度"均为40、"高度"为3000、"长度分段""宽度分段"均为4、"高度分段"为1的长方体，将其转换为可编辑多边形对象。

16 依照第07步~第10步的操作再次创建扭曲的模型，作为藤椅后面的腿，在左视图中和前视图中调整角度，并将其克隆到藤椅的另一侧，效果如图13-81所示。

图13-80 设置"渲　　　图13-81 藤椅后腿效果
染"参数后的效果

17 在左视图中绘制"半径1"为0、"半径2"为45、"高度"为0、"圈数"为4的螺旋线，设置"渲染"的"径向"为10，然后将其转换为可编辑样条线对象，如图13-82所示。

18 在螺旋线的一端绘制一条圆弧，将其与螺旋线附加，然后将螺旋线与圆弧相交的顶点焊接，效果如图13-83所示。

19 将该模型以"复制"方式克隆两个，将其中一个向下移动，将另一个向右移动，然后进入"顶点"层级，调整圆弧，效果如图13-84所示。

20 将这3个模型移动到藤椅的左侧扶手位置，然后将其以"实例"方式克隆到藤椅的右侧扶手位置，创建出侧面的支撑模型，效果如图13-85所示。

图13-82 绘制螺旋线

图13-83 绘制圆弧并附加
与焊接顶点

图13-84 克隆对象

图13-85 创建侧面支撑

21 在左视图中绘制两条样条线，调整形态，然后将其与上方的后背支撑模型附加，将交点焊接，再将上面3条螺旋线的顶点向下拉伸，使其与绘制的线相交，创建出藤椅底部的横向支撑模型，效果如图13-86所示。

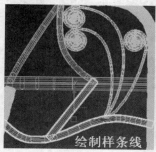

图13-86 创建底部横向支撑

22 在前视图中的两个前腿之间绘制样条线和圆弧作为前腿的支撑，在两个后腿之间绘制一条直线段作为后腿的支撑，效果如图13-87所示。

23 将侧面支撑中的螺旋线以"复制"方式克隆两个，将其旋转90°并调整到前腿支撑位置，然后调整其顶点，对前腿支撑进行完善，效果如图13-88所示。

24 在顶视图中创建"半径1""半径2"均为25、"高度"为180、"圈数"为15的螺旋线，在左视图中创建"长度"为15、"宽度"为4的矩形，将矩形转换为可编辑样条线对象，并将其编辑为不规则的效果，为其添加"挤出"修改器，将其挤出

1000个绘图单位，设置"分段"为100，之后将其转换为可编辑多边形对象，效果如图13-89所示。

后腿支撑 前腿支撑
图13-87 创建前、后腿支撑

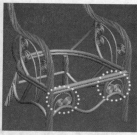
图13-88 完善前腿支撑

矩形 挤出效果
图13-89 挤出矩形

25 进入"边"层级，选择任意几条边，右击并选择"挤出"命令，设置"高度"为-1、"宽度"为0.01，确认挤出，然后添加"涡轮平滑"修改器，对模型进行平滑处理，效果如图13-90所示。

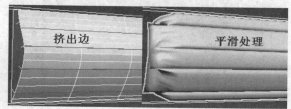
挤出边 平滑处理
图13-90 挤出边与平滑处理

26 为该模型添加"路径变形"修改器，使该模型以螺旋线为路径进行变形，创建出用于捆扎的藤条，然后将其分别克隆到4条腿的底部位置，如图13-91所示。

27 使用相同的方法，在藤椅各衔接位置创建螺旋线作为路径，并通过路径变形创建出其他位置的捆扎效果，结果如图13-92所示。

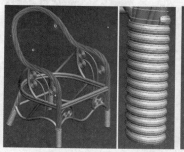
图13-91 藤椅腿部的捆扎效果

图13-92 藤椅其他位置
的捆扎效果

下面创建藤椅的靠背和坐面模型。

28 选择藤椅的边框模型，在修改器堆栈中暂时隐藏"路径变形"修改器，此时仅显示路径和坐面边框，将路径和坐面边框以"复制"方式克隆，取消坐面模型的渲染设置，然后进入"顶点"层级，将两个对象的多余顶点删除，对其进行编辑，效果如图13-93所示。

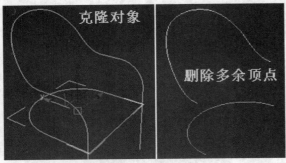

图13-93 编辑对象

29 选择所有顶点，将其转换为"Bezier"类型，将下方圆弧向上移动并以"复制"方式克隆一个，旋转使其倾斜，然后在顶视图和左视图中调整顶点，使其比原来的圆弧稍小，如图13-94所示。

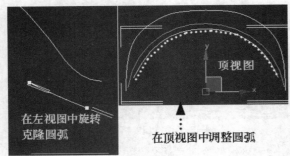

图13-94 调整圆弧

30 将3条圆弧转换为NURBS曲线并附加，打开"NURBS"工具箱，激活"创建U向放样曲面" 按钮，由下至上依次拾取3条圆弧，创建一个NURBS曲面，该曲面便是藤椅的靠背，如图13-95所示。

图13-95 创建NURBS曲面

31 下面参考13.1.1节创建藤编效果的方法，并根据藤椅靠背和坐面的大小分别创建基础模型，然后通过"曲面变形"修改器对这两个基础模型变形，

创建出藤椅的靠背和坐面模型，完成藤椅模型的制作，详细操作请读者观看视频讲解。

13.3 "弯曲"修改器建模

"弯曲"修改器属于对象空间变形修改器，该修改器可以使对象沿任意轴进行弯曲变形。需要注意的是，被弯曲变形的对象必须要有足够多的分段数，其"参数"卷展栏有"弯曲""弯曲轴""限制"3个选项组，如图13-96所示。

图13-96 "弯曲"修改器的"参数"卷展栏

创建一个圆柱体，为其设置足够多的"高度分段"数，然后添加"弯曲"修改器，在"弯曲"选项组设置弯曲角度以及方向，在"弯曲轴"选项组选择弯曲的轴，此时，圆柱体将根据设置的参数进行弯曲；在"限制"选项组设置弯曲范围，则圆柱体在限定范围内进行弯曲，其中，"上限"用于设置弯曲的上限，"下限"用于设置弯曲的下限，效果如图13-97所示。

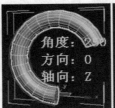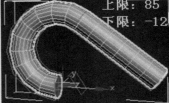

图13-97 弯曲效果

这一节我们通过"创建创意塑料沙发模型""创建陶瓷绣墩模型"两个精彩案例，学习"弯曲"修改器建模的方法和技巧，案例效果如图13-98所示。

创意塑料沙发模型　　　　陶瓷绣墩模型

图13-98 "弯曲"修改器建模案例效果

13.3.1 创建创意塑料沙发模型

使用"弯曲"修改器使模型弯曲时，一个模型可以添加多个"弯曲"修改器，通过设置不同的参

数，可以对模型的不同部位进行变形，从而达到创建模型的目的。这一节我们通过创建创意塑料沙发模型，学习"弯曲"修改器建模的方法。创意塑料沙发模型效果如图13-99所示。

图13-99 创意塑料沙发模型

操作步骤

01 在前视图中创建"长度"为1200、"宽度"为650、"长度分段""宽度分段"均为15的平面对象。

02 为平面对象添加"弯曲"修改器，设置"角度"为-300、"方向"为90、"弯曲轴"为Y，勾选"限制效果"复选框，设置"上限"为580、"下限"为0，此时弯曲效果如图13-100所示。

03 添加"弯曲"修改器，设置"角度"为200、"方向"为90、"弯曲轴"为Y，勾选"限制效果"复选框，设置"上限"为6、"下限"为-1.5，此时弯曲效果如图13-101所示。

图13-100 第1次弯曲效果　　图13-101 第2次弯曲效果

04 添加"弯曲"修改器，设置"角度"为189、"方向"为90、"弯曲轴"为Z，勾选"限制效果"复选框，设置"上限"为1400、"下限"为0，此时弯曲效果如图13-102所示。

05 添加"弯曲"修改器，设置"角度"为-60、"方向"为0、"弯曲轴"为X，取消"限制效果"复选框的勾选，此时弯曲效果如图13-103所示。

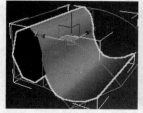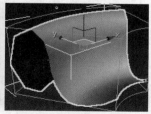

图13-102 第3次弯曲效果　　图13-103 第4次弯曲效果

06 将模型转换为可编辑多边形对象，在顶视图中将模型沿z轴旋转60°并以"复制"方式克隆两个，将其组合在一起，使其成为圆弧形，然后将其附加，效果如图13-104所示。

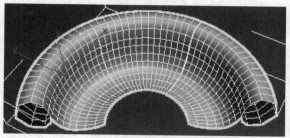

图13-104 旋转克隆对象

07 进入"顶点"层级，旋转所有顶点，右击并选择"焊接"命令，将3个对象相接的顶点焊接。进入"边"层级，双击内侧和外侧的边将其选中，按住Shift键的同时将其沿z轴向下拉伸，拉出沙发的坐垫高度，之后将两条边在y轴打平，然后在"编辑边"卷展栏中单击 桥 按钮将底部的边桥接，效果如图13-105所示。

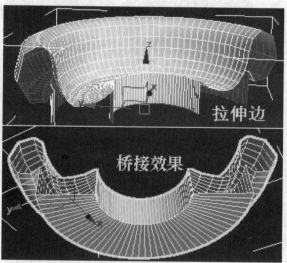

图13-105 拉伸边与桥接效果

08 退出"边"层级，为模型添加"壳"修改器，设置"内部量""外部量"均为10，添加"涡轮平滑"修改器，设置"迭代次数"为2，对模型进行平滑处理，完成创意塑料沙发模型的创建。

13.3.2 创建陶瓷绣墩模型

在前面的章节中，我们已经创建过绣墩模型，这一节使用"弯曲"修改器创建一个陶瓷绣墩模型，继续学习"弯曲"修改器建模的方法和技巧，同时也学习绣墩模型的另一种创建思路和方法。陶瓷绣墩模型效果如图13-106所示。

图13-106 陶瓷绣墩模型

操作步骤

01 在前视图中创建"长度"为550、"宽度"为1600、"长度分段""宽度分段"均为4的平面对象。

02 配合"中点"捕捉功能，在平面对象一端捕捉分段线的中点并绘制一个圆，将圆转换为可编辑样条线对象，然后将圆的4个圆弧分别拆分为两段，最后捕捉4条圆弧上的拆分点并绘制一个矩形，如图13-107所示。

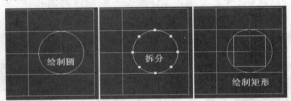

图13-107 绘制圆和矩形

03 将矩形转换为可编辑样条线对象，将4条边分别拆分为两段，然后选择4个拆分点并将其向内缩放，使4条边变为圆弧，效果如图13-108所示。

04 进入"样条线"层级，选择矩形的4条圆弧边，设置"轮廓"为20，添加一条轮廓，效果如图13-109所示。

图13-108 调整矩形边　图13-109 设置轮廓

05 将两个矩形和圆附加，之后将其以"复制"方式分别克隆到平面对象的其他3个位置，效果如图13-110所示。

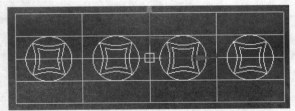

图13-110 克隆图形对象

06 将4个图形对象附加，然后选择平面对象，在"几何体"列表中选择"复合对象"选项，激活 [图形合并] 按钮，在"拾取运算对象"卷展栏中激活 [拾取图形] 按钮，在前视图中单击图形对象，将其与平面对象合并。

07 将合并后的平面对象转换为可编辑多边形对象，进入"多边形"层级，按住Ctrl键的同时单击图形对象内部的多边形并将其删除，完成绣墩基本模型的创建，效果如图13-111所示。

图13-111 删除多边形

08 在前视图中依照模型的长度和宽度，分别创建两个平面对象，为其分别设置足够多的"长度分段"数和"宽度分段"数。选择模型，配合"端点"捕捉功能，捕捉平面对象的端点，在坐墩模型的长度和宽度方向上进行快速切片，以增加分段数，便于后期进行弯曲处理，如图13-112所示。

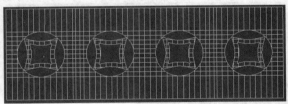

图13-112 在长度和宽度方向上进行快速切片

09 进入"顶点"层级，发现有许多2星点（所谓2星点，就是连接两条线的点，这些顶点属于孤立顶点，如果不处理会对模型有影响），选择任意一个2星点，在"石墨"工具栏"修改选择"选项面板中的"相似"选项下勾选"边计数"复选框，然后单击"相似" [图标] 按钮，这样就会将所有2星点选择，如图13-113所示。

10 按住Alt键的同时单击模型4个角上的顶点以及内部结构中角位置的顶点，将其取消选择，然后右击并选择"删除"命令，将这些2星点删除，详细操作请观看视频讲解。

11 仔细查看模型，将多余的边选择，按住Ctrl键的同时单击 [移除] 按钮将其移除，然后选择内部结构中角位置的顶点，将其与其他顶点连接，这样就可以保证角结构的稳定，如图13-114所示。

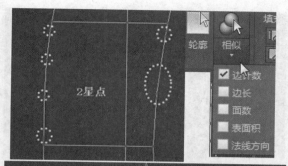

图13-113 选择2星点

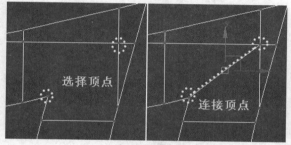

图13-114 选择与连接顶点

12 处理完成后在透视图中为模型添加"弯曲"修改器，设置"角度"为45、"方向"为-90、"弯曲轴"为Y，对模型进行弯曲，效果如图13-115所示。

13 再次添加"弯曲"修改器，设置"角度"为360、"方向"为0、"弯曲轴"为X，再次对模型进行弯曲，效果如图13-116所示。

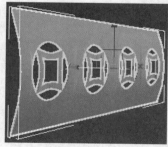

图13-115 第1次弯曲效果　　图13-116 第2次弯曲效果

14 将模型转换为可编辑多边形对象，进入"顶点"层级，选择接缝位置的顶点，右击并选择"焊接"命令，将顶点焊接；进入"边界"层级，选择模型上、下两个边界，右击并选择"封口"命令，对模型进行封口，如图13-117所示。

图13-117 焊接顶点与封口

15 进入"边"层级，选择上、下两个封口面的棱边，右击并选择"切角"命令，设置"切角量"为12、"分段"为4，将棱边切角为圆弧。进入"多边形"层级，选择所有多边形，右击并选择"挤出"命令，选择"局部法线"方式，设置"高度"为30，将模型向外挤出以增加厚度，效果如图13-118所示。

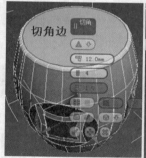
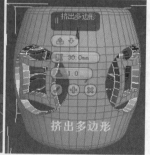

图13-118 切角边与挤出多边形

16 进入"边"层级，分别选择上、下两端的垂直边，右击并选择"连接"命令，通过连接创建一条边，如图13-119所示。

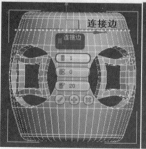
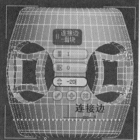

图13-119 连接创建边

17 进入"多边形"层级，按住Ctrl键的同时分别选择上、下两端的两个多边形，单击"石墨"工具栏中的"点循环"■按钮，将两端的多边形间隔选择，如图13-120所示。

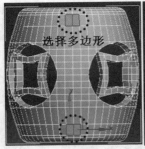 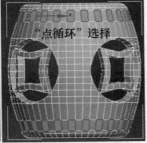

图13-120 选择多边形

18 右击并选择"倒角"命令，选择"组"方式，设置"高度"为5、"轮廓"为-10，对多边形进行倒角，创建出绣墩上面的乳钉效果，如图13-121所示。至此，陶瓷绣墩模型创建完毕。

图13-121 倒角多边形

13.4 "扭曲"修改器建模

"扭曲"修改器也属于对象空间修改器，可以将对象沿不同的轴进行扭曲变形。在前面章节的许多案例中，我们已经使用过"扭曲"修改器。需要注意的是，被扭曲的对象必须要有足够的分段数，其"参数"卷展栏有"扭曲""扭曲轴""限制"3个选项组，如图13-122所示。

图13-122 "扭曲"修改器的"参数"卷展栏

创建一个长方体，为其设置足够多的分段数，然后添加"扭曲"修改器，在"扭曲"选项组设置扭曲角度以控制扭曲的幅度，设置偏移值以控制扭曲的范围，这与"限制"选项组有些相似；在"扭曲轴"选项组中选择扭曲轴；在"限制"选项组设置扭曲的范围，这与"弯曲"修改器的"限制"选项组相同，扭曲效果如图13-123所示。

这一节我们通过"创建塑料链条模型""创建城市雕塑模型"两个精彩案例，学习"扭曲"修改器建模的方法和技巧，案例效果如图13-124所示。

 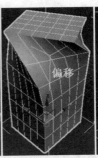 

图13-123 扭曲效果

图13-124 "扭曲"修改器建模案例效果

13.4.1 创建塑料链条模型

在游戏场景中，链条是比较常见的一种游戏装备，这一节我们就通过创建塑料链条模型，学习"扭曲"修改器建模的方法，同时学习"路径约束"命令以及"快照"命令在建模中的作用。"路径约束"是一个动画创建命令，"快照"命令类似于"阵列"命令，这两个命令的操作都非常简单，在后面章节中将通过案例操作进行讲解，在此不对其详述。塑料链条模型效果如图13-125所示。

图13-125 塑料链条模型

操作步骤

01 在前视图中创建"长度"为15、"宽度"为50的矩形。将其转换为可编辑样条线对象，进入"顶点"层级，选择4个顶点并对其进行圆角处理，然后在"渲染"卷展栏中勾选"在视口中启用"和"在渲染中启用"两个复选框，设置"径向"的"厚度"为5，如图13-126所示。

图13-126 编辑矩形

02 将矩形转换为可编辑多边形对象，进入"多边形"层级，选择中间的多边形，右击并选择"挤出"命令，选择"局部法线"方式，将其挤出3个绘图单位，如图13-127所示。

03 进入"边"层级，选择中间的水平边，右击并选择"连接"命令，设置"分段"为15，通过连接创建边，效果如图13-128所示。

图13-127 挤出多边形   图13-128 连接创建边

04 退出"边"层级，添加"扭曲"修改器，设置"角度"为360，选择x轴进行扭曲，整个模型都扭曲了，此时勾选"限制效果"复选框，注意观察模型，设置"上限"为14、"下限"为-14，使其两端不扭曲，并且水平放置，效果如图13-129所示。

 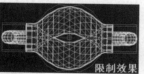

图13-129 扭曲效果与限制效果

05 将模型塌陷，然后将其旋转90°并克隆一个，将克隆对象移动到一端，使其与原对象首尾相扣，然后将其成组，如图13-130所示。

图13-130 旋转克隆与成组

06 在顶视图中绘制一条螺旋线作为路径，选择塑料链条模型，执行"动画">"约束">"路径约束"命令，拾取螺旋线，然后打开"动画"面板，在"路径参数"卷展栏中勾选"跟随"复选框，此时塑料链条模型自动对齐到螺旋线上，如图13-131所示。

07 执行"工具">"快照"命令，打开"快照"对话框，选择"范围"单选项，并设置"副本"

值，如图13-132所示。

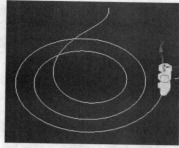 

图13-131 塑料链条模型自动对齐到螺旋   图13-132 设置"快照"对话框中的参数
线上

08 确认并关闭该对话框，此时塑料链条沿螺旋线进行克隆，这样就完成了塑料链条模型的创建。

13.4.2 创建城市雕塑模型

城市雕塑是一座城市的缩影，在城市建设中有着特殊的地位，城市雕塑模型看似简单，其实制作难度相当大。这一节我们就结合"扭曲"修改器与其他建模命令来创建一个城市雕塑模型，并通过该模型的创建，开拓大家的建模思路。城市雕塑模型效果如图13-133所示。

图13-133 城市雕塑模型

操作步骤

01 在透视图中创建"长度"为50、"宽度"为300、"高度"为50、"宽度分段"为10的长方体，将其转换为可编辑多边形对象。

02 进入"多边形"层级，选择长方体两端的多边形，右击并选择"插入"命令，设置适当的数值后确认插入，然后右击并选择"塌陷"命令，将其塌陷，效果如图13-134所示。

03 进入"层次"面板，激活 仅影响轴 按钮，在状态栏激活"偏移模式变换输入" 按钮，在Z数值框中输入25，按Enter键，将坐标系沿z轴向上移动25个绘图单位，再在X数值框中输入-150，将坐标系移动到长方体的一端，如图13-135所示。

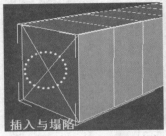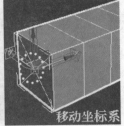

图13-134　插入与塌陷多边形（1）　　图13-135　移动坐标系

04 为模型添加"扭曲"修改器，设置"角度"为-90，设置"弯曲轴"为X；添加"弯曲"修改器，设置"角度"为60、"方向"为90、"弯曲轴"为X，再次对模型进行弯曲，效果如图13-136所示。

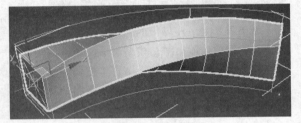

图13-136　扭曲与弯曲效果

05 将模型转换为可编辑多边形对象，进入"多边形"层级，选择顶面和侧面的多边形并将其删除，然后在顶视图中将模型旋转120°并克隆两个，效果如图13-137所示。

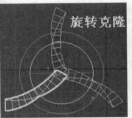

图13-137　删除多边形与旋转并克隆模型

06 设置"端点"捕捉模式，在顶视图中将3个模型组合在一起，形成三角形组合，效果如图13-138所示。

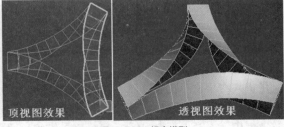

图13-138　组合模型

07 将3个模型附加，进入"多边形"层级，选择3

个端面上的多边形并将其删除（由于组合模型后，端面会有重叠的多边形，因此需要删除多余多边形），之后进入"顶点"层级，选择所有顶点，右击并选择"焊接"命令，将3个端面位置的顶点焊接。这样，3个模型就会成为一个整体，如图13-139所示。

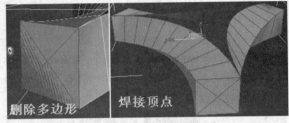

图13-139　删除多边形与焊接顶点

08 进入"边界"层级，选择模型上、下两个边界，右击并选择"封口"命令，在边界位置封口，然后进入"顶点"层级，选择相对应的两个顶点，右击并选择"连接"命令，将其连接，效果如图13-140所示。

09 进入"多边形"层级，选择中间的多边形，右击并选择"插入"命令，设置合适的参数后确认插入，然后右击并选择"塌陷"命令，将插入的多边形塌陷，效果如图13-141所示。

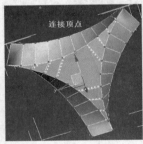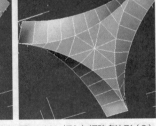

图13-140　连接顶点　　　图13-141　插入与塌陷多边形（2）

10 进入"边"层级，选择塌陷后生成的6条边以及模型3个端面上的边，按住Ctrl键的同时单击"编辑边"卷展栏中的 ▭移除▭ 按钮将其移除，如图13-142所示。

图13-142　移除边

11 选择模型顶面的所有边，右击并选择"连接"命令，将其连接，然后将中间位置通过连接生成的顶点与中间的顶点连接，如图13-143所示。

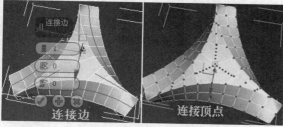

图13-143 连接边与连接顶点

12 选择模型的各棱边，右击并选择"切角"命令，设置"切角量"为0.5，确认切角，然后添加"涡轮平滑"修改器，对模型进行平滑处理，效果如图13-144所示。

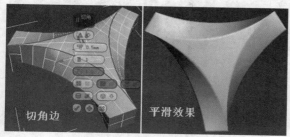

图13-144 切角边与平滑效果（1）

13 在顶视图中创建"长度""宽度"均为50、"高度"为1000、"长度分段""宽度分段"均为2、"高度分段"为40的长方体。为其添加"扭曲"修改器，设置"角度"为360、"扭曲轴"为Z，然后添加"弯曲"修改器，设置"角度"为360、"方向"为90、"弯曲轴"为Z，创建一个扭曲的圆环，效果如图13-145所示。

14 将模型转换为可编辑多边形对象，进入"多边形"层级，以"窗口"选择方式选择两端连接位置的多边形并将其删除，如图13-146所示。

图13-145 创建扭曲的圆环　　图13-146 删除两端的多边形

15 进入"顶点"层级，选择所有顶点，右击并选择"焊接"命令，对其进行焊接，然后进入"边"

层级，选择4条棱边，右击并选择"切角"命令，设置"切角量"为1，对边进行切角，最后为模型添加"涡轮平滑"修改器，效果如图13-147所示。

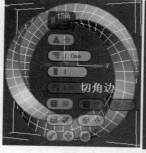

图13-147 切角边与平滑效果（2）

16 选择该模型，在视图中通过旋转以及移动等操作，将其与另一个模型进行组合，完成城市雕塑模型的创建。

13.5 "锥化"修改器建模

"锥化"修改器也属于对象空间修改器，其相关设置与"扭曲"修改器和"弯曲"修改器基本相同，其"参数"卷展栏有"锥化""锥化轴""限制"3个选项组。需要注意的是，被锥化对象必须要有足够多的分段数。其"参数"卷展栏如图13-148所示。

图13-148 "锥化"修改器的"参数"卷展栏

创建"长度""宽度""高度"均为300、"长度分段""宽度分段""高度分段"均为5的立方体，为其添加"锥化"修改器。在"锥化"选项组设置"数量"以控制锥化的程度，设置"曲线"以控制锥化的效果，参数值为正值模型向外凸起，参数值为负值模型向内收缩；在"锥化轴"选项组中选择锥化轴；在"限制"选项组设置锥化效果的范围，锥化效果如图13-149所示。

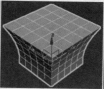

图13-149 锥化效果

这一节通过"创建拱形门柱模型""创建竹制

复古茶几模型"两个精彩案例，学习"锥化"修改器建模的方法和技巧。"锥化"修改器建模案例效果如图13-150所示。

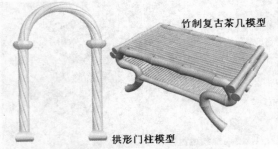

图13-150 "锥化"修改器建模案例效果

13.5.1 创建拱形门柱模型

在一些欧式室外建筑中经常能看到造型优美的石制建筑物，拱形门柱就是其中之一。这一节我们结合"锥化"修改器与其他建模命令来创建一个拱形门柱模型，学习"锥化"修改器建模的方法，同时也学习创建这类模型的技巧。拱形门柱模型效果如图13-151所示。

图13-151 拱形门柱模型

操作步骤

01 在透视图中创建"边数"为10、"半径"为10、"高度"为200、"高度分段"为10的球棱柱，单击"石墨"工具栏中的"边" ☑ 按钮，为模型添加"编辑多边形"修改器，并进入"边"层级。

02 选择两个端面上的一圈边，右击并选择"切角"命令，设置"切角量"为0.5，对端面上的边进行切角，如图13-152所示。

03 采用间隔选择的方式选择高度方向上的边，右击并选择"挤出"命令，设置"高度"为-5、"宽度"为0.01，对边进行挤出，如图13-153所示。

图13-152 切角边　　　　图13-153 挤出边

04 退出"边"层级，在修改器列表中选择"扭曲"修改器，设置"角度"为360、"扭曲轴"为Z，对模型进行扭曲，效果如图13-154所示。

05 在修改器列表中选择"弯曲"修改器，设置"角度"为180、"弯曲轴"为Z，对模型进行弯曲，效果如图13-155所示。

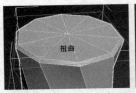
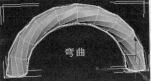

图13-154 扭曲效果　　　　图13-155 弯曲效果

06 为模型添加"编辑多边形"修改器，单击"编辑几何体"卷展栏中的 网格平滑 按钮两次，对模型进行平滑处理，完成拱形结构的创建，效果如图13-156所示。

07 将处理后的拱形结构以"复制"方式克隆一个，并将其命名为"柱础"，在修改器堆栈中将所有修改器删除，然后修改"边数"为4、"半径"为20、"高度"为15、"侧面分段""高度分段""圆角分段"均为5，之后在修改器列表中选择"锥化"修改器，并设置"数量"为-0.4、"曲线"为1.2、"锥化轴"为Z，效果如图13-157所示。

图13-156 平滑效果　　　　图13-157 锥化效果

08 在前视图中将制作好的柱础以"复制"方式沿y轴镜像复制一个，在修改器堆栈进入"球棱柱"层级，修改"边数"为12、"半径"为15、"高度"为15，其他参数保持不变，效果如图13-158所示。

09 将拱形结构再次以"复制"方式克隆一个，在修改器堆栈中将"弯曲"修改器删除，进入"球棱柱"层级，修改"高度"为150，其他参数保持不变，然后将其进行组合，效果如图13-159所示。

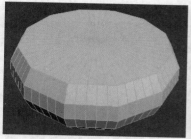

图13-158 修改柱础的参数　　图13-159 组合模型

10 在前视图中将上、下两个柱础以及立柱以"实例"方式沿x轴克隆到另一侧，完成拱形门柱模型的创建。

13.5.2 创建竹制复古茶几模型

茶几无论是从材质还是从造型上来说，都有许多种，这类家具的模型也是室内设计中常见的一种模型。这一节我们就使用"锥化"修改器来创建一个竹制复古茶几模型，通过该模型的创建，学习"锥化"修改器建模的另一种思路和方法。竹制复古茶几模型如图13-160所示。

图13-160 竹制复古茶几模型

操作步骤

01 在透视图中创建"半径"为20、"高度"为200、"高度分段"为5、"边数"为18的圆柱体，为其添加"锥化"修改器，设置"数量"为0、"曲线"为-1.5，创建一个竹节模型，如图13-161所示。

02 将该竹节对象以"复制"方式克隆一个并隐藏，以备后用，然后将原对象转换为可编辑多边形对象，再次将其以"复制"方式克隆一个。进入"顶点"层级，选择上端面边缘的一个顶点，将其向内移动，创建出凹陷效果，进入"多边形"层级，选择顶面多边形并将其删除，如图13-162所示。

03 选择第一个克隆对象，在前视图中将其向上移动到第二个克隆对象顶部，使其首尾相接，然后进入"多边形"层级，选择相接位置的多边形，右击并选择"插入"命令，在顶视图中观察，尽量使插入的多边形与下方对象的顶点对齐，如图13-163所示。

04 进入"多边形"层级，选择顶面除与下方模型凹陷位置的顶点相对应的多边形之外的其他多边形并将其删除，如图13-164所示。

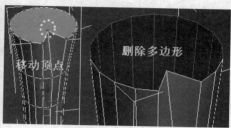

图13-161
锥化效果　　图13-162 移动顶点与删除多边形

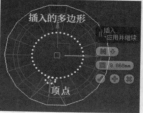

图13-163 插入多边形　　图13-164 删除多边形

05 进入"顶点"层级，将剩余多边形内侧的3个顶点塌陷为一个顶点，如图13-165所示。

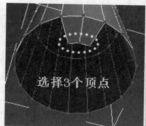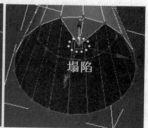

图13-165 塌陷顶点

06 退出"顶点"层级，将该对象与原对象附加，再进入"顶点"层级，选择两个对象相接位置的一圈顶点，右击并选择"焊接"命令，对其进行焊接，如图13-166所示。

07 进入"边"层级，选择相接位置的一圈边，右击并选择"挤出"命令，设置"高度"为1、"宽度"为1，对边进行挤出，如图13-167所示。

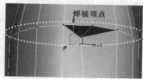

图13-166 焊接顶点　　图13-167 挤出边

08 选择挤出模型两侧的两圈边和模型两端的两圈边，右击并选择"切角"命令，设置"切角量"为0.1，对边进行切角，如图13-168所示。

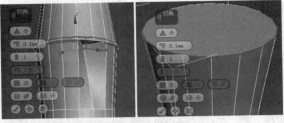

图13-168 切角边

09 退出"边"层级，单击"编辑几何体"卷展栏中的 网格平滑 按钮两次，对模型进行平滑处理，效果如图13-169所示。

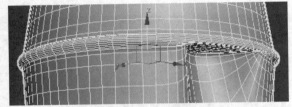

图13-169 平滑处理

10 在前视图中将制作好的竹节旋转90°，然后将其向右下方克隆一个，在顶视图中绘制"长度"为400、"宽度"为650的矩形作为参考对象，然后将这两个竹节以"实例"方式镜像到矩形的另一边，效果如图13-170所示。

图13-170 镜像克隆对象

11 显示隐藏的对象，将其以"复制"方式克隆3个，将其中一个对象再次隐藏，以备后用，然后修改其中一个对象的"半径"为10、"高度"为100，修改另一个对象的"半径"为10、"高度"为200，修改第3个对象的"半径"为10、"高度"为300。

12 依照第02~09步的操作，将3个对象组合，创建出3个竹节模型，效果如图13-171所示。

图13-171 创建竹节模型

13 在顶视图中将该竹节模型沿x轴镜像克隆一个，使其与原对象对齐排列并成组，之后将其多次

克隆并排列在茶几两端的两个模型之间，创建出茶几的表面，效果如图13-172所示。

图13-172 创建茶几的表面

14 显示隐藏的对象，将其以"复制"方式克隆一个，以备后用并将其隐藏，然后修改该对象的"半径"为25、"高度"为150，依照第02~09步的操作，将该对象创建为竹节，然后将其克隆8个，并组合为竹子模型。

15 在前视图中的茶几表面下方位置绘制"长度"为300、"宽度"为650的矩形，将其转换为可编辑样条线对象，进入"顶点"层级，将其编辑为样条线路径，如图13-173所示。

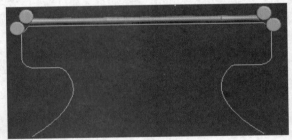

图13-173 样条线路径

16 选择创建的竹节，为其添加"路径变形"修改器，激活"无"按钮，拾取样条线路径，勾选"自动"复选框，并设置"百分比"为0、"路径变形轴"为Z，创建出茶几的支撑模型，效果如图13-174所示。

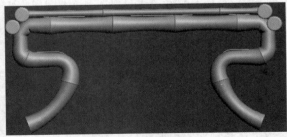

图13-174 路径变形效果

17 进入样条线路径的"顶点"层级，将多余的顶点删除，只保留左上方的路径，然后将下方顶

点沿水平方向向右移动，编辑出另一条路径，效果如图13-175所示。

图13-175 编辑路径效果

18 将茶几表面的一个竹子模型以"复制"方式克隆一个，在左视图中将其旋转90°，然后通过"缩放变换输入"对话框将其缩放至原大小的55%；执行"工具" > "对齐" > "间隔工具"命令，打开"间隔工具"对话框，激活 拾取路径 按钮，拾取编辑后的路径，设置"计数"为25，此时竹子模型沿路径均匀阵列，如图13-176所示。

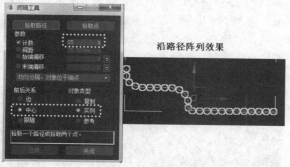

图13-176 沿路径阵列效果

19 将阵列的竹子模型成组，在前视图中将其向上移动到茶几左侧的两条腿之间，然后将其沿x轴以"实例"方式镜像克隆到右侧的茶几腿位置，效果如图13-177所示。

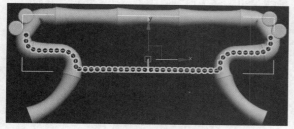

图13-177 克隆茶几腿支撑模型

20 将茶几表面一端的竹子模型克隆两个，将其旋转90°，并移动到茶几表面下方的两侧位置，这样就完成了竹制复古茶几模型的创建，效果如图13-178所示。

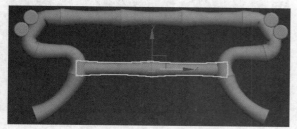

图13-178 克隆、旋转与移动

13.6 "规格化样条线"修改器建模

"规格化样条线"修改器用于在样条线上按照指定间隔添加新控制点，使样条线对象上的点分布均匀。该修改器在创建一些曲面模型时很有帮助，其参数设置较多，但操作非常简单，其"参数"卷展栏如图13-179所示。

图13-179 "规格化样条线"修改器的"参数"卷展栏

在视图中绘制一条样条线，进入"顶点"层级，可以看到顶点的分布极不均匀，在修改器列表中选择"规格化样条"修改器，在"参数"卷展栏中勾选"显示结"复选框，此时样条线上的顶点分布均匀，如图13-180所示。

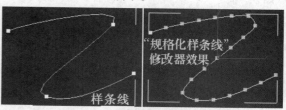

图13-180 "规格化样条线"修改器效果

选择"分段长度"单选项，根据所需的每段线段长度在数值框中输入合适的数值，系统会自动划分样条线；选择"结数"单选项，在数值框中输入数值，系统自动根据结数均匀划分样条线；选择"插入"单选项，在数值框中输入数值，系统自动插入相应的顶点，设置完成后，将样条线塌陷即可。

这一节我们通过"创建户外排骨椅模型""制作皮坐垫车缝线效果"两个精彩案例，学习"规格化样条线"修改器在建模中的应用方法。"规格化样条线"修改器建模案例效果如图13-181所示。

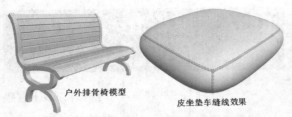

户外排骨椅模型　　**皮坐垫车缝线效果**

图13-181 "规格化样条线"修改器建模案例效果

13.6.1 创建户外排骨椅模型

排骨椅模型看似简单，创建起来却并不容易。这一节我们就结合"规格化样条线"修改器与其他建模命令创建一个户外排骨椅模型，学习"规格化样条线"修改器建模的技巧以及排骨椅模型的创建方法。户外排骨椅模型效果如图13-182所示。

图13-182 户外排骨椅模型

操作步骤

01 在左视图中创建"长度"为550、"宽度"为600的矩形，将其转换为可编辑样条线对象，进入"线段"层级，选择右侧垂直边和上方水平边并将其删除，然后进入"顶点"层级，调整其他两条边，效果如图13-183所示。

02 退出"顶点"层级，添加"规格化样条线"修改器，选择"结数"单选项，在数值框中输入15，在样条线上均匀添加15个顶点，效果如图13-184所示。

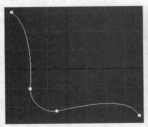 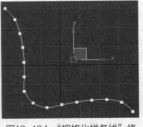

图13-183 调整样条线　　图13-184 "规格化样条线"修改器效果

03 将样条线塌陷，选择所有顶点，右击并选择"角点"命令，将这些顶点全部设置为"角点"类型，然后添加"挤出"修改器，设置"数量"为

1500，效果如图13-185所示。

图13-185 挤出样条线

04 以"复制"方式将该对象克隆一个并隐藏，以备后用，然后将另一个对象转换为可编辑多边形对象，进入"多边形"层级，选择所有多边形，右击并选择"倒角"命令，选择"按多边形"方式，设置"高度"为10、"轮廓"为-5，确认倒角，效果如图13-186所示。

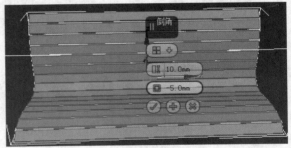

图13-186 倒角多边形

05 退出"多边形"层级，添加"切角"修改器，选择"拼接"为"三角形"，设置"数量"为2，对模型进行切角。显示隐藏的对象，在修改器堆栈中将"挤出"修改器删除，在"渲染"卷展栏中勾选"在视口中启用"和"在渲染中启用"两个复选框，设置"矩形"的"长度""宽度"均为50，作为排骨椅的边，效果如图13-187所示。

06 为排骨椅的边添加"切角"修改器，选择"拼接"方式为"三角形"，设置"数量"为5，对其进行切角，然后将其以"实例"方式克隆到排骨椅的另一端位置，效果如图13-188所示。

 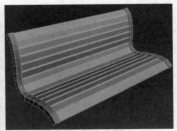

图13-187 创建排骨　　图13-188 克隆边
椅的边

07 在左视图中的排骨椅下方位置绘制"长度"为450、"宽度"为350的矩形作为参考图形，在矩形内部绘制样条线，在"渲染"卷展栏中勾选"在视口中启用"和"在渲染中启用"两个复选框，设置"矩形"的"长度""宽度"均为50，作为排骨椅的一条腿，然后以"实例"方式将其沿x轴镜像克隆，创建出另一条腿，效果如图13-189所示。

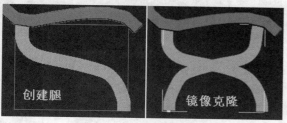

图13-189 创建排骨椅的腿

08 将腿转换为可编辑多边形对象，为其添加"切角"修改器，对其进行切角，然后以"实例"方式将其克隆到排骨椅的另一端位置，完成户外排骨椅模型的创建。

13.6.2 制作皮坐垫车缝线效果

创建一个坐垫模型并不难，而要制作出坐垫模型上的车缝线效果却并不容易。这一节我们使用"规格化样条线"修改器来制作皮坐垫的车缝线效果，学习"规格化样条线"修改器在建模中的另一种应用，同时学习模型的车缝线效果的制作方法。皮坐垫车缝线效果如图13-190所示。

图13-190 皮坐垫车缝线效果

操作步骤

01 在透视图中创建"长度"为600、"宽度"为650、"高度"为200、"长度分段""宽度分段"均为2的长方体，将其转换为可编辑多边形对象，单击"编辑几何体"卷展栏中的 网格平滑 按钮两次，对模型进行平滑处理，效果如图13-191所示。

02 进入"边"层级，按住Ctrl键的同时双击模型上、下两个面上的共8条边，右击并选择"挤出"命令，设置"高度"为-5、"宽度"为5，单击

按钮；修改"高度"为7，再次单击 按钮；修改"高度"为-5、"宽度"为0.1，确认挤出，效果如图13-192所示。

图13-191 网格平滑效果（1）　　图13-192 挤出边

03 退出"边"层级，单击"编辑几何体"卷展栏中的 网格平滑 按钮一次，对模型进行平滑处理，效果如图13-193所示。

04 进入"边"层级，双击模型一侧接缝位置两边的两条边，右击并选择"创建图形"命令，将选择的边以"线性"方式创建为图形，如图13-194所示。

图13-193 网格平滑效果（2）　　图13-194 选择边并创建图形

05 选择创建的图形，为其添加"规格化样条线"修改器，选择"结数"单选项，在数值框中输入110，为两条边均匀添加顶点，效果如图13-195所示。

图13-195 均匀添加顶点

06 进入"顶点"层级，按住Ctrl键的同时采用间隔选择的方式，每隔一个顶点选择一个顶点，将样条线上的顶点选择，如图13-196所示。

图13-196 间隔选择顶点

07 将选择的顶点沿z轴向下移动合适距离，然后右击并选择"角点"命令，将这些顶点转换为"角点"类型，效果如图13-197所示。

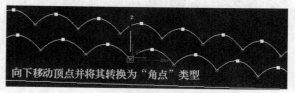

图13-197 调整顶点

08 执行"编辑" > "反选"命令，反选其他顶点，同样将其沿z轴向下移动合适距离，使弧形效果稍微平滑一些，退出"顶点"层级；在"渲染"卷展栏中勾选"在视口中启用"和"在渲染中启用"两个复选框，设置"径向"的"厚度"为1，此时车缝线效果如图13-198所示。

图13-198 车缝线效果

09 使用相同的方法，继续制作出其他3条接缝、底面4条接缝以及4个角上的接缝的车缝线效果，完成皮坐垫车缝线效果的制作。

13.7 "壳"与"变形器"修改器建模

在前面章节的案例中我们已经多次使用过"壳"修改器，该修改器可以为曲面对象添加一组与现有面方向相反的额外面，为对象增加厚度。无论曲面在原始对象中的任何地方消失，边都将连接内部曲面和外部曲面，可以为内部曲面和外部曲面、边的特性、材质 ID 以及边的贴图类型指定偏移距离，其"参数"卷展栏如图13-199所示。

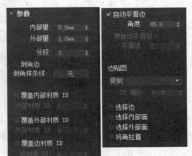

图13-199 "壳"修改器的"参数"卷展栏

创建一个平面对象，为其添加"壳"修改器，设置"内部量"和"外部量"以增加厚度，设置"分段"以在厚度方向上分段数，如图13-200所示。

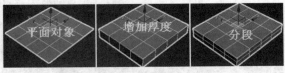

图13-200 "壳"修改器效果

勾选"倒角边"复选框，可以通过拾取一条样条线，为边倒角。例如，绘制一条样条线，激活"无"按钮，拾取样条线，此时模型根据样条线的形态出现倒角边效果，如果调整样条线，倒角边会同步发生变化，如图13-201所示。

图13-201 "壳"修改器的倒角边效果

除了以上设置之外，还可以设置模型内部面、外部面以及边的材质ID，以便为模型的不同面指定不同材质。另外，"壳"修改器并没有子对象，可以通过勾选"选择边""选择内部面""选择外部面""倒角位置"复选框，快速选择相应的面，以便对这些面进行编辑，如图13-202所示。

图13-202 "壳"修改器的选择效果

"变形器"修改器用于更改网格、面片或NURBS 模型的形状，还可以使材质发生变形，它为变形目标和材质提供了100个通道，用户可以混合通道并使用混合结果来创建新目标。

"变形器"修改器多用于动画制作，例如制作人物表情变化等，因此其参数设置比较多。在三维建模方面，"变形器"修改器常用于创建一些变化丰富的几何模型。有关"变形器"修改器的相关设置，在后面章节将通过具体案例来讲解。

这一节我们通过"创建简易茶盘和茶叶罐模型"和"创建多孔不锈钢户外椅模型"两个精彩案例，分别学习"壳"修改器与"变形器"修改器建模的方法和技巧。"壳"修改器与"变形器"修改器建模案例效果如图13-203所示。

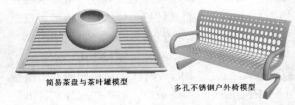

图13-203 "壳"修改器与"变形器"修改器建模案例效果

13.7.1 创建简易茶盘和茶叶罐模型

在前面章节的案例中，我们已经多次使用"壳"修改器，这一节我们通过创建一个简易茶盘和茶叶罐模型，来学习使用"壳"修改器沿路径创建模型边缘倒角的方法。简易茶盘和茶叶罐模型如图13-204所示。

图13-204 简易茶盘和茶叶罐模型

操作步骤

`01` 在透视图中创建"长度"为300、"宽度"为200，"长度分段""宽度分段"为4的平面对象，再绘制一个弧形样条线对象，如图13-205所示。

`02` 为平面对象添加"壳"修改器。在"参数"卷展栏中设置"内部量"为0、"外部量"为10，勾选"倒角边"复选框，激活"无"按钮，拾取弧形样条线，此时模型外侧面向内凹陷，外侧边出现弧形倒角，模型整体类似于一个简易茶盘，如图13-206所示。

图13-205 平面与弧形样条线　　图13-206 倒角边效果

`03` 将模型转换为可编辑多边形对象，进入"多边形"层级，选择底部4个角位置的多边形，右击并选择"插入"命令，设置"数量"为12，确认插入，如图13-207所示。

`04` 按住Ctrl键的同时选择插入多边形外侧的多边形，右击并选择"倒角"命令，设置"高度"为15、"轮廓"为-3.5，创建茶盘的4个支架，如图13-208所示。

图13-207 插入多边形　　图13-208 倒角多边形

`05` 进入"边"层级，选择茶盘面宽度方向上的所有边，右击并选择"连接"命令，在每两段边之间通过连接创建6条边，如图13-209所示。

`06` 进入"多边形"层级，选择茶盘面上的部分多边形，右击并选择"挤出"命令，设置"高度"为-5，挤出茶盘上的凹槽，完成简易茶盘模型的创建，效果如图13-210所示。

图13-209 连接边（1）　　图13-210 挤出多边形

下面创建一个茶叶罐模型。

`07` 在茶盘上创建一个"半径"为25、"高度"为100的圆柱体，将其转换为可编辑多边形对象，进入"多边形"层级，选择圆柱体的顶面多边形并将其删除，效果如图13-211所示。

图13-211 删除顶面多边形

`08` 在顶视图中绘制样条线作为路径，然后为圆柱体添加"壳"修改器，设置"内部量""外部量"均为1.5，勾选"倒角边"复选框，激活"无"按钮，拾取样条线，对圆柱体进行倒角边处理，效果如图13-212所示。

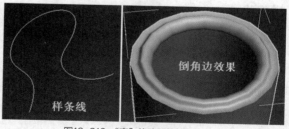

图13-212 "壳"修改器的倒角边效果

`09` 将圆柱体转换为可编辑多边形对象，进入"边"层级，选择模型高度方向上的所有边，右击并选择"连接"命令，设置"分段"为10，通过连接创建边，如图13-213所示。

`10` 退出"边"层级，为模型添加"锥化"修改器，设置"数量"为0.5、"曲线"为6.5、"锥化轴"为Z，对模型进行锥化，完成茶叶罐模型的创建，如图13-214所示。

图13-213　连接边（2）

图13-214　"锥化"修改器的效果

11 将茶叶罐模型转换为可编辑多边形对象，单击"编辑几何体"卷展栏中的 网格平滑 按钮，对其进行平滑处理，完成简易茶盘和茶叶罐模型的创建。

13.7.2　创建多孔不锈钢户外椅模型

多孔不锈钢户外椅模型中的大小渐变孔洞是该模型的制作难点。这一节我们结合"变形器"修改器与其他建模命令来创建一个多孔不锈钢户外椅模型，学习"变形器"修改器在建模中的应用方法和技巧。多孔不锈钢户外椅模型效果如图13-215所示。

图13-215　多孔不锈钢户外椅模型

操作步骤

01 在左视图中创建"长度"为550、"宽度"为600的矩形，将其转换为可编辑样条线对象。进入"线段"层级，选择右侧垂直边和上方水平边并将其删除，然后进入"顶点"层级，调整其他两条边，创建出户外椅的基本轮廓线，效果如图13-216所示。

02 将所有顶点转换为"Bezier"类型，右击并选择"转换为">"转换为NURBS"命令，将轮廓线转换为NURBS曲线，然后在前视图中将其以"复制"方式克隆并向右移动1500个绘图单位，之后将其与克隆的NURBS曲线附加。

03 打开"NURBS"工具箱，激活"创建U向放样曲面" ✎ 按钮，分别单击两条NURBS曲线，创建一个NURBS曲面，如图13-217所示。

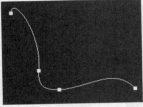
图13-216　绘制并调整样条线

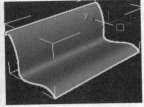
图13-217　创建NURBS曲面

04 在前视图中创建"长度"为1200、"宽度"为1500、"长度分段"为18、"宽度分段"为24的平面对象，将其转换为可编辑多边形对象。

05 进入"顶点"层级，选择除外边框上的顶点外的所有顶点，右击并选择"切角"命令，设置"切角量"为15，对顶点进行切角，如图13-218所示。

06 进入"多边形"层级，选择内部所有多边形，右击并选择"插入"命令，选择"按多边形"方式，设置"数量"为5，确认插入，如图13-219所示。

图13-218　切角顶点

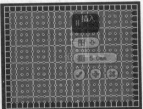
图13-219　插入多边形

07 按Delete键将插入的多边形删除，退出"多边形"层级，将该平面对象以"复制"方式克隆一个，为其添加"变形器"修改器，在"通道参数"卷展栏中激活 从场景中拾取对象 按钮，拾取克隆的平面对象。此时"通道列表"卷展栏中的第1个通道出现克隆的对象的名称，如图13-220所示。

08 进入"边界"层级，选择除外侧开放边之外的所有内侧开放边，将其沿自身坐标系进行缩放，直到所有孔洞都消失不见，如图13-221所示。

图13-220　抓取克隆对象

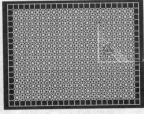
图13-221　缩放边界

09 在平面对象的中间位置创建与该对象等宽的长

方体，然后选择平面对象，在修改器堆栈的"可编辑多边形"修改器与"变形器"修改器之间添加"体积选择"修改器，在"堆栈选择层级"选项组选择"顶点"单选项，此时平面对象上的所有顶点被选中，如图13-222所示。

10 在"体积选择"修改器的"选择方式"选项组选择"网格对象"单选项，单击"无"按钮，拾取创建的长方体，此时，只有长方体位置的顶点被选中，如图13-223所示。

 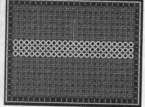

图13-222 选择所有顶点　　图13-223 选择长方体位置的顶点

11 在"软选择"卷展栏中勾选"使用软选择"复选框，调整"衰减"参数并观察平面对象，发现平面对象的颜色出现了深浅不一的变化效果，如图13-224所示。

12 回到"变形器"修改器层级，在第1个通道右侧的数值框中输入100，此时平面对象上出现了由大到小逐渐过渡的孔洞，这正是"变形器"修改器的变形效果，也正是我们需要的效果，如图13-225所示。

图13-224 设置颜色衰减效果　　图13-225 变形器的变形效果

13 将平面对象塌陷以固定"变形器"修改器的变形效果，然后为其添加"曲面变形"修改器，拾取前面创建的NURBS曲面，并根据具体情况调整相关参数，对平面对象进行变形，创建出户外椅的基本模型，效果如图13-226所示。

14 为户外椅模型添加"壳"修改器，设置"内部量""外部量"均为3，以增加其厚度，然后将其转换为可编辑多边形对象，进入"边"层级，选择靠背一侧边缘位置的两条边并对其进行连接，如图13-227所示。

 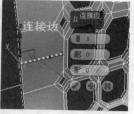

图13-226 创建户外椅的基本模型　　图13-227 连接边

15 在左视图中的户外椅侧面绘制扶手和支撑的样条线作为路径，然后进入户外椅模型的"多边形"层级，选择靠背位置连接边生成的外侧多边形，右击并选择"沿样条线挤出"命令，拾取样条线路径，设置"分段"为50，其他参数保持默认，挤出扶手和支撑模型，如图13-228所示。

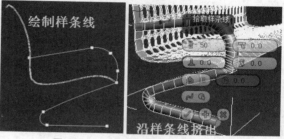

图13-228 沿样条线挤出扶手和支撑模型

16 进入"顶点"层级，在左视图中将挤出模型下端的顶点依次向上移动，以调整模型形态。进入"多边形"层级，选择沿路径挤出的多边形，将其以克隆方式分离为"对象001"，如图13-229所示。

图13-229 调整顶点与克隆并分离多边形

17 依照第14步的操作，在靠背另一侧的对应位置连接边，并将连接边生成的上方多边形删除，如图13-230所示。

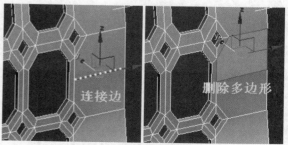

图13-230 连接边并删除多边形

18 在前视图中将"对象001"沿x轴镜像并移动到户外椅的右侧，使其一端与删除多边形后的边界对齐并与户外椅附加，然后进入"顶点"层级，选择连接位置的顶点，右击并选择"焊接"命令，将该位置的顶点焊接，效果如图13-231所示。

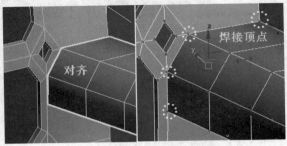

图13-231 对齐并焊接顶点

19 进入"边"层级，选择椅子支撑下端面的边、

下底面两侧的边以及扶手与靠背相接位置的边，右击并选择"切角"命令，设置"切角量"为2，对其进行切角，如图13-232所示。

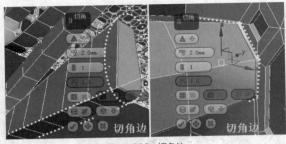

图13-232 切角边

20 退出"边"层级，为椅子添加"涡轮平滑"修改器，设置"迭代次数"为2，对模型进行平滑处理，完成多孔不锈钢户外椅模型的创建。

其他修改器建模

在本书的第13章，我们通过14个精彩建模案例学习了部分修改器的使用方法。然而，3ds Max的每一个修改器都不是万能的。在三维建模中，用户不仅要根据模型的特点选择合适的修改器，并充分发挥其优势来创建模型，必要时还需要结合多个修改器来完成模型的创建。因此，掌握所有修改器的使用方法是学习三维建模的基础。这一章我们通过18个精彩案例，学习其他修改器建模的方法和技巧。

14.1 "球形化"与"晶格"修改器建模

使用"球形化"修改器可以使模型出现球形效果，其参数设置非常简单，只有一个"百分比"参数。需要注意的是，被球形化的对象必须要有足够多的分段数，例如创建长方体对象，为其添加"球形化"修改器，此时长方体即可成为球形，设置"百分比"参数可以控制球形化的程度，如图14-1所示。

图14-1 球形化效果

"晶格"修改器属于对象空间修改器，使用该修改器可以将图形的线段或边转换为圆柱形结构，并在顶点上产生可选择的多面体，其"参数"卷展栏如图14-2所示。

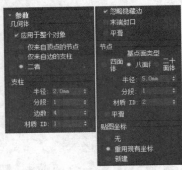

图14-2 "晶格"修改器的"参数"卷展栏

创建一个球体，为其添加"晶格"修改器，此时球体上出现晶格效果，选择"仅来自顶点的节点"单选项，只在球体的节点上出现晶格；选择"仅来自边的支柱"单选项，只在球体的支柱上出现晶格效果，效果如图14-3所示。

图14-3 3种晶格效果

在"支柱"和"节点"选项组可以设置支柱以及节点的半径、分段、边数、材质ID、封口、平滑效果等，其参数设置非常简单，在实际工作中的应用不是很多。

这一节我们通过"创建球形艺术灯具模型""创建楼梯不锈钢扶手模型"两个精彩案例，学习"球形化"修改器和"晶格"修改器建模的方法和技巧。"球形化"修改器和"晶格"修改器建模案例效果如图14-4所示。

球形艺术灯具模型　　　　　楼梯不锈钢扶手模型

图14-4 "球形化"修改器和"晶格"修改器建模案例效果

14.1.1 创建球形艺术灯具模型

一个只具备功能，而没有美感的产品迟早会被淘汰，作为照明设备的灯具同样不例外。这一节我们就使用"球形化"修改器创建一个集装饰功能与照明功能于一身的球形艺术灯具模型，学习"球形化"修改器建模的方法。球形艺术灯具模型效果如图14-5所示。

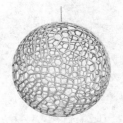

图14-5 球形艺术灯具模型

操作步骤

01 在透视图中创建"长度""宽度""高度"均为150、各分段数为15的立方体，将其转换为可编辑多边形对象。

02 打开"石墨"工具栏中的"拓扑"面板，单击"蒙皮"▨图标，在立方体上进行拓扑，效果如图14-6所示。

03 为立方体添加"球形化"修改器，设置"百分比"为100%，此时立方体成为一个球体，效果如图14-7所示。

04 将模型转换为可编辑多边形对象，进入"边"层级，选择所有边，右击并选择"创建图形"命令，将边创建为图形对象，然后将球体对象删除。

05 选择图形对象，在"渲染"卷展栏中勾选"在视口中启用"和"在渲染中启用"两个复选框，并设置"径向"的"厚度"为2,其他参数保持默认,效果如图14-8所示。

 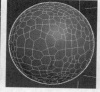 

图14-6 拓扑效果　图14-7 球形化效果　图14-8 渲染设置效果

06 将模型转换为可编辑多边形对象,进入"顶点"层级,选择顶部一个顶点并将其沿法线挤出,制作出灯具的吊绳,完成球形艺术灯具模型的创建。

14.1.2 创建楼梯不锈钢扶手模型

3ds Max系统提供了创建楼梯的模块,借此可以创建多种楼梯模型,但是楼梯扶手比较单一,有时并不能满足实际工作需要。这一节我们使用"晶格"修改器创建一个楼梯不锈钢扶手模型,学习楼梯扶手模型的另一种创建方法。楼梯不锈钢扶手模型效果如图14-9所示。

图14-9 楼梯不锈钢扶手模型

操作步骤

01 在前视图中创建"长度"为150、"宽度"为300的矩形,启用捕捉功能,捕捉矩形的右下角,按住Shift键的同时将其拖到矩形左上角位置,释放鼠标左键,在弹出的"克隆选项"对话框中选择"复制"单选项,设置"副本数"为5,确认克隆,克隆出5个矩形,如图14-10所示。

02 将矩形转换为可编辑样条线对象,进入"线段"层级,选择右下方矩形左侧的垂直边、左上方矩形的下水平边以及其他矩形左侧的垂直边和下水平边并将其删除,效果如图14-11所示。

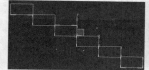 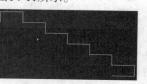

图14-10 克隆矩形　　　　　图14-11 删除边

03 进入"顶点"层级,右击并选择"连接"命令,捕捉左上方矩形左侧垂直边的下顶点,拖曳鼠标到右下方矩形下水平边的左侧顶点,释放鼠标左键,确认连接,效果如图14-12所示。

04 选择所有顶点,右击并选择"焊接"命令,将其他顶点焊接,然后添加"挤出"修改器,设置"厚度"为1500,挤出楼梯模型,如图14-13所示。

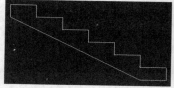 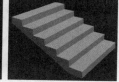

图14-12 连接顶点　　　　图14-13 挤出楼梯模型

05 在前视图中依照楼梯长度绘制"宽度"为800的平面,设置其"长度分段""宽度分段"均为1,然后将其转换为可编辑多边形对象,如图14-14所示。

06 进入"顶点"层级,选择左侧的两个顶点,将其沿y轴向上移动,使其左下顶点与楼梯左上顶点对齐,效果如图14-15所示。

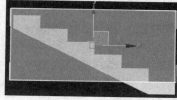 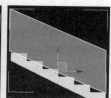

图14-14 绘制平面　　　　图14-15 调整顶点

07 进入"边"层级,选择平面的两条水平边,右击并选择"连接"命令,根据楼梯的台阶数,创建5条边,然后在两条垂直边之间创建一条水平边,如图14-16所示。

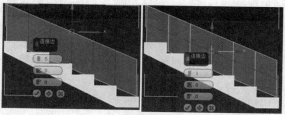

图14-16 连接边

08 分别对各条垂直边进行调整,使平面位于台阶的合适位置,退出"边"层级。添加"晶格"修改器,在"参数"卷展栏中选择"二者"单选项,在"支柱"选项组设置"半径"为15、"分段"为1、"边数"为20,在"节点"选项组选择"二十面体"单选项，设置"半径"为35、"分段"为5，效果如图14-17所示。

09 将模型转换为可编辑多边形对象，进入"多边形"层级，选择下方的边并将其删除，在顶视图中将栏杆模型以"实例"方式克隆到台阶另一侧，完成楼梯不锈钢扶手模型的创建，效果如图14-18所示。

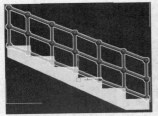

图14-17 晶格效果

图14-18 删除底边并克隆栏杆模型

14.2 "噪波"修改器建模

使用"噪波"修改器可以沿着3个轴的任意组合调整对象顶点的位置，它是模拟对象形状随机变化的重要工具。需要注意的是，应用"噪波"修改器的对象必须要有足够多的分段数。在三维建模中，"噪波"修改器也有强大的功能，其"参数"卷展栏如图14-19所示。

图14-19 "噪波"修改器的"参数"卷展栏

创建一个长方体，为其设置足够多的分段数，然后添加"噪波"修改器，在"种子"数值框中设置一个随机起始点，在"比例"数值框中设置噪波影响（不是强度）的大小。输入较大的值将产生更为平滑的噪波，输入较小的值将产生锯齿现象更严重的噪波，该数值框的默认值为100。勾选"分形"复选框，将根据当前设置产生分形效果，默认不勾选；如果勾选该复选框，则可以设置粗糙度、迭代次数，产生更为丰富的变换。在"强度"选项组中可以控制噪波效果的大小，可以沿3个轴进行设置，如图14-20所示。

如果想将噪波效果记录为动画，则勾选"动画噪波"复选框。这一节我们通过"创建藤椅模型""创建枕头模型"两个精彩案例，学习"噪波"修改器建模的相关知识。"噪波"修改器建模案例效果如图14-21所示。

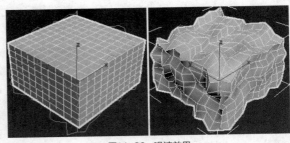

图14-20 噪波效果

枕头模型

藤椅模型

图14-21 "噪波"修改器建模案例效果

14.2.1 创建藤椅模型

采用原木制作的一些家具不仅造型古朴、韵味十足，而且环保，深受大多数人的喜爱。这一节我们结合"噪波"修改器的编辑功能与其他建模命令来创建一个藤椅模型，学习"噪波"修改器建模的方法和技巧。藤椅模型效果如图14-22所示。

图14-22 藤椅模型

操作步骤

01 在透视图中创建"长度"为225、"宽度"为450、"高度"为390、"长度分段""宽度分段""高度分段"均为2的长方体，将其转换为可编辑多边形对象。

02 进入"边"层级，将高度分段边向下稍微移动一定距离，然后进入"顶点"层级，调整各顶点，创建出椅子的基本形态，如图14-23所示。

03 进入"边"层级，选择长方体上的相关边，右击并选择"创建图形"命令，将边以"线性"方式创建为"图形001",如图14-24所示。

图14-23 调整顶点

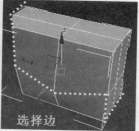

图14-24 选择边并创建图形

04 进入"图形001"的"顶点"层级,选择各顶点并对其进行圆角处理,创建出椅子的边框,效果如图14-25所示。

05 切换到左视图,将调整后的"图形001"以"复制"方式沿x轴克隆一个,并将其与原图形附加。进入"顶点"层级,选择相接位置的顶点并将其焊接,创建出椅子完整的边框,将其命名为"路径1",效果如图14-26所示。

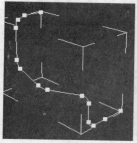

图14-25 圆角处理顶点

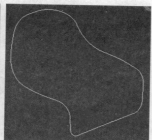

图14-26 克隆图形并焊接顶点

06 在透视图中创建"半径"为20、"高度"为2200的圆柱体,设置其"高度分段"为120,然后为其添加"噪波"修改器,设置"种子"为0、"比例"为16,观察模型的变化并在"强度"选项组调整"X""Y"的值,对圆柱体继续进行噪波处理,使其具有树藤的外观效果,如图14-27所示。

07 为圆柱体添加"路径变形"修改器,激活"路径变形"卷展栏中的"无"按钮,在视图中单击"路径1"对象,然后观察模型变化并设置各参数,使圆柱体沿"路径1"进行变形,创建出藤椅的扶手和靠背的边框,效果如图14-28所示。

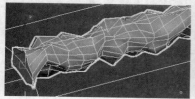

图14-27 噪波效果

图14-28 路径变形
效果(1)

08 将模型塌陷为多边形以固定路径变形效果,进入"多边形"层级,选择模型相接位置的多边形并将其删除,进入"顶点"层级,右击并选择"目标焊接"命令,将两个端面上对应的顶点一一焊接,效果如图14-29所示。

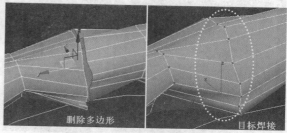

图14-29 删除多边形并目标焊接顶点

09 退出"顶点"层级,选择"涡轮平滑"修改器,设置"迭代次数"为2,对模型进行平滑处理,效果如图14-30所示。

10 使用NURBS曲线在椅子边框位置创建一个NURBS曲面,详细操作请查阅前面章节的相关内容或观看视频讲解,效果如图14-31所示。

图14-30 涡轮平滑效果

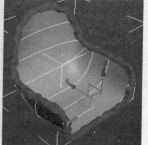

图14-31 创建NURBS曲面

11 在顶视图中绘制一条比椅子边框长的样条线作为参考,然后在样条线位置绘制一个"半径"为20的圆,如图14-32所示。

12 将圆转换为可编辑样条线对象,进入"顶点"层级,选择圆左侧的顶点,单击"几何体"卷展栏中的 断开 按钮将其断开,如图14-33所示。

图14-32 绘制样条线和圆

图14-33 断开顶点

13 分别将断开的两个顶点向两边移动，使其交叉，然后将圆以"复制"方式沿样条线克隆3个。注意，这里要规划好4个圆的位置，它们是椅面上的4根支撑，效果如图14-34所示。

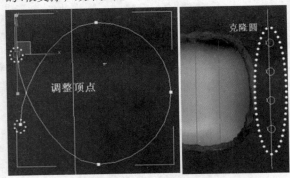

图14-34　调整顶点与克隆圆

14 将4个圆附加，进入"顶点"层级，右击并选择"连接"命令，移动鼠标指针到一个圆的顶点上，按住鼠标左键将其拖到另一个圆的顶点上，释放鼠标左键，将两个圆连接起来，如图14-35所示。

15 使用相同的方法，将其他两个圆也连接起来，使4个圆连成一条线，然后将样条线两端的端点移动到参考样条线的位置，最后将参考样条线删除，效果如图14-36所示。

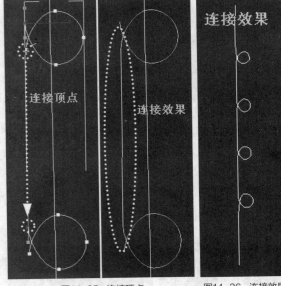

图14-35　连接顶点　　　图14-36　连接效果

16 创建"半径"为5、"高度"为600的圆柱体，为其设置足够多的高度分段数，然后为其添加"噪波"修改器。依照前面创建椅子边框模型的方法，设置相关参数并观察模型，最后添加"涡轮平滑"修改器，对模型进行平滑处理，将其处理成树藤效果，如图14-37所示。

图14-37　噪波与平滑效果

17 为该圆柱体添加"路径变形"修改器，拾取顶视图中的样条线作为路径，将圆柱体沿路径进行变形，效果如图14-38所示。

图14-38　路径变形效果（2）

18 变形后的圆柱体在圆环位置重叠，这是有问题的表现。选择路径样条线，进入"顶点"层级，选择圆环位置的顶点，将其向上移动。这样，圆柱体在圆环位置就不再重叠，如图14-39所示。

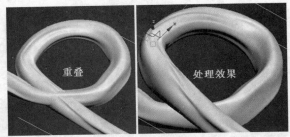

图14-39　处理重叠效果

19 在顶视图中的圆环位置创建"半径"为15、"高度"为90的圆柱体，为其设置足够多的高度分段数，然后依照前面章节的操作，添加"噪波"修改器和"涡轮平滑"修改器，创建另一个树藤模型，将其以"复制"方式克隆到其他3个圆的位置，如图14-40所示。

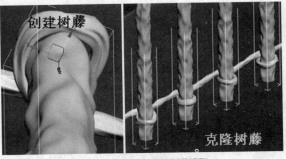

图14-40　创建与克隆树藤模型

20 将路径变形后的树藤模型塌陷为多边形，然后在前视图中将其以"复制"方式向上克隆19个，最后将其全部附加，效果如图14-41所示。

21 为附加后的模型添加"曲面变形"修改器，拾取创建的NURBS曲面，观察模型变形效果并调整参数，使模型合理变形，创建出藤椅的靠背和坐面，如图14-42所示。

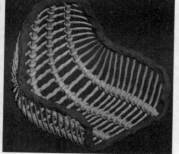

图14-41 创建椅子靠背和坐面模型　　图14-42 曲面变形效果

22 在前视图中的椅子下方位置创建"长度"为350、"宽度"为450、"高度"为480的长方体，将其转换为可编辑多边形对象。进入"边"层级，在高度方向创建一条边，将该边向后移动到椅子靠背的下方位置，然后进入"顶点"层级，将右上角的顶点向上移动到椅子的靠背位置，如图14-43所示。

23 进入"边"层级，选择长方体上的所有边，右击并选择"创建图形"命令，将其以"线性"方式创建为"图形001"，如图14-44所示。

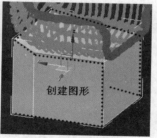

图14-43 连接边并移动顶点　　图14-44 创建图形

24 进入"顶点"层级，通过圆角、移动等操作对"图形001"进行调整。创建"半径"为20、"高度"为2000的圆柱体，为其设置足够多的高度分段数，依照前面的操作，利用"噪波"修改器以及"涡轮平滑"修改器创建一个树藤模型，将该模型以"复制"方式克隆一个，然后添加"路径变形"修改器，使其沿"图形001"进行变形，创建出椅子腿，如图14-45所示。

25 在椅子腿与椅子坐面前端位置创建一个圆环，其大小取决于椅子腿和椅子坐面的支撑，然后为其添加"噪波"修改器，通过设置参数对其进行编辑，如图14-46所示。

26 将圆环转换为可编辑多边形对象，进入"边"层级，选择所有循环边并将其创建为图形，删除圆环，然后为图形设置"渲染"的"径向"为4，创建出捆绑效果，如图14-47所示。

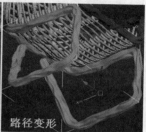

调整图形　　　　路径变形

图14-45 创建椅子腿

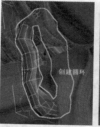

创建圆环　　创建图形　　渲染效果

图14-46 创建圆环与　　图14-47 创建图形与渲染效果
　　　　　噪波效果

27 将该模型分别克隆到椅子的其他3个角位置，完成藤椅模型的创建。

14.2.2 创建枕头模型

"噪波"修改器也非常适合用于创建柔软物体表面的褶皱效果。这一节我们就通过创建一个枕头模型，学习"噪波"修改器建模的新思路和新方法。枕头模型效果如图14-48所示。

图14-48 枕头模型

操作步骤

01 在透视图中创建"长度"为200、"宽度"为450、"高度"为100、"长度分段""宽度分段"均为2、"高度分段"为1的长方体，将其转换为可编辑多边形对象。

02 进入"顶点"层级，在顶视图中按住Ctrl键的同时以"窗口"选择方式选择长度方向和宽度方向中间位置的顶点，将其向内缩放，然后选择4个角上的顶点，在前视图中将其沿y轴缩放，效果如图14-49所示。

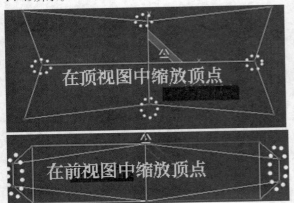

图14-49 缩放顶点

03 退出"顶点"层级，单击"几何体"卷展栏中的 网格平滑 按钮两次，对模型进行网格平滑处理，效果如图14-50所示。

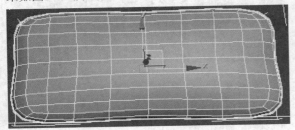

图14-50 网格平滑效果

04 进入"边"层级，双击模型中间的边，右击并选择"挤出"命令，设置"高度"为-5、"宽度"为0.01，确认挤出并退出"边"层级，添加"涡轮平滑"修改器，设置"迭代次数"为2，对模型进行平滑处理，效果如图14-51所示。

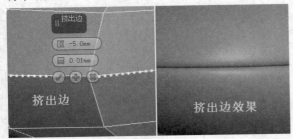

图14-51 挤出边

05 将模型转换为可编辑多边形对象，进入"多边形"层级，按Ctrl+A组合键将所有多边形选择，然后按住Alt键的同时取消选择挤出边位置的多边形。添加"噪波"修改器，在"噪波"选项组设置"种子"为2、"比例"为6，在"强度"选项组设置"X"为-0.85、"Y""Z"均为5，效果如图14-52所示。

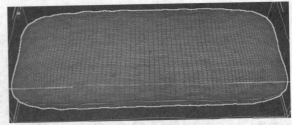

图14-52 噪波效果

06 添加"涡轮平滑"修改器，设置"迭代次数"为2，对模型进行平滑处理，然后将模型转换为可编辑多边形对象。进入"顶点"层级，在顶视图中单击中间位置的一个顶点，启用"软选择"功能，观察模型并调整"衰减""收缩""膨胀"参数，然后在前视图中沿y轴向下移动顶点，使枕头的中间位置向下凹陷，如图14-53所示。

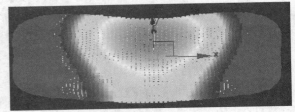

图14-53 软选择效果

07 取消启用"软选择"功能并退出"顶点"层级，完成枕头模型的创建。

14.3 "FFD 2×2×2"修改器建模

FFD代表"自由形式变形"，其主要用于计算机动画，在创建三维模型方面也是不可或缺的建模工具之一。FFD修改器包括"FFD 2×2×2""FFD 3×3×3""FFD 4×4×4""FFD（长方体）""FFD（圆柱体）"共5种，每一种修改器各自提供不同维度的晶格，晶格每一侧都有相应的控制点，如图14-54所示。

这5种修改器的操作方法完全相同，只是"FFD（圆柱体）"修改器和"FFD（长方体）"修改器应用起来更为自由，用户可以根据具体情况设置控制点数量，从而更加灵活地变换模型。

这一节我们学习"FFD 2×2×2"修改器建模的方法。创建一个长方体对象，添加"FFD 2×2×2"修改器，"FFD 参数"卷展栏如图14-55所示。

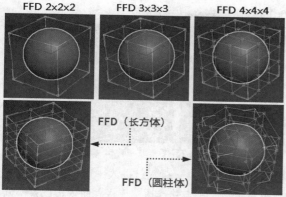

图14-54 FFD修改器

图14-55 "FFD参数"卷展栏

"FFD 参数"卷展栏中的设置主要用于设置控制点的显示等内容，其主要操作来自修改器堆栈中的子对象，在修改器堆栈展开子对象层级，进入"控制点"层级，在视图中选择一个控制点并移动，此时模型发生变化，如图14-56所示。

进入"晶格"层级，可以在视图中移动、旋转和缩放晶格框，此时模型会随晶格框的变化而变化，如图14-57所示。

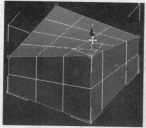

图14-56 移动控制点

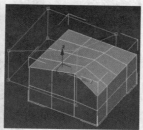

图14-57 移动晶格框

进入"设置体积"层级，晶格控制点变为绿色，可以选择并操作控制点而不影响对象，这使晶格框能更精确地贴合不规则图形对象，如图14-58所示。

这一节通过"创建螺丝钉模型""创

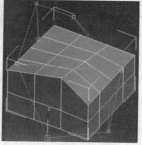

图14-58 进入"设置体积"层级

建圆形美人榻模型"两个精彩案例，学习"FFD 2×2×2"修改器建模的相关技巧和思路。"FFD 2×2×2"修改器建模案例效果如图14-59所示。

螺丝钉模型　　　　圆形美人榻模型
图14-59 "FFD 2×2×2"修改器建模案例效果

14.3.1 创建螺丝钉模型

在工业产品设计中，螺丝钉模型经常出现。这一节我们就应用"FFD 2×2×2"修改器的编辑功能，来创建一个螺丝钉模型，学习"FFD 2×2×2"修改器建模的技巧，同时学习螺丝钉模型的创建方法和思路。螺丝钉模型效果如图14-60所示。

图14-60 螺丝钉模型

操作步骤

`01` 在透视图中创建"半径"为30、"高度"为10、"高度分段"为1、"边数"为8的圆柱体，将其转换为可编辑多边形对象。

`02` 进入"顶点"层级，右击并选择"快速切片"命令，配合2.5维捕捉功能，在顶视图中分别捕捉水平方向和垂直方向上的两个顶点并对其进行切片。进入"边"层级，双击切片生成的两条边，右击并选择"切角"命令，设置"切角量"为3.5，对两条边进行切角，如图14-61所示。

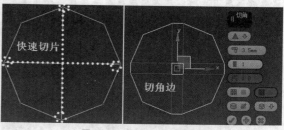

图14-61 快速切片与切角边

`03` 进入"多边形"层级，选择切割边形成的十字形多边形，右击并选择"挤出"命令，设置"高度"为-3.5，确认挤出，如图14-62所示。

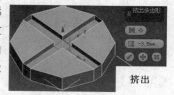

图14-62 挤出多边形（1）

04 右击并选择"快速切片"命令，在前视图中捕捉挤出多边形底部的两个顶点，沿水平方向再次切片，然后选择挤出端面上的多边形并将其删除。进入"顶点"层级，选择所有顶点，右击并选择"焊接"命令，对顶点进行焊接，如图14-63所示。

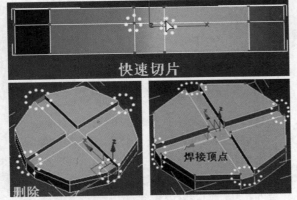

图14-63 快递切片、删除多边形与焊接顶点

05 退出"顶点"层级，添加"切角"修改器，选择"斜接"方式为"一致"，设置"数量"为0.1，其他设置保持默认，确认切角。

06 添加"FFD 2×2×2"修改器，按数字1键进入"控制点"层级，在前视图中以"窗口"选择方式选择下方两组控制点，在顶视图中将其沿xy平面缩放，创建出螺丝钉顶部的锥形效果，如图14-64所示。

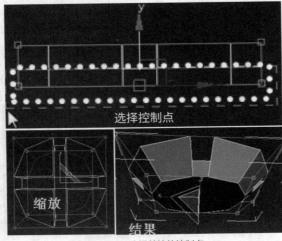

图14-64 选择并缩放控制点

07 退出"控制点"层级，将模型塌陷为多边形，进入"多边形"层级，选择底面的多边形，右击并选择"挤出"命令，设置"高度"为80，对多边形进行挤出，如图14-65所示。

08 选择挤出生成的多边形，单击"编辑几何体"卷展栏中的 分离 按钮，将其分离为"对象

001"，如图14-66所示。

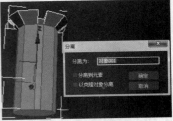

图14-65 挤出多边形（2）　　图14-66 分离对象

09 将"对象001"孤立，进入"边"层级，选择所有垂直边，右击并选择"连接"命令，设置"分段"为8，确认连接，如图14-67所示。

10 退出"边"层级，启用2.5维捕捉功能，添加"FFD 2×2×2"修改器，进入"控制点"层级，以"窗口"选择方式选择右侧一排控制点，将其向下拖曳并捕捉下方分段边的端点，如图14-68所示。

11 将模型塌陷为多边形，进入"顶点"层级，右击并选择"快速切片"命令，配合捕捉功能，捕捉左侧第2排顶点与右侧第1排顶点并对其进行切片，如图14-69所示。

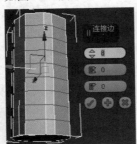

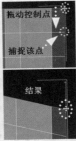

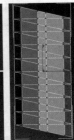

图14-67 连接边　　图14-68 调整控　图14-69 快
　　　　　　　　　　　　　制点　　　　速切片

12 进入"多边形"层级，以"窗口"选择方式选择上方切片形成的多边形并将其分离，将其移动到模型下方位置并与模型对齐，如图14-70所示。

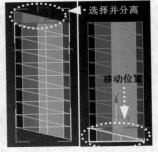

图14-70 分离并移动多边形

13 将分离的对象与原对象附加，删除原对象底面的多边形，进入"顶点"层级，选择所有顶点，右击并选择"焊接"命令，对其进行焊接。

14 进入"边"层级，在前视图中按住Ctrl键的同时双击所有倾斜边，切换到后视图，按住Ctrl键的

同时双击所有水平边，再分别切换到左视图和右视图，按住Ctrl键的同时单击中间位置较短的所有水平边将其选中，这样所有被选择的边就连成了一条螺旋线，如图14-71所示。

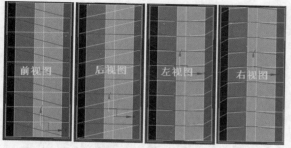

图14-71 选择边

15 按住Ctrl键的同时双击所有垂直边和两端的两圈边，执行"编辑" > "反选"命令，反选其他所有边，按住Ctrl键的同时单击"编辑边"卷展栏中的 移除 按钮，将其他边连同上面的顶点移除，效果如图14-72所示。

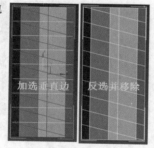

图14-72 反选并移除边

16 退出"边"层级，为模型添加"FFD 2×2×2"修改器，进入"控制点"层级，在前视图中以"窗口"选择方式选择下方两组控制点，在顶视图中将其沿xy平面缩放，创建出螺丝钉底部的锥形效果，如图14-73所示。

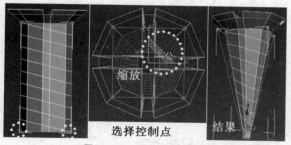

图14-73 调整螺丝钉的形态

17 将模型塌陷为多边形，进入"边"层级，双击螺旋形的边将其全部选择，右击并选择"挤出"命令，设置"高度"为3、"宽度"为2.5，确认挤出，如图14-74所示。

18 按住Ctrl键的同时双击挤出模型两侧的边将其

选择，右击并选择"切角"命令，设置"切角量"为0.1，确认切角，如图14-75所示。

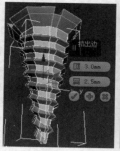
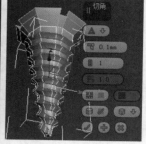

图14-74 挤出边　　　　　图14-75 切角边

19 将该模型与螺丝钉顶部模型附加，进入"边界"层级，选择螺丝钉模型底部的边界，右击并选择"塌陷"命令，将其塌陷为一个点。进入"顶点"层级，将两个模型相接位置的顶点一一焊接，退出"顶点"层级，添加"涡轮平滑"修改器，设置"迭代次数"为3，对模型进行平滑处理，完成螺丝钉模型的创建。

14.3.2 创建圆形美人榻模型

"FFD 2×2×2"修改器不仅可以用于对整个模型进行编辑，也可以对模型的子对象进行编辑，这对编辑模型的局部非常有好处。这一节我们使用"FFD 2×2×2"修改器来创建一个圆形美人榻模型，学习"FFD 2×2×2"修改器编辑模型子对象建模的技巧。圆形美人榻模型效果如图14-76所示。

图14-76 圆形美人榻模型

操作步骤

01 在顶视图中创建"半径"为200的圆，将其转换为可编辑多边形对象，进入"边界"层级，选择边界，按住Shift键的同时将其沿xy平面放大到合适大小，如图14-77所示。

02 为圆添加"FFD 2×2×2"修改器，进入"控制点"层级，选择上方一排控制点，在透视图中将其沿z轴向上拖曳，创建出圆形美人榻的基本模型，如图14-78所示。

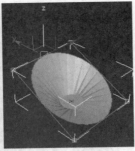

图14-77　放大边界　　　图14-78　调整控制点（1）

03 将模型塌陷为多边形，进入"多边形"层级，选择中间位置的圆形多边形并将其删除，然后选择其他所有多边形，右击并选择"倒角"命令，设置"高度"为60、"轮廓"为-25，确认倒角，如图14-79所示。

04 进入"边"层级，双击外侧的边，按住Shift键的同时将其向下拉伸，添加"FFD 2×2×2"修改器，进入"控制点"层级，在顶视图中以"窗口"选择方式选择所有控制点，将其沿xy平面缩放，如图14-80所示。

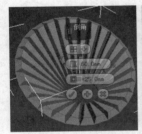
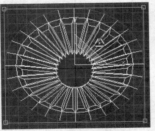

图14-79　倒角多边形　　　图14-80　调整控制点（2）

05 将模型塌陷为多边形，进入"边"层级，分别选择外侧一条边和中心位置与此边对应的一条边，单击"编辑边"卷展栏中的 桥 按钮对其进行桥接，效果如图14-81所示。

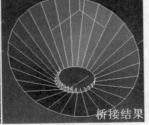

图14-81　桥接边

06 在模型边缘通过连接添加一条边，然后对添加的边进行挤出，设置"高度"为-10、"宽度"为0.01，如图14-82所示。

07 退出"边"层级，添加"涡轮平滑"修改器，

设置"迭代次数"为2，对模型进行平滑处理，效果如图14-83所示。

08 在顶视图中根据模型中间孔洞创建一个球体，添加"FFD 2×2×2"修改器，进入"控制点"层级，在透视图中以"窗口"选择方式选择所有控制点，将其沿z轴进行缩放，创建出美人榻的圆形坐垫，效果如图14-84所示，完成圆形美人榻模型的创建。

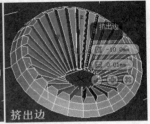

图14-82　连接边和挤出边

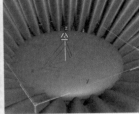

图14-83　平滑效果　　　图14-84　创建美人榻的圆形坐垫

14.4 "FFD 3×3×3" 修改器建模

"FFD 3×3×3"修改器的操作方法与"FFD 2×2×2"修改器的操作方法完全相同，只是"FFD 3×3×3"修改器在各轴均有3个控制点，其自由变换效果更丰富。这一节我们通过"创建带有渐变纹理的电视墙模型""创建竹编果篮模型"两个精彩案例，学习"FFD 3×3×3"修改器建模的方法和技巧。"FFD 3×3×3"修改器建模案例效果如图14-85所示。

竹编果篮模型

带有渐变纹理的电视墙模型

图14-85　"FFD 3×3×3"修改器建模案例效果

14.4.1 创建带有渐变纹理的电视墙模型

在客厅室内设计中，电视墙最具艺术效果，是室内空间的焦点，因此，客厅室内设计中的电视墙不可忽视。有一种电视墙采用了渐变纹理，具有很强的视觉冲击力。这一节我们就使用"FFD 3×3×3"修改器来创建一个带有渐变纹理的电视墙模型，学习"FFD 3×3×3"修改器建模的方法和技巧。带有渐变纹理的电视墙模型效果如图14-86所示。

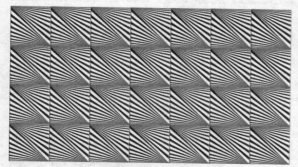

图14-86 带有渐变纹理的电视墙模型

操作步骤

01 在前视图中创建"长度""宽度"均为200、"长度分段"为10的平面对象，将其转换为可编辑多边形对象。

02 进入"边"层级，选择两侧垂直边，右击并选择"连接"命令，设置"分段"为1，在各线段之间创建一条边，然后切换到透视图，将连接形成的边沿y轴移动，创建出波浪效果的纹理，如图14-87所示。

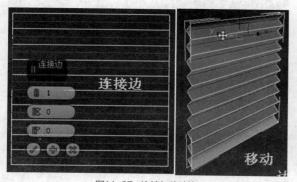

图14-87 连接与移动边

03 双击模型一侧的边，添加"FFD 3×3×3"修改器，进入"控制点"层级，选择中间位置的控制

点，将其向下移动，创建由大到小的渐变纹理，如图14-88所示。

04 将模型塌陷为多边形，进入"顶点"层级，选择一侧的顶点，添加"FFD 2×2×2"修改器，进入"控制点"层级，选择右上角的控制点，将其向外移动，创建出高低渐变的波浪形纹理，如图14-89所示。

图14-88 向下移动控制点　　图14-89 向外移动控制点

05 将模型塌陷为多边形，进入"顶点"层级，选择另一侧的所有顶点，将其沿y轴压平，然后向下移动，与左侧下方的顶点对齐，如图14-90所示。

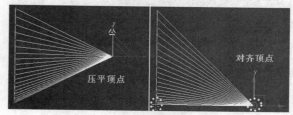

图14-90 调整顶点

06 进入"边"层级，选择各棱边，右击并选择"切角"命令，设置"切角量"为1，然后进入"边界"层级，选择边界，按住Shift键的同时将其沿y轴向后拉伸，如图14-91所示。

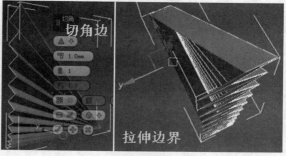

图14-91 切角边与拉伸边界

07 单击"编辑几何体"卷展栏中的"Z"按钮，将拉伸的边沿z轴打平，退出"边界"层级，在前视图中将模型沿xy平面以"复制"方式克隆一个，

效果如图14-92所示。

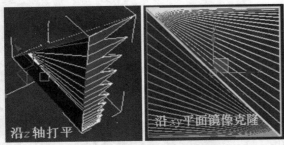

图14-92 打平边与镜像克隆模型

08 将两个模型附加，进入"边"层级，选择所有水平边，右击并选择"连接"命令，设置"分段"为15，确认连接。退出"边"层级，添加"涡轮平滑"修改器，对模型进行平滑处理，效果如图14-93所示，创建出一个带有渐变纹理的电视墙模型。

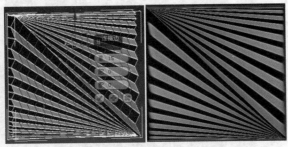

图14-93 连接边与平滑效果

14.4.2 创建竹编果篮模型

"FFD 3×3×3"修改器最大的好处就是可以非常方便地调整模型形态，这一节我们通过创建竹编果篮模型，继续学习"FFD 3×3×3"修改器建模的相关方法和技巧。竹编果篮模型效果如图14-94所示。

图14-94 竹编果篮模型

操作步骤

01 在前视图中创建"长度"为200、"宽度"为150的矩形，将其转换为可编辑样条线对象，进入"线段"层级，删除上水平边和左垂直边，然后对右下角进行圆角处理，如图14-95所示。

02 进入"层次"面板，激活 [仅影响轴] 按钮，将其坐标系移动到左端的顶点位置，如图14-96所示。

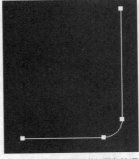

图14-95 删除边并进行圆角处理

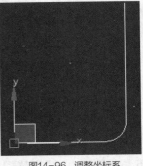

图14-96 调整坐标系

03 在顶视图中将该图形以"实例"方式沿z轴旋转7.5°并克隆48个，然后在"渲染"卷展栏中设置"径向"的"厚度"为3，效果如图14-97所示。

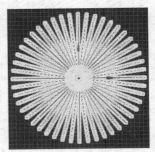

图14-97 旋转并克隆图形

04 在顶视图中的图形中心位置绘制"半径1""半径2"均为150、"点"为24的星形，在"渲染"卷展栏中设置"径向"的"厚度"为3。

05 为该星形添加"编辑样条线"修改器，进入"顶点"层级，按住Ctrl键，采用每隔一个顶点选择一个顶点的方式，选择24个顶点，在前视图中将其向下移动，使其形成折线效果，如图14-98所示。

图14-98 调整顶点

06 选择所有顶点，右击并选择"平滑"命令，将所有顶点设置为"平滑"类型，退出"顶点"层级，将该星形沿y轴以"复制"方式克隆一个，然后修改该星形的"半径1""半径2"为140，效果如图14-99所示。

07 使用相同的方法依次将星形克隆，并减小其半径和"渲染"参数，使其呈逐渐缩小的状态，创建出果篮的底部模型，效果如图14-100所示。

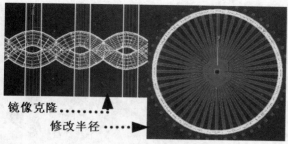

图14-102 克隆星形图形

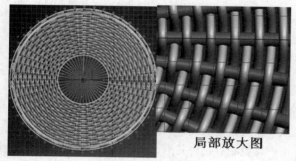

图14-99 镜像克隆与修改半径

11 在前视图中创建"半径"为3、"高度"为942、"高度分段"为100的圆柱体,将其克隆两个,然后将其呈三角形排列并成组,如图14-103所示。

12 添加"扭曲"修改器,设置"角度"为2200、"扭曲轴"为y轴,创建麻花状效果,然后添加"弯曲"修改器,设置"角度"为360、"弯曲轴"为y轴,创建一个圆环,如图14-104所示。

局部放大图

图14-100 创建果篮的底部模型

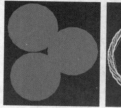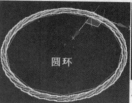

圆环

局部放大

08 在顶视图中的图形中心位置绘制"半径1"为160、"半径2"为150、"点"为24的星形,执行"编辑">"克隆"命令,将该星形以"复制"方式原地克隆一个,修改其"半径1"为150、"半径2"为160。

图14-103 创建圆柱体   图14-104 扭曲与弯曲效果

13 将该圆环以"复制"方式克隆一个,然后在顶视图中将其移动到果篮模型边框的上方,将所有对象成组。添加"FFD 3×3×3"修改器,进入"控制点"层级,在前视图中以"窗口"选择方式选择中间和上方两排控制点,在顶视图中将其沿xy平面放大,效果如图14-105所示。

09 将两个星形转换为可编辑样条线对象,进入"顶点"层级,选择所有顶点,右击并选择"平滑"命令,将所有顶点转换为"平滑"类型,然后在"渲染"卷展栏中设置"径向"的"厚度"为3,此时两个星形就形成了一种交叉效果,如图14-101所示。

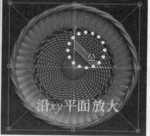

边框效果

沿xy平面放大

图14-105 放大控制点

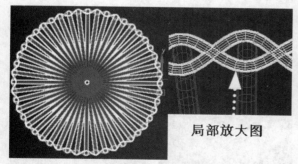

局部放大图

图14-101 转换顶点类型与设置"渲染"参数

14 按住Alt键的同时框选中间一排控制点,取消其选择状态,在顶视图中对选择控制点进行放大,创建出果篮的基本形状,效果如图14-106所示。

10 在前视图中将一个星形移动到另一个星形的下方并使其并列,再将两个星形成组并向下移动到矩形图形的下方位置,然后将其以"实例"方式向上克隆26次,创建出果篮的边框,效果如图14-102所示。

15 选择克隆的圆环,进入"弯曲"修改器层级,修改"角度"为180,然后在前视图中将其沿z轴旋转90°并移动到果篮上方位置,以此作为果篮的提手,如图14-107所示。

图14-106　继续放大控制点　　　图14-107　果篮提手效果

16 进入"弯曲"修改器的"Gizmo"层级，将范围框沿y轴向下移动，调整弯曲对象的大小，使提手与果篮大小匹配，如图14-108所示。

17 退出"Gizmo"层级，执行"组" > "打开"命令，打开组，分别选择各圆柱体，修改其"半径"为10，使果篮提手变粗，然后执行"组" > "关闭"命令，将组关闭。这样，果篮提手就变粗了，效果如图14-109所示。

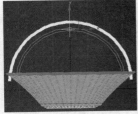

图14-108　调整"Gizmo"层级　　图14-109　调整果篮提手

18 至此，竹编果篮模型创建完毕。

14.5 "FFD 4×4×4" 修改器建模

　　"FFD 4×4×4"修改器在操作上与"FFD 3×3×3"修改器并没有什么区别，只是它在各轴向分别有4个控制点，其编辑的模型会更细腻。这一节我们通过"创建方形吸顶灯模型""快速创建抱枕模型"两个精彩案例，学习"FFD 4×4×4"修改器建模的方法和技巧。"FFD 4×4×4"修改器建模案例效果如图14-110所示。

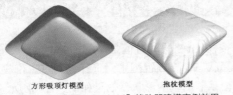

方形吸顶灯模型　　　　抱枕模型
图14-110　"FFD 4×4×4"修改器建模案例效果

14.5.1 创建方形吸顶灯模型

　　方形吸顶灯造型简洁大方、外观质朴，是大多

数家庭首选的照明设备，因此这类灯具模型在室内设计中应用较多。这一节我们就使用"FFD 4×4×4"修改器来创建一个方形吸顶灯模型，学习"FFD 4×4×4"修改器建模的方法。方形吸顶灯模型效果如图14-111所示。

图14-111　方形吸顶灯模型（1）

操作步骤

01 在透视图中创建"长度""宽度"均为350、"高度"为100、"长度分段""宽度分段""高度分段"均为4的长方体对象。

02 添加"FFD 4×4×4"修改器，进入"控制点"层级，在前视图中以"窗口"选择方式选择下面一排控制点，将其沿xy平面缩小，创建出吸顶灯的底面，然后将其沿z轴向上移动，对造型进行调整，效果如图14-112所示。

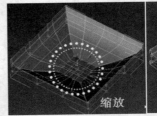

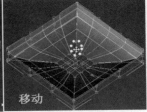

缩放　　　　　　　移动
图14-112　缩放与移动控制点

03 选择最顶部的所有控制点，将其沿xy平面缩小，创建出吸顶灯的顶部，之后将模型塌陷为多边形，进入"多边形"层级，选择顶部多边形并将其删除，如图14-113所示。

04 进入"边"层级，选择删除多边形后留下的边，按住Shift键的同时将其沿xy平面缩放，创建出吸顶灯的灯罩，如图14-114所示。

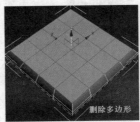

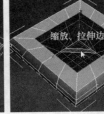

删除多边形
图14-113　删除多边形　　图14-114　缩放、拉伸边

05 按住Shift键的同时继续将其沿z轴向上拉伸，然后在拉伸出的模型垂直边上通过"连接"命令添加一条边，如图14-115所示。

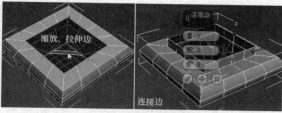

图14-115 缩放、拉伸与连接边

06 选择开口边缘的边，添加"FFD 4×4×4"修改器，进入"控制点"层级，按住Ctrl键的同时以"窗口"选择方式选择4条边上的控制点，按住Shift键的同时将其沿xy平面拖曳，以缩放、拉伸边，然后释放Shift键，继续沿z轴向下移动控制点，使拉伸出的边向下倾斜，效果如图14-116所示。

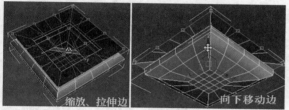

图14-116 缩放、拉伸与移动边

07 将模型塌陷为多边形，进入"边"层级，在拉伸出的模型上通过"连接"命令添加一条边，然后选择最外侧的边，按住Shift键的同时将其沿z轴向下拖曳以拉伸边，效果如图14-117所示。

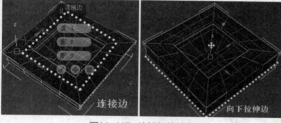

图14-117 连接与拉伸边

08 在"边"层级下添加"FFD 4×4×4"修改器，进入"控制点"层级，选择4条边上的控制点，将其沿xy平面放大，创建出吸顶灯的锥形灯壳，如图14-118所示。

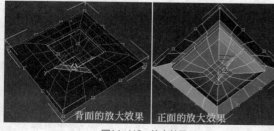

图14-118 放大效果

09 退出"控制点"层级，添加"壳"修改器，设置

"内部量""外部量"均为1，添加"涡轮平滑"修改器，设置"迭代次数"为2，对模型进行平滑处理，完成方形吸顶灯模型的创建，效果如图14-119所示。

图14-119 方形吸顶灯模型（2）

14.5.2 快速创建抱枕模型

抱枕模型的创建方法非常多，在前面章节中我们已经多次创建过抱枕模型。这一节我们利用"FFD 4×4×4"修改器创建一个抱枕模型，为大家介绍一种更快捷、更简单且模型效果更逼真的建模方法，同时巩固"FFD 4×4×4"修改器建模的相关技巧。抱枕模型效果如图14-120所示。

图14-120 抱枕模型

操作步骤

01 在透视图中创建"长度""宽度"均为300、"高度"为100、"长度分段""宽度分段"均为3、"高度分段"为1的长方体。

02 添加"FFD 4×4×4"修改器，进入"控制点"层级，在顶视图中以"窗口"选择方式选择4个角位置的4组控制点，在透视图中将其沿z轴缩放，创建出抱枕的基本模型，效果如图14-121所示。

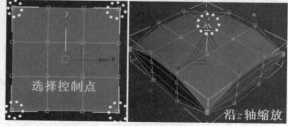

图14-121 缩放控制点（1）

03 在顶视图中以"窗口"选择方式选择4条边上的8组控制点，将其沿xy平面缩放，对抱枕模型进行完善，如图14-122所示。

04 退出"控制点"层级，将模型塌陷为多边形，单击"编辑几何体"卷展栏中的 网格平滑 按钮两次，对模型进行网格平滑处理，效果如图14-123所示。

05 进入"边"层级，双击抱枕中间位置的边，右击并选择"挤出"命令，设置"高度"为-5、"宽度"为0.01，创建出抱枕的车缝线效果，如图14-124所示。

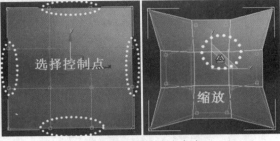

图14-122　缩放控制点（2）

图14-123　网格平滑效果

图14-124　挤出边

06 进入"顶点"层级，右击并选择"剪切"命令，在抱枕上切割出长短不一的多条边作为褶皱线，并对边上的顶点进行调整，创建出褶皱效果。退出"顶点"层级，添加"涡轮平滑"修改器，设置"迭代次数"为2，对模型进行平滑处理，完成抱枕模型的创建，效果如图14-125所示。

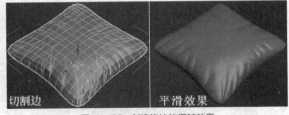

图14-125　创建抱枕的褶皱效果

14.6 "FFD（长方体）" 修改器建模

"FFD（长方体）"修改器的操作方法与其他FFD修改器完全相同，只是其他FFD修改器都有固定的控制点，用户无法更改控制点的数目，而"FFD（长方体）"修改器允许用户根据需要设置控制点的数目，从而更灵活、方便地编辑复杂模型。

创建一个长方体对象，添加"FFD（长方体）"修改器，默认设置下其控制点为4×4×4，与"FFD 4×4×4"修改器的控制点数目相同，单击"FFD 参数"卷展栏中的 [设置点数] 按钮，打

开"设置FFD尺寸"对话框，用户可以根据需要设置各个方向的控制点数目，如图14-126所示。

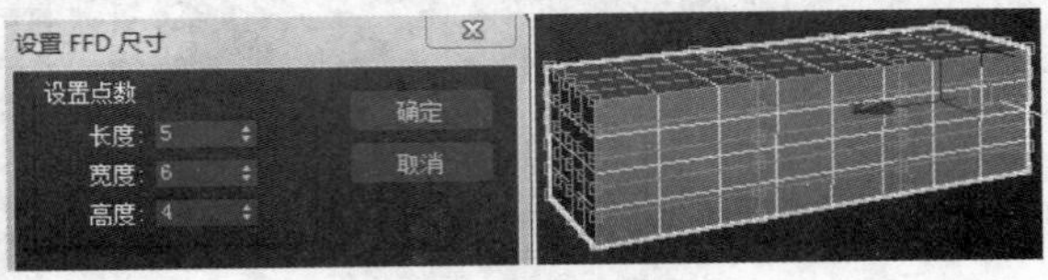

图14-126　设置控制点数目

关闭该对话框，进入"控制点"层级，调整控制点对模型进行编辑。这一节我们通过"创建城市过街天桥模型""创建公园石椅模型"两个精彩案例，学习"FFD（长方体）"修改器建模的方法。"FFD（长方体）"修改器建模案例效果如图14-127所示。

图14-127　"FFD（长方体）"修改器建模案例效果

14.6.1　创建城市过街天桥模型

城市过街天桥对缓解城市交通拥堵起到了至关重要的作用，在城市规划等设计中，这类模型应用非常多。这一节我们就使用"FFD（长方体）"修改器来创建图14-128所示的城市过街天桥模型，学习"FFD（长方体）"修改器建模的方法。

图14-128　城市过街天桥模型

操作步骤

01 在顶视图中绘制"半径1"为2500、"半径2"为3000、"高度"为0、"圈数"为1.5的螺旋线，将其转换为可编辑样条线，进入"顶点"层级，将两端顶点向两侧移动并调整曲线，创建出过街天桥的轮廓线，如图14-129所示。

图14-129　绘制轮廓线

02 进入"实用程序"层级，激活 [测量] 按钮，测量出轮廓线的长度为40018.6，然后根据测量

出来的尺寸，绘制"长度"为2000、"宽度"为40018.6、"长度分段"为1、"宽度分段"为150的平面对象，将其命名为"桥面"并转换为可编辑多边形对象，以"参考"方式克隆为"桥面01"对象。

03 为"桥面01"对象添加"路径变形"修改器，拾取轮廓线，设置"百分比"为50，将"桥面"对象沿路径变形，效果如图14-130所示。

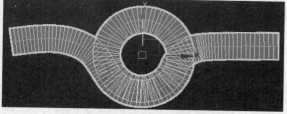

图14-130 路径变形效果

04 在前视图中创建"长度"为5000的矩形作为高度定位图，然后为"桥面"对象添加"FFD（长方体）"修改器，此时，"桥面01"对象被自动添加了"FFD（长方体）"修改器。

05 打开"设置FFD尺寸"对话框，设置"宽度"为20，关闭该对话框。进入"控制点"层级，选择中间位置的控制点，将其向上移动以调整桥面的高度，此时"桥面01"对象也会发生变化，可以在前视图中以矩形为参考，调整过街天桥最高点的位置，如图14-131所示。

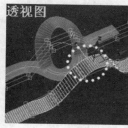 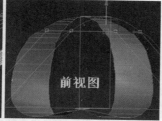

图14-131 调整过街天桥最高点的位置

06 根据过街天桥的形态，继续调整"桥面"对象上的各控制点，从而影响"桥面01"对象，创建出过街天桥的基本形态，如图14-132所示。

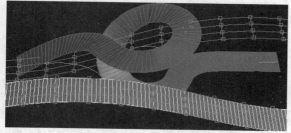

图14-132 调整过街天桥的形态

07 在左视图中的"桥面"对象旁边位置依照"桥面"对象的高度绘制"长度"为5350左右、"宽度"为10、"长度分段"为50、"宽度分段"为1的平面对象作为参考对象，然后为"桥面"对象添加"编辑多边形"修改器。进入"边"层级，双击两侧的垂直边，右击并选择"快速切片"命令，配合捕捉功能，捕捉平面对象的各分段边，对"桥面"对象进行切片，如图14-133所示。

图14-133 快速切片

08 切片完成后执行"编辑">"反选"命令，选择模型原有的边，按住Ctrl键，右击并选择"删除"命令，将模型原有的边删除。这样，切片形成的边就成为楼梯的轮廓线。

09 进入"多边形"层级，选择所有多边形，右击并选择"挤出"命令，选择"按多边形"方式，设置"高度"为150，挤出楼梯的高度，如图14-134所示。

10 在"选择并非均匀缩放" ■按钮上右击，打开"缩放变换输入"对话框，在"偏移：世界"选项组设置"Z"为0%，这样楼梯效果就出现了，如图14-135所示。

11 仔细观察可以发现，楼梯的形态并不正确，下面继续调整。配合捕捉功能，将楼梯表面的多边形沿y轴向下移动，捕捉楼梯接缝位置的顶点并将其焊接，如图14-136所示。

图14-134 挤出多边形　　图14-135 缩放变形　　图14-136 目标焊接顶点

12 切换到左视图，选择楼梯两个侧面的多边形并将其删除，然后设置"石墨"工具栏"修改选择"选项面板中的"点间距"为2。进入"边"层级，选择楼梯底部的边，单击"石墨"工具栏"修改选择"选项面板中的"点循环" ■按钮，将每一级楼梯底部的边都选择，按住Ctrl键的同时单击"编辑边"卷展栏中的 移除 按钮将其移除，此时楼梯的形态就正确了，效果如图14-137所示。

13 将"桥面"对象以"复制"方式克隆为"桥面02"对象，再将"桥面02"对象以"参考"方式克隆为"桥面03"对象。选择"桥面03"对象，在修改器堆栈中删除"编辑多边形"修改器，然后添加"路径变形"修改器，依照前面的操作，使其沿轮廓线进行路径变形，此时效果如图14-138所示。

图14-137 选择并移除边

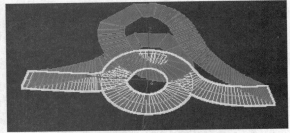

图14-138 "桥面03"对象的路径变形效果

14 为"桥面02"对象添加"FFD（长方体）"修改器，依照前面的操作设置"宽度"为12，然后参照"桥面"对象进行调整，此时"桥面03"对象也会发生变化，其变化形态与"桥面01"对象相同，如图14-139所示。

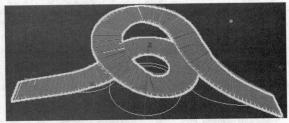

图14-139 "桥面03"对象的变形效果

15 为"桥面02"对象添加"编辑多边形"修改器，进入"边"层级，双击两侧的边，按住Shift键的同时将其沿z轴向上拉伸，拉伸出桥面厚度与扶手，此时"桥面03"对象上也会出现桥面厚度与扶手，如图14-140所示。

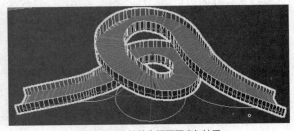

图14-140 拉伸出桥面厚度与扶手

16 为"桥面02"对象添加"壳"修改器，设置"内部量""外部量"均为50，此时"桥面03"对象上也会增加厚度，完成城市过街天桥模型的创建，如图14-141所示。

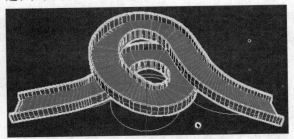

图14-141 增加厚度

14.6.2 创建公园石椅模型

在一些公园中，我们会经常看到石椅，这类椅子不仅成本低、耐用，而且其造型能很好地融入公园中。这一节我们结合"FFD（长方体）"修改器与其他建模命令，来创建一个石椅模型，学习"FFD（长方体）"修改器建模的方法和技巧。公园石椅模型效果如图14-142所示。

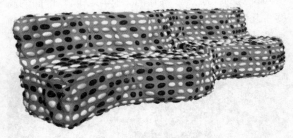

图14-142 公园石椅模型

操作步骤

01 在透视图中创建"长度"为3000、"宽度"为600、"高度"为350、"长度分段"为25、"宽度分段"为4、"高度分段"为2的长方体，将其转换为可编辑多边形对象。

02 进入"多边形"层级，按住Ctrl键的同时单击顶面靠后的一排多边形，右击并选择"挤出"命令，设置"高度"为350，挤出椅子的靠背模型，如图14-143所示。

03 将挤出模型沿y轴向后移动，使其向后倾斜一定角度，然后进入"边"层级，选择挤出模型上的所有垂直边，右击并选择"连接"命令，设置"分段数"为2，确认连接以添加两条边，如图14-144所示。

图14-143 挤出椅子靠背模型　　图14-144 连接边

04 退出"边"层级，添加"FFD（长方体）"修改器，设置"长度"为6，进入"控制点"层级，按住Ctrl键的同时选择长度方向上第2排、第4排和第6排的控制点，将其沿y轴向后移动，这样就可以将长方体变形，效果如图14-145所示。

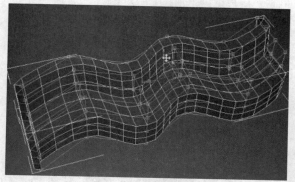

图14-145 变形长方体

05 退出"控制点"层级，将模型塌陷为多边形，单击"编辑几何体"卷展栏中的 网格平滑 按钮一次，对模型进行网格平滑处理，效果如图14-146所示。

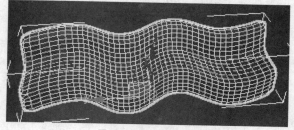

图14-146 网格平滑效果

06 添加"噪波"修改器，在"噪波"选项组设置"比例"为10，在强度选项组设置"X""Y"均为30，为模型添加噪波效果，如图14-147所示。

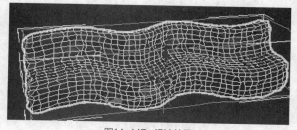

图14-147 噪波效果

07 将模型塌陷为多边形，进入"多边形"层级，选择所有多边形，右击并选择"插入"命令，选择"按多边形"方式，设置"数量"为10，确认插入，如图14-148所示。

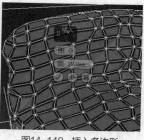

图14-148 插入多边形

08 在"编辑几何体"卷展栏中单击 分离 按钮，将插入的多边形分离为"对象001"。进入"对象001"的"多边形"层级，选择所有多边形，在"石墨"工具栏"选择"选项卡的"按随机"选项面板设置"百分比"为60，在右侧的下拉列表中选择"从当前选择中选择"选项，选择当前选择中60%的对象，如图14-149所示。

图14-149 选择60%的对象

09 在"多边形：材质ID"卷展栏中设置插入的多边形的材质ID为1，执行"编辑">"反选"命令，选择其他多边形，设置其材质ID为2，再次执行"反选"命令反选回来。在"石墨"工具栏"选择"选项卡的"按随机"选项面板设置"百分比"为40，在右侧的下拉列表中选择"从当前选择中选择"选项，从当前选择中选择40%的对象，在"多边形：材质ID"卷展栏中设置选取的多边形的材质ID为3，如图14-150所示。

图14-150 选择40%的对象

10 打开"材质编辑器"对话框，选择一个示例球，为其添加"多维/子对象"材质，设置材质数为3，分别为这3个材质设置不同的颜色，并将其指定给模型对象，这样模型上就出现了3种不同的颜色，详细操作请观看视频讲解，效果如图14-151所示。

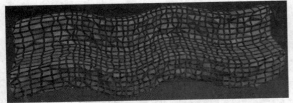

图14-151 设置材质颜色

11 将该模型与原模型附加。注意，附加时会弹出"附加选项"对话框，选择"匹配材质到材质ID"单选项，这样已指定的材质才不会丢失，如图14-152所示。

图14-152 "附加选项"对话框

12 附加后进入"顶点"层级，选择所有顶点，右击并选择"焊接"命令，将其与原对象焊接，然后进入"多边形"层级，选择一个多边形，在"石墨"工具栏"相似"列表中勾选"拓扑"复选框，单击"相似"按钮，将所有指定了材质的多边形选择，如图14-153所示。

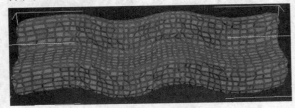

图14-153 选择多边形

13 右击并选择"倒角"命令，设置"高度"为15、"轮廓"为-5，对多边形进行倒角，效果如图14-154所示。

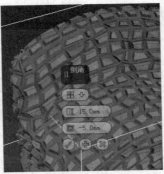

图14-154 倒角多边形

14 退出"多边形"层级，单击"编辑几何体"卷展栏中的 网格平滑 按钮两次，对模型进行平滑处理，完成公园石椅模型的创建。

14.7 "FFD（圆柱体）"修改器建模

"FFD（圆柱体）"修改器的操作方法与其他FFD修改器完全相同，它允许用户根据需要设置控制点的数目，从而更灵活、方便地编辑复杂模型。

创建一个圆柱体对象，添加"FFD（圆柱体）"修改器，默认设置下其控制点为6×4×4，圆度上有6个控制点，端面以及高度方向有4个控制点，用户可以单击"FFD参数"卷展栏中的 设置点数 按钮，打开"设置FFD尺寸"对话框，根据需要设置各个方向的控制点数目，如图14-155所示。

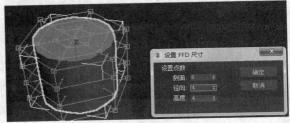

图14-155 设置控制点的数目

除此之外，"FFD（圆柱体）"修改器的其他设置都比较简单，它与"FFD（长方体）"修改器的操作完全相同，在此不赘述。这一节我们通过"创建异域风格的建筑穹顶模型""创建异形塑料休闲椅模型"两个精彩案例，学习使用"FFD（圆柱体）"修改器创建模型的方法。"FFD（圆柱体）"修改器建模案例效果如图14-156所示。

异域风格的建筑穹顶模型　　异形塑料休闲椅模型

图14-156 "FFD（圆柱体）"修改器建模案例效果

14.7.1 创建异域风格的建筑穹顶模型

这一节我们使用"FFD（圆柱体）"修改器创

建一个异域风格的建筑穹顶模型，学习"FFD（圆柱体）"修改器建模的相关方法。异域风格的建筑穹顶模型效果如图14-157所示。

图14-157　异域风格的建筑穹顶模型

操作步骤

01 创建"半径"为100、"高度"为600、"高度分段"为6、"端面分段"为2、"边数"为30的圆柱体，为其添加"FFD（圆柱体）"修改器。

02 单击"FFD 参数"卷展栏中的 设置点数 按钮，打开"设置FFD尺寸"对话框，设置"侧面"为12、"高度"为8，其他设置保持默认。

03 确认并关闭该对话框，进入"控制点"层级，在顶视图中按住Ctrl键的同时以"窗口"选择方式间隔选择外侧两圈共6列控制点，切换到前视图，按住Alt键的同时以"窗口"选择方式选择最底层的一排控制点，将其取消选择，然后在透视图中将选择的控制点沿xy平面缩小，如图14-158所示。

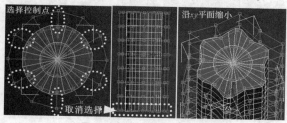

图14-158　选择并缩小控制点

04 切换到前视图，以"窗口"选择方式选择下方的两排控制点，在透视图中将其沿xy平面放大，以完善穹顶模型，如图14-159所示。

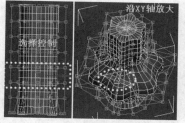

图14-159　完善穹顶模型

05 在前视图中以"窗口"选择方式选择上方的一排控制点，在透视图中将其沿xy平面缩小，创建穹顶的颈部，如图14-160所示。

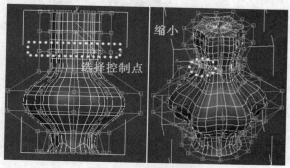

图14-160　创建穹顶的颈部

06 按住Ctrl键的同时选择最顶端径向位置的内部控制点，将其沿z轴向上移动，创建穹顶的顶部结构，效果如图14-161所示。

07 以"窗口"选择方式选择最底部的控制点，将其沿xy平面放大，创建穹顶的底部结构，效果如图14-162所示。

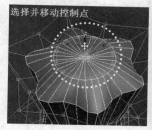
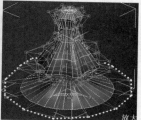

图14-161　调整顶部控制点　　图14-162　调整底部控制点

08 退出"控制点"层级，将模型塌陷为多边形，进入"多边形"层级，选择穹顶底部的多边形并将其删除。进入"边"层级，双击底部的边，按住Shift键的同时将其沿z轴向下拉伸，创建出穹顶的底部结构，如图14-163所示。

09 将拉伸出的边沿xy平面放大，然后双击拉伸模型中间位置的边和穹顶上方鼓肚位置的边，右击并选择"切角"命令，设置"切角量"为50，对这两条边进行切角，效果如图14-164所示。

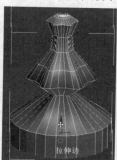
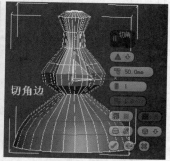

图14-163　拉伸边　　　　图14-164　切角边（1）

10 双击底部以及中间位置的几条边，右击并选择"切角"命令，设置"切角量"为2，对这些边进行切角，以固定模型结构，效果如图14-165所示。

图14-165 切角边（2）

11 以"窗口"选择方式选择穹顶底部球形结构上面的所有竖边，右击并选择"连接"命令，设置"分段"为2，创建两条边，如图14-166所示。

图14-166 连接边

12 进入"多边形"层级，选择穹顶底部球形结构上的所有多边形，右击并选择"插入"命令，选择"按多边形"方式，设置"数量"为6.5，插入多边形，如图14-167所示。

13 右击并选择"挤出"命令，选择"组"方式，设置"高度"为-10，挤出多边形，如图14-168所示。

图14-167 插入多边形　　图14-168 挤出多边形

14 在"多边形：材质ID"卷展栏中设置挤出多边形的材质ID为1，执行"编辑">"反选"命令进行反选，然后设置材质ID为2，退出"多边形"层级。

15 选择"涡轮平滑"修改器，设置"迭代次数"为2，对模型进行平滑处理，完成异域风格的建筑穹顶模型的创建。

14.7.2 创建异形塑料休闲椅模型

"FFD（圆柱体）"修改器非常适合用于对圆柱形模型进行变形，这一节我们使用"FFD（圆柱体）"修改器创建一个异形塑料休闲椅模型，继续学习"FFD（圆柱体）"修改器建模的方法。异形塑料休闲椅模型效果如图14-169所示。

图14-169 异形塑料休闲椅模型

操作步骤

01 创建"半径1"为300、"半径2"为290、"高度"为200、"高度分段"为5、"端面分段"为1、"边数"为18的管状体，为其添加"FFD（圆柱体）"修改器。

02 单击"FFD 参数"卷展栏中的 设置点数 按钮，打开"设置FFD尺寸"对话框，设置"径向""高度"均为2，其他设置保持默认。

03 确认并关闭该对话框，进入"控制点"层级，在左视图中以"窗口"选择方式选择左侧的控制点，在前视图中将其沿xy平面缩小，创建出一个锥状体，效果如图14-170所示。

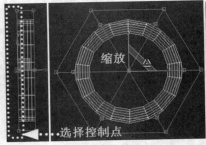

图14-170 通过控制点调整模型

04 在左视图中以"窗口"选择方式选择右下角的控制点，将其沿y轴向上移动，使其与左下角控制点在x轴对齐，如图14-171所示。

05 在左视图中以"窗口"选择方式选择左上角的控制点，将其沿x轴向右移动，如图14-172所示。

06 选择左下角的控制点，将其沿x轴向左移动，以加宽底部模型，然后再将其沿y轴向上移动，创建出椅子的坐面，退出"控制点"层级，将模型沿z轴旋转35°左右，效果如图14-173所示。

图14-171 调整控制点

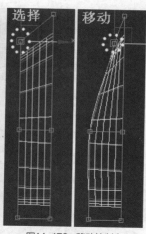
图14-172 移动控制点

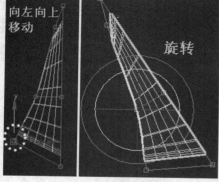
图14-173 调整模型

07 为模型添加"编辑多边形"修改器,进入"多边形"层级,切换到后视图,按住Ctrl键的同时选择下半圈的多边形,右击并选择"挤出"命令,选择"组"方式,设置"高度"为80,对多边形进行挤出,如图14-174所示。

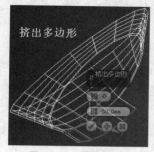
图14-174 挤出多边形

08 将挤出多边形沿z轴向上移动到合适位置,然后沿x轴缩放,创建出椅子的靠背。退出"多边形"层级,添加"涡轮平滑"修改器,设置"迭代次数"为2,对模型进行平滑处理,效果如图14-175所示。

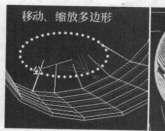
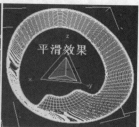
图14-175 移动、缩放多边形与平滑效果

09 下面制作椅子腿。进入"边"层级,按住Ctrl键的同时单击椅子底部的边,右击并选择"创建图形"命令,将其以"线性"方式创建为图形,然后在"渲染"卷展栏中设置其"径向"的"厚度"为10,作为椅子的支撑,如图14-176所示。

10 在左视图中依照椅子支撑的大小绘制一个矩形,将其转换为可编辑样条线对象,删除上水平边,然后调整各顶点使其与支撑对齐,并对下方两个角进行圆角处理,效果如图14-177所示。

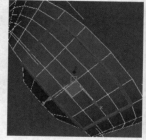
图14-176 创建图形

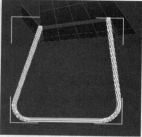
图14-177 绘制与编辑矩形

11 在顶视图中对该矩形进行旋转,使其与支撑对齐,然后将其以"实例"方式沿x轴克隆到椅子右侧,作为椅子的另一条腿,完成异形塑料休闲椅模型的创建,如图14-178所示。

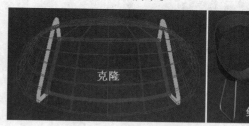
图14-178 克隆椅子腿

14.8 "Cloth"修改器建模

"Cloth"修改器原本是用于动画制作中创建角色衣物与动物皮毛的一个修改器,使用该修改器可以创建质感比较柔软、褶皱纹理较复杂的模型,例如飘动的窗帘、折叠的毛毯、抱枕、沙发坐垫等模型。

"Cloth"修改器的参数设置非常多，这一节我们将通过"创建动感窗帘模型""创建充气枕头模型""创建沙发垫模型""创建搭在床上的毛毯模型"4个精彩案例，学习"Cloth"修改器建模的相关方法和技巧。由于篇幅有限，"Cloth"修改器的相关参数设置将通过视频为大家讲解。"Cloth"修改器建模案例效果如图14-179所示。

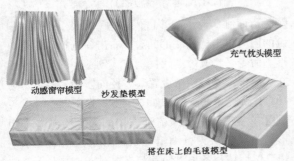

图14-179 "Cloth"修改器建模案例效果

14.8.1 创建动感窗帘模型

窗帘模型看似简单，但要创建逼真的窗帘模型却并不容易，使用"Cloth"修改器创建动感窗帘不仅简单，而且创建出的窗帘效果非常逼真。这一节我们就使用"Cloth"修改器创建动感窗帘模型，学习"Cloth"修改器建模的方法。动感窗帘模型效果如图14-180所示。

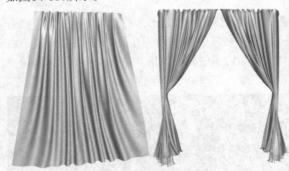

图14-180 动感窗帘模型（1）

操作步骤

`01` 在前视图中创建"长度"为3000、"宽度"为4000、"长度分段""高度分段"均为100的平面对象，将其命名为"窗帘"。

`02` 进入"辅助对象"面板，在"对象类型"卷展栏中激活 `虚拟对象` 按钮，在前视图中的平面对象左上角位置创建一个虚拟对象，并将其向右克隆多个，效果如图14-181所示。

图14-181 创建与克隆虚拟对象

`03` 选择"窗帘"对象，为其添加"Cloth"修改器，在"对象"卷展栏单击 `对象属性` 按钮，打开"对象属性"对话框，在左侧列表中选择"窗帘"对象，选择"布料"单选项，设置"窗帘"对象的属性为"布料"，在"布料属性"的预设列表中选择"Cotton"，其他设置保持默认，然后关闭该对话框，如图14-182所示。

图14-182 设置"窗帘"对象的属性

`04` 在修改器堆栈进入"Cloth"的"组"层级，系统自动进入"窗帘"对象的"顶点"层级，在前视图中将虚拟对象内部的顶点选择，单击"组"卷展栏中的 `设定组` 按钮，打开"设定组"对话框，保持系统默认设置，确认并关闭该对话框，如图14-183所示。

图14-183 选择顶点并成组

`05` 使用相同的方法，分别将其他虚拟对象内部的顶点选择，并使其成组，"组"卷展栏中的显示框将显示设定的组，如图14-184所示。

`06` 在显示框中选择"组001"，激活上方的 `节点` 按钮，在视图中单击第1个虚拟对象以设置节点，如图14-185所示。

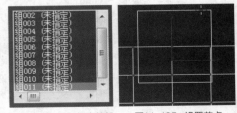

图14-184 显示框中的组 图14-185 设置节点

07 选择"组002",激活上方的 [节点] 按钮,在视图中单击第2个虚拟对象以设置节点,依此方法为其他设定的组设置节点。

08 回到"Cloth"层级,在"模拟参数"卷展栏中设置"重力"为-900,其他设置保持默认,然后单击"对象"卷展栏中的 [模拟] 按钮,打开"Cloth"对话框并开始模拟,"窗帘"对象开始受到重力影响,如图14-186所示。

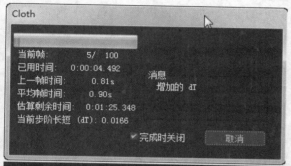

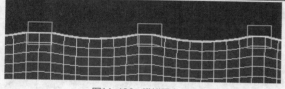

图14-186 模拟重力效果

09 模拟出褶皱后单击"取消"按钮停止模拟,然后选择所有虚拟对象,单击动画控制器中的 [自动关键点] 按钮开启动画记录,按K键在开始模拟的位置添加一个关键帧。

10 将时间滑块拖到第55帧位置,然后在前视图中将虚拟对象分别沿x轴向左移动,使所有虚拟对象在左侧位置聚集,如图14-187所示。

图14-187 移动虚拟对象

11 单击 [自动关键点] 按钮关闭动画记录,选择"窗帘"对象,单击"对象"卷展栏中的 [模拟] 按钮,再次打开"Cloth"对话框并开始模拟,"窗帘"对象开始向左移动的同时出现褶皱效果,模拟结束后可以拖动时间滑块选择一个满意的效果,然后将模型塌陷,得到一个没有拉开的窗帘,如图14-188所示。

12 下面制作窗帘拉开时的效果。在窗帘没有塌陷前拖动时间滑块,找到一个合适的位置,然后在窗帘一侧创建一个圆柱体,并在顶视图中调整位置,使其与窗帘相互穿插,如图14-189所示。

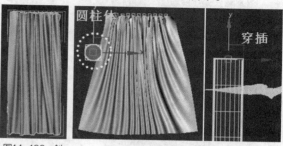

图14-188 创建的窗帘　　　图14-189 创建圆柱体并调整其位置

13 选择"窗帘"对象,在修改面板的"对象"卷展栏中单击 [对象属性] 按钮,打开"对象属性"对话框,单击 [添加对象] 按钮,打开"添加对象到布料模拟"对话框,选择圆柱体对象,单击 [添加] 按钮将其添加到"对象属性"对话框的列表中,然后在对话框的下方选择"冲突对象"单选项,其他设置保持默认,最后确认并关闭该对话框。

14 选择圆柱体对象,单击 [自动关键点] 按钮开启动画记录,按K键添加一个关键帧。拖动时间滑块并观察窗帘形态的变化,使窗帘右侧呈现自然下垂状态为好,然后将圆柱体向右移动到合适位置,如图14-190所示。

15 单击 [自动关键点] 按钮关闭动画记录,将时间滑块拖到第0帧位置,在修改面板中单击 [截断模拟] 按钮,清除前面的模拟效果,然后单击 [模拟] 按钮开始重新模拟,模拟结束后就可以得到拉开的窗帘,效果如图14-191所示。

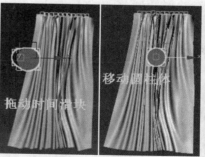

图14-190 拖动时间滑块并移动圆柱体　　图14-191 窗帘拉开的效果

16 将圆柱体删除,并清除模拟效果,将其塌陷为多边形,然后将其沿x轴镜像克隆,克隆出另一半窗帘。这样,两种状态的窗帘模型制作完毕,为窗帘模型设置一种颜色,最终效果如图14-192所示。

图14-192 动感窗帘模型（2）

14.8.2 创建充气枕头模型

在前面的章节我们已经通过多种方法制作过枕头模型，那些传统的建模方法相对比较麻烦，而使用"Cloth"修改器制作枕头模型就要简单许多。这一节我们使用"Cloth"修改器的动画模拟功能创建一个充气枕头模型，学习"Cloth"修改器建模的方法。充气枕头模型效果如图14-193所示。

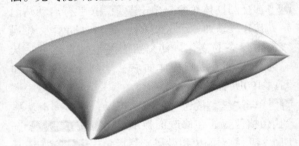

图14-193 充气枕头模型

操作步骤

01 在透视图中创建"长度"为300、"宽度"为600、"高度"为1、"长度分段""高度分段"均为150、"高度分段"为1的长方体对象。

02 为其添加"Cloth"修改器，在"对象"卷展栏单击 对象属性 按钮，打开"对象属性"对话框，在左侧列表中选择长方体对象，选择"布料"单选项，在"布料属性"的预设列表中不选择任何选项，然后在对话框的下方设置"压力"为10，其他设置保持默认，确认并关闭该对话框。

03 回到修改面板，在"模拟参数"卷展栏中将"重力"改为0，然后单击"对象"卷展栏中的 模拟局部 按钮开始模拟，长方体对象开始鼓起。

04 注意，模拟过程不会自动停止，因此要注意观

察模型，当感觉效果满意后单击 模拟局部 按钮停止模拟，创建出枕头的基本模型，效果如图14-194所示。

05 如果想让纹理更精细一些，可以返回到"长方体"层级，修改其分段数，分段数越多，纹理越精细。例如增加分段数到150或者更高，再次模拟，可以得到不同的模拟效果。

06 将模型塌陷为多边形，进入"边"层级，双击高度方向上的边，右击并选择"挤出"命令，设置"高度"为-5、"宽度"为0.1，创建出枕头的接缝效果，如图14-195所示。

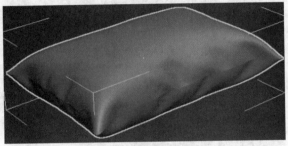

图14-194 "Cloth"修改器的模拟效果

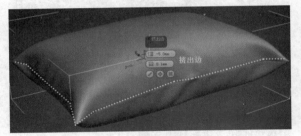

图14-195 挤出边以创建接缝效果

07 单击"编辑几何体"卷展栏中的 网格平滑 按钮两次，对模型进行平滑处理，完成枕头模型的创建。

14.8.3 创建沙发垫模型

使用传统的建模方法创建沙发垫模型并不难，但要制作出沙发垫上自然的褶皱效果却不是件容易的事，但使用"Cloth"修改器的动画模拟功能制作沙发垫，不仅比使用传统建模方法更为简单、快捷，而且制作出的褶皱效果更为逼真。这一节我们使用"Cloth"修改器创建一个沙发垫模型，继续学习"Cloth"修改器建模的方法。沙发垫模型效果如图14-196所示。

图14-196 沙发垫模型

操作步骤

01 在透视图中创建一个平面对象作为地面，然后创建一个"长度"为600、"宽度"为600、"高度"为200、"长度分段""宽度分段"均为100、"高度分段"为25的长方体对象。

02 将长方体对象转换为可编辑多边形对象，进入"边"层级，按住Ctrl键的同时双击长方体上的12条棱边将其全部选择，右击并选择"创建图形"命令，将其以"线性"方式创建为"图形001"对象。

03 选择"图形001"对象，在"渲染"卷展栏中勾选"在渲染中启用"和"在视口中启用"两个复选框，并设置"径向"的"厚度"为3，效果如图14-197所示。

04 进入长方体对象的"边"层级，确保原来的12条边处于被选择状态，右击并选择"转换到顶点"命令，转换到12条边的顶点，在主工具栏中的"创建选择集"数值框中输入1，按Enter键确认，创建一个名为"1"的选择集，如图14-198所示。

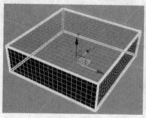 

图14-197 创建图形　　　图14-198 创建顶点的选择集

05 退出"顶点"层级，为长方体对象添加"Cloth"修改器，在"对象"卷展栏单击 对象属性 按钮，打开"对象属性"对话框，在左侧列表中选择长方体对象，选择"布料"单选项，在"布料属性"的预设列表中选择"Cotton"，在对话框的下方设置"压力"为0.1，其他设置保持默认。

06 单击左上角的 添加对象 按钮，打开"添加对象到布料模拟"对话框，选择平面对象，单击 添加 按钮将其添加到"对象属性"对话框的列表中，然后选择平面对象，在对话框下方选择"冲突对象"单选项，并设置"补偿"为0，其他设置保持默认，最后确认并关闭该对话框。

07 在"模拟参数"卷展栏中修改"重力"为0，设置"厘米/单位"为0.5，这样可以增加更多细节，然后进入"Cloth"修改器的"组"层级，在"组"卷展栏中单击 获取堆叠选择 按钮，此时选择集中的顶点再次被选中，如图14-199所示。

08 单击 设定组 按钮打开"设定组"对话框，采用默认的名称，直接确认，然后单击 节点 按钮，在视图中拾取"图形001"对象。

09 退出"组"层级，选择"图形001"对象，将其缩放至原大小的96%，然后选择长方体对象，在"对象"卷展栏中单击 模拟局部 按钮开始模拟，在模拟的过程中注意观察模型的变化，当感觉满意后单击 模拟局部 按钮停止模拟，效果如图14-200所示。

图14-199 选择顶点　　　图14-200 模拟效果

10 模拟完成后将长方体对象转换为可编辑多边形对象，进入"边"层级，系统自动选择长方体的12条棱边，右击并选择"切角"命令，设置"切角量"为3，确认对边进行切角，如图14-201所示。

11 进入"多边形"层级，选择切角形成的多边形，右击并选择"挤出"命令，选择"局部法线"方式，设置挤出"高度"为3，对多边形进行挤出，如图14-202所示。

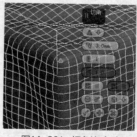

图14-201 切角边（1）　　　图14-202 挤出多边形

12 进入"边"层级，系统自动选择挤出模型根部的边，右击并选择"挤出"命令，设置"高度"为-3、"宽度"为0.01，对边进行挤出，如图14-203所示。

图14-203 切角边（2）

13 退出"边"层级,添加"涡轮平滑"修改器,设置"迭代次数"为2,对模型进行平滑处理,完成沙发垫模型的创建。

14.8.4 创建搭在床上的毛毯模型

这一节我们使用"Cloth"修改器创建一个搭在床上的毛毯模型,继续学习"Cloth"修改器建模的方法,搭在床上的毛毯模型效果如图14-204所示。

图14-204 搭在床上的毛毯模型

操作步骤

01 在透视图中创建一个平面对象作为地面,然后创建一个"长度"为2000、"宽度"为1500、"高度"为450、"圆角"为30的切角长方体作为床。

02 在左视图中的切角长方体上方位置绘制样条线,进入"顶点"层级,调整各顶点,创建出毛毯横截面的轮廓线,如图14-205所示。

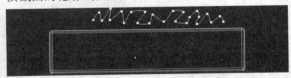

图14-205 创建切角长方体并绘制样条线

03 退出"顶点"层级,为样条线添加"挤出"修改器,设置"数量"为2000、"分段"为50,然后在顶视图中将其调整到长方体的上方位置,使其与长方体呈相交状态,为模型添加"壳"修改器,设置"内部量""外部量"均为2,以增加模型的厚度,效果如图14-206所示。

图14-206 挤出效果与"壳"效果

04 将其转换为可编辑多边形对象,添加"Cloth"修改器。在"对象"卷展栏单击 对象属性 按钮,打开"对象属性"对话框,在左侧列表中选择样条线对象,选择"布料"单选项,在"布料属性"预设列表中不选择任何选项,在对话框的下方设置"压力"为1.5,其他设置保持默认。

05 单击左上角的 添加对象 按钮,打开"添加对象到布料模拟"对话框,选择平面对象和切角长方体对象,单击 添加 按钮将其添加到"对象属性"对话框的列表中,然后选择这两个对象,在对话框的下方选择"冲突对象"单选项,设置"深度""补偿"均为30,其他设置保持默认,最后确认并关闭该对话框。

06 在"模拟参数"卷展栏中修改"重力"为-980,设置"厘米/单位"为1,勾选"自相冲突"复选框,设置其值为0。设置完成后,在"对象"卷展栏中单击 模拟局部 按钮开始模拟,在模拟的过程中注意观察模型的变化,当感觉满意后单击 模拟局部 按钮停止模拟,效果如图14-207所示。

图14-207 模拟效果

07 将毛毯模型塌陷为多边形,单击"编辑几何体"卷展栏中的 松弛 按钮,设置"数量"为1、"迭代次数"为3,对毛毯模型进行松弛处理,使其褶皱更加自然,如图14-208所示。

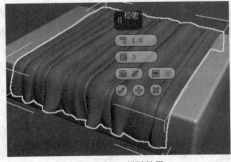

图14-208 松弛效果

08 至此,搭在床上的毛毯模型制作完毕。

CHAPTER

第**15**章

3ds Max室内效果图建模与设计

3ds Max凭借强大的三维设计功能，早已成为室内设计师的首选软件。这一章我们将通过"制作客厅室内效果图""制作卧室室内效果图"两个综合案例，学习3ds Max在室内设计中创建模型，制作材质、贴图，设置场景照明系统以及场景渲染输出的相关方法和技巧。

15.1 制作客厅室内效果图

这一节通过制作客厅室内效果图，学习3ds Max在室内效果图制作中的应用方法和技巧。客厅室内效果图如图15-1所示。

图15-1 客厅室内效果图

15.1.1 导入素材文件并创建墙体与阳台窗户模型

室内设计的第1步就是导入素材文件，素材文件一般是用CAD软件绘制的平面图，这些平面图是创建三维模型的依据。我们首先导入建筑平面图，然后根据平面图来创建墙体与阳台窗户模型。需要注意的是，由于CAD图纸的单位一般为"毫米"，因此在导入CAD图纸前，必须设置3ds Max的系统单位为"毫米"。

客厅墙体与阳台窗户模型效果如图15-2所示。

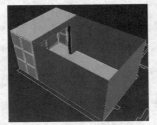

图15-2 客厅墙体与阳台窗户模型

操作步骤

`01` 执行"自定义" > "单位设置"命令，设置系统单位为"毫米"，然后执行"文件" > "导入"命令，导入"实例素材\建筑墙体平面图.dwg"文件，如图15-3所示。

`02` 启用捕捉功能，在顶视图中捕捉平面图右下角客厅的角点，创建长方体对象，由于房屋的室内高度一般为3米，因此修改长方体对象的"高度"为3000。

`03` 将长方体对象命名为"墙体"，并为其添加"法线"修改器，将其法线反转，然后将其转换为可编辑多边形对象。

`04` 进入"多边形"层级，单击顶部的多边形面将其选中，在"编辑几何体"卷展栏中单击 隐藏选定对象 按钮将其隐藏，这样我们就可以看到"墙体"对象的内部，便于在内部建模。

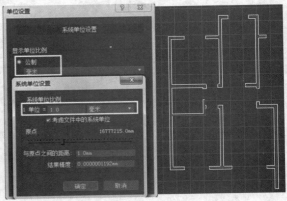

图15-3 设置系统单位并导入CAD图纸

下面在阳台一侧的墙体开洞。

`05` 选择阳台位置的墙面并将其分离为"对象001"，进入"边"层级，选择"墙体"对象地面位置的边，按住Shift键的同时将其向外延伸到阳台位置，创建出阳台的地面，如图15-4所示。

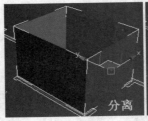
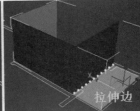

图15-4 分离多边形并拉伸边

`06` 进入"对象001"的"边"层级，按F3键显示线框，按住Ctrl键的同时选择两条水平边，使用"连接"命令创建两条垂直边，并设置"收缩"为58，使创建的两条边位于阳台门的两侧位置，如图15-5所示。

`07` 使用相同的方法，在两条垂直边之间再连接创建一条水平边，设置"滑块"为70，将创建的边沿z轴向上移动到吊顶位置，如图15-6所示。

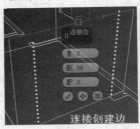
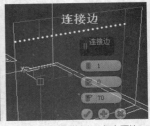

图15-5 连接创建两条垂直边　　图15-6 连接创建一条水平边

08 进入"多边形"层级，选择阳台墙体中连接边生成的中间位置的多边形，将其挤出-240，挤出墙体的厚度，然后按Delete键将其删除，这样就创建出了阳台墙体，效果如图15-7所示。

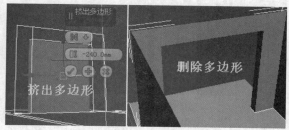

图15-7 创建阳台墙体

09 在前视图中依照房屋宽度和高度创建一个"长度分段""宽度分段"均为3的平面对象，将其转换为可编辑多边形对象。

10 在左视图中将平面对象移动到阳台地面位置并使二者对齐，然后进入"边"层级，双击两条垂直边和上方的水平边，在透视图中按住Shift键的同时将其拉伸到墙体位置，以创建出阳台窗户，如图15-8所示。

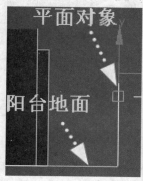

图15-8 创建阳台窗户

11 进入"边"层级，选择阳台窗户两侧的所有水平边，使用"连接"命令创建一条边，如图15-9所示。

12 进入"多边形"层级，选择阳台窗户两侧和正前方的所有多边形，右击并选择"插入"命令，选择"按多边形"方式，设置"数量"为50，确认插入，如图15-10所示。

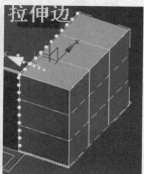

图15-9 连接边　　　　图15-10 插入多边形

13 右击并选择"挤出"命令，将插入的多边形向外挤出50，以创建出窗格和玻璃，如图15-11所示。

14 为挤出的多边形指定一个颜色，然后执行"编辑" > "反选"命令，反选窗框模型，为其指定另一种颜色，这样阳台窗户和墙体就制作完毕了，效果如图15-12所示。

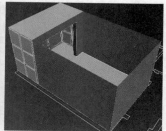

图15-11 创建窗格和玻璃　　图15-12 阳台窗户和墙体

15 至此，客厅墙体与阳台窗户模型创建完毕。

15.1.2 创建客厅吊顶与墙面装饰模型

这一节创建客厅吊顶与墙面装饰模型，效果如图15-13所示。

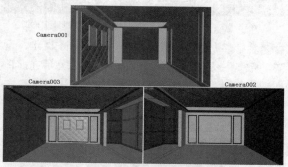

图15-13 客厅吊顶与墙面装饰模型

操作步骤

01 显示被隐藏的顶面并将其分离为"对象002"，然后将其孤立。进入"边"层级，使用"连接"命令为其在长度方向和宽度方向各添加3条边，然后通过"石墨"工具的"拓扑"功能创建菱形网格，效果如图15-14所示。

图15-14 连接边与创建菱形网格

02 按住Ctrl键的同时选择多条边，右击并选择 "挤出" 命令，设置 "宽度" "高度" 均为 50，挤出吊顶上的菱形 纹理，效果如图15-15 所示。

图15-15 挤出吊顶纹理

03 在顶视图中依照吊顶大小创建一个矩形，将其命名为 "二级吊顶"，并转换为可编辑样条线对象，进入 "样条线" 层级，设置 "轮廓" 为350，以创建出二级吊顶的轮廓线，如图15-16所示。

04 将该二级吊顶图形孤立，然后在其四周绘制 "半径" 为30的圆，将其与二级吊顶图形附加，如图15-17所示。

图15-16 设置轮廓　　　图15-17 绘制圆并附加

05 为该二级吊顶图形添加 "挤出" 修改器，设置 "数量" 为80，挤出二级吊顶模型，然后在前视图中将其向上移动到吊顶位置，如图15-18所示。

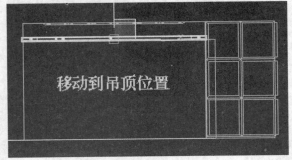

图15-18 创建二级吊顶模型

06 进入二级吊顶的 "样条线" 层级，选择其内部的矩形样条线，将其以 "复制" 方式分离为 "图形001"，并命名为 "路径"。

07 在前视图中的二级吊顶一侧绘制 "长度" 为70、"宽度" 为15的矩形，将其转换为可编辑样条线对象，通过优化以及调整顶点等操作，创建一个截面图形，然后以该图像为截面，以 "路径" 为路

径进行放样，创建二级吊顶内部边缘的包边，效果如图15-19所示。

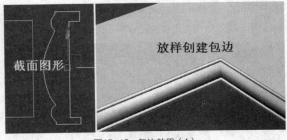

图15-19 包边效果（1）

08 在左视图中依照吊顶高度和房屋深度绘制一个矩形，然后在该矩形中间位置绘制2500×2200的矩形，在一侧绘制600×2200的矩形，将该矩形克隆到另一侧，矩形之间的距离为200，距离吊顶的距离为230，如图15-20所示。

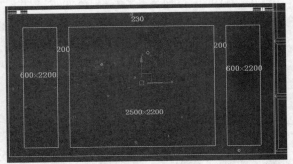

图15-20 绘制多个矩形

09 将内部3个矩形以 "复制" 方式克隆为3条路径，然后再将原矩形与外部矩形附加，进入 "样条线" 层级，为矩形添加 "挤出" 修改器，设置 "数量" 为20，创建出墙面装饰的基本模型，如图15-21所示。

10 切换到前视图，在墙面装饰的基本模型一侧绘制40×15的矩形，将其转换为可编辑样条线对象，依照创建吊顶包边截面图形的方式，创建出一个截面图形，如图15-22所示。

图15-21 墙面装饰的基本模型　　图15-22 截面图形

11 以该截面图形为截面，以克隆出的3个矩形为

路径进行放样，创建出墙面装饰模型内部的包边，效果如图15-23所示。

图15-23 包边效果（2）

12 将墙面装饰的基本模型与其包边模型成组，在顶视图中将其移动到右侧的墙面位置，然后以"实例"方式克隆到左侧的墙面位置。

为了能更好地观察模型效果，下面我们来创建摄像机。

13 进入"墙体"模型的"多边形"层级，将阳台对面的多边形删除。在"摄像机"创建面板中激活 ■■目标■■ 按钮，在顶视图中的客厅位置由上向下拖曳鼠标以创建一个摄像机，在"参数"卷展栏设置"镜头"为19.131、"视野"为86.511，激活透视图，按C键切换到摄像机视图，效果如图15-24所示。

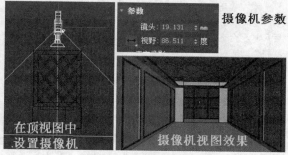

图15-24 设置摄像机效果

—— 注意 ——

如果感觉摄像机太高，可以在摄像机视图中按住鼠标中键向下拖曳视图以进行调整。

14 使用相同的方法，在顶视图中由右向左拖曳鼠标以创建一个摄像机，设置"镜头"为15.2左右、"视野"为99.5左右，在"剪切平面"选项组勾选"手动剪切"复选框，并设置"近距剪切"为1480左右、"远距剪切"为6130左右。注意，一定要使近距剪切线超过右侧墙面，这样摄像机才能看到室内，效果如图15-25所示。

15 在摄像机视图中的左上角"Camera001"位置右击，选择"摄像机">"Camera002"命令，切换

到第2个摄像机视图，查看室内的侧面效果，如图15-26所示。

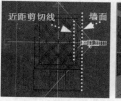 

图15-25 设置 "Camera002" 　　图15-26 "Camera002" 视图

16 在左视图中依照墙面装饰结构中的内部大矩形创建一个"长度分段""宽度分段"均为5的平面，将其转换为可编辑多边形对象，依照创建室内顶部结构的方法，使用"石墨"工具的"拓扑"功能创建菱形纹理。

17 进入"边"层级，选择内部菱形纹理的边并对其进行切角，设置"切角量"为10，然后进入"多边形"层级，对切角形成的多边形挤出-10，创建墙面的菱形软包效果，如图15-27所示。

图15-27 切角边与挤出多边形

18 为软包模型添加"切角"修改器，设置"斜接"方式为"一致"、"数量类型"为"固定"、"数量"为3，最后在顶视图中将其移动到右侧墙面装饰结构中的内部大矩形位置，切换到"Camera001"视图查看效果，结果如图15-28所示。

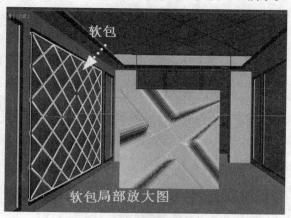

图15-28 墙面软包效果

19 在左视图中绘制"长度"为600、"宽度"为400、"高度"为60的长方体,将其转换为可编辑多边形对象。进入"多边形"层级,选择多边形面,执行"倒角"命令,设置"高度"为0、"轮廓"为-20,应用并继续,然后修改"高度"为-5,再次应用并继续,修改"高度"为-15、"轮廓"为0,确认倒角,创建出画框的基本模型,如图15-29所示。

20 进入"边"层级,双击外侧第2圈边并对其进行挤出,设置"高度"为-5、"宽度"为8,对画框进行完善,如图15-30所示。

图15-29 倒角多边形　　　图15-30 挤出边

21 选择画框内部的多边形,为其设置一种与外部不同的颜色,之后将画框沿水平方向克隆一个,然后将两个画框模型移动到软包墙面位置,效果如图15-31所示。

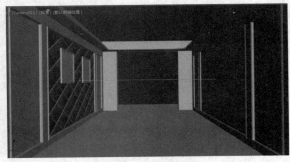

图15-31 创建画框模型

22 这样,吊顶与墙面装饰模型就创建完毕了。

15.1.3 创建客厅沙发、茶几与 电视柜模型

在室内设计中,当创建好墙体、吊顶、窗户以及墙面装饰等基本模型后,既可以直接创建室内其他模型,也可以采用合并的方式创建,合并已有模型能够节约建模的时间,减少工作量。这一节我们将使用"合并"命令合并前面章节中创建的沙发模型,然后创建茶几以及电视柜模型,完成客厅沙发、茶几与电视柜模型的创建,效果如图15-32所示。

图15-32 客厅沙发、茶几与电视柜模型

操作步骤

01 执行"文件">"导入">"合并"命令,选择"实例线架\第11章\双人真皮沙发.max"文件,将其合并到当前场景中,然后将合并的沙发模型成组,并移动到软包墙面一侧,效果如图15-33所示。

图15-33 合并沙发模型

> **提示**
>
> 本书中所有案例都是按照模型实际尺寸创建的,一般情况下,合并进其他场景后尺寸都合适,如果合并进场景后尺寸不合适,可以通过缩放工具进行调整,调整时一定要将模型成组。

02 将该沙发模型旋转90°并以"复制"方式克隆一个,然后将其移动到阳台一侧并孤立出来。先删除一个沙发垫,然后分别删除沙发底座和靠背上的"对称"修改器,这样沙发模型就只剩一半了。

03 分别进入沙发底座和靠背模型的"多边形"层级,在前视图中以"窗口"选择方式选择右侧一半的多边形并将其删除,保留沙发模型的一半,如图15-34所示。

04 分别重新为这些模型添加"对称"修改器以创建出沙发模型的另一半,这样我们就将一个双人沙发编辑为了一个单人沙发,效果如图15-35所示。

图15-34 删除右侧一半的多边形　　图15-35 创建出沙发模型的另一半

05 取消模型的孤立状态，这样就完成了客厅中两个沙发模型的创建，效果如图15-36所示。

图15-36 沙发模型

06 下面创建茶几模型。在顶视图中的客厅中间位置绘制"长度""宽度"均为1000的矩形，将其转换为可编辑样条线对象，进入"点"层级，为4个顶点进行切角，设置"切角量"为180。

07 将矩形对象孤立并挤出150，设置"分段"为4，然后将其转换为可编辑多边形对象，进入"多边形"层级，按住Ctrl键的同时选择第2行多边形并对其进行倒角，设置"高度"为-5、"轮廓"为-10，然后选择底面多边形，将其沿xy平面向内收缩，使其形成向内倒角的效果，如图15-37所示。

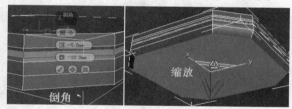

图15-37 倒角与缩放多边形

08 为茶几面模型添加"切角"修改器，设置"斜接"方式为"一致"、"数量类型"为"固定"、"数量"为3，然后在顶视图中的茶几面切角位置创建"半径"为25、"高度"为200、"高度分段"为5的圆柱体，将其转换为可编辑多边形对象。

09 进入"边"层级，在前视图中双击两端的两条边并对其进行挤出，设置"高度"为-10、"宽度"为15。选择中间位置的边，将其沿xy平面缩放。选择两端的两条边并对其进行切角，设置"切角量"为1，创建出茶几腿模型，效果如图15-38所示。

10 为茶几腿添加"涡轮平滑"修改器，对其进行平滑处理，然后将其以"实例"方式克隆到茶几面的切角位置。在前视图中将茶几面沿y轴以"复制"方式镜像克隆为茶几底面。进入茶几底面的"多边形"层级，选择上方的多边形并将其删除，对删除后的边界进行封口，完成茶几模型的创建，效果如图15-39所示。

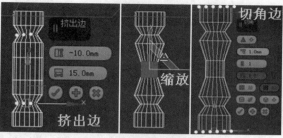

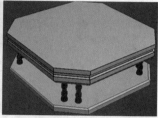

图15-38 创建茶几腿模型

图15-39 茶几模型

11 下面创建电视柜模型。在顶视图中的电视墙一侧绘制1800×600的矩形，将其转换为可编辑样条线对象，进入"线段"层级，选择外侧的边，将其拆分为3段，将拆分点设置为"Bezier角点"类型，通过调整顶点创建出3段圆弧，如图15-40所示。

12 将该样条线挤出150，设置"分段"为3，然后将其转换为可编辑多边形对象，进入"边"层级，将第2条边向下移动到合适位置，将上方两条边向上移动到合适位置。进入"多边形"层级，将下方一列多边形以"局部法线"方式挤出-15，如图15-41所示。

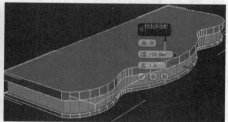

图15-40
调整样条线

图15-41 挤出多边形

13 选择上方第2条边并对其进行挤出，设置"高度"为-5、"宽度"为10，然后选择最上方多边形并插入20，再挤出200，效果如图15-42所示。

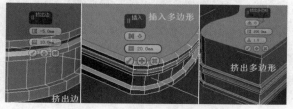

图15-42 挤出边、插入与挤出多边形

14 以"窗口"选择方式选择模型中间位置的凸起结构，将其以"复制"方式分离为"对象001"，将"对象001"的上端进行封口，将原模型挤出端面上方的多边形删除，然后将"对象001"移动到原模型上方进行对齐并附加。

15 进入"顶点"层级，右击并选择"目标焊接"命令，将"对象001"上的顶点焊接到原模型对应的顶点上，创建出电视柜的基本模型，如图15-43所示。

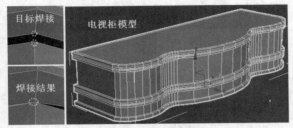

图15-43 电视柜的基本模型

16 选择电视柜前方的3组多边形，将其以"组"方式插入10，然后将其以"局部法线"方式挤出25，创建出电视柜的抽屉，效果如图15-44所示。

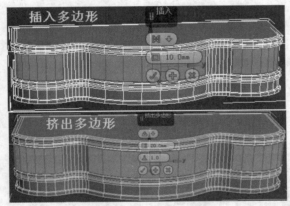

图15-44 插入与挤出多边形

17 添加"切角"修改器，设置"斜接"方式为"一致"、"数量类型"为"固定"、"数量"为3，使其棱边更平滑。

18 在抽屉位置创建"半径"为20、"高度"为5的圆柱体，将其转换为可编辑多边形对象，将顶面多边形插入15，然后挤出30，创建抽屉的拉伸构件，如图15-45所示

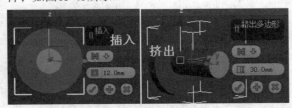

图15-45 创建抽屉的拉伸构件

19 在顶视图中将拉伸构件克隆到每个抽屉的弧形门位置，注意要根据抽屉弧形门旋转拉伸构件，使其与弧形门匹配。在前视图中的两个拉伸构件之间使用样条线绘制弧线作为拉环，并设置拉环"渲染"的"径向"为5，这样就完成了抽屉拉手模型的创建，效果如图15-46所示。

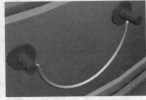

图15-46 创建电视柜抽屉的拉手

20 将拉手模型克隆到两侧的抽屉位置，完成电视柜模型的创建，效果如图15-47所示。

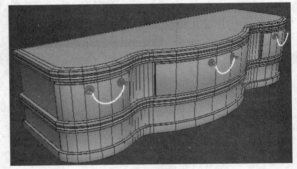

图15-47 电视柜模型

15.1.4 创建客厅的其他模型

这一节我们创建客厅的其他模型，其他模型包括电视机、壁灯、吊灯、窗帘、植物、中式落地灯等，这些模型的创建方法相对比较简单，由于篇幅有限，在此我们使用"合并"命令合并前面章节中创建的相关模型以及素材中已有的模型，完成客厅其他模型的创建，效果如图15-48所示。

图15-48 创建客厅的其他模型

操作步骤

01 在左视图中创建"长度"为1200、"宽度"为700、"高度"为50的长方体，将其移动到电视柜上方的墙面位置。

02 将长方体转换为可编辑多边形对象，进入"多边形"层级，将一面多边形插入25，然后向内挤出-10，之后为多边形面设置一种颜色，反选其他多边形，为其设置另一种颜色，这样，电视机模型就创建完毕了，效果如图15-49所示。

图15-49 创建电视机模型

03 执行"合并"命令，合并"实例线架\第5章\创建艺术吊灯模型.max""实例线架\第6章\创建壁灯模型.max""实例线架\第9章\创建绣墩模型.max""实例线架\第10章\创建中式落地灯模型.max""素材\绿植.max"文件，调整各模型在场景中的位置，完成场景其他模型的创建，详细操作请读者观看视频讲解。

15.1.5 制作客厅阳台窗户的材质并设置照明效果

在3ds Max室内设计中，创建好室内模型后，就需要为模型制作材质与贴图，对室内场景进行完善。在制作材质前，首先需要为场景设置照明设备，以便观察材质效果。这一节我们就来为客厅阳台的窗户制作材质，并设置照明设备来照亮室内场景，以便后期制作材质。客厅场景的照明效果如图15-50所示。

图15-50 客厅场景的照明效果

操作步骤

01 按F10键打开"渲染设置"对话框，设置当前渲染器为"V-Ray"渲染器，在"公用"选项卡设置场景尺寸为800×600，然后关闭该对话框。

下面制作玻璃材质，这样照明系统就可以透过玻璃照亮室内，以便我们观察材质效果。

02 将场景中除了阳台窗户模型之外的所有模型都设置为灰色，按M键打开"材质编辑器"对话框。注意，新版3ds Max的"材质编辑器"有两种模式，一种是"精简材质编辑器"模式，另一种是"Slate材质编辑器"模式。这两种模式的材质编辑器没有本质的区别，在此我们选择"精简材质编辑器"模式。

03 在"材质编辑器"对话框中选择一个空的示例球，单击 Standard 按钮打开"材质/贴图浏览器"对话框，在"材质">"通用"选项双击"多维/子对象"材质，返回"材质编辑器"对话框。

根据我们在创建阳台窗户模型时设置的材质ID，窗户模型只有玻璃和窗框两个模型，也就是只有两种材质，玻璃的材质ID为1、窗框的材质ID为2，因此我们只需设置两种材质。

04 在"多维/子对象基本参数"卷展栏中单击 设置数量 按钮，在打开的"设置材质数量"对话框中设置"材质数量"为2，如图15-51所示。

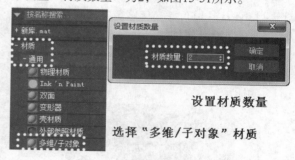

设置材质数量

选择"多维/子对象"材质

图15-51 选择材质并设置材质数量

05 单击1号材质按钮返回上一层，单击 Standard 按钮打开"材质/贴图浏览器"对话框，在"V-Ray"选项下双击"VRayMtl"材质，将其指定给1号材质，在"VrayMtl"材质的"基本参数"卷展栏中单击"折射"颜色按钮，在打开的"颜色选择器"对话框中设置其颜色为白色（R：160、G：160、B：160），勾选"影响阴影"复选框。这样，光线就可以穿透玻璃进入室内了，其他设置保持默认，如图15-52所示。

图15-52 设置玻璃材质

06 单击"转到父对象" 按钮，返回"多维/子对象"材质层级，将1号材质拖到2号材质按钮上，将其以"复制"方式复制给2号材质，如图15-53所示。

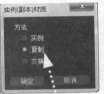

图15-53 复制材质

07 单击2号材质按钮进入"VRayMtl"材质层级，依照第05步设置"折射"颜色的方法，设置"漫反射"颜色为灰色（R：160、G：160、B：160），设置"反射"颜色也为灰色（R：116、G：116、B：116），并调整其"光泽度"为0.5，使其具有一定的反射能力，然后将"折射"颜色恢复为黑色（R：0、G：0、B：0），其他设置保持默认，这样，窗框材质就制作完毕了，如图15-54所示。

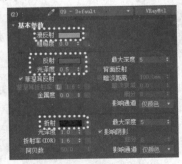

图15-54 设置窗框材质

08 在视图中选择窗户模型，单击"将材质指定给选定对象" 按钮将材质指定给窗户模型。

下面设置照明系统。

09 在"灯光"创建列表中选择"VRay"选项，

激活"对象类型"卷展栏中的 （VR）灯光 按钮，在前视图中依照阳台窗户大小拖曳鼠标创建一个（VR）灯光系统，在顶视图中将其移动到靠近窗户的位置，如图15-55所示。

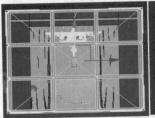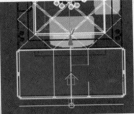

在前视图中创建（VR）灯光系统　在顶视图中调整位置

图15-55 设置（VR）灯光系统

10 激活"Camera001"视图，按F9键以系统默认的照明参数快速渲染场景，效果如图15-56所示。

图15-56 渲染效果

15.1.6 制作客厅场景中模型的材质

场景中的照明系统能够方便我们制作材质，这一节我们就来为客厅模型制作材质与贴图，并进行简单的渲染，效果如图15-57所示。

图15-57 客厅中模型的材质与贴图效果

下面开始制作材质，由于篇幅有限，场景材质与贴图的制作过程将通过视频进行讲解，在此不详述，材质、贴图制作完成后，可以对场景进行简单的渲染，查看材质与贴图效果。

15.1.7 设置客厅照明系统并渲染输出

材质与贴图制作完毕后，就可以为场景设置照明系统，并对场景渲染输出了。这一节我们就来为客厅场景设置照明系统，并渲染输出场景，完成客厅效果图的制作。

由于篇幅有限，场景照明系统的设置以及渲染输出等相关操作，将通过视频进行详细讲解，在此不详述。客厅效果图的渲染结果如图15-58所示。

图15-58 客厅效果图的渲染结果

15.2 制作卧室室内效果图

这一节通过制作卧室室内效果图，学习3ds Max在室内效果图制作中的应用方法和技巧。卧室室内效果图如图15-59所示。

图15-59 卧室室内效果图

15.2.1 创建卧室顶部石膏线与墙面装饰模型

卧室室内设计的流程与客厅室内设计的流程基本相同，导入CAD图纸，根据CAD图纸创建卧室墙体和阳台窗户模型，该操作不赘述。这一节我们重点创建卧室顶部石膏线与墙面装饰模型，效果如图15-60所示。

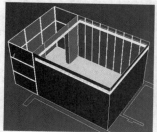
图15-60 卧室墙体与阳台窗户模型

操作步骤

`01` 依照创建客厅墙体模型的方法，导入CAD图纸，并创建出卧室墙体以及阳台窗户模型，然后将顶面模型暂时隐藏，效果如图15-61所示。

`02` 显示顶面模型，进入"边"层级，选择顶面模型的边，以"线性"方式将其创建为"图形001"，然后在前视图中绘制140×110的矩形，在矩形内部绘制石膏线的截面图形，如图15-62所示。

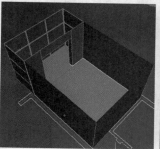
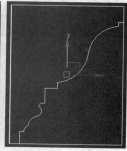
图15-61 卧室墙体与阳台窗户　　图15-62 绘制石膏线的截面图形

`03` 以创建的"图形001"为路径对该截面图形进行放样，创建出卧室顶部石膏线模型，效果如图15-63所示。

图15-63 卧室顶部石膏线模型

下面创建卧室墙面的装饰模型，该墙面装饰比较简单。

04 选择卧室右侧墙面并将其分离为"右侧墙面"，然后将其孤立，进入"边"层级，连接两条水平边以创建8条垂直边，如图15-64所示。

05 右击并选择"切角"命令，对创建的8条边进行切角，设置"切角量"为10，如图15-65所示。

图15-64　连接边　　　　图15-65　切角边

06 进入"多边形"层级，选择切角形成的多边形，右击并选择"挤出"命令，对切角形成的多边形进行挤出，设置"高度"为-10，如图15-66所示。

07 退出"多边形"层级，完成卧室墙面装饰模型的制作，如图15-67所示。

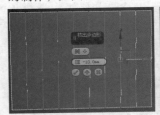

图15-66　挤出多边形　　　图15-67　卧室墙面装饰模型

15.2.2　创建卧室双人床模型

这一节我们重点制作卧室中的双人床模型。在制作双人床模型时，只需要制作出床架和靠背模型，然后合并本书第12章创建的"被子"模型即可。卧室双人床模型效果如图15-68所示。

图15-68　卧室双人床模型

操作步骤

01 创建"长度"为750、"宽度"为2000、"高度"为450的长方体，将其转换为可编辑多边形对象，进入"边"层级，选择宽度方向上的所有边，右击并选择"连接"命令，设置"分段"为1、"滑块"为-75，通过连接创建一条边，效果如图15-69所示。

02 再次选择宽度方向上的所有边，通过连接创建一条边，同样设置"分段"为1、"滑块"为-75，效果如图15-70所示。

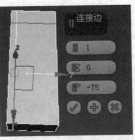

图15-69　连接边（1）　　图15-70　连接边（2）

03 进入"多边形"层级，选择右端多边形，将其挤出500，效果如图15-71所示。

04 进入"顶点"层级，选择挤出多边形上方的两个顶点，将其沿x轴负方向移动，创建出床的靠背，效果如图15-72所示。

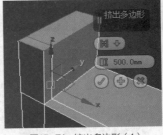

图15-71　挤出多边形（1）　　图15-72　移动顶点

05 进入"边"层级，通过连接在床靠背和床尾位置各创建一条边，效果如图15-73所示。

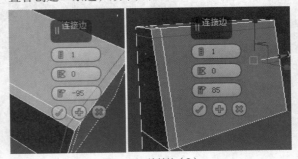

图15-73　连接边（3）

06 进入"多边形"层级，选择靠背和床垫位置的多边形，将其以"局部法线"方式向内挤出，设置"高度"为-70，效果如图15-74所示。

07 选择床右侧的所有多边形并将其删除，然后添加"对称"修改器，沿y轴对称出床的另一半，效果如图15-75所示。

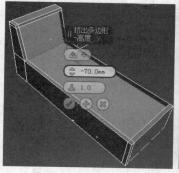
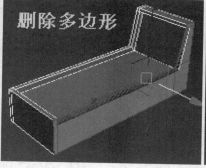

图15-74 挤出多边形（2）

图15-75 删除多边形并对称

08 将模型转换为可编辑多边形对象，将中间的边移除，然后添加"切角"修改器，选择"斜接"方式为"一致"，设置"数量"为8、"分段"为2，确认切角，完成床架模型的创建，如图15-76所示。

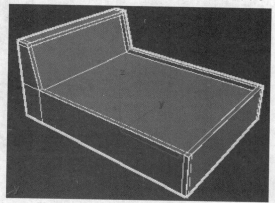

图15-76 切角效果

09 在顶视图中依照床垫大小创建一个切角长方体，设置"高度"为150、"长度分段"为30、"宽度分段"为35，效果如图15-77所示。

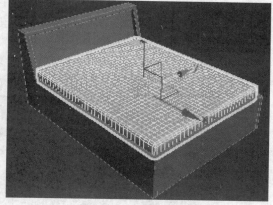

图15-77 创建切角长方体

10 将床垫模型转换为可编辑多边形对象。进入"边"层级，选择床尾位置两个角上的边并对其进行挤出，设置"高度"为-5、"宽度"为1，制作床单的折叠效果，如图15-78所示。

11 选择宽度方向上的一条边，通过环形选择和循环选择选取所有宽度方向上的边，再通过减选择将床垫底部的边取消选择，只保留顶面的边。在"石墨"工具栏"选择"选项卡的"按随机"选项面板设置"百分比"为60%，以"从当前选择中选择"方式选择60%的边，将这些边沿z轴向下稍微移动一定距离，制作出床垫表面的褶皱效果，如图15-79所示。

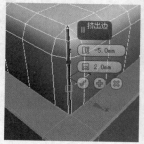

图15-78 挤出边（1）

图15-79 制作褶皱效果

12 退出"边"层级，添加"涡轮平滑"修改器，设置"迭代次数"为2，对模型进行平滑处理。

下面创建床的靠背模型。

13 依照床靠背内部空间大小创建"长度"为375、"宽度"为1410、"高度"为100、"长度分段"为2、"宽度分段"为8的长方体，在前视图中将其旋转并移动到靠背位置。

14 将长方体转换为可编辑多边形对象，进入"多边形"层级，选择正面的多边形并对其进行倒角，设置"高度"为50、"轮廓"为-50，如图15-80所示。

15 进入"顶点"层级，选择靠背正面的4个顶点并对其进行挤出，设置"高度"为-50、"宽度"为80，如图15-81所示。

图15-80　倒角多边形　　　　图15-81　挤出顶点

16 右击并选择"剪切"命令，配合捕捉功能捕捉模型的顶点，对挤出多边形进行剪切，效果如图15-82所示。

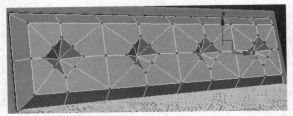

图15-82　切割效果

17 进入"边"层级，对切割的边进行挤出，挤出"高度"为-10、"宽度"为0.01，如图15-83所示。

图15-83　挤出边（2）

18 选择靠垫4个角位置的垂直边并对其进行切角，设置"切角量"为1，然后将图15-84所示的顶点进行塌陷。

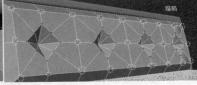

图15-84　切角边与塌陷顶点

19 退出"顶点"层级，添加"涡轮平滑"修改器，对软包进行平滑处理，最后在软包凹陷位置创建球体作为软包的纽扣，完成床靠背软包效果的制作，如图15-85所示。

20 执行"合并"命令，将"实例线架\第12章\创

建被子模型.max"文件合并到场景中的双人床位置，完成卧室双人床模型的创建。

图15-85　软包的平滑效果

15.2.3　创建卧室床头柜与台灯模型

这一节我们制作卧室中的床头柜与台灯模型，对卧室场景进行完善，效果如图15-86所示。

图15-86　床头柜与台灯模型

操作步骤

01 在左视图中的双人床位置创建"长度"为400、"宽度"为450、"高度"为400的长方体，设置"长度分段"为2，其他设置保持默认，将其转换为可编辑多边形对象。

02 进入"多边形"层级，选择长方体正面的两个多边形，将其以"按多边形"方式插入15，然后将插入的多边形挤出15，以创建出床头柜的柜门，如图15-87所示。

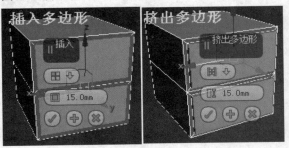

图15-87　插入与挤出多边形

03 进入"边"层级，通过连接在床头柜底面创建4条边，如图15-88所示。

图15-88 连接边

04 进入"多边形"层级，选择底面4个角位置的多边形并对其进行倒角，设置"高度"为50、"轮廓"为-8。选择倒角模型底端的顶点，分别在前视图中和左视图中将其与床头柜的一面对齐，效果如图15-89所示。

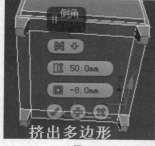

图15-89 挤出多边形与对齐顶点

05 在床头柜模型的柜门位置创建"半径"为15的球体作为拉手，完成床头柜模型的创建，如图15-90所示。

图15-90 床头柜模型

下面创建台灯模型。

06 在顶视图中创建"半径1"为100、"半径2"为85、"点"为10、"圆角半径"为20的星形，将该星形以"复制"方式克隆一个，修改克隆星形的"半径1"为55、"半径2"为35。在前视图中创建"长度"为400的直线段，以直线段为路径，在0%位置拾取大星形进行放样，在10%位置拾取小星形进行放样，在30%位置拾取小星形进行放样，在50%位置拾取大星形进行放样，在65%位置拾取大星形进行放样，在75%位置拾取小星形进行放样，在90%位置拾取小星形进行放样，在100%位置拾取

小星形进行放样，效果如图15-91所示。

图15-91 放样效果

07 在修改器堆栈进入"图形"层级，选择10%位置的小星形图形，使用"缩放变换输入"工具将其缩放至原大小的50%；拾取65%位置的大星形图形，将其缩放至原大小的80%；拾取75%位置的小星形图形，缩放至原大小的50%；拾取100%位置的小星形图形，将其缩放至原大小的80%，效果如图15-92所示。

图15-92 调整台灯模型

08 在该模型顶部创建"半径"为50的球体作为灯泡，然后将大星形图形以"复制"方式克隆，并修改克隆星形的"半径1"为200、"半径2"为150、"点"为30，之后添加"挤出"修改器将其挤出350。

09 添加"FFD 2×2×2"修改器，进入"控制点"层级，选择上方的4个控制点，在顶视图中将其沿xy平面缩放，创建出灯罩模型，如图15-93所示。

图15-93 创建灯罩模型

10 将台灯模型移动到床头柜的上方位置，然后将其克隆到双人床的两侧，完成床头柜与台灯模型的创建。

15.2.4 创建卧室小桌与其他模型

这一节我们制作卧室中的小桌模型，然后合

并其他模型，对卧室场景继续进行完善，效果如图15-94所示。

图15-94　卧室小桌与其他模型效果

操作步骤

01 在顶视图中创建"长度"为1100、"宽度"为600的矩形，将其转换为可编辑样条线对象，然后通过拆分并调整顶点，对矩形进行编辑，效果如图15-95所示。

02 在前视图中绘制"长度"为65、"宽度"为20的矩形作为参考图，在矩形内部绘制一个截面图形，如图15-96所示。

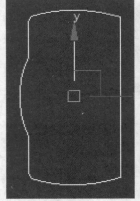

图15-95　在顶视图中编辑矩形　图15-96　在前视图中绘制截面图形

03 以顶视图中的图形作为路径，以前视图中的图形作为截面进行放样，创建一个放样模型，如图15-97所示。

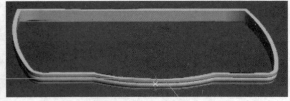

图15-97　放样效果

04 将放样模型转换为可编辑多边形对象，进入"边"层级，选取模型外侧的边并对其进行切角，设置"切角量"为2、"分段"为4，然后选取模型上方内侧的边并将其创建为"图形001"，将"图形001"挤出60，创建出顶面模型，效果如图15-98所示。

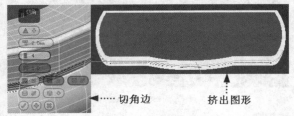

图15-98　切角边与挤出图形

05 进入"多边形"层级，选择模型底部多边形并将其挤出150，然后选择挤出模型弧形位置的多边形，将其以"组"方式插入20，效果如图15-99所示。

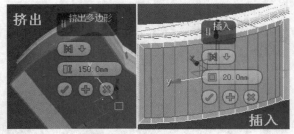

图15-99　挤出与插入多边形

06 将插入的多边形挤出15作为小桌的抽屉门，使用相同的方法，对弧形抽屉两边的多边形也进行插入和挤出，创建出两边的小抽屉，效果如图15-100所示。

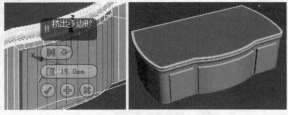

图15-100　创建抽屉模型

07 在前视图中由小桌顶面向下绘制"长度"为600、"宽度"为任意尺寸的矩形作为参考图形，在小桌下方位置绘制一段样条线，然后在顶视图中将该样条线移动到小桌的桌角位置，并将其沿z轴旋转45°，如图15-101所示。

08 选择小桌桌角下方的多边形，将其沿样条线挤出，创建一个桌腿模型，效果如图15-102所示。

09 选择挤出的桌腿内侧的多边形，将其以"组"

方式挤出30，以增加桌腿的厚度，效果如图15-103所示。

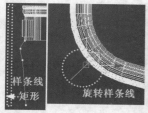

图15-101 绘制样条线

图15-102 沿样条线挤出

10 在顶视图中将样条线分别以"复制"方式克隆到其他3个角的位置，并根据桌腿的形态旋转样条线，之后依照相同的方法沿样条线挤出其他3条桌腿，并挤出桌腿内侧的多边形以增加桌腿的厚度，完成小桌4条桌腿的创建，效果如图15-104所示。

图15-103 挤出多边形

图15-104 创建桌腿模型

11 下面使用"合并"命令合并"实例线架\第10章\创建懒人摇摇椅模型.max、创建家用方形靠背椅.max"以及"实例素材\绿植.max、卧室吊灯.max、窗帘.max"文件，调整各模型在场景中的位置，完成卧室场景中其他模型的创建，详细操作请读者观看视频讲解，效果如图15-105所示。

图15-105 合并其他模型

下面创建摄像机。

12 在顶视图中的卧室位置由上向下拖曳鼠标以创建一个摄像机，在"参数"卷展栏设置"镜头"为24.017、"视野"为73.7，如图15-106所示。

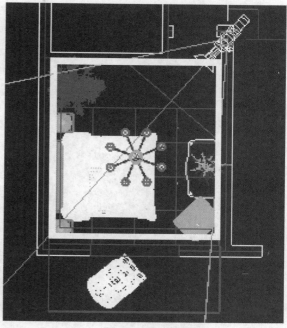

图15-106 创建摄像机

13 在"剪切平面"选项组勾选"手动剪切"复选框，并设置"近距剪切"为1714.768、"远距剪切"为13989。注意，一定要使近距剪切线超过卧室墙面，这样摄像机才能看到室内。激活透视图，按C键切换到摄像机视图，此时场景效果如图15-107所示。

图15-107 摄像机视图

15.2.5 制作卧室阳台窗户的材质并设置照明效果

这一节我们制作卧室阳台窗户材质，并设置照明效果，卧室阳台窗户材质与照明效果如图15-108所示。

图15-108 卧室阳台窗户材质与照明效果

阳台窗户材质分为两种，一种是玻璃材质，另一种是塑钢材质。制作完窗户材质后，再设置照明系统，这样光线才可以穿透玻璃射入室内。由于篇幅有限，卧室阳台窗户材质的制作以及照明系统的设置方法在此不做讲述，读者可以参阅前面章节客厅设计中制作阳台窗户材质以及设置照明系统的方法，或观看视频讲解。

制作好材质并设置好照明系统后，为场景中的其他所有模型指定灰色，然后对场景进行快速渲染并查看效果。

15.2.6 制作卧室其他模型的材质

这一节我们制作卧室场景中其他模型的材质，这些材质包括凉被材质、双人床材质、墙壁材质、地板材质、吊顶材质、吊灯材质、桌椅材质、床头柜材质、台灯材质等。由于篇幅有限，制作材质的相关操作在此不详述，读者可以观看视频讲解。材质制作完毕后对场景进行简单的渲染，渲染结果如图15-109所示。

图15-109 卧室场景中其他模型的材质效果

15.2.7 设置卧室场景中的照明效果并渲染输出

这一节我们设置卧室场景中的照明效果并渲染输出卧室场景。正午时分，太阳光由阳台窗户射入房间，并在房间地面和卧室床上洒下一片暖意，床头柜上的两盏台灯散发出的柔和光线，为室内光线进行补充，使得整个场景光照效果主次分明、亮度适中，营造出一个温馨、浪漫的休憩场所，这就是卧室场景中的照明效果。

在创建卧室场景中的照明效果时，需删除原来的（VR）灯光系统，然后设置目标平行光为主光源，再设置（VR）光域网灯光为辅助光源，完成室内照明系统的设置，最后设置渲染参数并对场景进行渲染输出。由于篇幅有限，卧室场景中的照明系统的设置以及渲染输出方法等，请读者观看视频讲解，在此不详述。卧室场景的最终渲染效果如图15-110所示。

图15-110 卧室场景的最终渲染效果

第 **16** 章

3ds Max室外效果图建模与设计

室外设计是指建筑物外观以及周围环境的设计。与室内设计不同的是，室外设计的一般流程是，首先借助3ds Max强大的三维设计功能创建出建筑物的外观，然后制作建筑物外观的材质、设置场景照明系统并渲染输出场景，最后再对建筑物的周围环境进行设计，业内人士称之为"后期处理"。一般情况下，后期处理都是在其他软件中进行的，这样做的好处是简单、方便，处理方式更灵活。

这一章我们将通过"制作高层住宅室外效果图""制作别墅室外效果图"两个综合案例，学习使用3ds Max制作室外效果图的流程和方法。

16.1 制作高层住宅室外效果图

高层建筑在早些年一般都是商业用房，而现在作为住宅的高层建筑越来越多，尤其在大城市更是如此。

这一节我们制作18层高层住宅的室外效果图，学习制作高层住宅室外效果图的方法和技巧。高层住宅的室外效果图如图16-1所示。

图16-1 高层住宅的室外效果图

16.1.1 创建第一、二层墙体与阳台窗户模型

与标准层建筑相比，高层建筑体量大、结构较复杂，初学者往往无从下手。其实，高层建筑看似复杂，但其中有许多重复的元素，在创建时要善于发现这些重复的元素，然后将其重复利用，这样创建起来就会更加容易。

在高层住宅中，一般将1~2层称为"首层"。"首层"一般都有商业用途，而该高层住宅从第一层到顶层全部是住宅，只是第一层和第二层留有入户门。因此这一节我们创建该高层住宅的第一层和第二层的墙体与阳台窗户模型，效果如图16-2所示。

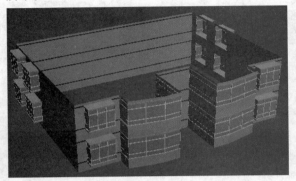

图16-2 高层住宅的第一、二层墙体与阳台窗户模型

操作步骤

01 设置系统单位为"毫米"，然后导入"实例素材\高层平面图.dxf"文件，该平面图只是该建筑的外轮廓，如图16-3所示。

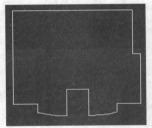

图16-3 导入平面图

> **提示**
>
> 在室外效果图制作中，一般只需建筑平面图的外轮廓线与建筑立面图即可。没有建筑立面图也没关系，平面图中已经标出了建筑物窗户的位置和平面形状，凭借这些信息与建筑物的标准尺寸，例如层高尺寸与窗户尺寸等，我们就可以创建出建筑物模型了。另外，制作室外效果图，只需注重两个面的结构，即正面和一个侧面，其他面的结构可以忽略。

02 确定窗户高度线的位置。进入"线段"层级，在顶视图中将左下方的水平线段拆分为3段，然后进入"顶点"层级，选择水平线段上的左侧第二个顶点，在状态栏激活"偏移模式变换输入" 按钮，在"X"数值框中输入-500，将该顶点向左移动500，选择第3个顶点，使用同样的方法将其向右移动500，如图16-4所示。

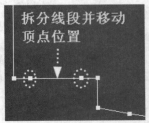

图16-4 拆分线段并调整顶点位置

03 将左侧垂直线段拆分为2段，然后将其上方的一段线段拆分为5段，之后依照第02步的操作，将左侧垂直线段上的第1个顶点和第4个顶点分别沿y轴正方向和负方向各移动650，效果如图16-5所示。

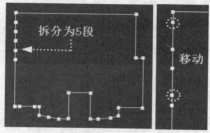

图16-5　拆分线段并移动顶点

04 将上方水平线段和下方中间位置的水平线段拆分为2段，然后进入"线段"层级，以拆分点为界限，将左侧的线段以"复制"方式分离为"图形001"，如图16-6所示。

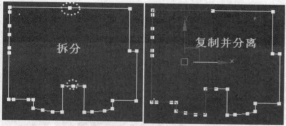

图16-6　拆分、复制并分离线段

05 将原平面图隐藏，将"图形001"中左侧垂直线段中间位置的拆分点删除，然后为其添加"挤出"修改器，设置"高度"为3000、"分段"为5，然后将其转换为可编辑多边形对象，如图16-7所示。

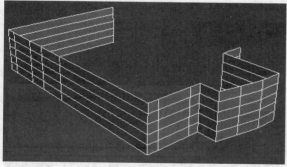

图16-7　挤出效果

06 进入"边"层级，双击上方的第2条边，在透视图中将其沿z轴向上移动200，将第3条边沿z轴移动-300，将第4条边沿z轴移动500，然后将第4条和第5条边沿z轴再移动400，这样就确定出了窗户高度线的位置，效果如图16-8所示。

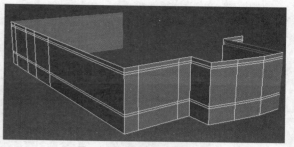

图16-8　确定窗户高度线的位置

下面创建窗户模型。

07 进入"多边形"层级，按住Ctrl键的同时选择侧面和前面窗户位置的所有多边形，将其以"组"方式挤出850，创建出窗户模型，如图16-9所示。

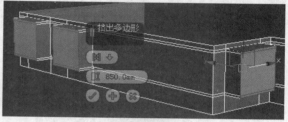

图16-9　挤出窗户模型

08 选择窗户模型的所有多边形，将其以"局部法线"方式挤出-50，这样就创建出了窗户模型的顶面和底面，效果如图16-10所示。

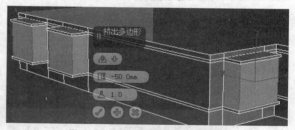

图16-10　挤出窗户模型的顶面和底面

09 进入"边"层级，选择各窗户模型正面位置的上、下两条边并对其进行连接，在每个窗户模型上各创建两条垂直边，如图16-11所示。

图16-11　连接边（1）

10 选择窗户模型上的所有垂直边，通过连接在每个窗户模型上各创建两条水平边，设置"收缩"为40，使创建的水平边向上、下两侧偏移，效果如图16-12所示。

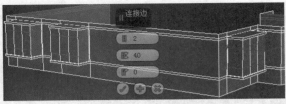

图16-12　连接边（2）

11 进入"多边形"层级，选择窗户模型上的多边形，将其以"按多边形"方式插入30，创建出窗户的框架模型，如图16-13所示。

图16-13　插入多边形

12 将插入的多边形挤出-20，创建出窗户的玻璃模型，这样就完成了窗户模型的创建，效果如图16-14所示。

图16-14　挤出窗户的玻璃模型

下面设置模型的材质ID，以便后期制作材质。

13 在"多边形：材质ID"卷展栏中设置玻璃的材质ID为1，执行"编辑"＞"反选"命令，反选除玻璃外的所有多边形，设置其材质ID为2，如图16-15所示。

图16-15　反选效果

14 按住Ctrl键的同时选择墙面上的两个多边形，设置其材质ID为3，如图16-16所示。

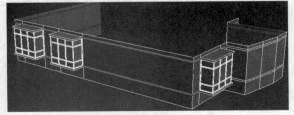

图16-16　设置材质ID（1）

15 按住Ctrl键的同时选择所有窗户的框架，设置其材质ID为4，如图16-17所示。

图16-17　设置材质ID（2）

16 退出"多边形"层级，为模型指定"多维/子对象"材质，效果如图16-18所示。

图16-18　"多维/子对象"材质效果

下面创建弧形飘窗。

17 进入"多边形"层级，选择飘窗上、下位置的多边形，将其挤出50，然后删除挤出模型两端的多边形，如图16-19所示。

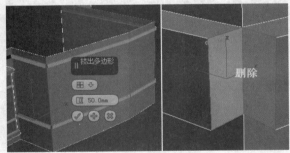

图16-19　挤出并删除多边形

18 进入"边"层级，按住Shift键的同时将两个模型一端的边分别向两端拉伸，使两条边相接，之后进入"顶点"层级，对两条边的顶点进行目标焊接，最后对边进行桥接，效果如图16-20所示。

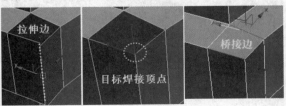

图16-20　拉伸边、焊接顶点与桥接边

19 使用相同的方法，对其他模型两端也进行相同的处理，效果如图16-21所示。

20 依照第10步、第11步和第12步的操作，在飘窗上通过连接创建两条水平边，然后将多边形插

入30，并挤出-20，创
建出飘窗的玻璃模型，
如图16-22所示。

图16-21 处理模型

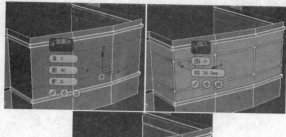

图16-22 创建飘窗的玻璃模型

21 依照第13步的操作，为飘窗的窗框和玻璃设置
材质ID，完成飘窗模型的创建，然后为墙体添加
"对称"修改器，以创建出另一半墙体模型，完成
高层住宅第一层模型的创建，效果如图16-23所示。

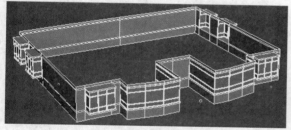
图16-23 高层住宅第一层模型

22 在前视图中将该模型沿y轴以"实例"方式向
上克隆一个，这样就完成了高层住宅第一、第二层
模型的创建，效果如图16-24所示。

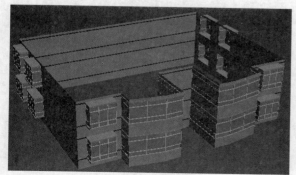
图16-24 高层住宅第一、第二层模型

16.1.2 创建高层住宅标准层模型

标准层一般是指所有外部结构与内部户型面
积等完全相同的楼层，一般在高层建筑中，二层以
上的楼层基本都相同，因此将二层以上的楼层称为
"标准层"，
在该高层住
宅中，标准层
比首层多了一
个窗户。这一
节我们创建
高层住宅标
准层模型，效
果如图16-25
所示。

图16-25 高层住宅标准层模型

操作步骤

01 进入第二层的"多边形"层级，将左侧飘窗上
方窗沿右侧的多边形向右拖到右侧飘窗上方窗沿的
位置，使其与右侧窗沿对齐，如图16-26所示。

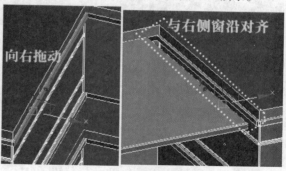
图16-26 向右拖动多边形

02 将两个窗沿端面的多边形删除，然后将端面上
对应的顶点焊接，如图16-27所示。

图16-27 删除多边形并焊接顶点

03 在前视图中将第一层模型以"复制"方式沿y轴克隆到第二层的上方，以此作为第三层，然后将第三层两个飘窗对面的窗户模型删除。注意，要保证窗户上、下墙面不被删除，然后使用桥接命令将两侧模型进行桥接，创建出墙模型，如图16-28所示。

图16-28　删除窗户与创建墙模型

04 在前视图中配合捕捉功能在两个飘窗之间创建一个"长度分段"为3、"宽度分段"为4的平面对象，将其移动到飘窗靠后的位置，如图16-29所示。

05 将平面对象转换为可编辑多边形对象，然后将上方水平边移动到飘窗上方的窗台位置，将两侧的两条垂直边向外移动450，效果如图16-30所示。

图16-29　绘制并移动平面对象　图16-30　调整边的位置

06 进入"多边形"层级，选择中间的两个多边形，将其以"组"方式挤出-100，以"按多边形"方式插入50，创建出窗框，将其挤出-30，完成该窗户模型的创建，如图16-31所示。

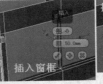

图16-31　创建窗户模型

07 为窗户模型设置材质ID，然后将其与第三层的墙体模型附加，效果如图16-32所示。

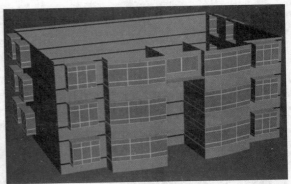

图16-32　第三层模型效果

08 将第二层飘窗之间的多边形以"复制"方式分离为"对象001"，然后将其移动到第三层窗户上方的窗沿位置，之后将其与第三层的墙体模型附加，如图16-33所示。

图16-33　分离多边形并移动到第三层的窗沿位置

09 在前视图中将第三层的墙体模型以"实例"方式沿y轴向上克隆15个，创建出标准层模型，效果如图16-34所示。

图16-34　高层住宅标准层模型效果

16.1.3 创建高层住宅顶层模型

高层住宅顶层模型与标准层模型在结构上有所不同，当高层住宅标准层模型制作好后，就需要制作顶层模型，这一节我们制作顶层模型，效果如图16-35所示。

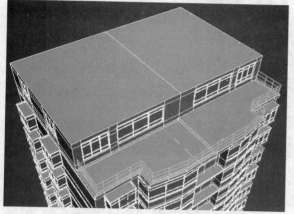

图16-35 高层住宅顶层模型效果

操作步骤

01 进入第15层的"边"层级，选择顶部的边，将其以"线性"方式创建为"图形001"，然后将其孤立，效果如图16-36所示。

图16-36 创建图形

02 进入"线段"层级，选择两个飘窗之间的线段并将其删除，如图16-37所示。

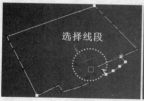

图16-37 选择并删除线段

03 进入"顶点"层级，右击并选择"连接"命令，移动鼠标指针到删除线段位置的一个顶点上，将其拖到另一个顶点上进行连接，效果如图16-38所示。

图16-38 连接顶点

04 选择飘窗与正面墙上的顶点，将其沿y轴负方向移动300，然后选择所有顶点，右击并选择"焊接顶点"命令，对选择的顶点进行焊接，使其成为一条闭合的样条线，如图16-39所示。

05 退出"顶点"层级，为样条线添加"挤出"修改器，设置"数量"为150，挤出顶层的楼板模型，效果如图16-40所示。

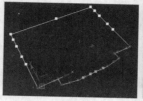

图16-39 焊接顶点　　　图16-40 挤出顶层的楼板模型

06 将楼板模型转换为可编辑多边形对象并将其孤立，进入"边"层级，选择前端的两条垂直边并将其连接，创建出一条水平边，如图16-41所示。

07 进入"多边形"层级，选择后方的多边形，将其挤出2800，创建出顶层的房屋模型，如图16-42所示。

图16-41 连接边（1）　　　图16-42 挤出多边形

08 进入"顶点"层级，右击并选择"快速切片"命令，配合"中点""端点"捕捉功能，将模型从中间切开，然后删除右边一半的模型，如图16-43所示。

图16-43 快速切片与删除一半模型

09 进入"边"层级，选择挤出模型前方位置的两条水平边，通过连接创建4条垂直边，如图16-44所示。

10 在前视图中调整垂直边的位置，使其与下方楼层的窗户线对齐，以创建窗户的定位线，效果如图16-45所示。

11 选择所有垂直边，设置"分段"为2、"收缩"为55，确认连接以创建两条水平边，将两条水平边向两端偏移，以创建窗户的高度线，如图16-46所示。

图16-44 连接边（2）

图16-45 调整边的位置

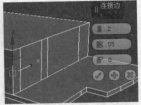

图16-46 创建水平边

12 选择各窗户的上、下两条边，通过连接各创建两条垂直边，如图16-47所示。

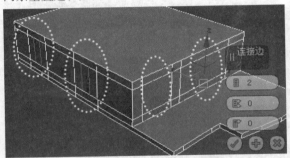

图16-47 连接边（3）

13 在各窗户上通过连接各创建两条水平边，并设置"收缩"为40，使创建的水平边向两边偏移，效果如图16-48所示。

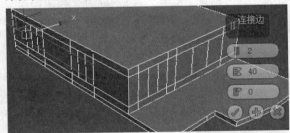

图16-48 通过连接创建水平边

14 进入"多边形"层级，选择窗户位置的多边形，将其挤出-100，然后再将其以"组"方式插入30，创建出窗框模型，如图16-49所示。

15 继续将其以"按多边形"方式插入30，然后挤出-20，创建出窗框与玻璃模型，效果如图16-50所示。

16 依照前面的操作，为窗框、玻璃以及墙体设置材质ID，以便后期制作材质，然后为整个模型添加

"对称"修改器，创建出另一半模型，完成顶层模型的创建，效果如图16-51所示。

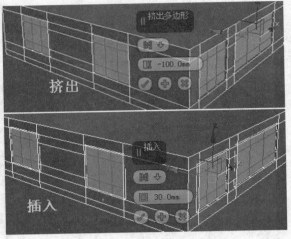

图16-49 挤出与插入多边形

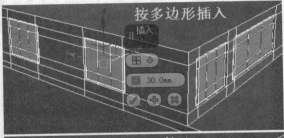

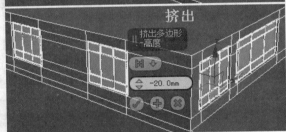

图16-50 插入与挤出多边形

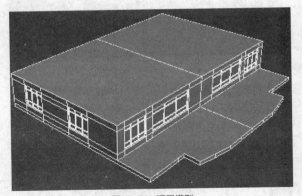

图16-51 顶层模型

下面制作顶层防护栏。

17 将顶层平台上的多边形插入200，然后右击并

选择"转换到边"命令，转换到多边形的边，取消选择内侧和中间位置的边，将其他边以"线性"方式创建为"防护栏"对象，如图16-52所示。

图16-52 创建"防护栏"对象

18 在"防护栏"对象的左侧边上添加两个顶点，在前水平边上添加一个顶点，然后将"防护栏"对象挤出1200，并设置"分段"为2，效果如图16-53所示。

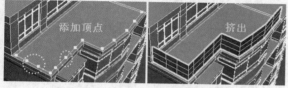

图16-53 添加顶点与挤出"防护栏"对象

19 将"防护栏"对象转换为可编辑多边形对象，添加"对称"修改器，对称出另一半，再将其转换为可编辑多边形对象，然后选择所有"边"，将其创建为"防护栏01"对象。

20 在"渲染"卷展栏中勾选"在视口中启用"和"在渲染中启用"两个复选框，并设置"径向"的"厚度"为30，创建出顶层防护栏模型，完成高层住宅顶层模型的创建，效果如图16-54所示。

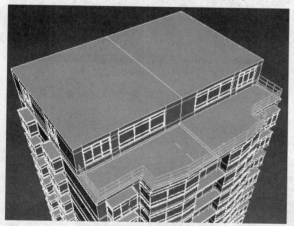

图16-54 高层住宅顶层模型

16.1.4 创建高层住宅的外墙装饰模型

这一节我们创建高层住宅的外墙装饰模型，完

成高层住宅模型的创建。高层住宅的外墙装饰模型效果如图16-55所示。

图16-55 高层住宅的外墙装饰模型

操作步骤

先创建侧面墙的装饰模型。

01 在前视图中创建"长度"为60000、"宽度"为3600、"长度分段"为2、"宽度分段"为3的平面，将其转换为可编辑多边形对象。

02 进入"边"层级，将长度方向上的边移动到第16层的下方位置，将宽度方向上的两条边分别向两边移动800，然后进入"顶点"层级，将左上角位置的两个顶点向外移动4000，效果如图16-56所示。

03 选择上方的垂直边并通过连接创建一条水平边，设置"滑块"为-36，使其与顶层的楼顶在水平方向对齐，如图16-57所示。

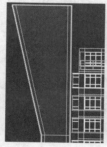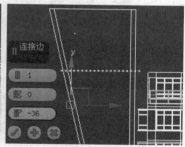

图16-56 调整边的位置　　　图16-57 连接边（1）

04 选择最上方的垂直边并通过连接创建10条水平边，然后进入"多边形"层级，间隔选择连接边生成的多边形并将其删除，如图16-58所示。

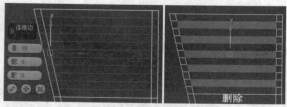

图16-58 连接边与删除多边形

05 退出"多边形"层级，添加"壳"修改器，设置"内部量""外部量"均为50，然后在顶视图中

将其克隆到侧面窗户的两侧,并向楼体内移动,使其右端位于两个正面窗户的中线位置,之后将这两个模型成组,并将其沿y轴镜像克隆到高层建筑的右侧位置,效果如图16-59所示。

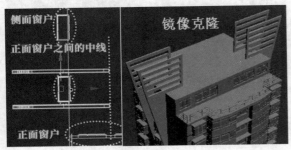

图16-59 两侧装饰模型效果

下面创建正面墙的装饰模型。

06 在左视图中绘制"长度"为59000、"宽度"为2100、"长度分段"为2、"宽度分段"为3的平面,将其转换为可编辑多边形对象,然后向左移动并插入楼体,使其左侧垂直边与窗户的左侧边对齐,效果如图16-60所示。

07 将该模型转换为可编辑多边形对象,进入"边"层级,将长度方向上的边移动到顶层防护栏的上方位置,将右侧内部垂直边向右移动600,然后选择右侧两条垂直边,通过连接创建16条水平边,如图16-61所示。

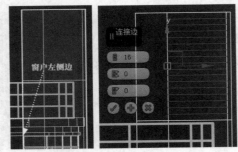

图16-60 移动平面位置   图16-61 连接边(2)

08 进入"多边形"层级,间隔选择连接边生成的多边形并将其删除,退出"多边形"层级。添加"壳"修改器,设置"内部量""外部量"均为50,然后在顶视图中将其克隆到正前方两个飘窗的两侧,效果如图16-62所示。

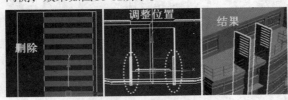

图16-62 调整前墙的装饰模型

下面创建顶部的装饰模型。

09 在顶视图中创建"长度"为7000、"宽度"为3000、"高度"为60000的长方体,将其移动到顶层后方墙体的位置,然后在顶层中间靠后的位置绘制"长度"为28000、"宽度"为15000的椭圆,如图16-63所示。

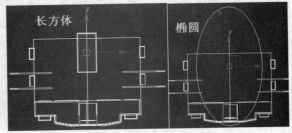

图16-63 创建长方体与绘制椭圆

10 为椭圆添加"规格化样条线"修改器,设置"结数"为30,使椭圆上的顶点均匀分布,将其转换为可编辑样条线对象。进入"顶点"层级,选择所有顶点,将其转换为"角点"类型,效果如图16-64所示。

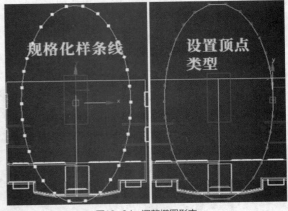

图16-64 调整椭圆形态

11 将椭圆转换为可编辑多边形对象,进入"顶点"层级,将两侧圆弧上的顶点连接,然后进入"多边形"层级,将椭圆上方位于楼层墙体以外的多边形删除,效果如图16-65所示。

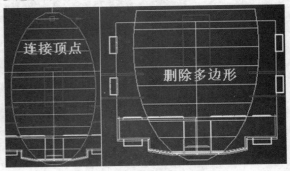

图16-65 连接顶点并删除多边形

12 在椭圆的中间位置通过快速切片创建垂直边，然后进入"多边形"层级，选择所有多边形，将其以"按多边形"方式插入600，效果如图16-66所示。

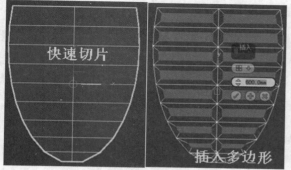

图16-66 快速切片与插入多边形

13 将插入的多边形删除，添加"壳"修改器，设置"内部量""外部量"均为200，之后将其移动到正面墙装饰模型的顶部位置，完成该模型的创建，效果如图16-67所示。

图16-67 高层住宅顶部的装饰模型

16.1.5 制作高层住宅的材质、设置照明系统并渲染输出

这一节我们制作高层住宅的材质，并设置照明系统，然后渲染输出。高层住宅的材质制作方法比较简单，在制作模型时我们已经为模型指定了材质ID，因此只需制作一个"材质数量"为4的"多维/子对象"材质，分别制作两种外墙涂料材质、窗框材质和窗户玻璃材质，然后分别制作外墙装饰物的材质，这样就完成了高层住宅材质的制作，效果如图16-68所示。

制作完材质后开始设置照明系统。一般室外照明系统的设置方法相对室内照明系统的设置方法来说更简单，一般情况下只需设置用于模拟太阳

光或环境光的照明设备即可，在此我们设置一个"（VR）太阳"照明系统来模拟太阳照亮场景，然后对场景进行渲染输出，效果如图16-69所示。

图16-68 高层住宅材质效果

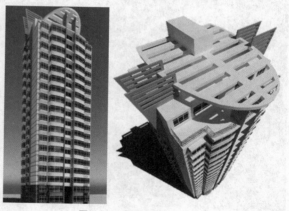

图16-69 高层住宅的照明效果

照明系统设置好后就可以渲染输出了，由于室外效果图需要在其他软件中进行后期处理。因此，保存渲染文件时一定要将图片存储为TIF或TGA格式，同时勾选"存储Alpha通道"复选框，这样就可以将图片背景保存在Alpha通道中，以便后期处理时替换图片背景，如图16-70所示。

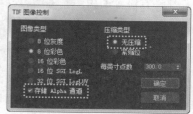

图16-70 设置输出格式

由于篇幅有限，以上操作将通过视频进行讲解，在此不详述。

16.1.6 高层住宅效果图的后期处理

当场景渲染输出后就可以进行后期处理了。后期处理其实就是对高层住宅楼的环境进行设计，处理内容包括构图、背景、配景等，目的是使场景效果更加逼真。高层住宅的后期处理效果如图16-71所示。

图16-71 高层住宅的后期处理效果

重新构图并替换背景：输出的三维场景一般都没有很好的构图，不能很好地表现建筑的效果，因此需要重新构图并替换背景。

画面构图一般遵循以下原则。

首先要确定画面的长宽比。一般高耸的建筑适合使用立幅的方式构图，而较扁平的建筑则适合用横幅的方式构图。其次是确定建筑物在画面中的位置。在画面中，建筑的四周最好有足够的空间，以保证画面的清爽，在建筑主要展示面的前方，要多留一些空间，避免使画面产生拥挤的感觉。

另外，要注意保持画面的均衡。构图的均衡不一定是绝对的对称，可以从不同复杂程度的形体、不同明暗的色调、虚实和动态上求得均衡，使画面具有稳定感。

再一点就是要有主次之分，使画面具有层次感和空间感。在制作效果图时，要明确画面的重点，避免一味堆砌元素。另外，要使效果图引人入胜，就需要使画面具有空间感。除了可以使用透视的方法营造空间感外，还可以从物体的明暗、色彩和清晰程度的变化入手营造空间感。

由于篇幅有限，高层住宅效果图的后期处理过程，将通过视频进行详细讲解，在此不详述。

16.2 制作别墅室外效果图

这一节通过制作别墅效果图，继续学习使用3ds Max制作室外效果图的方法和技巧。别墅室外效果图如图16-72所示。

图16-72 别墅室外效果图

16.2.1 创建别墅的第一层墙体与窗户模型

这一节创建别墅的第一层墙体与窗户模型，效果如图16-73所示。

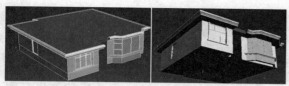

图16-73 别墅的第一层墙体与窗户模型（1）

操作步骤

01 依照创建高层住宅模型的方法，导入"别墅一层平面.dxf""别墅正立面.dxf""别墅侧立面.dxf"素材文件，并在各视图中将别墅的正立面和侧立面旋转，使其与别墅的平面图对齐，效果如图16-74所示。

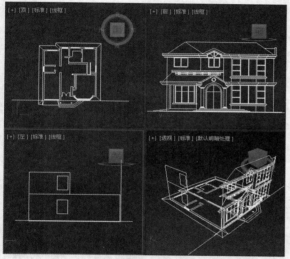

图16-74 导入素材文件

02 将素材文件全部冻结，配合捕捉功能在顶视图中依据别墅的平面图绘制出别墅墙体的轮廓线，然后添加"挤出"修改器，设置"数量"为2850、"分段"为1，挤出别墅第一层的墙体，效果如图16-75所示。

图16-75 挤出别墅第一层的墙体

03 将挤出的墙体转换为可编辑多边形对象，进入"边"层级，双击挤出的分段边，在前视图中将其向下移动，使其与左侧窗台下方的线对齐，如图16-76所示。

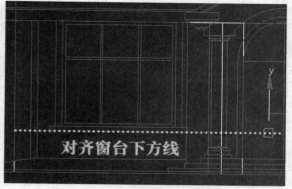

图16-76 移动分段边的位置

04 进入"顶点"层级，启用2.5维捕捉功能，右击并选择"剪切"命令，在前视图中捕捉图纸中窗台与窗户边框线的顶点，切割出窗台与窗户边框线，如图16-77所示。

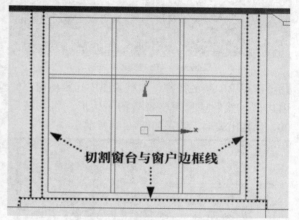

图16-77 切割窗台与窗户边框线

05 使用相同的方法，在前视图中切割出右侧飘窗的窗洞线，如图16-78所示。

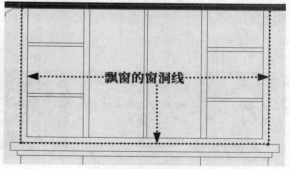

图16-78 切割飘窗的窗洞线

06 进入"多边形"层级，将右侧飘窗窗洞位置的多边形删除，然后选择左侧平窗的窗沿和窗台处的多边形，将其挤出100，创建出窗沿和窗台模型，如图16-79所示。

图16-79　创建窗沿与窗台

07 选择左侧平窗上的多边形，将其挤出-100，然后再插入57，创建出窗户的外边框，如图16-80所示。

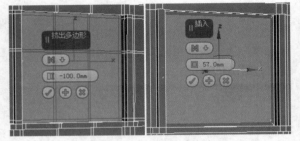

图16-80　挤出与插入多边形

08 依照第04步的操作，在前视图中切割出窗户的内边框，然后选择窗格位置的多边形，将其挤出20，创建出玻璃，效果如图16-81所示。

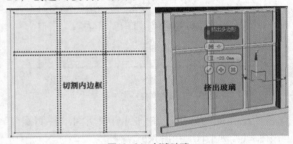

图16-81　创建玻璃

09 使用相同的方法，依据侧立面图中的窗户位置，在左侧墙体上创建出一个窗户，效果如图16-82所示。

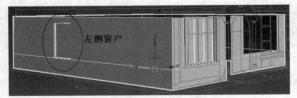

图16-82　创建左侧窗户

下面创建右侧的飘窗模型。

10 在顶视图中依据平面图，配合捕捉功能绘制飘窗窗台的轮廓线，在前视图中依据图纸绘制飘窗侧面的轮廓线，如图16-83所示。

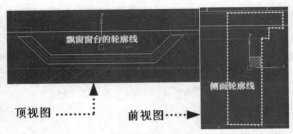

图16-83　绘制飘窗的轮廓线

11 选择在顶视图中绘制的轮廓线，添加"倒角剖面"修改器，选择"经典"模式，拾取在前视图中绘制的轮廓线，创建出飘窗的窗台模型，如图16-84所示。

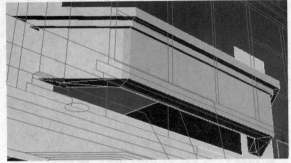

图16-84　创建飘窗的窗台模型

12 在顶视图中依据图纸绘制飘窗的轮廓线，添加"挤出"修改器，将其挤出1990，创建出飘窗的基本模型，如图16-85所示。

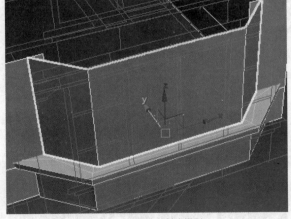

图16-85　飘窗的基本模型

13 将飘窗模型转换为可编辑多边形对象，进入"边"层级，在两侧窗户位置通过连接创建两条水平边，在中间窗户位置通过连接创建一条垂直边。注意，在前视图中参照图纸调整创建的边的位置，使其与图纸中的窗户线的位置一致，如图16-86所示。

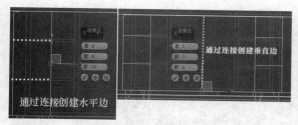

图16-86 通过连接创建边

14 进入"多边形"层级，选择所有多边形，以"按多边形"方式将其插入35，创建出窗户的窗框模型，如图16-87所示。

图16-87 创建窗框模型

15 将插入的多边形以"局部法线"方式挤出-15，创建出玻璃模型，效果如图16-88所示。

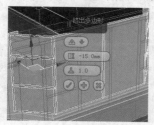

图16-88 创建玻璃模型

下面创建第一层的顶沿模型。

16 在顶视图中配合捕捉功能，依据图纸绘制第一层墙体的轮廓线，在前视图中依据图纸绘制第一层顶沿的截面轮廓线，如图16-89所示。

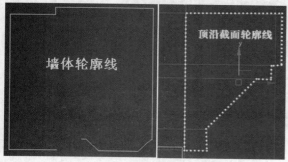

图16-89 绘制轮廓线

17 为墙体轮廓线添加"倒角剖面"修改器，选择"经典"模式，拾取顶沿截面轮廓线，创建出第一

层的顶沿模型，效果如图16-90所示。

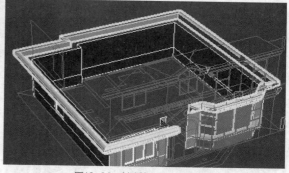

图16-90 创建第一层的顶沿模型

18 将顶沿模型转换为可编辑多边形对象，进入"边"层级，双击顶沿模型底部的内侧边，将其创建为"图形001"。

19 将"图形001"孤立，进入"顶点"层级，对顶点进行连接，将其创建为闭合样条线。添加"挤出"修改器，将其挤出380，创建出第一层楼顶的楼板模型，这样就完成了别墅第一层墙体与窗户模型的创建，效果如图16-91所示。

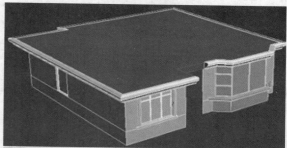

图16-91 别墅的第一层墙体与窗户模型（2）

16.2.2 创建别墅的第二层墙体与窗户模型

这一节我们创建别墅的第二层墙体与窗户模型，在制作第二层墙体模型时，需要导入"别墅二层平面.dxf"文件，并根据该文件创建第二层墙

体，别墅的第二层墙体与窗户模型效果如图16-92所示。

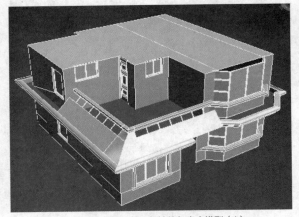

图16-92 别墅的第二层墙体与窗户模型（1）

操作步骤

01 导入"别墅二层平面.dxf"文件，然后将该文件冻结，将"别墅一层平面.dxf"文件隐藏。

02 在顶视图中配合捕捉功能，依照"别墅二层平面.dxf"文件绘制第二层墙体的轮廓线，效果如图16-93所示。

03 为第二层墙体轮廓线添加"挤出"修改器，将其挤出3000，创建出第二层墙体的基本模型，效果如图16-94所示。

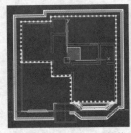 

图16-93 绘制第二层墙体　　图16-94 创建第二层墙体的基本模型
　　　的轮廓线

04 将挤出模型转换为可编辑多边形对象，进入"顶点"层级，配合捕捉功能，在前视图中依据别墅正立面图中标注的第二层窗户位置，使用"剪切"命令切割出窗洞线，如图16-95所示。

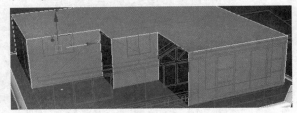

图16-95 切割窗洞线

05 进入"多边形"层级，选择右侧飘窗位置的多边形并将其删除，然后选择左边两个小窗户位置的多边形，将其挤出-100，如图16-96所示。

图16-96 删除与挤出多边形

06 将左边两个窗洞位置的多边形以"组"方式插入50以创建窗户的外框，然后以"按多边形"方式插入20以创建窗户的内框，再将插入的多边形挤出-20以创建玻璃，这样就创建出了两个小窗户，效果如图16-97所示。

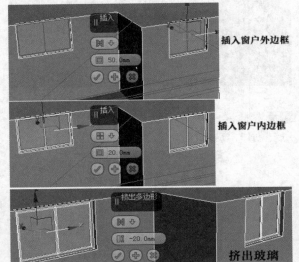

图16-97 创建小窗户模型

07 切换到左视图，依照相同的方法，创建出侧面的窗户和门，效果如图16-98所示。

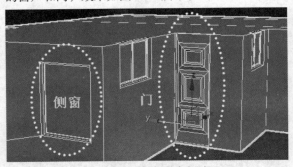

图16-98 创建侧面的窗户和门

下面创建第二层的护栏模型。

08 在顶视图中第二层的平台位置绘制护栏的轮廓线，将其挤出1330，创建出护栏的基本模型，如图16-99所示。

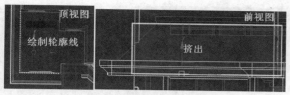

图16-99 创建护栏的基本模型

09 将护栏模型转换为可编辑多边形对象，进入"边"层级，将模型底部的边分别移动到第一层的顶沿位置，使其形成一个梯形，然后在前视图和左视图中依据图纸对模型沿水平方向和垂直方向进行快速切片，效果如图16-100所示。

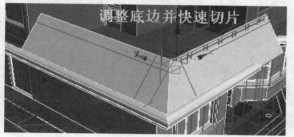

图16-100 调整护栏

10 进入"边"层级，将护栏上方的边创建为"图形001"，然后进入"多边形"层级，将两侧多边形分离为"护栏栏杆"，然后添加"壳"修改器，设置"内部量"为100以增加厚度，效果如图16-101所示。

图16-101 创建图形并分离多边形

11 在前视图中依据图纸绘制护栏顶部结构的截面轮廓线，然后为"图形001"添加"倒角剖面"修改器，拾取截面轮廓线，创建出护栏顶部模型，效果如图16-102所示。

图16-102 创建护栏顶部模型

12 在分离的"护栏栏杆"的水平边上通过连接创建垂直边，然后将其所有垂直边创建为"金属栏杆"，并在"渲染"卷展栏中设置"径向"的"厚度"为20，创建出金属栏杆模型，效果如图16-103所示。

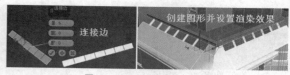

图16-103 创建金属栏杆模型

13 在前视图中将右侧飘窗以"实例"方式克隆到第二层飘窗的窗洞位置，这样就完成了别墅第二层墙体与窗户模型的创建，效果如图16-104所示。

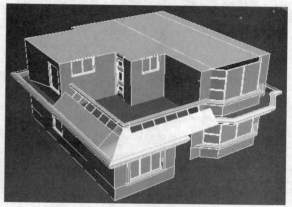

图16-104 别墅的第二层墙体与窗户模型（2）

16.2.3 创建别墅第二层的顶部模型

这一节我们制作别墅第二层的顶部模型，对别墅模型进行完善，效果如图16-105所示。

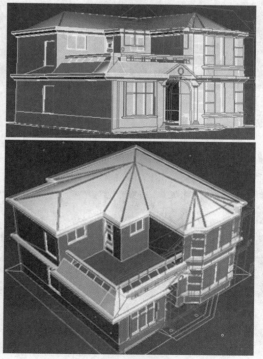

图16-105 别墅第二层的顶部模型（1）

操作步骤

01 在前视图中将第一层顶沿模型以"复制"方式克隆到第二层的顶部位置，然后将其与第二层模型孤立，效果如图16-106所示。

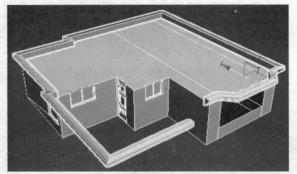

图16-106 克隆顶沿模型并孤立

02 在修改器堆栈展开顶沿模型的"Line"层级，进入"顶点"层级，在顶视图中依照第二层模型，在线上添加顶点，并调整线的形态，使其与第二层模型匹配，回到"倒角剖面"层级，完成第二层模型顶沿的创建，效果如图16-107所示。

图16-107 创建第二层模型的顶沿

03 选择第二层模型，进入"多边形"层级，将第二层顶面的多边形分离为"对象001"，然后在顶视图中依照第二层的飘窗通过快速切片创建4条垂直边，如图16-108所示。

图16-108 分离并快速切片

04 进入"顶点"层级，将内侧两条边的顶点移动到飘窗内侧两个顶点的位置，这样就可以对第二层飘窗的顶面进行封闭，效果如图16-109所示。

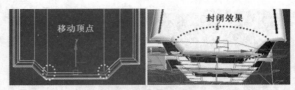

图16-109 封闭飘窗的顶面

05 进入第二层顶模型的"边"层级，选择外边框处的边，将其创建为"顶"，然后为其添加"挤出"修改器，取消"封口末端"复选框的勾选，将其挤出1700，使其高度与前视图中的别墅正立面的高度相同，效果如图16-110所示。

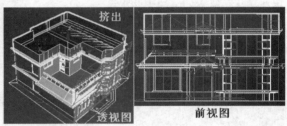

图16-110 挤出顶部模型

06 将挤出模型转换为可编辑多边形对象，进入"顶点"层级，将左侧顶点和右侧顶点移动到第二层左后方墙线的中点位置，效果如图16-111所示。

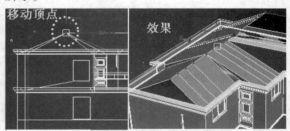

图16-111 移动顶点

07 进入"边"层级，选择顶面多余的边，按住Ctrl键的同时右击并选择"删除"命令，将其移除，然后将第二层右侧飘窗上方的顶点移动到第二层侧面墙的中点位置，效果如图16-112所示。

图16-112 移除边与移动顶点

08 使用相同的方法，分别将各位置的顶点塌陷在一起，然后根据正立面图对其进行调整，创建出屋顶模型，详细操作请观看视频讲解，屋顶模型效果如图16-113所示。

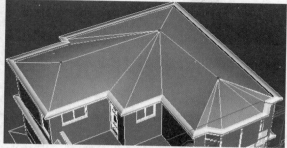

图16-113 屋顶模型

09 将屋顶模型以"复制"方式原地克隆，进入"边"层级，选择顶面上的边并对其进行切角，设置"数量"为50。进入"多边形"层级，将除切角形成的多边形面外的其他多边形面删除，然后添加"壳"修改器，设置"外部量"为50，创建出屋脊模型，完成别墅第二层顶部模型的创建，效果如图16-114所示。

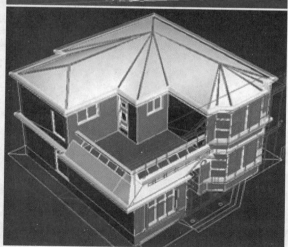

图16-114 别墅第二层的顶部模型（2）

16.2.4 合并门厅、设置灯光并制作材质

至此，别墅的主体模型制作完毕，这一节我们合并别墅的门厅模型、设置灯光，并制作材质，对别墅室外效果图进行完善，效果如图16-115所示。

图16-115 别墅材质效果

操作步骤

合并门厅模型，设置摄像机、照明系统。

01 使用"合并"命令合并"实例素材\别墅门厅.max"文件到场景中，将其移动到别墅模型的门厅位置，然后在顶视图中创建一个平面作为地面，效果如图16-116所示。

图16-116 合并门厅模型

02 下面设置一个摄像机。激活"目标"按钮，在顶视图中由左下角向右上角拖曳以创建一个摄像机，在前视图中将其向下移动至合适高度，如图16-117所示。

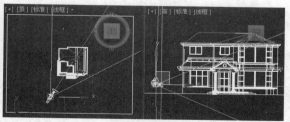

图16-117 创建并移动摄像机

03 在修改面板中设置摄像机的"镜头"为30.605、"视野"为60.922，激活透视图，按C键切换到摄像机视图，效果如图16-118所示。

图16-118 摄像机视图

下面设置别墅场景中的照明系统。一般情况下，室外环境中只需设置（VR）太阳照明系统作为主光源，然后设置其他辅助光源即可。由于篇幅有限，照明系统的设置方法在此不详述，读者可以观看视频讲解。照明系统设置完毕后，对场景进行简单渲染并查看效果，如图16-119所示。

图16-119 渲染效果

下面制作别墅的材质，别墅材质主要包括墙面材质、屋顶材质以及窗户材质。由于篇幅有限，材质的制作过程在此不详述，读者可以观看视频讲解，别墅材质效果如图16-115所示。

16.2.5 别墅效果图的后期处理

后期处理是建筑室外设计中的重要内容，后期处理的主要内容包括构图、背景以及其他配景，目的是对效果图进行美化与完善。后期处理一般是在其他软件中进行，在此我们将在Photoshop中对别墅效果图进行后期处理，由于篇幅有限，后期处理的过程请读者观看视频讲解，在此不详述。别墅效果图的后期处理效果如图16-120所示。

图16-120 别墅效果图的后期处理效果

3ds Max工业产品建模与设计

3ds Max不仅在室内外效果图制作中有着非常出色的表现，在工业产品设计中同样很出色。这一章我们将通过"创建台式小风扇模型""创建自行车模型"两个综合案例，学习使用3ds Max进行工业产品建模与设计的操作流程和方法。

17.1 创建台式小风扇模型

这一节我们创建一个台式小风扇模型，学习台式小风扇模型的创建方法和技巧。台式小风扇模型效果如图17-1所示。

图17-1 台式小风扇模型

17.1.1 创建风扇罩模型

风扇罩是风扇的外壳，这一节我们创建风扇罩模型，效果如图17-2所示。

图17-2 风扇罩模型（1）

操作步骤

01 在前视图中创建"半径"为75、"高度"为30、"圆角"为3、"圆角分段"为2、"边数"为32、"端面分段"为4的切角圆柱体，将其转换为可编辑多边形对象。

02 进入"边"层级，按住Ctrl键的同时双击一条圆角分段边和两条端面分段边，在透视图中将其沿y轴移动-2，然后再将两条端面分段边继续沿y轴移动-6，创建出端面微微隆起、中间下陷的效果，如图17-3所示。

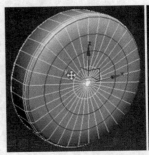
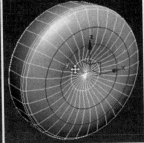

图17-3 移动边

03 选择外侧的端面分段边，在"编辑几何体"卷展栏的"约束"选项组中选择"边"单选项，然后使用"缩放变换输入"对话框将该边缩放至原大小的120%，效果如图17-4所示。

04 双击另一端面上的一条边，使用"缩放变换输入"对话框将其缩放至原大小的105%，然后进入"多边形"层级，将该端面上的多边形删除，如图17-5所示。

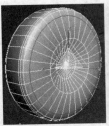

图17-4 缩放边 图17-5 缩放边并删除多边形

05 双击删除多边形形成的边，按住Shift键的同时拖曳选择的边，对其进行缩放与挤出，创建出一个边缘，效果如图17-6所示。

06 进入"多边形"层级，选择模型另一端中心位置的多边形，将其挤出3.5，如图17-7所示。

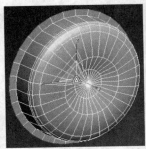
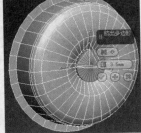

图17-6 缩放并挤出边 图17-7 挤出多边形

07 将挤出的多边形以"组"方式插入4，然后再挤出-2，创建风扇罩中心位置的模型，效果如图17-8所示。

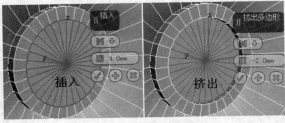

图17-8 插入与挤出多边形

08 进入"边"层级，选择该模型上的边并对其进行切角，设置"切角量"为0.5、"分段"为4，效果如图17-9所示。

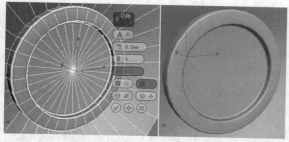

图17-9 切角边

09 进入"边"层级，选择模型上的边，将其以"线性"方式创建为"图形001"，然后进入"多边形"层级，删除多余的多边形，效果如图17-10所示。

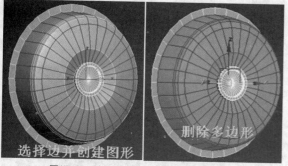

图17-10 选择边、创建图形以及删除多边形

10 选择"图形001"，在"渲染"卷展栏中勾选"在视口中启用"和"在渲染中启用"两个复选框，并设置"径向"的"厚度"为2，然后在左视图中将所有模型以"复制"方式沿x轴镜像克隆一个，效果如图17-11所示。

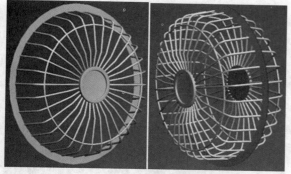

图17-11 设置"渲染"参数并镜像克隆模型

11 将克隆的对象孤立，选择"图形001"，进入"线段"层级，将圆环以及内部线段删除，然后进入"顶点"层级，选择所有顶点并对其进行焊接，效果如图17-12所示。

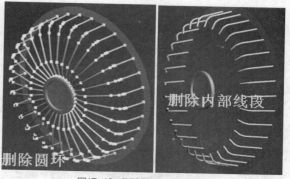

图17-12 删除圆环与内部线段

12 进入"顶点"层级，在左视图中选择"图形001"左侧的所有顶点，将其沿x轴移动-6，然后切换到前视图，将这些顶点沿公共中心缩放至原大小的95%，如图17-13所示。

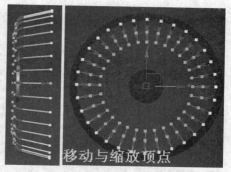

图17-13 移动与缩放顶点

13 选择边框模型，进入"多边形"层级，选择中心位置的圆形多边形，将其分离为"对象001"，然后在左视图中将其沿x轴移动-6，使其与"图形001"的左端对齐，如图17-14所示。

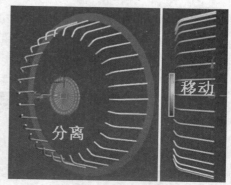

图17-14 分离并移动对象

14 使用"缩放变换输入"对话框将"对象001"缩放至原大小的310%，使其与"图形001"端点位置对齐，然后选择模型左侧的所有圆形边，将其沿x轴移动4，之后将端面上的多边形删除，效果如图

17-15所示。

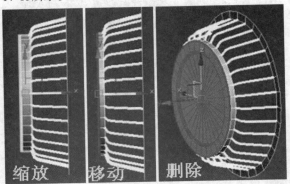

图17-15 缩放"对象001"与移动、删除多边形

15 进入"边"层级，选择端面上的边，使用"缩放变换输入"对话框将其缩放至原大小的75%，然后将其沿x轴移动-12，如图17-16所示。

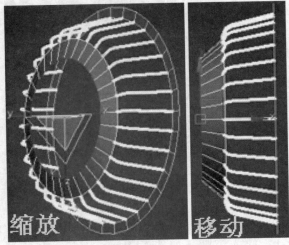

图17-16 缩放与移动边

16 在前视图中按住Shift键的同时将其沿z轴缩放，以拉伸出背面的多边形，然后右击并选择"塌陷"命令，对拉伸出的多边形进行塌陷，效果如图17-17所示。

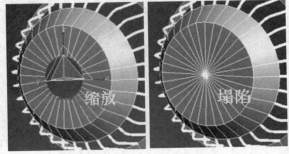

图17-17 缩放并塌陷多边形

17 双击模型上的棱边，设置"切角量"为0.5、"分段"为1，对其进行切角，然后选择侧面的

竖边和顶面的边，设置"分段"为2，对其进行连接，效果如图17-18所示。

18 采用间隔选择方式选择模型上的短边，右击并选择"切角"命令，设置"切角量"为0.5，对其进行切角，最后将切角形成的多边形删除，效果如图17-19所示。

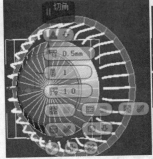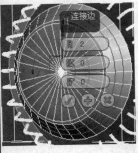

图17-18 切角与连接边

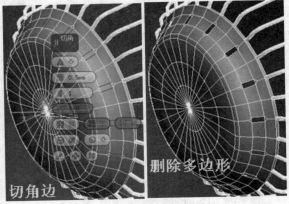

图17-19 切角边并删除多边形

19 取消克隆对象的孤立状态，为除了"图形001"之外的其他模型添加"壳"修改器，设置"内部量""外部量"均为0.2，最后为这些模型添加"涡轮平滑"修改器，设置"迭代次数"为2，对模型进行平滑处理，完成风扇罩模型的创建，效果如图17-20所示。

图17-20 风扇罩模型（2）

17.1.2 创建扇叶与电机模型

这一节我们创建扇叶与电机模型，效果如图17-21所示。

图17-21 扇叶与电机模型（1）

操作步骤

`01` 在前视图中创建"半径"为45、"高度"为20的圆柱体，将其转换为可编辑多边形对象，然后将其与风扇罩的后半部分对齐，如图17-22所示。

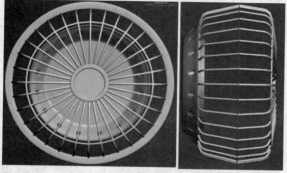

图17-22 创建与移动圆柱体

`02` 将圆柱体与风扇罩的后半部分孤立，进入圆柱体的"多边形"层级，将端面多边形插入10，然后挤出15，效果如图17-23所示。

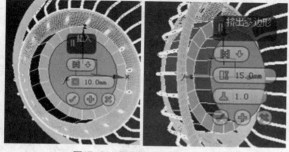

图17-23 插入与挤出多边形（1）

`03` 继续将多边形插入30，然后挤出2，创建出电机的机芯，效果如图17-24所示。

`04` 执行"倒角"命令，设置"高度"为0、"轮廓"为25，单击■按钮；修改"高度"为15、"轮廓"为0，确认倒角，效果如图17-25所示。

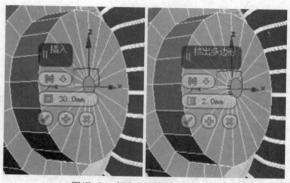

图17-24 插入与挤出多边形（2）

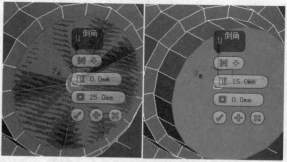

图17-25 倒角多边形

`05` 使用相同的方法将多边形插入25，再挤出5，然后进入"边"层级，选择挤出模型的各棱边并对其进行切角，设置"切角量"为0.5、"分段"为2，完成电机模型的创建，效果如图17-26所示。

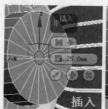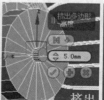

图17-26 插入、挤出多边形与切角边

下面创建扇叶模型。

`06` 在前视图中的电机模型中间位置创建"半径"为15、"高度"为1、"端面分段"为2、"边数"为18的圆柱体，将其转换为可编辑多边形对象。

`07` 进入"多边形"层级，选择高度方向上的5个多边形，将其以"组"方式分别挤出5和50，效果如图17-27所示。

`08` 在前视图中将挤出的多边形沿x轴缩放至原大小的300%，再沿z轴旋转45°，完成一个扇叶模型的创建，效果如图17-28所示。

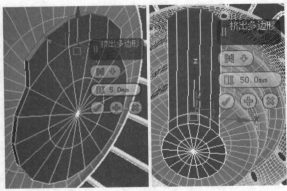

图17-27 挤出多边形（1）

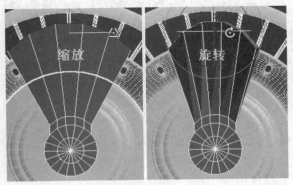

图17-28 缩放与旋转多边形

09 选择该扇叶上的所有多边形，将其以"克隆"方式分离为"对象001"，然后将"对象001"旋转120° 并再次克隆一个，创建出另外两个扇叶模型，效果如图17-29所示。

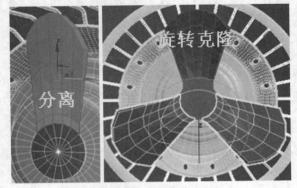

图17-29 创建另外两个扇叶模型

10 将克隆的两个扇叶模型暂时隐藏，进入原扇叶模型的"多边形"层级，选择与克隆的扇叶相对应的多边形面并将其删除，如图17-30所示。

11 显示克隆的两个扇叶模型，将其与原扇叶模型附加。进入"顶点"层级，选择所有顶点，右击并选择"焊接"命令，将这3个扇叶模型焊接到风扇罩模型上，如图17-31所示。

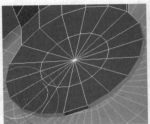 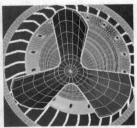

图17-30 删除多边形　　　图17-31 附加扇叶并焊接顶点

12 以"交叉"选择方式选择扇叶中间位置两侧的多边形，将其向两边挤出1，使其内侧与电机的一端相接，效果如图17-32所示。

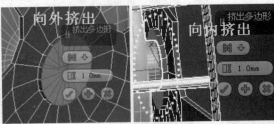

图17-32 挤出多边形（2）

13 进入"边"层级，选择挤出模型两端和底部的边并对其进行切角，设置"切角量"为0.1、"分段"为2，最后添加"涡轮平滑"修改器，设置"迭代次数"为2，对模型进行平滑处理，完成扇叶模型的创建，效果如图17-33所示。

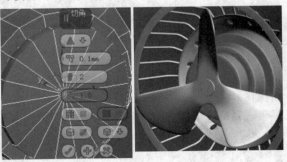

图17-33 切角边与涡轮平滑效果

14 取消圆柱体与风扇罩后半部分的孤立状态，这样就完成了扇叶与电机模型的创建，效果如图17-34所示。

图17-34 扇叶与电机模型（2）

17.1.3 创建螺丝钉的头部、开关、底座与电源线等模型

在工业设计中，即使一个小小的螺丝钉，也不能马虎。这一节我们创建螺丝钉的头部、开关、底座与电源线等模型，对风扇模型继续进行完善，效果如图17-35所示。

图17-35 完善后的模型效果

操作步骤

01 在前视图中的风扇上方位置创建"半径"为2、"高度"为1.5、"圆角"为0.2、"圆角分段"为2、"边数"为18的切角圆柱体，将其转换为可编辑多边形对象。

02 进入"边"层级，选择高度方向上的边并对其进行挤出，设置"高度"为-0.2、"宽度"为0.2，创建出一个螺丝钉的头部模型。在顶视图中将其移动到两个外罩的中间位置，然后在前视图中将其以"实例"方式旋转120°克隆到风扇周围，效果如图17-36所示。

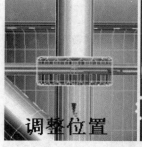

图17-36 创建螺丝钉并旋转克隆

下面创建开关模型。

03 在风扇罩的后方位置创建"长度"为10、"宽

度"为20、"高度"为3、"圆角"为0.5、"圆角分段"为2的切角长方体，将其转换为可编辑多边形对象。

04 进入"多边形"层级，选择顶面多边形并将其挤出-1，再插入0.1，然后挤出1，创建出开关的基本模型，如图17-37所示。

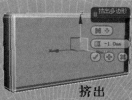

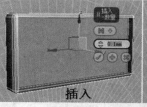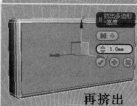

图17-37 创建开关的基本模型

05 进入"顶点"层级，选择挤出模型一端的两个顶点并将其沿y轴向外移动，再沿x轴向左移动，完善开关的基本模型，如图17-38所示。

图17-38 移动顶点

06 进入"边"层级，在两条水平边上通过连接创建一条垂直边，然后将该垂直边沿y轴向内移动，最后对各边进行切角，设置"切角量"为0.1、"分段"为2，完成开关模型的创建，效果如图17-39所示。

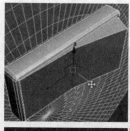

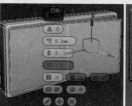

图17-39 开关模型

下面创建底座。

07 将螺丝钉的头部模型以"复制"方式旋转90°并克隆两个，将其中一个缩放至原大小的300%，在前视图中将其移动到风扇罩的一侧，将另一个移动到该螺丝钉的一端，如图17-40所示。

08 在左视图中的风扇侧面位置绘制样条线作为底座线，在顶视图中将底座线一端的顶点向右移动，调整底座线的形态，如图17-41所示。

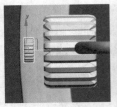

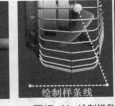

图17-40 克隆螺丝钉的头部

图17-41 绘制样条线并移动顶点

09 进入"顶点"层级，在左视图中对底座线的右下角进行圆角处理。切换到前视图，在底座线的上方位置添加两个顶点，并将上方两个顶点向右移动到两个螺丝钉的头部之间，以调整底座线，如图17-42所示。

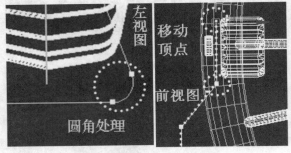

图17-42 圆角处理与调整底座线

10 在顶视图中将底座线以及两个螺丝钉的头部以"复制"方式镜像克隆到风扇的右侧，将两条底座线附加并连接两个顶点，最后在"渲染"卷展栏中设置"径向"的"厚度"为5，以增加底座线的厚度，效果如图17-43所示。

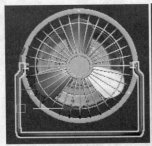

图17-43 镜像克隆并增加底座线的厚度

11 将底座线转换为可编辑多边形对象，在两个螺丝钉头部的一端通过连接增加一条边，然后进入"顶点"层级，选择新增边与端面上的顶点，将其沿x轴压扁，使其刚好与两个螺丝钉头部之间的空隙相匹配，如图17-44所示。

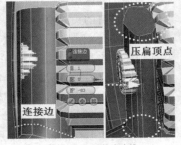

图17-44 调整底座线

下面创建电源线。

12 在前视图中的风扇上方位置创建"半径"为6、"高度"为6、"圆角"为1、"圆角分段"为2、"边数"为18的切角圆柱体，将其转换为可编辑多边形对象。

13 将切角圆柱体孤立，进入"多边形"层级，选择高度方向一侧的多边形并对其进行倒角，设置"高度"为6、"轮廓"为-1，然后将倒角面沿y轴打平，并沿x轴缩放，效果如图17-45所示。

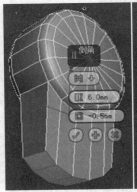

图17-45 倒角多边形与打平、缩放倒角面

14 进入"顶点"层级，对端面中间位置的顶点进行切角，设置"切角量"为2，然后将切角形成的多边形挤出5，效果如图17-46所示。

图17-46 切角顶点并挤出多边形

15 将多边形插入0.5，再挤出-6，创建出电源插头模型，效果如图17-47所示。

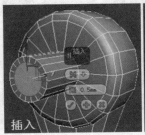

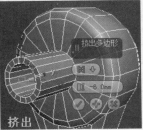

图17-47 插入与挤出多边形

下面创建电源线的USB接口模型。

16 在透视图中绘制"长度"为6、"宽度""高度"均为11.5的长方体,将其转换为可编辑多边形对象,进入"多边形"层级,将一端的多边形插入0.6,再挤出11.5,再插入0.65,再挤出-10,创建出USB接口模型,效果如图17-48所示。

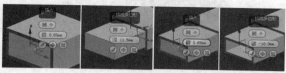

图17-48 创建USB接口模型

17 选择另一端的多边形并对其进行倒角,设置"高度"为6、"轮廓"为-1.5,然后对倒角模型上的边进行连接,设置"分段"为8,之后将连接边生成的多边形间隔选择并以"局部法线"方式挤出-0.5,创建出电源线模型的另一端,效果如图17-49所示。

图17-49 创建电源线模型的另一端

18 在顶视图中将该USB接口模型移动到合适位置,然后在该接口和背面插口中间绘制一段样条线,在"渲染"卷展栏中设置其"径向"的"厚度"为3,在各视图中将样条线的两个端点移动到两个电源接口位置,完成电源线模型的创建,效果如图17-50所示。

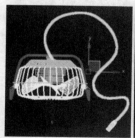

图17-50 创建电源线

17.1.4 制作风扇模型材质并渲染输出

这一节我们制作风扇材质并渲染输出,风扇材质的制作方法比较简单,风扇罩为不锈钢材质、扇叶为半透明的塑料材质、电机为黑色的硬质塑料材质、电源线也为黑色的塑料材质。材质制作好后,制作一个VRayHDRI贴图并将其指定给背景,以此作为场景中的照明设备,然后就可以渲染输出了。由于篇幅有限,以上操作过程将通过视频进行讲解,在此不详述。

台式小风扇的材质与渲染效果如图17-51所示。

图17-51 台式小风扇的材质与渲染效果

17.2 创建自行车模型

骑行低碳、环保,同时还能增强体质,因此自行车逐渐成为人们短途出行的首要交通工具。这一节我们创建一个自行车模型,继续学习使用3ds Max进行工业产品建模与设计的方法和技巧。自行车模型效果如图17-52所示。

图17-52 自行车模型

17.2.1 创建自行车大梁模型

大梁是自行车的主要构件之一,这一节我们创建自行车大梁模型,效果如图17-53所示。

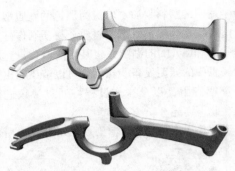

图17-53　自行车大梁模型（1）

操作步骤

01 在前视图中创建"长度"为624、"宽度"为894的平面对象，按M键打开"材质编辑器"对话框，选择一个空的示例球，为"漫反射"选择名为"自行车.bmp"的贴图文件，然后将该贴图指定给平面对象。

02 选择平面对象，右击并选择"对象属性"命令，在打开的"对象属性"对话框中取消"以灰色显示冻结对象"复选框的勾选，然后关闭该对话框。

03 将平面对象冻结，激活前视图，按F3键设置前视图为"默认明暗处理"模式，这样就可以看到平面对象上的贴图了，如图17-54所示。

图17-54　贴图的显示效果

下面我们就依照该贴图来创建自行车模型。

04 在前视图中的自行车大梁位置创建"长度""宽度"均为50、"高度"为25的长方体，按Alt+X组合键使其变为半透明状态，然后将其转换为可编辑多边形对象。

05 进入"顶点"层级，以"窗口"选择方式分别选择4个角上的顶点，依据自行车大梁的形状对其进行调整，使其与贴图中的大梁匹配，如图17-55所示。

图17-55　调整顶点（1）

06 进入"多边形"层级，选择右侧端面上的多边形并将其删除，进入"边界"层级，以"窗口"选择方式选择删除多边形形成的边界，按住Shift键的同时向右拖曳鼠标，对边界进行拉伸，如图17-56所示。

图17-56　删除多边形并拉伸边界

07 进入"顶点"层级，依照自行车贴图对拉伸出的模型的顶点进行调整，使其与贴图匹配，效果如图17-57所示。

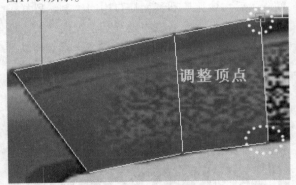

图17-57　调整顶点（2）

08 使用相同的方法，继续拉伸边界并调整顶点，创建出自行车大梁的基本模型，效果如图17-58所示。

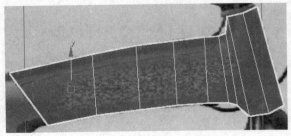

图17-58　自行车大梁的基本模型

09 双击右端第2列边，右击并选择"转换到顶点"命令，转换到该边的顶点，然后调整视角，将选择的顶点沿y轴缩放，效果如图17-59所示。

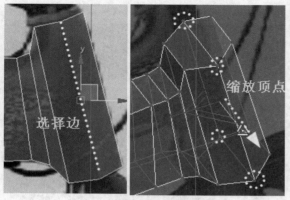

图17-59 选择边与缩放顶点

10 进入"边"层级，双击模型上的4条棱边，右击并选择"切角"命令，设置"切角量"为8，对4条棱边进行切角，创建出大梁的棱边，效果如图17-60所示。

图17-60 大梁的棱边

11 进入"边界"层级，选择右端的边界，右击并选择"封口"命令，对其进行封口，如图17-61所示。

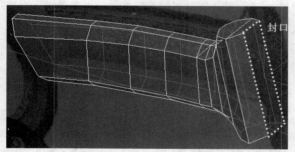

图17-61 封口边界

12 将模型孤立并取消其半透明状态，进入"顶点"层级，右击并选择"剪切"命令，配合"中点""端点"捕捉功能，在模型上方的两侧位置剪切出一条边，如图17-62所示。

13 进入"多边形"层级，选择模型上方的多边形，将其分离为"对象001"，如图17-63所示。

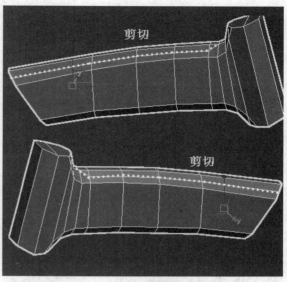

图17-62 剪切效果（1）

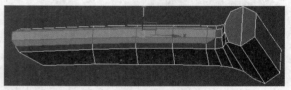

图17-63 分离多边形

14 取消模型的孤立状态，选择大梁模型，进入"多边形"层级，选择模型左端面的多边形并将其分离为"对象002"。进入"对象002"的"多边形"层级，将其挤出10，然后进入"顶点"层级，以"窗口"选择方式选择各顶点，依据自行车贴图调整各顶点，使其与图片匹配，如图17-64所示。

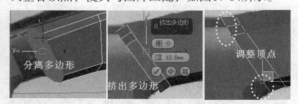

图17-64 分离、挤出多边形与调整顶点

15 将挤出模型端面上的多边形删除，进入"边界"层级，双击端面位置的边界，依照第06步和第07步的操作，按住Shift键的同时将其向左拖曳，然后依据自行车贴图调整顶点，创建出大梁模型。

16 将该模型孤立，进入"边"层级，在模型厚度位置通过连接创建边，然后进入"多边形"层级，以通过连接创建的边为界限，将另一侧多边形删除，如图17-65所示。

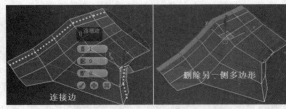

图17-65　连接边并删除多边形

17 退出"多边形"层级，为模型添加"对称"修改器，对称出模型的另一半，效果如图17-66所示。

18 进入"顶点"层级，依照第12步的操作在模型上剪切以创建边，在模型上重新布线，如图17-67所示。

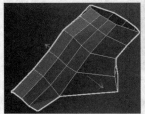

图17-66　对称出另一半模型　　图17-67　剪切效果（2）

19 进入"顶点"层级，依照相同的方法，以自行车贴图作为参照调整顶点，创建出自行车大梁模型的另一部分，效果如图17-68所示。

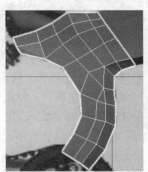

图17-68　模型效果

20 将该模型转换为可编辑多边形对象并孤立，进入"边"层级，对模型右侧开口位置的边进行桥接，然后将桥接的模型上的边连接以创建两条线，效果如图17-69所示。

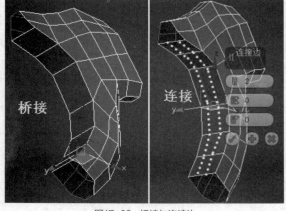

图17-69　桥接与连接边

21 进入"多边形"层级，选择连接边生成的中间位置的多边形，将其沿法线向外移动，之后取消模型的孤立状态，在前视图中参照自行车贴图对各顶点进行调整，对模型进行完善，效果如图17-70所示。

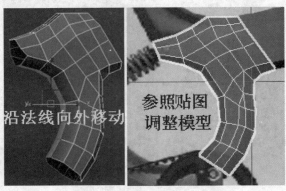

图17-70　沿法线移动多边形并调整模型

22 进入"边界"层级，将模型下端面封口，然后连接顶点以创建两条边，如图17-71所示。

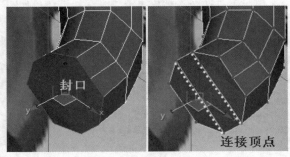

图17-71　封口与连接顶点

23 进入"多边形"层级，选择下端面中间位置的多边形并将其挤出25，然后进入"边"层级，对挤出多边形两个角上的垂直边进行切角，设置"切角量"为10，效果如图17-72所示。

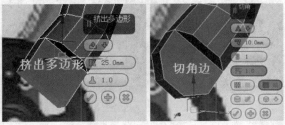

图17-72　挤出多边形与切角边

24 在模型一端位置绘制"半径"为6的圆柱体，使用"ProBoolean"命令创建一个孔洞，效果如图17-73所示。

25 将模型转换为可编辑多边形对象，将另一端边界也封口，将封口多边形插入3，之后在左视图中将两侧下方两组顶点向内调整，使插入多边形的形状接近正八边形，最后将插入的多边形挤出-10，效果如图17-74所示。

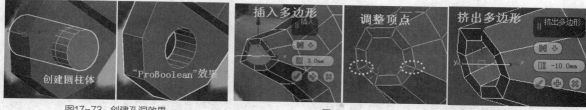

图17-73 创建孔洞效果

图17-74 插入多边形、调整顶点并挤出多边形

26 在模型左上端位置创建"半径"为4、"边数"为6、"圆角"为0的球棱柱，使其与模型相交，然后依照第24步的操作，创建出六边形的孔洞，效果如图17-75所示。

27 将该模型以"复制"方式沿x轴克隆到左侧位置，将两端的多边形删除，然后根据自行车贴图调整顶点，效果如图17-76所示。

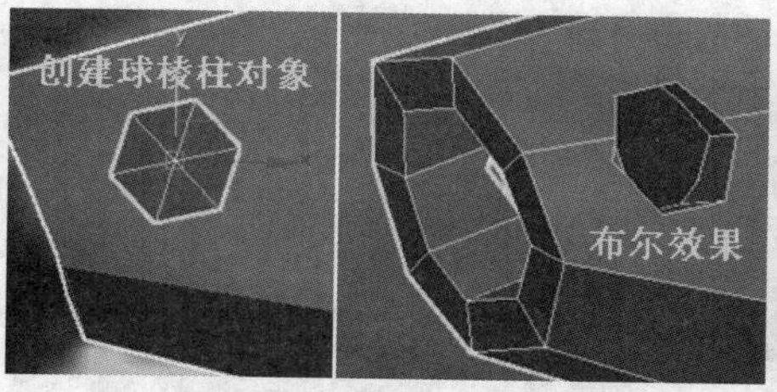

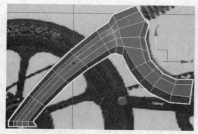

图17-75 创建六边形的孔洞

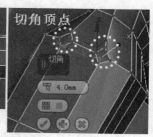

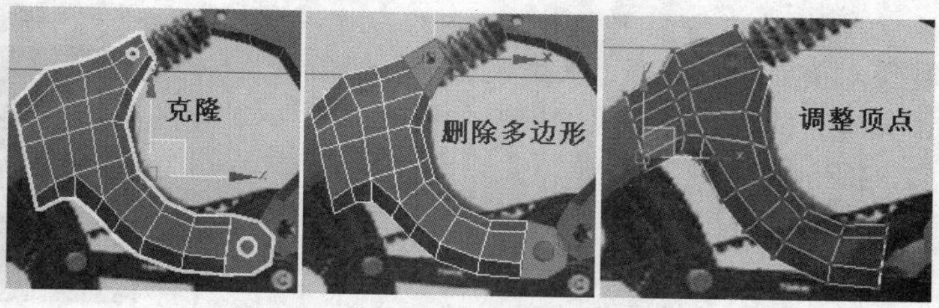

图17-76 克隆模型、删除多边形并调整顶点

28 将左下端面的多边形删除，依照前面的操作方法将边界向左下方拉伸以创建出左下方模型，效果如图17-77所示。

29 在顶视图中将左边模型的顶点向两侧调整，然后选择右侧两个顶点并对其进行切角，设置"切角量"为4，效果如图17-78所示。

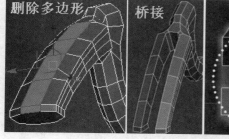

图17-77 拉伸边界

向两侧调整顶点

图17-78 调整顶点并切角顶点

30 选择中间位置的多边形并将其删除，然后对内部的边进行桥接以创建内部的多边形，最后依照前面的操作通过挤出多边形、调整顶点创建出模型下方的结构，详细操作请观看视频讲解，效果如图17-79所示。

31 进入"边"层级，选择模型上的各个棱边并对其进行切角，设置"切角量"为0.1，然后添加"涡轮平滑"修改器，设置"迭代次数"为2，对模型进行平滑处理，完成该大梁模型的创建，效果如图17-80所示。

删除多边形　桥接　创建下方结构

图17-79 删除多边形、桥接边并创建下方结构

图17-80 切角边与平滑效果

下面创建车座下方的大梁模型。

32 将上方位置的大梁模型以"复制"方式分离为"对象004",然后将其挤出5,如图17-81所示。

33 依照前面的操作,将上端面上的多边形删除,对边界进行拉伸并调整顶点,创建出车座模型下方的结构。进入"边"层级,对两端两个闭合边以及两侧的两条竖边进行切角,设置"切角量"为0.1,最后添加"涡轮平滑"修改器,设置"迭代次数"为2,对模型进行平滑处理,完成该大梁模型的创建,效果如图17-82所示。

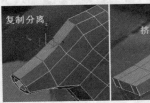  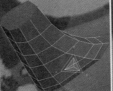 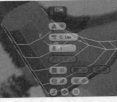 

图17-81 复制分离模型并挤出多边形　　　　　　　　　图17-82 创建车座下方的大梁模型

34 对前面创建的两个大梁模型进行切角以及平滑处理,完成自行车大梁模型的创建,效果如图17-83所示。

 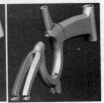

图17-83 自行车大梁模型(2)

17.2.2 创建自行车把手模型

这一节我们创建自行车把手模型,效果如图17-84所示。

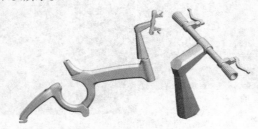

图17-84 自行车把手模型(1)

操作步骤

01 继续上一节的操作。将右侧大梁上端面上的多边形以"复制"方式分离为"对象005",进入"多边形"层级,将其挤出5,进入"边界"层级,对"对象005"上方的边界进行切角,设置"切角量"为0.1,最后对其进行涡轮平滑处理,创建出一个圆环,效果如图17-85所示。

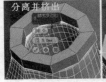 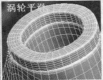

图17-85 创建圆环

02 将该圆环顶面的外侧边以"复制"方式分离为"对象006",将内侧的边界封口,然后将其挤出6和50,效果如图17-86所示。

03 选择侧面"高度"为50的多边形,将其挤出10。将挤出多边形顶面边缘位置的顶点焊接到第2圈的顶点上,如图17-87所示。

图17-86 挤出多边　　图17-87 挤出多边形并目标焊接顶点
形(1)

04 对顶面的多边形进行倒角,设置"高度"为85、"轮廓"为-5,然后进入"边"层级,选择倒角模型上的竖边并对其进行连接,设置"分段"为1、"滑块"为45,将分段边移动到上方位置,如图17-88所示。

05 进入"多边形"层级,选择刚才创建的边上方的外侧多边形,将其以"局部法线"方式挤出2,然后将右侧多边形以"组"方式倒角,设置"高度"为40、"轮廓"为-5,效果如图17-89所示。

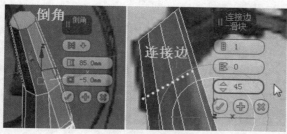

图17-88 倒角多边形与连接边

图17-89 挤出与倒角多边形

06 在前视图中的把手右侧位置创建"半径"为10、"高度"为30的圆柱体,在顶视图中将其移动到把手的中间位置,在"几何体"创建列表中选择"复合对象"选项,在"对象类型"卷展栏中选择"布尔"命令,将圆柱体与把手合并,如图17-90所示。

图17-90 合并圆柱体与把手

07 将把手模型转换为可编辑多边形对象,进入"多边形"层级,选择圆柱体两端的多边形并将其插入2,然后再挤出80,效果如图17-91所示。

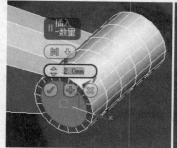

图17-91 插入与挤出多边形

08 进入"边"层级,在把手两端通过连接各创建一条边,设置"滑块"为15,将创建的边向外移动。进入"多边形"层级,将两端面上的多边形以"局部法线"方式挤出2.5,如图17-92所示。

09 进入"边"层级,双击把手内侧的两条边,利用"缩放变换输入"对话框将其缩放至原大小的85%,然后将把手位置的边连接,以在两端各创建10条边,如图17-93所示。

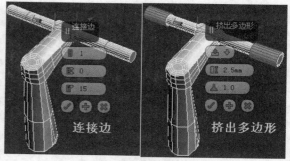

图17-92 连接边与挤出多边形

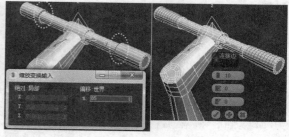

图17-93 缩放与连接边

10 进入"多边形"层级,选择把手上表面位置的多边形,以"按多边形"方式对其进行倒角,设置"高度"为1、"轮廓"为-1,创建出把手的防滑花纹,最后将把手两端的多边形挤出-30,效果如图17-94所示。

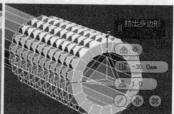

图17-94 倒角与挤出多边形

11 选择把手两侧的边并对其进行连接,设置"分段"为2、"收缩"为40、"滑块"为200,在把手两端各增加两条边,然后选择连接边生成的多边形,以"局部法线"方式将其挤出2,如图17-95所示。

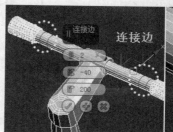

图17-95 连接边并挤出多边形

12 选择把手正面的6个多边形,将其以"组"方式挤出10，然后选择中间的两个多边形并将其挤出10，效果如图17-96所示。

图17-96 挤出多边形（2）

13 在前视图中将挤出的多边形沿水平方向对齐，然后进入"边"层级，对挤出模型末端的垂直边进行切角，设置"切角量"为2，效果如图17-97所示。

14 将内部中间位置的多边形以"复制"方式分离为"对象008"，然后将其挤出15，如图17-98所示。

图17-97 切角边

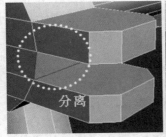 

图17-98 分离与挤出多边形

15 在前视图中将端面多边形沿y轴向上移动使其沿水平方向对齐，然后将另一端封口并切角，之后通过连接创建一条边，如图17-99所示。

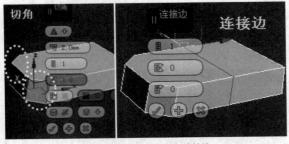

图17-99 封口、切角与连接边

16 选择模型一端的上、下两个多边形并对其进行倒角，设置"高度"为2、"轮廓"为-1，然后对侧面的多边形进行倒角，设置"高度"为45、"轮廓"为-2.5，如图17-100所示。

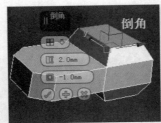 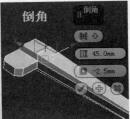

图17-100 倒角多边形

17 通过连接在模型上创建4条边，将左侧3条边向内移动，使模型出现弧度，然后选择右端的多边形，以"局部法线"方式将其挤出1，效果如图17-101所示。

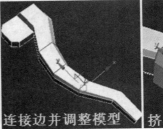 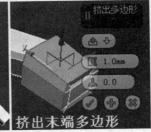

图17-101 连接边、调整模型与挤出多边形

18 进入"边"层级，添加"切角"修改器，选择"斜接"方式为"三角形"，设置"数量"为0.1。最后添加"涡轮平滑"修改器，设置"迭代次数"为2，对模型进行平滑处理，完成自行车把手模型的创建，效果如图17-102所示。

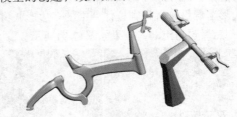

图17-102 自行车把手模型（2）

17.2.3 创建自行车车座模型

这一节我们制作自行车车座模型，对自行车模型进行完善，效果如图17-103所示。

图17-103 自行车车座模型（1）

操作步骤

01 在顶视图中创建"长度"为45、"宽度"为180、"长度分段"为2、"宽度分段"为3的平面，将其转换为可编辑多边形对象，进入"顶点"层级，调整其顶点，效果如图17-104所示。

02 添加"对称"修改器，对称出另一半模型，然后切角顶点两次，设置"切角量"分别为10和5，效果如图17-105所示。

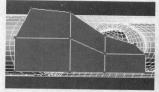

图17-104 创建平面并调整顶点　图17-105 对称并切角顶点

03 进入"多边形"层级，将切角顶点形成的多边形删除，然后进入"边"层级，选择外侧一圈边与内部删除多边形后形成的边界，在透视图中按住Shift键的同时将其沿z轴向下拉伸。再次选择外侧一圈边与内部删除多边形后形成的边界，设置"切角量"为2.5，确认切角，效果如图17-106所示。

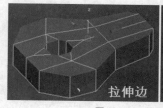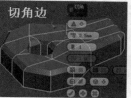

图17-106 拉伸与切角边

04 为车座模型添加"壳"修改器，设置"内部量"为5，然后将其转换为可编辑多边形对象，选择车座底部两端的多边形，将其挤出20，最后添加"涡轮平滑"修改器，设置"迭代次数"为2，对模型进行平滑处理，效果如图17-107所示。

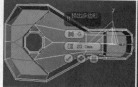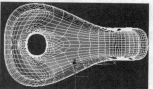

图17-107 挤出多边形与涡轮平滑效果

05 在左视图中创建"半径1""半径2"均为6、"高度"为130、"圈数"为25的螺旋线，在"渲染"卷展栏中设置其"径向"的"厚度"为3。

06 为螺旋线添加"弯曲"修改器，设置"角度"为-50、"方向"为90，然后在顶视图中将其旋转克隆到车座的两侧，使其两端插入车座内部的两

侧，效果如图17-108所示。

图17-108 创建车座的弹簧

07 在前视图中的车座下方创建30×30×60的长方体，在顶视图中将其移动到车座的中间位置，然后将其转换为可编辑多边形对象。在长度方向通过连接创建两条边，并设置"收缩"为50，将两条边向两侧移动，然后选择中间的多边形，将其插入3，然后挤出50，效果如图17-109所示。

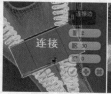

图17-109 连接边、插入与挤出多边形

08 对挤出的多边形的边进行连接，设置"分段"为2、"收缩"为-25、"滑块"为130，在模型下方位置连接两条边，然后将连接边生成的多边形以"局部法线"方式挤出2，效果如图17-110所示。

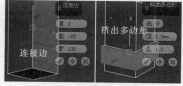

图17-110 连接边并挤出多边形

09 对背面多边形的边进行连接，设置"分段"为4、"收缩"为-60、"滑块"为0，使创建的4条边向内收缩，然后将连接边生成的多边形挤出15，创建出车座模型的卡扣，效果如图17-111所示。

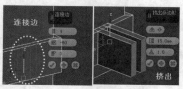

图17-111 创建车座模型卡扣

10 对卡扣端面上的垂直边进行切角并设置"切角量"为3，然后对卡扣上的所有水平边进行切角并设置"切角量"为0.1，最后添加"涡轮平滑"修改器，设置"迭代次数"为2，对模型进行平滑处理，完成车座模型的创建，效果如图17-112所示。

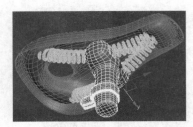

图17-112　车座模型

下面创建车架位置的减震弹簧。

11 在左视图中创建"半径"为7、"高度"为70的圆柱体，在圆柱体上创建"半径1""半径2"均为8、"高度"为55、"圈数"为8的螺旋线，在"渲染"卷展栏中设置螺旋线"径向"的"厚度"为5，然后将这两个对象移动到车座下方后架与横梁衔接的位置，效果如图17-113所示。

12 这样，自行车车座模型就创建完毕了，显示其他模型，效果如图17-114所示。

图17-113　减震弹簧　　　　图17-114　自行车车座模型（2）

17.2.4　创建自行车前叉架、车轮以及其他模型

这一节我们创建自行车前叉架、车轮、踏板、刹车盘以及固定螺丝等模型，完成自行车模型的创建，效果如图17-115所示。

图17-115　自行车模型（1）

操作步骤

01 将后叉架模型以"复制"方式克隆一个并孤立，删除后叉架的右侧模型和左下方的C形模型，然后将其移动到前叉架的位置。在前视图中根据自行车贴图调整模型高度，使其与横梁右侧的垂直结构对齐，效果如图17-116所示。

02 将模型上端、下端面封口，进入"边"层级，对下端面中间的边进行切角，设置"切角量"为3，然后通过连接创建一条水平边，效果如图17-117所示。

图17-116　克隆后　　　　图17-117　切角与连接边
叉架模型

03 进入"多边形"层级，选择端面两侧连接边生成的多边形，将其挤出10，然后对端面的边进行切角，设置"切角量"为0.2，如图17-118所示。

图17-118　挤出多边形与切角边

04 为模型添加"涡轮平滑"修改器，设置"迭代次数"为2，对模型进行平滑处理，完成前叉架模型的创建，效果如图17-119所示。

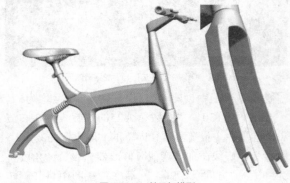

图17-119　前叉架模型

05 下面创建自行车车轮、链条、刹车盘等模型，这些模型的创建方法非常简单，由于篇幅有限，在此不详述，读者可以观看视频讲解。在此我们使用"合并"命令合并"实例素材\自行车轮及其他.max"文件，效果如图17-120所示。

图17-120 合并车轮及其他模型

下面创建踏板模型与固定螺丝模型。

06 在前视图中的踏板位置创建"半径"为10、"高度"为5、"边数"为9的圆柱体，将其转换为可编辑多边形对象，进入"多边形"层级，将端面上的多边形挤出10，然后选择左侧面上的多边形并对其进行倒角，设置"高度"为100、"轮廓"为-1.5，效果如图17-121所示。

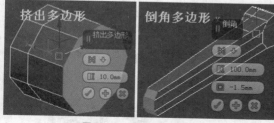

图17-121 挤出与倒角多边形

07 进入"边"层级，通过连接创建3条边，然后将左侧两条边向左移动到合适位置，进入"多边形"层级，选择两侧中间位置的多边形并将其删除，效果如图17-122所示。

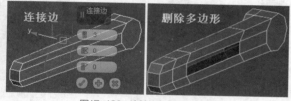

图17-122 连接边与删除多边形

08 进入"边"层级，选择两侧对应的边并对其进行桥接，创建出内部的多边形面，效果如图17-123所示。

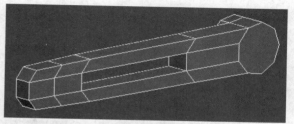

图17-123 桥接边

09 将左端面上的多边形以"局部法线"方式挤出2，再将侧面上的多边形插入，再挤出5，效果如图17-124所示。

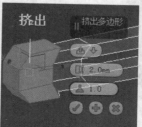

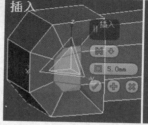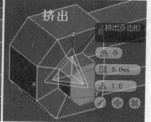

图17-124 挤出与插入多边形

10 将右端侧面上的多边形倒角，设置"高度"为2.5、"轮廓"为-1.5，然后为模型添加"切角"修改器，选择"斜接"方式为"一致"，设置"数量"为1，效果如图17-125所示。

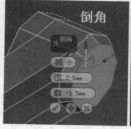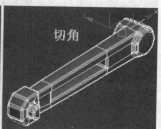

图17-125 倒角与切角效果

11 在顶视图中创建55×35×10的长方体，设置"长度分段"为6、"宽度分段"为4，将其转换为可编辑多边形对象。进入"顶点"层级，间隔选择顶点，在透视图中将其沿z轴向两侧缩放，创建出顶点凸起的效果，如图17-126所示。

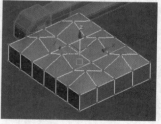

图17-126 调整顶点

12 进入"多边形"层级，选择所有多边形，以"按多边形"方式插入2，然后将插入的多边形删除，之后添加"壳"修改器，设置"内部量""外部量"均为1，以增加模型厚度，最后添加"切角"修改器，选择"斜接"方式为"一致"，设置"数量"为0.2，效果如图17-127所示。

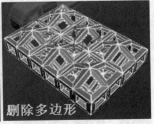

图17-127 插入与删除多边形

13 在前视图中的踏板位置创建"半径"为5、"边数"为6、"圆角"为0.2、"高度"为3的球棱柱，将其转换为可编辑多边形对象，进入"多边形"层级，将左端面上的多边形插入2，再挤出55，制作出踏板的固定螺丝，如图17-128所示。

14 为该固定螺丝模型添加"涡轮平滑"修改器，对其进行平滑处理，然后将固定螺丝模型和踏板模型成组并以"实例"方式克隆一个，再通过镜像操作将其放置到自行车的另一侧，效果如图17-129所示。

图17-128 固定螺丝模型　　图17-129 克隆模型

下面制作手刹线，该操作非常简单，在此不详述。读者可以绘制样条线，然后根据手刹线的走势将其调整到把手手刹柄和车轮刹车盘位置，使其相连。至此，自行车模型就制作完毕了，效果如图17-130所示。

工业设计是一项严谨的工作，需要设计师投入全部的精力，本节的自行车模型，只是一个供读者参考的范例，主要用于使读者明白使用3ds Max进行工业设计的方法和流程。只有不断练习，才能成为使用3ds Max进行工业设计的高手。

另外，不断调整才能使模型更完美，该自行车模型并不完美，模型的一些细节还需要调整。由于篇幅有限，在此不做调整和完善，读者可以根据前面所学知识自己尝试完善，使其更加完美。

下面我们为自行车模型制作材质，对其进行完善。自行车模型材质的制作方法也很简单，由于篇幅有限，材质的制作过程请读者观看视频讲解，在此不详述。材质制作好后设置照明系统并对其进行渲染。自行车模型的最终效果如图17-131所示。

图17-130 自行车模型（2）

图17-131 自行车模型的最终效果

3ds Max游戏、动画建模与设计

3ds Max不仅是制作室内外效果图的首选软件，也是游戏、动画建模与设计的首选软件。这一章我们通过"创建魔剑模型""人体头部建模""人体手臂建模""人体腿脚建模"4个综合案例，学习使用3ds Max进行游戏、动画建模与设计的操作流程和方法。

18.1 创建魔剑模型

在游戏与动画中，装备是不可缺少的。这一节我们创建一个魔剑模型，学习创建装备模型的方法和技巧。魔剑模型效果如图18-1所示。

图18-1　魔剑模型效果

18.1.1 创建魔剑剑柄模型

魔剑的建模从剑柄开始。这一节我们创建魔剑的剑柄模型，效果如图18-2所示。

图18-2　魔剑剑柄模型（1）

操作步骤

01 在左视图中创建"半径"为12、"高度"为160的圆柱体，将其转换为可编辑多边形对象。

02 进入"多边形"层级，选择端面上的多边形，右击并选择"倒角"命令，设置"高度"为10、"轮廓"为-10，确认倒角，然后选择倒角多边形上的边，右击并选择"连接"命令，设置"分段"为4，通过连接创建4条边，如图18-3所示。

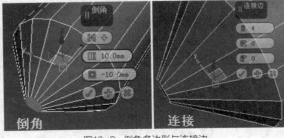

图18-3　倒角多边形与连接边

03 进入"多边形"层级，选择倒角位置的多边形，执行"倒角"命令，选择"按多边形"方式，设置"高度"为0.5、"轮廓"为-0.5，最后将末端相交的顶点塌陷，效果如图18-4所示。

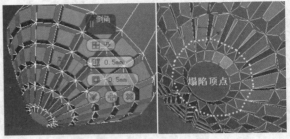

图18-4　倒角多边形与塌陷顶点

04 选择长度方向上的所有边并对其进行连接，设置"分段"为1、"滑块"为-50，将创建的边向左移动，然后选择创建的边与右端的一圈边，利用"缩放变换输入"对话框将其缩放至原大小的75%，效果如图18-5所示。

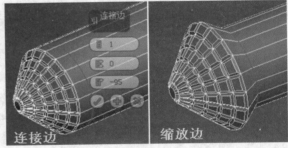

图18-5　连接与缩放边

05 在剑柄位置通过连接创建8条边，并调整各边的位置，效果如图18-6所示。

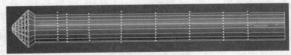

图18-6　连接与调整边

06 进入"多边形"层级，选择连接边生成的部分多边形，将其以"局部法线"方式挤出-1.5，效果如图18-7所示。

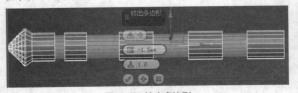

图18-7　挤出多边形

07 进入"顶点"层级，选择部分多边形面上的顶点，将其沿y轴旋转45°，效果如图18-8所示。

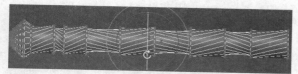

图18-8 旋转顶点

08 进入"边"层级，选择该模型上的部分边并对其进行挤出，设置"高度"为0.5、"宽度"为1，效果如图18-9所示。

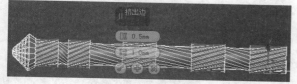

图18-9 挤出边（1）

09 选择另外的边并对其进行挤出，设置"高度"为-0.5、"宽度"为0.5，效果如图18-10所示。

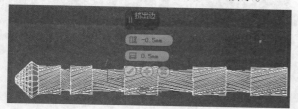

图18-10 挤出边（2）

10 选择剑柄位置的所有水平边，右击并选择"连接"命令，设置"分段"为4，确认连接，效果如图18-11所示。

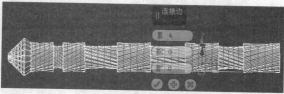

图18-11 连接边

11 退出"边"层级，添加"涡轮平滑"修改器，设置"迭代次数"为2，对模型进行平滑处理，完成魔剑剑柄模型的创建，效果如图18-12所示。

图18-12 魔剑剑柄模型（2）

18.1.2 创建魔剑护手模型

对于一把剑来说，护手是不可或缺的，这一节我们创建魔剑护手模型，效果如图18-13所示。

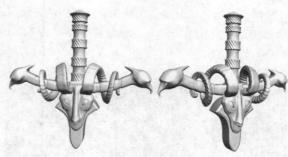

图18-13 魔剑护手模型

操作步骤

01 在左视图中的剑柄一端位置创建"长度"为25、"宽度"为13、"高度"为130、"长度分段"为2、"宽度分段"为1、"高度分段"为6的长方体，将其转换为可编辑多边形对象。

02 进入"边"层级，选择靠近剑柄位置的第2圈边并将其沿x轴移动-7，将第3圈边沿x轴移动-15，将第4圈边沿x轴移动-15，将第5圈边沿x轴移动-20，效果如图18-14所示。

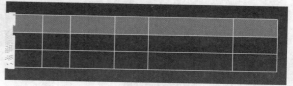

图18-14 移动边

03 进入"顶点"层级，将第2圈边侧面的3个顶点沿y轴移动-6，将第4圈边侧面的3个顶点沿y轴移动-20，将第5圈边侧面的3个顶点沿y轴移动-6.5，将右端面的顶点分别焊接到其左侧面的顶点上，效果如图18-15所示。

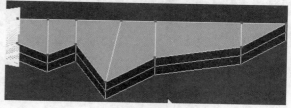

图18-15 移动并焊接顶点

04 在模型相关位置连接边，然后调整侧面的顶点，对模型进行完善，效果如图18-16所示。

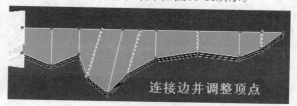

连接边并调整顶点

图18-16 连接边并调整顶点

05 进入"多边形"层级，选择靠近剑柄位置侧面的多边形并对其进行插入，设置"数量"为2.5，然后将插入的多边形以"组"方式挤出90，效果如图18-17所示。

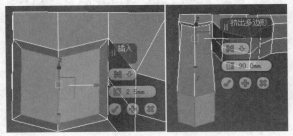

图18-17 插入与挤出多边形

06 进入"边"层级，在挤出模型上通过连接创建3条边，然后进入"顶点"层级，对顶点进行调整，为挤出模型调整出一定的弧度，如图18-18所示。

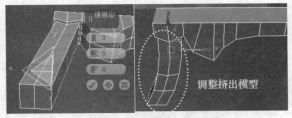

图18-18 连接边并调整挤出模型

07 对创建的3条边进行切角，设置"切角量"为4，然后将切角形成的多边形以"局部法线"方式挤出，设置"高度"为-1，效果如图18-19所示。

图18-19 切角边与挤出多边形

08 在前视图中绘制50×50的平面，将其转换为可编辑多边形对象，然后通过调整顶点等操作，创建一个鸟兽头模型，详细操作请观看视频讲解。为其添加"壳"修改器，设置"内部量""外部量"均为10，使其厚度与护手模型相当，效果如图18-20所示。

09 将其转换为可编辑多边形对象，在厚度方向通过连接创建一条边，然后进入"多边形"层级，以创建的边为界限，将另一半模型删除，效果如图18-21所示。

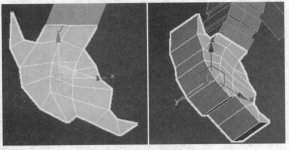

图18-20 创建鸟兽头模型

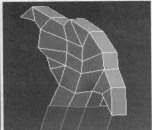

图18-21 连接边并删除一半模型

10 进入"多边形"层级，对侧面多边形进行倒角。注意，要根据具体情况设置"高度"以及"轮廓"。另外，倒角时可能会出现破面情况。倒角结束后调整顶点以处理破面，详细操作请观看视频讲解，效果如图18-22所示。

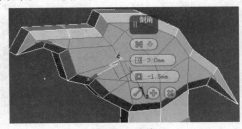

图18-22 倒角

11 对倒角后的多边形再次进行倒角，要根据具体情况设置"高度"以及"轮廓"。另外，倒角时可能会出现破面情况。倒角结束后调整顶点以处理破面，详细操作请观看视频讲解，效果如图18-23所示。

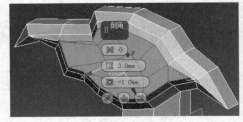

图18-23 再次倒角

12 进入"顶点"层级，将中间4个顶点向外移动，使模型中间部分鼓起，然后选择鸟兽嘴位置的顶点并将其向另一侧移动，效果如图18-24所示。

图18-24 调整顶点（1）

13 对鸟兽眼睛位置的顶点进行整理，移除多余的边，并调整顶点的位置，然后对顶点进行切角，再将切角形成的多边形向内挤出以创建出眼眶，挤出"高度"视情况而定，最后在眼眶位置创建球体作为眼珠，效果如图18-25所示。

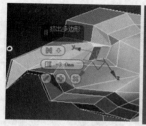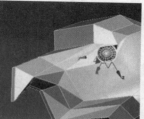

图18-25 创建眼睛

14 尽管这是想象出来的怪兽，但基本的形体结构还是要有，如炯炯有神的眼睛、坚硬有力的喙等。因此，在调整好后，继续对鸟的眼眶、喙等进行调整，并删除多余的线，直到满意为止，调整后的效果如图18-26所示。

15 满意后添加"对称"修改器对称出模型的另一半，然后继续调整模型，直到满意为止，效果如图18-27所示。

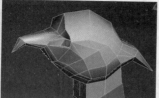

图18-26 调整模型　　　　图18-27 对称效果

　好的模型并不是做出来的，而是调出来的，只有不断调整模型才能更好。另外，调整模型不仅需要一定的技术，同时也是个体力活。下面将该鸟兽头模型与护手模型焊接在一起。

16 调整完成后，在护手模型两侧通过连接创建一条边，使其与鸟兽头模型的线对应，然后将护手模型与鸟兽头模型附加，进入"顶点"层级，将连接位置的顶点焊接。注意，焊接前一定要将两个相对位置的多边形面删除，否则不能焊接。

　下面继续编辑护手模型。

17 选择护手上、下两个面上的多边形并对其进行倒角，设置"高度"为2、"轮廓"为-3，效果如图18-28所示。

图18-28 倒角多边形

18 进入"顶点"层级，选择侧面上边上的顶点以及倒角边上的顶点，将其沿z轴打平，然后进入"多边形"层级，将侧面多余多边形删除，如图18-29所示。

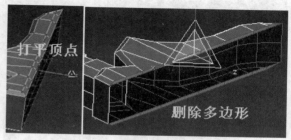

图18-29 打平顶点并删除多边形

19 进入"边"层级，选择两面边缘的边、右端和两侧尖角位置的竖边并对其进行切角，然后对鸟兽头、鸟喙、眉骨等位置的边进行切角，设置"切角量"为0.1，如图18-30所示。

20 对模型添加"对称"修改器，以侧面的开放边为对

图18-30 切角边（1）

称轴对称出护手模型的另一半，最后添加"涡轮平滑"修改器，设置"迭代次数"为2，对模型进行平滑处理，效果如图18-31所示。

图18-31 对称与平滑后的护手模型

下面制作护手模型的另一个兽头效果。

21 在前视图中创建"长度"为80、"宽度"为60、"长度分段""宽度分段"均为3的平面对象,将其转换为可编辑多边形对象,调整顶点以创建出兽头的基本轮廓。

22 进入"边"层级,在模型上连接创建3条边,在中间位置连接创建一条边,效果如图18-32所示。

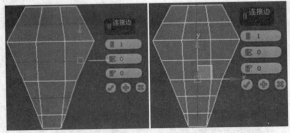

图18-32 连接边

23 以中间的边为界限,将右侧的顶点删除,然后使用"切割"命令在兽头眼睛周围剪切一圈边,在眼睛位置布线,然后退出"顶点"层级,添加"对称"修改器,对称出另一半,如图18-33所示。

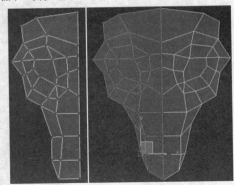

图18-33 调整眼睛结构

24 进入"顶点"层级,选择眼睛周围及中间的顶点,将其向上拉起,使模型部分位置凸起,效果如图18-34所示。

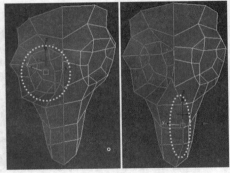

图18-34 调整顶点(2)

25 进入"多边形"层级,选择眼睛位置的多边形并对其进行倒角,设置"高度"为-5、"轮廓"为-3,创建出眼眶,效果如图18-35所示。

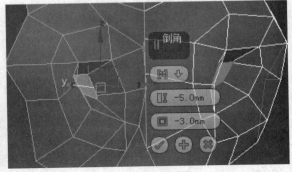

图18-35 创建眼眶

26 进入"边"层级,选择眼眶周围的边,设置"切角量"为0.3,对眼眶的边进行切角,效果如图18-36所示。

图18-36 切角边(2)

27 选择中间位置的边并对其进行切角,设置"切角量"为6,然后将切角边下方的顶点向一侧移动,创建出鼻梁,效果如图18-37所示。

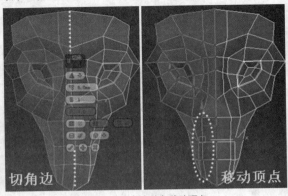

图18-37 切角边与移动顶点

28 继续对眼眶周围的边进行切角,然后对切角边形成的眼眶内侧的边进行挤出,设置"高度"为-1、"宽度"为0.5,效果如图18-38所示。

29 将挤出的边两端的顶点塌陷,之后在两个眼眶的中间位置创建球体作为眼珠，效果如图18-39所示。

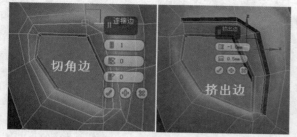

图18-38 切角边与挤出边

图18-39 塌陷顶点与创建球体

30 选择下方的边并对其进行切角，设置"切角量"为3，然后通过调整顶点、剪切等操作，创建出兽头的鼻子。注意，要根据造型需要，进行剪切边、移除多余的边、目标焊接等操作，鼻子效果如图18-40所示。

31 进入"多边形"层级，选择鼻孔位置的多边形，将其插入1，然后再倒角，设置"高度"为-5、"轮廓"为-1，创建出鼻孔，如图18-41所示。

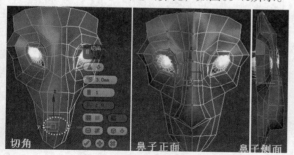

图18-40 切角边并调整鼻子

图18-41 创建鼻孔

32 选择鼻子侧面的边并对其进行挤出，设置"高度"为-1、"宽度"为0.5，然后将挤出边上端的顶点塌陷，创建出嘴唇，效果如图18-42所示。

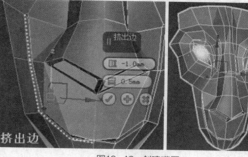

图18-42 创建嘴唇

33 选择兽头边缘的边，按住Shift键的同时将其向后拉伸，拉伸出厚度，然后将兽头模型移动到护手模型的合适位置，效果如图18-43所示。

图18-43 移动兽头模型

34 在左视图中绘制螺旋线，在前视图中调整螺旋线的相关参数，并将其移动到合适位置，然后选择兽头额头位置的多边形，将其沿样条线挤出，设置"分段"为50、"锥化量"为-0.65，效果如图18-44所示。

图18-44 绘制螺旋线与沿螺旋线挤出

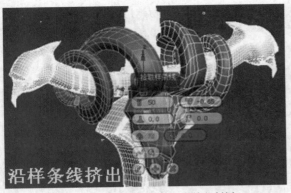

图18-44 绘制螺旋线与沿螺旋线挤出（续）

35 将挤出模型所有横断面上的边挤出，设置"高度"为-2、"宽度"为2，挤出横向凹槽，效果如图18-45所示。

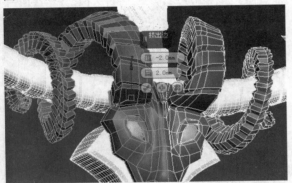

图18-45 挤出边效果

36 选择兽头眼眶、鼻子侧面以及嘴唇边缘的边并对其进行切角，设置"切角量"为2，最后添加"涡轮平滑"修改器，设置"迭代次数"为2，对模型进行平滑处理，完成魔剑护手模型的创建，效果如图18-46所示。

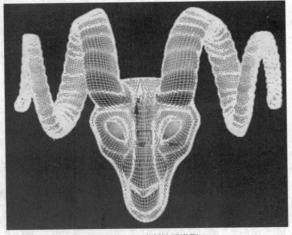

图18-46 魔剑护手模型

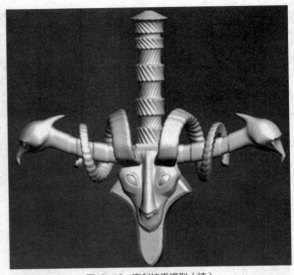

图18-46 魔剑护手模型（续）

18.1.3 创建魔剑剑身模型

剑身是一把剑的关键部位，一般情况下，剑身的造型都比较简单，可以通过直接拉伸平面对象创建。这一节我们创建魔剑剑身模型，完成魔剑模型的创建，效果如图18-47所示。

图18-47 魔剑模型

操作步骤

01 在前视图中的魔剑护手左下方位置绘制20×30的平面对象，将其转换为可编辑多边形对象，进入"边"层级，选择下方的边，按住Shift键的同时将其向下拉伸一段距离，然后在横向方向通过连接添加边，再对顶点进行调整，效果如图18-48所示。

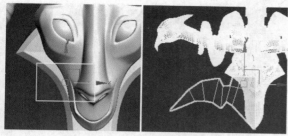

图18-48 创建平面对象并调整顶点

下面继续创建剑身模型。

02 按住Shift键的同时将下方的边沿y轴向下拉伸一段距离，然后再通过连接边、调整顶点等操作创建剑身模型，效果如图18-49所示。

03 使用相同的方法，继续向下拉伸边，并通过调整顶点，创建出剑身模型的一半，效果如图18-50所示。

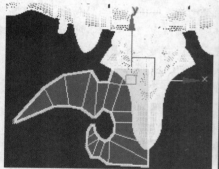 

图18-49 创建剑身模型　　图18-50 创建剑身模型的一半

04 进入"多边形"层级，选择所有多边形，右击并选择"倒角"命令，设置"高度"为6.5、"轮廓"为-3，创建剑身的剑刃。进入"顶点"层级，对倒角模型的破面进行调整，并将右侧顶点在y轴全部对齐，效果如图18-51所示。

05 进入"多边形"层级，选择侧面多边形并将其删除，然后添加"对称"修改器，沿x轴对称出剑身模型的另一半，效果如图18-52所示。

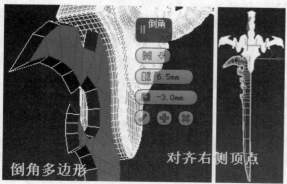

图18-51 倒角多边形与对齐右侧顶点

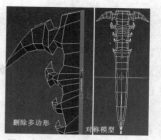

图18-52 删除多边形与对称模型

06 将模型转换为可编辑多边形对象，进入"顶点"层级，将下方倒角生成的第1排和第2排顶点通过"目标焊接"命令焊接到第3排对应的顶点上，再将第3排两侧的顶点焊接到第4排对应的顶点上，效果如图18-53所示。

07 进入"多边形"层级，选择剑身中间位置的多边形，将其插入5，然后再挤出-3，在剑身上创建出一个凹槽，效果如图18-54所示。

 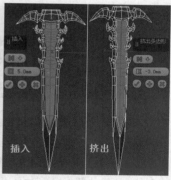

图18-53 调整顶点　　图18-54 插入与挤出多边形

08 进入"边"层级，选择剑身上剑刃位置的边并对其进行切角，设置"切角量"为0.1，然后为模型设置一种灰色，在前视图中剑身的中间位置输入二维文字，为二维文字添加"挤出"修改器，设置"数量"为3，在剑身上创建立体文字，效果如图18-55所示。

09 添加"对称"修改器，将剑身模型沿z轴对称出另一半，再添加"涡轮平滑"修改器，设置"迭代次数"为2，对模型进行平滑处理，完成魔剑模型的创建，效果如图18-56所示。

图18-55 挤出文字　图18-56 魔剑模型效果

18.1.4 制作魔剑材质并渲染输出

这一节我们制作魔剑材质并渲染输出。魔剑模型的材质构成比较简单，基本都是金属材质，可以在金属材质上应用贴图来表现，最后渲染输出。由于篇幅有限，材质的具体制作过程将通过视频进行讲解，在此不详述。魔剑的渲染效果如图18-57所示。

图18-57 魔剑的渲染效果

18.2 创建动画、游戏人物角色模型

在动画、游戏场景中，人物角色模型是不可缺少的模型，并且人物角色建模要比装备建模的难度大许多。从事人物角色建模的建模师不仅需要扎实的布线功底，同时还需要有一定的美术知识，尤其要了解人体结构，否则，即使布线功底再扎实，创建的人物角色模型也会缺乏神韵和生气。

鉴于人物角色建模的难度以及其他因素，这一章我们将通过创建"人体头部建模""人体手臂建模""人体腿部建模"3个案例，让读者在掌握人物角色建模的布线技巧的同时了解人体的基本结构，为读者后续深入学习人物角色建模奠定基础。本节建模效果如图18-58所示。

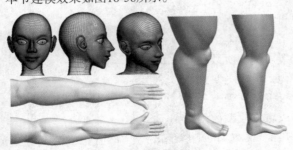

图18-58 建模效果

18.2.1 人体头部建模

头部建模的要领是掌握人体头部的基本结构比例，即"三庭五眼"。"三庭"是指人物的头顶、眼睛、鼻子底部、下巴之间的距离相等。简单来说就是，头顶到眼睛的距离=眼睛到鼻子底部的距离=鼻子底部到下巴的距离。"五眼"是指头部的宽度（包括耳朵）等于五个眼睛的总长度。正常情况下，人体鼻子宽度与两个眼睛内眼角之间的距离相等，嘴巴的宽度与两个眼球中心之间的距离相等。

另外，人体头部建模时还要注意表现头部的几个显著骨骼结构和肌肉，例如，颧骨、下颌骨、眉骨、鼻骨、口轮匝肌、眼轮匝肌、咬肌等。同时要注意，正常人的身高是7个半头的高度，手臂展开的状态下，两个中指之间的距离与身高相等。这些都是人体的基本结构特点，希望读者能多了解人体结构，同时充实自己的美术知识，这对人物建模大有帮助。

这一节我们创建一个人体头部模型，读者可以通过该案例了解人体头部的结构特点。

人体头部模型效果如图18-59所示。

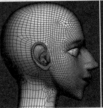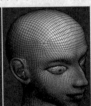

图18-59 人体头部模型

操作步骤

`01` 在透视图中创建"长度"为350、"宽度""高度"均为450的长方体对象，在修改面板中设置其颜色为黑色，然后为其指定一个灰色的材质。

`02` 为长方体对象添加"涡轮平滑"修改器，设置"迭代次数"为1，创建出头部的基本模型，按F4键显示边面，效果如图18-60所示。

`03` 将模型转换为可编辑多边形对象，切换到左视图，进入"顶点"层级，以"窗口"选择方式选择各位置的顶点并对其进行调整，创建出头部的侧面造型，效果如图18-61所示。

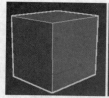

图18-60 头部基本模型　　　　　　图18-61 头部侧面

04 切换到前视图，进入"多边形"层级，将右半边模型删除，然后添加"对称"修改器，沿x轴对称出模型的另一半。这样，在调整模型时可以保证两边效果一致，效果如图18-62所示。

05 切换到左视图，双击中间位置的边，右击并选择"切角"命令，移动鼠标指针到中间的边上并拖曳，将该边切成两条，然后进入"顶点"层级，以"窗口"选择方式选择左侧切角边下方的两个顶点并将其向上移动，创建出下颌骨，如图18-63所示。

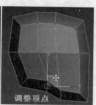

图18-62 对称效果　　　　　图18-63 创建下颌骨

06 进入"多边形"层级，选择模型下方左侧的多边形，右击并选择"挤出"命令，在多边形上拖曳以挤出脖子，如图18-64所示。

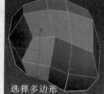

图18-64 挤出脖子

07 选择挤出模型内侧的多边形并将其删除，系统会自动将其与对称出来的另一半模型焊接在一起。注意，如果系统没有自动焊接，可以在前视图中将开口处的顶点向中间调整，直到与对称模型焊接在一起，效果如图18-65所示。

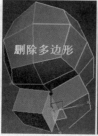

图18-65 删除多边形与自动焊接

08 进入"边"层级，在前视图中双击水平中线将其选中，然后对其进行切角，将模型切为3段，并调整切出的边，保证切出的三段模型都相等，以定位五官的位置，如图18-66所示。

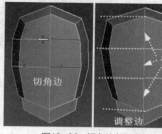

图18-66 切角边与调整边

另外，不管是通过切角边还是连接顶点等方式在模型上添加边之后，模型都会发生变化，这时都需要对模型进行调整，以保证模型不会产生变形。

09 选择模型的一条水平边，使用"环形"命令选择所有水平边，使用"连接"命令创建一条垂直边，然后在顶视图中调整顶点，保证从顶视图观察，头部要基本呈圆形，效果如图18-67所示。

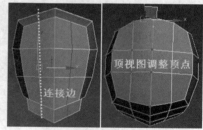

图18-67 连接边并调整顶点

10 下面调整脖子和下巴。在前视图中将脖子下方的顶点打平，通过调整顶点将脖子调整为圆柱形，同时在其他视图中观察并调整模型，以保证模型大体不产生变形，如图18-68所示。

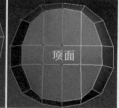

图18-68 调整后的模型效果

11 下面挤出鼻子。在前视图中选择中间的第2条竖边并将其向内移动，以确定鼻子的宽度，然后将多边形向外挤出以创建出鼻子的高度，之后选择挤出模型内侧面上的多边形并将其删除，如图18-69所示。

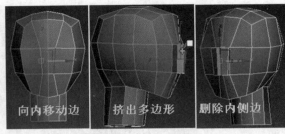

图18-69 挤出鼻子

12 在前视图中调整挤出内侧面上的两个顶点，使其与对称模型自动焊接，然后选择上方两个顶点并将其向下移动以确定鼻梁高度，再通过剪切由刚才焊接在一起的点开始剪切出一圈边，效果如图18-70所示。

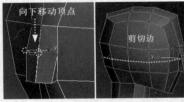

图18-70 移动顶点与剪切边

13 选择鼻梁旁边剪切出的边并将其向后移动，创建出眼窝，然后将鼻梁和鼻头位置的顶点向中间移动以调整鼻梁宽度和鼻头大小，如图18-71所示。

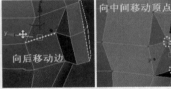

图18-71 移动边与顶点

14 调整模型其他位置的顶点，在视图中观察模型，保证模型没有产生太大的变形，如图18-72所示。

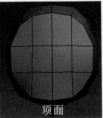

图18-72 调整模型的整体造型

15 挤出耳朵的大型。调整耳朵位置的顶点，创建出耳朵根部的大型，再挤出多边形，然后将挤出多边形稍微放大并向前旋转一定角度，最后删除前方靠内侧的边，创建出耳朵的大型，效果如图18-73所示。

16 下面创建嘴巴。对模型整体进行调整，以保证模型没有产生太大变形，然后在鼻子下方的1/3位置处横切一条线，切出上嘴唇的边线，继续在下嘴

唇位置围绕鼻头和上嘴唇切出一圈边。将嘴角位置的顶点向下移动，将嘴唇一侧的边向内移动，将嘴唇中间一侧的顶点向上移动，创建出嘴巴的基本模型，如图18-74所示。

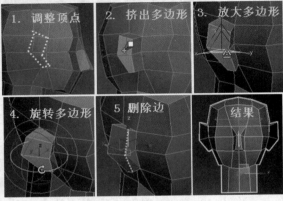

图18-73 创建耳朵的大型

图18-74 创建嘴巴的基本模型

17 在两个嘴唇之间切割出唇弓，在左视图中将唇弓线向后移动，将上嘴唇线向外移动，创建出嘴唇，然后在下嘴唇下方切割出一条线并将其向内移动，勾勒出下嘴唇，如图18-75所示。

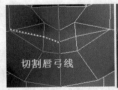

图18-75 完善嘴巴

18 下面创建下巴。选择下巴位置的边并对其进行切角，在前视图中通过旋转将下巴下方的线打直，并及时调整模型的整体效果，保证模型整体不产生太大变形，如图18-76所示。

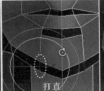

图18-76 创建下巴并调整整体模型

19 下面创建眼睛。沿鼻翼侧面切割眼睛的中线，然后对模型进行调整。切记，只要加线，模型就会

变形，因此，加线后一定要调整模型，效果如图18-77所示。

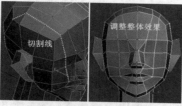

图18-77 切割眼睛中线

20 选择眼睛中线位置的顶点并对其进行切角，调整顶点以创建眼睛的基本形状，然后对眼睛两侧的水平边进行切角，随后对模型整体进行调整，效果如图18-78所示。

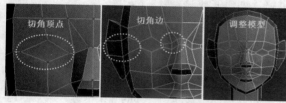

图18-78 切角顶点与边并调整模型

21 在额头位置通过连接添加一条水平边，并调整顶点，使额头更加圆润，然后在眼睛周围通过切割添加4条放射状的边，并调整顶点以修改眼睛形状，在眼睛上方位置切割出一条边，然后将眼角位置的顶点向后调整，使眼睛呈圆柱形，效果如图18-79所示。

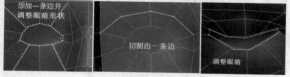

图18-79 切割边并调整眼睛形状

22 将下眼皮向后调整，使其比上眼皮更深，然后将上眼皮向后调整至合适位置，效果如图18-80所示。

23 下面完善嘴唇与脸颊。在人中位置切割出一条水平边，将其向后拉，同时将脸颊位置的顶点也向后调整，使嘴唇更精致、脸颊更圆润，如图18-81所示。

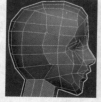

图18-80 调整眼睛

图18-81 调整嘴唇与脸颊

24 下面细化鼻子，在鼻梁侧面到鼻子底部位置通过连接创建一条边，再在鼻梁到侧面通过连接创建一条边，然后将末端两个顶点塌陷为一个顶点，如图18-82所示。

图18-82 连接边并塌陷顶点

25 对鼻头位置的水平边进行切角，并对切角边末端的顶点进行处理，然后将鼻翼位置的边向内移动，创建出鼻翼，效果如图18-83所示。

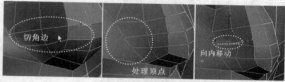

图18-83 创建鼻翼

26 在鼻梁位置通过连接添加一条边，然后将旁边两条边向内移动，调整鼻翼、鼻尖、鼻头等结构，使其从下往上看类似于扑克牌中的梅花，效果如图18-84所示。

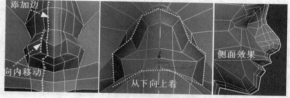

图18-84 调整鼻子结构

27 在侧面将鼻头和鼻梁位置的边向下延伸，以调整鼻头和鼻梁结构，然后选择鼻孔位置的多边形并将其插入，再删除插入的多边形，之后调整鼻孔，效果如图18-85所示。

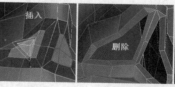

图18-85 调整鼻孔

28 下面调整嘴巴与下巴。在嘴巴位置通过剪切添加两条边，对嘴巴进行调整，然后在侧面调整下巴，效果如图18-86所示。

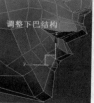

图18-86 调整嘴巴与下巴

29 在上、下嘴唇位置通过连接各创建一条边，并调整嘴唇的厚度，效果如图18-87所示。

 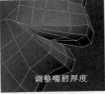

图18-87　调整嘴唇厚度

30 下面处理眼睛。选择眼睛位置的多边形并将其删除。选择眼睛边界，按住Shift键的同时缩放出眼皮，然后在眼睛上方位置通过连接创建一条边，将该边向内拉，创建出双眼皮，如图18-88所示。

  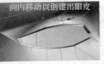

图18-88　处理眼睛与眼皮

31 在眼睛位置创建球体作为眼球，并将其克隆到另一只眼睛的对应位置。这样就完成了人体头部模型的创建，然后添加"涡轮平滑"修改器，效果如图18-89所示。

图18-89　人体头部模型效果

　　下面创建耳朵模型，由于耳朵模型的结构比较复杂，我们可以参照耳朵的图片来制作。

32 根据"实例素材\贴图\耳朵.bmp"文件中耳朵图片的大小创建一个平面对象，将耳朵图片以贴图的形式指定给平面对象，然后将平面对象冻结。

33 创建一个新的平面对象，将其转换为可编辑多边形对象，按Alt+X组合键使其呈半透明状态，然后将其移动到耳朵图片上，依据耳朵图片通过拉伸边，调整顶点等操作创建出耳轮，如图18-90所示。

图18-90　创建并调整平面对象

34 在耳轮内侧通过连接添加两条边，选择其中一条边，将其向内移动，创建出耳朵中向下凹陷的结构，效果如图18-91所示。

35 使用相同的方法，通过连接、剪切、调整顶点等操作，参照耳朵图片创建出耳朵模型。由于篇幅有限，具体操作请参照视频讲解，创建完成的耳朵模型效果如图18-92所示。

36 将头部模型的耳朵删除，将

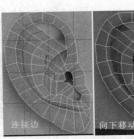

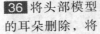

图18-91　连接并移动边

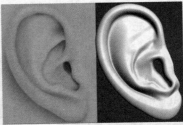

图18-92　耳朵模型效果

创建的耳朵模型移动到头部的耳朵位置，调整创建的耳朵的大小和方向，之后将其与头部附加并焊接，完成人体头部模型的创建，效果如图18-93所示。

  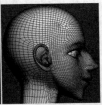

图18-93　人体头部模型最终效果

18.2.2　人体手臂建模

　　手臂建模的难度不亚于头部建模，手臂模型看似一个圆柱体，其实要表现出它的骨骼结构、肌肉组织、血管、筋骨等比较复杂。建模时至少要将骨骼和肌肉表现出来，如果要精细建模，还应将血管、筋骨也表现出来，而许多人创建的手臂模型看似光滑圆润，却没有任何结构，怎么看都是一个圆柱体，这是不对的。这一节我们创建一个人体手臂模型，学习手臂建模的布线技巧和方法。人体手臂模型效果如图18-94所示。

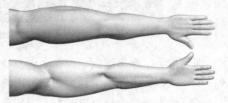

图18-94　人体手臂模型

操作步骤

01 创建"边数"为8、"高度分段"为4的圆柱体，设置其颜色为黑色，并为其指定一个白色的材质，然后将其转换为可编辑多边形对象，并删除两端的多边形面。

02 下面创建三角肌。添加"FFD 3×3×3"修改器，进入"控制点"层级，选择中间上方3个控制点并将其向上移动，然后沿x轴放大，再选择中间位置两个控制点并将其沿x轴放大，创建出三角肌的基本模型，如图18-95所示。

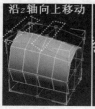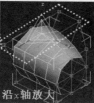

图18-95 调整模型

03 将模型塌陷为可编辑多边形对象，进入"顶点"层级，在模型两侧相同位置各切割出一条边，然后调整左侧的下方顶点，创建出腋窝；调整右侧顶点，创建出三角肌，效果如图18-96所示。

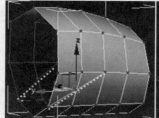

图18-96 调整三角肌

04 将腋窝位置的顶点向上移动，将右侧边上方的顶点向内收缩、下方的顶点向左移动，对三角肌进行完善，如图18-97所示。

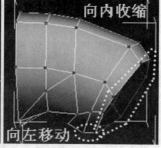

图18-97 完善三角肌

05 选择右端边界，按住Shift键的同时向右拉伸，拉出肱二头肌，并通过连接创建一条边，将该边沿x轴放大，然后对上方的边进行切角，效果如图18-98所示。

06 将肱二头肌中间边左侧的两个顶点向外移动，然后通过切割创建两条边，将上方的边向下移动，将另一条边上的顶点向三角肌位置移动，如图18-99所示。

图18-98 拉伸并切角边

图18-99 切割边并调整模型

07 在肱二头肌和三角肌两侧通过连接各添加一条边，然后调整顶点，对这两块肌肉进行完善，效果如图18-100所示。

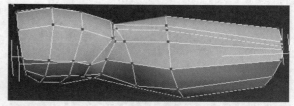

图18-100 完善肱二头肌和三角肌

08 拉出小臂模型，在添加边的同时调整顶点，创建出小臂肌肉的基本模型，效果如图18-101所示。

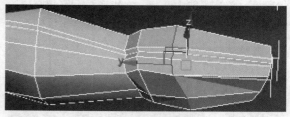

图18-101 添加边与调整顶点

09 在小臂上通过连接添加一条边，继续对小臂、肱二头肌和三角肌进行调整，对这些位置进行完善。注意，每添加一条边，都需对整个模型进行调整，这样才能保证模型的整体不产生太大的变化，调整后的效果如图18-102所示。

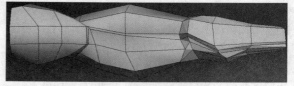

图18-102 连接边并调整模型

10 在三角肌、肱二头肌以及小臂位置添加边并调整顶点，对这些位置再次进行完善和细化，详细操作请观看视频讲解，调整完成后添加"涡轮平滑"修改器并查看效果，如图18-103所示。

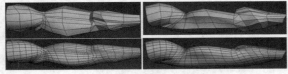

图18-103　调整肌肉效果

11 手臂模型看似简单，其实骨骼结构和肌肉分布非常复杂，要不断在手臂模型的相关位置布线并调整，布线要均匀，调整模型时要有耐心，要从各个角度观察模型，并制作出肌肉的力量感，要做到这一点确实不容易。因此要有耐心，初学者最好参照手臂的图片进行调整，这样效果会更好。调整完成后添加"涡轮平滑"修改器，设置"迭代次数"的参数并观察模型的平滑效果，然后继续完善，直到满意为止，效果如图18-104所示。

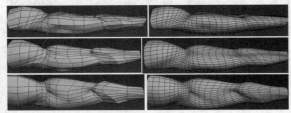

图18-104　继续完善手臂

12 下面处理大臂与小臂处的关节。在手臂伸直的情况下，关节不能太凸起。在小臂与大臂相交位置的背面通过剪切创建出关节的边，然后将中间多边形向外拉伸并缩小，这样就可以创建出关节了，效果如图18-105所示。

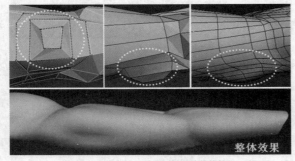

图18-105　创建关节以及关节的整体效果

13 下面创建手。创建一个长方体，将其转换为可编辑多边形对象，将一端的顶点向内缩放，使其上、下两个面呈梯形，在长度方向上通过连接创建一条边，然后将两侧的边向下移动，效果如图18-106所示。

14 在两侧通过连接创建边，之后根据手腕粗细调整梯形较短一端的顶点，再调整手掌的厚度，效果如图18-107所示。

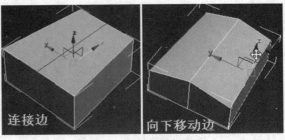

图18-106　连接与移动边

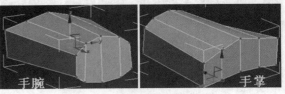

图18-107　调整手腕粗细和手掌厚度

15 根据手指的长度，调整手掌一端的模型，使其成为一个弧形，然后间隔选择手掌一端的两个多边形并将其挤出，挤出两根手指，再将另外两个多边形挤出，挤出另外两根手指，效果如图18-108所示。

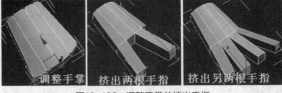

图18-108　调整手掌并挤出手指

16 根据每根手指的长短和粗细对手指末端的多边形进行缩放和移动，然后在4根手指上通过连接各创建一条边，将创建的边向上移动，使手指呈稍微弯曲的状态，如图18-109所示。

17 对创建的边进行切角并继续创建两条边，然后将手掌面的两条边的顶点塌陷，效果如图18-110所示。

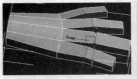

图18-109　连接并调整边　　　　图18-110　切角边并塌陷顶点

18 在手指末端通过连接创建一条边，并将其向下移动，使手指向上翘起，然后在手背位置通过连接创建一条边，将手背位置的顶点向上移动，使手背隆起，效果如图18-111所示。

19 将手掌末端一侧的多边形挤出以创建大拇指，并将其向前移动，之后将3条边分别塌陷，效果如图18-112所示。

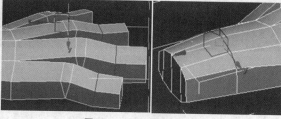

图18-111 调整手指和手掌

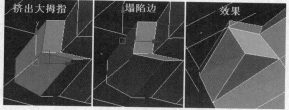

图18-112 挤出大拇指与塌陷边

20 将大拇指向外挤出，然后在挤出模型上通过连接创建一条边，再在大拇指内侧通过连接创建一条边，然后调整大拇指与手掌的形态，效果如图18-113所示。

21 下面处理其他手指。在其他4个手指侧面通过连接各创建一条边，然后对手指之间的边进行切角，如图18-114所示。

图18-113 连接边

图18-114 连接与切角边

22 观察自己的手会发现，手指根部并不是连在一起的。因此，选择每根手指侧面上、下两条边并将其向内移动，将手指根部分开，然后将手背位置指根两侧的两个顶点分别焊接到靠近手掌的两个顶点上，而手掌位置的顶点保持原样，效果如图18-115所示。

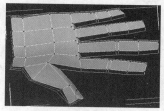

图18-115 调整边并焊接顶点

23 在手指指根之间通过连接各创建一条边，然后将指根之间的顶点向下和向手掌方向移动。这样，手背位置的指根之间就形成了一个凹槽，而手掌位置的指根之间并没有凹槽，添加"涡轮平滑"修改器后观察效果，如图18-116所示。

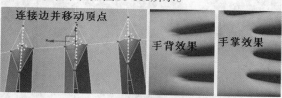

图18-116 连接边并移动指根处的顶点

24 在手指上通过连接创建边并将其缩小，以突出指关节，然后将手掌一面的边向下移动以创建出手指的肌肉，最后在指尖一端通过连接各创建一条边，并通过切角创建关节线，效果如图18-117所示。

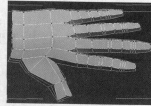

图18-117 创建指关节和肌肉

25 下面制作手指关节的褶皱。将食指第1个关节位置上面的两个顶点向外移动，然后通过剪切在合适位置剪切出多条边，然后将剪切出的边连接，并调整顶点，创建出不规则的椭圆，如图18-118所示。

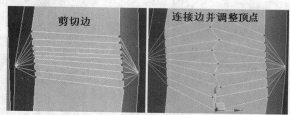

图18-118 剪切边与连接边并调整顶点

26 间隔选择剪切的边并将其向下压，这样就创建出褶皱了，添加"涡轮平滑"修改器后查看效果，如图18-119所示。

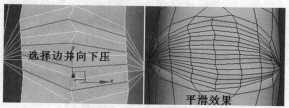

图18-119 制作褶皱效果

27 使用相同的方法分别制作手指其他关节的褶皱。注意，手指前端的关节褶皱要比后端褶皱少很多。另外，手指正面关节褶皱一般只有一道或三道，创建完成并平滑后查看效果，如图18-120所示。

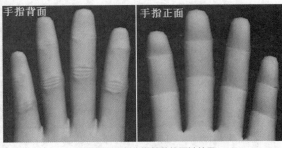

图18-120　制作指关节的褶皱效果

下面创建指甲。

28 在手指背面切割出多条边，然后将指关节褶皱上的两条竖边连同顶点一起移除，之后将切割出的边向上稍微移动一段距离，使手指更圆滑，如图18-121所示。

图18-121　切割边

29 旋转指尖位置的多边形并使其倾斜、缩小，然后选择指尖上方的多边形并将其插入，再向下稍微移动一段距离，如图18-122所示。

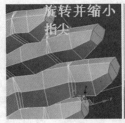 

图18-122　调整指尖与插入并移动多边形

30 将指甲向上挤出少许距离，再将指尖位置的多边形继续挤出，最后将指尖中间位置的顶点向外移动，这样就完成了指甲的创建，平滑后查看效果，如图18-123所示。

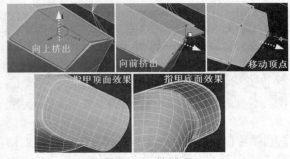

图18-123　创建指甲

31 通过简单渲染我们发现目前手指太过圆润，因此，在手指侧面通过连接添加一条边，这样手指就更加完美了，效果如图18-124所示。

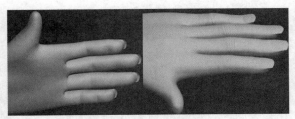

图18-124　调整后的手指效果

下面处理手背、手掌和大拇指。

32 在手指根和手指之间通过连接创建一条边，将指缝位置的竖边向下压，将手指背面的线向上提，然后将连接边与竖边相交的顶点切角，再插入，最后塌陷为一个点，这样就制作出了手指根部的关节与手背上的筋骨，效果如图18-125所示。

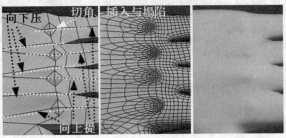

图18-125　处理手背

33 在手掌下方位置通过连接创建一条边，然后制作出大拇指与手掌的衔接关系和虎口肌肉效果，并对手背位置的骨骼和肌肉以及大拇指的形态进行完善。

34 注意，调整时要根据不同情况进行布线，布线时要考虑手的骨骼结构和肌肉分布，这样才能调整出好的效果，最后制作出大拇指的指甲，效果如图18-126所示。

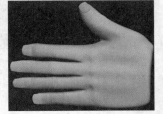

图18-126　手背与大拇指效果

35 下面处理手掌和手腕。手掌中的肌肉分布同样复杂，布线时要注意表现手掌和掌心位置的肌肉分布，处理手腕时同样要注意骨骼的结构。由于篇幅有限，手掌与手腕的处理过程请观看视频讲解，在此不详述，效果如图18-127所示。

图18-127　手掌、手背与手腕的处理效果

36 最后焊接手模型与手臂模型，完成人体手臂模型的创建，效果如图18-128所示。

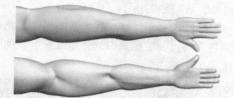

图18-128 人体手臂模型最终效果

18.2.3 人体腿脚建模

腿脚模型与手臂模型同样重要，其制作难度也很大，尤其是脚，要表现出脚的骨骼结构很不容易，建模时要特别注意表现脚趾的骨骼结构和肌肉。这一节我们创建一个人体腿脚模型，学习腿脚建模的布线技巧和方法。人体腿脚模型效果，如图18-129所示。

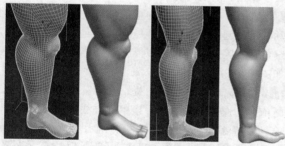

图18-129 人体腿脚模型

操作步骤

01 在顶视图中创建"边数"为8、"长度分段"为1的长方体，将其转换为可编辑多边形对象，将下方顶点选择并缩小，然后将上、下两个底面的对角点连接，之后删除顶面、底面和一半的多边形，添加"对称"修改器，创建出模型的另一半，效果如图18-130所示。

02 拉伸一端的边以拉出大腿和小腿，然后通过连接添加边，在前视图和左视图中调整出大腿和小腿的基本模型，效果如图18-131所示。

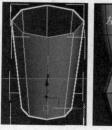

图18-130 删除多边形并对称模型　　图18-131 调整大腿和小腿

03 在大腿位置通过连接添加3条边，然后调整顶点以创建出大腿肌肉的轮廓线，然后在大腿肌肉位置剪切出两条边，制作出大腿的肌肉感。注意，剪切边后，可以将多余的边移除，并对整个模型进行观察并调整，效果如图18-132所示。

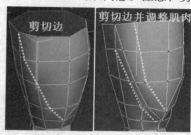

图18-132 调整大腿肌肉

04 在大腿后面的侧边位置通过连接添加边，对模型整体效果进行调整，使大腿保持圆润，然后将大腿中间腿弯位置的两个顶点向内移动，并调整其他顶点，创建出腿弯位置的凹陷效果，添加"涡轮平滑"修改器，并从各视图观察模型，效果如图18-133所示。

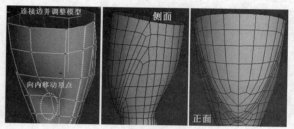

图18-133 模型效果

05 在小腿上方通过连接添加边，对小腿进行完善，然后对膝盖位置的顶点进行切角、插入与挤出，创建出膝盖的基本模型，效果如图18-134所示。

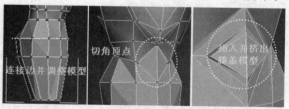

图18-134 完善小腿并创建膝盖的基本模型

06 在膝盖位置切割对角边，并调整顶点，对膝盖进行完善，然后将小腿侧边向内调整，创建出小腿腿骨，效果如图18-135所示。

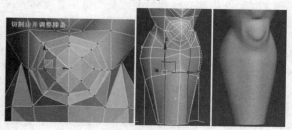

图18-135 调整膝盖与小腿侧边

这样，大腿和小腿就基本完成了，下面创建脚踝和脚掌。

07 将小腿下方的边向下拉伸到脚腕位置，将其末端缩小，由于脚踝左、右两侧并不对称，因此将模型塌陷为可编辑多边形对象，依照处理膝盖的方法在脚踝两侧分别创建脚踝的基本结构，然后继续将脚腕末端向下拉伸以拉出脚掌的厚度，将正前方的多边形向前拉伸以拉出脚掌，在脚掌上添加一条边并将其向下压，创建出脚掌的基本模型。由于篇幅有限，详细操作请观看视频讲解，效果如图18-136所示。

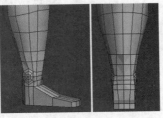

图18-136 创建脚踝和脚掌的基本模型

08 下面处理脚筋结构。在小腿后面的脚筋位置剪切出两条边，然后调整顶点以创建出脚筋的结构，添加"涡轮平滑"修改器并查看效果，如图18-137所示。

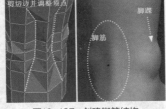

图18-137 创建脚筋结构

09 将脚背与小腿相交的边切角，再在脚背和脚尖位置通过连接创建两条边，之后将脚背外侧和脚尖位置的顶点向下压，使脚背内侧隆起，外侧扁平，效果如图18-138所示。

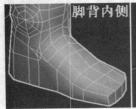

图18-138 调整脚背的基本形态

10 下面细化脚的内侧。首先对小腿与脚背处切角边形成的顶点通过目标焊接、移除边等操作进行处理，然后在内侧脚底到脚侧面剪切边，并对相关顶点进行焊接，创建出脚内侧隆起的效果，如图18-139所示。

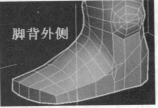

图18-139 创建脚内侧隆起的效果

11 在顶视图中调整脚的宽度以及脚趾的位置和形态，然后挤出大拇趾、中趾和小拇趾，再挤出其他两个脚趾，效果如图18-140所示。

12 将脚趾趾尖缩小，然后在脚趾上通过连接创建边，将下方的边向下移动以创建出脚趾的肌肉，效果如图18-141所示。

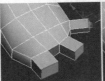

图18-140 挤出脚趾　　　图18-141 创建脚趾肌肉

13 脚趾的结构与手指的结构基本相同，因此依照处理手指指缝的方法，在脚趾上通过连接创建边，然后对脚趾趾缝处的边进行切角，之后将顶点目标焊接并调整，对脚趾趾缝进行处理，具体操作请参阅手指指缝的处理方法。

14 在脚趾到脚背上方连接边，将连接的边向上移动使其隆起，将脚趾趾缝位置的边向下压使脚趾趾缝位置凹陷，这样就可以制作出脚背的脚筋，效果如图18-142所示。

15 将脚趾末端的边向上提，使脚趾趾尖圆润，然后依照制作手指关节和手指甲的方法，创建出脚趾关节和脚指甲，效果如图18-143所示。

图18-142 处理脚背　　　图18-143 创建脚趾关节与脚指甲
筋骨

16 最后对脚后跟与脚掌底部进行简单处理，这些操作比较简单，在此不详述，读者可以观看视频讲解，这样人体腿脚模型创建完毕，效果如图18-144所示。

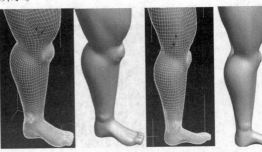

图18-144 人体腿脚模型最终效果

策划编辑：张丹丹
助理编辑：刘秀梅
封面设计：即刻设计

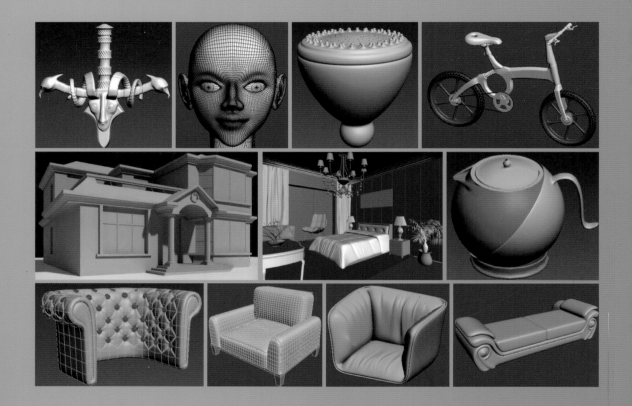

资源获取
微信扫二维码
得到配书资源
获取方法

出版合作：zhangdandan@ptpress.com.cn
分类建议：计算机 / 三维设计 /3ds Max
人民邮电出版社网址：www.ptpress.com.cn

ISBN 978-7-115-60959-5

9 787115 609595 >

定价：99.80元